LEHRBUCH DER THEORETISCHEN PHYSIK

VON

DR. PHIL. DR. H. C. SIEGFRIED FLÜGGE

ORDENTLICHER PROFESSOR
AN DER UNIVERSITÄT FREIBURG/BREISGAU

IN FÜNF BÄNDEN

BAND II · KLASSISCHE PHYSIK I

MECHANIK GEORDNETER UND UNGEORDNETER BEWEGUNGEN

MIT 64 ABBILDUNGEN

Springer-Verlag Berlin Heidelberg GmbH

1967

ISBN 978-3-662-37114-5   ISBN 978-3-662-37824-3 (eBook)
DOI 10.1007/978-3-662-37824-3

Die Wiedergabe von Gebrauchsnamen, Handelsnamen, Warenbezeichnungen usw. in diesem Werk berechtigt auch ohne besondere Kennzeichnung nicht zu der Annahme, daß solche Namen im Sinn der Warenzeichen- und Markenschutz-Gesetzgebung als frei zu betrachten wären und daher von jedermann benutzt werden dürfen

Titel Nr. 0243

Vorwort

Mit dem vorliegenden zweiten Band des Gesamtwerks schließe ich
die noch bestehende Lücke in der Darstellung der klassischen Physik.
Es bleibt nunmehr nur der fünfte Band, der die Quantentheorie der
Felder zum Gegenstand haben soll.

Die Prinzipien, auf denen das Gesamtwerk aufgebaut ist, habe ich
in den Vorworten der früher erschienenen Bände eingehend dargelegt,
so daß es ihrer Wiederholung hier nicht mehr bedarf. Auch im vorliegenden Band ist manches Altgewohnte weggelassen und manches andere,
das im normalen Lehrbuchstoff nicht oder nur am Rande auftritt,
hinzugefügt worden. Die Vorbereitung der Atomphysik ist in der etwas
breiteren Ausführung der linearen Kette als Anwendungsbeispiel für die
Konstruktion von Normalkoordinaten, in der Darstellung der Poisson-
Klammern, in der Behandlung des schwingenden Tropfens, besonders
aber in den Ausführungen des statistischen Kapitels stark in den Vorder-
grund gerückt. Die mathematische Ähnlichkeit von Problemen der
Kontinuumsmechanik zu solchen der im dritten Band behandelten
elektromagnetischen Erscheinungen ist durch eine große Zahl von Hin-
weisen betont. Sie mag auch den kleinen Abschnitt über Erdbebenwellen rechtfertigen. Die klassische Thermodynamik ist hinter die
Statistik gesetzt, weil dies ein besseres physikalisches Verständnis und
eine Eingliederung in die Gesamtphysik erlaubt, in der die Thermodynamik sonst leicht als Fremdkörper verbleibt, den man im Unterricht
nur zu gern dem Physikochemiker überläßt. Die für die Kreisprozesse
eingeführten Blockdiagramme scheinen mir das Verständnis zu erleichtern — jedenfalls habe ich mir selbst vor Jahrzehnten die Vorgänge
auf diesem Wege klar gemacht.

Der Wunsch, die Atomphysik vorzubereiten, tritt noch stärker hervor
als im dritten Band. Der systematische Aufbau der klassischen Physik
wird dadurch gewiß unterbrochen, besonders bei der Statistik. Dies entspricht aber, wie mir scheint, durchaus der wirklichen Lage: Wir denken
heute bei jeder klassischen Betrachtung ihre quantentheoretische Be-
grenztheit und Bedingtheit stets mehr oder weniger deutlich mit. Es
wäre daher wohl keine gute Pädagogik, wollte man den Studenten erst
ganz in klassischen Betrachtungen aufziehen und ihm dann in mittleren
Semestern einen quantentheoretischen Schock versetzen. Davon abgesehen, scheint mir aber auch generell ein Übermaß an Systematik

angesichts der vielfachen Verzweigtheit der Physik wenig angemessen.
R. W. Pohl beginnt den ersten Band seiner bekannten Lehrbücher mit
dem Satz: „Die physikalischen Erkenntnisse lassen sich nicht wie die
Perlen einer Kette in einer einzigen Reihe anordnen, sie fügen sich zu
einem ausgedehnten Netzwerk zusammen." Ich muß bekennen, daß ich
gerade hierin ein gutes Stück des Reizes der Physik, aber auch der
Schwierigkeiten ihrer Darstellung sehe.

Freiburg, im Juli 1967   Der Verfasser

Inhaltsverzeichnis

I. Mechanik eines Systems von Massenpunkten

§ 1. Grundbegriffe

Im ersten Bande wurde gezeigt, daß die Bewegung eines einzelnen Massenpunktes der Masse m, d.h. die Angabe seines Ortsvektors $\mathfrak{r}$ als Funktion der Zeit t aus der Grundgleichung der Dynamik

$$m\ddot{\mathfrak{r}} = \mathfrak{K} \tag{1}$$

durch zweimalige Integration erhalten wird, wenn $\mathfrak{K}$, die Vektorsumme aller an dem Massenpunkt angreifenden Kräfte, als Funktion von $\mathfrak{r}$ und t bekannt ist[1]. Die Ausführung dieser Integration kann natürlich auf erhebliche mathematische Schwierigkeiten stoßen; sie ist im Prinzip jedoch stets möglich. Die Methode wurde sodann ebenfalls im ersten Bande[2] auf ein System aus zwei Punktmassen m_1 und m_2 an den Orten $\mathfrak{r}_1(t)$ und $\mathfrak{r}_2(t)$ übertragen, wobei zwischen inneren und äußeren Kräften unterschieden wurde.

Wir knüpfen nun unmittelbar an die dort gewonnenen Erkenntnisse an, beginnen aber sofort mit einem System aus N Massenpunkten der Massen m_i mit den Ortsvektoren $\mathfrak{r}_i(t)$. Als *innere Kraft* $\mathfrak{K}_{ih}$ definieren wir diejenige, welche der Massenpunkt m_k auf den Massenpunkt m_i ausübt; nach dem Prinzip der Gleichheit von Aktion und Reaktion[3] ist dann

$$\mathfrak{K}_{ki} = -\mathfrak{K}_{ik}. \tag{2}$$

Als die *äußere Kraft* $\mathfrak{K}_i$ (auch eingeprägte Kraft genannt) auf den Massenpunkt m_i definieren wir die Resultierende aller auf m_i wirkenden Kräfte, welche nicht von den anderen Massenpunkten des Systems herrühren und daher von deren Lagen unabhängig sind. Mit diesen Definitionen können dann die Bewegungsgleichungen verallgemeinert werden:

$$m_i\ddot{\mathfrak{r}}_i = \mathfrak{K}_i + \sum_k{}' \mathfrak{K}_{ik} \qquad (i, k = 1, 2, \ldots, N). \tag{3}$$

Der Akzent am Summenzeichen bedeutet dabei in der üblichen Weise die Auslassung des Diagonalgliedes $i = k$.

Aus den Bewegungsgleichungen (3) lassen sich unter Berücksichtigung der Symmetrierelationen (2) eine Reihe allgemeiner Sätze herleiten.

---

[1] Vgl. Band I, S. 42.

[2] Vgl. Band I, S. 76.

[3] NEWTONs lex tertia, Band I, S. 44.

a) Schwerpunkt. Impuls. Addieren wir sämtliche Gleichungen (3), so heben sich wegen (2) die inneren Kräfte heraus, und es entsteht die Vektorgleichung

$$\sum_i m_i \ddot{\mathfrak{r}}_i = \sum_i \mathfrak{K}_i. \tag{4}$$

Hier ist die rechte Seite

$$\mathfrak{K} = \sum_i \mathfrak{K}_i \tag{5}$$

die Resultierende sämtlicher auf das System wirkenden äußeren Kräfte und soll als *äußere Gesamtkraft* bezeichnet werden. Die linke Seite von (4) können wir auf zwei verschiedene Weisen umschreiben. Die erste Methode besteht darin, die *Gesamtmasse M* des Systems,

$$M = \sum_i m_i \tag{6}$$

und den Ortsvektor $\mathfrak{R}$ seines *Massenzentrums* (Schwerpunktes[1])

$$\mathfrak{R} = \frac{\sum_i m_i \mathfrak{r}_i}{\sum_i m_i} \tag{7}$$

einzuführen. Dann geht (4) über in eine Gleichung der Form (1):

$$M\ddot{\mathfrak{R}} = \mathfrak{K}, \tag{8}$$

d. h. das Massenzentrum eines Systems von Massenpunkten bewegt sich so, als sei die Gesamtmasse in ihm vereinigt und als griffe in ihm die äußere Gesamtkraft an. Dieser Satz heißt der *Schwerpunktssatz*[2].

Die zweite Methode, die linke Seite von Gl. (4) umzuformen, besteht in der Einführung des Impulsbegriffes. Als *Impuls* des Massenpunktes m_i bezeichnen wir bekanntlich[3] den Vektor

$$\mathfrak{p}_i = m_i \dot{\mathfrak{r}}_i; \tag{9}$$

die Summe der Impulse aller Massenpunkte des Systems,

$$\mathfrak{P} = \sum_i \mathfrak{p}_i \tag{10}$$

nennen wir den *Gesamtimpuls* des Systems. Gl. (4) lautet dann einfach

$$\dot{\mathfrak{P}} = \mathfrak{K}, \tag{11}$$

d. h. die zeitliche Ableitung des Gesamtimpulses ist gleich der äußeren Gesamtkraft[3].

---

[1] Im deutschen ist meist der traditionelle Ausdruck Schwerpunkt üblich, obwohl der aus dem englischen stammende „Massenzentrum" korrekter ist.

[2] Für das Zweikörperproblem in Band I, S. 77 hergeleitet.

[3] Vgl. Band I, S. 83 für zwei Massenpunkte.

Der Vergleich von (10) und (7) ergibt den Zusammenhang

$$\mathfrak{P} = M\dot{\mathfrak{R}},\tag{12}$$

d.h. aus Gesamtmasse und Geschwindigkeit des Massenzentrums kann der Gesamtimpuls nach der gleichen Regel wie für eine einzige Punktmasse gebildet werden.

Die Gln. (8), (11) und (12) enthalten die nachträgliche Rechtfertigung für das physikalische Modell des Massenpunktes: Denken wir uns einen endlich ausgedehnten starren oder deformierbaren Körper aus einer beliebig großen Zahl beliebig kleiner Bausteine aufgebaut, die durch innere Kräfte zusammengehalten werden, dann können wir die Bewegung seines Massenzentrums so beschreiben, als ob dort die ganze Masse vereinigt sei und als ob die Resultierende aller äußeren Kräfte dort angriffe.

Wollen wir über die Bahn $\mathfrak{R}(t)$ des Massenzentrums hinausgehend auch noch die Bewegungen des Systems um das Massenzentrum herum studieren, so ist es zweckmäßig, Massenzentrumskoordinaten (Schwerpunktskoordinaten) einzuführen gemäß

$$\mathfrak{r}_i' = \mathfrak{r}_i - \mathfrak{R}.\tag{13}$$

Nach Gl. (7) besteht zwischen den N Vektoren $\mathfrak{r}_i'$ die Beziehung

$$\sum_i m_i \mathfrak{r}_i' = 0;\tag{14}$$

es gibt also nur $N-1$ linear unabhängige Ortsvektoren $\mathfrak{r}_i'$. Will man das System vollständig beschreiben, so muß man noch den Vektor $\mathfrak{R}$ hinzufügen, um die Zahl der unabhängigen Vektoren wieder gleich der Zahl N der Massenpunkte zu machen. — Aus Gl. (14) folgt mit (9) durch Differenzieren nach der Zeit

$$\mathfrak{P}' = \sum_i \mathfrak{p}_i' = 0,\tag{15}$$

d.h. im Schwerpunktssystem ist der Gesamtimpuls gleich Null.

Rechnen wir die Bewegungsgleichungen (3) auf die Vektoren $\mathfrak{r}_i'$ und $\mathfrak{R}$ um, so entsteht zunächst wegen (13) und (8)

$$\ddot{\mathfrak{r}}_i = \ddot{\mathfrak{r}}_i' + \ddot{\mathfrak{R}} = \ddot{\mathfrak{r}}_i' + \frac{1}{M}\sum_k \mathfrak{R}_k,$$

so daß

$$m_i \ddot{\mathfrak{r}}_i' = \left(\mathfrak{R}_i + {\sum_k}' \mathfrak{R}_{ik}\right) - \frac{m_i}{M}\sum_k \mathfrak{R}_k$$

oder

$$m_i \ddot{\mathfrak{r}}_i' = \sum_k \left(\frac{m_k}{M}\mathfrak{R}_i - \frac{m_i}{M}\mathfrak{R}_k\right) + {\sum_k}' \mathfrak{R}_{ik}\tag{16}$$

entsteht. Die Wirkung der äußeren Kräfte wird hier also merklich kompliziert, insbesondere dadurch, daß auch die auf alle anderen Massen-

1*

punkte einwirkenden äußeren Kräfte auf die Bewegung des betrachteten Massenpunktes Einfluß gewinnen. Diese Erscheinung bleibt natürlich auch dann erhalten, wenn wir Gl. (16) in weniger symmetrischer Weise

$$m_i \ddot{\mathfrak{r}}_i' = \mathfrak{K}_i - \frac{m_i}{M}\mathfrak{K} + \sum_k{}' \mathfrak{K}_{ik} \tag{16'}$$

schreiben. Daß diese N Vektorgleichungen nicht linear unabhängig von einander sind, folgt daraus, daß ihre Addition links und rechts Null ergibt; das System (16) ist eben zur vollständigen Beschreibung der Bewegung durch die Bewegungsgleichung (8) des Massenzentrums zu ergänzen.

b) Kinetische Energie. Leistung. In Band I (S. 84) haben wir gesehen, daß sich die kinetische Energie eines Systems aus zwei Massenpunkten in die kinetische Energie der Schwerpunktsbewegung und diejenige der Bewegung um das Massenzentrum herum, also diejenige der „inneren" Bewegung des Systems zerlegen läßt. Dasselbe gilt auch für beliebig viele Massenpunkte. Führen wir nämlich in

$$E_{\mathrm{kin}} = \tfrac{1}{2} \sum_i m_i \dot{\mathfrak{r}}_i^2 \tag{17}$$

die Schwerpunktskoordinaten nach Gl. (13) ein, so entsteht

$$E_{\mathrm{kin}} = \tfrac{1}{2} \sum_i m_i (\dot{\mathfrak{r}}_i'^2 + 2\dot{\mathfrak{R}}\dot{\mathfrak{r}}_i' + \dot{\mathfrak{R}}^2)\,.$$

Hier ist der erste Term

$$E_{\mathrm{kin}}' = \tfrac{1}{2} \sum_i m_i \dot{\mathfrak{r}}_i'^2 \tag{18}$$

die kinetische Energie der inneren Bewegung. Der dritte Term

$$E_{\mathrm{kin}}^0 = \tfrac{1}{2} M \dot{\mathfrak{R}}^2 \tag{19}$$

ist die kinetische Energie der im Massenzentrum vereinigten Gesamtmasse. Das zweite Glied endlich läßt sich schreiben

$$\dot{\mathfrak{R}} \sum_i m_i \dot{\mathfrak{r}}_i'$$

und verschwindet nach Gl. (14), so daß die Zerlegung

$$E_{\mathrm{kin}} = E_{\mathrm{kin}}' + E_{\mathrm{kin}}^0 \tag{20}$$

gilt. Die gleiche Beziehung läßt sich natürlich auch unter Benutzung der Impulsausdrücke (9), (10) und (12) herleiten mit

$$E_{\mathrm{kin}} = \sum_i \frac{\mathfrak{p}_i^2}{2m_i}\,; \quad E_{\mathrm{kin}}' = \sum_i \frac{\mathfrak{p}_i'^2}{2m_i}\,; \quad E_{\mathrm{kin}}^0 = \frac{\mathfrak{P}^2}{2M}\,. \tag{21}$$

Die Änderung der kinetischen Energie mit der Zeit wird in der Mechanik als die von den wirkenden Kräften geleistete *Arbeit* bezeichnet; insbesondere heißt die pro Zeiteinheit geleistete Arbeit die *Leistung* der Kräfte. Für das System aus N Massenpunkten wird diese Leistung

$$\dot{E}_{\text{kin}} = \sum_i m_i \ddot{\mathfrak{r}}_i' \dot{\mathfrak{r}}_i' + M \ddot{\mathfrak{R}} \dot{\mathfrak{R}}.$$

Hier können wir $m_i \ddot{\mathfrak{r}}_i'$ aus Gl. (16′) und $M \ddot{\mathfrak{R}}$ aus Gl. (8) entnehmen und einsetzen:

$$\dot{E}_{\text{kin}} = \sum_i \left\{ \mathfrak{K}_i - \frac{m_i}{M} \mathfrak{K} + \sum_k{}' \mathfrak{K}_{ik} \right\} \dot{\mathfrak{r}}_i' + \mathfrak{K} \dot{\mathfrak{R}};$$

wegen (14) gibt das

$$\dot{E}_{\text{kin}} = \sum_i \left(\mathfrak{K}_i + \sum_k{}' \mathfrak{K}_{ik} \right) \dot{\mathfrak{r}}_i' + \mathfrak{K} \dot{\mathfrak{R}}. \tag{22}$$

In den ungestrichenen Koordinaten hätte sich analog ergeben

$$\dot{E}_{\text{kin}} = \sum_i \left(\mathfrak{K}_i + \sum_k{}' \mathfrak{K}_{ik} \right) \dot{\mathfrak{r}}_i, \tag{22′}$$

was sich mit Rücksicht auf Gl. (2) leicht auf Gl. (22) zurückführen läßt. In Gl. (22) beschreibt die Summe die Leistung, welche die Kräfte durch Vermehrung der kinetischen Energie der inneren Bewegung aufbringen, während $\mathfrak{K} \dot{\mathfrak{R}}$ die Leistung der äußeren Gesamtkraft $\mathfrak{K}$ am Massenzentrum ist.

c) Drehimpuls, Drehmoment. Als den Drehimpuls eines Massenpunktes um den Koordinatenursprung definieren wir den Vektor

$$\mathfrak{l}_i = \mathfrak{r}_i \times \mathfrak{p}_i = m_i (\mathfrak{r}_i \times \dot{\mathfrak{r}}_i); \tag{23}$$

als den Drehimpuls des ganzen Systems um diesen Punkt definieren wir entsprechend

$$\mathfrak{L} = \sum_i \mathfrak{l}_i. \tag{24}$$

Die Definition hängt eng zusammen mit dem rein kinematischen Ausdruck für die Flächengeschwindigkeit eines einzigen Massenpunktes[1]

$$\frac{d\mathfrak{F}}{dt} = \frac{1}{2} (\mathfrak{r} \times \dot{\mathfrak{r}});$$

ihre Zweckmäßigkeit bei Systemen aus mehreren Massenpunkten werden wir noch zu zeigen haben.

---

[1] In Band I, S. 32 ist $dF/dt = \frac{1}{2} r^2 \dot{\varphi}$ in zwei Dimensionen eingeführt. Auf S. 38 ebendort ist $r^2 \dot{\varphi} = x \dot{y} - y \dot{x}$ abgeleitet, d.h. in vektorieller Schreibweise ist $r^2 \dot{\varphi}$ die z-Komponente von $\mathfrak{r} \times \dot{\mathfrak{r}}$.

Rechnen wir auf Schwerpunktskoordinaten nach Gl. (13) um, so erhalten wir

$$l_i = m_i \, (\mathfrak{r}'_i + \mathfrak{R}) \times (\dot{\mathfrak{r}}'_i + \dot{\mathfrak{R}})$$

$$= m_i \, (\mathfrak{r}'_i \times \dot{\mathfrak{r}}'_i) + m_i \, (\mathfrak{R} \times \dot{\mathfrak{R}}) + m_i \mathfrak{r}'_i \times \dot{\mathfrak{R}} + m_i \mathfrak{R} \times \dot{\mathfrak{r}}'_i.$$

Summieren wir über alle Massenpunkte, so verschwinden wegen (14) in der letzten Zeile die Beiträge der zwei letzten Glieder, und mit der sinngemäßen Bezeichnung

$$\mathfrak{L}' = \sum_i l'_i = \sum_i m_i \, (\mathfrak{r}'_i \times \dot{\mathfrak{r}}'_i) \tag{25}$$

für den Drehimpuls des Systems um das Massenzentrum herum folgt

$$\mathfrak{L} = \mathfrak{L}' + \mathfrak{L}_0, \tag{26}$$

wobei

$$\mathfrak{L}_0 = M \, (\mathfrak{R} \times \dot{\mathfrak{R}}) \tag{27}$$

der Drehimpuls der im Massenzentrum vereinigt gedachten Gesamtmasse M um den Koordinatenursprung ist.

Die Ableitung des Drehimpulses nach der Zeit kann mit Hilfe von (16') aus

$$\dot{\mathfrak{L}}' = \sum_i m_i \, (\mathfrak{r}'_i \times \ddot{\mathfrak{r}}'_i) = \sum_i \mathfrak{r}'_i \times \left(\mathfrak{K}_i + \sum_k{}' \mathfrak{K}_{ik} \right) \tag{28}$$

und

$$\dot{\mathfrak{L}}_0 = M \, (\mathfrak{R} \times \ddot{\mathfrak{R}}) = \mathfrak{R} \times \mathfrak{K} \tag{29}$$

zusammengesetzt werden. Ausdrücke der Form $\mathfrak{r} \times \mathfrak{K}$ heißen in der Mechanik *Drehmomente* (oder einfach: Momente); Gl. (29) besagt also, daß die Änderung von $\mathfrak{L}_0$ gleich dem Moment der im Massenzentrum angreifenden äußeren Gesamtkraft um den Koordinatenursprung ist:

$$\dot{\mathfrak{L}}_0 = \mathfrak{M}_0 \quad \text{mit} \quad \mathfrak{M}_0 = \mathfrak{R} \times \mathfrak{K}, \tag{29'}$$

während in Gl. (28) die Momente aller in den einzelnen Massenpunkten angreifenden Kräfte bezüglich des Massenzentrums vektoriell addiert sind:

$$\dot{\mathfrak{L}}' = \mathfrak{M}' \quad \text{mit} \quad \mathfrak{M}' = \sum_i \mathfrak{r}'_i \times \left(\mathfrak{K}_i + \sum_k{}' \mathfrak{K}_{ik} \right). \tag{28'}$$

Entsprechend gilt natürlich

$$\dot{\mathfrak{L}} = \mathfrak{M} \quad \text{mit} \quad \mathfrak{M} = \sum_i \mathfrak{r}_i \times \left(\mathfrak{K}_i + \sum_k{}' \mathfrak{K}_{ik} \right). \tag{30}$$

In Gl. (28) ebenso wie in Gl. (30) können wir die Differenzen

$$\mathfrak{r}_{ik} = \mathfrak{r}'_i - \mathfrak{r}'_k = \mathfrak{r}_i - \mathfrak{r}_k$$

in der Doppelsumme einführen:

$$\sum_i \sum_k {}' \mathfrak{r}_i \times \mathfrak{K}_{ik} = \sum \sum_{i<k} (\mathfrak{r}_i \times \mathfrak{K}_{ik} + \mathfrak{r}_k \times \mathfrak{K}_{ki}) = \sum \sum_{i<k} \mathfrak{r}_{ik} \times \mathfrak{K}_{ik}.$$

Sind die inneren Kräfte *Zentralkräfte*, so daß jedes $\mathfrak{K}_{ik}$ parallel zu $\mathfrak{r}_{ik}$ wird, dann verschwindet die Doppelsumme, und das Drehmoment wird allein von den äußeren Kräften verursacht:

$$\dot{\mathfrak{L}} = \mathfrak{M} \quad \text{mit} \quad \mathfrak{M} = \sum_i \mathfrak{r}_i \times \mathfrak{K}_i. \tag{30'}$$

In Gl. (22) und (22') läßt sich in ähnlicher Weise

$$\sum_i \sum_k {}' \mathfrak{K}_{ik}\,\dot{\mathfrak{r}}_i = \sum \sum_{i<k} \mathfrak{K}_{ik}\,\dot{\mathfrak{r}}_{ik}$$

einführen; das Glied verschwindet aber keineswegs für Zentralkräfte, diese leisten vielmehr Arbeit.

Da das Koordinatenzentrum physikalisch nicht ausgezeichnet ist, müssen sich bei seiner Verschiebung an einen anderen festen Punkt mit dem Ortsvektor $\mathfrak{a}$ entsprechende Formeln ergeben. Führt man die neuen Ortsvektoren $\tilde{\mathfrak{r}}_i = \mathfrak{r}_i - \mathfrak{a}$ ein, so erhält man aus (23), (24)

$$\tilde{\mathfrak{L}} = \sum_i m_i \tilde{\mathfrak{r}}_i \times \dot{\tilde{\mathfrak{r}}}_i = \sum_i m_i (\mathfrak{r}_i - \mathfrak{a}) \times \dot{\mathfrak{r}}_i = \mathfrak{L} - \mathfrak{a} \times \mathfrak{P}. \tag{31}$$

Nach dieser Formel kann man den Drehimpuls jederzeit auf einen anderen Bezugspunkt umrechnen.

d) Abgeschlossenes System. Erhaltungssätze. Als ein abgeschlossenes System wird ein Massenpunktsystem dann bezeichnet, wenn nur innere Kräfte zwischen den Massenpunkten wirken und keine äußeren Kräfte vorhanden sind:

$$\mathfrak{K}_i = 0, \qquad \mathfrak{K} = 0.$$

Dann geht Gl. (8) in $M\ddot{\mathfrak{R}} = 0$ über, d.h. der Gesamtimpuls $\mathfrak{P} = M\dot{\mathfrak{R}}$ ist ein zeitlich konstanter Vektor. Dieser Satz heißt deshalb der *Erhaltungssatz des Impulses*. Das Massenzentrum eines abgeschlossenen Systems bewegt sich daher mit nach Richtung und Betrag konstanter Geschwindigkeit $\dot{\mathfrak{R}} = \mathfrak{B}$. Abermalige Integration führt auf

$$\mathfrak{R}(t) = \mathfrak{R}_0 + \mathfrak{B}t, \tag{32}$$

d.h. die beiden Vektoren $\mathfrak{R}_0$ (= Ortsvektor des Massenzentrums zur Zeit $t = 0$) und $\mathfrak{B} = \mathfrak{P}/M$ sind Integrationskonstanten der Bewegung. Gl. (32) heißt der *Schwerpunktssatz* für abgeschlossene Systeme. Da jeder Vektor drei Komponenten hat, haben wir also bereits sechs Integrationskonstanten erhalten.

Wir definieren allgemein als ein *Integral der Bewegung* jede Funktion aus t, den $\mathfrak{r}_i$ und den $\dot{\mathfrak{r}}_i$ (also unter Ausschluß der zweiten Ableitungen, welche in den Bewegungsgleichungen erscheinen), die zeitlich konstant bleibt, wobei der Wert dieser Konstanten nicht aus den Bewegungsgleichungen folgt. Im Sinne dieser Definition können wir die Bewegung eines Systems aus N Massenpunkten vollständig beschreiben, wenn es uns gelingt, $6N$ Integrale mit $6N$ Konstanten der Bewegung aufzufinden, die nach den $6N$ gesuchten Größen $\mathfrak{r}_i(t)$ und $\dot{\mathfrak{r}}_i(t)$ aufgelöst werden können. Die vorstehenden Sätze haben uns 6 solche Integrale geliefert, nämlich in vektorieller Zusammenfassung

$$\sum_i m_i \dot{\mathfrak{r}}_i = M\,\mathfrak{B} \quad \text{und} \quad \sum_i m_i(\mathfrak{r}_i - \dot{\mathfrak{r}}_i\,t) = M\,\mathfrak{R}_0,$$

wobei die Komponenten der konstanten Vektoren $\mathfrak{B}$ und $\mathfrak{R}_0$ sechs Konstanten der Bewegung sind.

Drei weitere Integrale liefert die Betrachtung des Drehimpulses. Zunächst verschwindet für ein abgeschlossenes System das Moment $\mathfrak{M}_0$ in Gl. (29′), d.h. der in Gl. (27) definierte Vektor $\mathfrak{L}_0$ wird zeitlich konstant. Dies ist jedoch keine zusätzliche, über Gl. (32) hinausgehende Aussage, sondern folgt unmittelbar durch Differenzieren von Gl. (27) mit $\ddot{\mathfrak{R}} = 0$. Für *Zentralkräfte* verschwindet jedoch auch $\dot{\mathfrak{L}}$, wie wir in Gl. (30′) gezeigt haben (und ebenso $\dot{\mathfrak{L}}'$, was wiederum wegen $\dot{\mathfrak{L}}_0 = 0$ keine unabhängige Aussage ist). Der Gesamtdrehimpuls eines abgeschlossenen Systems von Massenpunkten, zwischen denen Zentralkräfte wirken, ist also ein Integral der Bewegung (*Erhaltungssatz des Drehimpulses*).

Der wichtigste Fall nichtzentraler Kräfte in der Physik tritt im Zusammenhang mit Dipolen auf[1]. Da ein Dipol durch Grenzübergang aus zwei dicht benachbarten Massenpunkten, auf die entgegengesetzte Zentralkräfte einwirken, erhalten wird, ergibt sich bei konsequenter Durchführung des Grenzüberganges keine Verletzung des Drehimpulssatzes. Wir erläutern dies an einem Beispiel (Fig. 1): Der Massenpunkt m_0 am Ort $\mathfrak{r}_0$ möge die elektrische Ladung Q tragen, die beiden Massenpunkte $\tfrac{1}{2}m$ an den Orten $\mathfrak{r}_1$ und $\mathfrak{r}_2$ die Ladungen $+q$ und $-q$. Durch eine starke, vom Abstand a dieser beiden Punkte abhängige Anziehungskraft zwischen ihnen sollen diese beiden dicht zusammengehalten werden, so daß sie im Grenzübergang einen Massenpunkt m am Ort $\mathfrak{r}$ mit dem elektrischen Dipolmoment $\mathfrak{p} = q\,\mathfrak{a}$ bilden (q wächst in dem Maße, in dem a sinkt, über alle Grenzen, so daß $p = q\,a$ endlich bleibt).

Es ist zweckmäßig anstelle von $\mathfrak{r}_0$, $\mathfrak{r}_1$, $\mathfrak{r}_2$ die Vektoren

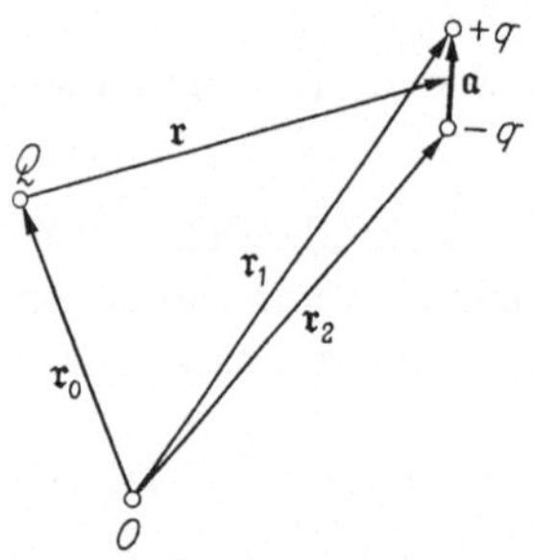

Fig. 1. Wechselwirkung eines Dipols $q\,\mathfrak{a}$ mit einer Ladung Q als Beispiel nichtzentraler Kräfte

$$\mathfrak{R} = \frac{m}{2M}\,(\mathfrak{r}_1 + \mathfrak{r}_2) + \frac{m_0}{M}\,\mathfrak{r}_0;$$

$$\mathfrak{r} = \tfrac{1}{2}\,(\mathfrak{r}_1 + \mathfrak{r}_2) - \mathfrak{r}_0; \tag{33}$$

$$\mathfrak{a} = \mathfrak{r}_1 - \mathfrak{r}_2$$

---

[1] Vgl. auch Band III, S. 36 für den Begriff des elektrischen Dipols.

mit $M = m_0 + m$ einzuführen; $\Re$ ist der Ortsvektor des Massenzentrums, $\mathfrak{r}$ und $\mathfrak{a}$ sind in der Figur eingezeichnet. Die Bewegungsgleichungen

$$m_0\ddot{\mathfrak{r}}_0 = - \operatorname{grad}_0 V; \quad \tfrac{1}{2} m\ddot{\mathfrak{r}}_1 = - \operatorname{grad}_1 V; \quad \tfrac{1}{2} m\ddot{\mathfrak{r}}_2 = - \operatorname{grad}_2 V, \qquad (34)$$

in denen V die potentielle Energie des Systems und die Indices an den Gradienten den Hinweis auf die Koordinaten $\mathfrak{r}_0$, $\mathfrak{r}_1$, $\mathfrak{r}_2$ bedeuten, lassen sich mit Hilfe von (33) und den Differentialbeziehungen

$$\operatorname{grad}_0 = - \operatorname{grad}_{\mathfrak{r}} + \frac{m_0}{M} \operatorname{grad}_{\Re}$$

$$\operatorname{grad}_1 = \frac{1}{2} \operatorname{grad}_{\mathfrak{r}} + \frac{m}{2M} \operatorname{grad}_{\Re} + \operatorname{grad}_{\mathfrak{a}} \qquad (35)$$

$$\operatorname{grad}_2 = \frac{1}{2} \operatorname{grad}_{\mathfrak{r}} + \frac{m}{2M} \operatorname{grad}_{\Re} - \operatorname{grad}_{\mathfrak{a}}$$

durch Linearkombination überführen in

$$M\ddot{\Re} = 0; \quad m\ddot{\mathfrak{r}} = - \frac{M}{m_0} \operatorname{grad}_{\mathfrak{r}} V; \quad m\ddot{\mathfrak{a}} = - 4 \operatorname{grad}_{\mathfrak{a}} V. \qquad (36)$$

Das System besitzt den Drehimpuls

$$\mathfrak{L} = m_0 (\mathfrak{r}_0 \times \dot{\mathfrak{r}}_0) + \tfrac{1}{2} m [(\mathfrak{r}_1 \times \dot{\mathfrak{r}}_1) + (\mathfrak{r}_2 \times \dot{\mathfrak{r}}_2)]$$

um das Koordinatenzentrum; nach (33) kann das umgeschrieben werden in

$$\mathfrak{L} = M (\Re \times \dot{\Re}) + \frac{m_0 m}{M} (\mathfrak{r} \times \dot{\mathfrak{r}}) + \frac{m}{4} (\mathfrak{a} \times \dot{\mathfrak{a}}).$$

Der erste Term ist der Drehimpuls des Schwerpunktes; wegen $\ddot{\Re} = 0$ ist er konstant. Die beiden anderen Terme bilden zusammen den Drehimpuls um den Schwerpunkt

$$\mathfrak{L}' = \frac{m_0 m}{M} (\mathfrak{r} \times \dot{\mathfrak{r}}) + \frac{m}{4} (\mathfrak{a} \times \dot{\mathfrak{a}}). \qquad (37)$$

Differenzieren von (37) führt unter Verwendung von (36) zu

$$\frac{d\mathfrak{L}'}{dt} = \frac{m_0 m}{M} (\mathfrak{r} \times \ddot{\mathfrak{r}}) + \frac{m}{4} (\mathfrak{a} \times \ddot{\mathfrak{a}}) = - (\mathfrak{r} \times \operatorname{grad}_{\mathfrak{r}} V) - (\mathfrak{a} \times \operatorname{grad}_{\mathfrak{a}} V). \qquad (38)$$

In der Elektrostatik wird nun gezeigt[1], daß im Grenzfall sehr kleiner a und großer q, wenn die Punkte 1 und 2 zu einem Massenpunkt am Ort $\mathfrak{r}$ vereinigt werden, die potentielle Energie des Systems

$$V = \frac{Qq(\mathfrak{r}\mathfrak{a})}{r^3} + U(a) \qquad (39)$$

wird; hier ist $U(a)$ eine Funktion des Abstandes a, die bei einem sehr kleinen Wert von a ein sehr scharfes Minimum besitzt und dafür sorgt, daß die beiden Punkte 1 und 2 beisammen bleiben. Mit (39) erhalten wir

$$\operatorname{grad}_{\mathfrak{r}} V = \frac{Qq}{r^3} \left(\mathfrak{a} - 3 \frac{(\mathfrak{r}\mathfrak{a})\mathfrak{r}}{r^2} \right); \quad \mathfrak{r} \times \operatorname{grad}_{\mathfrak{r}} V = \frac{Q}{r^3} (\mathfrak{r} \times \mathfrak{p});$$

$$\operatorname{grad}_{\mathfrak{a}} V = \frac{Qq}{r^3} \mathfrak{r} + \frac{dU}{da} \frac{\mathfrak{a}}{a}; \quad \mathfrak{a} \times \operatorname{grad}_{\mathfrak{a}} V = \frac{Q}{r^3} (\mathfrak{p} \times \mathfrak{r}).$$

---

[1] Vgl. Band III, S. 36f.

Die beiden Terme in (38) sind daher zwar endlich, aber entgegengesetzt gleich, so daß in der Tat $d\mathfrak{L}'/dt = 0$ erfüllt ist. In den Bewegungsgleichungen haben wir jedoch

$$m\ddot{\mathfrak{r}} = -\frac{M}{m_0}\,\frac{Q}{r^3}\left(\mathfrak{p} - 3\,\frac{(\mathfrak{r}\,\mathfrak{p})\,\mathfrak{r}}{r^2}\right) \tag{40}$$

mit endlichen, nichtzentralen Kräften zwischen m_0 und m, und

$$\ddot{\mathfrak{p}} = -\frac{4p}{m\,a^2}\left(\frac{Q\,p}{r^3}\,\mathfrak{r} + \frac{dU}{dp}\,\mathfrak{p}\right),$$

wo im Nenner das im Grenzfall unendlich kleine Trägheitsmoment $m\,a^2$ einer Drehung des Dipols um sich selbst steht, das eine unendlich schnelle Einstellung des Dipols in die Richtung von $\mathfrak{r}$ zur Folge hat. Ist diese Einstellung einmal erfolgt, so ist die Kraft auf den Massenpunkt m in (40) eine Zentralkraft geworden.

Als letztes und zehntes Integral tritt hierzu der *Energiesatz* unter gewissen einengenden Voraussetzungen über die inneren Kräfte, welche die Konstruktion einer nur von den Vektoren $\mathfrak{r}_i$ selbst (nicht von ihren Ableitungen!) abhängigen *potentiellen Energie* E_{pot} erlaubt, so daß

$$E_{\mathrm{kin}} + E_{\mathrm{pot}} = E \tag{41}$$

eine Konstante der Bewegung wird. Zur Herleitung dieser Voraussetzungen gehen wir von Gl. (22′) aus, welche wir bei Gültigkeit von (41) auch schreiben können

$$-\dot{E}_{\mathrm{pot}} = \sum_i \sum_k {}' \mathfrak{K}_{ik}\,\dot{\mathfrak{r}}_i.$$

Hängt E_{pot} nur von den $\mathfrak{r}_i$ ab, so muß andererseits

$$-\dot{E}_{\mathrm{pot}} = -\sum_i (\mathrm{grad}_i E_{\mathrm{pot}}\cdot \dot{\mathfrak{r}}_i)$$

sein. Gleichsetzung dieser beiden Ausdrücke führt auf

$$-\mathrm{grad}_i E_{\mathrm{pot}} = \sum_k {}' \mathfrak{K}_{ik}. \tag{42}$$

Dies sind insgesamt $3N$ Differentialgleichungen für die Funktion

$$E_{\mathrm{pot}}(\mathfrak{r}_1, \mathfrak{r}_2, \ldots, \mathfrak{r}_N).$$

Für rein abstandsabhängige Zentralkräfte sind die Gln. (42) stets erfüllt, und zwar wird dann E_{pot} eine Funktion sämtlicher Abstände r_{ik}. Dann ist nämlich z. B. für die x-Richtung

$$-\frac{\partial E_{\mathrm{pot}}}{\partial x_i} = -\sum_k {}' \frac{\partial E_{\mathrm{pot}}}{\partial r_{ik}}\,\frac{x_i - x_k}{r_{ik}},$$

oder die x-Komponente von $\mathfrak{K}_{ik}$

$$X_{ik} = -\frac{x_i - x_k}{r_{ik}}\,\frac{\partial E_{\mathrm{pot}}}{\partial r_{ik}},$$

also vektoriell

$$\mathfrak{K}_{ik} = -\left(\frac{1}{r_{ik}}\,\frac{\partial E_{\mathrm{pot}}}{\partial r_{ik}}\right)\mathfrak{r}_{ik},$$

wobei der Faktor in der Klammer ein von allen Abständen abhängiger Skalar ist, und der Vektor $\mathfrak{r}_{ik}$ zeigt, daß es sich um eine Zentralkraft handelt. Soll dieser Skalar nur von dem einen Abstand r_{ik} allein abhängen, so muß E_{pot} offenbar eine Summe sein, in der jeder Summand nur von einem einzigen r_{ik} abhängt.

Der Energiesatz wird noch deutlicher, wenn wir von den Bewegungsgleichungen (3) ausgehen, jede derselben mit dem zugehörigen $\dot{\mathfrak{r}}_i$ multiplizieren[1] und addieren:

$$\sum_i m_i \ddot{\mathfrak{r}}_i \dot{\mathfrak{r}}_i = \sum_i \sum_k{}' \mathfrak{K}_{ik}\dot{\mathfrak{r}}_i,$$

was sich formal zu

$$\tfrac{1}{2} \sum_i m_i \dot{\mathfrak{r}}_i^2 = \sum_i \sum_k{}' \int \mathfrak{K}_{ik} \cdot d\mathfrak{r}_i$$

integrieren läßt. Die linke Seite ist die kinetische Energie, die Integrale

$$\int \left(\sum_k{}' \mathfrak{K}_{ik} \right) \cdot d\mathfrak{r}_i$$

werden vom Integrationsweg nur dann unabhängig, wenn der vektorielle Integrand der Bedingung (42) genügt.

Die zehn Integrale der Bewegungsgleichungen genügen natürlich keineswegs, um den Bewegungsablauf eines Systems von N Massenpunkten vollständig zu bestimmen, wozu die Angabe von $3N$ Koordinaten und $3N$ Geschwindigkeiten (den Komponenten aller $\mathfrak{r}_i$ und $\dot{\mathfrak{r}}_i$) notwendig ist. Das erfordert schon für das Zweikörperproblem insgesamt 12, für das Dreikörperproblem sogar 18 Integrale. Beim Zweikörperproblem ist es, wie die Behandlung in Band I gezeigt hat, möglich, die fehlenden zwei Integrale aufzufinden; für das Dreikörperproblem dagegen ist keine geschlossene Lösung mehr möglich außer in gewissen, extrem spezialisierten Sonderfällen.

§ 2. Massenpunktsystem mit Nebenbedingungen
(Lagrangesche Gleichungen erster Art)

Wir haben bisher die Bewegung der Massenpunkte unter der Voraussetzung behandelt, daß wir die auf sie wirkenden Kräfte kennen. Damit sind wir trotz Verallgemeinerung auf eine beliebige Zahl von Massenpunkten über das Begriffsgerüst des ersten Bandes kaum hinausgegangen. In zahlreichen Problemen der Mechanik sind aber nicht die wirkenden Kräfte primär gegeben, sondern an ihrer Stelle oder neben ihnen geometrische Bedingungen für die Bewegung. Auch dies Phänomen ist uns in Band I beim Pendel bereits begegnet (S. 49ff.); was wir dort in einfachster Weise getan haben, ist eine Vorstufe dessen, was wir hier systematisch weiter verfolgen wollen.

Die große Bedeutung dieser Art von Problemen hat ursprünglich eine technische Quelle: Jedes Bauelement einer Maschine, also Gleitbahnen, Kreuzköpfe,

---

[1] Dies ist das in Band I am Ein- und Zweikörperproblem mehrfach vorgeführte Schema, vgl. z. B. dort S. 40 u. 60.

Zahnräder usw., bedeutet eine Einschränkung der Bewegungsfreiheit der vielen Einzelteile der Maschine durch geometrische Bedingungen. Auf diese Zusammenhänge wird im Rahmen eines physikalischen Lehrbuches natürlich nicht einzugehen sein.

Um das Problem zu veranschaulichen, beginnen wir mit zwei sehr einfachen Beispielen.

a) Pendel[1]. Atwoodsche Fallmaschine. Beim *mathematischen Pendel* wird ein Massenpunkt, der sich im Schwerefeld der Erde ($K_z = -mg$) bewegt, zwei Zwangsbedingungen unterworfen: Er soll in der vertikalen Ebene $y = 0$ bleiben, und er soll sich in dieser auf einem Kreis vom Radius l bewegen. Wählen wir den Kreismittelpunkt als Koordinatenursprung, so treten also zu den drei Bewegungsgleichungen zwei Bedingungen

$$y = 0, \qquad x^2 + z^2 = l^2$$

hinzu. Wirken auf den Massenpunkt in y-Richtung keine äußeren Kräfte ein, so kann die Bedingung $y = 0$ ohne weiteres durch Erfüllung der Anfangsbedingungen $y = 0, \dot{y} = 0$ für $t = 0$ eingehalten werden. Anders die zweite Bedingung, deren physikalische Realisierung am einfachsten durch einen undehnbaren Faden vernachlässigbarer Masse erfolgt, welcher eine Spannkraft S aufnimmt. Bei einem Pendelausschlag φ und Einführung der Polarkoordinaten r, φ in der x, z-Ebene erhalten wir dann zwei Bewegungsgleichungen[1]

$$m(\ddot{r} - r\dot{\varphi}^2) = mg \cos \varphi - S, \tag{1}$$

$$m \frac{1}{r} \frac{d}{dt}(r^2 \dot{\varphi}) = -mg \sin \varphi \tag{2}$$

und eine Bedingungsgleichung

$$r = l. \tag{3}$$

Wir haben also im ganzen drei Gleichungen für die drei unbekannten Funktionen $r(t)$, $\varphi(t)$ und $S(t)$. Nur die besondere Einfachheit der Nebenbedingung, die übrigens eine Folge einer zweckmäßigen Koordinatenwahl ist, ermöglicht die bekannte Vereinfachung, die sich beim Einsetzen von (3) in (1) und (2) ergibt:

$$-ml\dot{\varphi}^2 = mg \cos \varphi - S, \tag{1'}$$

$$ml\ddot{\varphi} = -mg \sin \varphi, \tag{2'}$$

wobei nunmehr Gl. (2') die Rolle der eigentlichen Bewegungsgleichung übernimmt und die Bestimmung von $\varphi(t)$ durch Integration gestattet, während (1') Auskunft über die Fadenspannung gibt.

Wir bemerken hierzu zweierlei: *Erstens* hätte sich das gleiche Formelschema ergeben, wenn wir den Faden weggelassen hätten und statt

---

[1] Vgl. Band I, S. 49.

dessen den Massenpunkt auf einer materiellen, liegenden Zylinderfläche hätten ablaufen lassen. Wesentlich ist allein, daß die „*Zwangskraft*" S senkrecht zur vorgeschriebenen Bahn steht. Dieser Gesichtspunkt wird uns weiter unten zu den Lagrangeschen Gleichungen erster Art führen. *Zweitens* ist die Zweckmäßigkeit des Rechenverfahrens eng mit der Koordinatenwahl verknüpft. Da im allgemeinen nicht die Zwangskraft, sondern nur der Bewegungsablauf interessiert, bedürfen wir bei unserem Beispiel nur einer einzigen Gleichung — nämlich Gl. (2′) — zur Bestimmung der einzigen gesuchten Funktion $\varphi(t)$. Statt dessen haben wir mit einem Aufwand von 5 Gleichungen, nämlich 3 Bewegungsgleichungen und 2 Nebenbedingungen begonnen. Allgemein gesprochen: Ein System von N Massenpunkten, welche neben den $3N$ Bewegungsgleichungen K Nebenbedingungen unterworfen sind, repräsentiert sich zunächst mathematisch durch ein System von $3N + K$ Gleichungen, sein Bewegungsablauf läßt sich jedoch bereits vollständig beschreiben durch Angabe von $3N - K$ Koordinaten als Funktionen der Zeit, da die noch fehlenden K Koordinaten aus den K Nebenbedingungen berechnet werden

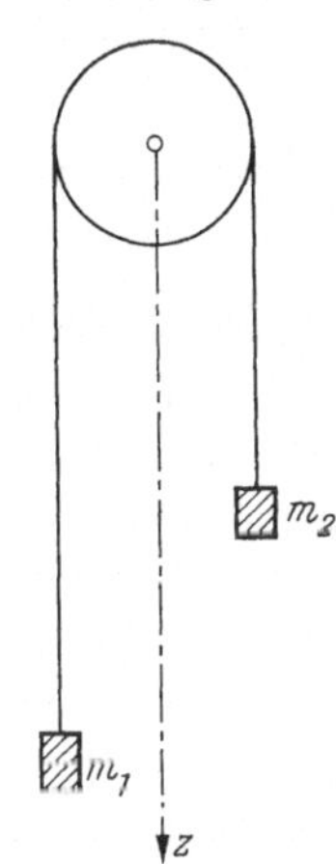

Fig. 2. Atwoodsche Fallmaschine

können. Die Zahl $3N - K$ heißt die Zahl der *Freiheitsgrade* des Systems. Es erhebt sich die Frage, ob sich nicht ein allgemeines Verfahren finden läßt, welches uns ermöglicht, von Anfang an nicht mit mehr Gleichungen arbeiten zu müssen, als die Zahl der Freiheitsgrade beträgt. Daß der Weg dazu in der Benutzung geeigneter Koordinaten besteht, zeigt bereits das Beispiel des Pendels; wir werden ihn weiter unten in § 5 bei Besprechung der Lagrangeschen Gleichungen zweiter Art kennen lernen.

Ehe wir zur allgemeinen Formulierung übergehen, fügen wir als zweites Beispiel ein System von zwei Massenpunkten, nämlich die *Atwoodsche Fallmaschine* an, bei der (Fig. 2) zwei Massen m_1 und m_2 durch eine Schnur miteinander verbunden sind, welche reibungsfrei über eine Rolle läuft. Wir rechnen die vertikale Koordinate z von der Achse der Rolle nach unten; daß für jede der beiden Massen x und y konstant bleiben, können wir wieder mit Hilfe der Anfangsbedingungen erreichen, da in diesen Richtungen keine Kräfte wirken. Es gibt dann eine Nebenbedingung:

$$z_1 + z_2 = l \tag{4}$$

ist die konstante Länge des Fadens (abzüglich des halben Umfangs der Rolle), und

$$m_1 \ddot{z}_1 = m_1 g - S, \tag{5}$$

$$m_2 \ddot{z}_2 = m_2 g - S \tag{6}$$

sind die beiden Bewegungsgleichungen, in denen S die auf beide Massen in gleicher Weise wirkende Fadenspannung ist. Wiederum hat das System nur einen Freiheitsgrad, wir haben jedoch drei Gleichungen für die drei Funktionen $z_1(t)$, $z_2(t)$ und $S(t)$.

Die Lösung ist natürlich auch hier sehr einfach. Wir können z.B. $S(t)$ aus (5) und (6) eliminieren:

$$m_1 \ddot{z}_1 - m_2 \ddot{z}_2 = (m_1 - m_2)\,g$$

und aus der Nebenbedingung (4) $\ddot{z}_2 = -\ddot{z}_1$ entnehmen. Dann folgt

$$\ddot{z}_1 = \frac{m_1 - m_2}{m_1 + m_2}\,g, \tag{7}$$

was in bekannter Weise integriert werden kann. Gl. (7) zeigt auch den Sinn des Apparats: In ihm tritt eine Fallbewegung mit einer künstlich verkleinerten Fallbeschleunigung auf, die für Demonstrationsversuche geeignet ist, ähnlich wie GALILEI zu diesem Zweck die schiefe Ebene benutzt hatte.

Dies Beispiel unterscheidet sich vom vorstehenden dadurch, daß hier kein ohne das physikalische Hilfsmittel des Fadens erkennbarer Zusammenhang zwischen der Zwangskraft S in den Bewegungsgleichungen (5) und (6) einerseits und der geometrischen Nebenbedingung (4) andererseits besteht. Es bedarf also noch einer besonderen Betrachtung, um es mit dem Pendel in den gleichen theoretischen Rahmen einzubauen.

b) Bewegung eines Massenpunktes auf einer Fläche. Ein Massenpunkt, der unter dem Einfluß einer äußeren Kraft $\mathfrak{K}$ (z.B. der Schwerkraft) steht, soll in seiner Bewegung an eine materielle Fläche (z.B. schiefe Ebene, Kugelschale oder dgl.) gebunden sein, Dann übt die Fläche offenbar zwei Kräfte auf den Massenpunkt aus, die wir beim Ansetzen seiner Bewegungsgleichungen berücksichtigen müssen: Einen Normaldruck, d.h. die senkrecht zur Fläche stehende „Zwangskraft", die infolge ihrer Richtung senkrecht zur Bahn keine Arbeit leistet, und eine tangential wirkende Reibungskraft. Solange wir die Reibung konsequent vernachlässigen, besteht also nur die normal gerichtete Zwangskraft. Ist die Gleichung der Fläche

$$F(x,\,y,\,z) = 0, \tag{8}$$

so gilt

$$dF = \frac{\partial F}{\partial x}\,dx + \frac{\partial F}{\partial y}\,dy + \frac{\partial F}{\partial z}\,dz = 0,$$

wenn der infinitesimale Verschiebungsvektor $d\mathfrak{r}$ mit den Komponenten $dx,\,dy,\,dz$ in der Fläche liegt. Da wir diese Beziehung auch schreiben können

$$\operatorname{grad} F \cdot d\mathfrak{r} = 0, \tag{9}$$

muß der Vektor grad F senkrecht auf der Fläche (8) stehen, die Zwangskraft $\mathfrak{Z}$ also die Form haben

$$\mathfrak{Z} = \lambda \operatorname{grad} F, \tag{10}$$

wobei der sogenannte *Lagrangesche Multiplikator* λ eine zunächst noch unbekannte Funktion $\lambda(x, y, z)$ ist. Demnach haben wir insgesamt vier Gleichungen, nämlich die drei Bewegungsgleichungen, die in vektorieller Zusammenfassung

$$m\ddot{\mathfrak{r}} = \mathfrak{K} + \lambda \operatorname{grad} F \tag{11}$$

lauten, und die Bedingung (8). Diese vier Gleichungen genügen gerade zur Bestimmung der vier unbekannten Funktionen, nämlich der drei Komponenten von $\mathfrak{r}(t)$ und der Funktion $\lambda(x, y, z)$. Die Bewegungsgleichungen (11) heißen die *Lagrangeschen Gleichungen erster Art.*

Als nichttriviales Beispiel zur Anwendung dieser Methode behandeln wir im folgenden die Bewegung eines der Schwerkraft unterworfenen Massenpunktes auf einer *Rotationsfläche* mit vertikaler (z-)Achse. Dann lautet die Nebenbedingung in bequemer Schreibweise

$$F(x, y, z) - 2f(z) - (x^2 + y^2) = 0. \tag{12}$$

Hier bestimmt $f(z)$ die spezielle Form der Rotationsfläche; mit

$$f(z) = \tfrac{1}{2}(R^2 - z^2) \tag{12'}$$

würde die Fläche z.B. eine Kugel vom Radius R werden und unser Problem speziell in die Theorie des *Kugelpendels* übergehen. Mit

$$\frac{\partial F}{\partial x} = -2x; \qquad \frac{\partial F}{\partial y} = -2y; \qquad \frac{\partial F}{\partial z} = 2f'(z)$$

und den Schwerkraftkomponenten $X = Y = 0$, $Z = -mg$ (z-Achse nach oben) erhalten wir nach dem Muster von Gl. (11) die Lagrangeschen Gleichungen

$$\begin{aligned}
m\ddot{x} &= & -2\lambda x \\
m\ddot{y} &= & -2\lambda y \\
m\ddot{z} &= -mg & + 2\lambda f'(z).
\end{aligned} \tag{13}$$

Da $\lambda(x, y, z)$ eine noch unbekannte Funktion aller drei Koordinaten ist, sind die Gleichungen nicht entkoppelt. Zu ihrer Lösung wenden wir ähnliche Verfahren an, wie wir sie bereits in Band I kennengelernt haben. Zunächst eliminieren wir λ aus den beiden ersten Gleichungen:

$$y\ddot{x} - x\ddot{y} = 0;$$

für die x, y-Ebene gilt also der Flächensatz, d.h. die z-Komponente des Drehimpulses ist konstant. Führen wir durch

$$x = r\cos\varphi, \qquad y = r\sin\varphi$$

Zylinderkoordinaten r, φ, z ein, so wird also

$$r^2 \dot\varphi = c \tag{14}$$

konstant. Weiter muß der Energiesatz in der gleichen Weise wie für die freie Bewegung im Schwerefeld gelten, da die Zwangskraft keine Arbeit leistet. Aus den Bewegungsgleichungen (13) folgt nun

$$m(\dot x\,\ddot x + \dot y\,\ddot y + \dot z\,\ddot z) = -mg\dot z + 2\lambda(-x\,\dot x - y\,\dot y + f'\dot z),$$

und hier verschwindet in der Tat der Faktor von λ, da er gleich dF/dt ist, wie ein Blick auf Gl. (12) lehrt, und $F = 0$ für alle t bleibt. Also folgt durch Integration

$$\frac{m}{2}(\dot x^2 + \dot y^2 + \dot z^2) = mg(z_0 - z)$$

mit einer Integrationskonstanten z_0, und in Zylinderkoordinaten der Energiesatz in der Form

$$\frac{m}{2}(\dot r^2 + r^2\dot\varphi^2 + \dot z^2) + mgz = mgz_0. \tag{15}$$

Die drei Gleichungen (12), (14) und (15) enthalten nicht mehr die unbekannte Funktion λ und genügen daher zur Bestimmung der drei Funktionen $r(t)$, $\varphi(t)$, $z(t)$. Dabei ist es zweckmäßig, zunächst mit Hilfe von (14) $\dot\varphi$ aus (15) zu eliminieren; dann bleiben zwei Gleichungen, nämlich

$$\dot r^2 + \frac{c^2}{r^2} + \dot z^2 = 2g(z_0 - z)$$

und $\tag{16}$

$$2f(z) = r^2$$

für die zwei Funktionen $r(t)$ und $z(t)$ übrig. Mit Hilfe der letzten Gleichung, also der Nebenbedingung, eliminieren wir schließlich $r(t)$:

$$r = \sqrt{2f(z)}; \quad \dot r = \frac{f'}{\sqrt{2f}}\dot z$$

und daher

$$\left(\frac{f'^2}{2f} + 1\right)\dot z^2 = 2g(z_0 - z) - \frac{c^2}{2f}.$$

Diese Differentialgleichung erster Ordnung für $z(t)$ ist durch Separation zu lösen:

$$t - t_0 = \int_{z_0}^{z} dz\,\sqrt{\frac{f'^2 + 2f}{4g(z_0 - z)f - c^2}}. \tag{17}$$

Anschließend kann man dann aus

$$d\varphi = \frac{c}{r^2}\,dt = \frac{c}{2f}\,dt$$

auch die Winkelabhängigkeit gemäß

$$\varphi - \varphi_0 = \int\limits_{z_0}^{z} dz \, \frac{c}{2f} \, \sqrt{\frac{f'^2 + 2f}{4g(z_0 - z)f - c^2}} \tag{18}$$

berechnen, während sich r elementar aus

$$r = \sqrt{2f(z)}$$

ergibt.

Im Falle der Kugelschale, G. $(12')$, gehen die Gln. (17) und (18) über in

$$t - t_0 = R \int\limits_{z_0}^{z} \frac{dz}{\sqrt{2g(z_0 - z)(R^2 - z^2) - c^2}} \; ; \tag{19a}$$

$$\varphi - \varphi_0 = c R \int\limits_{z_0}^{z} \frac{dz}{(R^2 - z^2)\sqrt{2g(z_0 - z)(R^2 - z^2) \quad c^2}} \, . \tag{19b}$$

Diese Integrale lassen sich auf elliptische Normalintegrale zurückführen, doch wollen wir hier die mathematischen Einzelheiten nicht weiter verfolgen[1]. Es mag die Bemerkung genügen, daß der Radikand in den Nennern von $(19a, b)$ positiv sein muß, d.h. daß während der Bewegung stets

$$z^3 - z_0 z^2 - R^2 z + \left(z_0 R^2 - \frac{c^2}{2g}\right) > 0$$

bleiben muß. Dies führt zu einer Beschränkung der Bewegung zwischen zwei horizontalen Ebenen (den Librationsgrenzen) $z = z_1$ und $z = z_2$, wobei z_1 und z_2 zwei der drei Nullstellen dieses Ausdruckes sind, deren Zahlenwerte von der Wahl der Konstanten z_0 und c (d.h. letzten Endes von Energie und vertikaler Drehimpulskomponente) abhängen.

Bisher haben wir uns auf die Betrachtung einer *festen* Fläche beschränkt. Eine solche Nebenbedingung der Form (8) bezeichnet man als eine *skleronome Bedingung* (von $\sigma\kappa\lambda\eta\varrho\acute{o}\varsigma$ = starr). Ist die Fläche mit der Zeit veränderlich, lautet die Bedingung also

$$F(x, y, z, t) = 0, \tag{20}$$

so sprechen wir von einer *rheonomen Bedingung* (von $\varrho\acute{\epsilon}\omega$ = fließe). In diesem Falle wird

$$\operatorname{grad} F \cdot d\mathfrak{r} + \frac{\partial F}{\partial t} \, dt = 0,$$

---

[1] Vgl. J. L. SYNGE, Classical Dynamics, in Handb. d. Physik, Bd. III/1, S. 52f. Dort ist die Lösung in Jacobischen elliptischen Funktionen explicite angegeben, wobei die drei Nullstellen z_1, z_2, z_3 des Radikanden als Parameter eingehen. Einzelheiten der Rechnung in großer Breite z.B. bei P. APPELL: Traité de mécanique rationnelle, Tome I, Paris 1902, pp. 496—507.

d.h. die Vektoren $\operatorname{grad} F$ und $d\mathfrak{r}$ (in der Fläche) stehen nicht mehr senkrecht aufeinander, da ihr skalares Produkt nicht mehr verschwindet. Daher kann die Zwangskraft jetzt auch Arbeit an dem Massenpunkt leisten.

Als Beispiel einer rheonomen Bedingung betrachten wir die Bewegung auf einer schiefen Ebene, die parallel verschoben wird. Ihre Gleichung lautet

$$F(x, y, z, t) \equiv z - h(t) + x \tan \alpha = 0, \tag{21}$$

und die Lagrangeschen Gleichungen (unter Auslassung der trivialen für y) sind

$$m\ddot{x} = \lambda \tan \alpha; \qquad m\ddot{z} = \lambda - mg, \tag{22}$$

also unabhängig davon, ob die Ebene bewegt wird oder nicht. Aus den Gln. (22) eliminieren wir die unbekannte Funktion $\lambda(x, z, t)$:

$$\lambda = m\ddot{x} \cot \alpha = m(\ddot{z} + g);$$

wir können also $\ddot{x}$ gemäß

$$\ddot{x} = (\ddot{z} + g) \tan \alpha \tag{23a}$$

durch $\ddot{z}$ ausdrücken. Differenzieren wir nun Gl. (21) zweimal nach t, so tritt zu dieser Beziehung noch

$$\ddot{z} - \ddot{h} + \ddot{x} \tan \alpha = 0$$

hinzu. Drücken wir hier $\ddot{x}$ mit Hilfe von (23a) durch $\ddot{z}$ aus, so entsteht nach einfacher Umformung

$$\ddot{z} = -g \sin^2 \alpha + \ddot{h} \cos^2 \alpha. \tag{23b}$$

Wenn die Bedingung (21) skleronom ist ($\dot{h} = 0$) oder zwar rheonom ist, aber die Ebene mit konstanter Geschwindigkeit verschoben wird ($\ddot{h} = 0$), so ergibt sich das aus der elementaren Theorie bekannte und schon von GALILEI benutzte Resultat $\ddot{z} = -g \sin^2 \alpha$. Erfolgt aber eine beschleunigte Bewegung ($\ddot{h} \neq 0$), so wird dem Massenpunkt eine zusätzliche Beschleunigung in der Vertikalen erteilt, und diese ist gleich der Vertikalkomponente der Normalkomponente der Beschleunigung, welche die Ebene erfahren hat.

Nehmen wir an, der Massenpunkt ruhe in einem Punkt der Ebene (etwa an einer Schnur so aufgehängt, daß er sie gerade berührt) und zur Zeit $t = 0$ würde die Ebene aus dem Ruhezustand nach oben in Bewegung gesetzt (so daß sich die Schnur sofort entspannt), so können wir die Gln. (23a, b) mit den Anfangsbedingungen $\dot{x} = 0, \dot{z} = 0, \dot{h} = 0$ für $t = 0$ integrieren:

$$\dot{x} = (\dot{z} + gt) \tan \alpha; \qquad \dot{z} = -gt \sin^2 \alpha + \dot{h} \cos^2 \alpha.$$

Dann folgt nach elementarer Rechnung

$$\frac{dE_{\text{kin}}}{dt} = m(\dot{x}\ddot{x} + \dot{z}\ddot{z}) = m(g^2 t \sin^2\alpha + \dot{h}\ddot{h}\cos^2\alpha),$$

mithin

$$E_{\text{kin}} = \frac{m}{2}(g^2 t^2 \sin^2\alpha + \dot{h}^2 \cos^2\alpha).$$

Der erste Term hierin ist die bei ruhender Ebene mit der Bahngeschwindigkeit $v = gt\sin\alpha$ zur Zeit t durch das Schwerefeld erzeugte kinetische Energie. Zu dieser tritt jedoch bei rheonomer Bedingung noch der zweite Term, welcher gleich der von der bewegten Ebene an dem Massenpunkt geleisteten Arbeit ist.

Die hier behandelten skleronomen und rheonomen Bedingungen gehören beide der allgemeineren Klasse *holonomer Bedingungen* an (von $\delta\lambda o\varsigma$ = ganz), d.h. solchen Bedingungen, die entweder durch eine Funktion $F = 0$ oder durch ein vollständiges Differential $dF = 0$ beschrieben werden. Eine differentielle Nebenbedingung, welche nicht integrabel ist, d.h. die Form

$$F_1\,dx + F_2\,dy + F_3\,dz + F_4\,dt = 0$$

hat, wobei die Funktionen F_1 bis F_4 *nicht* proportional zu den partiellen Differentialquotienten einer und derselben Funktion nach den vier Variablen sind, heißt eine *nicht-holonome Bedingung*.

Die Bewegung eines Massenpunktes auf einer *Kurve* kann ganz analog zu derjenigen auf einer Fläche behandelt werden, indem wir die Kurve als Schnittlinie zweier Flächen betrachten und für jede der beiden Flächen einen Multiplikator einführen. Sind die Gleichungen der beiden Flächen $F = 0$ und $G = 0$, so lauten die Lagrangeschen Gleichungen erster Art in diesem Falle also

$$m\ddot{\mathfrak{r}} = \mathfrak{K} + \lambda\,\operatorname{grad} F + \mu\,\operatorname{grad} G;$$

mit den beiden Bedingungsgleichungen zusammen genügen sie gerade zur Elimination der beiden Multiplikatoren λ und μ. Da ein solches Problem nur einen Freiheitsgrad besitzt (z.B. die Bogenlänge längs der Kurve), ist es hier meist einfacher, statt von den Bewegungsgleichungen vom Energiesatz auszugehen, in dem die Zwangskräfte, welche ja keine Arbeit leisten, gar nicht auftreten.

c) Systeme aus mehreren Massenpunkten mit Nebenbedingungen. Wir übertragen nun die Lagrangesche Methode auf Bewegungen, bei denen mehrere Massenpunkte beteiligt sind. Ein einfaches Beispiel hierfür haben wir auf S. 13 bereits mit der Atwoodschen Fallmaschine kennengelernt. Wir können hier die Nebenbedingung (4) in der Form

$$F(z_1, z_2) = l - z_1 - z_2 = 0 \tag{4'}$$

schreiben; die Lagrangeschen Gleichungen lauten dann einfach

$$m_1\ddot{z}_1 = m_1 g - \lambda; \qquad m_2\ddot{z}_2 = m_2 g - \lambda,$$

was abgesehen von der Ersetzung der unbekannten Fadenspannung S durch den ebenfalls unbekannten Multiplikator λ mit den Gln. (5), (6) identisch ist.

Es ist nützlich, die Lagrangesche Methode für mehrere Massenpunkte noch an einem weniger trivialen Beispiel vorzuführen. Wir behandeln dazu das *Doppelpendel* (Fig. 3), bei dem die Masse m_2 an einem Faden der Länge l_2 an das erste Pendel (m_1, l_1) angehängt ist. Offenbar hat das Problem bei Beschränkung auf die vertikale x, z-Ebene vier Koordinaten x_1, z_1, x_2, z_2 und zwei Nebenbedingungen, nämlich

$$F \equiv \tfrac{1}{2}\,(x_1^2 + z_1^2 - l_1^2) = 0 \qquad (24\,\mathrm{a})$$

und

$$G \equiv \tfrac{1}{2}\,[(x_2 - x_1)^2 + (z_2 - z_1)^2 - l_2^2] = 0, \qquad (24\,\mathrm{b})$$

entsprechend den beiden in der Figur angedeuteten Kreisen F und G. Die Lagrangeschen Bewegungsgleichungen enthalten dann zwei Multiplikatorfunktionen λ und μ:

$$\begin{aligned}
m_1\ddot{x}_1 &= \lambda x_1 + \mu\,(x_1 - x_2) \\
m_1\ddot{z}_1 &= \lambda z_1 + \mu\,(z_1 - z_2) - m_1 g \\
m_2\ddot{x}_2 &= \qquad\;\; -\mu\,(x_1 - x_2) \\
m_2\ddot{z}_2 &= \qquad\;\; -\mu\,(z_1 - z_2) - m_2 g.
\end{aligned} \qquad (24\,\mathrm{c})$$

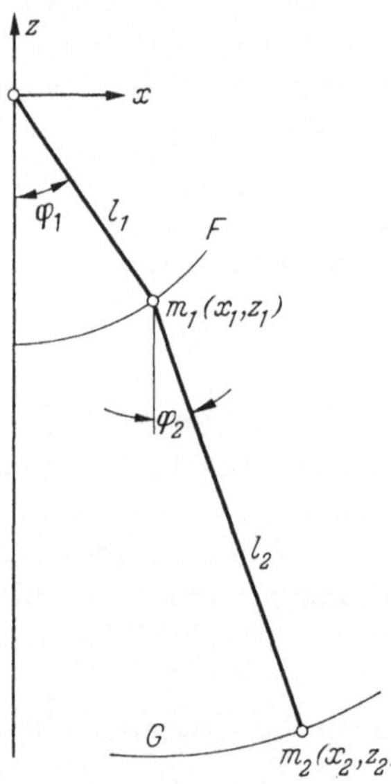

Fig. 3. Doppelpendel

Die sechs Gleichungen (24a, b, c) genügen gerade zur Bestimmung der sechs Unbekannten $x_1, z_1, x_2, z_2, \lambda, \mu$. Da das Problem aber nur zwei Freiheitsgrade hat, ist die gegebene Beschreibung außerordentlich umständlich[1].

Am einfachsten ist die Elimination von μ durch Addition der ersten und dritten bzw. der zweiten und vierten Gl. (24c). Jede der so gewonnenen Gleichungen läßt sich nach λ auflösen; durch Gleichsetzung dieser beiden Ausdrücke entsteht schließlich

$$z_1\,(\ddot{x}_1 + M\,\ddot{x}_2) = x_1\,[\ddot{z}_1 + g + M\,(\ddot{z}_2 + g)] \quad \text{mit} \quad M = m_2/m_1. \quad (24\,\mathrm{c}_1)$$

---

[1] Mit $\mu = 0$ und $m_2 = 0$ reduziert sich das Problem auf das einfache Pendel. Gl. (24c₂) und die zweite Gl. (26) sind dann einfach wegzulassen, weil sie durch Kürzen mit m_2 entstanden sind.

Aus der dritten und vierten Gl. (24c) kann man μ unabhängig berechnen; setzt man beide Ausdrücke für μ einander gleich, so erhält man

$$\ddot{x}_2(z_2 - z_1) = (\ddot{z}_2 + g)(x_2 - x_1). \tag{24c_2}$$

Die Gln. (24a, b, c$_1$, c$_2$) genügen gerade zur Berechnung der vier Koordinaten.

In Polarkoordinaten vereinfachen sich die Resultate erheblich. Setzt man

$$z_1 = -r_1 \cos \varphi_1; \qquad x_1 = r_1 \sin \varphi_1; $$
$$z_2 - z_1 = -r_2 \cos \varphi_2; \qquad x_2 - x_1 = r_2 \sin \varphi_2, \tag{25}$$

so ergeben die Nebenbedingungen (24a,b) einfach $r_1 = l_1$ und $r_2 = l_2$, und es bleiben nur die zwei Gleichungen (24c$_1$, c$_2$) zur Berechnung von φ_1 und φ_2 übrig. Beim Differenzieren von (25) bleiben r_1 und r_2 konstant:

$$\dot{z}_1 = l_1 \sin \varphi_1 \dot{\varphi}_1; \qquad \ddot{z}_1 = l_1(\cos \varphi_1 \dot{\varphi}_1^2 + \sin \varphi_1 \ddot{\varphi}_1) \quad \text{usw.}$$

Nach einer etwas mühsamen, aber elementaren Rechnung gehen dann aus (24c$_1$, c$_2$) schließlich die Gleichungen hervor:

$$l_1\ddot{\varphi}_1 + g \sin \varphi_1 + \frac{m_2 l_2}{m_1 + m_2}\{\cos(\varphi_2 - \varphi_1)\ddot{\varphi}_2 - \sin(\varphi_2 - \varphi_1)\dot{\varphi}_2^2\} = 0;$$
$$l_2\ddot{\varphi}_2 + g \sin \varphi_2 + l_1\{\cos(\varphi_2 - \varphi_1)\ddot{\varphi}_1 + \sin(\varphi_2 - \varphi_1)\dot{\varphi}_1^2\} = 0. \tag{26}$$

Bei kleinen Ausschlägen lassen sich die Gln. (26) linearisieren zu

$$l_1\ddot{\varphi}_1 + g\varphi_1 + \frac{m_2 l_2}{m_1 + m_2}\ddot{\varphi}_2 = 0; \qquad l_2\ddot{\varphi}_2 + g\varphi_2 + l_1\ddot{\varphi}_1 = 0 \tag{26'}$$

und mit dem Ansatz

$$\varphi_1 = \alpha_1 e^{i\omega t}; \qquad \varphi_2 = \alpha_2 e^{i\omega t}$$

lösen. Die Diskussion geht grundsätzlich nicht über das in Band I behandelte Beispiel der gekoppelten Pendel[1] hinaus und kann deshalb hier unterbleiben.

Natürlich ist der Ansatz (24c) auch nach der elementaren Methode zu gewinnen, bei der wir die Spannkräfte S_1 und S_2 in den beiden Fäden als reale Kräfte auf die Massenpunkte einführen und in ihre Komponenten zerlegen. Dann lauten die Bewegungsgleichungen

$$m_1\ddot{x}_1 = -S_1 \sin \varphi_1 + S_2 \sin \varphi_2$$
$$m_1\ddot{z}_1 = S_1 \cos \varphi_1 - S_2 \cos \varphi_2 - m_1 g$$
$$m_2\ddot{x}_2 = -S_2 \sin \varphi_2$$
$$m_2\ddot{z}_2 = S_2 \cos \varphi_2 - m_2 g. \tag{27}$$

Ersetzt man hierin gemäß (25) die Winkelfunktionen durch die kartesischen Koordinaten, so gehen die Gln. (27) mit der Umbenennung $S_1 = -\lambda l_1$; $S_2 = -\mu l_2$ in die Lagrangeschen Gleichungen (24c) über.

---

[1] Band I, Aufg. 7 und 8, S. 217 ff.

d) Vorläufiges über starre Körper. Wenn zwischen den Massenpunkten eines Systems aus mehreren Massen m_i an den Orten $\mathfrak{r}_i(t)$ eine Anzahl geometrischer Bedingungen bestehen, so läßt sich also die Lagrangesche Methode stets anwenden. Wir benutzen das, um durch eine hinreichende Anzahl fester Abstände r_{ik} einen *starren Körper* aus einer beliebig großen Zahl von Massenpunkten aufzubauen. Die Übersicht (Fig. 4)

N	Ersatz-stabwerk	Anzahl der		
		Koor-dinaten	Bedin-gungen	Freiheits-grade
1		3	0	3
2		6	1	5
3		9	3	6
4	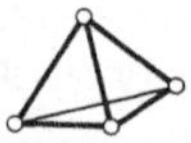	12	6	6
5	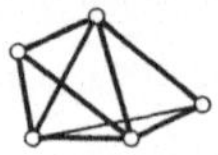	15	9	6
$\geqq 3$		$3N$	$3N-6$	6

Fig. 4. Konstruktion starrer Körper mit Hilfe einer Minimalzahl von Stäben

zeigt für die einfachsten Fälle, wie die Starrheit durch „Stäbe" zwischen den Massenpunkten erreicht wird. Dabei entspricht jedem Stab der Länge a_{ik} zwischen zwei Massen i und k eine Nebenbedingung

$$F_{ik} \equiv (\mathfrak{r}_i - \mathfrak{r}_k)^2 - a_{ik}{}^2 = 0. \tag{28}$$

Um die zweite Masse starr mit der ersten zu verbinden, ist ein Stab nötig (Hantel); um eine dritte Masse starr mit der Hantel zu verbinden, bedarf es zweier weiterer Stäbe (Dreieck); die vierte Masse wird mit drei Stäben starr an das Dreieck gebunden (Tetraeder). Will man weitere Massen hieran anschließen, so genügt es, für jede neue Masse drei weitere Stäbe hinzuzufügen. Auf diese Weise ergeben sich die Zahlen in Fig. 4. Abgesehen von den Sonderfällen $N=1$ und $N=2$ haben wir stets $3N$ Koordinaten und $3N-6$ unabhängige Bedingungsgleichungen der

Form (28). Die Zahl der Freiheitsgrade des so aufgebauten starren Körpers ist gleich der Differenz beider Zahlen, also

$$3N - (3N - 6) = 6.$$

Dies ist auch anschaulich klar; es sind die drei Translationen und drei Rotationen, von denen schon in Band I die Rede war[1]. Um die Bewegungen dieses Gebildes von sechs Freiheitsgraden vollständig zu beschreiben, genügen im Prinzip sechs Gleichungen; die Lagrangesche Methode liefert uns aber $3N$ Differentialgleichungen und $3N - 6$ Bedingungen der Form (28), insgesamt also

$$3N + (3N - 6) = 6(N - 1)$$

Gleichungen. Wenn wir den starren Körper aus vielen Massenpunkten $(N \gg 1)$ zusammensetzen, so wird das Verfahren also extrem unzweckmäßig. Trotzdem lohnt es sich, an Hand der in § 1 getroffenen Vorbereitungen, an Hand dieser Methode einige Begriffe schon hier herauszuschälen.

Die Lagrangeschen Bewegungsgleichungen lauten jetzt

$$m_i \ddot{\mathfrak{r}}_i = \mathfrak{K}_i + \sum_k{}' \lambda_{ik} \operatorname{grad}_i F_{ik}; \tag{29}$$

hierzu treten $3N - 6$ Bedingungen (28). Jedes Summenglied in (29) beschreibt nun eine Stabkraft, und zwar die auf die i-te Masse längs der Verbindungslinie von i nach k ausgeübte Kraft. Dies zeigt anschaulich, daß die von den Nebenbedingungen herrührenden inneren Kräfte in (29) Zentralkräfte sind. Das Prinzip von Aktion und Reaktion drückt sich dann darin aus, daß

$$\lambda_{ik} \operatorname{grad}_i F_{ik} = - \lambda_{ki} \operatorname{grad}_k F_{ki}$$

sein muß, und da F_{ik} mit F_{ki} identisch ist, und da sich für die Gradienten aus (28) ergibt

$$\operatorname{grad}_i F_{ik} = 2(\mathfrak{r}_i - \mathfrak{r}_k); \qquad \operatorname{grad}_k F_{ki} = 2(\mathfrak{r}_k - \mathfrak{r}_i),$$

so folgt, daß

$$\lambda_{ik} = \lambda_{ki} \tag{30}$$

ist. Gleichzeitig sieht man, daß die innere Kraft

$$\mathfrak{K}_{ik} = \lambda_{ik} \operatorname{grad}_i F_{ik} = 2\lambda_{ik}(\mathfrak{r}_i - \mathfrak{r}_k)$$

tatsächlich die Richtung der Verbindungslinie $\mathfrak{r}_i - \mathfrak{r}_k$ hat.

---

[1] Band I, S. 17.

Wie in § 1 erhalten wir nun aus (29) durch Addition für das Massenzentrum die Bewegungsgleichung

$$M\ddot{\mathfrak{R}} = \mathfrak{K}, \tag{31}$$

wobei

$$M = \sum_i m_i; \quad \mathfrak{R} = \frac{\sum_i m_i \mathfrak{r}_i}{\sum_i m_i}; \quad \mathfrak{K} = \sum_i \mathfrak{K}_i \tag{32}$$

ist; die Doppelsumme über die Zwangskräfte verschwindet wegen $\mathfrak{K}_{ki} = -\mathfrak{K}_{ik}$. Außer dieser Translationsbewegung des Massenzentrums unter der Wirkung der gesamten äußeren Kraft, die bereits 3 der 6 Freiheitsgrade des starren Körpers beschreibt, sind noch Drehungen um das Massenzentrum herum möglich. Um sie zu beschreiben, führen wir wie in § 1 die Schwerpunktskoordinaten

$$\mathfrak{r}_i' = \mathfrak{r}_i - \mathfrak{R} \tag{33}$$

ein und definieren als Drehimpuls um das Massenzentrum

$$\mathfrak{L}' = \sum_i m_i (\mathfrak{r}_i' \times \dot{\mathfrak{r}}_i'). \tag{34}$$

Da die Zwangskräfte Zentralkräfte sind, verschwindet die Doppelsumme in Gl. (28′) von § 1, und es gilt

$$\dot{\mathfrak{L}}' = \mathfrak{M}' \quad \text{mit} \quad \mathfrak{M}' = \sum_i \mathfrak{r}_i' \times \mathfrak{K}_i. \tag{35}$$

Die Gln. (31) und (35) genügen grundsätzlich zur Bestimmung von insgesamt sechs Größen ($\mathfrak{R}$ und $\mathfrak{L}'$); die praktische Schwierigkeit liegt darin, daß $\mathfrak{M}'$ noch in komplizierter Form von den jeweiligen Koordinatenwerten abhängt. Um also Gl. (35) benutzen zu können, ist es notwendig von den Koordinaten $\mathfrak{r}_i'$, die — abgesehen von der Translation des Schwerpunktes — raumfest und daher zeitabhängig sind, zu *körperfesten Koordinaten* überzugehen (s. § 4b).

Häufig ist es zweckmäßig, anstelle des Drehimpulses die geometrisch anschaulichere *Winkelgeschwindigkeit* $\boldsymbol{\omega}$ einzuführen, mit welcher sich der Körper um das Massenzentrum dreht. Sie ist ein Vektor, dessen Richtung in die Drehachse fällt und hängt mit den individuellen Geschwindigkeiten der Massenpunkte im Schwerpunktssystem nach der Formel

$$\dot{\mathfrak{r}}_i' = \boldsymbol{\omega} \times \mathfrak{r}_i' \tag{36}$$

zusammen. Der Vektor $\boldsymbol{\omega}$ ist also allen Massenpunkten gemeinsam; er ändert sich aber mit der Zeit, weshalb wir ihn korrekter auch als *instantane* Winkelgeschwindigkeit bezeichnen.

Gl. (36) beweist man am bequemsten in einem Koordinatensystem, das so orientiert ist, daß $\boldsymbol{\omega}$ in die z-Richtung weist. Dann läßt sich (36) auch schreiben

$$\dot{x}_i' = -\omega\, y_i'; \quad \dot{y}_i' = \omega\, x_i'; \quad \dot{z}_i' = 0. \tag{36a}$$

Da hieraus

$$2 x_i'\, \dot{x}_i' + 2 y_i'\, \dot{y}_i' = \frac{d}{dt}\,(x_i'^2 + y_i'^2) = 0$$

folgt, so ist dies eine Drehung um die z'-Achse; führen wir Polarkoordinaten

$$x_i' = r_i' \cos\varphi_i'; \qquad y_i' = r_i' \sin\varphi_i'$$

ein, so erhält man durch Differenzieren bei konstantem r_i':

$$\begin{aligned}
\dot{x}_i' &= -r_i' \sin\varphi_i'\; \dot\varphi_i' = -y_i'\, \dot\varphi_i' \\
\dot{y}_i' &= r_i' \cos\varphi_i'\; \dot\varphi_i' = x_i'\, \dot\varphi_i',
\end{aligned} \tag{36b}$$

so daß ein Vergleich mit (36a) auf $\dot\varphi_i' = \omega$ führt, entsprechend dem Begriff der Winkelgeschwindigkeit.

Drückt man den Drehimpuls (34) mit Hilfe von (36) durch die instantane Winkelgeschwindigkeit aus, so erhält man

$$\mathfrak{L}' = \sum_i m_i'\bigl(\mathfrak{r}_i' \times (\boldsymbol{\omega} \times \mathfrak{r}_i')\bigr). \tag{37}$$

Eine solche lineare, drehinvariante Beziehung zwischen zwei Vektoren $\mathfrak{L}'$ und $\boldsymbol{\omega}$ nennt man auch eine *tensorielle Verknüpfung*. Der Zusammenhang wird noch deutlicher in Komponentenschreibweise; z. B. folgt aus (37) für die x-Komponente des Drehimpulses

$$\begin{aligned}
L_x' &= \sum_i m_i \{ y_i'(\omega_x y_i' - \omega_y x_i') - z_i'(\omega_z x_i' - \omega_x z_i') \} \\
&= \omega_x \sum_i m_i\,(y_i'^2 + z_i'^2) - \omega_y \sum_i m_i\, x_i' y_i' - \omega_z \sum_i m_i\, x_i' z_i'.
\end{aligned}$$

Daher gelten die linearen Gleichungen

$$\begin{aligned}
L_x' &= \Theta_{xx}\,\omega_x + \Theta_{xy}\,\omega_y + \Theta_{xz}\,\omega_z \\
L_y' &= \Theta_{yx}\,\omega_x + \Theta_{yy}\,\omega_y + \Theta_{yz}\,\omega_z \\
L_z' &= \Theta_{zx}\,\omega_x + \Theta_{zy}\,\omega_y + \Theta_{zz}\,\omega_z
\end{aligned} \tag{38}$$

mit dem Koeffizientenschema

$$\begin{aligned}
\Theta &= \begin{pmatrix} \Theta_{xx} & \Theta_{xy} & \Theta_{xz} \\ \Theta_{yx} & \Theta_{yy} & \Theta_{yz} \\ \Theta_{zx} & \Theta_{zy} & \Theta_{zz} \end{pmatrix} \\
&= \begin{pmatrix} \sum m_i\,(y_i'^2 + z_i'^2); & -\sum m_i\, x_i' y_i'; & -\sum m_i\, x_i' z_i' \\ -\sum m_i\, y_i' z_i'; & \sum m_i\,(x_i'^2 + z_i'^2); & -\sum m_i\, y_i' z_i' \\ -\sum m_i\, z_i' x_i'; & -\sum m_i\, z_i' y_i'; & \sum m_i\,(x_i'^2 + y_i'^2). \end{pmatrix}.
\end{aligned} \tag{39}$$

Das ganze, durch Gl. (39) beschriebene Gebilde heißt der *Trägheitstensor*.

Es ist häufig bequem, die Symbole x, y, z durch x_1, x_2, x_3 zu ersetzen (also z. B. statt y_i' zu schreiben x_{i2}'). Dann vereinfachen sich die Gln. (38) zu

$$L_\mu' = \sum_\nu \Theta_{\mu\nu}\omega_\nu \qquad (\mu,\ \nu = 1,\ 2,\ 3) \tag{38'}$$

und nach (39) ist

$$\Theta_{\mu\nu} = \left(\sum_\lambda \sum_i m_i\, x_{i\lambda}'^2\right)\delta_{\mu\nu} - \sum_i m_i\, x_{i\mu}' x_{i\nu}'. \tag{39'}$$

Dieser Schreibweise haben wir uns bereits in Band I bei der Behandlung der Transformationseigenschaften des Deformationstensors bedient[1]; wir wollen im folgenden in ähnlicher Weise den tensoriellen Charakter von Θ beweisen. Wir bilden hierzu das skalare Produkt $\mathfrak{L}' \cdot \boldsymbol{\omega}$, also nach Gl. (38')

$$\sum_\mu L_\mu' \omega_\mu = \sum_\mu \sum_\nu \Theta_{\mu\nu}\omega_\mu\omega_\nu.$$

Diese Größe ist drehinvariant. Beim Übergang zu einem gedrehten Koordinatensystem $\bar{x}_\mu$ gemäß den Formeln

$$\bar{x}_\mu = \sum_\nu \alpha_{\mu\nu} x_\nu'; \quad x_\nu' = \sum_\mu \alpha_{\mu\nu}\bar{x}_\mu; \quad \sum_\varrho \alpha_{\mu\varrho}\alpha_{\nu\varrho} = \delta_{\mu\nu}; \quad \sum_\varrho \alpha_{\varrho\mu}\alpha_{\varrho\nu} = \delta_{\mu\nu} \tag{40}$$

muß daher

$$\sum_\mu \sum_\nu \Theta_{\mu\nu}\omega_\mu\omega_\nu = \sum_\varrho \sum_\sigma \overline{\Theta}_{\varrho\sigma}\overline{\omega}_\varrho\overline{\omega}_\sigma \tag{41}$$

gelten. Nun transformiert sich bei einer Drehung der Vektor $\boldsymbol{\omega}$ genauso wie der Ortsvektor $\mathfrak{r}'$:

$$\overline{\omega}_\mu = \sum_\nu \alpha_{\mu\nu}\omega_\nu; \quad \omega_\nu = \sum_\mu \alpha_{\mu\nu}\overline{\omega}_\mu.$$

Daher kann die linke Seite von (41) umgeschrieben werden:

$$\sum_\varrho \sum_\sigma \sum_\mu \sum_\nu \Theta_{\mu\nu}\alpha_{\varrho\mu}\overline{\omega}_\varrho\alpha_{\sigma\nu}\overline{\omega}_\sigma = \sum_\varrho \sum_\sigma \overline{\Theta}_{\varrho\sigma}\overline{\omega}_\varrho\overline{\omega}_\sigma,$$

d. h.

$$\overline{\Theta}_{\varrho\sigma} = \sum_\mu \sum_\nu \alpha_{\varrho\mu}\alpha_{\sigma\nu}\Theta_{\mu\nu}. \tag{42a}$$

Bei entsprechendem Übergang von den $\overline{\omega}_\varrho$ zu den ω_ν auf der rechten Seite von (41) hätten wir die Umkehrformel erhalten

$$\Theta_{\mu\nu} = \sum_\varrho \sum_\sigma \alpha_{\varrho\mu}\alpha_{\sigma\nu}\overline{\Theta}_{\varrho\sigma}. \tag{42b}$$

Diese Beziehungen sind in der Tat die Transformationsformeln eines Tensors.

Wir bemerken an dieser Stelle nochmals, daß die Komponenten des Tensors Θ, die in Gl. (39) angegeben sind, sich im Laufe der Bewegung des starren Körpers fortwährend verändern. Eine praktische Benutzung unserer Formeln ist daher nur in einem körperfesten Koordinatensystem $\bar{x}_\mu$ möglich, und die Beschreibung der Bewegungen des starren Körpers läuft im wesentlichen auf die Angabe einer solchen Koordinatentransformation (40) hinaus, welche die $\bar{x}_\mu$ körperfest macht. Wir werden hierauf in § 4b zurückkommen.

Hier seien noch einige Bemerkungen über die kinetische Energie des starren Körpers angeschlossen. Nach § 1b läßt sich diese beim Über-

---

[1] Band I, S. 117.

gang zu Schwerpunktskoordinaten in die Translationsenergie des Massenzentrums,

$$E^0_{\text{kin}} = \tfrac{1}{2} M \dot{\mathfrak{R}}^2$$

und die Energie der Bewegung um das Massenzentrum herum,

$$E'_{\text{kin}} = \tfrac{1}{2} \sum_i m_i \dot{\mathfrak{r}}'^2_i$$

aufspalten. Letztere kann nun offensichtlich nur mehr die Bedeutung der *Rotationsenergie* haben. Dies zeigt sich deutlich, wenn wir $\dot{\mathfrak{r}}'_i$ aus Gl. (36) ersetzen:

$$E'_{\text{kin}} \equiv E_{\text{rot}} = \tfrac{1}{2} \sum_i m_i (\boldsymbol{\omega} \times \mathfrak{r}'_i)^2. \tag{43a}$$

Nach bekannten Vektorformeln ist aber

$$(\boldsymbol{\omega} \times \mathfrak{r}'_i)^2 = r'^2_i \omega^2 \quad (\boldsymbol{\omega}\mathfrak{r}'_i)^2 = \boldsymbol{\omega} \cdot (r'^2_i \boldsymbol{\omega} - (\boldsymbol{\omega}\mathfrak{r}'_i)\,\mathfrak{r}'_i)$$
$$= \boldsymbol{\omega} \cdot \{\mathfrak{r}'_i \times (\boldsymbol{\omega} \times \mathfrak{r}'_i)\}.$$

Damit folgt

$$E_{\text{rot}} = \tfrac{1}{2} \boldsymbol{\omega} \cdot \sum_i m_i \{\mathfrak{r}'_i \times (\boldsymbol{\omega} \times \mathfrak{r}'_i)\};$$

nach Gl. (37) ist die Summe aber identisch mit dem Drehimpuls $\mathfrak{L}'$. Wir schreiben daher

$$E_{\text{rot}} = \tfrac{1}{2} \boldsymbol{\omega} \cdot \mathfrak{L}'. \tag{43b}$$

Unter Verwendung von Gl. (39') läßt sich der Drehimpuls hierin wieder durch $\boldsymbol{\omega}$ ausdrücken, und wir erhalten, was wir natürlich auch aus Gl. (43a) direkt hätten ableiten können:

$$E_{\text{rot}} = \tfrac{1}{2} \sum_\mu \sum_\nu \Theta_{\mu\nu} \omega_\mu \omega_\nu. \tag{43c}$$

Natürlich läßt sich, da der Zusammenhang von $\mathfrak{L}'$ mit $\boldsymbol{\omega}$ linear ist, E_{rot} auch als quadratische Form in den L'_μ schreiben; die Koeffizienten dieser Form hängen dann in dem hier betrachteten allgemeinen Fall aber recht kompliziert mit den $\Theta_{\mu\nu}$ zusammen.

§ 3. Rotierendes Koordinatensystem

Die bisherigen Bemerkungen über den starren Körper haben uns bereits gezeigt, daß es dort zweckmäßig ist, zu einem körperfesten Koordinatensystem überzugehen, das — bei ruhendem Massenzentrum — nach unseren bisherigen Ergebnissen bei Abwesenheit äußerer Kräfte im einfachsten Fall mit konstanter Winkelgeschwindigkeit rotiert. Aber auch in ganz anderen Fällen kann ein bewegtes Koordinatensystem eine zweckmäßige Wahl darstellen. Ein klassisches Beispiel dafür sind alle Bewegungen von Körpern auf der Erde: Da die Erde selbst täglich um ihre Achse rotiert, müssen notwendig Einflüsse auf den Ablauf der Bewegungen relativ zur Erde (und damit zum Beobachter) auftreten, die wir genauer untersuchen müssen[1]. Wir wollen deshalb zunächst die Bewegung eines einzigen Massenpunktes in einem Koordinatensystem untersuchen, das um eine feste Achse mit konstanter Geschwindigkeit rotiert, ehe wir zu komplizierteren Problemen fortschreiten.

a) Massenpunkt in einem um die z-Achse rotierenden Koordinatensystem. Wir beschreiben die Bewegung eines Massenpunktes in einem Koordinatensystem x, y z, welches mit dem ruhenden Bezugssystem durch die Transformationsformeln

$$\tilde{x} = x \cos \omega t + y \sin \omega t$$
$$\tilde{y} = -x \sin \omega t + y \cos \omega t \tag{1a}$$
$$\tilde{z} = z$$

bzw.

$$x = \tilde{x} \cos \omega t - \tilde{y} \sin \omega t$$
$$y = \tilde{x} \sin \omega t + \tilde{y} \cos \omega t \tag{1b}$$
$$z = \tilde{z}$$

verbunden ist; dann rotiert das System $\tilde{x}$, $\tilde{y}$, $\tilde{z}$ mit der Winkelgeschwindigkeit ω im positiven Drehsinn um die gemeinsame z-Achse gegen das System x, y, z.

Die Bewegungsgleichungen eines Massenpunktes

$$m\ddot{x} = X; \quad m\ddot{y} = Y; \quad m\ddot{z} = Z \tag{2}$$

im ruhenden Koordinatensystem können wir dann mit Hilfe der Gln. (1b) auf das rotierende Koordinatensystem umrechnen. Auf der linken Seite von (2) ergibt sich durch zweimaliges Differenzieren

$$\ddot{x} = (\ddot{\tilde{x}} \cos \omega t - \ddot{\tilde{y}} \sin \omega t) - 2\omega (\dot{\tilde{x}} \sin \omega t + \dot{\tilde{y}} \cos \omega t) -$$
$$- \omega^2 (\tilde{x} \cos \omega t - \tilde{y} \sin \omega t);$$
$$\ddot{y} = (\ddot{\tilde{x}} \sin \omega t + \ddot{\tilde{y}} \cos \omega t) + 2\omega (\dot{\tilde{x}} \cos \omega t - \dot{\tilde{y}} \sin \omega t) -$$
$$- \omega^2 (\tilde{x} \sin \omega t + \tilde{y} \cos \omega t).$$

Auf der rechten Seite von (2) bedarf es einer Aussage über die Kraftkomponenten. Solange diese nicht von der Geschwindigkeit abhängen,

---

[1] Die jährliche Umlaufsbewegung der Erde um die Sonne ist mit einer Beschleunigung verbunden, die aus Band I, S. 34f. zu $0{,}59$ cm/sec^2 berechnet werden kann. Sie ist klein genug, daß diese Bewegung praktisch als gleichförmige Translation behandelt werden kann. Das gilt selbst für ihren Einfluß auf die Luftbewegungen der Meteorologie, da sich die geradlinige Fortbewegung innerhalb einiger Tage kaum verändert.

müssen sie sich einfach entsprechend den Gln. (1a, b) transformieren, d.h. es gilt

$$X = \tilde{X} \cos \omega t - \tilde{Y} \sin \omega t; \quad Y = \tilde{X} \sin \omega t + \tilde{Y} \cos \omega t; \quad Z = \tilde{Z}. \quad (3)$$

Bilden wir aus den so erhaltenen Gleichungen nunmehr die Linearkombinationen

$$m\,(\ddot{x} \cos \omega t + \ddot{y} \sin \omega t) \quad \text{und} \quad m\,(-\ddot{x} \sin \omega t + \ddot{y} \cos \omega t),$$

so erhalten wir anstelle von (2) die Bewegungsgleichungen im rotierenden System:

$$m\ddot{\tilde{x}} = \tilde{X} + 2m\omega\dot{\tilde{y}} + m\omega^2\tilde{x},$$
$$m\ddot{\tilde{y}} = \tilde{Y} - 2m\omega\dot{\tilde{x}} + m\omega^2\tilde{y}, \quad (4)$$
$$m\ddot{\tilde{z}} = \tilde{Z}.$$

Hier haben wir alle beim Differenzieren aufgetretenen *kinematischen Zusatzglieder* auf die rechte Seite gebracht; wir interpretieren sie also *dynamisch* als Zusatzkräfte zu den echten Kräften, welchen der Massenpunkt im rotierenden Koordinatensystem unterworfen *scheint*. Sie heißen daher auch *Scheinkräfte*. Die dritten Terme auf der rechten Seite von (4) ergeben offenbar eine unabhängig vom Drehsinn ($\omega \gtrless 0$) von der Rotationsachse weg radial nach außen weisende Scheinkraft, deren Betrag proportional zum Abstand $\tilde{r}$ von der Achse gleich $m\omega^2\tilde{r}$ ist. Sie wird als *Zentrifugalkraft* bezeichnet. Der zweite Term auf der rechten Seite von (4) führt zu einer von der Geschwindigkeit im rotierenden System linear abhängigen, auf der Rotationsachse und der Geschwindigkeit senkrecht stehenden Scheinkraft, welche die *Corioliskraft* heißt[1].

Die Gln. (4) könnten den Eindruck erwecken, als ob ein im ruhenden Koordinatensystem kräftefrei ruhender Massenpunkt im rotierenden System eine komplizierte Bewegung ausführen würde. Nun sieht man aber sofort, daß z.B. für die festen Werte $x = a$, $y = 0$, $z = 0$ die Gln. (1a) auf

$$\tilde{x} = a \cos \omega t; \qquad \tilde{y} = -a \sin \omega t; \qquad \tilde{z} = 0 \qquad (5a)$$

und daher

$$\dot{\tilde{x}} = -a\omega \sin \omega t; \qquad \dot{\tilde{y}} = -a\omega \cos \omega t; \qquad \dot{\tilde{z}} = 0$$

führen. Das ergibt im kräftefreien Fall gemäß (4)

$$\ddot{\tilde{x}} = -a\omega^2 \cos \omega t = -\omega^2\tilde{x}; \quad \ddot{\tilde{y}} = -a\omega^2 \sin \omega t = -\omega^2\tilde{y}, \qquad (5b)$$

was mit den Gln. (5a) in Einklang ist.

Noch deutlicher wird die Situation, wenn wir in der $\tilde{x}$, $\tilde{y}$-Ebene Polarkoordinaten $\tilde{r}$ und $\tilde{\varphi}$ gemäß

$$\tilde{x} = \tilde{r} \cos \tilde{\varphi}; \quad \tilde{y} = \tilde{r} \sin \tilde{\varphi}$$

---

[1] GASPARD GUSTAVE DE CORIOLIS (1792—1843) entdeckte die Corioliskraft. J. de l'Ecole Polytechnique **15** (1835): Sur les équations du mouvement relatif des systèmes de corps.

einführen. Nach den in Band I abgeleiteten Transformationsformeln[1] für die ersten und zweiten Ableitungen treten dann anstelle der beiden ersten Gln. (4) die Beziehungen

$$m(\ddot{\tilde{r}} - \tilde{r}\,\dot{\tilde{\varphi}}^2 - 2\tilde{r}\,\omega\,\dot{\tilde{\varphi}} - \tilde{r}\,\omega^2) = \widetilde{X}\cos\tilde{\varphi} + \widetilde{Y}\sin\tilde{\varphi},$$

$$m(2\dot{\tilde{r}}\,\dot{\tilde{\varphi}} + \tilde{r}\,\ddot{\tilde{\varphi}} + 2\dot{\tilde{r}}\,\omega) \qquad = -\,\widetilde{X}\sin\tilde{\varphi} + \widetilde{Y}\cos\tilde{\varphi}. \tag{6}$$

Für den kräftefreien Fall verschwinden die Ausdrücke rechts; setzt man — wie es für einen im ruhenden Koordinatensystem ruhenden Massenpunkt zu erwarten ist — links $r=a$ und $\dot{\tilde{\varphi}} = -\omega$ ein, so sieht man, daß sich alle Terme, die nicht verschwinden, gegenseitig wegheben. Allgemeiner können wir Gl. (6) folgendermaßen diskutieren: Bei Einführung von Polarkoordinaten r und φ auch im ruhenden Koordinatensystem, muß $\tilde{r}=r$, $\tilde{\varphi}=\varphi-\omega t$ sein, und in der Tat lassen sich die Ausdrücke links in Gl. (6) umschreiben in

$$m\{\ddot{\tilde{r}} - \tilde{r}\,(\dot{\tilde{\varphi}}+\omega)^2\} = m(\ddot{r} - r\,\dot{\varphi}^2);$$

$$m\{\tilde{r}\,\ddot{\tilde{\varphi}} + 2\dot{\tilde{r}}\,(\dot{\tilde{\varphi}}+\omega)\} = m(r\,\ddot{\varphi} + 2\dot{r}\,\dot{\varphi}),$$

und das sind wieder die bekannten Ausdrücke aus Band I.

b) Vektorielle Behandlung bei beliebiger Orientierung der Rotationsachse. Das im Vorstehenden besprochene Problem läßt sich auch in vektorieller Schreibweise behandeln, so daß die Winkelgeschwindigkeit $\boldsymbol{\omega}$ als Vektor beliebiger Richtung eingeführt wird. Anstelle der Gln. (1a) und (1b) treten dann die tensoriellen Verknüpfungen der Ortsvektoren $\mathfrak{r}$ und $\tilde{\mathfrak{r}}$ in den beiden Koordinatensystemen:

$$\tilde{\mathfrak{r}} = \mathfrak{r}\cos\omega t - \frac{\sin\omega t}{\omega}\,(\boldsymbol{\omega}\times\mathfrak{r}) + \frac{1-\cos\omega t}{\omega^2}\,\boldsymbol{\omega}\,(\boldsymbol{\omega}\cdot\mathfrak{r}) \tag{1a'}$$

und

$$\mathfrak{r} = \tilde{\mathfrak{r}}\cos\omega t + \frac{\sin\omega t}{\omega}\,(\boldsymbol{\omega}\times\tilde{\mathfrak{r}}) + \frac{1-\cos\omega t}{\omega^2}\,\boldsymbol{\omega}\,(\boldsymbol{\omega}\cdot\tilde{\mathfrak{r}}), \tag{1b'}$$

wie man leicht nachprüft, indem man die beiden Koordinatensysteme wie bisher mit der gemeinsamen z-Achse in Richtung $\boldsymbol{\omega}$ orientiert, d. h. $\omega_x = \omega_y = \omega_{\tilde{x}} = \omega_{\tilde{y}} = 0$, $\omega_z = \omega_{\tilde{z}} = \omega$ setzt; die Gln. (1a', b') gehen dann wieder in (1a, b) über.

Ist der Vektor $\boldsymbol{\omega}$ konstant, so folgt aus (1b') durch zweimalige Differentiation

$$\ddot{\mathfrak{r}} = \ddot{\tilde{\mathfrak{r}}}\cos\omega t + (\boldsymbol{\omega}\times\ddot{\tilde{\mathfrak{r}}})\,\frac{\sin\omega t}{\omega} + \boldsymbol{\omega}\,(\boldsymbol{\omega}\cdot\ddot{\tilde{\mathfrak{r}}})\,\frac{1-\cos\omega t}{\omega^2} +$$

$$+\,2\omega\left\{-\dot{\tilde{\mathfrak{r}}}\sin\omega t + (\boldsymbol{\omega}\times\dot{\tilde{\mathfrak{r}}})\,\frac{\cos\omega t}{\omega} + \boldsymbol{\omega}\,(\boldsymbol{\omega}\cdot\dot{\tilde{\mathfrak{r}}})\,\frac{\sin\omega t}{\omega^2}\right\} + \tag{7}$$

$$+\,\omega^2\left\{-\tilde{\mathfrak{r}}\cos\omega t - (\boldsymbol{\omega}\times\tilde{\mathfrak{r}})\,\frac{\sin\omega t}{\omega} + \boldsymbol{\omega}\,(\boldsymbol{\omega}\cdot\tilde{\mathfrak{r}})\,\frac{\cos\omega t}{\omega^2}\right\}.$$

Nun gilt im ruhenden Koordinatensystem $m\ddot{\mathfrak{r}}=\mathfrak{K}$; hängt die Kraft nicht von der Geschwindigkeit des Massenpunktes ab, so transformiert sie

---

[1] Band I, S. 22.

sich beim Übergang auf das rotierende Koordinatensystem ebenfalls nach Gl. (1 a') in

$$\widetilde{\mathfrak{K}} = \mathfrak{K} \cos \omega t - \frac{\sin \omega t}{\omega} (\boldsymbol{\omega} \times \mathfrak{K}) + \frac{1 - \cos \omega t}{\omega^2} \boldsymbol{\omega} (\boldsymbol{\omega} \mathfrak{K}); \qquad (3')$$

dies ist die tensorielle Schreibweise der spezielleren Gl. (3). Ersetzen wir in (3') $\mathfrak{K}$ durch $m\ddot{\mathfrak{r}}$ und führen sodann $\ddot{\mathfrak{r}}$ aus (7) hierin ein, so erhalten wir nach einer etwas mühsamen Rechnung

$$\widetilde{\mathfrak{K}} = m \{ \ddot{\tilde{\mathfrak{r}}} + 2 (\boldsymbol{\omega} \times \dot{\tilde{\mathfrak{r}}}) + \boldsymbol{\omega} \times (\boldsymbol{\omega} \times \tilde{\mathfrak{r}}) \},$$

also eine Beziehung, die nur noch Größen im rotierenden System enthält. Diese Gleichung ist in der Form

$$m \ddot{\tilde{\mathfrak{r}}} = \widetilde{\mathfrak{K}} - 2 m (\boldsymbol{\omega} \times \dot{\tilde{\mathfrak{r}}}) - m \boldsymbol{\omega} \times (\boldsymbol{\omega} \times \tilde{\mathfrak{r}}) \qquad (4')$$

die vektorielle Schreibweise der Bewegungsgleichung im rotierenden System. Ihre Identität mit der spezielleren Komponentendarstellung (4) ist leicht nachzurechnen. Der zweite Term auf der rechten Seite ist die Corioliskraft, der dritte die Zentrifugalkraft.

Gl. (4') eignet sich besonders, um das Energieintegral im rotierenden System zu studieren. Entsprechend der aus $m\ddot{\mathfrak{r}} = \mathfrak{K}$ folgenden Beziehung

$$m \dot{\mathfrak{r}} \ddot{\mathfrak{r}} = \frac{d}{dt} \left(\frac{m}{2} \dot{\mathfrak{r}}^2 \right) = \mathfrak{K} \dot{\mathfrak{r}}$$

bilden wir zunächst $\widetilde{\mathfrak{K}} \dot{\tilde{\mathfrak{r}}}$, das beim Umrechnen nach (3') und (1 a') auf das ruhende Bezugssystem zu folgender Beziehung führt:

$$\widetilde{\mathfrak{K}} \dot{\tilde{\mathfrak{r}}} = \mathfrak{K} \dot{\mathfrak{r}} - \mathfrak{K} (\boldsymbol{\omega} \times \mathfrak{r}).$$

Die Leistung der Kräfte $U = \mathfrak{K} \dot{\mathfrak{r}}$ ist also zusammengesetzt aus der Leistung von $\widetilde{\mathfrak{K}}$ im rotierenden System und der Leistung $\mathfrak{K} (\boldsymbol{\omega} \times \mathfrak{r})$, welche aufgebracht werden muß, um den Massenpunkt an der Rotation dieses Systems mit der Winkelgeschwindigkeit $\boldsymbol{\omega}$ teilnehmen zu lassen:

$$U = \hat{U} + \mathfrak{K} (\boldsymbol{\omega} \times \mathfrak{r}). \qquad (8)$$

Durch skalare Multiplikation von (4') mit $\dot{\tilde{\mathfrak{r}}}$ erhalten wir nun

$$\frac{d}{dt} \left(\frac{m}{2} \dot{\tilde{\mathfrak{r}}}^2 \right) = \widetilde{U} - m \dot{\tilde{\mathfrak{r}}} \left((\boldsymbol{\omega} \times (\boldsymbol{\omega} \times \tilde{\mathfrak{r}})) \right). \qquad (9)$$

Das Wichtigste hierbei ist, daß die Corioliskraft keinen Beitrag zur Energie im rotierenden System leistet: Sie steht, ähnlich wie die Zwangskräfte in § 2, senkrecht auf $\dot{\tilde{\mathfrak{r}}}$. Die Zentrifugalkraft dagegen liefert den letzten Term in (9), der wegen

$$\boldsymbol{\omega} \times (\boldsymbol{\omega} \times \tilde{\mathfrak{r}}) = \boldsymbol{\omega} (\boldsymbol{\omega} \tilde{\mathfrak{r}}) - \omega^2 \tilde{\mathfrak{r}} \qquad (10)$$

auch geschrieben werden kann

$$- m\,(\boldsymbol{\omega}\,\dot{\tilde{\mathfrak{r}}})\,(\boldsymbol{\omega}\,\tilde{\mathfrak{r}}) + m\,\omega^2\,(\tilde{\mathfrak{r}}\,\dot{\tilde{\mathfrak{r}}}) = \frac{d}{d\,t}\left\{\frac{m}{2}\,(\omega^2\,\tilde{\mathfrak{r}}^2 - (\boldsymbol{\omega}\,\tilde{\mathfrak{r}})^2)\right\}.$$

Existiert außerdem eine potentielle Energie zu $\widetilde{\mathfrak{K}}$,

$$\widetilde{\mathfrak{K}} = - \widetilde{\operatorname{grad}}\,\widetilde{V}\,(\tilde{\mathfrak{r}})\,; \qquad \widetilde{U} = - \frac{d\,\widetilde{V}}{d\,t}\,, \tag{11}$$

so nimmt der Energiesatz im rotierenden System schließlich die Form an:

$$\widetilde{E}_{\mathrm{kin}} + \widetilde{V} - \frac{m}{2}\,(\omega^2\,\tilde{\mathfrak{r}}^2 - (\boldsymbol{\omega}\,\tilde{\mathfrak{r}})^2) = E\,. \tag{12}$$

Hier tritt also eine potentielle Energie der Zentrifugalkraft auf, die rein kinematischen Ursprungs ist. Sie ist negativ und um so größeren Betrages, je weiter von der Rotationsachse sich der Massenpunkt entfernt. Dies ist anschaulich verständlich: Damit E konstant bleibt, muß die kinetische Energie des Massenpunktes bei Entfernung von der Achse zunehmen.

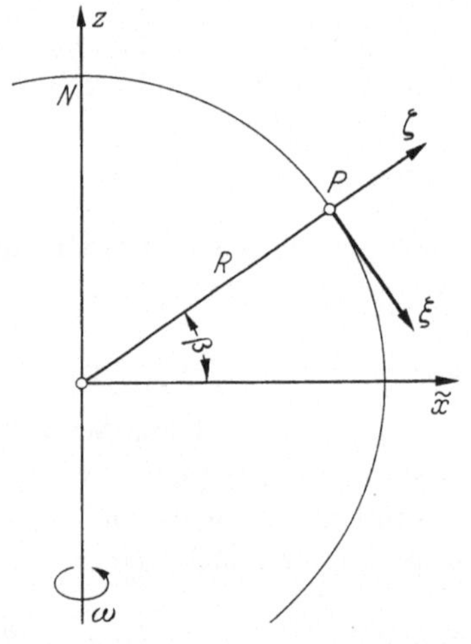

c) Bewegungen auf der rotierenden Erdkugel. Von allen Anwendungen der vorstehenden Theorie hat ihre Anwendung auf die tägliche Rotation der Erde die Entwicklung unseres naturwissenschaftlichen Weltbildes besonders nachhaltig beeinflußt.

In Fig. 5 ist die Erdachse die z-Achse und

$$\omega = \frac{2\,\pi}{86\,400}\,\sec^{-1}$$
$$= 7{,}272 \times 10^{-5}\,\sec^{-1} \tag{13}$$

Fig. 5. Koordinaten auf der Erdkugel. N Nordpol; β geographische Breite. Die η-Achse zeigt im Punkt P senkrecht zur Zeichenebene nach hinten (d.h. nach Osten)

die Winkelgeschwindigkeit der täglichen Erdumdrehung. P ist ein Punkt auf der Erdoberfläche im Abstande R vom Erdmittelpunkt in der geographischen Breite β. Die Bewegung eines Massenpunktes in der Umgebung von P soll in dem ebenso wie $\tilde{x}, \tilde{y}, \tilde{z}$ erdfesten Koordinatensystem ξ, η, ζ beschrieben werden, wobei ξ nach Süden, η nach Osten (in Fig. 5 nach hinten) und ζ nach oben zeigt. Dann bestehen zwischen den beiden erdfesten Koordinatensystemen zur Darstellung des Ortsvektors $\tilde{\mathfrak{r}}$ die rein geometrischen Beziehungen

$$\tilde{x} = \xi \sin\beta + (\zeta + R)\cos\beta,$$
$$\tilde{y} = \eta \tag{14}$$
$$\tilde{z} = -\xi\cos\beta + (\zeta + R)\sin\beta.$$

Auf jeden Massenpunkt wirkt die Schwerkraft mit den Komponenten

$$\tilde{X} = -mg\cos\beta; \quad \tilde{Y} = 0; \quad \tilde{Z} = -mg\sin\beta. \tag{15}$$

Die Gln. (4) nehmen dann die Form an

$$m(\ddot{\xi}\sin\beta + \ddot{\zeta}\cos\beta) = -mg\cos\beta + 2m\omega\dot{\eta} +$$
$$+ m\omega^2[\xi\sin\beta + (\zeta + R)\cos\beta]$$
$$m\ddot{\eta} = -2m\omega(\dot{\xi}\sin\beta + \dot{\zeta}\cos\beta) + m\omega^2\eta, \tag{16}$$
$$m(-\ddot{\xi}\cos\beta + \ddot{\zeta}\sin\beta) = -mg\sin\beta.$$

Durch geeignetes Linearkombinieren der ersten und dritten Gl. (16) ergeben sich dann die Bewegungsgleichungen in den lokalen, erdfesten Koordinaten ξ, η, ζ:

$$m\ddot{\xi} = m R\omega^2\sin\beta\cos\beta + 2m\omega\sin\beta\,\dot{\eta} + m\omega^2\sin\beta(\xi\sin\beta + \zeta\cos\beta),$$
$$m\ddot{\eta} = -2m\omega(\dot{\xi}\sin\beta + \dot{\zeta}\cos\beta) + m\omega^2\eta, \tag{16'}$$
$$m\ddot{\zeta} = -mg + m R\omega^2\cos^2\beta + 2m\omega\cos\beta\,\dot{\eta} + m\omega^2\cos\beta(\xi\sin\beta + \zeta\cos\beta).$$

Auf einen Massenpunkt, der in P ruht, wirken demnach die Kräfte

$$K_\xi = m R\omega^2\sin\beta\cos\beta; \quad K_\eta = 0; \quad K_\zeta = -mg + m R\omega^2\cos^2\beta; \tag{17}$$

d.h., daß die nach unten gerichtete Schwerkraft um den radialen Anteil der Zentrifugalkraft vermindert ist, während gleichzeitig eine tangentiale, auf der Nordhalbkugel nach Süden gerichtete Kraft K_ξ auftritt. Die Komponente K_ξ wird nun i.a. durch eine Umdefinition der Begriffe „oben" und „unten" weggeschafft: Da wir Schwerkraft und Zentrifugalkraft in P nicht getrennt messen können, bezeichnen wir die in (17) beschriebene Gesamtkraft als effektive Schwerkraft und definieren ihre Richtung als „unten", obwohl diese natürlich nicht genau zum Erdmittelpunkt hinzeigt. Diese Definition ist in Einklang damit, die Meeresoberfläche in P als horizontal zu bezeichnen, da sich der Wasserspiegel in die zur Kraft (17) senkrechte Äquipotentialfläche einstellt.

Für unsere Betrachtungen bedeutet dies die Einführung eines um einen Winkel γ in der Meridianebene gedrehten Koordinatensystems ξ', η', ζ':

$$\xi' = \xi\cos\gamma + \zeta\sin\gamma; \quad \eta' = \eta; \quad \zeta' = -\xi\sin\gamma + \zeta\cos\gamma, \tag{18}$$

wobei γ so bestimmt wird, daß

$$K_{\xi'} = K_\xi \cos \gamma + K_\zeta \sin \gamma = 0$$

wird. Nach (17) ergibt das

$$\tan \gamma = \frac{R\omega^2 \sin \beta \cos \beta}{g - R\omega^2 \cos^2 \beta}. \tag{19}$$

Nun ist für $R = 6370$ km und ω gemäß Gl. (13)

$$R\omega^2 = 3{,}37 \text{ cm sec}^{-2} \ll g \approx 980 \text{ cm sec}^{-2},$$

so daß wir in guter Näherung

$$\tan \gamma = \frac{R\omega^2}{g} \sin \beta \cos \beta = 0{,}0034 \sin \beta \cos \beta \tag{19'}$$

schreiben können. Die effektive Schwerkraft wird dann

$$K_{\zeta'} = -mg \cos \gamma + m R\omega^2 \cos \beta \cos (\beta + \gamma); \tag{20}$$

gegenüber der Korrektur von K_ζ in Gl. (17) ist die abermalige Korrektur durch den Winkel γ praktisch uninteressant. Wir wollen im folgenden statt (20) bzw. (17) kürzer schreiben

$$K_{\xi'} = 0; \quad K_{\eta'} = 0; \quad K_{\zeta'} = -mg'. \tag{20'}$$

Die Umrechnung der Bewegungsgleichungen (16') auf das System ξ', η', ζ' ergibt nun schließlich (unter Auslassung des in allen Gliedern auftretenden Faktors m):

$$\ddot{\xi}' = 2\omega \sin (\beta + \gamma) \dot{\eta}' + \omega^2 [\sin^2 (\beta + \gamma) \xi' + \sin (\beta + \gamma) \cos (\beta + \gamma) \zeta'],$$
$$\ddot{\eta}' = -2\omega [\sin (\beta + \gamma) \dot{\xi}' + \cos (\beta + \gamma) \dot{\zeta}'] + \omega^2 \eta', \tag{16''}$$
$$\ddot{\zeta}' = -g' + 2\omega \cos (\beta + \gamma) \dot{\eta}' + \omega^2 [\cos (\beta + \gamma) \sin (\beta + \gamma) \xi' + \cos^2 (\beta + \gamma) \zeta']$$

mit

$$g' = g \cos \gamma - R\omega^2 \cos \beta \cos (\beta + \gamma).$$

Die Gln. (16'') sind die Bewegungsgleichungen eines Massenpunktes an der Erdoberfläche, auf welchen keine äußeren Kräfte außer der Schwerkraft einwirken, d.h. die den freien Fall- und Wurfbewegungen bei Berücksichtigung der Erdrotation zugrunde zu legenden Gleichungen. Für $\omega = 0$ gehen sie in die elementaren Beziehungen $\ddot{\xi}' = 0, \ddot{\eta}' = 0, \ddot{\zeta}' = -g$ über.

Im folgenden wollen wir alle in ω quadratischen Terme in (16'') außer $R\omega^2$ vernachlässigen. Das bedeutet, daß wir statt $\beta + \gamma$ überall wieder β setzen und die restlichen Zentrifugalterme $\omega^2 \xi$, $\omega^2 \eta$, $\omega^2 \zeta$ gegen die Coriolisglieder vernachlässigen. Dann entstehen die zur weiteren

Diskussion geeigneten Gleichungen[1]

$$\left.\begin{aligned}
\ddot{\xi} &= (2\omega \sin\beta)\,\dot{\eta}\\
\ddot{\eta} &= -2\omega\,(\sin\beta\,\dot{\xi} + \cos\beta\,\dot{\zeta})\\
\ddot{\zeta} &= (2\omega \cos\beta)\,\dot{\eta} - g'
\end{aligned}\right\} \quad \text{mit} \quad g' = g - R\omega^2\cos^2\beta. \tag{21}$$

Wir wollen diese Gleichungen mit den Anfangsbedingungen

$$\left.\begin{aligned}
\xi &= 0, \ \eta = 0, \ \zeta = 0\\
\dot{\xi} &= u, \ \dot{\eta} = v, \ \dot{\zeta} = w
\end{aligned}\right\} \quad \text{für} \quad t = 0 \tag{22}$$

integrieren. Zunächst kann in jeder Gl. (21) eine einfache Quadratur vorgenommen werden; insbesondere wird also

$$\dot{\xi} = u + (2\omega \sin\beta)\eta; \quad \dot{\zeta} = w - g't + (2\omega \cos\beta)\eta, \tag{23}$$

und dies kann in die Gl. (21) für $\ddot{\eta}$ rechts eingesetzt werden:

$$\ddot{\eta} + 4\omega^2\eta = 2\omega\,(g't \cos\beta - u \sin\beta - w \cos\beta).$$

Die Integration dieser Gleichung zu den Anfangsbedingungen (22) ergibt[2]:

$$\eta = \frac{1}{2\omega}\left\{\left(v - \frac{g'\cos\beta}{2\omega}\right)\sin 2\omega t - \right.$$
$$\left. - (u \sin\beta + w \cos\beta)(1 - \cos 2\omega t) + g't \cos\beta\right\}. \tag{24}$$

Dies kann man in Gl. (23) einsetzen und durch Quadratur ξ und ζ finden:

$$\begin{aligned}
\xi = ut &+ \sin\beta\left\{\left(v - \frac{g'\cos\beta}{2\omega}\right)\frac{1-\cos 2\omega t}{2\omega} - \right.\\
&\left. - (u \sin\beta + w \cos\beta)\left(t - \frac{\sin 2\omega t}{2\omega}\right) + \frac{1}{2}g't^2 \cos\beta\right\}\\
\zeta = wt &- \frac{1}{2}g't^2 + \cos\beta\left\{\left(v - \frac{g'\cos\beta}{2\omega}\right)\frac{1-\cos 2\omega t}{2\omega} - \right.\\
&\left. - (u \sin\beta + w \cos\beta)\left(t - \frac{\sin 2\omega t}{2\omega}\right) + \frac{1}{2}g't^2 \cos\beta\right\}.
\end{aligned} \tag{25}$$

Nun ist die Zeit t, in der eine Fall- oder Wurfbewegung abläuft, klein gegen $2\pi/\omega = 1$ Tag, so daß $2\omega t \ll 1$ wird. Die trigonometrischen Funktionen in (24) und (25) können daher in Potenzreihen nach $2\omega t$ entwickelt werden. Berücksichtigt man nur die erste Abweichung von den

---

[1] Statt ξ' usw. schreiben wir wieder ξ usw.

[2] $\ddot{\eta} + 4\omega^2\eta = L(t)$ mit einer linearen Funktion $L(t)$ auf der rechten Seite ($\ddot{L} = 0$) hat ein partikuläres Integral $\eta = \frac{1}{4\omega^2} L(t)$, zu der die Lösung der homogenen Gleichung $\eta = C_1 \sin 2\omega t + C_2 \cos 2\omega t$ hinzutritt.

elementaren Fallgesetzen, so erhält man auf diese Weise

$$\xi = ut + (\omega v \sin \beta)\, t^2$$
$$\eta = vt - \omega (u \sin \beta + w \cos \beta)\, t^2 \qquad (26)$$
$$\zeta = wt - \tfrac{1}{2} g'\, t^2 + (\omega v \cos \beta)\, t^2.$$

Wir unterscheiden folgende typische Fälle:

1. Bewegung längs des Breitenkreises: $u = 0,\ v \neq 0,\ w = 0$.

$$\xi = (\omega v \sin \beta)\, t^2; \qquad \eta = vt; \qquad \zeta = -\tfrac{1}{2} g'\, t^2 + (\omega v \cos \beta)\, t^2.$$

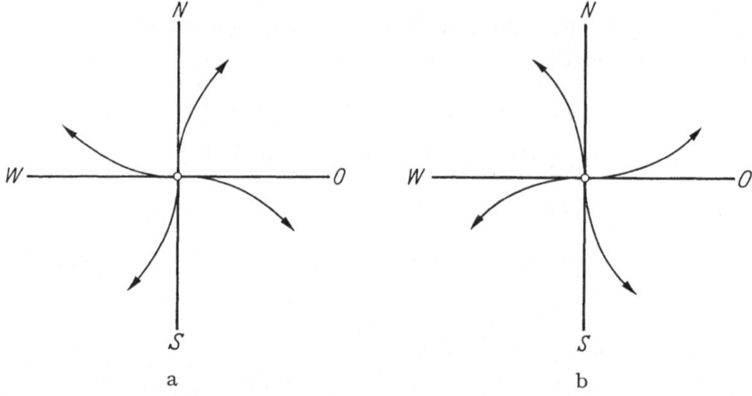

a   b

Fig. 6a u. b. Abweichungen beim Wurf aus der ursprünglichen Bahnebene infolge der Corioliskraft auf der rotierenden Erdkugel. a Nordhalbkugel. b Südhalbkugel

Auf der Nordhalbkugel ($\beta > 0$, Fig. 6a) erfährt eine Bewegung nach Osten ($v > 0$) eine Ablenkung nach Süden ($\xi > 0$), also nach rechts, und eine Bewegung nach Westen ($v < 0$) eine Ablenkung nach Norden ($\xi < 0$), also gleichfalls nach rechts. Auf der Südhalbkugel ($\beta < 0$, Fig. 6b) kehren sich die Vorzeichen um: Die Bewegung nach Osten wird in beiden Fällen zum Äquator, die nach Westen zu den Polen hin abgelenkt.

2. Bewegung längs des Meridians: $u \neq 0,\ v = 0,\ w = 0$.

$$\xi = ut; \qquad \eta = -(\omega u \sin \beta)\, t^2; \qquad \zeta = -\tfrac{1}{2} g'\, t^2.$$

Auf der Nordhalbkugel ($\beta > 0$) erfährt eine Bewegung nach Süden ($u > 0$) eine Ablenkung nach Westen ($\eta < 0$), also nach rechts. Eine Bewegung nach Norden ($u < 0,\ \eta > 0$) wird nach Osten, also ebenfalls nach rechts abgelenkt (Fig. 6a). Auf der Südhalbkugel erfolgt die Ablenkung nach links (Fig. 6b).

3. Bewegung in der Vertikalen: $u = 0,\ v = 0,\ w \neq 0$.

$$\xi = 0; \qquad \eta = -(\omega w \cos \beta)\, t^2; \qquad \zeta = wt - \tfrac{1}{2} g'\, t^2.$$

Auf der Nord- und Südhalbkugel tritt in gleicher Weise für die Fallbewegung ($w < 0$) eine Ablenkung nach Osten, für den senkrechten Wurf nach oben ($w > 0$) nach Westen auf[1].

d) Foucaultsches Pendel. Statt des frei beweglichen Massenpunktes betrachten wir nun den durch einen Pendelfaden der Länge l an die Kugelfläche

$$F(\xi, \eta, \zeta) \equiv \tfrac{1}{2}\left(\xi^2 + \eta^2 + (\zeta - l)^2 - l^2\right) = 0 \tag{27}$$

gebundenen *(Foucaultsches Pendel)*. Dann treten zu den Bewegungsgleichungen (16'') oder (21) noch die mit einem Lagrangeschen Multiplikator λ versehenen Ableitungen von F [§ 2, Gl. (11)] hinzu; die Grundgleichungen werden also in der Näherung von Gl. (21):

$$\ddot{\xi} = (2\omega \sin\beta)\,\dot{\eta} + \lambda\xi,$$
$$\ddot{\eta} = -2\omega(\sin\beta\,\dot{\xi} + \cos\beta\,\dot{\zeta}) + \lambda\eta, \tag{28}$$
$$\ddot{\zeta} = (2\omega \cos\beta)\,\dot{\eta} - g' + \lambda(\zeta - l).$$

Wir beschränken uns auf kleine Ausschläge, für welche ξ und η von erster, und $\zeta \approx (\xi^2 + \eta^2)/2l$ von zweiter Ordnung klein gegen l sind. Die dritte Gl. (28) ergibt dann in nullter Näherung $-g' - \lambda l = 0$ oder $\lambda = -g'/l$. Diese Beziehung enthält infolge des vernachlässigten Coriolisgliedes einen Fehler erster Ordnung. Da aber in den beiden ersten Gleichungen (28) λ mit ξ bzw. η multipliziert wird, ist der dort begangene Fehler von zweiter Ordnung klein. In erster Näherung erhalten wir so

$$\ddot{\xi} = (2\omega \sin\beta)\,\dot{\eta} - \frac{g'}{l}\,\xi; \quad \ddot{\eta} = -(2\omega \sin\beta)\,\dot{\xi} - \frac{g'}{l}\,\eta. \tag{29}$$

Die Integration dieses Gleichungssystems wird besonders einfach, wenn wir die komplexe Variable

$$z = \xi + i\eta \tag{30}$$

einführen[2]; ist φ der Ausschlagwinkel des Pendels und ϑ der Winkel seiner augenblicklichen Schwingungsebene gegen die ξ-Achse, so wird

$$\xi = l\sin\varphi\cos\vartheta; \quad \eta = l\sin\varphi\sin\vartheta; \quad z = l\sin\varphi\,e^{i\vartheta},$$

---

[1] Fig. 6 gestattet eine meteorologische Anwendung: Anstelle der am Äquator aufsteigenden Warmluft fließt in Bodennähe Kaltluft aus mittleren Breiten ein. Letztere muß nach Fig. 6 auf beiden Halbkugeln Ostwind erzeugen. Auf diese Weise entstehen die Passatwinde.

[2] Diese Methode benutzt A. SOMMERFELD, Vorlesungen über theoretische Physik, Bd. I: Mechanik, § 31 (Leipzig 1943). Genauere Angaben zum Foucaultschen Pendelversuch z.B. P. APPELL: Traité de mécanique rationelle, tome 2, p. 280ff. (Paris 1904), wo auch weitere Literatur angegeben ist.

und die Anfangsbedingung möge etwa sein

$$\varphi = \alpha, \quad \vartheta = \delta, \quad \dot{\xi} = 0, \quad \dot{\eta} = 0; \quad z = l\sin\alpha\, e^{i\delta}, \quad \dot{z} = 0 \quad \text{für} \quad t = 0.$$

Linearkombination der Gln. (29) unter Verwendung von (30) ergibt die Differentialgleichung

$$\ddot{z} + 2i\omega\sin\beta\,\dot{z} + \frac{g'}{l}\,z = 0$$

mit der vollständigen Lösung

$$z = e^{-i\omega t\sin\beta}(C_1 e^{i\Omega t} + C_2 e^{-i\Omega t}); \quad \Omega = \sqrt{\frac{g'}{l} + \omega^2\sin^2\beta}.$$

Die Lösung, welche die Anfangsbedingungen befriedigt, lautet:

$$z = l\sin\varphi\, e^{i\vartheta} = l\sin\alpha\, e^{i(\delta - \omega t\sin\beta)}\left\{\cos\Omega t + i\,\frac{\omega}{\Omega}\sin\beta\sin\Omega t\right\}.$$

Da $\omega \ll \Omega$ ist, können wir den zweiten Term in der geschweiften Klammer praktisch vernachlässigen und den Ausdruck nach Amplitude und Phase zerlegen:

$$\sin\varphi = \sin\alpha\cos\Omega t; \quad \vartheta = \delta - \omega t\sin\beta.$$

Die erste dieser Beziehungen ist die gewöhnliche Pendelgleichung; in der Tat unterscheidet sich Ω nur unmerklich von dem elementaren Ausdruck $\sqrt{g'/l}$. Die zweite Beziehung ergibt, unabhängig von dem Anfangswinkel δ die Winkelgeschwindigkeit

$$\dot{\vartheta} = -\omega\sin\beta,$$

mit der sich die Schwingungsebene des Pendels um die ζ-Achse dreht. Die Drehung erfolgt auf der Nordhalbkugel $(\beta > 0)$ im Uhrzeigersinn $(\dot{\vartheta} < 0)$.

Bei dem klassischen Versuch, welchen FOUCAULT 1851 im Panthéon in Paris ausführte, wurden die hier gewählten Anfangsbedingungen eingehalten: Das Pendel wurde um einen Amplitudenwinkel $\alpha = 2°\,33'$ ausgelenkt (3 m bei $l = 67$ m), seitwärts mit einer Schnur an der Wand befestigt und aus dieser Anfangslage heraus losgelassen, indem die Schnur durchgebrannt wurde. Die Schwingungsdauer ist dann $2\pi/\Omega = 16{,}4$ sec; die Drehgeschwindigkeit der Bahnebene $(\beta = 48°\!.8$ für Paris) ist $\dot{\vartheta} = -5{,}46 \times 10^{-5}$ sec^{-1} und die für einen vollen Umlauf der Bahnebene erforderliche Zeit daher $2\pi/|\dot{\vartheta}| = 32$ Stunden.

§ 4. Mechanik des starren Körpers

Da wir bereits in § 2 gesehen haben, daß die Starrheit eines Systems von Massenpunkten durch Zwangsbedingungen zwischen den Koordinaten beschrieben werden kann, ist es möglich, den starren Körper an dieser Stelle in unsere Darstellung einzureihen. Um zunächst die notwendigen Begriffe herauszuschälen, ohne dabei den Kern des physikalischen Problems mit geometrischen Zusammenhängen zu überladen, beginnen wir mit dem zweidimensionalen Problem der Drehung des Körpers um eine feste Achse.

a) Drehung um eine feste Achse. Wir konstruieren ein Modell des starren Körpers, indem wir ihn in beliebig kleine Volumelemente $d\tau_i$ zerlegen, deren jedes wir auf einen Punkt mit den Koordinaten x_i, y_i, z_i zusammenschrumpfen lassen, so daß ein Massenpunkt der infinitesimalen Masse $m_i = \varrho\,(\mathfrak{r}_i)\,d\tau_i$ entsteht. Dann heißt ϱ die *Dichte* an der betreffenden Stelle. Die so entstandenen Massenpunkte denken wir durch masselose undehnbare Stäbe miteinander verbunden, welche innere Kräfte aufnehmen, so daß die Abstände konstant bleiben. Schließlich können an den Massenpunkten noch äußere Kräfte angreifen, als deren Repräsentanten wir z.B. die Schwerkraft wählen können: $d\mathfrak{R}_i = m_i\mathfrak{g} = \varrho\,(\mathfrak{r}_i)\,\mathfrak{g}\,d\tau_i$. Diese Kraft ist also selbst beliebig klein und proportional der Größe des Volumelements, an dem sie angreift; sie wird daher als *Volumkraft* bezeichnet, und die Größe $d\mathfrak{R}_i/d\tau_i = \mathfrak{f}_i$ hat einen endlichen Grenzwert (im Fall der Schwerkraft $\mathfrak{f}_i = \varrho\,\mathfrak{g}$), welcher die *Kraftdichte* heißt.

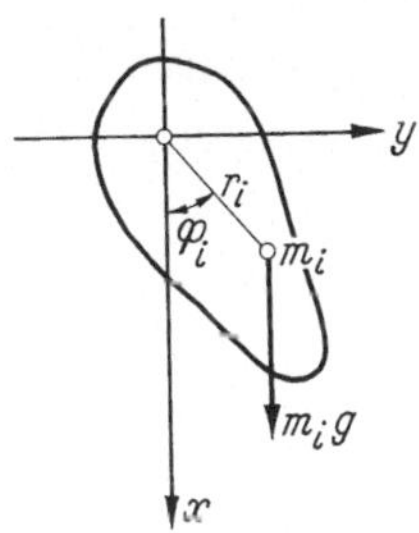

Fig. 7. Drehung eines starren Körpers um eine feste horizontale Achse. In der Vertikalen x greift die Schwerkraft an

Nun sei die x-Achse senkrecht nach unten gerichtet, die y-Achse horizontal und die ebenfalls horizontale z-Achse sei die Drehachse (Fig. 7). Dann können die Zwangsbedingungen aufgespalten werden in die Gleichungen

$$F_{ik} \equiv (x_i - x_k)^2 + (y_i - y_k)^2 - a_{ik}^2 = 0$$

und

$$G_i \equiv z_i - c_i = 0.$$

Die Lagrangeschen Gleichungen erster Art

$$m_i\ddot{x}_i = X_i + \sum_k{}' \lambda_{ik}\frac{\partial F_{ik}}{\partial x_i} + \mu_i\frac{\partial G_i}{\partial x_i} \quad \text{usw.}$$

nehmen dann die Form an:

$$m_i\ddot{x}_i = X_i + 2\sum_k{}' \lambda_{ik}(x_i - x_k),$$

$$m_i\ddot{y}_i = Y_i + 2\sum_k{}' \lambda_{ik}(y_i - y_k), \tag{1}$$

$$m_i\ddot{z}_i = Z_i + \mu_i.$$

Die letzte Beziehung ist uninteressant; da alle $\ddot{z}_i = 0$ sind, kann sie zur Bestimmung von $\mu_i = -Z_i$ dienen. Es bleibt also im wesentlichen ein zweidimensionales Problem in der x, y-Ebene übrig.

Aus Gl. (1) lassen sich durch geschickte Kombination die Summen mit den unbekannten Parametern λ_{ik} auf eine und nur eine Weise eliminieren. Es ist nämlich

$$\sum_i m_i(x_i\ddot{y}_i - y_i\ddot{x}_i) = \sum_i (x_i Y_i - y_i X_i), \tag{2}$$

weil

$$2\sum_i \sum_k{}' \lambda_{ik}\{x_i(y_i - y_k) - y_i(x_i - x_k)\} = 2\sum_i \sum_k{}' \lambda_{ik}(x_k y_i - x_i y_k) = 0$$

ist, wie man sofort sieht, wenn man im zweiten Gliede die Indices i und k vertauscht und $\lambda_{ki} = \lambda_{ik}$ beachtet. Da unser Problem nur einen Freiheitsgrad hat, nämlich die Drehung um die z-Achse, genügt die eine Differentialgleichung (2) zur vollständigen Beschreibung der Bewegung.

Wir führen nun zwei verschiedene Koordinatensysteme ein. Als erstes benutzen wir in dem *raumfesten System* x_i, y_i, z_i Polarkoordinaten

$$x_i = r_i \cos\varphi_i; \qquad y_i = r_i \sin\varphi_i.$$

Dann sind alle r_i konstant und

$$x_i\ddot{y}_i - y_i\ddot{x}_i = r_i^2 \ddot{\varphi}_i.$$

Als zweites benutzen wir ein *körperfestes System* $\tilde{x}_i$, $\tilde{y}_i$, das wir so legen wollen, daß der Drehpunkt Koordinatenzentrum bleibt (wie im raumfesten System) und die x-Achse durch den Schwerpunkt S des Körpers hindurchgeht. Die Koordinaten von S sind dann im körperfesten System

$$\tilde{x}_S = \frac{1}{m}\sum_i m_i \tilde{x}_i; \quad \tilde{y}_S = 0 = \frac{1}{m}\sum_i m_i \tilde{y}_i, \tag{3a}$$

wobei m die Gesamtmasse des Körpers ist $\left(=\sum_i m_i\right)$. $\tilde{r}_i$ und $\tilde{\varphi}_i$ sind im körperfesten System analog zum raumfesten definierte Polarkoordinaten:

$$\tilde{x}_i = \tilde{r}_i \cos\tilde{\varphi}_i; \quad \tilde{y}_i = \tilde{r}_i \sin\tilde{\varphi}_i, \tag{3b}$$

so daß z. B. $\tilde{r}_S = \tilde{x}_S$ und $\tilde{\varphi}_S = 0$ wird. Der Zusammenhang zwischen den raumfesten und den körperfesten Koordinaten irgend eines Punktes des Körpers wird dann am einfachsten in Polarkoordinaten durch die Gleichungen

$$r_i = \tilde{r}_i; \qquad \varphi_i = \tilde{\varphi}_i + \varphi_S \tag{4}$$

beschrieben (Fig. 8).

Da nun alle körperfesten Koordinaten zeitunabhängig sind, werden alle $\dot{\varphi}_i = \dot{\varphi}_S$ und alle $\ddot{\varphi}_i = \ddot{\varphi}_S$, so daß wir die linke Seite der Bewegungsgleichung (2) umschreiben können in

$$\sum_i m_i(x_i\ddot{y}_i - y_i\ddot{x}_i) = \left(\sum_i m_i r_i^2\right)\ddot{\varphi}_S.$$

Hier nennen wir die Konstante

$$J = \sum_i m_i r_i^2 = \sum_i m_i \tilde{r}_i^2, \qquad (5)$$

deren Berechnung zweckmäßig im körperfesten System erfolgt, das *Trägheitsmoment* des Körpers um die z-Achse. Auf der rechten Seite von Gl. (2) steht die Größe

$$M = \sum_i (x_i Y_i - y_i X_i) = \sum_i r_i (Y_i \cos \varphi_i - X_i \sin \varphi_i)$$
$$= \sum_i \tilde{r}_i \{Y_i \cos (\tilde{\varphi}_i + \varphi_S) - X_i \sin (\tilde{\varphi}_i + \varphi_S)\}. \qquad (6)$$

Diese Größe hängt von der Art der äußeren Kräfte ab und ist infolge ihrer Abhängigkeit von φ_S keine Konstante der Bewegung. Sie heißt das auf den Körper wirkende *Drehmoment* der äußeren Kräfte, bezogen auf die z-Achse oder, kurz, deren Moment um die z-Achse. Die hier gegebenen Definitionen stehen in Einklang mit den in § 1 für ein beliebiges System aus Punktmassen bereits gegebenen.

Benutzen wir diese Begriffe, so erhalten wir aus (2) die Bewegungsgleichung des Schwerpunktes, welche zugleich die Bewegung des ganzen Körpers repräsentiert:

$$J \ddot{\varphi}_S = M. \qquad (7)$$

Wegen der Konstanz von J kann man auch den Drehimpuls des Körpers um die z-Achse

$$L = J \dot{\varphi}_S \qquad (8)$$

einführen und statt (7)

$$\frac{dL}{dt} = M \qquad (9)$$

schreiben.

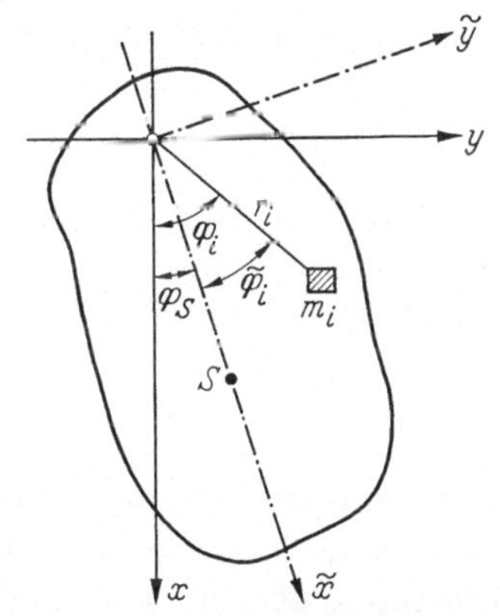

Fig. 8. Raumfeste Koordinaten x, y bzw. r_i, φ_i und körperfeste Koordinaten $\tilde{x}$, $\tilde{y}$ bzw. $\tilde{\varphi}_i$ bei Drehung eines starren Körpers um eine feste horizontale Achse. S Schwerpunkt

Die Problematik bei der Lösung eines konkreten Problems liegt offenbar beim Drehmoment (6). Wir betrachten dies für den speziellen Fall der Schwerkraft:

$$X_i = m_i g; \qquad Y_i = 0.$$

In diesem Fall bezeichnen wir den Körper als ein *physikalisches Pendel*. Gl. (6) geht dann über in

$$M = - \sum_i m_i g \tilde{r}_i (\sin \tilde{\varphi}_i \cos \varphi_S + \cos \tilde{\varphi}_i \sin \varphi_S);$$

nach den Gln. (3 a, b) ist aber

$$\sum_i m_i \tilde{r}_i \sin \tilde{\varphi}_i = 0 \quad \text{und} \quad \sum_i m_i \tilde{r}_i \cos \tilde{\varphi}_i = m \tilde{r}_S,$$

so daß

$$M = -mg\tilde{r}_S \sin \varphi_S = -M_0 \sin \varphi_S \tag{10}$$

wird. Hier ist $M_0 = mg\tilde{r}_S$ wieder eine körperfeste Konstante, so daß unsere Bewegungsgleichung (7) in

$$J\ddot{\varphi}_S = -M_0 \sin \varphi_S \tag{11}$$

mit für den Körper charakteristischen Konstanten J und M_0 übergeht. Da Gl. (11) mit der Abkürzung

$$\omega^2 = \frac{M_0}{J} = \frac{mg\tilde{r}_S}{J} \tag{12}$$

formal mit der Gleichung des mathematischen Pendels (Bd. I, S. 50) identisch wird, gilt für die Lösungstheorie das dort Gesagte, so daß insbesondere etwa die Schwingungsdauer T für kleine Ausschläge

$$T = \frac{2\pi}{\omega} = 2\pi \sqrt{\frac{J}{mg\tilde{r}_S}}$$

wird. Man führt, um diese Analogie vollständig zu machen, gern beim physikalischen Pendel eine effektive Länge l derart ein, daß wie beim mathematischen Pendel $\omega^2 = g/l$ gilt, also

$$l = \frac{J}{m\tilde{r}_S} = \frac{\sum m_i r_i^2}{\sum m_i r_i}. \tag{13}$$

Die Größe l heißt die *reduzierte Pendellänge*.

Es bedarf kaum der Erwähnung, daß alle hier benutzten Summen als Integrale über die kontinuierliche Massenverteilung des starren Körpers zu berechnen sind, daß also insbesondere

$$J = \int d\tau \varrho \tilde{r}^2; \quad m\tilde{r}_S = \int d\tau \varrho \tilde{r} \tag{14}$$

wird. Hat der Körper keine ausgezeichnete Symmetrie, welche sofort klar macht, in welcher Richtung der Schwerpunkt zu suchen ist, so kann man zunächst ein willkürlich orientiertes körperfestes System $\bar{x}, \bar{y}$ einführen und in diesem die Lage des Schwerpunktes berechnen, um alsdann eine solche Drehung vorzunehmen, daß das endgültige System $\tilde{x}, \tilde{y}$ mit $\tilde{y}_S = 0$ entsteht.

Beispiele. 1. Für einen am einen Ende aufgehängten Stab aus homogenem Material konstanter Dichte, dessen Querschnitt q ist, ergibt sich bei einer Stablänge a

$$\int r^n dm = \varrho q \int_0^a r^n dr,$$

so daß man für $n = 0$, 1, 2 der Reihe nach die Größen

$$m = \varrho q a; \qquad m\tilde{r}_S = \int r\, dm = \tfrac{1}{2}\varrho q a^2 = \tfrac{1}{2} m a;$$

$$J = \int r^2 dm = \tfrac{1}{3}\varrho q a^3 = \tfrac{1}{3} m a^2$$

erhält. Nach Gl. (13) ist die reduzierte Pendellänge $l = \tfrac{2}{3} a$. Die angedeutete Systematik der drei Integrale gestattet sie (bis auf den konstanten Faktor g) auch als nulltes, erstes und zweites Moment der Massenverteilung um die Drehachse zu bezeichnen.

2. Beim mathematischen Pendel ist die Masse an einer Stelle r konzentriert; daher wird $J = r^2 m$ und nach (13) $l = r$.

Verschieben wir die Achse, um welche sich der Körper dreht, parallel von der Stelle A mit den Koordinaten $(\tilde{x}, \tilde{y}) = (0, 0)$ zu einer Stelle B mit $(\tilde{x}, \tilde{y}) = (a, b)$, so gilt nach Gl. (5) sinngemäß für die Trägheitsmomente um A und B:

$$J_A = \sum_i m_i(\tilde{x}_i^2 + \tilde{y}_i^2); \qquad J_B = \sum_i m_i\{(x_i - a)^2 + (y_i - b)^2\}.$$

Daraus folgt

$$J_B = J_A - 2a\sum_i m_i\tilde{x}_i - 2b\sum_i m_i\tilde{y}_i + m(a^2 + b^2).$$

Nach Gl. (3 a) können wir in den beiden mittleren Gliedern die Schwerpunktskoordinaten $\tilde{x}_S$ und $\tilde{y}_S = 0$ einführen; es bleibt dann

$$J_B = J_A - 2m a\tilde{x}_S + m(a^2 + b^2).$$

Diese Formel wird besonders einfach, wenn wir den Punkt B mit dem Schwerpunkt zusammenfallen lassen. Dann wird nämlich $\tilde{x}_S = a$ und $b = 0$, so daß unsere Formel in

$$J_S = J_A - m a^2 \tag{15}$$

übergeht. Diese Formel, welche das Trägheitsmoment um eine beliebige Achse A mit demjenigen um eine parallele Achse durch den Schwerpunkt S in Verbindung bringt, heißt der *Steinersche Satz*.

Der Steinersche Satz gestattet besonders bei Rotationskörpern die Berechnung des Trägheitsmoments um eine nicht mit der Rotationsachse zusammenfallende Achse. So ist für eine *Kugel* konstanter Dichte, die wir aus Kugelschalen vom Volumen $4\pi r^2\, dr$ aufgebaut denken,

$$J_S = 4\pi \int_0^a r^2\, dr\, \varrho r^2 = 4\pi\varrho\,\frac{a^5}{5} = \frac{3}{5} m a^2. \tag{16}$$

Das Trägheitsmoment um eine Achse, welche die Kugel vom Radius a tangiert, wird dann einfach

$$J_A = J_S + m a^2 = \tfrac{8}{5} m a^2.$$

Eine Berechnung ohne dieses Hilfsmittel würde erheblichen geometrischen Aufwandes bedürfen.

Mit dem Steinerschen Satz hängt aufs engste auch die Theorie des *Reversionspendels* zusammen. Liegen zwei Punkte A und B in Abständen a und b vom Schwerpunkt S mit diesem auf einer geraden Linie (Fig. 9), so folgt aus Gl. (15)

$$J_A = J_S + m a^2; \qquad J_B = J_S + m b^2$$

und aus Gl. (12) bei Anbringung einer horizontalen Achse in A, bzw. B

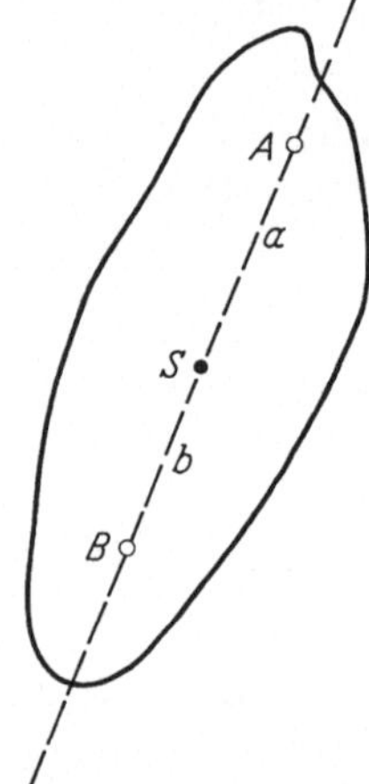

$$\omega_A^2 = \frac{m a g}{J_S + m a^2}; \qquad \omega_B^2 = \frac{m b g}{J_S + m b^2}.$$

Bestimmt man nun zwei Punkte A und B so, daß $\omega_A = \omega_B = \omega$ wird, so folgt

$$\frac{g}{\omega^2} = \frac{J_S}{m a} + a = \frac{J_S}{m b} + b.$$

Hieraus läßt sich J_S/m eliminieren:

$$\frac{J_S}{m}\left(\frac{1}{a} - \frac{1}{b}\right) = b - a \qquad \text{oder} \qquad \frac{J_S}{m} = a b,$$

d. h.

$$\frac{g}{\omega^2} = a + b.$$

Fig. 9. Reversionspendel. A und B mögliche Drehachsen; S Schwerpunkt

Nach der Beziehung $\omega^2 = g/l$ ist dann also der Abstand der beiden Punkte A und B von einander gleich der reduzierten Pendellänge l für die Aufhängung des Pendels sowohl in A als in B. Da man mit großer Genauigkeit Schwingungsdauern, also auch ω, und den Abstand $a + b = l$ zu messen vermag, läßt sich das Reversionspendel zu genauen Messungen von g benutzen[1]. Umgekehrt kann man, sowie einmal g an einem Ort sauber bestimmt ist, durch Verwendung mehrerer Reversionspendel verschiedener Masse die Gleichheit von träger und schwerer Masse experimentell zeigen, da in den Zähler von Gl. (12) die schwere, in das Trägheitsmoment des Nenners aber die träge Masse eingeht.

b) Kräftefreie Bewegung eines starren Körpers um einen festen Punkt[2]. Die vorstehenden Betrachtungen haben gezeigt, daß das zentrale Problem für die Beschreibung der Bewegungen eines starren Körpers darin liegt, daß sich einige seiner Eigenschaften, besonders der

---

[1] In der praktischen Ausführung erfolgt die Definition der Achsen durch Auflegen von Schneiden, deren Ort viel schärfer definiert ist als der Aufhängepunkt eines Fadenpendels und die Lage des den Pendelkörper repräsentierenden Massenpunktes. Deshalb gibt das Reversionspendel genauere Resultate als das Fadenpendel.

[2] Ein starrer Körper, der in einem Punkt festgehalten wird, so daß er nur Drehbewegungen um diesen Punkt ausführen kann, heißt in der Physik ein *Kreisel*.

Trägheitstensor, am einfachsten in einem *körperfesten Koordinatensystem* beschreiben lassen, während der Ablauf der Bewegung, insbesondere bei der Drehung um einen festen Punkt die Orientierung seiner Hauptträgheitsachsen, in einem *raumfesten Koordinatensystem* beschrieben werden soll. Der Übergang zwischen beiden Systemen ist zwar ein geometrisches eher als ein physikalisches Problem, ist aber für die Beschreibung doch so wichtig, daß wir es hier nicht übergehen können.

Zunächst sei kurz an die schon in § 2d (S. 22ff.) gemachten Aussagen erinnert, die wir hier für den Fall umformulieren, daß wir einen beliebigen Punkt O des Körpers, der nicht notwendig sein Schwerpunkt sein muß, bei der Bewegung festhalten. Die Bewegungsgleichungen lauten

$$m_i \ddot{\mathfrak{r}}_i = \mathfrak{K}_i + \sum_k{}' \lambda_{ik} \, \mathrm{grad}_i F_{ik} \quad (i = 1, 2, \ldots n-1, \, k = 1, 2, \ldots n-1, n)$$

und

$$\dot{\mathfrak{r}}_n = 0,$$

falls der Körper aus n Massenpunkten aufgebaut gedacht wird, von denen der n-te mit dem Drehpunkt O zusammenfällt, den wir als Koordinatennullpunkt gewählt haben. Hier ist, wie in § 2d,

$$\mathrm{grad}_i F_{ih} = 2(\mathfrak{r}_i - \mathfrak{r}_h); \qquad \lambda_{ik} = \lambda_{ki}.$$

Bilden wir nun Produkte, die $\mathfrak{r}_i$ als Faktor enthalten, so ist es bei einer Summation über i belanglos, ob wir i von 1 bis $n-1$ oder von 1 bis n laufen lassen. Drehimpuls $\mathfrak{L}$ und Moment der äußeren Kräfte $\mathfrak{M}$ können daher wie in § 2d als Summe über *alle* Teile des Körpers gebildet werden:

$$\mathfrak{L} = \sum_i m_i (\mathfrak{r}_i \times \dot{\mathfrak{r}}_i); \qquad \mathfrak{M} = \sum_i (\mathfrak{r}_i \times \mathfrak{K}_i), \tag{17}$$

und es gilt wie in § 2d

$$\frac{d\mathfrak{L}}{dt} = \mathfrak{M}. \tag{18}$$

Auch die rein kinematische Beziehung (36) von § 2,

$$\dot{\mathfrak{r}}_i = \boldsymbol{\omega} \times \mathfrak{r}_i \tag{19}$$

bleibt für die Drehung mit der instantanen Winkelgeschwindigkeit $\boldsymbol{\omega}$ um den Punkt O herum erhalten, ebenso also auch im Hinblick auf (17) die tensorielle Verknüpfung

$$\mathfrak{L} = \sum_i m_i \big(\mathfrak{r}_i \times (\boldsymbol{\omega} \times \mathfrak{r}_i)\big) \tag{20}$$

zwischen Drehimpuls $\mathfrak{L}$ und Winkelgeschwindigkeit $\boldsymbol{\omega}$, die zur Definition des Trägheitstensors

$$L_\mu = \sum_\nu \Theta_{\mu\nu} \omega_\nu \tag{21}$$

mit den raumfesten zeitabhängigen Komponenten

$$\Theta_{\mu\nu} = \sum_i m_i \left\{ \delta_{\mu\nu} \sum_\lambda x_{i\lambda}^2 - x_{i\mu} x_{i\nu} \right\} \tag{22}$$

führt. Schließlich folgt für die kinetische Energie T der Rotation nach Gl. (19)

$$T = \tfrac{1}{2} \sum_i m_i \dot{\mathfrak{r}}_i^2 = \tfrac{1}{2} \sum_i m_i (\boldsymbol{\omega} \times \mathfrak{r}_i)^2 = \tfrac{1}{2} \sum_i m_i \boldsymbol{\omega} \cdot \{\mathfrak{r}_i \times (\boldsymbol{\omega} \times \mathfrak{r}_i)\}$$

wie am Ende von § 2, so daß nach Gl. (20) wie dort

$$T = \tfrac{1}{2} \boldsymbol{\omega} \cdot \mathfrak{L} \tag{23}$$

oder nach (21)

$$T = \tfrac{1}{2} \sum_\mu \sum_\nu \Theta_{\mu\nu} \omega_\mu \omega_\nu \tag{24}$$

geschrieben werden kann.

Bis zu dieser Stelle hin haben wir jeden Punkt des Körpers nur durch seine raumfesten Koordinaten beschrieben. Nun sei ein Punkt Q im Raume durch den Ortsvektor $\mathfrak{r}$ mit den raumfesten Komponenten x, y, z gegeben. Zu einem Zeitpunkt t möge ein körperfester Punkt P, dessen körperfeste, also zeit*un*abhängige Lage durch den Vektor $\tilde{\mathfrak{r}}$ mit den körperfesten Komponenten $\tilde{x}$, $\tilde{y}$, $\tilde{z}$ beschrieben sei, mit Q zusammenfallen. Dann hat nach Gl. (19) P im Raume die Geschwindigkeit $\dot{\mathfrak{r}} = \boldsymbol{\omega} \times \mathfrak{r}$, wenn der Drehpunkt O als gemeinsames Koordinatenzentrum für beide Systeme dient. Umgekehrt hat der raumfeste Punkt Q im körperfesten System die entgegengesetzte Geschwindigkeit $\dot{\tilde{\mathfrak{r}}} = -\dot{\mathfrak{r}} = \mathfrak{r} \times \boldsymbol{\omega}$.

Die gleiche Überlegung wie für den Ortsvektor läßt sich für jeden von O ausgehenden raumfesten Vektor $\mathfrak{W}$ anstellen:

$$\left(\frac{d\mathfrak{W}}{dt} \right)_{\text{körperfest}} = \mathfrak{W} \times \boldsymbol{\omega}.$$

Erfährt der Vektor $\mathfrak{W}$ außerdem auch im raumfesten System eine zeitliche Veränderung, so ist diese zu überlagern, so daß allgemein die kinematische Grundbeziehung

$$\left(\frac{d\mathfrak{W}}{dt} \right)_{\text{körperfest}} = \left(\frac{d\mathfrak{W}}{dt} \right)_{\text{raumfest}} + \mathfrak{W} \times \boldsymbol{\omega}$$

gilt.

Diese Beziehung ist von besonderem Interesse, wenn sie auf die Vektoren $\mathfrak{L}$ und $\boldsymbol{\omega}$ angewandt wird. Im ersten Fall entsteht mit Gl. (18) die Eulersche Beziehung

$$\left(\frac{d\mathfrak{L}}{dt} \right)_{\text{körperfest}} = \mathfrak{M} + \mathfrak{L} \times \boldsymbol{\omega}, \tag{25a}$$

die sich insbesondere im kräftefreien Fall ($\mathfrak{M} = 0$) zu

$$\left(\frac{d\mathfrak{L}}{dt} \right)_{\text{körperfest}} = \mathfrak{L} \times \boldsymbol{\omega} \tag{25b}$$

vereinfacht. Im zweiten Fall zeigt sich, daß $d\omega/dt$ in beiden Bezugssystemen übereinstimmt.

Wir nützen nun den tensoriellen Zusammenhang (21) zwischen $\mathfrak{L}$ und ω aus, um in Gl. (25 b) den Drehimpuls zu eliminieren. Da ein tensorieller Zusammenhang auch in einem gedrehten Koordinatensystem erhalten bleibt, gilt für die körperfesten Komponenten wiederum

$$\tilde{L}_\mu = \sum_\nu \widetilde{\Theta}_{\mu\nu}\, \tilde{\omega}_\nu;\tag{26}$$

hier sind jedoch die $\widetilde{\Theta}_{\mu\nu}$ zeit*un*abhängige, allein durch Gestalt und Dichteverteilung des starren Körpers gegebene Koeffizienten. Gl. (25 b) kann dann unter Verwendung von (26) geschrieben werden

$$\frac{d\tilde{L}_1}{dt} = \sum_\nu \widetilde{\Theta}_{1\nu}\dot{\tilde{\omega}}_\nu = \sum_\nu (\widetilde{\Theta}_{2\nu}\tilde{\omega}_\nu\tilde{\omega}_3 - \widetilde{\Theta}_{3\nu}\tilde{\omega}_\nu\tilde{\omega}_2)\tag{27}$$

usw. zyklisch, wenn die Indices 1, 2, 3 für die Richtungen $\tilde{x}$, $\tilde{y}$, $\tilde{z}$ stehen. Da es nun immer möglich ist, das körperfeste Koordinatensystem so im Körper zu orientieren, daß der Trägheitstensor diagonal wird[1]:

$$\widetilde{\Theta}'_{\mu\nu} - J_\mu\delta_{\mu\nu},\tag{28}$$

---

[1] Ist $\tilde{x}_\mu = \sum_\nu \alpha_{\mu\nu} x_\nu$, wobei $\alpha_{\mu\nu}$ eine orthogonale Matrix ist (s. S. 26), so genügt der Tensor Θ den Transformationsformeln

$$\widetilde{\Theta}_{\varrho\sigma} = \sum_\mu \sum_\nu \alpha_{\varrho\mu}\alpha_{\sigma\nu}\Theta_{\mu\nu},\tag{A}$$

wie in § 2c dargelegt wurde. Diagonalität von Θ bedeutet $\widetilde{\Theta}_{\varrho\sigma} = J_\varrho\delta_{\varrho\sigma}$. Multipliziert man Gl. (A) mit $\alpha_{\sigma\lambda}$ und summiert über σ, so erhält man unter Ausnutzung der Orthogonalität

$$\sum_\mu \alpha_{\varrho\mu}(\Theta_{\mu\lambda} - J_\varrho\delta_{\mu\lambda}) = 0.\tag{B}$$

Für jedes vorgegebene Paar ϱ, λ sind dies drei homogene lineare Gleichungen, die eine Lösung besitzen, wenn ihre Determinante verschwindet:

$$|\Theta_{\mu\lambda} - J\delta_{\mu\lambda}| = 0.\tag{C}$$

Dies ist eine Gleichung dritten Grades für J mit drei Lösungen J_ϱ, für die das System (B) jeweils gelöst, d.h. die Matrix $\alpha_{\mu\nu}$ der Koordinatendrehung angegeben werden kann. Es sei noch angemerkt, daß die „Säkulargleichung" (C) ausführlich

$$J^3 - I_1 J^2 + I_2 J - I_3 = 0$$

geschrieben werden kann, wobei insbesondere

$$I_1 = \Theta_{11} + \Theta_{22} + \Theta_{33};$$
$$I_2 = \Theta_{11}\Theta_{22} + \Theta_{22}\Theta_{33} + \Theta_{33}\Theta_{11} - \Theta_{12}\Theta_{21} - \Theta_{23}\Theta_{32} - \Theta_{31}\Theta_{13}.$$

Die drei I_ϱ sind die sogenannten Invarianten des Tensors: Da die drei Lösungen J_ϱ der kubischen Gleichung vom Koordinatensystem unabhängig sind, müssen es auch die Koeffizienten I_ϱ dieser Gleichung sein. Die erste dieser Invarianten ist die Spur des Tensors, die dritte seine Determinante. Die drei Größen J_ϱ heißen die Haupttägheitsmomente, das zugehörige Achsenkreuz die Hauptachsen des Trägheitstensors.

läßt sich bei dieser Koordinatenwahl (27) noch weiter vereinfachen zu

$$J_1 \frac{d\tilde{\omega}_1}{dt} = (J_2 - J_3)\,\tilde{\omega}_2\tilde{\omega}_3$$

$$J_2 \frac{d\tilde{\omega}_2}{dt} = (J_3 - J_1)\,\tilde{\omega}_3\tilde{\omega}_1 \qquad (29)$$

$$J_3 \frac{d\tilde{\omega}_3}{dt} = (J_1 - J_2)\,\tilde{\omega}_1\tilde{\omega}_2.$$

In dieser Form werden die Gleichungen gewöhnlich als die *Eulerschen Gleichungen* für den kräftefreien Kreisel bezeichnet. Ihre Integration liefert die Winkelgeschwindigkeit $\boldsymbol{\omega}$ als Funktion der Zeit. Ist diese bekannt, so kann grundsätzlich aus $\dot{\mathfrak{r}} = \boldsymbol{\omega} \times \mathfrak{r}$ durch eine abermalige Integration die Bahn $\mathfrak{r}(t)$ irgendeines repräsentativen Punktes auf dem Körper bestimmt werden. Wirken äußere Kräfte auf den Körper ein, so sind in (27) und (29) rechts gemäß Gl. (25a) die körperfesten Komponenten des Moments $\mathfrak{M}$ hinzuzufügen, wodurch die Lösung noch weiter verkompliziert wird.

Es ist nicht schwer, im kräftefreien Fall zwei Integrale des Gleichungssystems (29) aufzufinden. Multipliziert man die drei Gleichungen der Reihe nach mit $\tilde{\omega}_1$, $\tilde{\omega}_2$, $\tilde{\omega}_3$ und addiert, so heben sich die Beiträge der rechten Seiten heraus:

$$J_1\tilde{\omega}_1\dot{\tilde{\omega}}_1 + J_2\tilde{\omega}_2\dot{\tilde{\omega}}_2 + J_3\tilde{\omega}_3\dot{\tilde{\omega}}_3 = 0,$$

d.h. die Größe

$$T = \tfrac{1}{2}(J_1\tilde{\omega}_1^2 + J_2\tilde{\omega}_2^2 + J_3\tilde{\omega}_3^2) \qquad (30)$$

ist eine Konstante. Der Vergleich mit (24) zeigt, daß dies gerade die kinetische Energie ist; wir haben also den Energiesatz erhalten. Das zweite Integral erhalten wir durch Multiplikation mit $J_1\tilde{\omega}_1$, $J_2\tilde{\omega}_2$, $J_3\tilde{\omega}_3$ und Addition; auch dann hebt sich der Beitrag der rechten Seite weg, und wir finden, daß

$$L^2 = (J_1\tilde{\omega}_1)^2 + (J_2\tilde{\omega}_2)^2 + (J_3\tilde{\omega}_3)^2 \qquad (31)$$

eine Konstante ist. Nach Gl. (26) und (28) ist dies das Quadrat des Drehimpulses, von dem wir ebenfalls bereits wissen, daß es eine Konstante der Bewegung ist.

Mit Hilfe von (30) und (31) lassen sich zwei der Unbekannten aus den Eulerschen Gleichungen (29), etwa $\tilde{\omega}_2^2$ und $\tilde{\omega}_3^2$, linear durch die dritte, $\tilde{\omega}_1^2$, ausdrücken:

$$\tilde{\omega}_3^2 = \frac{2TJ_2 - L^2}{(J_2 - J_3)J_3} - \frac{J_1(J_2 - J_1)}{J_3(J_2 - J_3)}\,\tilde{\omega}_1^2;$$

$$\tilde{\omega}_2^2 = \frac{2TJ_3 - L^2}{(J_3 - J_2)J_2} - \frac{J_1(J_3 - J_1)}{J_2(J_3 - J_2)}\,\tilde{\omega}_1^2.$$

Geht man damit in die erste Gl. (29) ein, so erhält man eine Differentialgleichung für $\tilde{\omega}_1(t)$, aus der sich t als elliptisches Integral über $\tilde{\omega}_1$ durch

Quadratur entnehmen läßt; $\tilde{\omega}_1$ wird also in Umkehrung hierzu eine elliptische Funktion von t.

Diese Betrachtungen vereinfachen sich außerordentlich für einen *symmetrischen Kreisel*, der durch $J_1 = J_2$ definiert ist. Das einfachste Beispiel hierfür ist ein homogener Rotationskörper, dessen Figurenachse mit der $\tilde{z}$-Achse zusammenfällt. Die Gln. (29) gehen dann über in

$$J_1 \dot{\tilde{\omega}}_1 = (J_1 - J_3)\, \tilde{\omega}_2 \tilde{\omega}_3; \quad J_1 \dot{\tilde{\omega}}_2 = -(J_1 - J_3)\, \tilde{\omega}_1 \tilde{\omega}_3; \quad \dot{\tilde{\omega}}_3 = 0.$$

Mit der Abkürzung

$$\frac{J_1 - J_3}{J_1} = \lambda$$

und $\tilde{\omega}_3 = $ constans bleiben daher für $\tilde{\omega}_1(t)$ und $\tilde{\omega}_2(t)$ die Gleichungen

$$\dot{\tilde{\omega}}_1 = (\lambda \tilde{\omega}_3)\, \tilde{\omega}_2; \quad \dot{\tilde{\omega}}_2 = -(\lambda \tilde{\omega}_3)\, \tilde{\omega}_1.$$

Hieraus folgt zunächst die Konstanz von $\tilde{\omega}_1^2 + \tilde{\omega}_2^2$. Wegen $\tilde{\omega}_3 = $ constans ist also auch

$$\omega^2 = \tilde{\omega}_1^2 + \tilde{\omega}_2^2 + \tilde{\omega}_3^2$$

eine Konstante der Bewegung. Dies ist anschaulich klar, wenn man bedenkt, daß die kinetische Energie (30) für den symmetrischen Kreisel

$$T = \tfrac{1}{2}\{J_1(\tilde{\omega}_1^2 + \tilde{\omega}_2^2) + J_3 \tilde{\omega}_3^2\}$$

bei kräftefreier Bewegung konstant bleiben muß. Die weitere Integration führt in diesem Fall auf elementare Funktionen, nämlich

$$\tilde{\omega}_1 = \sqrt{\omega^2 - \tilde{\omega}_3^2}\, \sin(\lambda \tilde{\omega}_3 t + \alpha);$$

$$\tilde{\omega}_2 = \sqrt{\omega^2 - \tilde{\omega}_3^2}\, \cos(\lambda \tilde{\omega}_3 t + \alpha);$$

$$\tilde{\omega}_3 = \text{constans}.$$

Dies sind die körperfesten Komponenten des Vektors $\boldsymbol{\omega}$; die Bewegung des Kreisels im Raum ist damit noch nicht vollständig beschrieben.

Hierzu fehlt die Beziehung zwischen den raumfesten Koordinaten x, y, z und den körperfesten $\tilde{x}, \tilde{y}, \tilde{z}$, die wir nunmehr herstellen müssen. Zu diesem Zweck führen wir das System x, y, z durch drei aufeinander folgende Drehoperationen in das System $\tilde{x}, \tilde{y}, \tilde{z}$ über. Die Drehungen erfolgen um drei verschiedene Achsen; die drei Drehwinkel dienen als ausreichende unabhängige Parameter zur Beschreibung der Lage beider Systeme zu einander[1]. Bei dieser Überführung des einen in das andere System läßt sich eine willkürliche Unsymmetrie nicht vermeiden, die

---

[1] Die Transformationsmatrix, die die beiden Systeme miteinander verknüpft, hat zwar neun Elemente, da aber zwischen diesen insgesamt sechs unabhängige Orthogonalitätsbeziehungen bestehen, enthält sie in der Tat gerade drei unabhängig wählbare Parameter.

gegenüber den bisher in allen Koordinaten völlig gleichmäßig aufgebauten Formeln eine gewisse Unübersichtlichkeit erzeugt. Die geringfügige Schwerfälligkeit der Formeln wird aber reichlich aufgewogen durch geometrische Anschaulichkeit der Ergebnisse. Auch besteht eine ziemlich fest eingebürgerte Konvention hinsichtlich der drei Drehoperationen; die dabei eingeführten drei Drehwinkel heißen die *Eulerschen Winkel.*

Wir gehen im ersten Schritt von x, y, z zu einem System x', y', z' über, indem wir um den Winkel φ um die raumfeste z-Achse drehen. Dann ist

$$x' = x \cos \varphi + y \sin \varphi; \quad y' = - x \sin \varphi + y \cos \varphi; \quad z' = z. \tag{32a}$$

Im zweiten Schritt drehen wir um die neue x'-Achse um den Winkel ϑ; dann schneidet die so entstehende x'', y''-Ebene die x, y-Ebene (die mit der x', y'-Ebene identisch ist) längs der gemeinsamen $x' = x''$-Achse („Knotenlinie"):

$$x'' = x'; \quad y'' = y' \cos \vartheta + z' \sin \vartheta; \quad z'' = - y' \sin \vartheta + z' \cos \vartheta. \tag{32b}$$

Im dritten Schritt führen wir das System x'', y'', z'' in das körperfeste System $\tilde{x}$, $\tilde{y}$, $\tilde{z}$ über, indem wir nochmals um den Winkel ψ um die z''-Achse drehen, deren Lage also unverändert bleibt, so daß die x'', y''-Ebene mit der $\tilde{x}$, $\tilde{y}$-Ebene zusammenfällt:

$$\tilde{x} = x'' \cos \psi + y'' \sin \psi; \quad \tilde{y} = - x'' \sin \psi + y'' \cos \psi; \quad \tilde{z} = z''. \tag{32c}$$

Setzt man alle drei Transformationen zusammen, so entsteht das folgende Gleichungssystem:

$$\tilde{x} = x (\cos \varphi \cos \psi - \sin \varphi \cos \vartheta \sin \psi) + y (\sin \varphi \cos \psi + \cos \varphi \cos \vartheta \sin \psi)$$
$$+ z (\sin \vartheta \sin \psi);$$

$$\tilde{y} = x (- \cos \varphi \sin \psi - \sin \varphi \cos \vartheta \cos \psi) + y (- \sin \varphi \sin \psi \tag{33}$$
$$+ \cos \varphi \cos \vartheta \cos \psi) + z (\sin \vartheta \cos \psi);$$

$$\tilde{z} = x (\sin \varphi \sin \vartheta) + y (- \cos \varphi \sin \vartheta) + z (\cos \vartheta).$$

Die jeweils in Klammern gesetzten Koeffizienten sind die Richtungscosinus, woraus man sofort ersieht, daß ϑ der Winkel zwischen der z- und $\tilde{z}$-Achse ist[1]. Löst man die Formeln (33) nach x, y, z auf, so treten

---

[1] Die Umkehrformeln von (33) zeigen sofort, daß ein Vektor der Länge r in Richtung der $\tilde{z}$-Achse die Komponenten $x = r \sin \varphi \sin \vartheta$, $y = - r \cos \varphi \sin \vartheta$, $z = r \cos \vartheta$ hat. Ersetzt man hierin φ durch den Winkel $\overline{\varphi} = \varphi - \pi/2$, so geht dies über in die normalen Definitionsgleichungen von Polarkoordinaten $x = r \cos \overline{\varphi} \sin \vartheta$, $y = r \sin \overline{\varphi} \sin \vartheta$, $z = r \cos \vartheta$. Die Winkel $\overline{\varphi}$ und ϑ sind also die Polarwinkel, welche im raumfesten System die Richtung der $\tilde{z}$-Achse beschreiben; der Winkel ψ bedeutet eine Drehung des Körpers um diese Achse.

die gleichen Koeffizienten wieder auf, nur sind Zeilen und Spalten dabei zu vertauschen.

Um die Eulerschen Gleichungen (29) anwenden zu können, müssen wir den Zusammenhang zwischen den drei körperfesten Komponenten von $\boldsymbol{\omega}$ und den Zeitableitungen der Eulerschen Winkel aufsuchen. Man kann dies tun, indem man eine infinitesimale Weiterdrehung des Körpers aus drei Teilen zusammensetzt: einer Drehung um $d\varphi = \dot\varphi\,dt$ um die Richtung z, um $d\vartheta = \dot\vartheta\,dt$ um x' und um $d\psi = \dot\psi\,dt$ um $\tilde z$. Die gesamte dadurch erreichte Weiterdrehung kann dann aus diesen drei Teilen additiv zusammengesetzt werden; die Reihenfolge ist belanglos, da infinitesimale Drehungen vertauschbar sind. Jede Drehung ist durch einen Vektor gegeben; die Richtungen dieser Vektoren sind die Drehachsen z, x' und $\tilde z$ und die Beträge der Drehwinkel $\dot\varphi\,dt$, $\dot\vartheta\,dt$ und $\dot\psi\,dt$. Die Summe dieser drei Vektoren ist der Vektor $\boldsymbol{\omega}\,dt$. Daher ist

$$\tilde\omega_1 = \dot\varphi \cos(z,\tilde x) + \dot\vartheta \cos(x',\tilde x) + \dot\psi \cos(z,\tilde x);$$
$$\tilde\omega_2 = \dot\varphi \cos(z,\tilde y) + \dot\vartheta \cos(x',\tilde y) + \dot\psi \cos(z,\tilde y);$$
$$\tilde\omega_3 = \dot\varphi \cos(z,\tilde z) + \dot\vartheta \cos(x',\tilde z) + \dot\psi \cos(z,\tilde z).$$

Die Richtungscosinus von $\tilde x$, $\tilde y$, $\tilde z$ gegen z enthält die letzte Spalte von (33); diejenigen gegen x' sind aus (32c) mit $x'' = x'$ zu entnehmen. Das Ergebnis lautet dann

$$\tilde\omega_1 = \dot\varphi \sin\vartheta \sin\psi + \dot\vartheta \cos\psi;$$
$$\tilde\omega_2 = \dot\varphi \sin\vartheta \cos\psi - \dot\vartheta \sin\psi; \tag{34}$$
$$\tilde\omega_3 = \dot\varphi \cos\vartheta + \dot\psi.$$

Einsetzen dieser Ausdrücke in (29) liefert die Bewegungsgleichungen in den drei Eulerschen Winkeln.

Für einen symmetrischen Kreisel ($J_1 = J_2$), bei dem $\tilde z$ die Figurenachse ist, vereinfacht sich das Rechenschema beträchtlich, da $\tilde\omega_3$ konstant wird, wodurch eine Beziehung zwischen den Ableitungen der drei Eulerschen Winkel hergestellt wird. Wir kommen darauf in § 6b auf S. 74 nochmals zurück.

§ 5. Lagrangesche Gleichungen zweiter Art

In § 2 haben wir gezeigt, in welcher Weise sich Nebenbedingungen bei den Bewegungen eines Systems von Massenpunkten berücksichtigen lassen. Das Ergebnis waren die Lagrangeschen Gleichungen erster Art; ihre Fragwürdigkeit rührte davon her, daß wir zu den $3N$ Bewegungsgleichungen eines Systems aus N Massenpunkten noch K Bedingungen hinzufügen mußten, so daß wir schließlich $3N + K$ Gleichungen zu lösen hatten, um ein System mit nur $3N - K$ Freiheitsgraden zu behandeln. Eine ökonomischere Rechenmethode wird so aufzubauen sein, daß nach Möglichkeit von Anfang an das Problem auf $3N-K$ Gleichungen reduziert wird. Den Weg zu einer solchen Methode gehen wir in diesem Paragraphen in mehreren Schritten.

a) Das d'Alembertsche Prinzip. Wir vereinfachen für das folgende die Schreibweise zunächst dadurch, daß wir die Koordinaten x_i und Kraftkomponenten X_i von 1 bis $3N$ durchnumerieren; d.h. x_1, x_2, x_3 sind die drei Koordinaten des ersten Massenpunktes, X_1, X_2, X_3 die Komponenten der auf ihn wirkenden Gesamtkraft (also äußere und innere zusammen), und $m_1 = m_2 = m_3$ ist seine Masse. Dazu lauten die Bewegungsgleichungen

$$m_i \ddot{x}_i = X_i + \sum_{\varrho} \lambda_\varrho \frac{\partial F_\varrho}{\partial x_i} \qquad (i = 1, 2, \ldots, 3N) \tag{1}$$

und die Nebenbedingungen

$$F_\varrho(x_1, x_2, \ldots, x_{3N}, t) = 0 \qquad (\varrho = 1, 2, \ldots, K). \tag{2}$$

Wir denken uns nun eine „mögliche" Verschiebung aller Punkte vorgenommen, d.h. jede der Koordinaten um einen differentiellen Betrag δx_i verändert, wobei diese Verschiebungen freilich die Gln. (2) nicht verletzen dürfen. Diese Verschiebungen müssen also dem linearen Gleichungssystem

$$\sum_i \frac{\partial F_\varrho}{\partial x_i} \delta x_i = 0 \qquad (\varrho = 1, 2, \ldots, K) \tag{3}$$

genügen, mit dessen Hilfe wir die Zahl $3N$ der Verschiebungen auf $3N-K$ willkürliche reduzieren können. Man beachte besonders, daß die δx_i *keine realen Verschiebungen* der Massenpunkte im Rahmen ihres Bewegungsablaufes sind; dies zeigt sich schon daran, daß in den Gln. (3) auch bei rheonomen Bedingungen keine Differentialquotienten nach t auftreten. Die Zeit ist als ein fester Parameter behandelt, und die Verschiebungen stellen eine rein geometrische Manipulation dar. Sie werden daher als *virtuelle Verschiebungen* bezeichnet.

Wir bilden nun aus Gl. (1)

$$\sum_i (m_i \ddot{x}_i - X_i) \delta x_i = \sum_{\varrho} \lambda_\varrho \sum_i \frac{\partial F_\varrho}{\partial x_i} \delta x_i.$$

In dieser Gleichung verschwindet infolge von (3) die rechte Seite, und es gilt

$$\sum_i (m_i \ddot{x}_i - X_i) \delta x_i = 0. \tag{4}$$

Diese Beziehung heißt das *d'Alembertsche Prinzip*. Es ist zwar nur *eine* Gleichung; da aber die δx_i nach Gl. (3) teilweise frei wählbar sind, läßt es sich mit Hilfe der K linearen Gleichungen (3) in eine Summe von $3N-K$ Gliedern umschreiben, die jeweils mit voneinander unabhängigen δx_i multipliziert sind und daher getrennt verschwinden müssen. Damit zerfällt Gl. (4) in die gewünschten $3N-K$ Bewegungsgleichungen, d.h. ebensoviele Gleichungen wie die Zahl der Freiheitsgrade.

Wir wollen die Anwendung dieser Methode an ein paar einfachen Beispielen deutlicher machen. Bei der *Atwoodschen Fallmaschine* (S. 13) gibt die Nebenbedingung

$$z_1 + z_2 = l \tag{2'}$$

nur eine Gleichung vom Typus (3), nämlich

$$\delta z_1 + \delta z_2 = 0; \tag{3'}$$

diese Formel ist physikalisch sogar treffender, da sie nur die wesentliche Aussage der Undehnbarkeit des Fadens, nicht aber wie (2') seine recht unwesentliche Länge l enthält. Das d'Alembertsche Prinzip

$$(m_1 \ddot{z}_1 - m_1 g)\,\delta z_1 + (m_2 \ddot{z}_2 - m_2 g)\,\delta z_2 = 0 \tag{4'}$$

reduziert sich hier wegen Gl. (3') sofort auf eine Bewegungsgleichung

$$m_1 (\ddot{z}_1 - g) - m_2 (\ddot{z}_2 - g) = 0;$$

aus der Nebenbedingung müssen wir nun aber noch $\ddot{z}_2 = -\ddot{z}_1$ entnehmen, um so schließlich auf

$$\ddot{z}_1 - \frac{m_1 - m_2}{m_1 + m_2}\, g$$

zu kommen, in Einklang mit Gl. (7) von § 2. Im letzten Schritt zeigt sich die Schwäche des Verfahrens, da hier der Rückgriff auf die ursprüngliche Bedingung $z_1 + z_2 = l$ wieder notwendig wird.

Als ein Beispiel mit zwei Freiheitsgraden skizzieren wir den Ansatz für das *Kugelpendel* (s. oben S. 15). Hier sei x_3 die nach oben gerichtete Koordinate und die Kugel durch die Bedingung

$$x_1^2 + x_2^2 + x_3^2 = l^2 \tag{2''}$$

festgelegt. Dann sind die virtuellen Verschiebungen δx_i der Bedingung

$$x_1\,\delta x_1 + x_2\,\delta x_2 + x_3\,\delta x_3 = 0 \tag{3''}$$

unterworfen, und das d'Alembertsche Prinzip lautet

$$m\ddot{x}_1\,\delta x_1 + m\ddot{x}_2\,\delta x_2 + (m\ddot{x}_3 - mg)\,\delta x_3 = 0. \tag{4''}$$

Mit Hilfe von (3'') kann man δx_3 aus (4'') eliminieren:

$$\ddot{x}_1\,\delta x_1 + \ddot{x}_2\,\delta x_2 - (\ddot{x}_3 - g)\left(\frac{x_1}{x_3}\,\delta x_1 + \frac{x_2}{x_3}\,\delta x_2\right) = 0.$$

Hier sind δx_1 und δx_2 willkürlich und voneinander unabhängig wählbar; daher müssen die Faktoren von δx_1 und δx_2 getrennt verschwinden:

$$\ddot{x}_1 - \frac{x_1}{x_3}\,(\ddot{x}_3 - g) = 0; \quad \ddot{x}_2 - \frac{x_2}{x_3}\,(\ddot{x}_3 - g) = 0.$$

Wir haben also zwei Gleichungen für die zwei Freiheitsgrade; die Schwierigkeit liegt wieder darin, daß wir x_3 und $\ddot{x}_3$ mit Hilfe von $(2'')$ durch x_1, x_2 und deren Ableitungen ausdrücken müssen, um die Gleichungen integrieren zu können.

b) Einführung geeigneter Koordinaten. Die Elimination der überzähligen Koordinaten ist also durch das d'Alembertsche Prinzip noch nicht überwunden, und während diese bei einer so einfachen Aufgabe wie der Atwoodschen Fallmaschine so trivial wird, daß man sie leicht übersieht, ist sie schon beim Pendel mit einigem Rechenaufwand verbunden. Nun hat uns gerade beim letzten Beispiel die Rechenpraxis schon längst gezeigt, daß der Übergang zu Polarkoordinaten die Lösung entscheidend erleichtert. Wir werden also in Verallgemeinerung dieser Erfahrung annehmen, daß die Verwendung von Koordinaten, welche der physikalischen Struktur des Problems gut angepaßt sind, seine Lösung erleichtert. Wenn das Auffinden solcher Koordinaten gewiß auch immer eine Kunst bleibt, so läßt sich doch wenigstens für einen Teil derselben eine bindende Regel aufstellen: Wir benutzen die K Nebenbedingungen (2) um anstelle von K Koordinaten x_ϱ ebensoviele neue Koordinaten q_ϱ mit Hilfe der Definitionsgleichungen

$$q_\varrho = F_\varrho(x_1, x_2, \ldots, x_{3N}, t) \tag{5}$$

einzuführen. Die zweite Regel, welche wir versuchsweise einführen, besteht darin, diese neuen Koordinaten bereits an einem möglichst frühen Punkt in die Entwicklung der Theorie einzubauen.

Die K neuen Koordinaten q_ϱ sind deshalb so zweckmäßig, weil hinfort die Berücksichtigung der K Nebenbedingungen einfach dadurch erfolgt, daß wir diese $q_\varrho = 0$ setzen (und natürlich auch alle $\dot{q}_\varrho = 0$); wir haben also keine mühsame Umrechnung mehr vorzunehmen, sondern lediglich eine Anzahl von Gliedern zu streichen oder (wenn wir von Anfang an diese Koordinaten benutzen) gleich wegzulassen. Im Grunde haben wir bereits bei der elementaren Pendeltheorie[1] nichts anderes getan, als wir Polarkoordinaten benutzten und stillschweigend $r = l$, $\dot{r} = 0$ setzten. Daß wir daneben als übrig bleibende zweite Koordinate φ und nicht eine kartesische Koordinate, z.B. die Höhe z benutzt haben, zeigt deutlich, daß wir auch anstelle der nach Gl. (5) noch verbleibenden $3N - K$ kartesischen Koordinaten gegebenenfalls andere Koordinaten q_μ einführen können.

---

[1] Band I, S. 49ff.

Wir definieren also $3N-K$ Koordinaten q_μ (Indices μ, ν laufen von 1 bis $3N-K$) in geeigneter Weise, über die wir nichts allgemeines aussagen können, und K Koordinaten q_ϱ (Indices ϱ, σ laufen von 1 bis K) nach Gl. (5). Denken wir uns diese $3N$ Definitionsgleichungen nach den alten Koordinaten aufgelöst, so ergibt dies $3N$ Gleichungen

$$x_i = x_i(q_1, q_2, \ldots, q_{3N-K}; t), \tag{6}$$

wenn wir die $q_\varrho = 0$ setzen.

Wir versuchen nun das d'Alembertsche Prinzip (4) auf die neuen Koordinaten q_μ zu übertragen. Wir beginnen mit $\dot{x}_i$, für das wir durch Differenzieren von Gl. (6) erhalten

$$\dot{x}_i = \sum_\mu \frac{\partial x_i}{\partial q_\mu} \dot{q}_\mu + \frac{\partial x_i}{\partial t}; \tag{7}$$

hier läuft der griechische Index von 1 bis $3N-K$, der lateinische von 1 bis $3N$. Wenn wir im folgenden an dieser Bezeichnungsweise festhalten, so wird z.B. die kinetische Energie

$$T = \frac{1}{2} \sum_i m_i \dot{x}_i^2 = \frac{1}{2} \sum_i m_i \left\{ \sum_\mu \frac{\partial x_i}{\partial q_\mu} \dot{q}_\mu + \frac{\partial x_i}{\partial t} \right\}^2, \tag{8}$$

d.h. sie bleibt auch in den neuen Koordinaten eine quadratische Form der ersten Ableitungen $\dot{q}_\mu$. Durch Differenzieren von T findet man

$$\frac{\partial T}{\partial q_\nu} = \sum_i m_i \dot{x}_i \frac{\partial \dot{x}_i}{\partial q_\nu};$$

$$\frac{\partial T}{\partial \dot{q}_\nu} = \sum_i m_i \dot{x}_i \frac{\partial \dot{x}_i}{\partial \dot{q}_\nu} = \sum_i m_i \dot{x}_i \frac{\partial x_i}{\partial q_\nu},$$

wobei die in der letzten Zeile verwendete Identität

$$\frac{\partial \dot{x}_i}{\partial \dot{q}_\nu} = \frac{\partial x_i}{\partial q_\nu}$$

sofort durch Differenzieren von Gl. (7) nach $\dot{q}_\nu$ folgt[1]. Weiter wird

$$\frac{d}{dt} \frac{\partial T}{\partial \dot{q}_\nu} = \sum_i m_i \left[\ddot{x}_i \frac{\partial x_i}{\partial q_\nu} + \dot{x}_i \frac{d}{dt}\left(\frac{\partial x_i}{\partial q_\nu}\right) \right].$$

Vertauschen wir im letzten Glied die Reihenfolge der Differentiationen, so erhalten wir dort

$$\sum_i m_i \dot{x}_i \frac{\partial \dot{x}_i}{\partial q_\nu} = \frac{\partial T}{\partial q_\nu}.$$

---

[1] Beim Differenzieren nach $\dot{q}_\nu$ werden auch alle q_μ als Konstanten behandelt und umgekehrt.

Wir können daher schreiben

$$\frac{d}{dt}\frac{\partial T}{\partial \dot{q}_\nu} - \frac{\partial T}{\partial q_\nu} = \sum_i m_i \ddot{x}_i \frac{\partial x_i}{\partial q_\nu}. \tag{9}$$

Mit dieser Beziehung sind wir nun aber vorbereitet, im d'Alembertschen Prinzip (4) zu den neuen Koordinaten überzugehen, denn für die virtuellen Verschiebungen folgt aus (6)

$$\delta x_i = \sum_\mu \frac{\partial x_i}{\partial q_\mu}\, \delta q_\mu. \tag{10}$$

Die $3N$ Größen δx_i sind nicht voneinander unabhängig, wohl aber die $3N-K$ Größen δq_μ. Setzen wir (10) in (4) ein, so entsteht bei Vertauschung der Reihenfolge der Summationen

$$\sum_\mu \delta q_\mu \sum_i (m_i \ddot{x}_i - X_i)\frac{\partial x_i}{\partial q_\mu} = 0.$$

Hier vertreiben wir formal die zweiten Ableitungen mit Hilfe von Gl. (9) und schreiben

$$\sum_i X_i \frac{\partial x_i}{\partial q_\mu} = Q_\mu; \tag{11}$$

dann entsteht zunächst das d'Alembertsche Prinzip in den neuen Koordinaten:

$$\sum_\mu \delta q_\mu \left\{\frac{d}{dt}\frac{\partial T}{\partial \dot{q}_\mu} - \frac{\partial T}{\partial q_\mu} - Q_\mu\right\} = 0$$

oder, da die $3N-K$ Verschiebungen δq_μ, über welche diese Summe zu erstrecken ist, voneinander unabhängig sind, das Gleichungssystem

$$\frac{d}{dt}\frac{\partial T}{\partial \dot{q}_\mu} - \frac{\partial T}{\partial q_\mu} = Q_\mu. \tag{12}$$

Das sind insgesamt $3N-K$ Gleichungen bei ebenso vielen Freiheitsgraden, die gerade zur Bestimmung der $3N-K$ Koordinaten q_μ ausreichen. Das gewünschte Ziel ist also erreicht, sobald wir die kinetische Energie T in den $q_\mu, \dot{q}_\mu$ ausgedrückt und die umgerechneten Kraftkomponenten Q_μ aufgefunden haben.

Die Gln. (12) heißen die *Lagrangeschen Gleichungen zweiter Art*, die $\dot{q}_\mu$ generalisierte Koordinaten und die Q_μ generalisierte Kräfte.

c) Beispiele. Als einfaches Beispiel für die Anwendung der Lagrangeschen Gleichungen zweiter Art benutzen wir wieder das Pendel. Ist die Achse x_3 nach oben gerichtet, und soll das Pendel in der x_1, x_3-Ebene schwingen, so haben wir zwei Nebenbedingungen:

$$x_1^2 + x_2^2 + x_3^2 = l^2; \quad x_2 = 0. \tag{13}$$

Die Komponenten der äußeren Kraft sind

$$X_1 = 0; \quad X_2 = 0; \quad X_3 = -mg. \tag{14}$$

Wir führen nun entsprechend den Bedingungen (13) zwei neue Koordinaten ein:

$$q_2 = x_2; \quad q_3 = \sqrt{x_1^2 + x_2^2 + x_3^2} - l; \tag{15a}$$

dann haben wir für alle Zeiten $q_2 = 0$ und $q_3 = 0$. Schließlich wählen wir noch als dritte, nicht verschwindende Koordinate

$$q_1 = -\arctan \frac{x_1}{x_3}. \tag{15b}$$

In der gewohnten Sprache hätten wir $q_3 = r - l = 0$ und wegen $-x_1/x_3 = \tan\varphi$ einfach $q_1 = \varphi$.

Um die Lagrangesche Gleichung (12) für q_1 aufschreiben zu können, müssen wir die kinetische Energie T auf die q_μ umrechnen und aus (11) Q_1 entnehmen. Dazu stellen wir zunächst die Gln. (6) her, d.h. wir lösen (15a, b) nach den x_i auf:

$$x_1 = \sqrt{(l + q_3)^2 - q_2^2} \sin q_1; \quad x_2 = q_2; \quad x_3 = -\sqrt{(l + q_3)^2 - q_2^2} \cos q_1. \tag{16}$$

Da nun $q_2 = 0$ und $q_3 = 0$ von vornherein eingeführt werden sollen, verbleibt hiervon nur

$$x_1 = l \sin q_1; \quad x_2 = 0; \quad x_3 = -l \cos q_1,$$

woraus

$$\dot{x}_1 = l \cos q_1 \dot{q}_1; \quad x_2 = 0; \quad \dot{x}_3 = l \sin q_1 \dot{q}_1.$$

Mithin wird die kinetische Energie

$$T = \frac{m}{2} (\dot{x}_1^2 + \dot{x}_2^2 + \dot{x}_3^2) = \frac{1}{2} m l^2 \dot{q}_1^2$$

und die generalisierte Kraft (11)

$$Q_1 = -mg \frac{\partial x_3}{\partial q_1} = -mgl \sin q_1.$$

Aus T und Q_1 geht die Lagrangesche Gleichung (12) hervor:

$$\frac{d}{dt} \frac{\partial T}{\partial \dot{q}_1} = \frac{d}{dt} (m l^2 \dot{q}_1) = m l^2 \ddot{q}_1; \quad \frac{\partial T}{\partial q_1} = 0,$$

also

$$m l^2 \ddot{q}_1 = -mgl \sin q_1. \tag{17}$$

Dies ist in der Tat mit der bekannten Gleichung

$$\ddot{q}_1 + \frac{g}{l} \sin q_1 = 0$$

identisch.

Es ist interessant, daß $m\,l^2$ das Trägheitsmoment, $\dot{q}_1$ die Winkelgeschwindigkeit, die linke Seite von (17) also die zeitliche Änderung des Drehimpulses ist, während rechts das Drehmoment der Schwerkraft erscheint. Hier ist die allgemeine Aussage enthalten: Ist eine generalisierte Koordinate ein Drehwinkel, so ist die zugehörige generalisierte Kraft ein Drehmoment. Wir fügen schon hier hinzu, daß der sinngemäß definierte generalisierte Impuls dann der Drehimpuls werden soll (vgl. unten, S. 72).

Als weniger einfaches Beispiel wollen wir eine Bewegung mit rheonomer Nebenbedingung behandeln: Ein Massenpunkt möge sich auf einer um ihre vertikale Achse rotierenden Schraubenlinie unter der Einwirkung der Schwerkraft bewegen. Ist a der Radius und h die Ganghöhe der Schraubenlinie, so sind die Nebenbedingungen

$$x_1^2 + x_2^2 = a^2; \quad x_3 = \frac{h}{2\pi}\left(\operatorname{arc\,tan}\frac{x_2}{x_1} - \omega t\right).$$

Hier ist nämlich $x_2/x_1 = \tan\varphi$, wenn φ der Drehwinkel um die x_3-Achse ist, so daß die Kurve bei einer (endlichen) Drehung um $\Delta\varphi$ in der x_3-Richtung um $\Delta x_3 = \frac{h}{2\pi}\,\Delta\varphi$ fortschreitet, bei $\Delta\varphi = 2\pi$ also gerade um die Ganghöhe h.

Als generalisierte Koordinaten benutzen wir hier

$$\begin{aligned}
q_1 &= \frac{1}{2}\,(x_1^2 + x_2^2 - a^2); \\
q_2 &= x_3 - \frac{h}{2\pi}\left(\operatorname{arc\,tan}\frac{x_2}{x_1} - \omega t\right); \quad q_3 = x_3.
\end{aligned} \qquad (18)$$

Die Umkehrformeln erhalten wir aus

$$x_1^2 + x_2^2 = 2q_1 + a^2; \quad x_2/x_1 = \tan\left\{\omega t + \frac{2\pi}{h}\,(q_3 - q_2)\right\}$$

in der Form

$$\begin{aligned}
x_1 &= \sqrt{2q_1 + a^2}\,\cos\left\{\omega t + \frac{2\pi}{h}\,(q_3 - q_2)\right\}; \\
x_2 &= \sqrt{2q_1 + a^2}\,\sin\left\{\omega t + \frac{2\pi}{h}\,(q_3 - q_2)\right\}; \\
x_3 &= q_3.
\end{aligned}$$

Hier sind $q_1 = 0$, $q_2 = 0$ zu setzen; dann reduzieren sich die Gleichungen auf

$$x_1 = a\cos\left\{\omega t + \frac{2\pi}{h}\,q_3\right\}; \quad x_2 = a\sin\left\{\omega t + \frac{2\pi}{h}\,q_3\right\}; \quad x_3 = q_3. \quad (19)$$

Die Kraft hat hier wieder nur die Komponente $X_3 = -mg$; nach Gl. (11) wird dann auch $Q_3 = -mg$. Die kinetische Energie folgt aus (19) zu

$$T = \frac{m}{2}\left\{a^2\left(\dot{\omega}t + \omega + \frac{2\pi}{h}\,\dot{q}_3\right)^2 + \dot{q}_3^2\right\}, \qquad (20)$$

woraus

$$\frac{\partial T}{\partial q_3} = 0; \quad \frac{\partial T}{\partial \dot{q}_3} = m\left\{a^2\left(\dot{\omega}t + \omega + \frac{2\pi}{h}\,\dot{q}_3\right)\frac{2\pi}{h} + \dot{q}_3\right\}$$

und die Lagrangesche Gleichung zweiter Art

$$m \left\{ \frac{2\pi a^2}{h} \left(\ddot{\omega} t + 2\dot{\omega} + \frac{2\pi}{h} \ddot{q}_3 \right) + \ddot{q}_3 \right\} = - mg$$

folgt. Bei konstanter Winkelgeschwindigkeit reduziert sich das auf die einfache Fallbewegung

$$\ddot{q}_3 = - g' \quad \text{mit} \quad g' = \frac{g}{1 + \dfrac{4\pi^2 a^2}{h^2}} \, ;$$

dies entspricht dem verlangsamten Hinabgleiten auf der schiefen Ebene, wie man sich leicht durch Abwickeln der Schraubenlinie veranschaulicht. Ist ω nicht konstant, so treten komplizierte Bewegungsgleichungen auf, die u. U. auch das Vorzeichen der Beschleunigung umkehren können.

d) Potentielle Energie, Lagrangefunktion. Bei der Herleitung von Gl. (12) haben wir keinerlei Voraussetzungen über die Kräfte gemacht. Der wichtigste Sonderfall ergibt sich bei konservativen Kräften, zu denen sich eine potentielle Energie konstruieren läßt, welche nur von den Koordinaten abhängt:

$$X_i = - \frac{\partial V}{\partial x_i} \, . \tag{21}$$

Hier ist die Funktion V zunächst als eine Funktion der $3N$ Koordinaten x_i zu denken. Wollen wir Q_μ nach Gl. (11) berechnen, so haben wir

$$Q_\mu = - \sum_i \frac{\partial V}{\partial x_i} \frac{\partial x_i}{\partial q_\mu} = - \frac{\partial V}{\partial q_\mu} \, ;$$

d. h. wir können V auf die neuen Koordinaten umrechnen und dann die generalisierten Kräfte

$$Q_\mu = - \frac{\partial V}{\partial q_\mu} \tag{22}$$

analog zu (21) einführen; die potentielle Energie V hängt dann nur noch von den q_μ, nicht von den $\dot{q}_\mu$ ab. Bei rheonomen Bedingungen kann jetzt allerdings eine Zeitabhängigkeit von V auftreten, die ursprünglich nicht vorhanden war.

Die Lagrangeschen Gleichungen (12) nehmen jetzt die Form an

$$\frac{d}{dt} \frac{\partial T}{\partial \dot{q}_\mu} - \frac{\partial T}{\partial q_\mu} = - \frac{\partial V}{\partial q_\mu} \, .$$

Fassen wir hier den Ausdruck

$$L = T - V \tag{23}$$

als *Lagrangefunktion* zusammen, so können wir wegen

$$\frac{\partial V}{\partial \dot{q}_\mu} = 0$$

auch kürzer schreiben

$$\frac{d}{dt}\frac{\partial L}{\partial \dot{q}_\mu} - \frac{\partial L}{\partial q_\mu} = 0. \tag{24}$$

Diese Bewegungsgleichungen sind etwas spezieller als die Gln. (12), spielen aber eine fast genauso grundlegende Rolle für die allgemeine Theorie.

Wir wissen bereits, daß bei konservativen Kräften der Energiesatz gilt, auch dann, wenn Zwangsbedingungen hinzutreten, da die Zwangskräfte keine Arbeit leisten. Es muß daher möglich sein, auch in generalisierten Koordinaten aus Gl. (24) den Energiesatz herzuleiten. Zu diesem Zweck multiplizieren wir Gl. (24) mit $\dot{q}_\mu$, summieren über alle Freiheitsgrade und fügen mit entgegengesetzten Vorzeichen zweimal den Term

$$\sum_\mu \frac{\partial L}{\partial \dot{q}_\mu}\ddot{q}_\mu$$

hinzu; dann erhalten wir

$$\sum_\mu \left\{ \dot{q}_\mu \frac{d}{dt}\frac{\partial L}{\partial \dot{q}_\mu} + \frac{\partial L}{\partial \dot{q}_\mu}\frac{d\dot{q}_\mu}{dt} \right\} - \sum_\mu \left\{ \frac{\partial L}{\partial q_\mu}\frac{dq_\mu}{dt} + \frac{\partial L}{\partial \dot{q}_\mu}\frac{d\dot{q}_\mu}{dt} \right\} = 0.$$

Hier ist aber jeder der beiden Ausdrücke ein vollständiger Differentialquotient nach der Zeit, sofern L nicht explicite t enthält, so daß wir schreiben können:

$$\frac{d}{dt}\left(\sum_\mu \dot{q}_\mu \frac{\partial L}{\partial \dot{q}_\mu} - L \right) = 0.$$

Mithin muß

$$\sum_\mu \dot{q}_\mu \frac{\partial L}{\partial \dot{q}_\mu} - L = E \tag{25}$$

eine Konstante sein. Hängt aber L explicite von t ab, so erhalten wir statt dessen

$$\frac{d}{dt}\left(\sum_\mu \dot{q}_\mu \frac{\partial L}{\partial \dot{q}_\mu} - L \right) = -\frac{\partial L}{\partial t}, \tag{26}$$

wobei auf der rechten Seite beim Differenzieren alle q_μ und $\dot{q}_\mu$ konstant gehalten sind.

Man sieht nun leicht ein, daß E die Energie des Systems ist. Wir sahen schon in Gl. (8) (S. 55), daß die kinetische Energie in den $\dot{q}_\mu$ eine homogene quadratische Form bleibt, wenn die Transformationsformeln zwischen den x_i und den q_μ die Zeit nicht enthalten. Dann muß aber die Eulersche Homogenitätsrelation

$$\sum_\mu \dot{q}_\mu \frac{\partial T}{\partial \dot{q}_\mu} = 2T \tag{27}$$

gelten. In Gl. (25) erhalten wir dann wegen (23) und wegen $\partial V/\partial \dot{q}_\mu = 0$ auf der linken Seite $2T - L = T + V$, und diese Summe ist in der Tat einfach die Energie E.

Daß die Identität (27) nur bei skleronomen Bedingungen gilt, sieht man z.B.
an Gl. (20), wo

$$\dot{q}_3 \frac{\partial T}{\partial \dot{q}_3} = 2\,T - m\,a^2(\dot{\omega}\,t + \omega)\left(\dot{\omega}\,t + \omega + \frac{2\,\pi}{h}\,\dot{q}_3\right)$$

wird. Der Ausdruck (25) nimmt dann die Form an

$$\frac{m}{2}\left\{a^2(\omega + \dot{\omega}\,t)^2 + \dot{q}_3^2\left(1 + \frac{4\,\pi^2 a^2}{h^2}\right)\right\} + m\,g\,q_3;$$

diese Größe ist weder gleich $T + V$, noch ist sie zeitlich konstant.

e) Das Hamiltonsche Variationsprinzip. Die Lagrangeschen Differentialgleichungen (24) haben genau die Form der Eulerschen Gleichungen
des folgenden Variationsprinzips:
Die Funktionen $q_\mu(t)$, deren Zahlenwerte für $t = t_1$ und $t = t_2$ vor-
gegeben sind, sollen zwischen
diesen beiden Zeitpunkten derart
bestimmt werden, daß das „*Wirkungsintegral*"

$$S = \int_{t_1}^{t_2} L\,(q_\mu, \dot{q}_\mu, t)\,dt \qquad (28)$$

ein Extremum wird.

Diese Grundaufgabe der Variationsrechnung wird gelöst durch
solche Funktionen $q_\mu(t)$, welche
den Lagrangeschen Gleichungen
(24) genügen. Um dies zu beweisen

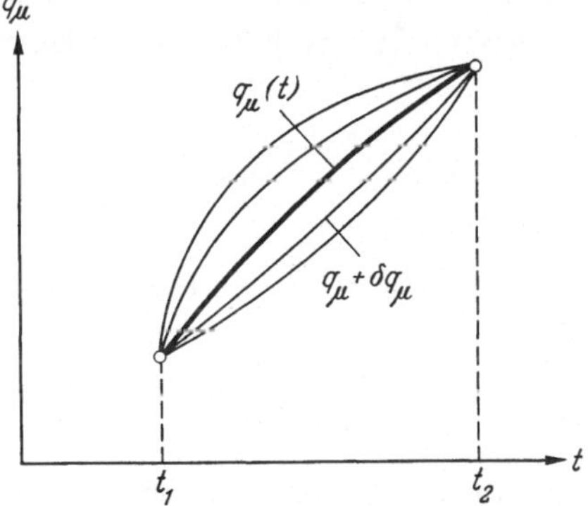

Fig. 10. Variation einer Koordinate. Der
stark ausgezogene Bewegungsablauf
macht das Wirkungsintegral S zum
Extremum

vergleichen wir, wie es in Fig. 10 für einen Freiheitsgrad angedeutet ist,
Bewegungsabläufe in einer infinitesimalen Umgebung der richtigen Lösung
$q_\mu(t)$ untereinander. Eine benachbarte Funktion soll mit

$$q_\mu + \delta q_\mu$$

bezeichnet werden; dann ist $\delta q_\mu(t)$ eine Funktion, welche im ganzen
Intervall $t_1 \leqq t \leqq t_2$ überall infinitesimal kleine Werte hat, im übrigen
aber beliebig wählbar ist bis auf die Randwerte

$$\delta q_\mu(t_1) = 0; \qquad \delta q_\mu(t_2) = 0. \qquad (29)$$

Betrachten wir außer den Koordinaten $q_\mu(t)$ auch die generalisierten
Geschwindigkeiten $\dot{q}_\mu(t)$, so gilt für eine Nachbarlösung der richtigen

$$\frac{d}{dt}(q_\mu + \delta q_\mu) = \dot{q}_\mu + \frac{d}{dt}(\delta q_\mu); \qquad (30)$$

dies ist offenbar dasselbe wie die variierte Geschwindigkeit

$$\dot{q}_\mu + \delta \dot{q}_\mu = \dot{q}_\mu + \delta\,\frac{dq_\mu}{dt},$$

d.h. die Differentiation nach t und die Variation (Symbol δ) sind vertauschbare Operationen.

Nach diesen Vorbereitungen können wir den Wert des Integrals (28) für die richtigen Funktionen $q_\mu(t)$ und für benachbarte Funktionen $q_\mu + \delta q_\mu$ miteinander vergleichen: Der Unterschied ist

$$\delta S = \int\limits_{t_1}^{t_2} dt\, \{L(q_\mu + \delta q_\mu,\, \dot{q}_\mu + \delta \dot{q}_\mu,\, t) - L(q_\mu,\, \dot{q}_\mu,\, t)\}.$$

L ist ein *Funktional in* t, d.h. eine Funktion von Funktionen der Variablen t. Nach den Regeln der Differentiation wird

$$L(q_\mu + \delta q_\mu,\, \dot{q}_\mu + \delta \dot{q}_\mu,\, t) = L(q_\mu,\, \dot{q}_\mu,\, t) + \sum_\mu \left(\frac{\partial L}{\partial q_\mu}\, \delta q_\mu + \frac{\partial L}{\partial \dot{q}_\mu}\, \delta \dot{q}_\mu \right),$$

folglich

$$\delta S = \int\limits_{t_1}^{t_2} dt \sum_\mu \left(\frac{\partial L}{\partial q_\mu}\, \delta q_\mu + \frac{\partial L}{\partial \dot{q}_\mu}\, \delta \dot{q}_\mu \right).$$

Hier können wir wegen (30) im zweiten Term partiell integrieren:

$$\int\limits_{t_1}^{t_2} dt\, \frac{\partial L}{\partial \dot{q}_\mu}\, \delta \dot{q}_\mu = \left[\frac{\partial L}{\partial \dot{q}_\mu}\, \delta q_\mu \right]_{t_1}^{t_2} - \int\limits_{t_1}^{t_2} dt\, \delta q_\mu\, \frac{d}{dt}\, \frac{\partial L}{\partial \dot{q}_\mu};$$

der ausintegrierte Term wird aber infolge der Randbedingungen (29) gleich Null. Das Ergebnis ist daher

$$\delta S = \int\limits_{t_1}^{t_2} dt \sum_\mu \delta q_\mu \left\{ \frac{\partial L}{\partial q_\mu} - \frac{d}{dt}\, \frac{\partial L}{\partial \dot{q}_\mu} \right\}. \tag{31}$$

Ist für bestimmte Funktionen $q_\mu(t)$ das Integral (28) ein Extremum, so muß sein Zahlenwert bei infinitesimaler Änderung dieser Funktionen konstant bleiben, d.h. $\delta S = 0$ sein. Da aber die Funktionen $\delta q_\mu(t)$ bis auf die Randbedingungen (29) frei und von einander unabhängig wählbar sind, muß in (31) die Klammer für jeden Summanden einzeln verschwinden. Dies ist aber genau die Aussage der Lagrangeschen Gleichungen (24).

Es ist grundsätzlich interessant, daß sich der *Energiesatz* auch aus dem Variationsprinzip direkt herleiten läßt. Falls L nicht explicite die Zeit enthält, muß der Wert des Integrals (28) ja *invariant* bleiben gegen eine willkürliche Veränderung des Zeitnullpunktes. Führen wir statt t etwa die neue Zeitvariable

$$t' = t - \tau$$

ein, so wird

$$S = \int\limits_{t_1}^{t_2} L\,[q_\mu(t),\, \dot{q}_\mu(t)]\, dt = \int\limits_{t_1-\tau}^{t_2-\tau} L\,[q_\mu(t'+\tau),\, \dot{q}_\mu(t'+\tau)]\, dt'.$$

Solange τ infinitesimal bleibt, können wir entwickeln:

$$S = \int\limits_{t_1}^{t_2} dt' \left\{ L\left[q_\mu(t'), \dot{q}_\mu(t')\right] + \tau \sum_\mu \left(\frac{\partial L}{\partial q_\mu} \dot{q}_\mu + \frac{\partial L}{\partial \dot{q}_\mu} \ddot{q}_\mu \right) \right\} -$$
$$- L\left[q_\mu(t_2), \dot{q}_\mu(t_2)\right] \tau + L\left[q_\mu(t_1), \dot{q}_\mu(t_1)\right] \tau.$$

Der erste Integralterm ist genau das alte S, nur ist die Integrationsvariable umbenannt. Die zusätzlichen, zu τ proportionalen Terme müssen also insgesamt Null ergeben; vertreiben wir dort im letzten Integralterm noch die zweite Ableitung durch eine partielle Integration, so verbleibt

$$\int\limits_{t_1}^{t_2} dt \sum_\mu \left\{ \frac{\partial L}{\partial q_\mu} \dot{q}_\mu - \frac{d}{dt} \left(\frac{\partial L}{\partial \dot{q}_\mu} \right) \dot{q}_\mu \right\} + \sum_\mu \left[\frac{\partial L}{\partial \dot{q}_\mu} \dot{q}_\mu \right]_{t_1}^{t_2} - L(t_2) + L(t_1) = 0.$$

In der geschweiften Klammer stehen aber Ausdrücke, die infolge der Lagrangeschen Gleichungen verschwinden. Die restlichen Integrale entfallen also, und es bleibt:

$$\left\{ \sum_\mu {}' \dot{q}_\mu \frac{\partial L}{\partial \dot{q}_\mu} - L \right\}_{t=t_2} - \left\{ \sum_\mu \dot{q}_\mu \frac{\partial L}{\partial \dot{q}_\mu} - L \right\}_{t=t_1} .$$

Da aber die beiden Zeitpunkte t_1 und t_2 ganz willkürlich gewählt sind, besagt das einfach, daß diese Größe überhaupt nicht von der Zeit abhängt, in Einklang mit dem Energiesatz (25).

Das hier vorgeführte Verfahren zur Herleitung des Energiesatzes mit Hilfe einer Invarianzeigenschaft spielt in der klassischen Feldtheorie eine bedeutende methodische Rolle, und wir werden ihm in Band V wiederbegegnen.

f) Das Zykloidenpendel als Beispiel. In Fig. 11 geben wir eine zuerst von HUYGENS ersonnene Anordnung wieder, bei der der Pendelfaden OAP nicht frei ausschwingen kann, sondern sich längs der Linie OA an zykloidenförmige Metallplatten anlegt. Das Stück OA ist also gleich dem entsprechenden Zykloidenbogen, das geradlinige Stück AP der Länge $l-s$ hat die Richtung der Tangente in A.

Zunächst müssen wir die Geometrie des Problems etwas näher erläutern. Die Zykloide wird am bequemsten als Kreisrollkurve in Parameterdarstellung unter Verwendung des Rollwinkels φ beschrieben:

$$x_A = R(\varphi - \sin \varphi); \qquad z_A = -R(1 - \cos \varphi), \tag{32}$$

wobei R der Radius des auf der x-Achse abrollenden Kreises ist. Man sieht sofort, daß die Kurve zwischen $z_A = 0$ und $z_A = -2R$ oszilliert mit einer Periodenlänge $2\pi R$; sie geht für $\varphi = 0$ durch den Koordinatenursprung sowie für $\varphi = \pm \pi$ durch die Punkte $x_A = \pm \pi R$, $z_A = -2R$

hindurch. Die Neigung der Tangente folgt aus

$$d x_A = R\,(1 - \cos \varphi)\,d \varphi; \qquad d z_A = - R \sin \varphi\,d \varphi \qquad (33)$$

zu

$$\left(\frac{d z}{d x}\right)_A = - \frac{\sin \varphi}{1 - \cos \varphi} = - \cot \frac{\varphi}{2} = \tan \frac{\varphi - \pi}{2};$$

für $\varphi = 0$ ist die Kurve also senkrecht nach unten gerichtet und bei $\varphi = \pm \pi$ ist sie horizontal. Schließlich brauchen wir für unser Problem

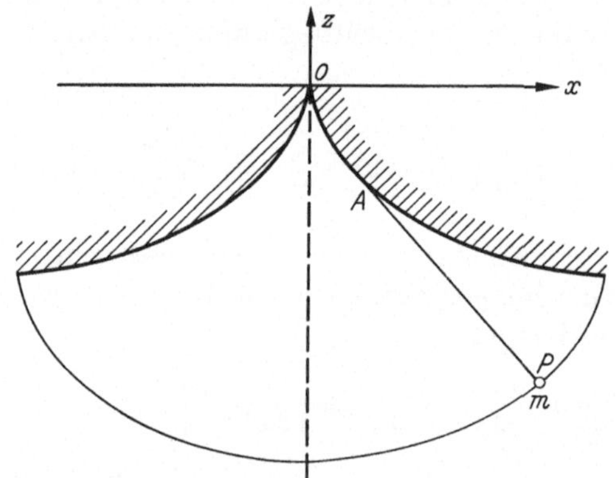

Fig. 11. Zykloidenpendel. Der Faden OAP, an dem die Punktmasse m hängt, legt sich von O bis A an die von O ausgehenden Metallplatten an, die durch Schraffur angedeutet sind

noch die Bogenlänge $s = OA$. Das Bogenelement ist nach (33)

$$d s^2 = d x_A^2 + d z_A^2 = R^2 \{(1 - \cos \varphi)^2 + \sin^2 \varphi\}\,d \varphi^2 = 4 R^2 \sin^2 \frac{\varphi}{2}\,d \varphi^2;$$

daher wird

$$s = 2 R \int_0^\varphi \sin \frac{\varphi}{2}\,d\varphi = 4 R \left(1 - \cos \frac{\varphi}{2}\right). \qquad (34)$$

Der Massenpunkt P bewegt sich auf der Kurve

$$x = x_A + (l - s) \cos \frac{\varphi - \pi}{2}; \qquad z = z_A + (l - s) \sin \frac{\varphi - \pi}{2};$$

unter Verwendung von (32) und (34) gibt das

$$x = R\,(\varphi - \sin \varphi) + \left(l - 4 R + 4 R \cos \frac{\varphi}{2}\right) \cos \frac{\varphi - \pi}{2};$$

$$z = - R\,(1 - \cos \varphi) + \left(l - 4 R + 4 R \cos \frac{\varphi}{2}\right) \sin \frac{\varphi - \pi}{2}. \qquad (35)$$

Wählen wir die Länge l des Pendelfadens insbesondere gleich $4 R$, so geht (35) wieder in die Gleichung einer zur ersten kongruenten, aber verschobenen Zykloide über:

$$x = R(\varphi + \sin \varphi); \quad z = -R(3 + \cos \varphi). \tag{36}$$

Mit $\varphi' = \varphi + \pi$, $x' = x + \pi$, $z' = z + 2R$ geht (36) in einen Ausdruck der Form (32) über; das Minimum dieser Kurve liegt bei $x = 0$, $z = -2R$, und um diese Ruhelage schwingt das Pendel nach beiden Seiten.

Das mechanische Problem ist die Bewegung eines schweren Massenpunktes auf der durch $y = 0$ und Gl. (36) gegebenen Bahnkurve. Das Problem hat nur einen Freiheitsgrad, für den wir am einfachsten den Winkel φ als generalisierte Koordinate wählen. Aus (36) folgt

$$\dot{x} = R(1 + \cos \varphi)\dot{\varphi}; \quad \dot{z} = R \sin \varphi \dot{\varphi}$$

und daher die kinetische Energie

$$T = \frac{m}{2}(\dot{x}^2 + \dot{z}^2) = \frac{mR^2}{2}[(1 + \cos \varphi)^2 + \sin^2 \varphi]\dot{\varphi}^2$$
$$= mR^2(1 + \cos \varphi)\dot{\varphi}^2 \tag{37a}$$

und die potentielle Energie im Schwerefeld vom tiefsten Punkt der Bahn ab gerechnet

$$V = mg(z + 4R) = mgR(1 - \cos \varphi). \tag{37b}$$

Die Lagrangefunktion des Zykloidenpendels lautet also

$$L = T - V = mR^2(1 + \cos \varphi)\dot{\varphi}^2 - mgR(1 - \cos \varphi). \tag{38}$$

Mit Hilfe der Differentialquotienten

$$\frac{\partial L}{\partial \varphi} = -mR^2 \sin \varphi \dot{\varphi}^2 - mgR \sin \varphi; \quad \frac{\partial L}{\partial \dot{\varphi}} = 2mR^2(1 + \cos \varphi)\dot{\varphi};$$

$$\frac{d}{dt}\frac{\partial L}{\partial \dot{\varphi}} = 2mR^2[-\sin \varphi \dot{\varphi}^2 + (1 + \cos \varphi)\ddot{\varphi}]$$

erhält man die Lagrangesche Gleichung (unter Weglassung des Faktors $2mR^2$):

$$(1 + \cos \varphi)\ddot{\varphi} - \frac{1}{2}\sin \varphi \dot{\varphi}^2 + \frac{g}{2R}\sin \varphi = 0. \tag{39}$$

Trotz ihres komplizierten Aussehens ist diese Bewegungsgleichung geschlossen integrierbar. Man sieht das, wenn man anstelle von φ die Koordinate

$$u = \sin \frac{\varphi}{2} \tag{40}$$

einführt; dann ist

$$\dot{u} = \frac{1}{2}\cos \frac{\varphi}{2}\dot{\varphi};$$

$$\ddot{u} = \frac{1}{2}\left\{\cos \frac{\varphi}{2}\ddot{\varphi} - \frac{1}{2}\sin \frac{\varphi}{2}\dot{\varphi}^2\right\} = \frac{1}{4\cos \frac{\varphi}{2}}\left\{(1 + \cos \varphi)\ddot{\varphi} - \frac{1}{2}\sin \varphi \dot{\varphi}^2\right\};$$

Gl. (39) geht also in

$$4 \cos \frac{\varphi}{2} \ddot{u} + \frac{g}{2R} 2 \sin \frac{\varphi}{2} \cos \frac{\varphi}{2} = 0$$

oder

$$\ddot{u} + \frac{g}{4R} u = 0 \tag{41}$$

über, deren strenge Lösung die harmonische Schwingung mit der Schwingungsdauer

$$T = 2\pi \sqrt{\frac{4R}{g}} \tag{42}$$

ist. Das Zykloidenpendel hat also die Eigenschaft, welche das Kreispendel nur genähert besitzt, daß die Schwingungsdauer unabhängig von der Amplitude ist (Tautochronie)[1].

Da es sich hier um ein Problem mit nur einem Freiheitsgrad handelt, und da angesichts der skleronomen Nebenbedingungen der Energiesatz $T + V = E$ gelten muß, können wir auch von Gl. (37a, b) ausgehend die Differentialgleichung

$$(1 + \cos \varphi) \dot{\varphi}^2 + \frac{g}{R} (1 - \cos \varphi) = \frac{E}{mR^2}$$

anschreiben. In der Variablen u, Gl. (40), geht das über in

$$8 \ddot{u}^2 + 2 \frac{g}{R} u^2 = \frac{E}{mR^2},$$

und die Lösung dieser Gleichung wird

$$u = \sqrt{\frac{E}{2mgR}} \sin \left\{ \sqrt{\frac{g}{4R}} (t - t_0) \right\},$$

was wieder auf Gl. (42) für die Schwingungsdauer T führt.

g) Das Kugelpendel als Beispiel. In § 2b (S. 15) haben wir das Kugelpendel kurz als Anwendungsbeispiel der Lagrangeschen Gleichungen erster Art behandelt. Wir wollen jetzt die Lagrangefunktion dafür angeben, indem wir sphärische Polarkoordinaten als generalisierte Koordinaten benutzen (Fig. 12). Die kinetische Energie ist

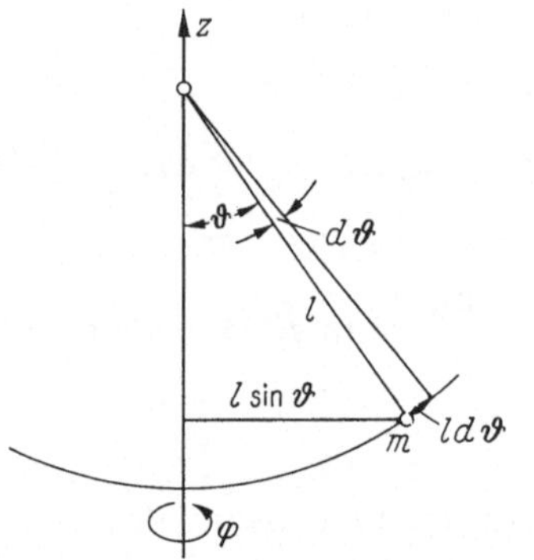

Fig. 12. Kugelpendel. Definition der Koordinaten

$$T = \frac{1}{2} m \left(\frac{ds}{dt} \right)^2,$$

---

[1] HUYGENS, der zuerst das Pendel zum Bau von Uhren benutzt hat (Patent von 1657), hat auch diese Eigenschaft der Zykloide entdeckt. Der Bau zuverlässiger Uhren war ein entscheidendes Problem für die Navigation, da es erst zuverlässige Bestimmungen der geographischen Länge ermöglichte. Das Schiffahrtsmuseum in Greenwich bei London enthält eine aufschlußreiche Sammlung von Instrumenten dieser Zeit.

wobei ds das Linienelement auf der Kugelfläche vom Radius l bedeutet:

$$ds^2 = l^2 (d\vartheta^2 + \sin^2 \vartheta \, d\varphi^2).$$

Daher ist die kinetische Energie

$$T = \tfrac{1}{2} m l^2 (\dot\vartheta^2 + \sin^2 \vartheta \, \dot\varphi^2). \tag{43a}$$

Die potentielle Energie im Schwerefeld vom tiefsten Punkt $(z = -l)$ ab gerechnet ist

$$V = mg(z + l) = mgl(1 - \cos \vartheta). \tag{43b}$$

Hier würde der Energiesatz $T + V = E$ nur eine Differentialgleichung für die zwei unbekannten Funktionen $\vartheta(t)$ und $\varphi(t)$ liefern; wir sind daher hier gezwungen, die Lagrangeschen Gleichungen zweiter Ordnung aufzuschreiben. Aus $L = T - V$ erhalten wir zunächst gemäß (43a, b):

$$\frac{\partial L}{\partial \varphi} = 0; \qquad\qquad \frac{\partial L}{\partial \vartheta} = m l^2 \sin \vartheta \cos \vartheta \, \dot\varphi^2 - mgl \sin \vartheta;$$

$$\frac{\partial L}{\partial \dot\varphi} = m l^2 \sin^2 \vartheta \, \dot\varphi; \qquad \frac{\partial L}{\partial \dot\vartheta} = m l^2 \, \dot\vartheta.$$

Daraus folgen nach dem Schema von Gl. (24) die Bewegungsgleichungen:

$$\frac{d}{dt} \frac{\partial L}{\partial \dot\varphi} = m l^2 (\sin^2 \vartheta \, \ddot\varphi + 2 \sin \vartheta \cos \vartheta \, \dot\vartheta \, \dot\varphi) = 0;$$

$$\frac{d}{dt} \frac{\partial L}{\partial \dot\vartheta} - \frac{\partial L}{\partial \vartheta} = m l^2 \ddot\vartheta - m l^2 \sin \vartheta \cos \vartheta \, \dot\varphi^2 + mgl \sin \vartheta = 0. \tag{44}$$

Die erste Gleichung gestattet die Integration zu

$$\frac{\partial L}{\partial \dot\varphi} = p_\varphi,$$

wobei p_φ eine Konstante ist:

$$m l^2 \sin^2 \vartheta \, \dot\varphi = p_\varphi. \tag{45}$$

Hieraus können wir $\dot\varphi$ entnehmen und in die zweite Gl. (44) einsetzen:

$$\ddot\vartheta + \frac{g}{l} \sin \vartheta - \left(\frac{p_\varphi}{m l^2}\right)^2 \frac{\cos \vartheta}{\sin^3 \vartheta} = 0. \tag{46}$$

Gl. (45) ist der Flächensatz für die Projektion der Pendelbewegung auf eine horizontale Ebene, vgl. Gl. (14) von § 2. Gl. (46) ist die eigentliche Bewegungsgleichung. Es ist nicht schwer, ein erstes Integral von (46) durch Multiplizieren mit $\dot\vartheta$ und Integrieren nach t zu erhalten:

$$\frac{1}{2} \dot\vartheta^2 - \frac{g}{l} \cos \vartheta + \frac{1}{2} \left(\frac{p_\varphi}{m l^2}\right)^2 \frac{1}{\sin^2 \vartheta} = C; \tag{47}$$

diese Relation ist im wesentlichen identisch mit dem Energiesatz, wie man sofort sieht, wenn man aus (45) $\dot\varphi$ einführt:

$$\frac{1}{2}\left(\dot\vartheta^2 + \sin^2\vartheta\,\dot\varphi^2\right) - \frac{g}{l}\cos\vartheta = C\,;$$

die Energiekonstante ist also

$$E = m\,l^2\,C\,.$$

Gl. (47) läßt sich formal durch Quadratur lösen:

$$t = \int \frac{d\vartheta}{\sqrt{F(\vartheta)}} \quad \text{mit} \quad F(\vartheta) = 2C - \left(\frac{p_\varphi}{m\,l^2}\right)^2 \frac{1}{\sin^2\vartheta} + \frac{g}{l}\cos\vartheta\,.$$

Dies nicht elementare Integral läßt sich mit Hilfe der Substitution $z = -l\cos\vartheta$ wieder auf Gl. (19) von § 2 reduzieren und soll hier nicht weiter behandelt werden.

§ 6. Die kanonischen Gleichungen[1]

a) Generalisierte Impulse. Kanonische Gleichungen. Im vorigen Paragraphen spielten die Größen $\partial T/\partial\dot q_\mu$ eine besondere Rolle. Sie gehen in zwei Sonderfällen in wohlbekannte elementare Ausdrücke über: Benutzt man die ursprünglichen kartesischen Koordinaten x_μ, so ist

$$T = \frac{1}{2}\sum_\mu m_\mu\,\dot x_\mu^2\,; \qquad \frac{\partial T}{\partial\dot x_\mu} = m_\mu\,\dot x_\mu\,;$$

es entstehen also gerade die zugehörigen Impulskomponenten. Und benutzt man einen Drehwinkel φ als Koordinate, so entsteht (s. o. S. 67) gerade der zugehörige Drehimpuls. Es liegt daher nahe, den Begriff des Impulses genauso zu verallgemeinern wie den Begriff der Koordinate. Wir nennen daher die Größe

$$p_\mu = \frac{\partial T}{\partial\dot q_\mu} \tag{1}$$

den zur Koordinate q_μ *konjugierten (generalisierten) Impuls.*

Da nun T stets vom zweiten Grade in den $\dot q_\mu$ ist, müssen die p_μ lineare Funktionen der $\dot q_\nu$ sein; dies erlaubt aber stets, die linearen Gleichungen (1) nach den $\dot q_\nu$ aufzulösen, also jedes $\dot q_\nu$ als lineare Funktion der p_μ auszudrücken. Dies gilt auch, wenn die Transformationsgleichungen zwischen den q_μ und x_i zeitabhängig sind. Geht man mit den so bestimmten $\dot q_\nu(p, q, t)$ in die Funktion $T(q, \dot q)$ ein[2], so kann man anstelle

---

[1] Die Bedeutung der in diesem Paragraphen entwickelten Theorie für die moderne Physik liegt vor allem darin, daß sie der klassischen Mechanik eine Form gibt, welche als Ausgangspunkt für die Quantenmechanik geeignet ist. Vgl. hierzu Band IV, insbesondere Kapitel IV.

[2] Bei Weglassung des Index an q, $\dot q$ oder p ist die Gesamtheit aller q_μ, $\dot q_\mu$ oder p_μ gemeint.

der unabhängigen Variablen q, $\dot{q}$ die neuen Variablen q, p einführen. Diese Umformung wollen wir im folgenden ausführen.

Da es sich um eine rein mathematische Manipulation handelt, die nichts mit dem zeitlichen Ablauf der Bewegung zu tun hat, denken wir den Parameter t festgehalten. Verändern wir jedes q_μ um ein infinitesimales δq_μ und jedes $\dot{q}_\mu$ um ein infinitesimales $\delta \dot{q}_\mu$, so ändert sich der Zahlenwert von $T(q, \dot{q})$ um

$$\delta T = \sum_\mu \left(\frac{\partial T}{\partial q_\mu} \delta q_\mu + \frac{\partial T}{\partial \dot{q}_\mu} \delta \dot{q}_\mu \right).$$

Führen wir hier im zweiten Gliede p_μ aus (1) ein und berücksichtigen im ersten Gliede die Lagrangesche Gleichung zweiter Art

$$\frac{d}{dt} \frac{\partial T}{\partial \dot{q}_\mu} - \frac{\partial T}{\partial q_\mu} = Q_\mu \quad \text{oder} \quad \frac{\partial T}{\partial q_\mu} = \dot{p}_\mu - Q_\mu, \tag{2}$$

so geht das über in

$$\delta T = \sum_\mu \{ (\dot{p}_\mu - Q_\mu)\, \delta q_\mu + p_\mu\, \delta \dot{q}_\mu \}. \tag{3}$$

Wir bilden nun die Hilfsfunktion

$$K(p, q) = \sum_\mu p_\mu \dot{q}_\mu - T(q, \dot{q}), \tag{4}$$

in der wir alle $\dot{q}_\mu$ mit Hilfe der linearen Gleichungen (1) eliminiert denken. Dann ist einerseits

$$\delta K = \sum_\mu \left(\frac{\partial K}{\partial p_\mu} \delta p_\mu + \frac{\partial K}{\partial q_\mu} \delta q_\mu \right), \tag{5a}$$

andererseits

$$\delta K = \sum_\mu (p_\mu \delta \dot{q}_\mu + \dot{q}_\mu \delta p_\mu) - \delta T. \tag{5b}$$

Setzen wir in (5b) δT gemäß (3) ein:

$$\delta K = \sum_\mu \{ \dot{q}_\mu \delta p_\mu - (\dot{p}_\mu - Q_\mu)\, \delta q_\mu \}$$

und vergleichen mit (5a), so folgt, da die Zahl der Koordinaten in dieser Form der Theorie gleich der Zahl f der Freiheitsgrade ist und daher die Variationen δp_μ, δq_μ sämtlich von einander unabhängig sind, durch gliedweises Gleichsetzen

$$\dot{q}_\mu = \frac{\partial K}{\partial p_\mu}; \quad \dot{p}_\mu = -\frac{\partial K}{\partial q_\mu} + Q_\mu. \tag{6}$$

Nach Konstruktion der Hilfsfunktion (4) lassen sich also bei Kenntnis der generalisierten Kräfte die zeitlichen Änderungen der Koordinaten und Impulse durch Differentiationen ausrechnen. Die Gln. (6) bilden dann einen Satz von $2f$ Differentialgleichungen erster Ordnung bei einem System mit f Freiheitsgraden $(\mu = 1, 2, \ldots, f)$ anstelle der Lagrangeschen Gleichungen (2), die einen Satz von halbsovielen Differentialgleichungen zweiter Ordnung bilden. In beiden Fällen enthält daher die vollständige Lösung $2f$ Integrationskonstanten, was der freien Wählbarkeit etwa der Anfangsorte und Anfangsgeschwindigkeiten entspricht.

Die weitgehende Symmetrie der Gln. (6) wird noch deutlicher, wenn die Kräfte aus einer potentiellen Energie abgeleitet werden können.

$$Q_\mu = -\frac{\partial}{\partial q_\mu}\, V(q). \tag{7}$$

In diesem Falle läßt sich die *Hamiltonfunktion*

$$H(p, q) = K(p, q) + V(q) = \sum_\mu p_\mu \dot{q}_\mu - L \tag{8}$$

einführen, mit deren Hilfe die Gln. (6) in

$$\dot{q}_\mu = \frac{\partial H}{\partial p_\mu}\,; \qquad \dot{p}_\mu = -\frac{\partial H}{\partial q_\mu} \tag{9}$$

übergehen. Diese Gleichungen heißen die Hamiltonschen *kanonischen Gleichungen*.

Sind die Transformationsgleichungen zwischen den x_μ und den q_ν nicht von der Zeit abhängig, so wird nach Gl. (27) von § 5

$$\sum_\mu p_\mu \dot{q}_\mu = 2T \tag{10a}$$

und die Hamiltonfunktion

$$H = T + V = E \tag{10b}$$

gleich der Energiekonstanten. Dies ist bei Zeitabhängigkeit der Transformationsgleichungen keineswegs erfüllt. Hängt nämlich H von der Zeit explicite ab, so ist

$$\frac{dH}{dt} = \frac{\partial H}{\partial t} + \sum_\mu \left(\frac{\partial H}{\partial p_\mu} \dot{p}_\mu + \frac{\partial H}{\partial q_\mu} \dot{q}_\mu \right).$$

Hier verschwindet die Summe infolge der kanonischen Gleichungen (9); es gilt also stets

$$\frac{dH}{dt} = \frac{\partial H}{\partial t}, \tag{11}$$

was nur für den Fall, daß H nicht explicite von t abhängt, in $dH/dt = 0$, d.h. $H =$ const übergeht.

Angesichts der Bedeutung der kanonischen Gleichungen geben wir noch eine zweite Herleitung aus dem Hamiltonschen Variationsprinzip (s. o. S. 61):

$$S = \int_{t_1}^{t_2} L(q, \dot{q}, t)\, dt; \qquad \delta S = 0. \tag{12}$$

Hierbei ist natürlich bereits die Existenz der potentiellen Energie gemäß (7) vorausgesetzt, d.h. L hängt mit H gemäß (8):

$$L = \sum_\mu p_\mu \dot{q}_\mu - H$$

zusammen. Gehen wir damit in (12) ein, so wird bei Variation

$$\delta S = \int\limits_{t_1}^{t_2} dt \sum_\mu \left(p_\mu \delta \dot{q}_\mu + \dot{q}_\mu \delta p_\mu - \frac{\partial H}{\partial p_\mu} \delta p_\mu - \frac{\partial H}{\partial q_\mu} \delta q_\mu \right).$$

Wir vertreiben nun im ersten Gliede durch partielle Integration die Zeitableitung:

$$\int\limits_{t_1}^{t_2} dt\, p_\mu \delta \dot{q}_\mu = \int\limits_{t_1}^{t_2} dt\, p_\mu \frac{d}{dt} \delta q_\mu = [p_\mu \delta q_\mu]_{t_1}^{t_2} - \int\limits_{t_1}^{t_2} dt\, \dot{p}_\mu \delta q_\mu.$$

Hier verschwindet der ausintegrierte Term wegen der Randbedingungen $\delta q_\mu(t_1) = \delta q_\mu(t_2) = 0$ (vgl. S. 61); es entsteht also

$$\delta S = \sum_\mu \int\limits_{t_1}^{t_2} dt \left\{ \left(-\dot{p}_\mu - \frac{\partial H}{\partial q_\mu} \right) \delta q_\mu + \left(\dot{q}_\mu - \frac{\partial H}{\partial p_\mu} \right) \delta p_\mu \right\},$$

und da hier wieder alle Variationen δq_μ und δp_μ von einander unabhängig und (bis auf die Kleinheit und die Randbedingungen) willkürliche Funktionen von t sind, müssen ihre Faktoren einzeln gleich Null sein. Diese Forderungen sind aber identisch mit den kanonischen Gleichungen (9).

b) Beispiele zu den kanonischen Gleichungen. 1. Wir beginnen mit der Theorie des *einfachen Pendels*. Ist der Ausschlagwinkel φ, so lautet die Lagrangefunktion

$$L = \frac{m}{2} l^2 \dot{\varphi}^2 - mgl(1 - \cos \varphi).$$

Der zu φ konjugierte Impuls wird

$$p_\varphi = \frac{\partial L}{\partial \dot{\varphi}} = ml^2 \dot{\varphi},$$

das ist der Drehimpuls um den Aufhängepunkt. Für die Hamiltonfunktion erhalten wir bei Elimination von $\dot{\varphi}$

$$H = p_\varphi \dot{\varphi} - L = p_\varphi \frac{p_\varphi}{ml^2} - \left\{ \frac{ml^2}{2} \left(\frac{p_\varphi}{ml^2} \right)^2 - mgl(1 - \cos \varphi) \right\},$$

also

$$H = \frac{p_\varphi^2}{2ml^2} + mgl(1 - \cos \varphi). \tag{13}$$

Der erste Term ist hier wieder die kinetische Energie; im Nenner erscheint das Trägheitsmoment ml^2 bezogen auf die gleiche Achse wie der Drehimpuls p_φ. Die kanonischen Gleichungen lauten

$$\dot\varphi = \frac{\partial H}{\partial p_\varphi} = \frac{p_\varphi}{ml^2}\,; \qquad \dot p_\varphi = -\frac{\partial H}{\partial \varphi} = -mgl\sin\varphi\,. \tag{14}$$

Die erste ist mit der Definitionsgleichung von p_φ wieder identisch. Sie liefert aber nur deshalb keine neue Aussage, weil wir zunächst von der Lagrangefunktion ausgegangen sind. Die anschauliche Interpretation des ersten Gliedes in H zeigt bereits, daß es durchaus möglich ist, die Behandlung eines mechanischen Systems mit dem Aufschreiben der Hamiltonfunktion zu beginnen; dann ist die erste kanonische Gleichung aber in der Tat eine neue Aussage. Die praktische Lösung des kanonischen Gleichungssystems ist im vorliegenden Fall sehr einfach: Differenziert man die erste Gleichung nach t und setzt $\dot p_\varphi$ aus der zweiten darin ein, so entsteht

$$\ddot\varphi + \frac{g}{l}\sin\varphi = 0,$$

also die Bewegungsgleichung der elementaren Theorie.

2. Wir fügen sogleich als Beispiel mit zwei Freiheitsgraden die Theorie des *Kugelpendels* hinzu. Nach den Ausführungen von S. 67 können wir von der Lagrangefunktion

$$L = \tfrac{1}{2}ml^2(\dot\vartheta^2 + \sin^2\vartheta\,\dot\varphi^2) - mgl(1 - \cos\vartheta)$$

ausgehen. Wir erhalten jetzt zwei generalisierte Impulse

$$p_\varphi = \frac{\partial L}{\partial \dot\varphi} = ml^2\sin^2\vartheta\,\dot\varphi\,; \qquad p_\vartheta = \frac{\partial L}{\partial \dot\vartheta} = ml^2\dot\vartheta\,, \tag{15}$$

mit deren Hilfe sich in

$$H = p_\varphi\dot\varphi + p_\vartheta\dot\vartheta - L$$

die Geschwindigkeiten $\dot\varphi$ und $\dot\vartheta$ eliminieren lassen. Auf diese Weise ergibt sich die Hamiltonfunktion

$$H(p_\varphi, p_\vartheta, \varphi, \vartheta) = \frac{1}{2ml^2}\left(\frac{p_\varphi^2}{\sin^2\vartheta} + p_\vartheta^2\right) + mgl(1 - \cos\vartheta)\,. \tag{16}$$

Die Deutung von p_φ und p_ϑ als Drehimpuls ist auch hier möglich: p_φ ist der Drehimpuls um die vertikale Achse durch den Kugelmittelpunkt; der Radius der Drehung ist dann $l\sin\vartheta$, weshalb im Nenner des ersten Gliedes von H das Trägheitsmoment $ml^2\sin^2\vartheta$ auftritt. p_ϑ ist wie beim gewöhnlichen Pendel der Drehimpuls um eine horizontale Achse durch den Kugelmittelpunkt, welche auf der augenblicklichen Meridianebene senkrecht steht. Da der Radius dieser Drehung l ist, erscheint im zweiten Glied von H das Trägheitsmoment ml^2 im Nenner.

Die kanonischen Gleichungen zu der Hamiltonfunktion (16) des Kugelpendels sind nun:

$$\dot{\varphi} = \frac{\partial H}{\partial p_\varphi} = \frac{p_\varphi}{m\,l^2 \sin^2 \vartheta}; \qquad \dot{p}_\varphi = -\frac{\partial H}{\partial \varphi} = 0;$$

$$\dot{\vartheta} = \frac{\partial H}{\partial p_\vartheta} = \frac{p_\vartheta}{m\,l^2}; \qquad \dot{p}_\vartheta = -\frac{\partial H}{\partial \vartheta} = \frac{\cos\vartheta}{m\,l^2 \sin^3 \vartheta}\, p_\varphi^2 - mgl\sin\vartheta. \tag{17}$$

Wir konstatieren ganz allgemein, was wir hier am Beispiel der Koordinate φ sehen: Tritt eine Koordinate in der Hamiltonfunktion nicht auf, so wird der zu ihr konjugierte Impuls (bei uns p_φ) konstant. Dieselbe Aussage wurde in Gl. (45) von § 5 (S. 67) bereits gewonnen, wenn die betreffende Koordinate nicht in der Lagrangefunktion auftritt.

Die Beziehung für $\dot{\varphi}$ ist identisch mit dem auf S. 67 als Flächensatz für die Horizontalebene bezeichneten Zusammenhang. Elimination von $\dot{p}_\vartheta$ durch Differenzieren der Gleichung für $\dot{\vartheta}$ führt auf

$$\ddot{\vartheta} = \frac{1}{m\,l^2} \left\{ \frac{\cos\vartheta}{m\,l^2 \sin^3 \vartheta}\, p_\varphi^2 - mgl\sin\vartheta \right\},$$

was mit der Bewegungsgleichung (46) von § 5 identisch ist.

3. In den beiden vorstehenden Fällen skleronomer Bedingungen waren die gewählten Koordinaten in zeitunabhängiger Weise mit den kartesischen verknüpft und die Hamiltonfunktion gleich der Energiekonstanten. Als drittes Beispiel führen wir die auf S. 58 besprochene *rotierende Schraubenlinie* mit rheonomer Bedingung an. Hier hatten wir

$$T = \frac{m}{2} \left\{ a^2 \left(\dot{\omega}t + \omega + \frac{2\,\pi}{h}\,\dot{z} \right)^2 + \dot{z}^2 \right\}; \qquad V = mgz \tag{18}$$

gefunden; daraus ergibt sich zunächst der zur Koordinate z konjugierte Impuls

$$p_z = \frac{\partial T}{\partial \dot{z}} = m \left\{ \frac{2\,\pi a^2}{h}\,(\dot{\omega}t + \omega) + \left(1 + \frac{4\,\pi^2 a^2}{h^2} \right) \dot{z} \right\}. \tag{19}$$

Die Beziehung zwischen p_z und $\dot{z}$ ist auch hier linear, aber inhomogen. Löst man sie nach $\dot{z}$ auf und geht damit in die kinetische Energie ein, so folgt elementar

$$T = \frac{p_z^2 + m^2 a^2 (\dot{\omega}t + \omega)^2}{2m \left(1 + \dfrac{4\,\pi^2 a^2}{h^2} \right)}. \tag{20}$$

Andererseits erhält man für die Hamiltonfunktion

$$H = p_z \dot{z} - T + V = \frac{p_z^2 - \dfrac{4\,\pi m a^2}{h}\,(\dot{\omega}t + \omega)p_z - m^2 a^2(\dot{\omega}t + \omega)^2}{2m \left(1 + \dfrac{4\,\pi^2 a^2}{h^2} \right)} + mgz. \tag{21}$$

Hier ist also die Hamiltonfunktion keineswegs gleich der Energie $T+V$.

Aus (21) erhält man die kanonischen Gleichungen

$$\dot{z} = \frac{\partial H}{\partial p_z} = \frac{p_z - \dfrac{2\pi m a^2}{h}(\dot{\omega}t + \omega)}{m\left(1 + \dfrac{4\pi^2 a^2}{h^2}\right)}; \qquad \dot{p}_z = -\frac{\partial H}{\partial z} = -mg. \qquad (22)$$

Elimination von $\dot{p}_z$ durch Differenzieren der ersten Gleichung führt auf

$$\ddot{z} = \frac{1}{m\left(1 + \dfrac{4\pi^2 a^2}{h^2}\right)}\left\{-mg - \frac{2\pi m a^2}{h}(\ddot{\omega}t + 2\dot{\omega})\right\},$$

was in Einklang steht mit der Bewegungsgleichung von S. 59.

4. Ein viertes Beispiel soll hier nur angedeutet werden. Für den *kräftefreien Kreisel* hatten wir in § 4 die kinetische Energie

$$T = \tfrac{1}{2}\,(J_1\tilde{\omega}_1^2 + J_2\tilde{\omega}_2^2 + J_3\tilde{\omega}_3^2)$$

durch die Hauptträgheitsmomente zu den körperfesten Koordinatenachsen $\tilde{x}_1, \tilde{x}_2, \tilde{x}_3$ und die Komponenten $\tilde{\omega}_i$ der instantanen Winkelgeschwindigkeit $\boldsymbol{\omega}$ um diese Achsen ausgedrückt. Die letzteren hatten wir dann in Gl. (34) auf S. 51 auf die Eulerschen Winkel zurückgeführt:

$$\tilde{\omega}_1 = \dot{\varphi}\sin\vartheta\sin\psi + \dot{\vartheta}\cos\psi;$$
$$\tilde{\omega}_2 = \dot{\varphi}\sin\vartheta\cos\psi - \dot{\vartheta}\sin\psi;$$
$$\tilde{\omega}_3 = \dot{\varphi}\cos\vartheta + \dot{\psi}.$$

Da für den kräftefreien Kreisel die potentielle Energie $V = 0$ gesetzt werden kann, wird die Lagrangefunktion identisch mit der kinetischen Energie

$$L = \tfrac{1}{2}\left\{J_1(\dot{\varphi}\sin\vartheta\sin\psi + \dot{\vartheta}\cos\psi)^2 + J_2(\dot{\varphi}\sin\vartheta\cos\psi - \dot{\vartheta}\sin\psi)^2 + \right.$$
$$\left. + J_3(\dot{\varphi}\cos\vartheta + \dot{\psi})^2\right\}.$$

Um die Hamiltonfunktion zu konstruieren, bilden wir zunächst die zu den Koordinaten φ, ϑ, ψ kanonisch konjugierten Impulse

$$p_\varphi = \frac{\partial L}{\partial \dot{\varphi}} = J_1(\dot{\varphi}\sin\vartheta\sin\psi + \dot{\vartheta}\cos\psi)\sin\vartheta\sin\psi +$$
$$+ J_2(\dot{\varphi}\sin\vartheta\cos\psi - \dot{\vartheta}\sin\psi)\sin\vartheta\cos\psi +$$
$$+ J_3(\dot{\varphi}\cos\vartheta + \dot{\psi})\cos\vartheta;$$
$$p_\vartheta = \frac{\partial L}{\partial \dot{\vartheta}} = J_1(\dot{\varphi}\sin\vartheta\sin\psi + \dot{\vartheta}\cos\psi)\cos\psi -$$
$$- J_2(\dot{\varphi}\sin\vartheta\cos\psi - \dot{\vartheta}\sin\psi)\sin\psi;$$
$$p_\psi = \frac{\partial L}{\partial \dot{\psi}} = J_3(\dot{\varphi}\cos\vartheta + \dot{\psi}).$$

Damit kann man die Ableitungen $\dot\varphi, \dot\vartheta, \dot\psi$ eliminieren und die Hamiltonfunktion

$$H = p_\varphi \dot\varphi + p_\vartheta \dot\vartheta + p_\psi \dot\psi - L$$

bilden, die wiederum gleich der kinetischen Energie wird und die Form hat

$$H = \frac{1}{2}\left\{ \frac{1}{J_1}\left[\frac{\sin\psi}{\sin\vartheta}(p_\varphi - \cos\vartheta\, p_\psi) + \cos\psi\, p_\vartheta \right]^2 + \right.$$

$$\left. + \frac{1}{J_2}\left[\frac{\cos\psi}{\sin\vartheta}(p_\varphi - \cos\vartheta\, p_\psi) - \sin\psi\, p_\vartheta \right]^2 + \frac{1}{J_3}\, p_\psi^2 \right\}.$$

Hieraus lassen sich nach dem üblichen Schema die kanonischen Gleichungen gewinnen.

Die Verhältnisse vereinfachen sich außerordentlich, wenn wir den asymmetrischen Kreisel durch einen *symmetrischen Kreisel* mit $J_1 = J_2$ ersetzen. Die Hamiltonfunktion lautet dann

$$H = \frac{1}{2J_1}\left[\frac{1}{\sin^2\vartheta}(p_\psi - \cos\vartheta\, p_\psi)^2 + p_\vartheta^2 \right] + \frac{1}{2J_3}\, p_\psi^2.$$

Die Impulskomponenten vereinfachen sich zu

$$p_\varphi = J_1 \dot\varphi\, \sin^2\vartheta + J_3(\dot\varphi\, \cos\vartheta + \dot\psi)\cos\vartheta;$$
$$p_\vartheta = J_1 \dot\vartheta;$$
$$p_\psi = J_3(\dot\varphi\, \cos\vartheta + \dot\psi).$$

Die kanonischen Gleichungen lauten dann

$$\dot\varphi = \frac{\partial H}{\partial p_\varphi} = \frac{1}{J_1 \sin^2\vartheta}(p_\varphi - \cos\vartheta\, p_\psi); \quad \dot p_\varphi = -\frac{\partial H}{\partial \varphi} = 0;$$

$$\dot\vartheta = \frac{\partial H}{\partial p_\vartheta} = \frac{1}{J_1}\, p_\vartheta; \quad \dot p_\vartheta = -\frac{\partial H}{\partial \vartheta} = \frac{1}{J_1 \sin^3\vartheta}(p_\varphi - \cos\vartheta\, p_\psi)(p_\varphi \cos\vartheta - p_\psi);$$

$$\dot\psi = \frac{\partial H}{\partial p_\psi} = -\frac{\cos\vartheta}{J_1 \sin^2\vartheta}(p_\varphi - \cos\vartheta\, p_\psi) + \frac{1}{J_3}\, p_\psi; \quad \dot p_\psi = -\frac{\partial H}{\partial \psi} = 0.$$

Hieraus folgt zunächst, daß

$$p_\varphi = M \quad \text{und} \quad p_\psi = K$$

Integrale der Bewegung sind. Dies gilt jedoch nicht für p_ϑ; vielmehr ist $\dot p_\vartheta = J_1 \ddot\vartheta$. Geht man mit diesen Ergebnissen in die drei verbleibenden Gleichungen für $\dot\varphi, \dot p_\vartheta$ und $\dot\psi$ ein, so erhält man

$$\dot\varphi = \frac{1}{J_1 \sin^2\vartheta}(M - K\cos\vartheta);$$

$$J_1 \ddot\vartheta = \frac{(M - K\cos\vartheta)(M\cos\vartheta - K)}{J_1 \sin^3\vartheta};$$

$$\dot\psi = -\frac{\cos\vartheta}{J_1 \sin^2\vartheta}(M - K\cos\vartheta) + \frac{K}{J_3}.$$

Die zweite dieser Gleichungen ist eine gewöhnliche, von den beiden anderen entkoppelte Differentialgleichung zweiter Ordnung für $\vartheta(t)$ allein. Ist die Lösung dieser Gleichung bekannt, so kann man auf der rechten Seite der beiden anderen $\vartheta(t)$ als bekannte Funktion einführen und $\varphi(t)$ und $\psi(t)$ durch Quadraturen entnehmen.

Auf einem anderem Wege läßt sich die Lösung noch etwas weiter treiben. Wir wissen ja, daß im kräftefreien Fall nicht nur die kinetische Energie T (und damit auch H) sondern auch das Betragsquadrat des Drehimpulses

$$L^2 = J_1^2\,\tilde\omega_1^2 + J_2^2\,\tilde\omega_2^2 + J_3^2\,\tilde\omega_3^2$$

Konstanten der Bewegung werden. Rechnet man nach diesem Schema L^2 und T aus, so erhält man

$$H = \frac{1}{2\,J_1}\left[\frac{(M - K\cos\vartheta)^2}{\sin^2\vartheta} + p_\vartheta^2\right] + \frac{K^2}{2\,J_3}$$

als Hamiltonfunktion mit nur mehr einem Freiheitsgrad und

$$L^2 = \left[\frac{(M - K\cos\vartheta)^2}{\sin^2\vartheta} + p_\vartheta^2\right] + K^2.$$

Die eckige Klammer in diesen beiden Ausdrücken muß dann selbst eine Konstante $L^2 - K^2$ werden. Setzt man dabei $p_\vartheta = J_1\dot\vartheta$ ein, so ist dies nur mehr eine Differentialgleichung *erster* Ordnung für $\vartheta(t)$, die man natürlich auch aus der obigen Gleichung zweiter Ordnung durch Multiplikation mit $\dot\vartheta$ und Integration nach der Zeit ableiten kann. Mit Hilfe dieser Konstanten findet man schließlich für die Rotationsenergie des symmetrischen Kreisels

$$H = \frac{1}{2\,J_1}\,L^2 + \frac{1}{2}\left(\frac{1}{J_3} - \frac{1}{J_1}\right)K^2.$$

Die hier erhaltenen Ausdrücke bilden eine gute Ausgangsbasis für die Behandlung des symmetrischen Kreisels nach der Quantenmechanik[1].

§ 7. Kanonische Transformationen

a) Allgemeine Theorie. Die Lösung der $2f$ kanonischen Gleichungen erster Ordnung für die Variablen $p_\mu(t)$, $q_\mu(t)$ ist die mathematische Aufgabe der theoretischen Mechanik der Massenpunktsysteme. Die Schwierigkeit dieser Aufgabe hängt allein vom speziellen Aufbau der Hamiltonfunktion im konkreten Einzelfall ab. Da die Einführung der Variablen q_μ

---

[1] Wir verzichten auf eine ins einzelne gehende Diskussion der Bewegungen des Kreisels. In den meisten Lehrbüchern der Mechanik findet man diese ausführlich abgehandelt, soweit dies in geschlossener Form möglich ist, wobei insbesondere der symmetrische kräftefreie und der symmetrische schwere Kreisel dargestellt werden. Für die moderne Physik spielen diese klassischen Probleme kaum noch eine Rolle.

anstelle der x_i zunächst nur unter dem Gesichtspunkt erfolgt ist, die Zahl der zu bestimmenden Funktionen $q_\mu(t)$ mit der Zahl f der Freiheitsgrade des Problems in Übereinstimmung zu bringen, kann die Auswahl dieser f Variablen noch unzweckmäßig unter dem Gesichtspunkt einer einfachen Hamiltonfunktion und der Lösung der kanonischen Gleichungen sein. Nun bleiben die Lagrangeschen Gleichungen zweiter Art offenbar in ihrer allgemeinen Form erhalten, wenn man nach Abtrennung der gleich Null gesetzten, den Zwangsbedingungen zugeordneten Variablen die restlichen f generalisierten Koordinaten durch andere ersetzt:

$$Q_\mu = Q_\mu(q_1, q_2, \ldots, q_f), \quad \text{kurz:} \quad Q_\mu = Q_\mu(q). \tag{1}$$

Eine solche Transformation heißt eine *Punkttransformation*, weil sie jedem Punkt des f-dimensionalen Raumes der q_μ (des Konfigurationsraumes) wieder einen Punkt (bei Eindeutigkeit) im Raum der Q_μ zuordnet.

Der symmetrische Aufbau der kanonischen Gleichungen in den q_μ und p_μ legt den Gedanken nahe, die Auswahl von Variablen, welche für die Lösung dieser Gleichungen zweckmäßig ist, durch noch allgemeinere Transformationen im *Phasenraum* sämtlicher p_μ und q_μ

$$Q_\mu = Q_\mu(p, q); \quad P_\mu = P_\mu(p, q) \tag{2}$$

vorzunehmen. Wir fragen nach den Bedingungen, welchen diese Variablen unterworfen sein müssen, damit die kanonischen Gleichungen

$$\dot{q}_\mu = \frac{\partial H}{\partial p_\mu}; \quad \dot{p}_\mu = -\frac{\partial H}{\partial q_\mu}; \quad H = H(p, q) \tag{3a}$$

bei der Transformation (2) invariant bleiben, d.h., daß sie in Gleichungen der Form

$$\dot{Q}_\mu = \frac{\partial K}{\partial P_\mu}; \quad \dot{P}_\mu = -\frac{\partial K}{\partial Q_\mu}; \quad K = K(P, Q) \tag{3b}$$

übergehen, wobei $K(P, Q)$ durch die Transformation (2) aus $H(p, q)$ entsteht. Wenn dies der Fall ist, nennen wir die Transformation (2) eine *kanonische Transformation*.

Für eine beliebige Transformation der Form (2) gilt

$$\dot{q}_\mu = \sum_\lambda \left(\frac{\partial q_\mu}{\partial Q_\lambda} \dot{Q}_\lambda + \frac{\partial q_\mu}{\partial P_\lambda} \dot{P}_\lambda \right); \quad \dot{p}_\mu = \sum_\lambda \left(\frac{\partial p_\mu}{\partial Q_\lambda} \dot{Q}_\lambda + \frac{\partial p_\mu}{\partial P_\lambda} \dot{P}_\lambda \right). \tag{4a}$$

Wenn wir andererseits die Relationen (2) nach den q_μ, p_μ aufgelöst und diese Ausdrücke in $H(p, q)$ eingesetzt denken, so geht $H(p, q)$ nach Voraussetzung in die Funktion $K(P, Q)$ über. Die rechte Seite der kanonischen Gln. (3a) kann dann ebenfalls auf die neuen Variablen umgerechnet werden:

$$\begin{aligned}
\frac{\partial H}{\partial p_\mu} &= \sum_\lambda \left(\frac{\partial K}{\partial Q_\lambda} \frac{\partial Q_\lambda}{\partial p_\mu} + \frac{\partial K}{\partial P_\lambda} \frac{\partial P_\lambda}{\partial p_\mu} \right); \\
\frac{\partial H}{\partial q_\mu} &= \sum_\lambda \left(\frac{\partial K}{\partial Q_\lambda} \frac{\partial Q_\lambda}{\partial q_\mu} + \frac{\partial K}{\partial P_\lambda} \frac{\partial P_\lambda}{\partial q_\mu} \right).
\end{aligned} \tag{4b}$$

Sollen nun für die Q_μ, P_μ die kanonischen Gleichungen (3 b) gelten, so können wir in (4a) die $\dot{Q}_\lambda$, $\dot{P}_\lambda$ durch Ableitungen der Funktion K ersetzen; dann erhalten wir durch Heranziehen der Ausdrücke (4b):

$$\sum_{\lambda=1}^{f}\left(\frac{\partial q_\mu}{\partial Q_\lambda}\frac{\partial K}{\partial P_\lambda} - \frac{\partial q_\mu}{\partial P_\lambda}\frac{\partial K}{\partial Q_\lambda}\right) = \sum_{\lambda=1}^{f}\left(\frac{\partial P_\lambda}{\partial p_\mu}\frac{\partial K}{\partial P_\lambda} + \frac{\partial Q_\lambda}{\partial p_\mu}\frac{\partial K}{\partial Q_\lambda}\right)$$

$$\sum_{\lambda=1}^{f}\left(\frac{\partial p_\mu}{\partial Q_\lambda}\frac{\partial K}{\partial P_\lambda} - \frac{\partial p_\mu}{\partial P_\lambda}\frac{\partial K}{\partial Q_\lambda}\right) = -\sum_{\lambda=1}^{f}\left(\frac{\partial P_\lambda}{\partial q_\mu}\frac{\partial K}{\partial P_\lambda} + \frac{\partial Q_\lambda}{\partial q_\mu}\frac{\partial K}{\partial Q_\lambda}\right).$$

oder

$$\left.\begin{aligned}\sum_{\lambda=1}^{f}\left\{\left(\frac{\partial q_\mu}{\partial Q_\lambda} - \frac{\partial P_\lambda}{\partial p_\mu}\right)\frac{\partial K}{\partial P_\lambda} - \left(\frac{\partial q_\mu}{\partial P_\lambda} + \frac{\partial Q_\lambda}{\partial p_\mu}\right)\frac{\partial K}{\partial Q_\lambda}\right\} = 0;\\ \sum_{\lambda=1}^{f}\left\{\left(\frac{\partial p_\mu}{\partial Q_\lambda} + \frac{\partial P_\lambda}{\partial q_\mu}\right)\frac{\partial K}{\partial P_\lambda} = \left(\frac{\partial p_\mu}{\partial P_\lambda} = \frac{\partial Q_\lambda}{\partial q_\mu}\right)\frac{\partial K}{\partial Q_\lambda}\right\} = 0\end{aligned}\right\}\ \mu = 1, 2, \ldots, f. \quad (5)$$

Das ist ein System von $2f$ linearen, homogenen Gleichungen für die $2f$ Größen $\partial K/\partial P_\lambda$, $\partial K/\partial Q_\lambda$. Sofern die Transformation nicht speziell so beschaffen ist, daß die Determinante verschwindet, kann dies System nichtverschwindende Lösungen nur besitzen, wenn seine Koeffizienten gleich Null werden. Das führt zu den Bedingungen

$$\text{(a)}\quad \frac{\partial q_\mu}{\partial Q_\lambda} = \frac{\partial P_\lambda}{\partial p_\mu};\qquad \text{(b)}\quad \frac{\partial q_\mu}{\partial P_\lambda} = -\frac{\partial Q_\lambda}{\partial p_\mu}$$

$$\text{(c)}\quad \frac{\partial p_\mu}{\partial Q_\lambda} = -\frac{\partial P_\lambda}{\partial q_\mu};\qquad \text{(d)}\quad \frac{\partial p_\mu}{\partial P_\lambda} = \frac{\partial Q_\lambda}{\partial q_\mu}. \tag{6a—d}$$

Die Relationen (6a—d) müssen sämtlich erfüllt sein, damit die Transformation eine kanonische ist.

Da dies außerordentlich viele $(4f^2)$ Gleichungen sind, lohnt es die Frage aufzuwerfen, ob sie sich nicht alle aus einer gemeinsamen Wurzel ableiten lassen. Dies ist tatsächlich möglich mit Hilfe einer *erzeugenden Funktion*, und zwar auf vier verschiedene Weisen. Um das zu zeigen, beginnen wir mit Gl. (6a). Diese Beziehung wird für alle Indexpaare λ, μ erfüllt, wenn eine Funktion $F(Q, p)$ existiert, derart, daß

$$P_\lambda = \left(\frac{\partial F}{\partial Q_\lambda}\right)_p;\qquad q_\mu = \left(\frac{\partial F}{\partial p_\mu}\right)_Q;\qquad F(Q, p) \tag{7a}$$

erfüllt ist; denn dann folgt aus der Vertauschbarkeit der Differentiationen

$$\frac{\partial^2 F}{\partial Q_\lambda \partial p_\mu} = \frac{\partial^2 F}{\partial p_\mu \partial Q_\lambda}$$

unmittelbar (6a). Das Wesentliche ist nun aber, daß für (7a) auch automatisch die Bedingungen (6b, c, d) erfüllt sind. Betrachten wir z.B. die Funktion

$$G = F(Q, p) - \sum_\lambda p_\lambda q_\lambda. \tag{8}$$

Ihr Differential ist

$$dG = dF - \sum_\lambda (p_\lambda dq_\lambda + q_\lambda dp_\lambda) = \sum_\lambda (P_\lambda dQ_\lambda + q_\lambda dp_\lambda) - \sum_\lambda (p_\lambda dq_\lambda + q_\lambda dp_\lambda)$$

oder

$$dG = \sum_\lambda (P_\lambda dQ_\lambda - p_\lambda dq_\lambda).$$

Dies ist aber nur möglich, wenn G eine Funktion der Q_λ und q_λ allein ist, so daß

$$P_\lambda = \frac{\partial G}{\partial Q_\lambda}; \quad p_\mu = -\frac{\partial G}{\partial q_\mu}; \quad G = G(Q, q) \tag{7b}$$

gilt, woraus für die zweiten Ableitungen

$$\frac{\partial^2 G}{\partial Q_\lambda \partial q_\mu} = \frac{\partial^2 G}{\partial q_\mu \partial Q_\lambda}$$

die Beziehungen (6c) entstehen. Ferner bilden wir

$$\Phi(p, P) = F(Q, p) - \sum_\lambda P_\lambda Q_\lambda, \tag{9}$$

dann wird

$$d\Phi = \sum_\lambda (P_\lambda dQ_\lambda + q_\lambda dp_\lambda) - \sum_\lambda (P_\lambda dQ_\lambda + Q_\lambda dP_\lambda)$$

oder

$$d\Phi = \sum_\lambda (q_\lambda dp_\lambda - Q_\lambda dP_\lambda).$$

Die Funktion Φ genügt also den Beziehungen

$$q_\lambda = \frac{\partial \Phi}{\partial p_\lambda}; \quad Q_\lambda = -\frac{\partial \Phi}{\partial P_\lambda}; \quad \Phi = \Phi(p, P); \tag{7c}$$

für die Gleichheit der zweiten Ableitungen ergeben sich die Beziehungen (6b). Schließlich besitzt die Funktion

$$\Psi = F - \sum_\lambda (P_\lambda Q_\lambda + p_\lambda q_\lambda) = G - \sum_\lambda P_\lambda Q_\lambda = \Phi - \sum_\lambda p_\lambda q_\lambda \tag{10}$$

das Differential

$$d\Psi = dG - \sum_\lambda (P_\lambda dQ_\lambda + Q_\lambda dP_\lambda) = -\sum_\lambda (p_\lambda dq_\lambda + Q_\lambda dP_\lambda),$$

so daß

$$p_\lambda = -\frac{\partial \Psi}{\partial q_\lambda}; \quad Q_\lambda = -\frac{\partial \Psi}{\partial P_\lambda}; \quad \Psi = \Psi(q, P) \tag{7d}$$

und die Gleichheit der zweiten Ableitungen auf (6d) führt.

Alle Relationen (6a—d) sind damit vollständig auf die Existenz einer einzigen erzeugenden Funktion zurückgeführt. Welche der vier durch die Gln. (7a—d) definierten vier Funktionen wir zugrundelegen, ist beliebig, da aus jeder von ihnen gemäß (8), (9), (10) die drei anderen konstruiert werden können.

b) Anwendungsbeispiele. Die Ausführung einer kanonischen Transformation kann die Integration der kanonischen Gleichungen immer dann erleichtern, wenn es gelingt, der Hamiltonfunktion $K(P, Q)$ in den neuen Variablen eine einfache Gestalt zu geben. Besonders einfach wird die Lösung, wenn K nur noch von den P_μ abhängt, die Q_μ also völlig eliminiert sind, da mit

$$H(p, q) = K(P) \tag{11}$$

die kanonischen Gleichungen

$$\dot{Q}_\mu = \frac{\partial K}{\partial P_\mu}; \quad \dot{P}_\mu = -\frac{\partial K}{\partial P_\mu} = 0$$

die Integrale

$$P_\mu = \text{const} \tag{12}$$

besitzen. Von dieser Eigenschaft haben wir oben schon mehrfach Gebrauch gemacht. Außerdem werden nun auch alle Differentialquotienten $\partial K/\partial P_\mu$ Konstanten, so daß die andere Hälfte der kanonischen Gleichungen auf

$$Q_\mu = \frac{\partial K}{\partial P_\mu} \cdot (t - t_\mu) \tag{13}$$

mit Integrationskonstanten t_μ führt. Da solche lineare Funktionen der Zeit besonders bei Drehwinkeln häufig auftreten, ist es üblich, eine Variable Q_μ, die Gl. (13) genügt, eine *Winkelvariable* zu nennen; der zugehörige konstante Impuls heißt dann eine *Wirkungsvariable*.

Als einfachstes Beispiel für dies Integrationsverfahren betrachten wir den *harmonischen Oszillator*[1], für den wir die Bezeichnungen einführen

$$T = \frac{m}{2}\dot{q}^2, \qquad V = \frac{m\omega^2}{2}q^2;$$

dann wird

$$p = \frac{\partial T}{\partial \dot{q}} = m\dot{q}; \quad T = \frac{p^2}{2m}$$

und

$$H(p, q) = \frac{1}{2m}p^2 + \frac{m\omega^2}{2}q^2. \tag{14}$$

Wir suchen nun eine kanonische Transformation, welche H in eine Funktion von P allein überführt, und wählen der Einfachheit halber die Form

$$K(P, Q) = \alpha P \tag{15}$$

für die transformierte Hamiltonfunktion. Wenn dies gelingt, liefern die kanonischen Gleichungen nicht nur, daß P eine Konstante der Bewegung wird, sondern daß auch

$$Q = \alpha(t - t_0). \tag{16}$$

---

[1] Vgl. Band I, S. 66.

P und t_0 sind die beiden Integrationskonstanten, $P = E/\alpha$, wenn E die Energiekonstante bedeutet.

Um die Transformation aufzufinden, setzen wir die Ausdrücke (14) und (15) einander gleich und lösen nach p auf:

$$p = \sqrt{2m\left(\alpha P - \frac{m\omega^2}{2} q^2\right)} \tag{17}$$

erscheint dann als Funktion von P und q. Nach (7d) wird für eine von diesen Variablen abhängige erzeugende Funktion $\Psi(P, q)$

$$p = -\left(\frac{\partial \Psi}{\partial q}\right)_P; \quad Q = -\left(\frac{\partial \Psi}{\partial P}\right)_q. \tag{18}$$

Da wir $p(P, q)$ in unserem Falle kennen, läßt sich die erste dieser Gleichungen zu

$$\Psi = -\int_0^q p(P, q)\, dq + f(P)$$

integrieren; da wir nicht die allgemeinste, sondern nur irgendeine zu Gl. (15) führende kanonische Transformation suchen, können wir $f(P) = 0$ wählen. Wir setzen diese Funktion Ψ nun in die zweite Relation (18) ein; dann folgt

$$Q = \int_0^q \frac{\partial p(P, q)}{\partial P}\, dq; \tag{19}$$

damit ist auch Q als Funktion von P und q bekannt, so daß (17) und (19) zusammen vollständig in der Form

$$p = p(P, q); \quad Q = Q(P, q)$$

die Transformation bestimmen.

Dieser Weg würde sich bei einem Problem von einem Freiheitsgrad, also mit der kinetischen Energie von Gl. (14) immer beschreiten lassen. Für die spezielle potentielle Energie des Oszillators läßt sich die Quadratur (19) geschlossen ausführen und ergibt nach einfacher Rechnung

$$Q = \frac{\alpha}{\omega} \arcsin\left(\sqrt{\frac{m\omega^2}{2\alpha P}}\, q\right). \tag{19'}$$

Löst man (19') nach q auf und setzt für Q das Ergebnis (16) ein, so folgt, wenn wir noch $\alpha P = E$ schreiben:

$$q = \sqrt{\frac{2E}{m\omega^2}} \sin \omega(t - t_0). \tag{20a}$$

Der Impuls p folgt, wenn man dies Resultat in (17) einsetzt zu

$$p = \sqrt{2mE} \cos \omega(t - t_0). \tag{20b}$$

Die Gln. (20a, b) stimmen völlig mit der elementaren Lösung überein.

Ein Problem mit mehreren Freiheitsgraden, das sich auf den vorstehenden Fall reduzieren läßt, ist die *räumliche Bewegung eines Massenpunktes unter der Einwirkung einer Zentralkraft*. Dann haben wir in Kugelkoordinaten

$$T = \frac{m}{2}\,(\dot{r}^2 + r^2\,\dot{\vartheta}^2 + r^2 \sin^2\vartheta\,\dot{\varphi}^2)\,; \quad V = V(r)\,. \tag{21}$$

Die zu r, ϑ, φ konjugierten Impulse werden

$$p_r = \frac{\partial T}{\partial \dot{r}} = m\dot{r}\,; \quad p_\vartheta = \frac{\partial T}{\partial \dot{\vartheta}} = m r^2\dot{\vartheta}\,; \quad p_\varphi = \frac{\partial T}{\partial \dot{\varphi}} = m r^2 \sin^2\vartheta\,\dot{\varphi}\,, \tag{22}$$

und daher entsteht die Hamiltonfunktion

$$H = \frac{1}{2m}\,p_r^2 + \frac{1}{2 m r^2}\left(p_\vartheta^2 + \frac{1}{\sin^2\vartheta}\,p_\varphi^2\right) + V(r)\,. \tag{23}$$

Da dies ein Problem mit drei Freiheitsgraden ist, gibt es sechs kanonische Gleichungen, nämlich

$$(1\,\text{a}): \quad \dot{\varphi} = \frac{\partial H}{\partial p_\varphi} = \frac{p_\varphi}{m r^2 \sin^2\vartheta}\,; \quad (1\,\text{b}): \quad \dot{p}_\varphi = -\frac{\partial H}{\partial \varphi} = 0\,;$$

$$(2\,\text{a}): \quad \dot{\vartheta} = \frac{\partial H}{\partial p_\vartheta} = \frac{p_\vartheta}{m r^2}\,; \quad (2\,\text{b}): \quad \dot{p}_\vartheta = -\frac{\partial H}{\partial \vartheta} = \frac{p_\varphi^2}{m r^2}\,\frac{\cos\vartheta}{\sin^3\vartheta}\,;$$

$$(3\,\text{a}): \quad \dot{r} = \frac{\partial H}{\partial p_r} = \frac{1}{m}\,p_r\,;$$

$$(3\,\text{b}): \quad \dot{p}_r = -\frac{\partial H}{\partial r} = \frac{1}{m r^3}\left(p_\vartheta^2 + \frac{1}{\sin^2\vartheta}\,p_\varphi^2\right) - \frac{d V(r)}{d r}\,.$$

Wir schließen zunächst aus (1 b), daß $p_\varphi = \alpha$ eine Konstante ist. Eliminieren wir sodann aus (2a) und (2b) den Faktor $m r^2$, so erhalten wir

$$\dot{p}_\vartheta = \alpha^2 \cdot \frac{\dot{\vartheta}}{p_\vartheta}\,\frac{\cos\vartheta}{\sin^3\vartheta} \quad \text{oder} \quad \frac{1}{2}\,\frac{d}{dt}\,(p_\vartheta^2) = -\frac{\alpha^2}{2}\,\frac{d}{dt}\left(\frac{1}{\sin^2\vartheta}\right),$$

was sich sofort zu

$$p_\vartheta^2 = \beta^2 - \frac{\alpha^2}{\sin^2\vartheta} \tag{24}$$

mit einer zweiten Konstante β integrieren läßt. Führen wir die Konstanten α und β in (23) ein, so verbleibt die Hamiltonfunktion für den radialen Freiheitsgrad

$$H(p_r, r) = \frac{1}{2m}\,p_r^2 + \frac{\beta^2}{2 m r^2} + V(r)\,, \tag{25}$$

die nach demselben Schema wie für den Oszillator gelöst werden kann. Für die Methode charakteristisch ist es, daß eine so einfache Tatsache wie die, daß die Bewegung in einer Ebene durch den Koordinatenursprung verläuft, hier nicht sofort deutlich wird, da die geometrischen Eigenschaften völlig von formal analytischen verdeckt werden.

Führen wir an Hand von (25) die analoge kanonische Transformation aus wie in den Gln. (17) und (19), setzen wir also für P einfach die Energie, und lösen $H(p_r, r) = P$ nach p_r auf, so entsteht analog zu (17)

$$p_r = \sqrt{2m\left(P - W(r)\right)} \quad \text{mit} \quad W(r) = V(r) + \frac{\beta^2}{2mr^2}$$

sowie analog zu (19)

$$Q = \int \frac{\partial p_r(P, r)}{\partial P}\, dr = \sqrt{\frac{m}{2}} \int \frac{dr}{\sqrt{E - W(r)}}, \tag{26}$$

und das muß nach (16) gleich $t - t_0$ werden. Die Aufgabe reduziert sich damit auf die Ausführung der Quadratur (26).

Als Beispiel führen wir das Integral (26) für eine Ellipsenbahn des *Keplerproblems* aus, d.h. für eine in $r_1 \leqq r \leqq r_2$ beschränkte Bewegung mit $E < 0$ ($E = -\varepsilon$, $\varepsilon > 0$) und

$$W(r) = \frac{\beta^2}{2mr^2} - \frac{2k}{r},$$

wobei $2k = \Gamma M m$ für die Planetenbewegung bzw. $2k = e^2$ für ein Wasserstoffelektron gilt. Die limitierenden Radien sind dann

$$r_{1,2} = \frac{k}{\varepsilon} \mp \sqrt{\frac{k^2}{\varepsilon^2} - \frac{\beta^2}{2m\varepsilon}}$$

und Gl. (26) kann in der Form

$$t - t_0 = \sqrt{\frac{m}{2\varepsilon}} \int \frac{r\,dr}{\sqrt{(r - r_1)(r_2 - r)}}$$

geschrieben werden. Führt man die Hilfsvariable

$$u = \frac{r_2 + r_1 - 2r}{r_2 - r_1}$$

ein, so läßt sich das Integral auf wohlbekannte reduzieren:

$$\int \frac{r\,dr}{\sqrt{(r - r_1)(r_2 - r)}} = -\frac{r_2 + r_1}{2} \int \frac{du}{\sqrt{1 - u^2}} + \frac{r_2 - r_1}{2} \int \frac{u\,du}{\sqrt{1 - u^2}}$$

$$= -\frac{r_2 + r_1}{2} \arcsin u - \frac{r_2 - r_1}{2} \sqrt{1 - u^2}.$$

Aus dieser Formel entnimmt man z. B. sehr leicht die Umlaufszeit T eines Planeten. Während einer Periode durchläuft die Variable u den gesamten Wertevorrat von $u = -1$ über $u = +1$ bis wiederum zu $u = -1$; die Beiträge des zweiten Gliedes heben sich dabei weg, während $\arcsin u$ monoton um 2π anwächst. Setzen wir noch $r_2 + r_1 = 2a$ ($a = $ große Halbachse), so wird

$$T = \sqrt{\frac{m}{2\varepsilon}} \cdot 2\pi a.$$

Andererseits ist $r_1 + r_2 = 2a = \dfrac{2k}{\varepsilon}$ oder $\varepsilon = k/a$, so daß

$$T = 2\pi a^{\frac{3}{2}} \sqrt{\frac{m}{2k}}$$

entsteht[1].

---

[1] Diese Formel ist identisch mit Gl. (44) auf S. 34 von Bd. I, weil die dort benutzte Konstante $\gamma = 2k/m$ ist.

§ 8. Kanonische Punkttransformationen. Normalkoordinaten

a) Allgemeine Theorie. Zu den kanonischen Transformationen gehören auch die schon in Gl. (1) von § 7 definierten Punkttransformationen, bei denen die Koordinaten ohne Mischung mit den Impulsen unter sich transformiert werden:

$$Q_\mu = Q_\mu(q); \qquad P_\mu = P_\mu(p, q).$$

Man erreicht dies immer, wenn die erzeugende Funktion $\Psi(q, P)$ der Transformation linear in den transformierten Impulsen ist:

$$\Psi(q, P) = -\sum_\lambda \psi_\lambda(q)\, P_\lambda - \chi(q);$$

denn dann ist

$$Q_\mu = -\frac{\partial \Psi}{\partial P_\mu} = \psi_\mu(q); \qquad p_\mu = -\frac{\partial \Psi}{\partial q_\mu} = \sum_\lambda \frac{\partial \psi_\lambda(q)}{\partial q_\mu}\, P_\lambda - \frac{\partial \chi(q)}{\partial q_\mu}.$$

Damit die Punkttransformation im Konfigurationsraum kanonisch ist, müssen die Impulse also linearen Transformationsgleichungen gehorchen. Setzen wir übrigens speziell

$$\psi_\mu(q) = q_\mu, \qquad \chi = 0,$$

so geht die Transformation in die *Identität* über, die also formal ebenfalls eine kanonische Transformation ist[1].

Unter den Punkttransformationen kommt den linearen homogenen besonderes Interesse zu, d.h. dem Fall

$$\psi_\mu = \sum_\varrho \alpha_{\mu\varrho}\, q_\varrho, \qquad \chi = 0$$

mit konstanten Koeffizienten $\alpha_{\mu\varrho}$. Die Transformationsformeln lauten dann

$$Q_\mu = \sum_\varrho \alpha_{\mu\varrho}\, q_\varrho; \qquad p_\mu = \sum_\varrho \alpha_{\varrho\mu}\, P_\varrho. \tag{1}$$

Diese lineare Transformation wird immer dann mit Vorteil angewandt, wenn die Hamiltonfunktion eines Systems gekoppelter harmonischer Schwingungen vorliegt:

$$H(p, q) = \sum_\mu \frac{1}{2m_\mu}\, p_\mu^2 + \frac{1}{2} \sum_\mu \sum_\nu \Phi_{\mu\nu}\, q_\mu q_\nu \tag{2}$$

mit Konstanten $\Phi_{\mu\nu} = \Phi_{\nu\mu}$. In diesem Fall führt man *Normalkoordinaten* ein, indem man nacheinander zwei Transformationen der Form (1) ausführt. Im ersten Schritt gehen wir zu den Variablen

$$\bar{Q}_\mu = \sum_\varrho \sqrt{m_\varrho}\, \delta_{\mu\varrho}\, q_\varrho = \sqrt{m_\mu}\, q_\mu \tag{3a}$$

---

[1] Wir werden auf S. 95 sehen, daß dies für die Gruppeneigenschaft der kanonischen Transformationen wichtig ist.

über; für die $\overline{P}_\mu$ bestehen dann die Gleichungen

$$p_\mu = \sum_\varrho \sqrt{m_\mu}\, \delta_{\varrho\mu}\, \overline{P}_\varrho = \sqrt{m_\mu}\, \overline{P}_\mu.$$ (3b)

Die Hamiltonfunktion (2) geht durch diese reine Maßstabstransformation über in

$$\overline{H}(\overline{P},\overline{Q}) = \frac{1}{2}\sum_\mu \overline{P}_\mu^2 + \frac{1}{2}\sum_\mu\sum_\nu \frac{\Phi_{\mu\nu}}{\sqrt{m_\mu m_\nu}}\,\overline{Q}_\mu\,\overline{Q}_\nu.$$ (4)

Im zweiten Schritt gehen wir durch eine orthogonale Transformation im Konfigurationsraum,

$$\overline{Q}_\mu = \sum_\varrho \beta_{\mu\varrho}\,\overline{\overline{Q}}_\varrho,$$ (5a)

d.h. durch eine Transformation der Form (1), bei der die Koeffizienten den Beziehungen

$$\sum_\varrho \beta_{\mu\varrho}\beta_{\nu\varrho} = \delta_{\mu\nu}; \qquad \sum_\varrho \beta_{\varrho\mu}\beta_{\varrho\nu} = \delta_{\mu\nu}$$ (6)

genügen, zu den Variablen $\overline{\overline{Q}}_\mu$, $\overline{\overline{P}}_\mu$ über; die $\overline{\overline{P}}_\mu$ folgen dann aus

$$\overline{\overline{P}}_\mu = \sum_\varrho \beta_{\varrho\mu}\,\overline{P}_\varrho.$$ (5b)

Die Umkehrrelation zu (5a) erhält man unter Verwendung von (6):

$$\overline{\overline{Q}}_\lambda = \sum_\mu{}' \beta_{\mu\lambda}\,\overline{Q}_\mu.$$ (5c)

Setzt man (5b) und (5c) in $\overline{H}$, Gl. (4) ein und berücksichtigt dabei die Orthogonalitätseigenschaften (6) der Koeffizienten, so entsteht

$$K(P,Q) = \frac{1}{2}\sum_\varrho P_\varrho^2 + \frac{1}{2}\sum_\varrho\sum_\sigma F_{\varrho\sigma}Q_\varrho Q_\sigma$$

mit (7)

$$F_{\varrho\sigma} = \sum_\mu\sum_\nu \frac{\Phi_{\mu\nu}}{\sqrt{m_\mu m_\nu}}\,\beta_{\varrho\mu}\beta_{\sigma\nu}.$$

Wir wählen nun speziell die Koeffizienten β so, daß

$$F_{\varrho\sigma} = F_\varrho\,\delta_{\varrho\sigma}$$ (8)

diagonal wird; dann hat (7) die Form

$$K(P,Q) = \tfrac{1}{2}\sum_\varrho (P_\varrho^2 + F_\varrho Q_\varrho^2)$$ (9)

und führt auf die kanonischen Gleichungen

$$\dot{Q}_\mu = \frac{\partial K}{\partial P_\mu} = P_\mu; \qquad \dot{P}_\mu = -\frac{\partial K}{\partial Q_\mu} = -F_\mu Q_\mu,$$

die durch Elimination von $\dot{P}_\mu$

$$\ddot{Q}_\mu + F_\mu Q_\mu = 0$$ (10)

ergeben. Wir erhalten also eine Folge vollständig entkoppelter harmonischer Oszillatoren, die mit den Frequenzen $\sqrt{F_\mu}$ schwingen ($F_\mu > 0$ vorausgesetzt). Rücktransformation von den Q_μ auf die q_λ gestattet die Bewegungen, welche zu jeder dieser Eigenfrequenzen des Systems gehören, im einzelnen zu studieren.

Die „richtigen" Transformationskoeffizienten, welche die Matrix der $F_{\varrho\sigma}$ gemäß (8) diagonal machen, erhalten wir, indem wir den Ausdruck (7) für $F_{\varrho\sigma}$ mit $\beta_{\sigma\lambda}$ multiplizieren und sodann über σ aufsummieren:

$$\sum_\sigma \beta_{\sigma\lambda} F_{\varrho\sigma} = \sum_\mu \frac{\Phi_{\mu\lambda}}{\sqrt{m_\mu m_\lambda}}\, \beta_{\varrho\mu};$$

nach (8) soll die linke Seite aber $\beta_{\varrho\lambda} F_\varrho$ werden; mithin genügen die „richtigen" Koeffizienten dem linearen Gleichungssystem

$$\sum_\mu \left\{ \frac{\Phi_{\mu\lambda}}{\sqrt{m_\mu m_\lambda}} - F_\varrho\, \delta_{\mu\lambda} \right\} \beta_{\varrho\mu} = 0. \tag{11}$$

Dies System ist nur lösbar, wenn seine Determinante verschwindet; das ergibt eine algebraische Gleichung vom Grade f, deren Lösungen die f Eigenwerte F_ϱ sind.

Das Verfahren gewinnt sehr an Anschaulichkeit, wenn man die q_λ und p_μ zu f-dimensionalen Vektoren q und p zusammenfaßt. Dann stellen die Beziehungen

$$\sum_\mu \frac{1}{2m_\mu}\, p_\mu^2 = E_{\mathrm{kin}}; \qquad \frac{1}{2} \sum_\mu \sum_\nu \Phi_{\mu\nu}\, q_\mu\, q_\nu = E_{\mathrm{pot}}$$

für vorgegebene Werte von E_{kin} und E_{pot} jeweils ein f-dimensionales Ellipsoid dar. Das zum Impuls gehörige Ellipsoid ist dabei auf Hauptachsen orientiert. Die Transformation (3), welche nur die Maßstäbe ändert, macht aus dem ersten Ellipsoid (in $\overline{P}$) eine Kugel; nunmehr erfolgt durch die orthogonale Transformation (5) eine Drehung, bei der die Kugel in sich selbst übergeht, das Ellipsoid der potentiellen Energie aber in den neuen Koordinaten Q auf Hauptachsen gebracht ist. — Daß es sich hierbei in der Physik immer um Ellipsoide, nicht um Hyperboloide handelt, d. h., daß alle Eigenwerte F_ϱ positiv sind, folgt außer aus dem Auftreten der Schwingungsgleichungen (10) auch daraus, daß die q_μ Abweichungen von stabilen Gleichgewichtslagen $q_\mu = 0$ bedeuten, und diese nur dann stabil sind, wenn für jede Abweichung vom Gleichgewicht die potentielle Energie anwächst. Da diese in (2) im Gleichgewicht auf Null normiert ist, ist sie also positiv definit, und da diese Eigenschaft unabhängig von den vorgenommenen Transformationen ist, kann das nur für beliebige Q_ϱ zutreffen, wenn alle $F_\varrho > 0$ sind.

b) Die lineare Kette als Beispiel. Die Einführung von Normalkoordinaten Q_μ spielt bei allen harmonischen Schwingungen mit mehreren Freiheitsgraden eine Rolle. Besonders wichtig ist sie für die Physik der

Molekülschwingungen und der Gitterschwingungen geworden. Ein Beispiel für die Anwendung auf Moleküle haben wir bereits in Band I gegeben[1]; als Beispiel für die Anwendung auf Gitterschwingungen behandeln wir das einfachste eindimensionale Beispiel der longitudinalen Schwingungen einer *linearen Kette* von lauter gleichen Atomen.

Die Atome seien als Massenpunkte behandelt; die potentielle Energie ihrer Wechselwirkung soll so beschaffen sein, daß sie nur vom Abstande in der Kette abhängt und ein stabiles Gleichgewicht besteht, wenn alle Atome äquidistant im Abstande a voneinander ruhen. Bezeichnen wir die Gleichgewichtslage des μ-ten Atoms mit x_μ^0, seinen tatsächlichen Ort mit x_μ und die Elongation aus der Gleichgewichtslage als $q_\mu(t)$, so ist

$$x_\mu = x_\mu^0 + q_\mu(t); \qquad x_\mu^0 = \mu \cdot a, \tag{12}$$

wobei μ eine ganze Zahl ist, die alle positiven und negativen Werte ($\mu = 0, \pm 1, \pm 2, \ldots$) annehmen kann. Die Kette soll also beidseitig bis ins Unendliche reichen; nach dem oben Gesagten werden wir für ein solches Problem mit unendlich vielen Freiheitsgraden auch ein Spektrum von unendlich vielen Eigenfrequenzen erwarten.

Ist $V_{\mu\nu} = \varphi(x_\mu - x_\nu)$ die Wechselwirkungsenergie eines Paares von Atomen, so kann man über die Funktion $\varphi(x)$ sofort folgende Aussagen machen:

$$\varphi(x) = \varphi(-x); \qquad \varphi'(x) = -\varphi'(-x); \qquad \varphi''(x) = \varphi''(-x). \tag{13}$$

Außerdem wird man erwarten, daß $|\varphi(x)|$ mit wachsendem Abstand $|x|$ gegen Null geht. Sind die Verschiebungen $|q_\mu|$ alle klein gegen die Gitterkonstante a, so können wir $V_{\mu\nu}$ in eine Reihe entwickeln:

$$\varphi(x_\mu - x_\nu) = \varphi(x_\mu^0 - x_\nu^0) + (q_\mu - q_\nu)\,\varphi'(x_\mu^0 - x_\nu^0) + {} \\ + \tfrac{1}{2}(q_\mu - q_\nu)^2\,\varphi''(x_\mu^0 - x_\nu^0) + \cdots.$$

Brechen wir die Reihe hinter dem quadratischen Gliede ab, so sprechen wir von der *harmonischen Näherung*, die wir hier allein betrachten.

Die potentielle Energie der Kette wird nun

$$V = \tfrac{1}{2}\sum_\mu \sideset{}{'}\sum_\nu V_{\mu\nu} = V^0 + \tfrac{1}{2}\sum_\mu \sideset{}{'}\sum_\nu (q_\mu - q_\nu)\,\varphi'(x_\mu^0 - x_\nu^0) + {} \\ + \tfrac{1}{4}\sum_\mu \sideset{}{'}\sum_\nu (q_\mu - q_\nu)^2\,\varphi''(x_\mu^0 - x_\nu^0). \tag{14}$$

Hier ist

$$V^0 = \tfrac{1}{2}\sum_\mu \sideset{}{'}\sum_\nu \varphi(x_\mu^0 - x_\nu^0)$$

eine Konstante. Soll die Kette stabil sein, so muß V^0 negativ sein; V^0 ist dann die Arbeit, welche erforderlich ist, um die Kette vollständig aufzulösen. Sie wird als *Bindungsenergie* oder *Gitterenergie* bezeichnet. Da sie

---

[1] Das CO_2-Molekül in Aufgabe 15, S. 228.

auf die Eigenschwingungen keinen Einfluß hat, brauchen wir uns mit ihr nicht näher zu beschäftigen. Die übrigen Terme in (14) lassen sich durch Vertauschen der Indices μ und ν unter Berücksichtigung der Symmetrierelationen (13) umformen:

$$V = V^0 + \sum_{\mu} q_{\mu} \sideset{}{'}\sum_{\nu} \varphi'(x_{\mu}^0 - x_{\nu}^0) + \tfrac{1}{2} \sum_{\mu} \sum_{\nu} (q_{\mu}^2 - q_{\mu} q_{\nu})\, \varphi''(x_{\mu}^0 - x_{\nu}^0). \tag{14'}$$

Gleichgewicht besteht in der Kette, wenn alle

$$\frac{\partial V}{\partial q_{\lambda}} = \sideset{}{'}\sum_{\nu} \varphi'(x_{\lambda}^0 - x_{\nu}^0) + q_{\lambda} \sum_{\nu} \varphi''(x_{\lambda}^0 - x_{\nu}^0) - \sum_{\nu} q_{\nu}\, \varphi''(x_{\lambda}^0 - x_{\nu}^0)$$

verschwinden. Da dies eintreten soll, wenn sämtliche $q_{\lambda} = 0$ sind, muß

$$\sideset{}{'}\sum_{\nu} \varphi'(x_{\lambda}^0 - x_{\nu}^0) = 0 \tag{15a}$$

sein, d.h. in (14') fällt der lineare Term weg. Wegen der Symmetriebeziehung (13), $\varphi'(x) = -\varphi'(-x)$, ist (15a) automatisch für eine unendlich lange Kette erfüllt. Abermaliges Differenzieren gibt

$$\frac{\partial^2 V}{\partial q_{\lambda}^2} = \sideset{}{'}\sum_{\nu} \varphi''(x_{\lambda}^0 - x_{\nu}^0);$$

damit das Gleichgewicht stabil ist, muß diese Summe positiv werden:

$$\sideset{}{'}\sum_{\nu} \varphi''(x_{\lambda}^0 - x_{\nu}^0) > 0. \tag{15b}$$

Da die Kette beidseitig ins Unendliche reicht und das System vollkommen invariant gegen Translationen um ganze Vielfache seiner Gitterkonstanten a ist, sind die Summen (15a, b) unabhängig von der Auswahl des Index λ zwei feste Zahlen:

$$\sideset{}{'}\sum_{\nu} \varphi'(x_{\nu}^0) = 0; \qquad \sideset{}{'}\sum_{\nu} \varphi''(x_{\nu}^0) > 0, \tag{16}$$

wobei der Akzent am Summenzeichen Weglassung des Gliedes $\nu = 0$ bedeutet.

Die Hamiltonfunktion der Kette lautet nunmehr

$$H(p, q) = \frac{1}{2m} \sum_{\mu} p_{\mu}^2 + V^0 + \frac{1}{2} \sum_{\mu} \sum_{\nu} \varphi''(x_{\mu}^0 - x_{\nu}^0)\, (q_{\mu}^2 - q_{\mu} q_{\nu}).$$

Für das Weitere ist es zweckmäßig, die *Kopplungskoeffizienten*

$$\Phi_{\mu\nu} = -\varphi''(x_{\mu}^0 - x_{\nu}^0) + \delta_{\mu\nu} \sum_{\lambda} \varphi''(x_{\lambda}^0) \tag{17}$$

einzuführen, mit deren Hilfe sich die Hamiltonfunktion

$$H(p, q) = \frac{1}{2m} \sum_{\mu} p_{\mu}^2 + V^0 + \frac{1}{2} \sum_{\mu} \sum_{\nu} \Phi_{\mu\nu}\, q_{\mu} q_{\nu} \tag{18}$$

schreiben läßt.

Da bei der einatomigen Kette alle Glieder dieselbe Masse haben, bedarf es zur Einführung der Normalkoordinaten nicht erst einer Maßstabstransformation, sondern wir können sofort die durch die Gln. (5) und (6) beschriebene Drehung im unendlich-dimensionalen Raum der q_μ vornehmen. Wir setzen daher in Analogie zu Gl. (5 a, b)

$$q_\lambda = \sum_\mu \beta_{\mu\lambda} Q_\mu; \qquad p_\lambda = \sum_\mu \beta_{\lambda\mu} P_\mu, \tag{19}$$

wobei die $\beta_{\mu\lambda}$ die Orthogonalitätsrelationen (6) erfüllen. Die Einführung der neuen Variablen überführt dann die Hamiltonfunktion (18) in

$$K(P,Q) = \frac{1}{2m} \sum_\varrho P_\varrho^2 + V^0 + \frac{1}{2} \sum_\varrho \sum_\sigma \left(\sum_\mu \sum_\nu \Phi_{\mu\nu} \beta_{\varrho\mu} \beta_{\sigma\nu} \right) Q_\varrho Q_\sigma.$$

Die gewünschte Diagonalisierung tritt ein, wenn die Klammern

$$\sum_\mu \sum_\nu \Phi_{\mu\nu} \beta_{\varrho\mu} \beta_{\sigma\nu} = m\, \omega_\varrho^2\, \delta_{\varrho\sigma} \tag{20}$$

diagonal werden; dann ist

$$K(P, Q) = \sum_\varrho \left\{ \frac{1}{2m} P_\varrho^2 + \frac{m}{2} \omega_\varrho^2 Q_\varrho^2 \right\} \tag{21}$$

in die Beiträge voneinander unabhängiger Oszillatoren der Eigenfrequenzen ω_ϱ separiert. Diejenigen $\beta_{\varrho\mu}$, die diese Zerfällung leisten, erhält man aus (20), indem man dort mit $\beta_{\sigma\lambda}$ multipliziert und über σ summiert:

$$\sum_\mu \sum_\nu \Phi_{\mu\nu} \beta_{\varrho\mu} \sum_\sigma \beta_{\sigma\lambda} \beta_{\sigma\nu} = m\, \omega_\varrho^2\, \beta_{\varrho\lambda}$$

oder, unter Anwendung von (6) auf der linken Seite,

$$\sum_\mu (\Phi_{\mu\lambda} - m\, \omega_\varrho^2\, \delta_{\mu\lambda})\, \beta_{\varrho\mu} = 0. \tag{22}$$

Eine Eigenschwingung des Systems erhält man, wenn man alle Q_μ außer einem einzigen Q_ϱ gleich Null setzt, was wegen der Homogenität des Gleichungssystems immer erlaubt ist. Dann bleibt in (21) nur ein Summand übrig, und aus (19) erhält man für die Bewegungen der einzelnen Massenpunkte $q_\lambda = \beta_{\varrho\lambda} Q_\varrho$; alle Amplituden und Phasen stehen dann also in festen Beziehungen zueinander. Wählen wir alle $\beta_{\varrho\lambda}$ reell, so schwingen alle Massenpunkte in derselben Phase (stehende Schwingung).

Die Gln. (22) sind lösbar, wenn ihre Determinante verschwindet

$$|\Phi - m\, \omega_\varrho^2\, \mathbf{1}| = 0; \tag{23}$$

hier sind Φ und $\mathbf{1}$ als Kurzsymbole für die Matrizen mit den Koeffizienten $\Phi_{\mu\lambda}$ und $\delta_{\mu\lambda}$ verwendet. Der Index ϱ zählt die Lösungen ab, deren Zahl offenbar gleich der Anzahl der Massenpunkte, in unserem Falle also unendlich groß ist. Sind die möglichen Eigenfrequenzen ω_ϱ aus (23) bestimmt, so kann man im Prinzip für jedes ω_ϱ das Gleichungssystem (22) aufschreiben und lösen; das liefert bis auf einen durch (6) festzulegenden Normierungsfaktor zu jedem ω_ϱ die zugehörigen $\beta_{\varrho\mu}$.

Es versteht sich von selbst, daß diese Methode zwar für einige wenige Massenpunkte, wie sie etwa bei den Schwingungen des Kerngerüsts eines Moleküls vorliegen, zum Ziele führt, daß wir uns aber für eine Kette aus vielen oder gar unendlich vielen Massenpunkten nach besseren Methoden zur Lösung des Systems (22) umsehen müssen. Dazu erinnern wir uns zunächst an die schon benutzte Translationsinvarianz der Kette: Die Koeffizienten $\Phi_{\mu\lambda}$ hängen nur vom *Betrage* der Differenz $\mu - \lambda$ ab; mit $\mu - \lambda = \nu$ können wir daher schreiben

$$\sum_\mu \Phi_{\mu\lambda}\beta_{\varrho\mu} = \sum_\mu \Phi_{\mu-\lambda}\beta_{\varrho\mu} = \sum_\nu \Phi_\nu \beta_{\varrho,\,\lambda+\nu} = \Phi_0 \beta_{\varrho\lambda} + \sum_{\nu=1}^{\infty} \Phi_\nu (\beta_{\varrho,\,\lambda+\nu} + \beta_{\varrho,\,\lambda-\nu}).$$

Gl. (22) geht dann, wenn wir noch den Index ϱ weglassen, über in

$$(m\,\omega^2 - \Phi_0)\,\beta_\lambda = \sum_{\nu=1}^{\infty} \Phi_\nu (\beta_{\lambda+\nu} + \beta_{\lambda-\nu}). \tag{24}$$

Das System wird gelöst durch den Ansatz

$$\beta_\lambda = \alpha \sin(\lambda\,ka + \delta_\lambda), \tag{25}$$

wobei ka eine zunächst noch nicht festgelegte, aber vom Index λ unabhängige Zahl sein soll. Sie tritt im folgenden an die Stelle des weggelassenen Index ϱ. Mit dem Ansatz (25) erscheint auf der rechten Seite von Gl. (24) der Ausdruck

$$\begin{aligned}
\beta_{\lambda+\nu} + \beta_{\lambda-\nu} &= \alpha\{\sin[(\lambda+\nu)\,ka + \delta_\lambda] + \sin[(\lambda-\nu)\,ka + \delta_\lambda]\} \\
&= 2\alpha \sin(\lambda\,ka + \delta_\lambda)\cos\nu\,ka = 2\beta_\lambda \cos\nu\,ka,
\end{aligned} \tag{26}$$

so daß sich β_λ in (24) heraushebt und

$$m\,\omega^2 = \Phi_0 + 2\sum_{\nu=1}^{\infty} \Phi_\nu \cos\nu\,ka \tag{27}$$

als Bestimmungsgleichung für die möglichen Eigenfrequenzen der Kette zurückbleibt. Jeder mögliche Zahlenwert der offenbar ohne jede Einschränkung willkürlich wählbaren reellen Zahl ka liefert daher einen Eigenwert ω^2. Wegen der Periodizität der Winkelfunktionen in (25) und (27) genügt es allerdings, ka auf ein Intervall der Länge 2π zu beschränken; es ist üblich

$$-\pi \leq ka \leq +\pi \tag{28}$$

festzulegen. Da der Cosinus in (27) eine gerade Funktion ist, gehören zu $+k$ und $-k$ die gleichen Eigenwerte; jeder zu einem bestimmten ω

gehörige Schwingungszustand ist daher entartet und kann nach Gl. (25) z.B. aus den stehenden Schwingungen

$$\beta_\nu^{(1)} = \alpha^{(1)} \sin \nu\, k\, a \quad \text{und} \quad \beta_\nu^{(2)} = \alpha^{(2)} \cos \nu\, k\, a \tag{29}$$

zusammengesetzt werden.

Eine quantitative Berechnung der Eigenfrequenzen setzt die Kenntnis der Kopplungskoeffizienten Φ_ν voraus. Das einfachste und häufig ausreichende Modell rechnet lediglich mit Wechselwirkung zwischen unmittelbar benachbarten Atomen (next neighbour interaction, in der gebräuchlichen, wenn auch schlechten Übersetzung als „nächste Nachbar-Wechselwirkung" bezeichnet); nach Gl. (17) reduziert sich dann die Serie der Kopplungskoeffizienten auf

$$\Phi_0 = -\varphi''(0) + \lfloor \varphi''(0) + 2\varphi''(a) \rfloor = 2\varphi''(a),$$
$$\Phi_1 = \Phi_{-1} = -\varphi''(a), \tag{30}$$

während $\Phi_{\pm 2}$ und alle höheren Koeffizienten verschwinden. Gl. (27) geht dann über in

$$m\,\omega^2 = 2\varphi''(a) - 2\varphi''(a) \cos k\,a,$$

d.h.

$$\omega = 2\,\sqrt{\frac{\varphi''(a)}{m}}\,\left|\sin\left|\frac{k\,a}{2}\right|\right|. \tag{31}$$

Der Parameter k hat eine anschauliche Bedeutung. Da $\nu a = x_\nu^0$ ist, können wir Gl. (29) auch schreiben

$$\beta_\nu^{(1)} = \alpha^{(1)} \sin k\, x_\nu^0; \quad \beta_\nu^{(2)} = \alpha^{(2)} \cos k\, x_\nu^0$$

und erhalten daher für die Elongation des ν-ten Atoms ($\nu = 0, \pm 1, \pm 2, \ldots$) in einer Eigenschwingung in willkürlicher Normierung

$$q_\nu = A \sin k\, x_\nu^0 \sin \omega\,(t - t_1) + B \cos k\, x_\nu^0 \sin \omega\,(t - t_2). \tag{32}$$

Dies ist die Überlagerung zweier stehender Schwingungen der Wellenlänge

$$\lambda = \frac{2\pi}{k}; \tag{33}$$

hier ist k also die Wellenzahl[1], und Gl. (31) kann als *Dispersionsgesetz* interpretiert werden. Bei geeigneter Wahl der Konstanten läßt sich (32) als laufende Welle schreiben; die Phasengeschwindigkeit ist dann

$$c = \frac{\omega}{k} = \sqrt{\frac{a^2\,\varphi''(a)}{m}}\,\frac{\sin\left|\dfrac{k\,a}{2}\right|}{\left|\dfrac{k\,a}{2}\right|}. \tag{34}$$

---

[1] Für die wellentheoretischen Begriffe vgl. Band. I, S. 103—106 und 111.

Diese Darstellung der einatomigen Kette sei durch eine Reihe weiterführender Bemerkungen ergänzt. *Erstens* können wir das benutzte Modell verbessern, indem wir die Wechselwirkung auch noch zwischen übernächsten Nachbaratomen berücksichtigen. Dann wird

$$\Phi_0 = 2\left[\varphi''(a) + \varphi''(2a)\right]; \qquad \Phi_{\pm 1} = -\varphi''(a); \qquad \Phi_{\pm 2} = -\varphi''(2a)$$

und

$$\omega = 2\sqrt{\frac{1}{m}\left[\varphi''(a)\sin^2\frac{ka}{2} + \varphi''(2a)\sin^2 ka\right]}. \tag{31'}$$

Für $\varphi''(2a) \ll \varphi''(a)$ unterscheidet sich das sehr wenig von Gl. (31); für das Zahlenbeispiel $\varphi''(2a) = \tfrac{1}{5}\varphi''(a)$ ist Gl. (31') in Fig. 13 gezeichnet und mit Gl. (31) verglichen.

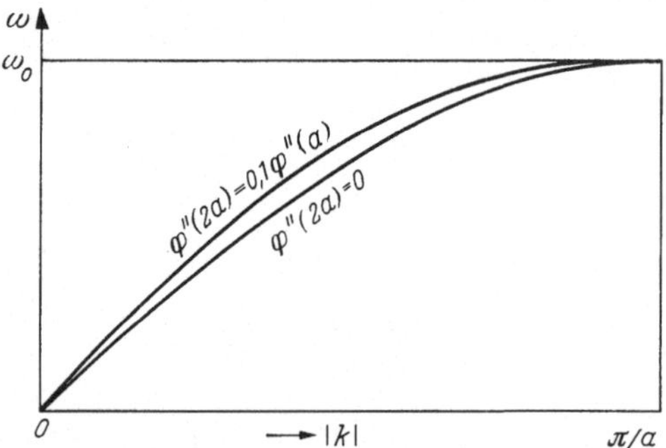

Fig. 13. Dispersionskurven einer einatomigen Kette mit harmonischen Kräften. Bei der unteren Kurve sind Kräfte nur zwischen nächsten Nachbarn (Abstand *a*), bei der oberen schwächere Kräfte auch zwischen übernächsten Nachbarn (Abstand 2*a*) angenommen

glichen. *Zweitens* ist, ähnlich wie bei der schwingenden Saite, der Fall von Interesse, daß die Wellenlängen der Eigenschwingungen groß gegen die Gitterkonstante werden. Nach (33) ist dann $ka \ll 1$, d.h. wir befinden uns im Bereich der Anfangstangente in Fig. 13, wo die Gln. (31) und (34) übergehen in

$$\omega = \sqrt{\frac{\varphi''(a)}{m}}\, ka; \qquad c = \sqrt{\frac{\varphi''(a)}{m}}\, a.$$

Die Phasengeschwindigkeit wird in diesem Bereich unabhängig von der Frequenz. Physikalisch ist dies offenbar der Übergang zum Kontinuum, bei dem die atomare Struktur vernachlässigt werden darf; wir haben ein eindimensionales Modell einer elastischen Welle vor uns. *Drittens* bemerken wir noch, daß wir hier zum ersten Male ein *kontinuierliches* Frequenzspektrum im Intervall („Frequenzband")

$$0 < \omega \leqq \omega_0; \qquad \omega_0 = 2\sqrt{\frac{\varphi''(a)}{m}}$$

vor uns haben, während die Eigenwertprobleme von Band I immer auf diskrete Spektren geführt haben.

Für die praktische Lösung geht man oft statt von der Hamiltonfunktion auch von den Bewegungsgleichungen aus. Als Beispiel sei die lineare Kette behandelt, bei der sich an allen Plätzen mit geraden Nummern eine Masse M, an allen ungeraden eine Masse m befindet *(zwei-atomige Kette)*, und in der nur zwischen unmittelbaren Nachbarn eine harmonische Wechselwirkung mit der Federkonstanten f besteht. Dann lauten die Bewegungsgleichungen

$$M\ddot{q}_{2\nu} = f(q_{2\nu-1} + q_{2\nu+1} - 2q_{2\nu});$$
$$m\ddot{q}_{2\nu+1} = f(q_{2\nu} + q_{2\nu+2} - 2q_{2\nu+1}). \tag{35}$$

Eine Eigenschwingung ist eine solche, bei der alle q_ν mit derselben Frequenz schwingen: $\ddot{q}_\nu = -\omega^2 q_\nu$. Das Differentialgleichungssystem (35) geht dann in ein algebraisches über, zu dessen Lösung wir ansetzen

$$q_{2\nu} = A \sin[2\nu\,ka + \varphi];$$
$$q_{2\nu+1} = B \sin[(2\nu+1)\,ka + \psi]. \tag{36}$$

Damit ergibt sich zunächst

$$(M\omega^2 - 2f)\,A\sin[2\nu\,ka+\varphi] + fB\{\sin[(2\nu-1)\,ka+\psi] +$$
$$+ \sin[(2\nu+1)\,ka+\psi]\},$$
$$(m\omega^2 - 2f)\,B\sin[(2\nu+1)\,ka+\psi] + fA\{\sin[2\nu\,ka+\varphi] +$$
$$+ \sin[(2\nu+2)\,ka+\varphi]\}$$

oder bei Umformung der rechten Seiten nach dem Vorbild von Gl. (26)

$$(M\omega^2 - 2f)\,A\sin[2\nu\,ka+\varphi] + 2fB\sin[2\nu\,ka+\psi]\cos ka,$$
$$(m\omega^2 - 2f)\,B\sin[(2\nu+1)\,ka+\psi] + 2fA\sin[(2\nu+1)\,ka+\varphi]\cos ka.$$

Dies werden zwei vom Index ν unabhängige Identitäten, wenn die beiden Phasenwinkel einander gleich sind, $\varphi = \psi$. Dann reduziert sich das Problem auf die Lösung eines Systems von zwei Gleichungen, dessen Determinante verschwinden muß:

$$\begin{vmatrix} M\omega^2 - 2f; & 2f\cos ka \\ 2f\cos ka; & m\omega^2 - 2f \end{vmatrix} = 0$$

oder

$$\omega^2 = \frac{M+m}{Mm}\,f\left\{1 \pm \sqrt{1 - \frac{4Mm}{(M+m)^2}\sin^2 ka}\right\}. \tag{37}$$

Das Frequenzband, das bei der einatomigen Kette nach Gl. (27) oder (31) alle Frequenzen von $\omega^2 = 0$ bis zu einer maximalen von $\omega^2 = 4f/m$ umfaßt, spaltet nach der Dispersionsrelation (37) für die zweiatomige Kette in zwei Bänder auf, von denen für $M > m$ das untere von $\omega^2 = 0$ bis $\omega^2 = 2f/M$ und das obere von $\omega^2 = 2f/m$ bis $\omega^2 = 2\dfrac{M+m}{Mm}f$ reicht. Für das Massenverhältnis $M/m = 2$ ist dies Verhalten in Fig. 14 dargestellt.

Das untere, also zu den kleineren Frequenzen gehörige Band heißt in der Gitterdynamik das *akustische*, das obere Band wegen der höheren, auf optischem Wege anzuregenden Frequenzen das *optische* Band. In realen, dreidimensionalen Gitterstrukturen gibt es mehrere akustische und optische Bänder[1].

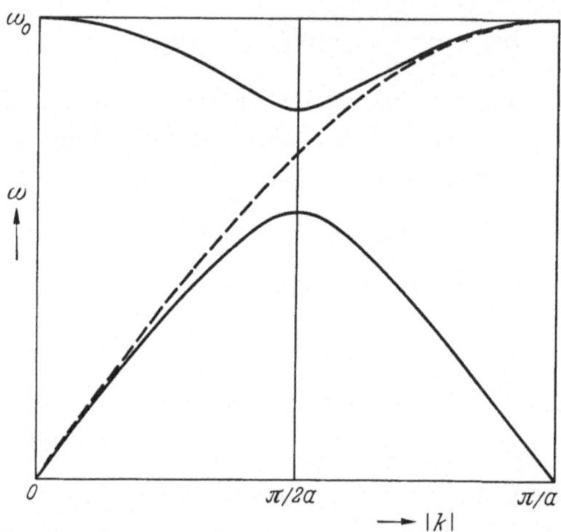

Fig. 14. Dispersionskurve einer zweiatomigen Kette mit harmonischen Kräften nur zwischen nächsten Nachbarn. Die Kurve spaltet gegenüber Fig. 13 in den unteren (akustischen) und oberen (optischen) Zweig auf

§ 9. Kanonische Invarianten

In diesem Paragraphen geben wir einen Einblick in die mathematische Struktur der kanonischen Gleichungen, der für die unmittelbare physikalische Anwendung wohl meist entbehrlich ist, jedoch zum Verständnis quantenmechanischer Probleme in Band IV eine nützliche Grundlage bietet.

a) Die kanonische Gruppe. Die Gesamtheit aller kanonischen Transmationen K_i, welche man an den $2f$ Variablen p_μ, q_μ einer vorgegebenen Hamiltonfunktion $H(p, q)$ vornehmen kann, bildet eine Gruppe. Dies bedeutet gemäß der allgemeinen Gruppendefinition der Mathematik folgende Eigenschaften dieser Transformationen:

1. Versteht man unter dem Produkt $K_2 K_1$ zweier „Elemente" (Transformationen), daß zuerst die Transformation K_1 und sodann am neuen Variablensatz K_2 ausgeführt wird, so müssen mit K_1 und K_2 zugleich

[1] Zur Theorie linearer Ketten findet man viele Einzelheiten bei W. Ludwig, Ergeb. exakt. Naturw. **35**, 1—102 (1964). Die Gitterdynamik wurde von M. Born u. Th. v. Kármán 1912 begründet. Eine eingehende moderne Darstellung gibt z. B. G. Leibfried im Handbuch der Physik, Band 7/1 (1955).

auch deren Produkte $K_2 K_1$ und $K_1 K_2$ Elemente der Gruppe sein. Die beiden Elemente brauchen nicht vertauschbar zu sein[1]:

$$K_1 K_2 \neq K_2 K_1; \tag{1}$$

sind alle Produkte kommutativ, so heißt die Gruppe abelsch. Für die Multiplikation soll das assoziative Gesetz gelten

$$K_3 (K_2 K_1) = (K_3 K_2) K_1.$$

2. Jede Gruppe besitzt ein Einheitselement E, definiert durch seine Eigenschaft, bei Multiplikation mit jedem Element K dies zu reproduzieren:

$$E K = K E = K. \tag{2}$$

Bei einer Transformationsgruppe ist E die Identität; wir haben bereits zu Beginn von § 8 gezeigt, daß diese eine kanonische Transformation ist.

3. Zu jedem Element K gibt es eine Reziproke K^{-1}, die ebenfalls Element der Gruppe ist. Definiert man

$$K K^{-1} = E, \tag{3a}$$

so folgt, daß auch

$$K^{-1} K = E \tag{3b}$$

wird. Zum Beweis von (3b) braucht man nur (3a) von rechts mit K zu multiplizieren; dann entsteht rechts K und links kann man nach dem Assoziativgesetz zu $K(K^{-1} K)$ zusammenfassen; $K^{-1} K$ hat also die Eigenschaft der Einheitsmatrix, K zu reproduzieren. Bei einer Transformationsgruppe bedeutet K^{-1} das Rückgängigmachen der Transformation K.

Um den Nachweis zu führen, daß die kanonischen Transformationen einer vorgegebenen Hamiltonfunktion eine Gruppe bilden, brauchen wir nur zu zeigen, daß sie die erste der drei Eigenschaften besitzen, da die beiden anderen für Transformationsgruppen im allgemeinen selbstverständlich sind. Der Weg zu diesem Nachweis läuft wie stets bei kontinuierlichen Gruppen am bequemsten über ihre erzeugenden Elemente, die infinitesimalen Transformationen.

Die allgemeinste *infinitesimale Transformation*, welche von den Variablen p, q zu den neuen Variablen P, Q führt, läßt sich immer schreiben

$$Q_\lambda = q_\lambda + \varepsilon \varphi_\lambda(p, q); \qquad P_\lambda = p_\lambda + \varepsilon \psi_\lambda(p, q), \tag{4a}$$

wobei ε infinitesimal ist. Die Umkehrrelationen hierzu lauten dann

$$q_\lambda = Q_\lambda - \varepsilon \varphi_\lambda(P, Q); \qquad p_\lambda = P_\lambda - \varepsilon \psi_\lambda(P, Q), \tag{4b}$$

---

[1] Wir können nicht $K_1 K_2 - K_2 K_1 \neq 0$ anstelle von (1) schreiben, da wir nur *eine* Verknüpfungsvorschrift (Multiplikation) definiert haben, die Summe oder Differenz also sinnlos ist.

wobei der Variablenwechsel in den φ_λ und ψ_λ nur vernachlässigbare Unterschiede der Ordnung ε^2 ausmacht. Soll nun die Transformation (4a, b) kanonisch sein, so muß sie den in § 7 abgeleiteten Bedingungen, nämlich den Gln. (6a—d) von § 7 auf S. 78 genügen. In Anwendung auf den Spezialfall (4a, b) würde z.B. die dortige Gl. (6a), also die Bedingung

$$\frac{\partial q_\mu}{\partial Q_\lambda} = \frac{\partial P_\lambda}{\partial p_\mu},$$

zunächst einmal

$$\delta_{\mu\lambda} - \varepsilon\,\frac{\partial \varphi_\mu(P,\,Q)}{\partial Q_\lambda} = \delta_{\mu\lambda} + \varepsilon\,\frac{\partial \psi_\lambda(p,\,q)}{\partial p_\mu}$$

oder bis auf die vernachlässigbaren Fehler der Ordnung ε^2

$$-\,\frac{\partial \varphi_\mu(p,\,q)}{\partial q_\lambda} = \frac{\partial \psi_\lambda(p,\,q)}{\partial p_\mu}$$

ergeben. Entsprechendes Vorgehen in allen vier Bedingungen (6a—d) auf S. 78 ergibt

$$\text{(a)}\quad -\frac{\partial \varphi_\mu}{\partial q_\lambda} = \frac{\partial \psi_\lambda}{\partial p_\mu};\qquad \text{(b)}\quad \frac{\partial \varphi_\mu}{\partial p_\lambda} = \frac{\partial \varphi_\lambda}{\partial p_\mu};$$

$$\text{(c)}\quad \frac{\partial \psi_\mu}{\partial q_\lambda} = \frac{\partial \psi_\lambda}{\partial q_\mu};\qquad \text{(d)}\quad -\frac{\partial \psi_\mu}{\partial p_\lambda} = \frac{\partial \varphi_\lambda}{\partial q_\mu}. \tag{5}$$

Gl. (5b) enthält Aussagen nur über die f Funktionen φ_μ. Sie besagt nämlich, daß sie im Raume aller p_μ ($\mu = 1,\,2,\,\ldots,\,f$) ein wirbelfreies Vektorfeld bilden und daher in diesem Raum als Gradient einer einheitlichen Funktion $F(p,\,q)$ geschrieben werden können:

$$\varphi_\lambda = \frac{\partial F(p,\,q)}{\partial p_\lambda}. \tag{6a}$$

Analoges gilt nach (5c) für die ψ_λ im Raume der q_μ:

$$\psi_\lambda = \frac{\partial G(p,\,q)}{\partial q_\lambda}. \tag{6b}$$

Gehen wir mit den Ausdrücken (6a, b) nun in die restlichen Bedingungen (5a) und (5d) ein, welche die φ_λ und ψ_λ untereinander verknüpfen, so ergeben diese übereinstimmend

$$\frac{\partial^2}{\partial q_\mu\,p_\lambda}\,(F + G) = 0.$$

Dies Verschwinden sämtlicher zweiten Ableitungen von $F+G$ bedeutet, daß

$$F + G = a + \sum_\mu (b_\mu\,q_\mu + c_\mu\,p_\mu)$$

eine lineare Funktion der Variablen ist. In Gl. (6b) können wir daher G durch F ausdrücken:

$$\psi_\lambda = b_\lambda - \frac{\partial F(p,\,q)}{\partial q_\lambda}. \tag{6b$'$}$$

Da $F(p, q)$ eine willkürliche Funktion dieser Variablen ist, können wir statt dessen auch

$$\Phi(p, q) = F(p, q) - \sum_\lambda b_\lambda q_\lambda$$

einführen; dann gilt $\partial \Phi / \partial p_\lambda = \partial F / \partial p_\lambda$ und statt (6a) und (6b') können wir mit einer einzigen Funktion $\Phi(p, q)$

$$\varphi_\lambda = \frac{\partial \Phi}{\partial p_\lambda}; \quad \psi_\lambda = -\frac{\partial \Phi}{\partial q_\lambda} \tag{7}$$

schreiben.

Eine infinitesimale kanonische Transformation hat also immer die Form

$$Q_\lambda = q_\lambda + \varepsilon \frac{\partial \Phi}{\partial p_\lambda}; \quad P_\lambda = p_\lambda - \varepsilon \frac{\partial \Phi}{\partial q_\lambda}. \tag{8}$$

An Hand von Gl. (8) beweist man nun sofort die Gruppeneigenschaft aller infinitesimalen kanonischen Transformationen eines mechanischen Systems. Gehören nämlich zwei Elemente K_1 und K_2 zu den Funktionen Φ_1 und Φ_2, so gehören die Transformationen $K_2 K_1$ und $K_1 K_2$ zur Summe $\Phi_1 + \Phi_2$. Zwei infinitesimale Elemente sind daher immer vertauschbar. Das Einheitselement gehört offenbar zu $\Phi = 0$ und die Reziproke der durch Φ definierten Transformation zu $-\Phi$. Da nun aber jede endliche Transformation durch Aneinanderreihung unendlich vieler infinitesimaler Transformationen erzeugt werden kann, bilden sämtliche kanonischen Transformationen eine Gruppe; eben deshalb bezeichnet man die infinitesimalen kanonischen Transformationen als *erzeugende Elemente*.

Eine interessante Anwendung der infinitesimalen kanonischen Transformationen erhält man, wenn man in (8) für Φ die Hamiltonfunktion H wählt. Dann entsteht wegen der kanonischen Gleichungen

$$Q_\lambda = q_\lambda + \varepsilon \dot{q}_\lambda; \quad P_\lambda = p_\lambda + \varepsilon \dot{p}_\lambda. \tag{9}$$

Diese Formeln gestatten eine anschauliche Deutung: Sind q_λ, p_λ die Koordinaten und Impulse zur Zeit t, so sind nach Gl. (9) Q_λ und P_λ dieselben Größen zur Zeit $t + \varepsilon$. Der Zustand eines mechanischen Systems zu einer späteren Zeit geht also durch kanonische Transformation aus dem Zustand zu einer früheren Zeit hervor. Dies gilt zunächst wieder nur für ein infinitesimales Zeitintervall, kann aber infolge der Gruppeneigenschaft auch für endliche Zeitdifferenzen geschlossen werden[1].

In diesem Fall ist das in Operatorenschreibweise sehr einfach zu erreichen. Schreiben wir $q(t + \varepsilon)$ statt Q für eine Transformation (9) unter Unterdrückung

---

[1] In der Quantenmechanik wird dasselbe durch unitäre Transformationen im Hilbertraum erreicht, die deshalb dort auch kanonische Transformationen heißen, vgl. Band. IV, § 23.

des Index λ, so wird

$$q(t + \varepsilon) = \left(1 + \varepsilon \frac{d}{dt}\right) q(t); \qquad q(t + n\varepsilon) = \left(1 + \varepsilon \frac{d}{dt}\right)^{n} q(t)$$

und mit $\varepsilon = \tau/n$, wobei τ ein endliches Intervall ist, und $n \to \infty$:

$$q(t + \tau) = e^{\tau \frac{d}{dt}} q(t) = \left\{ 1 + \tau \frac{d}{dt} + \frac{\tau^2}{2!} \frac{d^2}{dt^2} + \cdots \right\} q(t),$$

und das ist in der Tat nichts anderes als die Taylorentwicklung

$$q(t + \tau) = q(t) + \tau \dot{q}(t) + \frac{\tau^2}{2!} \ddot{q}(t) + \cdots.$$

b) Die Poisson-Klammern. In der mathematischen Theorie der Transformationsgruppen spielen die Invarianten eine wichtige Rolle. Auch die Gruppe der kanonischen Transformationen besitzt solche Invarianten, unter denen sich die sog. Poissonschen Klammersymbole oder Poisson-Klammern (P.K.) als besonders wichtig erwiesen haben. Sind $f(p, q)$ und $g(p, q)$ zwei differenzierbare Funktionen der p_μ und q_μ, dann heißt

$$[f, g] = \sum_{\mu} \left(\frac{\partial f}{\partial p_\mu} \frac{\partial g}{\partial q_\mu} - \frac{\partial f}{\partial q_\mu} \frac{\partial g}{\partial p_\mu} \right) = \sum_{\mu} \begin{vmatrix} \dfrac{\partial f}{\partial p_\mu} & \dfrac{\partial f}{\partial q_\mu} \\ \dfrac{\partial g}{\partial p_\mu} & \dfrac{\partial g}{\partial q_\mu} \end{vmatrix} \tag{10}$$

die P.K. der beiden Funktionen.

Die Bedeutung der P.K. rührt teilweise davon her, daß sie erlauben, analytische Operationen im Bereich der kanonischen Gleichungen formal durch algebraische zu ersetzen. Setzen wir nämlich in Gl. (10) $f = p_\lambda$, sodann $f = q_\lambda$, so entsteht

$$[p_\lambda, g] = \frac{\partial g}{\partial q_\lambda}; \qquad [q_\lambda, g] = - \frac{\partial g}{\partial p_\lambda}; \tag{11}$$

die Differentialquotienten einer Funktion $g(p, q)$ nach diesen Variablen lassen sich also sämtlich durch P.K. ersetzen. Entsprechend erhält man für zweite Ableitungen Doppelklammern, z.B.

$$\frac{\partial^2 g}{\partial q_\lambda \partial q_\mu} = [p_\mu, [p_\lambda, g]]$$

usw. Zwischen den P.K. gibt es nun algebraische Rechenregeln[1], nämlich die Symmetriebeziehung

$$[f, g] = - [g, f], \tag{12}$$

---

[1] Die Bedeutung für die mathematische Systematik wurde zuerst von G. Falk: Über Ringe mit Poisson-Klammern, Math. Ann. **123**, 379 (1951) erkannt. Vgl. auch dessen Arbeit in Z. Physik **130**, 51 (1951).

die Linearitätsaxiome ($c = $ Zahl):

$$[f, g_1 + g_2] = [f, g_1] + [f, g_2]; \qquad [f_1 + f_2, g] = [f_1, g] + [f_2, g]; \tag{13}$$

$$[f, c\,g] = c\,[f, g]; \tag{14}$$

die Produktzerlegung

$$[f, gh] = [f, g]\,h + [f, h]\,g, \tag{15}$$

die man sofort durch Nachrechnen an der Definition (10) verifiziert; die Jacobische Identität

$$[f, [g, h]] + [g, [h, f]] + [h, [f, g]] = 0, \tag{16}$$

die Aussage

$$[f, c] = 0 \tag{17}$$

für eine Konstante c, und schließlich die Regel für die Differentiation nach einem Parameter t, wenn die Funktionen einen solchen außer den Argumenten p_μ, q_μ enthalten:

$$\frac{\partial}{\partial t}\,[f, g] = \left[\frac{\partial f}{\partial t}, g\right] + \left[f, \frac{\partial g}{\partial t}\right]. \tag{18}$$

Von allen diesen Rechenregeln ist die einzige, die etwas mühsam zu beweisen ist, die Jacobische Identität (16), da bei direkter Ausrechnung gemäß (10) nicht weniger als 24 Doppelsummen entstehen. Man kann die Rechnung aber sehr abkürzen auf Grund einer Bemerkung von GOURSAT: Man sieht leicht, daß alle 24 Glieder die Form von Produkten aus einer zweiten Ableitung und zwei ersten Ableitungen der drei Funktionen f, g, h besitzen, und da (16) durch zyklische Vertauschung der drei Funktionen entsteht, genügt es zu zeigen, daß die Summe der 8 Glieder, welche zweite Ableitungen von f enthalten, verschwindet, um zu beweisen, daß der ganze Ausdruck (16) gleich Null ist. Nun enthält die erste Klammer in (16) keine zweiten Ableitungen von f, und wir können die dritte nach (12) auch $-[h, [g, f]]$ schreiben; d.h. bis auf das Vorzeichen ist sie gleich dem durch Vertauschen von g und h aus der zweiten Klammer $[g, [h, f]]$ hervorgehenden Ausdruck. Schreiben wir nun von der zweiten Klammer nur die Terme auf, die zu zweiten Ableitungen von f beitragen, so erhalten wir

$$\begin{aligned}
[g, [h, f]] &= \left[g, \sum_\mu \left(\frac{\partial h}{\partial p_\mu}\frac{\partial f}{\partial q_\mu} - \frac{\partial h}{\partial q_\mu}\frac{\partial f}{\partial p_\mu}\right)\right] \\
&= \sum_\lambda \left\{\frac{\partial g}{\partial p_\lambda}\frac{\partial}{\partial q_\lambda}\sum_\mu (\dots) - \frac{\partial g}{\partial q_\lambda}\frac{\partial}{\partial p_\lambda}\sum_\mu (\dots)\right\} \\
&= \sum_\lambda \sum_\mu \left\{\frac{\partial g}{\partial p_\lambda}\left(\frac{\partial h}{\partial p_\mu}\frac{\partial^2 f}{\partial q_\lambda\,\partial q_\mu} - \frac{\partial h}{\partial q_\mu}\frac{\partial^2 f}{\partial q_\lambda\,\partial p_\mu}\right) - \right. \\
&\qquad \left. - \frac{\partial g}{\partial q_\lambda}\left(\frac{\partial h}{\partial p_\mu}\frac{\partial^2 f}{\partial p_\lambda\,\partial q_\mu} - \frac{\partial h}{\partial q_\mu}\frac{\partial^2 f}{\partial p_\lambda\,\partial p_\mu}\right) + \dots\right\}.
\end{aligned}$$

Hiervon haben wir nun $[h, [g, f]]$ abzuziehen, das durch Vertauschung von g mit h daraus entsteht. Vertauschen wir gleichzeitig die Summationsindices λ und μ, so geht der Ausdruck aber in sich selbst über. Die Differenz verschwindet also, und damit der ganze Jacobische Ausdruck (16).

7*

Wichtige Sonderfälle der Rechenregeln erhält man aus (11), wenn man dort auch die Funktion g noch durch ein p_λ oder q_λ ersetzt:

$$[p_\lambda, p_\mu] = 0; \qquad [q_\lambda, q_\mu] = 0; \qquad [p_\lambda, q_\mu] = \delta_{\lambda\mu}. \tag{19}$$

Man kann in Umkehrung unserer Herleitung von den Gln. (19) ausgehend mit Hilfe der algebraischen Regeln (12) bis (15) und (17) die P. K. zweier Polynome und, bei Darstellung durch unendliche Potenzreihen in den Variablen p_μ, q_μ, zweier beliebiger ganzer Funktionen f und g ausrechnen, d.h. durch rein algebraische Prozesse berechnen.

Bisher haben wir noch keinen Gebrauch von der physikalischen Bedeutung der Variablen gemacht, haben also insbesondere nicht die Existenz einer Hamiltonfunktion $H(p, q, t)$ vorausgesetzt mit den zugehörigen kanonischen Gleichungen

$$\frac{\partial \dot{p}_\mu}{\partial t} = - \frac{\partial H}{\partial q_\mu}; \qquad \frac{dq_\mu}{dt} = \frac{\partial H}{\partial p_\mu}. \tag{20}$$

Bildet man gemäß (10) die P. K. einer Funktion f mit H, so entsteht hiermit

$$[H, f] = \sum_\mu \left(\frac{\partial H}{\partial p_\mu} \frac{\partial f}{\partial q_\mu} - \frac{\partial H}{\partial q_\mu} \frac{\partial f}{\partial p_\mu} \right) = \sum_\mu \left(\frac{\partial f}{\partial q_\mu} \dot{q}_\mu + \frac{\partial f}{\partial p_\mu} \dot{p}_\mu \right),$$

und dies ist gleich df/dt, wenn f die Zeit nicht explicite als Argument enthält; allgemein gilt daher

$$\frac{df}{dt} = [H, f] + \frac{\partial f}{\partial t}. \tag{21}$$

Spezialfälle davon für $f = p_\mu$ und $f = q_\mu$ sind die kanonischen Gleichungen in der Form

$$\frac{dp_\mu}{dt} = [H, p_\mu]; \qquad \frac{dq_\mu}{dt} = [H, q_\mu]. \tag{22}$$

Sind $H(p, q)$ und $f(p, q)$ nicht explicite von t abhängige Funktionen, so erhält man durch fortgesetztes Differenzieren

$$\dot{f} = [H, f]; \qquad \ddot{f} = [H, [H, f]] \quad \text{usw.},$$

oder anstelle der Taylorentwicklung

$$f(t) = f(0) + t[H, f(0)] + \tfrac{1}{2} t^2 [H, [H, f(0)]] + $$
$$+ \tfrac{1}{6} t^3 [H, [H, [H, f(0)]]] + \cdots, \tag{23a}$$

was man in leicht verständlicher Symbolik kürzer

$$f(t) = e^{t[H, \cdots]} f(0) \tag{23b}$$

schreiben kann. Ist also der Zustand eines mechanischen Systems, d.h. die Gesamtheit seiner p_μ und q_μ und damit auch aller Funktionen $f(p, q)$

derselben zu einer Zeit $t=0$ bekannt, so kann sein Zustand zu jeder beliebigen Zeit t nach Gl. (23) berechnet werden, sofern man seine Hamiltonfunktion $H(p, q)$ kennt.

Besondere Bedeutung für die Lösungstheorie der kanonischen Gleichungen besitzen die P.K., weil sich mit ihrer Hilfe zu zwei bekannten Integralen

$$f(p, q) = c_1; \qquad g(p, q) = c_2$$

ein weiteres Integral

$$[f, g] = c_3$$

konstruieren läßt (Poissonscher Satz). Man sieht das folgendermaßen ein: Soll f eine Konstante (c_1) sein, so ist nach (21)

$$[H, f] + \frac{\partial f}{\partial t} = 0;$$

dasselbe gilt offenbar für $g = c_2$. Nach der Jacobischen Identität (16) ist nun

$$[H, [f, g]] + [f, [g, H]] + [g, [H, f]] = 0.$$

Setzt man hier $[g, H] = -\frac{\partial g}{\partial t}$ und $[H, f] = -\frac{\partial f}{\partial t}$ ein, so entsteht

$$[H, [f, g]] + \left[f, \frac{\partial g}{\partial t}\right] + \left[\frac{\partial f}{\partial t}, g\right] = 0$$

oder nach Gl. (18):

$$[H, [f, g]] + \frac{\partial}{\partial t}[f, g] = 0,$$

und dies ist gerade die Bedingung (21) dafür, daß auch $[f, g]$ konstant bleibt. Hängen insbesondere f und g nicht von t ab, so entfallen die partiellen Ableitungen nach t und die P.K. von f, g und $[f, g]$ mit H verschwinden.

c) Behandlung einer Zentralkraft mit Hilfe der Poisson-Klammern. Die soeben entwickelte Methode zur Auffindung neuer Integrale aus schon bekannten wollen wir für die Hamiltonfunktion

$$H = \frac{1}{2m}(p_1^2 + p_2^2 + p_3^2) + V(q_1, q_2, q_3)$$

behandeln, wobei V nur von der Kombination $q_1^2 + q_2^2 + q_3^2$ abhängen soll. Verstehen wir unter q_i cartesische Koordinaten eines Massenpunktes m, so ist

$$\sqrt{q_1^2 + q_2^2 + q_3^2} = r$$

und $V(r)$ die eine Zentralkraft repräsentierende potentielle Energie. Zunächst schreiben wir die Bewegungsgleichungen in der Form (22) auf:

$$\dot{p}_\mu = [H, p_\mu] = [V, p_\mu]; \qquad \dot{q}_\mu = [H, q_\mu] = \frac{1}{2m}[p_\mu^2, q_\mu].$$

Nach Gl. (11) ist

$$[V, p_\mu] = - \frac{\partial V}{\partial q_\mu} = - \frac{dV}{dr}\, \frac{\partial r}{\partial q_\mu} = - q_\mu \frac{1}{r} \frac{dV}{dr}$$

und nach Gl. (15)

$$[p_\mu^2, q_\mu] = 2 p_\mu [p_\mu, q_\mu] = 2 p_\mu.$$

Daher lauten die kanonischen Gleichungen

$$\dot{p}_\mu = - q_\mu \frac{1}{r} \frac{dV}{dr}; \qquad \dot{q}_\mu = \frac{1}{m} p_\mu,$$

was mit den aus Gl. (20) zu entnehmenden Gleichungen übereinstimmt.

Nun wissen wir bereits, daß für dies Zentralkraftproblem der Drehimpulssatz gilt, d.h. daß

$$L_1 = q_2 p_3 - q_3 p_2 \quad \text{und} \quad L_2 = q_3 p_1 - q_1 p_3 \tag{24}$$

zwei Konstanten der Bewegung sind. Man verifiziert das leicht auch mit Hilfe der kanonischen Gleichungen:

$$\begin{aligned}
\dot{L}_1 &= \dot{q}_2 p_3 + q_2 \dot{p}_3 - \dot{q}_3 p_2 - q_3 \dot{p}_2 \\
&= [H, q_2] p_3 + [H, p_3] q_2 - [H, q_3] p_2 - [H, p_2] q_3 \\
&= \frac{1}{m} p_2 p_3 - q_3 \frac{1}{r} \frac{dV}{dr} q_2 - \frac{1}{m} p_3 p_2 + q_2 \frac{1}{r} \frac{dV}{dr} q_3 = 0,
\end{aligned}$$

also ist L_1 in der Tat konstant. Nach dem Poissonschen Satz ist mit L_1 und L_2 auch $[L_1, L_2]$ eine Konstante der Bewegung. Direkte Ausrechnung dieser Klammer ergibt durch zweimalige Anwendung der Produktregel (15)

$$[L_1, L_2] = q_2 p_1 - p_2 q_1,$$

was bei zyklischer Fortnumerierung in (24) bis auf das Vorzeichen mit der dritten Drehimpulskomponente übereinstimmt, deren Konstanz damit erwiesen ist. Natürlich hätten wir statt mit L_1 und L_2 auch mit L_2 und L_3 oder mit L_3 und L_1 beginnen können; im ganzen bestehen also die Beziehungen

$$\begin{aligned}
[L_1, L_2] &= - L_3 \\
[L_2, L_3] &= - L_1 \\
[L_3, L_1] &= - L_2
\end{aligned} \tag{25}$$

zwischen den Drehimpulskomponenten. Es sei vermerkt, daß wir bei ihrer Herleitung keinen Gebrauch davon zu machen brauchten, daß sie im vorliegenden Fall alle drei konstant sind, sondern nur die P.K. (19) der p_μ und q_μ dabei eingehen. Auch wenn der Drehimpuls allgemein als

Summe über die Drehimpulse mehrerer Teilchen definiert wird (vgl. S. 5), ändert sich daher nichts an den Gln. (25). Dasselbe gilt für daraus abzuleitende Sätze, z.B.

$$[L_\mu, L^2] = 0. \tag{26}$$

Diese Beziehung, die kein neues Integral liefert, geht z.B. aus

$$[L_1, L^2] = [L_1, L_1^2 + L_2^2 + L_3^2] = 2L_2[L_1, L_2] + 2L_3[L_1, L_3]$$
$$= -2L_2 L_3 + 2L_3 L_2 = 0$$

hervor.

Bei den 6 Variablen q_μ und p_μ unseres Problems muß man zur vollständigen Lösung offenbar 5 Konstanten der Bewegung haben. Vier davon kennen wir: L_1, L_2, L_3 und H (die Energie). Bildung von P.K. zwischen den Drehimpulskomponenten nach Art von Gl. (26) liefern keine neuen Konstanten mehr; Bildung von P.K. mit H verschwinden sämtlich und führen daher auch nicht weiter. Das Verfahren genügt also in diesem Fall nicht zur vollständigen Lösung. Betrachten wir aber das speziellere Problem des Kugeloszillators mit der potentiellen Energie[1]

$$V = \frac{m\omega^2}{2}(q_1^2 + q_2^2 + q_3^2),$$

so wird $\frac{1}{r}\frac{dV}{dr} = m\omega^2$, und die kanonischen Gleichungen lauten

$$\dot{p}_\mu = -m\omega^2 q_\mu; \quad \dot{q}_\mu = \frac{1}{m}p_\mu.$$

Die drei Freiheitsgrade ($\mu = 1, 2, 3$) sind also in diesem Fall völlig separiert, und es gilt z.B. der Energiesatz für $\mu = 1$:

$$E_1 = \frac{1}{2m}p_1^2 + \frac{m\omega^2}{2}q_1^2$$

ist eine Konstante. Diese Funktion können wir aber wieder mit den Drehimpulskomponenten kombinieren; wir erhalten

$$[E_1, L_1] = 0;$$

$$[E_1, L_2] = -\left(\frac{1}{m}p_1 p_3 + m\omega^2 q_1 q_2\right);$$

$$[E_1, L_3] = \frac{1}{m}p_1 p_2 + m\omega^2 q_1 q_2.$$

Auf den ersten Blick sieht es so aus, als hätten wir hier zwei weitere Integrale gewonnen; man kann aber zeigen, daß sie nicht unabhängig

---

[1] Wir folgen hier P. APPELL: Traité de Mécanique Rationelle, Band II (Paris 1904), p. 421.

voneinander sind. Man verifiziert nämlich leicht, daß

$$[E_1,\, L_3]^2 + \omega^2 L_3{}^2 = 4 E_1 E_2,$$
$$[E_1,\, L_2]^2 + \omega^2 L_2{}^2 = 4 E_1 E_3,$$

wenn wir unter E_2 und E_3 die analog zu E_1 gebildeten Ausdrücke verstehen. Wird aber E_2 außer E_1 als neues Integral gewonnen, so bietet E_3
nichts Neues mehr, da $E_1 + E_2 + E_3 = E$ zusammen gerade die schon
bekannte Hamiltonfunktion geben. Wir haben also im ganzen 5 algebraische Relationen zwischen den 6 Variablen, womit das Problem vollständig gelöst ist.

Die im Vorstehenden abgeleiteten Beziehungen zwischen den P.K.
besitzen eine völlige Isomorphie in den Vertauschungsregeln der Quantenmechanik. Dort treten anstelle der von t abhängigen Zahlen p_μ, q_μ
Operatoren, und anstelle der Definition (10) der Kommutator

$$[f,\, g] = \frac{i}{\hbar}\, (f g - g f).$$

Alle weiteren Beziehungen (11) bis (22), d.h. im wesentlichen die algebraische Struktur der Klammersymbole und ihre Differentiation nach t
bleiben jedoch erhalten. Dasselbe gilt für die Gln. (25) und (26), welche
in die Vertauschungsrelationen der Drehimpulsoperatoren übergehen. Die
für die klassische Mechanik natürliche Beschreibung, bei welcher die p_μ
und q_μ Funktionen von t sind, ist in der Quantenmechanik möglich, aber
nicht immer zweckmäßig; sie wird dort als Heisenberg-Darstellung bezeichnet[1].

d) Die kanonische Invarianz der Poisson-Klammern. Für die mathematische Struktur der Theorie ist die wichtigste Eigenschaft der P.K.
ihre kanonische Invarianz, die wir nunmehr beweisen wollen. Bei einer
kanonischen Transformation $(p,\, q) \to (P,\, Q)$ geht eine Funktion f der
Variablen $p,\, q$ in eine andere Funktion der Variablen $P,\, Q$ über:

$$f(p,\, q) = f\big(p(P,\, Q),\, q(P,\, Q)\big) = F(P,\, Q);$$

entsprechend schreiben wir $g(p,\, q) = G(P,\, Q)$. Daher wird nach den
Regeln der Differentialrechnung

$$[f,\, g] = \sum_\mu \left(\frac{\partial f}{\partial p_\mu}\, \frac{\partial g}{\partial q_\mu} - \frac{\partial f}{\partial q_\mu}\, \frac{\partial g}{\partial p_\mu} \right)$$
$$= \sum_\mu \sum_\lambda \sum_\nu \left\{ \left(\frac{\partial F}{\partial P_\lambda}\, \frac{\partial P_\lambda}{\partial p_\mu} + \frac{\partial F}{\partial Q_\lambda}\, \frac{\partial Q_\lambda}{\partial p_\mu} \right) \left(\frac{\partial G}{\partial P_\nu}\, \frac{\partial P_\nu}{\partial q_\mu} + \frac{\partial G}{\partial Q_\nu}\, \frac{\partial Q_\nu}{\partial q_\mu} \right) - \right.$$
$$\left. - \left(\frac{\partial F}{\partial P_\lambda}\, \frac{\partial P_\lambda}{\partial q_\mu} + \frac{\partial F}{\partial Q_\lambda}\, \frac{\partial Q_\lambda}{\partial q_\mu} \right) \left(\frac{\partial G}{\partial P_\nu}\, \frac{\partial P_\nu}{\partial p_\mu} + \frac{\partial G}{\partial Q_\nu}\, \frac{\partial Q_\nu}{\partial p_\mu} \right) \right\}.$$

---

[1] Im einzelnen vgl. hierzu Band IV, S. 206ff. zu den P.K. und S. 218ff. zu
den Drehimpulsen.

Wir multiplizieren die Klammern aus und ordnen die Glieder neu an:

$$[f, g] = \sum_{\mu} \sum_{\lambda} \sum_{\nu} \left\{ \frac{\partial F}{\partial P_\lambda} \frac{\partial G}{\partial P_\nu} \left(\frac{\partial P_\lambda}{\partial p_\mu} \frac{\partial P_\nu}{\partial q_\mu} - \frac{\partial P_\lambda}{\partial q_\mu} \frac{\partial P_\nu}{\partial p_\mu} \right) + \right.$$

$$+ \frac{\partial F}{\partial Q_\lambda} \frac{\partial G}{\partial Q_\nu} \left(\frac{\partial Q_\lambda}{\partial p_\mu} \frac{\partial Q_\nu}{\partial q_\mu} - \frac{\partial Q_\lambda}{\partial q_\mu} \frac{\partial Q_\nu}{\partial p_\mu} \right) +$$

$$+ \frac{\partial F}{\partial P_\lambda} \frac{\partial G}{\partial Q_\nu} \left(\frac{\partial P_\lambda}{\partial p_\mu} \frac{\partial Q_\nu}{\partial q_\mu} - \frac{\partial P_\lambda}{\partial q_\mu} \frac{\partial Q_\nu}{\partial p_\mu} \right) +$$

$$\left. + \frac{\partial F}{\partial Q_\lambda} \frac{\partial G}{\partial P_\nu} \left(\frac{\partial Q_\lambda}{\partial p_\mu} \frac{\partial P_\nu}{\partial q_\mu} - \frac{\partial Q_\lambda}{\partial q_\mu} \frac{\partial P_\nu}{\partial p_\mu} \right) \right\}.$$

Der Index μ tritt nur in den runden Klammern auf, in denen daher die Summe über μ ausgeführt werden kann. Diese vier inneren Summen sind aber selbst gerade P.K., so daß

$$[f, g] = \sum_{\lambda} \sum_{\nu} \left\{ \frac{\partial F}{\partial P_\lambda} \frac{\partial G}{\partial P_\nu} [P_\lambda, P_\nu] + \frac{\partial F}{\partial Q_\lambda} \frac{\partial G}{\partial Q_\nu} [Q_\lambda, Q_\nu] + \right.$$

$$\left. + \left(\frac{\partial F}{\partial P_\lambda} \frac{\partial G}{\partial Q_\nu} - \frac{\partial F}{\partial Q_\nu} \frac{\partial G}{\partial P_\lambda} \right) [P_\lambda, Q_\nu] \right\}$$

wird. Dabei haben wir in der letzten der vier Summen die Indices λ und ν vertauscht, um sie mit der dritten zusammenfassen zu können. Für die transformierten Variablen P_λ, Q_λ gelten nun ebenfalls die Grundregeln (19)

$$[P_\lambda, P_\nu] = 0; \quad [Q_\lambda, Q_\nu] = 0; \quad [P_\lambda, Q_\nu] = \delta_{\lambda\nu}, \tag{19'}$$

wovon man sich leicht überzeugt, wenn man die Gln. (6a—d) von § 7 (S. 78) berücksichtigt, also

$$\frac{\partial P_\lambda}{\partial p_\mu} = \frac{\partial q_\mu}{\partial Q_\lambda}; \quad \frac{\partial P_\lambda}{\partial q_\mu} = - \frac{\partial p_\mu}{\partial Q_\lambda}; \quad \text{usw.,}$$

welche die Transformation $(p, q) \to (P, Q)$ speziell als kanonische kennzeichnen. Dann erhält man z.B. für

$$[P_\lambda, Q_\nu] = \sum_{\mu} \left(\frac{\partial P_\lambda}{\partial p_\mu} \frac{\partial Q_\nu}{\partial q_\mu} - \frac{\partial P_\lambda}{\partial q_\mu} \frac{\partial Q_\nu}{\partial p_\mu} \right)$$

durch Umformung jeweils des ersten Faktors

$$[P_\lambda, Q_\nu] = \sum_{\mu} \left(\frac{\partial Q_\nu}{\partial q_\mu} \frac{\partial q_\mu}{\partial Q_\lambda} + \frac{\partial Q_\nu}{\partial p_\mu} \frac{\partial p_\mu}{\partial Q_\lambda} \right) = \frac{\partial Q_\nu}{\partial Q_\lambda} = \delta_{\lambda\nu}$$

wie verlangt, und entsprechend beweist man die beiden anderen Relationen (19'). Daher wird

$$[f, g] = \sum_{\lambda} \left(\frac{\partial F}{\partial P_\lambda} \frac{\partial G}{\partial Q_\lambda} - \frac{\partial F}{\partial Q_\lambda} \frac{\partial G}{\partial P_\lambda} \right),$$

und das ist in den neuen Variablen die P.K. der transformierten Funktionen:

$$[f, g] = [F, G],$$

womit die kanonische Invarianz der P.K. bewiesen ist.

Es sei noch bemerkt, daß in (19′) das Klammersymbol genau wie in $[f, g]$ Differentialquotienten nach den alten Variablen, in $[F, G]$ dagegen nach den neuen bedeutet. Ein Zweifel hinsichtlich der Bedeutung könnte — losgelöst vom Text — höchstens bei (19′) auftreten. Wegen der Invarianz gilt (19′) natürlich auch bei Differentiation nach den neuen Variablen.

II. Mechanik der Kontinua

§ 10. Deformationstensor und Spannungstensor

In Band I, § 19, wurde der Ansatz der Elastizitätstheorie am zweidimensionalen Sonderfall in anschaulicher Weise vorgeführt. Dabei wurden soweit wie möglich bereits dort Formulierungen angestrebt, die sich auf den dreidimensionalen Fall verallgemeinern lassen. Dies gilt insbesondere für den Aufbau des Deformationstensors γ_{ik} und des Spannungstensors τ_{ik}.

a) Der Deformationszustand. In kürzerer, aber abstrakterer Wiederholung des Gedankenganges von Band I beschreiben wir das Kontinuum, indem wir zu jedem materiellen Punkt den Ortsvektor $\overset{\circ}{\mathfrak{r}}$ im undeformierten und den Ortsvektor $\mathfrak{r}$ im deformierten Zustand angeben; in cartesischen Koordinaten $\overset{\circ}{x}_i$ und x_i $(i = 1, 2, 3)$. Die Differenz

$$\mathfrak{u} = \mathfrak{r} - \overset{\circ}{\mathfrak{r}}$$

mit den Komponenten

$$u_i = x_i - \overset{\circ}{x}_i \tag{1}$$

heißt der *Verschiebungsvektor*. Der Vergleich zweier Nachbarpunkte $\overset{\circ}{\mathfrak{r}}$ und $\overset{\circ}{\mathfrak{r}} + d\overset{\circ}{\mathfrak{r}}$ im undeformierten, $\mathfrak{r}$ und $\mathfrak{r} + d\mathfrak{r}$ im deformierten Zustand führt dann zu

$$dx_i = d\overset{\circ}{x}_i + du_i = d\overset{\circ}{x}_i + \sum_k \frac{\partial u_i}{\partial \overset{\circ}{x}_k} d\overset{\circ}{x}_k. \tag{2}$$

Der Abstand zweier Nachbarpunkte voneinander, $d\overset{\circ}{s}$ bzw. ds, folgt dann aus

$$ds^2 = \sum_i (dx_i)^2 = \sum_i \sum_k g_{ik} \, d\overset{\circ}{x}_i \, d\overset{\circ}{x}_k, \tag{3}$$

worin sich g_{ik} mit Hilfe von Gl. (2) zu

$$g_{ik} = \delta_{ik} + \gamma_{ik}; \quad \gamma_{ik} = \frac{\partial u_i}{\partial \overset{\circ}{x}_k} + \frac{\partial u_k}{\partial \overset{\circ}{x}_i} + \sum_l \frac{\partial u_l}{\partial \overset{\circ}{x}_i} \frac{\partial u_l}{\partial \overset{\circ}{x}_k} \tag{4}$$

berechnen läßt.

Liegt das Linienelement $d\overset{\circ}{s}$ in der Richtung von $\overset{\circ}{x}_1$, ist also $d\overset{\circ}{x}_2 = d\overset{\circ}{x}_3 = 0$, so reduziert sich Gl. (3) auf

$$ds^2 = g_{11} d\overset{\circ}{x}_1^2,$$

d.h. das Längenverhältnis vor und nach der Deformation ist

$$\frac{ds}{d\mathring{x}_1} = \sqrt{g_{11}} = \sqrt{1+\gamma_{11}}. \tag{5}$$

Entsprechendes gilt für die beiden anderen Koordinatenrichtungen. Betrachten wir zwei infinitesimale Vektoren $\mathring{\mathfrak{a}} = (\mathring{a}, 0, 0)$ und $\mathring{\mathfrak{b}} = (0, \mathring{b}, 0)$, so gehen diese nach (3) durch die Deformation über in

$$\mathfrak{a} = \mathring{a}\left(1 + \frac{\partial u_1}{\partial \mathring{x}_1}, \frac{\partial u_2}{\partial \mathring{x}_1}, \frac{\partial u_3}{\partial \mathring{x}_1}\right);$$

$$\mathfrak{b} = \mathring{b}\left(\frac{\partial u_1}{\partial \mathring{x}_2}, 1 + \frac{\partial u_2}{\partial \mathring{x}_2}, \frac{\partial u_3}{\partial \mathring{x}_2}\right).$$

Um den Winkel ϑ zwischen $\mathfrak{a}$ und $\mathfrak{b}$ zu finden, bilden wir ihr skalares Produkt:

$$\mathfrak{a} \cdot \mathfrak{b} = a\, b \cos\vartheta = \sum_i a_i\, b_i$$

$$= \mathring{a}\,\mathring{b}\left\{\frac{\partial u_1}{\partial \mathring{x}_2} + \frac{\partial u_2}{\partial \mathring{x}_1} + \frac{\partial u_1}{\partial \mathring{x}_1}\frac{\partial u_1}{\partial \mathring{x}_2} + \frac{\partial u_2}{\partial \mathring{x}_1}\frac{\partial u_2}{\partial \mathring{x}_2} + \frac{\partial u_3}{\partial \mathring{x}_1}\frac{\partial u_3}{\partial \mathring{x}_2}\right\} = \mathring{a}\,\mathring{b}\,\gamma_{12}.$$

Da andererseits aus Gl. (5)

$$a = \sqrt{1+\gamma_{11}}\,\mathring{a}; \qquad b = \sqrt{1+\gamma_{22}}\,\mathring{b}$$

folgt, finden wir

$$\cos\vartheta = \frac{\gamma_{12}}{\sqrt{(1+\gamma_{11})(1+\gamma_{22})}}. \tag{6}$$

Die Gln. (5) und (6) enthalten die geometrische Deutung der diagonalen und nicht-diagonalen Komponenten des Tensors γ.

Die Tensoreigenschaft von γ wurde in Band I, S. 116f. bereits bewiesen. Der Beweis wurde dort unabhängig von der Zahl der Dimensionen geführt, so daß hier einfach darauf verwiesen werden kann.

In der klassischen Elastizitätstheorie wird es sich um kleine Deformationen handeln, d.h. alle Komponenten des Tensors γ werden $\ll 1$ vorausgesetzt. Dann vereinfachen sich die Gln. (4) bis (6) zu

$$\gamma_{ik} = \frac{\partial u_i}{\partial x_k} + \frac{\partial u_k}{\partial x_i}, \tag{7}$$

wobei es jetzt unwesentlich ist, ob wir nach den x_i oder $\mathring{x}_i$ differenzieren, sowie

$$\frac{a - \mathring{a}}{\mathring{a}} = \frac{1}{2}\,\gamma_{11}; \qquad \cos\vartheta = \gamma_{12}. \tag{8}$$

In dieser Näherung ergibt sich auch eine besonders einfache Formel für die Volumdilatation: Fügen wir zu $\mathring{\mathfrak{a}}$ und $\mathring{\mathfrak{b}}$ noch den Vektor $\mathring{\mathfrak{c}} = (0, 0, \mathring{c})$

hinzu, so wird das von den drei Vektoren aufgespannte Volumen

$$d\overset{\circ}{\tau} = \overset{\circ}{a}\,\overset{\circ}{b}\,\overset{\circ}{c}$$

in Strenge in

$$d\tau = [\mathfrak{a}, \mathfrak{b}, \mathfrak{c}] = d\overset{\circ}{\tau} \begin{vmatrix} 1 + \dfrac{\partial u_1}{\partial \overset{\circ}{x}_1}, & \dfrac{\partial u_2}{\partial \overset{\circ}{x}_1}, & \dfrac{\partial u_3}{\partial \overset{\circ}{x}_1} \\[2ex] \dfrac{\partial u_1}{\partial \overset{\circ}{x}_2}, & 1 + \dfrac{\partial u_2}{\partial \overset{\circ}{x}_2}, & \dfrac{\partial u_3}{\partial \overset{\circ}{x}_2} \\[2ex] \dfrac{\partial u_1}{\partial \overset{\circ}{x}_3}, & \dfrac{\partial u_2}{\partial \overset{\circ}{x}_3}, & 1 + \dfrac{\partial u_3}{\partial \overset{\circ}{x}_3} \end{vmatrix}$$

überführt. Entwickeln wir die Determinante nur bis einschließlich linearer Glieder in den (kleinen) Differentialquotienten, so entsteht

$$d\tau = d\overset{\circ}{\tau}\,(1 + \operatorname{div}\mathfrak{u});$$

die relative Volumänderung oder *Volumdilatation* Θ wird also

$$\Theta \equiv \frac{d\tau - d\overset{\circ}{\tau}}{d\overset{\circ}{\tau}} = \operatorname{div}\mathfrak{u} = \sum_i \frac{\partial u_i}{\partial x_i} \qquad (9)$$

analog zur zweidimensionalen Flächendilatation in Band I, S. 116.

Weiter finden wir in dieser Näherung, daß die Projektion des Vektors $\mathfrak{a}$ in die $x_1 x_2$-Ebene gegen den Vektor $\overset{\circ}{\mathfrak{a}}$ um einen Winkel

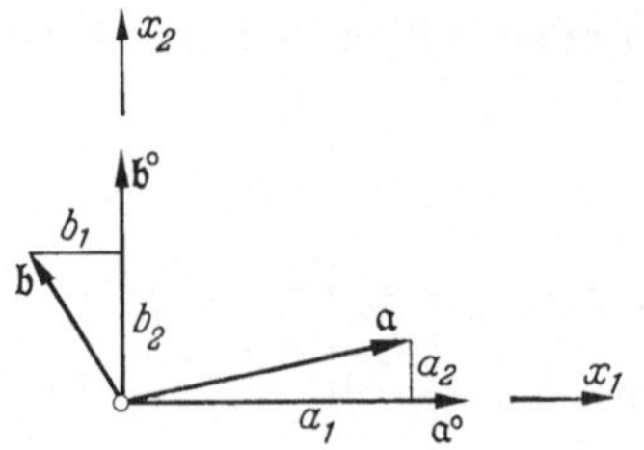

Fig. 15. Zwei Vektoren im undeformierten Zustand ($\mathfrak{a}^0$, $\mathfrak{b}^0$) und deformierten Zustand ($\mathfrak{a}$, $\mathfrak{b}$) eines Körpers

$$\vartheta_{12}(\mathfrak{a}) = \frac{a_2}{a_1} = \frac{\partial u_2}{\partial x_1}$$

gedreht ist, die Projektion von $\mathfrak{b}$ in diese Ebene gegen $\overset{\circ}{\mathfrak{b}}$ um

$$\vartheta_{12}(\mathfrak{b}) = -\frac{b_1}{b_2} = -\frac{\partial u_1}{\partial x_2},$$

so daß der mittlere Drehwinkel um die x_3-Achse

$$\vartheta_{12} = \tfrac{1}{2}\{\vartheta_{12}(\mathfrak{a}) + \vartheta_{12}(\mathfrak{b})\} = \tfrac{1}{2}\operatorname{rot}_3\mathfrak{u} \qquad (10)$$

wird (Fig. 15).

Häufig wird der *Deformationstensor* γ auf invariante Weise in zwei Tensoren aufgespalten. Nach Gl. (7) wird die Spur des Tensors γ

$$\operatorname{spur}\gamma = \sum_i \gamma_{ii} = 2\sum_i \frac{\partial u_i}{\partial x_i} = 2\operatorname{div}\mathfrak{u},$$

also nach Gl. (9)

$$\operatorname{spur}\gamma = 2\Theta. \qquad (11)$$

Nun ist die Spur jedes Tensors drehinvariant; daher ist Θ ein Skalar und $\Theta\,\delta_{ik}$ das Vielfache des Einheitstensors, welches die Spur 3Θ besitzt.

Der Tensor γ kann daher in invarianter Weise aufgespalten werden gemäß

$$\gamma_{ik} = \varepsilon_{ik} + \tfrac{2}{3}\,\Theta\,\delta_{ik}; \tag{12}$$

durch Spurbildung folgt dann

$$\text{spur } \boldsymbol{\varepsilon} = 0. \tag{13}$$

Der Tensor $\boldsymbol{\varepsilon}$ heißt auch *Scherungstensor* oder Deviator; er beschreibt die Deformation abgesehen von den mit ihr verbundenen Volumänderungen. Bei Berücksichtigung von (11) können wir Gl. (12) auch schreiben[1]

$$\varepsilon_{11} = \gamma_{11} - \tfrac{1}{3}\,\text{spur } \gamma = \tfrac{2}{3}\,\gamma_{11} - \tfrac{1}{3}\,(\gamma_{22} + \gamma_{33});$$

$$\varepsilon_{12} = \gamma_{12}. \tag{12'}$$

b) Der Spannungszustand. Die Kräfte, die auf ein Volumelement wirken, dessen Kanten parallel zu den Koordinatenflächen geschnitten sind, beschreiben wir durch den *Spannungstensor* $\boldsymbol{\tau}$ wie in Band I, S. 118ff.

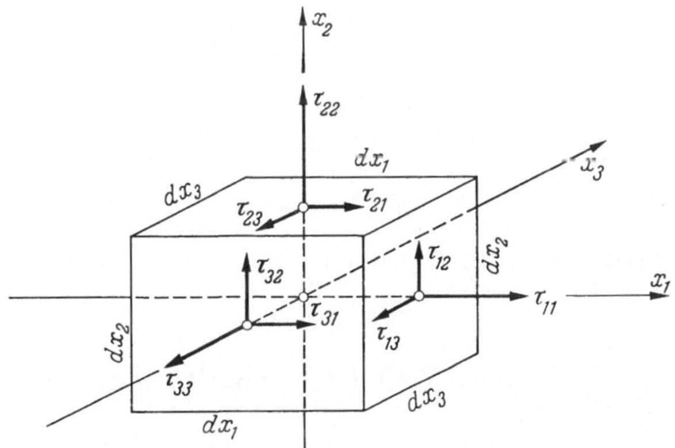

Fig. 16. Definition der Spannungskomponenten

Dann wirkt (Fig. 16) auf die Flächen $dx_2 dx_3$ in Richtung x_1 die Kraft $\tau_{11} dx_2 dx_3$ nach außen, wenn $\tau_{11} > 0$ ist, d. h. eine Zugspannung. Auf dieselben Flächen wirken die Tangentialkräfte:

$$\tau_{12}\, dx_2\, dx_3 \ \text{in } x_2\text{-Richtung},$$

$$\tau_{13}\, dx_2\, dx_3 \ \text{in } x_3\text{-Richtung}$$

---

[1] Häufig wird die Hälfte unseres Ausdrucks γ_{ik}, Gl. (7), als Deformationstensor benutzt (z. B. von SOMMERFELD und von WEIZEL). Schreiben wir dafür $\beta_{ik} = \tfrac{1}{2}\gamma_{ik}$, so tritt anstelle von Gl. (11) spur $\boldsymbol{\beta} = \Theta$, und die Formänderungsarbeit (8) in § 11 b wird

$$W = \tfrac{1}{2}\sum_i\sum_k \tau_{ik}\,\beta_{ik}.$$

an der rechten Fläche, in umgekehrter Richtung an der linken Fläche.
Auf diese Weise entstehen zwei Kräftepaare

$$\tau_{12}\, dx_2\, dx_3 \cdot dx_1 \quad \text{um die } x_3\text{-Achse}$$

und

$$\tau_{13}\, dx_2\, dx_3 \cdot dx_1 \quad \text{um die } x_2\text{-Achse}.$$

Da in der Vorderfläche $dx_1 dx_2$ die Tangentialkomponente τ_{31} gemeinsam
mit der entgegengesetzten in der Rückfläche das Kräftepaar

$$\tau_{31}\, dx_1\, dx_2 \cdot dx_3$$

um die x_2-Achse bildet, heben sich die Momente um diese Achse gerade
auf, wenn $\tau_{13} = \tau_{31}$ ist. Daher ist der Spannungstensor symmetrisch.

Für den Beweis, daß die τ_{ik} einen Tensor bilden, verweisen wir wieder auf
Band I, S. 119f.

Der Spannungstensor läßt sich analog zum Deformationstensor invariant aufspalten. Die Größe

$$\operatorname{spur} \boldsymbol{\tau} = \sum_i \tau_{ii} = -3p \tag{14}$$

führt man als neue Größe analog zu Θ ein; sie heißt *Druck*. Mit Hilfe
von (14) läßt sich dann der *Schubtensor* $\boldsymbol{\sigma}$ gemäß

$$\tau_{ik} = \sigma_{ik} - p\,\delta_{ik} \tag{15}$$

einführen, dessen Spur verschwindet:

$$\operatorname{spur} \boldsymbol{\sigma} = 0. \tag{16}$$

Die Gln. (15) können unter Verwendung von (14) wieder umgeschrieben
werden:

$$\begin{aligned}
\sigma_{11} &= \tau_{11} - \tfrac{1}{3}\operatorname{spur}\boldsymbol{\tau} = \tfrac{2}{3}\tau_{11} - \tfrac{1}{3}(\tau_{22}+\tau_{33}); \\
\sigma_{12} &= \tau_{12}.
\end{aligned} \tag{15'}$$

Wenn sämtliche Komponenten des Tensors $\boldsymbol{\sigma}$ verschwinden, spricht man
von einem homogenen Spannungszustand[1]: $\tau_{ik} = -p\,\delta_{ik}$. Dann gibt es
keine bevorzugten Richtungen; das Tensorellipsoid entartet zu einer
Kugel, da der Einheitstensor bei jeder Drehung in sich selbst übergeht.
Es treten keine Schubspannungen auf; durch jede, beliebig orientierte
Schnittfläche wird die gleiche Normalspannung $-p$ übertragen. Das ist
aber bis auf das Vorzeichen identisch mit dem Begriff des Druckes; das
Minuszeichen rührt davon her, daß wir Zugspannungen positiv definiert
haben.

---

[1] Vgl. die Einführung des zweidimensionalen homogenen Spannungszustandes
in Band I, S. 120.

c) Das allgemeine Hookesche Gesetz. Die zentrale Aufgabe besteht nun offenbar darin, zwischen den Verformungen γ_{ik} und den sie erzeugenden Spannungen τ_{ik} einen Zusammenhang herzustellen. In der klassischen Elastizitätstheorie, die nur für kleine Verformungen und nicht zu schnelle Bewegungen zutrifft, findet man, daß in weiten Grenzen ein linearer Zusammenhang zwischen den beiden Tensoren besteht:

$$\tau_{ik} = \sum_\mu \sum_\nu c_{ik}^{\mu\nu} \gamma_{\mu\nu}. \tag{17}$$

Diese lineare Beziehung ist der allgemeinste Fall des Hookeschen Gesetzes.

Die Gültigkeit von Gl. (17) bedeutet insbesondere, daß ein bestimmter Zustand der Verformung nur durch die gleichzeitig herrschenden Spannungen bedingt ist, daß also insbesondere nicht die Verformungsgeschwindigkeiten $\dot{\gamma}_{\mu\nu}$ eingehen. Das ist keineswegs immer der Fall (s. § 17) und setzt für jedes Material eine obere Grenze der Geschwindigkeiten, damit Gl. (17) richtig bleibt. Auch dann ist aber die Linearität des Zusammenhanges nicht trivial; z.B. wäre eine Beziehung

$$\tau_{ik} - \sum_\mu \sum_\nu c_{ik}^{\mu\nu} \gamma_{\mu\nu} + \sum_\mu \sum_\nu \sum_\varrho \sum_\sigma d_{ik}^{\mu\nu,\varrho\sigma} \gamma_{\mu\nu} \gamma_{\varrho\sigma}$$

durchaus mit den Tensoreigenschaften verträglich: Während die $c_{ik}^{\mu\nu}$ einen Tensor vierter Stufe bilden müssen, müßten dann die $d_{ik}^{\mu\nu,\varrho\sigma}$ Komponenten eines Tensors sechster Stufe sein. Solange die Deformationen klein sind (alle $|\gamma_{\mu\nu}| \ll 1$), können höhere Potenzen vernachlässigt werden; die Linearität ist also auf kleine Deformationen begrenzt.

Der Tensor vierter Stufe $c_{ik}^{\mu\nu}$, bei dem jeder der vier Indices die Werte 1, 2, 3 annehmen kann, hat $3^4 = 81$ Komponenten. Wir können die Zahl der *verschiedenen* Komponenten jedoch sofort beträchtlich reduzieren: Da $\tau_{ik} = \tau_{ki}$ und $\gamma_{\mu\nu} = \gamma_{\nu\mu}$ symmetrische Tensoren sind, kann jedes Indexpaar nur sechs Werte, nämlich

$$(ik) = (11),\ (12),\ (13),\ (22),\ (23),\ (33)$$

annehmen, so daß nur $6^2 = 36$ verschiedene Komponenten übrigbleiben[1]. Das allgemeinste elastische Verhalten eines beliebig anisotrop gebauten Kontinuums kann jedoch mit noch etwas weniger, nämlich mit 21 elastischen Konstanten beschrieben werden, weil außer den genannten Relationen

$$c_{ik}^{\mu\nu} = c_{ki}^{\mu\nu} = c_{ik}^{\nu\mu} = c_{ki}^{\nu\mu} \tag{18a}$$

---

[1] In der sehr verbreiteten Voigtschen Schreibweise werden die Paare $(ik) = \varrho$ und $(\mu\nu) = \sigma$ von 1 bis 6 durchnumeriert. Die Konstanten lassen sich dann kürzer $c_{\varrho\sigma}$ mit nur zwei Indices schreiben; der Tensorcharakter der Formeln geht aber dabei verloren.

auch die Vertauschung des oberen und unteren Indexpaares die Koeffizienten ungeändert läßt:

$$c_{ik}^{\mu\nu} = c_{\mu\nu}^{ik}. \tag{18b}$$

Faßt man jedes Paar zu einem Index $l = (ik)$, $\lambda = (\mu\nu)$ zusammen, der von 1 bis 6 läuft, so bleibt ein quadratisches Schema von 6×6 Koeffizienten übrig, daß nach Gl. (18b) symmetrisch sein soll: Die 15 oberhalb der Diagonale von 6 Elementen stehenden Glieder sind gleich den 15 unterhalb stehenden; von den 36 Koeffizienten bleiben also nur $36 - 15 = 21$ verschiedene übrig.

Die Begründung von Gl. (18b) beruht auf der Existenz einer *potentiellen Energie der elastischen Deformation*. In Verallgemeinerung der Aussage, daß Arbeit Kraft mal Weg sei, erhält man für die zur Ausführung einer infinitesimalen Formänderung von den Spannungen zu leistende Arbeit pro Volumeneinheit[1]

$$\delta A = \tfrac{1}{2} \sum_i \sum_k \tau_{ik}\, d\gamma_{ik}. \tag{19}$$

Führt man hier den linearen Zusammenhang (17) ein, so muß also

$$\delta A = \tfrac{1}{2} \sum_i \sum_k \sum_\mu \sum_\nu c_{ik}^{\mu\nu}\, \gamma_{\mu\nu}\, d\gamma_{ik} = dW$$

das vollständige Differential dW einer Funktion W der γ_{ik} sein, welche die potentielle Energiedichte ist. Dann folgt:

$$\frac{\partial W}{\partial \gamma_{ik}} = \frac{1}{2} \sum_\mu \sum_\nu c_{ik}^{\mu\nu} \gamma_{\mu\nu}; \qquad \frac{\partial W}{\partial \gamma_{\varrho\sigma}} = \frac{1}{2} \sum_\mu \sum_\nu c_{\varrho\sigma}^{\mu\nu} \gamma_{\mu\nu},$$

und hieraus erhält man wegen

$$\frac{\partial^2 W}{\partial \gamma_{ik}\, \partial \gamma_{\varrho\sigma}} = \frac{\partial^2 W}{\partial \gamma_{\varrho\sigma}\, \partial \gamma_{ik}}$$

die Kompatibilitätsbedingung

$$\sum_\mu \sum_\nu c_{ik}^{\mu\nu} \delta_{\mu\varrho}\, \delta_{\nu\sigma} = \sum_\mu \sum_\nu c_{\varrho\sigma}^{\mu\nu} \delta_{\mu i}\, \delta_{\nu k}$$

oder

$$c_{ik}^{\varrho\sigma} = c_{\varrho\sigma}^{ik}$$

in Übereinstimmung mit Gl. (18b). Die potentielle Energiedichte wird dann

$$W = \tfrac{1}{4} \sum_i \sum_k \tau_{ik} \gamma_{ik}, \tag{20}$$

wie man leicht nachrechnet; dies ist der einfachste aus den Tensoren τ und γ zu bildende Skalar.

---

[1] Gl. (19) wird in § 11, Gl. (7) ausführlich hergeleitet.

d) Elastische Konstanten eines isotropen Materials. Die Symmetriebeziehungen (18a, b) gelten für isotrope Substanzen ebenso wie für anisotrope (Kristalle). Durch die Bauart der Substanz treten weitere spezielle Symmetrien hinzu, die die Zahl der elastischen Konstanten noch beträchtlich unter die bereits gewonnene Höchstzahl 21 zu drücken vermögen. Am einfachsten werden die Verhältnisse bei Isotropie, wo nur zwei unabhängige Konstanten übrigbleiben.

Dies Ergebnis läßt sich leicht ableiten, wenn man überlegt, daß bei Isotropie Achsenkreuze, die gegeneinander gedreht sind, gleichberechtigt sind. Da jede endliche Drehung aus einer unendlichen Folge infinitesimaler Drehungen konstruiert werden kann, genügt es, diese Forderung für eine infinitesimale Drehung

$$x_i' = \sum_k \mathscr{D}_{ik}\, x_k; \qquad \mathscr{D}_{ik} = \delta_{ik} + \alpha_{ik}; \qquad \alpha_{ki} = -\alpha_{ik}, \quad \text{alle} \ \ |\alpha_{ik}| \ll 1 \qquad (21)$$

nachzuweisen. Mathematisch bedeutet sie die Invarianz der Tensorkomponenten

$$(c_{ik}^{\mu\nu})' = c_{ik}^{\mu\nu}. \qquad (22)$$

Nach den Gesetzen der Tensortransformation ergibt sich bei Anwendung von (21):

$$(c_{ik}^{\mu\nu})' = c_{ik}^{\mu\nu} + \sum_\lambda \left(\alpha_{\nu\lambda}\, c_{ik}^{\mu\lambda} + \alpha_{\mu\lambda}\, c_{ik}^{\lambda\nu} + \alpha_{k\lambda}\, c_{i\lambda}^{\mu\nu} + \alpha_{i\lambda}\, c_{\lambda k}^{\mu\nu} \right). \qquad (23)$$

In dieser Gleichung muß die Summe für jede beliebige Wahl der vier Indices i, k, μ, ν verschwinden. Da die Transformation (21) im dreidimensionalen Raum drei frei wählbare Parameter $\alpha_{12}, \alpha_{23}, \alpha_{31}$ enthält, müssen die in der Summe von Gl. (23) auftretenden Faktoren dieser Parameter einzeln verschwinden. Da es 21 verschiedene Tensorelemente, also auch 21 Gleichungen der Form (23) gibt und die Invarianzforderung aus jeder dieser Gleichungen drei Forderungen liefert, erhält man auf diese Weise 63 Bedingungen zwischen den 21 Tensorkomponenten, die aber zum größten Teil identische Aussagen liefern. Unter Ausnutzung der Symmetrien (18a, b) erhalten wir insbesondere:

a) $(c_{11}^{11})' = c_{11}^{11} + 4\,(\alpha_{12} c_{11}^{12} - \alpha_{31} c_{11}^{13})$

b) $(c_{11}^{12})' = c_{11}^{12} + \alpha_{12}(c_{11}^{22} + 2 c_{12}^{12} - c_{11}^{11}) + \alpha_{23} c_{11}^{13} - \alpha_{31}(c_{11}^{23} + 2 c_{13}^{12})$

c) $(c_{12}^{12})' = c_{12}^{12} + 2\alpha_{12}(c_{12}^{22} - c_{12}^{11}) + 2\alpha_{31}(c_{12}^{13} - c_{12}^{23})$

d) $(c_{11}^{22})' = c_{11}^{22} + 2\alpha_{12}(c_{12}^{22} - c_{11}^{12}) + 2\alpha_{23} c_{11}^{23} - 2\alpha_{31} c_{13}^{22}$

e) $(c_{11}^{23})' = c_{11}^{23} + \alpha_{12}(2 c_{12}^{23} - c_{11}^{13}) + \alpha_{23}(c_{11}^{33} - c_{11}^{22}) + \alpha_{31}(c_{11}^{12} - 2 c_{13}^{23})$

f) $(c_{12}^{13})' = c_{12}^{13} + \alpha_{12}(c_{12}^{23} - c_{11}^{13} + c_{22}^{13}) + \alpha_{23}(c_{13}^{13} - c_{12}^{12}) + \alpha_{31}(c_{12}^{11} - c_{12}^{33} - c_{23}^{13}).$

$$(24)$$

Diese sechs von insgesamt 21 Beziehungen enthalten bereits alle auftretenden Gleichungstypen: Alle vier Indices gleich (a); drei Indices gleich (b); zwei Indices gleich und die beiden andern auch gleich (c, d); zwei Indices gleich, die beiden andern verschieden (e, f). Aus diesen sechs Relationen gehen daher die übrigen 15 durch zyklische Vertauschung hervor.

Die Invarianzforderung, d.h. das Verschwinden aller Zusatzterme in (24), führt schließlich ohne Widersprüche zu folgenden Einschränkungen: Alle mit Ausnahme von

$$c_{11}^{11} = c_{22}^{22} = c_{33}^{33} = A\,, \tag{25a}$$

$$c_{11}^{22} = c_{22}^{33} = c_{33}^{11} = B\,, \tag{25b}$$

sowie

$$c_{12}^{12} = c_{23}^{23} = c_{31}^{31} = \tfrac{1}{2}(A-B) \tag{25c}$$

und der nach Gl. (18a, b) mit ihnen übereinstimmenden Koeffizienten, verschwinden. Die hier zunächst provisorisch als A und B bezeichneten Konstanten sind daher ausreichend zur vollständigen Beschreibung des elastischen Verhaltens eines isotropen Körpers[1].

Mit diesen beiden elastischen Konstanten lassen sich die Gln. (17) speziell für Isotropie

$$\tau_{11} = A\gamma_{11} + B\,(\gamma_{22}+\gamma_{33}) = (A-B)\gamma_{11} + B\,\mathrm{spur}\,\gamma\,, \tag{26a}$$

$$\tau_{12} = (A-B)\gamma_{12} \tag{26b}$$

usw. schreiben. Führen wir hier aus (11) die Volumdilatation Θ ein, so können wir die Gln. (26a, b) zusammenfassen zu

$$\tau_{ik} = (A-B)\gamma_{ik} + 2B\Theta\,\delta_{ik}. \tag{27}$$

Für die physikalische Deutung dieses Ergebnisses ist es zweckmäßig, sowohl im Spannungstensor als auch im Deformationstensor die Zerlegung der Gln. (12) und (15) einzuführen. Dann geht (27) über in

$$\sigma_{ik} - p\,\delta_{ik} = (A-B)\,(\varepsilon_{ik} + \tfrac{2}{3}\Theta\,\delta_{ik}) + 2B\Theta\,\delta_{ik}$$
$$= (A-B)\,\varepsilon_{ik} + \tfrac{2}{3}(A+2B)\,\Theta\,\delta_{ik}.$$

Bildet man von dieser Tensorrelation die Spur, so folgt wegen spur $\boldsymbol{\sigma}=0$ und spur $\boldsymbol{\varepsilon}=0$ sofort

$$-3p = 2(A+2B)\Theta.$$

Die Gleichung läßt sich daher auftrennen in

$$\sigma_{ik} = G\varepsilon_{ik} \quad \text{mit} \quad G = A-B \tag{28}$$

und

$$p = -K\Theta \quad \text{mit} \quad K = \tfrac{2}{3}(A+2B). \tag{29}$$

---

[1] Stattdessen führt man häufig die Laméschen Konstanten $\lambda = 2B$ und $\mu = A-B$ ein.

Die in Gl. (28) eingehende Konstante G wird als Schubmodul, Scherungsmodul, *Gleitmodul* oder Torsionsmodul bezeichnet und reguliert im isotropen Körper vollständig den Zusammenhang der nichtdiagonalen Glieder, wie man schon in Gl. (27) hätte ablesen können. (Man beachte jedoch, daß die Tensoren σ und ε auch Diagonalglieder besitzen!) Die in Gl. (29) eingehende zweite elastische Konstante K, welche den Zusammenhang zwischen Druck und Volumen regelt, wird als *Kompressionsmodul*, ihr Reziprokwert $\varkappa = 1/K$ als Kompressibilität bezeichnet[1].

Die Konstanten K und G werden noch anschaulicher, wenn man überlegt, daß $K \to \infty$ ($\varkappa = 0$) nach (29) zu $\Theta = 0$ führt, d. h. eine inkompressible Substanz beschreibt, und daß $G = 0$ nach (26b) bedeutet, daß scherende Verformungen keine Schubspannungen hervorrufen können, was das Charakteristikum einer idealen Flüssigkeit ist.

Die Beziehung (27) enthält noch eine andere wichtige Aussage: Der Spannungstensor läßt sich zerlegen in den zu γ_{ik} proportionalen Anteil $G\gamma_{ik}$, der notwendig die gleichen Hauptachsenrichtungen besitzt, und ein Vielfaches des Einheitstensors δ_{ik}, für den jedes Achsenkreuz gleichberechtigt ist. In einem isotropen Körper fallen daher die Hauptachsenrichtungen von Spannungstensor und Deformationstensor zusammen.

Diese Tatsache kann man benutzen, um auf viel anschaulichere Weise zwei andere elastische Konstanten einzuführen. Betrachten wir einen Stab, der in der x_1-Richtung durch eine Zugspannung τ_{11} gedehnt wird, sonst aber keinen elastischen Kräften unterworfen ist. Seine Dehnung haben wir bereits auf S. 107 zu

$$\frac{\Delta l}{l} = \sqrt{1 + \gamma_{11}} - 1 \approx \frac{1}{2}\gamma_{11}$$

berechnet. Dies ist nun genau das ursprüngliche Experiment, an dem ROBERT HOOKE im 17. Jahrhundert[2] die Proportionalität von Dehnung und Spannung entdeckt hat:

$$\tau_{11} = E \cdot \frac{\Delta l}{l} = \frac{E}{2}\gamma_{11}. \tag{30}$$

Der Proportionalitätsfaktor E heißt der *Elastizitätsmodul* oder der Youngsche Modul. Gleichzeitig erfährt der Stab eine Einschnürung in der Querrichtung, für die wir schreiben

$$\frac{1}{2}\gamma_{22} = \frac{1}{2}\gamma_{33} = -\frac{1}{m} \cdot \frac{1}{2}\gamma_{11}; \tag{31a}$$

---

[1] Vgl. die Einführung der Kompressibilität von Gasen in Band I, S. 138, Gl. (4a).

[2] ROBERT HOOKE (1635—1703), Schüler von BOYLE seit 1655 und "curator of experiments" der Royal Society seit 1662, gehört zu der Gruppe englischer Physiker, die durch die Restauration von 1660 zum Zuge kamen und in der neu gegründeten Royal Society den bedeutendsten Beitrag zur Grundlegung der modernen Wissenschaft leisteten.

8*

hier ist $1/m$ ein echter Bruch $(m>1)$; m wird als *Poissonsche Querkontraktionszahl* bezeichnet. Diese Querkontraktion hängt nach (30) mit der Spannung τ_{11} zusammen:

$$\frac{1}{2}\gamma_{22}=\frac{1}{2}\gamma_{33}=-\frac{1}{mE}\tau_{11}. \tag{31b}$$

Betrachten wir nun statt des Stabes ein dreidimensionales Kontinuum in dem Koordinatensystem der gemeinsamen Hauptachsen der Tensoren γ und τ, so greifen außer τ_{11} noch die Spannungen τ_{22} und τ_{33} an einem Volumelement an, die nach (31b) zu $\frac{1}{2}\gamma_{11}$ beitragen. Insgesamt gilt also in diesem Koordinatensystem:

$$\frac{1}{2}\gamma_{11}=\frac{1}{E}\tau_{11}-\frac{1}{mE}(\tau_{22}+\tau_{33})=\frac{1}{E}\left\{\left(1+\frac{1}{m}\right)\tau_{11}-\frac{1}{m}\operatorname{spur}\tau\right\}. \tag{32}$$

Andererseits folgt aus (26a) für jedes Koordinatensystem zunächst durch Spurbildung

$$\operatorname{spur}\tau=(A+2B)\operatorname{spur}\gamma,$$

d. h.

$$\tau_{11}=(A-B)\gamma_{11}+\frac{B}{A+2B}\operatorname{spur}\tau$$

oder

$$\gamma_{11}=\frac{1}{A-B}\tau_{11}-\frac{B}{(A-B)(A+2B)}\operatorname{spur}\tau.$$

Vergleich dieser Formel mit (32) lehrt zunächst, daß (32) für isotropes Material auch in jedem anderen Koordinatensystem richtig bleibt, und daß die Konstanten E und m mit A und B durch die Beziehungen

$$A-B=\frac{E}{2}\frac{m}{m+1},\qquad \frac{(A-B)(A+2B)}{B}=\frac{E}{2}m$$

verknüpft sind.

Man leitet hieraus ab

$$E=\frac{2(A-B)(A+2B)}{A+B};\qquad m=1+\frac{A}{B}. \tag{33}$$

Die letzte Relation zeigt deutlich, daß $m>1$ sein muß. Für G und K erhält man

$$G=\frac{1}{2}E\frac{m}{m+1};\qquad K=\frac{1}{3}E\frac{m}{m-2}. \tag{34}$$

Für eine inkompressible elastische Substanz muß daher $m=2$ werden; damit ist für alle Substanzen

$$m\geqq 2$$

festgelegt. Soll $G=0$ werden (Flüssigkeit) so muß also auch $E=0$ sein.

e) Elastische Konstanten des kubischen Gitters. Ein isotropes Material hat die höchste mögliche Drehsymmetrie; es geht bei jeder Drehung um einen beliebigen Winkel um eine beliebige Achse in sich selbst über. Das Maximum der Anisotropie liegt vor, wenn ein Material durch keine Drehung in sich selbst übergeführt werden kann. Wie wir sahen, ist die erforderliche Zahl elastischer Konstanten 21, bei Isotropie läßt sie sich bis auf 2 reduzieren. Zwischen diesen beiden Grenzfällen liegen die Symmetrien aller Kristalle, die daher auch einer zwischen 2 und 21 liegenden Anzahl von elastischen Konstanten bedürfen. Wir wollen hier nicht in Einzelheiten gehen und beschränken uns darauf, für Kristalle kubischer Symmetrie die Reduktion vorzuführen. Dies ist die höchste Drehsymmetrie, die in den Kristallen erreicht werden kann; wir werden sehen, daß in diesem Fall 3 elastische Konstanten übrig bleiben.

Die kubische Symmetrie ist durch das Vorhandensein dreier zu einander senkrechter vierzähliger Kristallachsen gekennzeichnet. Als vierzählig bezeichnet man eine Kristallachse, wenn das Gitter bereits durch eine Drehung um 90° (d.h. ein Viertel der stets zur Identität führenden Drehung um 360°) in sich selbst übergeführt wird. Legen wir den Kristall so, daß die drei Achsen mit den Koordinatenachsen zusammenfallen, so bedeutet eine Drehung um die x_3-Achse offenbar:

$$x_1 \rightarrow -x_2; \quad x_2 \rightarrow x_1; \quad x_3 \rightarrow x_3; \tag{35a}$$

dasselbe muß für die Komponenten u_i des Verschiebungsvektors gelten, und die Transformation eines symmetrischen Tensors T (γ oder τ) folgt aus

$$\begin{aligned} &T_{11} \rightarrow T_{22}; \; T_{22} \rightarrow T_{11}; \; T_{33} \rightarrow T_{33}; \; T_{23} \rightarrow T_{31}; \\ &T_{31} \rightarrow -T_{23}; \; T_{12} \rightarrow -T_{12}. \end{aligned} \tag{35b}$$

Der Hookesche Zusammenhang der Tensoren γ und τ lautet nun explicite nach Gl. (17):

$$\tau_{ik} = c_{ik}^{11}\gamma_{11} + c_{ik}^{22}\gamma_{22} + c_{ik}^{33}\gamma_{33} + 2c_{ik}^{23}\gamma_{23} + 2c_{ik}^{31}\gamma_{31} + 2c_{ik}^{12}\gamma_{12}. \tag{36a}$$

Bei der Transformation geht das nach (35b) über in

$$c_{ik}^{22}\gamma_{11} + c_{ik}^{11}\gamma_{22} + c_{ik}^{33}\gamma_{33} - 2c_{ik}^{31}\gamma_{23} + 2c_{ik}^{23}\gamma_{31} - 2c_{ik}^{12}\gamma_{12}. \tag{36b}$$

Wegen $\tau_{11} \rightarrow \tau_{22}$ folgt z.B., daß bei der Wahl $(i, k) = (1, 1)$ der Ausdruck (36a) die Form annehmen muß, welche (36a) mit $(i, k) = (2,2)$ hätte, also:

$$c_{11}^{22}\gamma_{11} + c_{11}^{11}\gamma_{22} + \cdots = c_{22}^{11}\gamma_{11} + c_{22}^{22}\gamma_{22} + \cdots.$$

Führt man diesen Vergleich der Reihe nach für die 6 verschiedenen Komponenten von τ aus, so erhält man folgende Übersicht:

$\tau_{11} \to \tau_{22}$	$c_{22}^{11} = c_{11}^{22}$	$c_{22}^{22} = c_{11}^{11}$	$c_{22}^{33} = c_{11}^{33}$	$c_{22}^{23} = -c_{11}^{31}$	$c_{22}^{31} = c_{11}^{23}$	$c_{22}^{12} = -c_{11}^{12}$
$\tau_{22} \to \tau_{11}$	$c_{11}^{11} = c_{22}^{22}$	$c_{11}^{22} = c_{22}^{11}$	$c_{11}^{33} = c_{22}^{33}$	$c_{11}^{23} = -c_{22}^{31}$	$c_{11}^{31} = c_{22}^{23}$	$c_{11}^{12} = -c_{22}^{12}$
$\tau_{33} \to \tau_{33}$	$c_{33}^{11} = c_{33}^{22}$	$c_{33}^{22} = c_{33}^{11}$	$c_{33}^{33} = c_{33}^{33}$	$c_{33}^{23} = -c_{33}^{31}$	$c_{33}^{31} = c_{33}^{23}$	$c_{33}^{12} = -c_{33}^{12}$
$\tau_{23} \to \tau_{31}$	$c_{31}^{11} = c_{23}^{22}$	$c_{31}^{22} = c_{23}^{11}$	$c_{31}^{33} = c_{23}^{33}$	$c_{31}^{23} = -c_{23}^{31}$	$c_{31}^{31} = c_{23}^{23}$	$c_{31}^{12} = -c_{23}^{12}$
$\tau_{31} \to -\tau_{23}$	$c_{23}^{11} = -c_{31}^{22}$	$c_{23}^{22} = -c_{31}^{11}$	$c_{23}^{33} = -c_{31}^{33}$	$c_{23}^{23} = c_{31}^{31}$	$c_{23}^{31} = -c_{31}^{23}$	$c_{23}^{12} = c_{31}^{12}$
$\tau_{12} \to -\tau_{12}$	$c_{12}^{11} = -c_{12}^{22}$	$c_{12}^{22} = -c_{12}^{11}$	$c_{12}^{33} = -c_{12}^{33}$	$c_{12}^{23} = c_{12}^{31}$	$c_{12}^{31} = -c_{12}^{23}$	$c_{12}^{12} = c_{12}^{12}$

Nimmt man alle diese Relationen zusammen, so reduziert die vierzählige x_3-Achse die 21 Konstanten bereits auf 7, nämlich:

$$A = c_{11}^{22} \qquad\qquad D = c_{33}^{33}$$
$$B = c_{11}^{33} = c_{22}^{33} \qquad E = c_{22}^{12} = -c_{11}^{12}$$
$$C = c_{11}^{11} = c_{22}^{22} \qquad F = c_{31}^{31} = c_{23}^{23}$$
$$H = c_{12}^{12};$$

dagegen verschwinden alle übrigen:

$$c_{22}^{23} = \pm c_{11}^{31} = 0; \qquad c_{22}^{31} = \pm c_{11}^{23} = 0; \qquad c_{33}^{23} = -c_{33}^{31} = -c_{33}^{23} = 0;$$
$$c_{33}^{12} = 0; \qquad\qquad c_{31}^{23} = 0; \qquad\qquad c_{31}^{12} = \pm c_{23}^{31} = 0.$$

Auf diese Weise entsteht also zunächst folgendes Schema:

$$c_{11}^{11} = A \quad c_{11}^{22} = C \quad c_{11}^{33} = B \quad c_{11}^{23} = 0 \quad c_{11}^{31} = 0 \quad c_{11}^{12} = -E$$
$$c_{22}^{22} = A \quad c_{22}^{33} = B \quad c_{22}^{23} = 0 \quad c_{22}^{31} = 0 \quad c_{22}^{12} = E$$
$$c_{33}^{33} = D \quad c_{33}^{23} = 0 \quad c_{33}^{31} = 0 \quad c_{33}^{12} = 0$$
$$c_{23}^{23} = F \quad c_{23}^{31} = 0 \quad c_{23}^{12} = 0 \tag{37}$$
$$c_{31}^{31} = F \quad c_{31}^{12} = 0$$
$$c_{12}^{12} = H.$$

Nimmt man nun die entsprechenden Drehungen um die x_1- und x_2-Achse vor, so ergeben sich Beziehungen, die sich von den vorstehenden nur durch zyklische Vertauschungen der Indices 1, 2, 3 unterscheiden. Daher wird

$$D = A; \quad C = B; \quad F = H; \quad E = 0, \tag{38}$$

und es bleibt lediglich das folgende Schema von 3 Konstanten übrig:

$$
\begin{array}{cccccc}
A & B & B & 0 & 0 & 0 \\
 & A & B & 0 & 0 & 0 \\
 & & A & 0 & 0 & 0 \\
 & & & F & 0 & 0 \\
 & & & & F & 0 \\
 & & & & & F.
\end{array}
$$

Ein Vergleich dieses Schemas mit den Gln. (25a—c) zeigt, daß sich im isotropen Fall die Zusatzbedingung

$$F = \tfrac{1}{2}\,(A-B) \tag{39}$$

ergibt, wodurch dort die weitere Reduktion auf 2 elastische Konstanten erfolgt. Die Beziehung (39) ist im kubischen Gitter daher im allgemeinen nicht erfüllt.

Das Hookesche Gesetz (17) für einen Kristall mit kubischer Symmetrie reduziert sich also auf die Relationen

$$\tau_{11} = A\,\gamma_{11} + B\,(\gamma_{22}+\gamma_{33}); \qquad \tau_{12} = F\gamma_{12} \tag{40}$$

und die daraus durch zyklische Permutation entstehenden Beziehungen. Alle im isotropen Fall aus den Diagonalgliedern gezogenen Schlüsse gelten daher unverändert auch im kubischen Falle; die für scherende Beanspruchung charakteristische Konstante ist aber jetzt hiervon unabhängig.

§ 11. Statik und Dynamik elastischer Körper

a) Kräfte und Momente. Gleichgewicht. Wir beschreiben analog zu dem in Band I (S. 118) behandelten zweidimensionalen Fall jetzt die an einem parallel zu den Koordinatenflächen geschnittenen Volumelement angreifenden Kräfte. In Figur 16 (S. 109) greifen in Richtung x_1 folgende Kräfte an:

$$
\begin{aligned}
&\tau_{11}\,(x_1 + \tfrac{1}{2}\,d\,x_1)\,d\,x_2\,d\,x_3 - \tau_{11}\,(x_1 - \tfrac{1}{2}\,d\,x_1)\,d\,x_2\,d\,x_3 \\
&+ \tau_{21}\,(x_2 + \tfrac{1}{2}\,d\,x_2)\,d\,x_3\,d\,x_1 - \tau_{21}\,(x_2 - \tfrac{1}{2}\,d\,x_2)\,d\,x_3\,d\,x_1 \\
&+ \tau_{31}\,(x_3 + \tfrac{1}{2}\,d\,x_3)\,d\,x_1\,d\,x_2 - \tau_{31}\,(x_3 - \tfrac{1}{2}\,d\,x_3)\,d\,x_1\,d\,x_2 \\
&+ f_1\,d\,x_1\,d\,x_2\,d\,x_3.
\end{aligned} \tag{1}
$$

Hier haben wir den Punkt x_1, x_2, x_3 in die Mitte des Volumelements gelegt. Als Argumente der τ_{ik} sind in Klammern immer nur diejenigen in Gl. (1) angegeben, die sich von den Mittelpunktskoordinaten unterscheiden, also z.B. $\tau_{11}(x_1 + \tfrac{1}{2}\,d\,x_1)$ anstelle von $\tau_{11}\,(x_1 + \tfrac{1}{2}\,d\,x_1,\ x_2,\ x_3)$. In der ersten Zeile stehen die beiden durch die senkrecht zur x_1-Achse stehenden Flächen der Größe $d\,x_2\,d\,x_3$ in x_1-Richtung übertragenen

Kräfte, entsprechend in der zweiten und dritten Zeile für die senkrecht zur x_2- und x_3-Achse orientierten Flächen. In der vierten Zeile erscheint die Volumkraft, die unabhängig von den Spannungen ist, und die durch eine räumliche Kraftdichte $\mathfrak{f}$ mit den Komponenten f_i beschrieben wird (dyn/cm³). Das bekannteste Beispiel ist die Schwerkraft, für die $\mathfrak{f} = \varrho\, \mathfrak{g}$ wird.

Durch Taylorentwicklung an der Stelle x_1, x_2, x_3 geht (1) über in

$$d x_1\, d x_2\, d x_3 \left\{ \frac{\partial \tau_{11}}{\partial x_1} + \frac{\partial \tau_{21}}{\partial x_2} + \frac{\partial \tau_{31}}{\partial x_3} + f_1 \right\}. \tag{2}$$

Die infinitesimale, insgesamt auf ein Volumelement dv wirkende Kraft ist daher[1]

$$d\mathfrak{K} = dv\, \{\mathrm{Div}\ \boldsymbol{\tau} + \mathfrak{f}\}. \tag{3}$$

Im Gleichgewicht müssen alle diese Ausdrücke verschwinden:

$$\mathrm{Div}\ \boldsymbol{\tau} + \mathfrak{f} = 0. \tag{4}$$

In dieser Form haben wir die Ergebnisse unabhängig von der Koordinatenwahl geschrieben.

Als nächstes wenden wir uns der Frage zu, ob die an der Oberfläche des Volumelements angreifenden Spannungskräfte ein resultierendes Moment besitzen. Man sieht sofort, daß die Zugspannungen τ_{11}, τ_{22}, τ_{33} zu Kräften gehören, die durch den Mittelpunkt hindurchgehen, also nicht zu einem Moment um diesen Punkt beitragen. Zur x_3-Komponente M_3 des Moments um diesen Punkt können auch nicht solche Spannungen beitragen, die selbst parallel zur x_3-Richtung wirken (τ_{13}, τ_{23}, τ_{31}, τ_{32}). Danach bleiben nur noch Beiträge der Kräftepaare übrig, welche durch die in gegenüberliegenden Flächen wirkenden Komponenten τ_{12} und τ_{21} geleistet werden:

$$\begin{aligned} M_3 = {} &\tau_{12}\,(x_1 + \tfrac{1}{2} d x_1)\, d x_2\, d x_3 \cdot \tfrac{1}{2} d x_1 + \tau_{12}\,(x_1 - \tfrac{1}{2} d x_1)\, d x_2\, d x_3 \cdot \tfrac{1}{2} d x_1 \\ &- \tau_{21}\,(x_2 + \tfrac{1}{2} d x_2)\, d x_3\, d x_1 \cdot \tfrac{1}{2} d x_2 - \tau_{21}\,(x_2 - \tfrac{1}{2} d x_2)\, d x_3\, d x_1 \cdot \tfrac{1}{2} d x_2. \end{aligned} \tag{5}$$

In der ersten Zeile ist $\tfrac{1}{2} d x_1$, in der zweiten $\tfrac{1}{2} d x_2$ der Hebelarm; die Vorzeichen entsprechen dem Drehsinn. Insgesamt wird

$$M_3 = dv\,(\tau_{12} - \tau_{21}).$$

Die Symmetrie des Spannungstensors bedeutet also, daß kein Drehmoment besteht. Das bedeutet natürlich keineswegs das Verschwinden von Drehmomenten an endlichen Volumstücken, denn dann sind die verschiedenen Argumente in (5) zu beachten.

---

[1] Die Divergenz eines Tensors ist ein Vektor. Die ersten drei Glieder der Klammer in (2) bilden die x_1-Komponente des Vektors $\mathrm{Div}\ \boldsymbol{\tau}$; die beiden anderen Komponenten erhält man durch zyklisches Vertauschen der Indices 1, 2, 3.

b) Formänderungsarbeit. Wir berechnen zunächst die bei gegebenem Spannungsfeld zu einer infinitesimalen Änderung des Deformationszustandes aufzuwendende Arbeit. Dazu legen wir wieder das Volumelement der Fig. 16 (S. 109) zugrunde, das wir aus einem durch den Verschiebungsvektor $\mathfrak{u}$ (x_1, x_2, x_3) mit den Komponenten u_i gegebenen Deformationszustand in einen solchen mit $\mathfrak{u} + \delta\mathfrak{u}$ überführen wollen. Dann müssen wir z.B. zur Verschiebung der rechten Grenzfläche $dx_2\,dx_3$ in Fig. 16 in x_1-Richtung gegen die Kraft $\tau_{11}\,dx_2\,dx_3$ die Arbeit[1]

$$- \tau_{11}\,(x_1 + \tfrac{1}{2}\,dx_1)\,dx_2\,dx_3 \cdot \delta u_1\,(x_1 + \tfrac{1}{2}\,dx_1)$$

leisten; in x_2- und x_3-Richtung treten entsprechend hinzu

$$- \tau_{12}\,(x_1 + \tfrac{1}{2}\,dx_1)\,dx_2\,dx_3 \cdot \delta u_2\,(x_1 + \tfrac{1}{2}\,dx_1)$$
$$- \tau_{13}\,(x_1 + \tfrac{1}{2}\,dx_1)\,dx_2\,dx_3 \cdot \delta u_3\,(x_1 + \tfrac{1}{2}\,dx_1).$$

Für die linke Grenzfläche, in der die entgegengesetzten Spannungen wirken, erhalten wir dieselben Ausdrücke mit umgekehrtem Vorzeichen und dem Argument $x_1 - \tfrac{1}{2}\,dx_1$. Zur Verschiebung dieser beiden Flächen müssen wir also gegen die Spannungen die Arbeit

$$\delta A_1 = - dx_2\,dx_3 \sum_{k=1}^{3} \left\{ (\tau_{1k}\,\delta u_k)_{x_1 + \frac{1}{2}dx_1} - (\tau_{1k}\,\delta u_k)_{x_1 - \frac{1}{2}dx_1} \right\}$$

aufbringen, d.h. bei Taylorentwicklung

$$\delta A_1 = - dx_1\,dx_2\,dx_3 \frac{\partial}{\partial x_1}\left(\sum_{k=1}^{3} \tau_{1k}\,\delta u_k \right).$$

Das Analoge gilt für die restlichen vier Flächen; insgesamt wird also die zur Änderung des Deformationszustandes aufzuwendende Arbeit

$$\delta A = - dx_1\,dx_2\,dx_3 \sum_i \sum_k \frac{\partial}{\partial x_i}\,(\tau_{ik}\,\delta u_k). \qquad (6a)$$

Hierzu müssen wir noch die gegen die äußeren Kräfte f_i zu leistende Arbeit zählen:

$$\delta A' = - dx_1\,dx_2\,dx_3 \sum_i f_i\,\delta u_i. \qquad (6b)$$

In Gl. (6a) differenzieren wir nun aus und machen Gebrauch von den Gleichgewichtsbedingungen (4) in der Form

$$\sum_i \frac{\partial \tau_{ik}}{\partial x_i} = - f_k;$$

---

[1] In § 10c, Gl. (19), war δA die *von* den Spannungen bei der Deformation geleistete Arbeit. Hier verwenden wir δA mit umgekehrtem Vorzeichen für die *gegen* die Spannungen zu leistende Arbeit.

der Anteil vom Differenzieren der Spannungskomponenten hebt sich also gerade gegen $\delta A'$, Gl. (6b), weg, und es bleibt

$$\delta A + \delta A' = - d x_1\, d x_2\, d x_3 \sum_i \sum_k \tau_{ik}\, \delta\, \frac{\partial u_k}{\partial x_i}\,.$$

Hier haben wir im letzten Faktor $\frac{\partial}{\partial x_i}\, \delta u_k = \delta\, \frac{\partial u_k}{\partial x_i}$ gesetzt. Wegen der Symmetrie des Spannungstensors können wir für die Doppelsumme schreiben

$$\sum_i \sum_k \tau_{ik}\, \delta\, \frac{\partial u_k}{\partial x_i} = \frac{1}{2} \sum_i \sum_k \tau_{ik}\, \delta \left(\frac{\partial u_k}{\partial x_i} + \frac{\partial u_i}{\partial x_k} \right),$$

und hier führen wir nach Gl. (7) von § 10a den Deformationstensor γ_{ik} ein:

$$\delta A + \delta A' = - d v \cdot \tfrac{1}{2} \sum_i \sum_k \tau_{ik}\, \delta \gamma_{ik}. \tag{7}$$

Dies ist gerade der in Gl. (19) von § 10c benutzte Ausdruck, dessen Integrabilität notwendige Voraussetzung für die Existenz einer potentiellen Energie war. Wir übernehmen danach Gl. (20) von § 10c: Die Dichte der elastischen Energie (erg/cm³) wird

$$W = \tfrac{1}{4} \sum_i \sum_k \tau_{ik} \gamma_{ik}. \tag{8}$$

Spezialisieren wir auf einen isotropen Körper, der dem Hookeschen Gesetz nach Gl. (27) von S. 114 genügt, in dem also

$$\begin{aligned} \tau_{ik} &= G \gamma_{ik} + 2 B \Theta\, \delta_{ik}; \\ \Theta &= \tfrac{1}{2}\, \text{spur } \gamma \end{aligned} \tag{9}$$

ist, so können wir die Energiedichte anschaulich durch die Ableitungen des Verschiebungsvektors $\mathfrak{u}$ ausdrücken. Gehen wir mit (9) in (8) ein, so erhalten wir zunächst

$$W = \tfrac{1}{4} G \sum_i \sum_k \gamma_{ik}^2 + B \Theta^2, \tag{10}$$

wobei

$$\gamma_{ik} = \frac{\partial u_i}{\partial x_k} + \frac{\partial u_k}{\partial x_i}, \qquad \Theta = \text{div } \mathfrak{u} \tag{11}$$

ist. Die Doppelsumme in (10) läßt sich mit Hilfe von (11) umformen:

$$\tfrac{1}{2} \sum_i \sum_k \gamma_{ik}^2 = \sum_i \sum_k \left[\left(\frac{\partial u_k}{\partial x_i} \right)^2 + \frac{\partial u_k}{\partial x_i}\, \frac{\partial u_i}{\partial x_k} \right].$$

Mit Hilfe bekannter vektoranalytischer Beziehungen[1] können wir dann zu koordinatenfreien Formulierungen gelangen:

$$\sum_i \sum_k \left(\frac{\partial u_k}{\partial x_i}\right)^2 = \sum_k (\operatorname{grad} u_k)^2 = \sum_k \left[-u_k \Delta u_k + \operatorname{div}(u_k \operatorname{grad} u_k)\right]$$

$$= -\mathfrak{u} \cdot \Delta \mathfrak{u} + \operatorname{div}(\tfrac{1}{2}\operatorname{grad} u^2)$$

$$= \mathfrak{u} \cdot (\operatorname{rot} \operatorname{rot} \mathfrak{u} - \operatorname{grad} \operatorname{div} \mathfrak{u}) + \operatorname{div}(\tfrac{1}{2}\operatorname{grad} u^2);$$

$$\sum_i \sum_k \frac{\partial u_k}{\partial x_i}\frac{\partial u_i}{\partial x_k} = \sum_i \frac{\partial \mathfrak{u}}{\partial x_i}\operatorname{grad} u_i = \sum_i \left[-u_i \operatorname{div}\frac{\partial \mathfrak{u}}{\partial x_i} + \operatorname{div}\left(u_i \frac{\partial \mathfrak{u}}{\partial x_i}\right)\right]$$

$$= -\mathfrak{u} \cdot \operatorname{grad}\operatorname{div}\mathfrak{u} + \operatorname{div}\left[(\mathfrak{u}\cdot\operatorname{grad})\mathfrak{u}\right].$$

Insgesamt ergibt sich so, wenn wir in Gl. (10) einsetzen:

$$W = \tfrac{1}{2}G\left\{\mathfrak{u}(\operatorname{rot}\operatorname{rot}\mathfrak{u} - 2\operatorname{grad}\operatorname{div}\mathfrak{u}) + \operatorname{div}\left[\tfrac{1}{2}\operatorname{grad} u^2 + (\mathfrak{u}\cdot\operatorname{grad})\mathfrak{u}\right]\right\}$$
$$+ B(\operatorname{div}\mathfrak{u})^2.$$

Im ersten Gliede formen wir nochmals um:

$$\mathfrak{u}\cdot\operatorname{rot}\operatorname{rot}\mathfrak{u} = (\operatorname{rot}\mathfrak{u})^2 + \operatorname{div}(\mathfrak{u}\times\operatorname{rot}\mathfrak{u});$$

$$\mathfrak{u}\cdot\operatorname{grad}\operatorname{div}\mathfrak{u} = -(\operatorname{div}\mathfrak{u})^2 + \operatorname{div}(\mathfrak{u}\operatorname{div}\mathfrak{u}),$$

so daß wir mit $B + G = A$ im ganzen

$$W = \tfrac{1}{2}G(\operatorname{rot}\mathfrak{u})^2 + A(\operatorname{div}\mathfrak{u})^2$$
$$+ \tfrac{1}{2}G\operatorname{div}\left[\mathfrak{u}\times\operatorname{rot}\mathfrak{u} - 2\mathfrak{u}\operatorname{div}\mathfrak{u} + \tfrac{1}{2}\operatorname{grad} u^2 + (\mathfrak{u}\cdot\operatorname{grad})\mathfrak{u}\right]$$

erhalten. Im Divergenzterm können wir schließlich noch vereinfachen, so daß wir als Schlußformel für die Dichte der elastischen Energie eines iosotropen Körpers finden:

$$W = \tfrac{1}{2}G(\operatorname{rot}\mathfrak{u})^2 + A(\operatorname{div}\mathfrak{u})^2 + \operatorname{div}\left[G(\mathfrak{u}\times\operatorname{grad})\times\mathfrak{u}\right]. \tag{12}$$

Hierin kann der letzte Term bei Angabe der Gesamtenergie eines elastischen Körpers,

$$E = \int dv\, W, \tag{13}$$

nach dem Gaußschen Satz in ein Oberflächenintegral umgewandelt werden:

$$E = \int dv\left[\tfrac{1}{2}G(\operatorname{rot}\mathfrak{u})^2 + A(\operatorname{div}\mathfrak{u})^2\right] + G\int d\mathfrak{f}\cdot\left[(\mathfrak{u}\times\operatorname{grad})\times\mathfrak{u}\right]. \tag{14}$$

---

[1] Im folgenden machen wir insbesondere von folgenden allgemein gültigen Formeln Gebrauch:

(1) $\Delta\mathfrak{u} = \operatorname{grad}\operatorname{div}\mathfrak{u} - \operatorname{rot}\operatorname{rot}\mathfrak{u};$

(2) $\mathfrak{v}\cdot\operatorname{grad}\varphi = \operatorname{div}(\varphi\mathfrak{v}) - \varphi\operatorname{div}\mathfrak{v},$
insbesondere mit $\mathfrak{v} = \operatorname{grad}\varphi$:
$(\operatorname{grad}\varphi)^2 = \operatorname{div}(\varphi\operatorname{grad}\varphi) - \varphi\Delta\varphi;$

(3) $\mathfrak{u}\cdot\operatorname{rot}\mathfrak{v} = \mathfrak{v}\cdot\operatorname{rot}\mathfrak{u} + \operatorname{div}(\mathfrak{u}\times\mathfrak{v});$

(4) $\operatorname{grad} u^2 = 2(\mathfrak{u}\operatorname{grad})\mathfrak{u} + 2\mathfrak{u}\times\operatorname{rot}\mathfrak{u};$

(5) $\operatorname{grad} u^2 = 2\mathfrak{u}\operatorname{div}\mathfrak{u} + (\mathfrak{u}\times\operatorname{grad})\times\mathfrak{u}.$

Dies zeigt eine für alle Kontinuumstheorien charakteristische Willkür in der Lokalisierung der Energie; ein ganz ähnliches Verhalten haben wir bereits beim Gravitationsfeld in Band I, S. 207, besprochen[1].

Die beiden auch in Gl. (14) verbliebenen Terme der Energiedichte lassen eine einfache anschauliche Deutung zu: Der erste Term ist die Scherungsenergie, der zweite die Kompressionsenergie. Sie werden uns in ganz analoger Weise bei den Bewegungsgleichungen für die Transversalwellen und die Longitudinalwellen wieder begegnen.

Das Auftreten des Gleitmoduls im ersten Gliede von (14) ist klar; dagegen hätte man im zweiten Gliede eher den Kompressionsmodul $K = \frac{2}{3}(A + 2B)$ erwartet, vgl. Gl. (29) auf S. 114. Setzt die Substanz Scherungen keinen Widerstand entgegen, so ist $G = A - B = 0$ und $K = 2A$ wie erwartet. Treten aber beide Konstanten nebeneinander auf, so muß man vorsichtiger argumentieren. Auch für eine reine Volumenänderung ohne Scherung verschwindet nämlich für $G \neq 0$ nicht der Divergenzterm am Ende von Gl. (12). Man überzeugt sich davon leicht an dem Beispiel einer homogenen Dilatation, $\mathfrak{u} = C\mathfrak{r}$. Dann ist rot $\mathfrak{u} = 0$, d.h. die Verformung ist scherungsfrei; div $\mathfrak{u} = 3C$, und div $[(\mathfrak{u} \times \mathrm{grad}) \times \mathfrak{u}] = C^2$ div $[(\mathfrak{r} \times \mathrm{grad}) \times \mathfrak{r}]$ $= -6C^2 = -\frac{2}{3}(\mathrm{div}\ \mathfrak{u})^2$, so daß insgesamt

$$W = (A - \tfrac{2}{3}G)(\mathrm{div}\ \mathfrak{u})^2 = \tfrac{1}{2}K(\mathrm{div}\ \mathfrak{u})^2$$

entsteht, mit dem richtigen Kompressionsmodul der Gl. (29) von S. 114.

c) Dynamik elastischer Körper. Den einfachsten Zugang zur Dynamik des elastischen Körpers bietet die Grundgleichung (4) der Statik: Sind die an einem Volumelement dv angreifenden Kräfte nicht mehr im Gleichgewicht, so ist ihre Resultierende $d\mathfrak{K}$, Gl. (3), gleich dem Produkt aus der Masse $\varrho\ dv$ des Volumelements und der Beschleunigung $\partial^2\mathfrak{u}/\partial t^2$, die es erfährt. Unter Weglassung des Faktors dv entsteht dann die Bewegungsgleichung

$$\varrho\,\frac{\partial^2\mathfrak{u}}{\partial t^2} = \mathrm{Div}\ \boldsymbol{\tau} + \mathfrak{f}. \tag{15}$$

Man beachte, daß links die partielle Ableitung nach t bei festen Ortskoordinaten steht (lokaler Differentialquotient)[2].

Um aus (15) eine Differentialgleichung für den Verschiebungsvektor $\mathfrak{u}$ zu machen, müssen wir Div $\boldsymbol{\tau}$ durch $\mathfrak{u}$ ausdrücken. Wir greifen zunächst den einfachsten Fall, den des isotropen Mediums wieder auf. Dann folgt aus Gl. (27) von § 10 durch Divergenzbildung

$$\mathrm{Div}\ \boldsymbol{\tau} = (A - B)\ \mathrm{Div}\ \boldsymbol{\gamma} + 2B\ \mathrm{grad}\,\Theta;$$

da nach Gl. (11) von § 10

$$2\Theta = \mathrm{spur}\ \boldsymbol{\gamma}$$

---

[1] Vgl. hierzu auch die Ausführungen über das elektrische Feld in Band III, S. 10 und das praktische Beispiel, ebenda S. 64f.

[2] Dies ist völlig analog zu der Situation bei der schwingenden Saite, vgl. Band I, S. 101. Anstelle des Tensors $\boldsymbol{\tau}$ tritt dort die Komponente $S\,\partial u/\partial x$ der Spannkraft S.

ist, folgt weiter

$$\operatorname{Div} \boldsymbol{\tau} = (A - B)\operatorname{Div} \boldsymbol{\gamma} + B \operatorname{grad} \operatorname{spur} \boldsymbol{\gamma}. \tag{16}$$

Damit ist Div $\boldsymbol{\tau}$ durch den Deformationstensor $\boldsymbol{\gamma}$ ausgedrückt; mit Hilfe von

$$\gamma_{ik} = \frac{\partial u_i}{\partial x_k} + \frac{\partial u_k}{\partial x_i} \tag{17}$$

folgt dann in Komponentenschreibweise

$$\operatorname{Div}_k \boldsymbol{\gamma} = \sum_i \frac{\partial \gamma_{ik}}{\partial x_i} = \sum_i \frac{\partial}{\partial x_i}\left(\frac{\partial u_i}{\partial x_k} + \frac{\partial u_k}{\partial x_i}\right) = \frac{\partial}{\partial x_k}\operatorname{div}\mathfrak{u} + \Delta u_k$$

und

$$\operatorname{spur}\boldsymbol{\gamma} = \sum_i \gamma_{ii} = 2\sum_i \frac{\partial u_i}{\partial x_i} = 2\operatorname{div}\mathfrak{u};$$

im ganzen erhält man

$$\varrho\,\frac{\partial^2 \mathfrak{u}}{\partial t^2} = (A - B)\,\Delta\mathfrak{u} + (A + B)\operatorname{grad}\operatorname{div}\mathfrak{u} + \mathfrak{f} \tag{18a}$$

oder, nach Umformung mit Hilfe der Vektoridentität

$$\Delta\mathfrak{u} = \operatorname{grad}\operatorname{div}\mathfrak{u} - \operatorname{rot}\operatorname{rot}\mathfrak{u}, \tag{19}$$

die gebräuchlichste Form der Bewegungsgleichung:

$$\varrho\,\frac{\partial^2 \mathfrak{u}}{\partial t^2} = 2A\operatorname{grad}\operatorname{div}\mathfrak{u} - (A - B)\operatorname{rot}\operatorname{rot}\mathfrak{u} + \mathfrak{f}. \tag{18b}$$

Zum besseren physikalischen Verständnis von Div $\boldsymbol{\tau}$ ist es nützlich, in Gl. (16) den Deformationstensor $\boldsymbol{\gamma}$ im Sinne von Gl. (12) auf S. 109 in Deviationsanteil $\boldsymbol{\epsilon}$ und Volumdilatation gemäß

$$\gamma_{ik} = \varepsilon_{ik} + \tfrac{2}{3}\Theta\delta_{ik}$$

aufzuspalten; Gl. (16) können wir dann schreiben

$$\operatorname{Div}\boldsymbol{\tau} = (A - B)(\operatorname{Div}\boldsymbol{\epsilon} + \tfrac{2}{3}\operatorname{grad}\Theta) + 2B\operatorname{grad}\Theta$$

oder unter Einführung von *Gleitmodul* $G = A - B$ und *Kompressionsmodul* $K = \tfrac{2}{3}(A + 2B)$

$$\operatorname{Div}\boldsymbol{\tau} = G\operatorname{Div}\boldsymbol{\epsilon} + K\operatorname{grad}\Theta. \tag{20}$$

Diese Aufspaltung, die in den elastischen Kräften den Konstanten G und K sofort anschauliche Bedeutung gibt, geht verloren, wenn man vom Deformationstensor zum Verschiebungsvektor übergeht. Wir kommen jedoch später (S. 183) darauf zurück, wenn wir versuchen, das Hookesche Gesetz im Sinne plastischen Verhaltens zu erweitern.

Um auch den allgemeinsten, anisotropen Fall zu behandeln, müssen wir auf die allgemeine Form des Hookeschen Gesetzes, Gl. (17) von § 10, zurückgreifen:

$$\tau_{ik} = \sum_\mu \sum_\nu c_{ik}^{\mu\nu}\,\gamma_{\mu\nu}, \tag{21}$$

woraus sofort nach Gl. (15) und (17) in Komponentenschreibweise

$$\varrho\,\frac{\partial^2 u_l}{\partial t^2} = \sum_n \sum_\mu \sum_\nu c_{ln}^{\mu\nu}\,\frac{\partial}{\partial x_n}\left(\frac{\partial u_\mu}{\partial x_\nu} + \frac{\partial u_\nu}{\partial x_\mu}\right) + f_l$$

hervorgeht. Wegen

$$c_{ln}^{\mu\nu} = c_{ln}^{\nu\mu}$$

kann man dies noch zu

$$\varrho\,\frac{\partial^2 u_l}{\partial t^2} = 2 \sum_n \sum_\mu \sum_\nu c_{ln}^{\mu\nu}\,\frac{\partial^2 u_\mu}{\partial x_n \partial x_\nu} + f_l \tag{22}$$

verkürzen.

Setzt man speziell im isotropen Fall die Ausdrücke (25 a—c) aus §10 für die $c_{ln}^{\mu\nu}$ ein, so geht (22) z.B. für $l = 1$ zunächst über in

$$\varrho\,\frac{\partial^2 u_1}{\partial t^2} = 2\left\{\frac{\partial}{\partial x_1} \sum_\mu \sum_\nu c_{11}^{\mu\nu}\,\frac{\partial u_\mu}{\partial x_\nu} + \frac{\partial}{\partial x_2} \sum_\mu \sum_\nu c_{12}^{\mu\nu}\,\frac{\partial u_\mu}{\partial x_\nu} +\right.$$

$$\left. + \frac{\partial}{\partial x_3} \sum_\mu \sum_\nu c_{13}^{\mu\nu}\,\frac{\partial u_\mu}{\partial x_\nu}\right\} + f_1$$

$$= 2\left\{\frac{\partial}{\partial x_1}\left(A\,\frac{\partial u_1}{\partial x_1} + B\,\frac{\partial u_2}{\partial x_2} + B\,\frac{\partial u_3}{\partial x_3}\right) +\right.$$

$$+ \frac{\partial}{\partial x_2}\left[\frac{1}{2}\,(A - B)\left(\frac{\partial u_1}{\partial x_2} + \frac{\partial u_2}{\partial x_1}\right)\right]$$

$$\left. + \frac{\partial}{\partial x_3}\left[\frac{1}{2}\,(A - B)\left(\frac{\partial u_1}{\partial x_3} + \frac{\partial u_3}{\partial x_1}\right)\right]\right\} + f_1,$$

woraus durch Umordnen der Glieder

$$\varrho\,\frac{\partial^2 u_1}{\partial t^2} = (A - B)\,\varDelta u_1 + (A + B)\left(\frac{\partial^2 u_1}{\partial x_1^2} + \frac{\partial^2 u_2}{\partial x_1 \partial x_2} + \frac{\partial^2 u_3}{\partial x_1 \partial x_3}\right) + f_1,$$

d.h. in Komponentenschreibweise wieder Gl. (18a) folgt.

Die Bewegungsgleichungen (22) sind offenbar drei inhomogene (wegen f_l) lineare Differentialgleichungen zweiter Ordnung für die drei Funktionen $u_l(x_1, x_2, x_3, t)$, $l = 1, 2, 3$. Ihre allgemeine Lösung läßt sich daher aus einer speziellen Lösung der inhomogenen Gleichung — z.B. einer statischen Deformation, falls die äußere Kraftdichte $\mathfrak{f}$ nicht von t abhängt — und der vollständigen Lösung der homogenen Gleichung additiv zusammensetzen. Wir wollen uns deshalb näher mit der homogenen Gleichung ($\mathfrak{f} = 0$) beschäftigen. Dabei beschränken wir uns von jetzt an auf ein isotropes Medium, d.h. auf die Untersuchung der zu (18b) gehörigen homogenen Gleichung

$$\varrho\,\frac{\partial^2 \mathfrak{u}}{\partial t^2} = 2A\,\mathrm{grad\ div}\,\mathfrak{u} - (A - B)\,\mathrm{rot\ rot}\,\mathfrak{u}. \tag{18c}$$

Nach einem allgemeinen Satz der Vektoranalysis läßt sich nun jedes Vektorfeld $\mathfrak{u}$ zerlegen:

$$\mathfrak{u} = \mathfrak{u}_L + \mathfrak{u}_T, \tag{23}$$

derart, daß

$$\operatorname{rot} \mathfrak{u}_L = 0 \quad \text{und} \quad \operatorname{div} \mathfrak{u}_T = 0 \tag{24}$$

wird. Das Feld $\mathfrak{u}_L$ heißt deshalb der *wirbelfreie* und das Feld $\mathfrak{u}_T$ der *quellenfreie* Anteil. Die Wahl der Indizes L und T wird weiter unter (§ 12) erklärt werden. Die Zerlegung ergibt

$$\varrho\,\frac{\partial^2 \mathfrak{u}_L}{\partial t^2} = 2A\,\operatorname{grad}\operatorname{div}\mathfrak{u}_L$$

und

$$\varrho\,\frac{\partial^2 \mathfrak{u}_T}{\partial t^2} = -(A-B)\,\operatorname{rot}\operatorname{rot}\mathfrak{u}_T;$$

wegen der Beziehung (19) können wir das bei Berücksichtigung von (24) auch in

$$\varrho\,\frac{\partial^2 \mathfrak{u}_L}{\partial t^2} = 2A\,\varDelta u_L; \qquad \varrho\,\frac{\partial^2 \mathfrak{u}_T}{\partial t^2} = (A-B)\,\varDelta \mathfrak{u}_T \tag{25}$$

umformen. Wegen $\operatorname{rot}\mathfrak{u}_L = 0$ läßt sich der wirbelfreie Feldanteil $\mathfrak{u}_L$ als Gradient eines skalaren Potentials darstellen[1]:

$$\mathfrak{u}_L = \operatorname{grad}\varPhi; \qquad \varrho\,\ddot{\varPhi} = 2A\,\varDelta\varPhi; \tag{26}$$

dies erleichtert häufig die Lösung der Differentialgleichung. Daß sich wegen $\operatorname{div}\mathfrak{u}_T = 0$ der quellenfreie Feldanteil $\mathfrak{u}_T$ als Rotation eines Vektorpotentials darstellen läßt:

$$\mathfrak{u}_T = \operatorname{rot}\mathfrak{A}; \qquad \varrho\,\ddot{\mathfrak{A}} = (A-B)\,\varDelta\mathfrak{A}; \qquad \operatorname{div}\mathfrak{A} = 0$$

ist nicht von gleicher Bedeutung und soll deshalb hier nicht weiter verfolgt werden[2].

§ 12. Elastische Wellen

a) Longitudinale und transversale Wellen. Die physikalisch interessantesten Lösungen der Differentialgleichungen (25) und (26) am Ende des letzten Paragraphen sind diejenigen, welche in der Zeit periodisch sind. Bei einer Abhängigkeit des Verschiebungsvektors von t gemäß $e^{\pm i\omega t}$ wird $\partial^2/\partial t^2 = -\omega^2$, und wir erhalten

$$\varDelta\mathfrak{u}_L + \frac{\varrho\omega^2}{2A}\,\mathfrak{u}_L = 0; \qquad \varDelta\mathfrak{u}_T + \frac{\varrho\omega^2}{A-B}\,\mathfrak{u}_T = 0 \tag{1}$$

und

$$\varDelta\varPhi + \frac{\varrho\omega^2}{2A}\,\varPhi = 0. \tag{2}$$

---

[1] Vgl. hierzu Band I, S. 61f. und die Einführung des Potentials in die Elektrostatik, Band III, S. 2.

[2] Das Vektorpotential spielt bei elektromagnetischen Wellen eine viel zentralere Rolle, vgl. Band III, S. 146ff.

Differentialgleichungen dieser Art haben wir in Band I bereits für verschiedenartige Randbedingungen in ein, zwei und drei Dimensionen untersucht. Wir betrachten hier die einfachste Lösung, *die ebene Welle*

$$\mathfrak{u} = \mathfrak{a}\, e^{i(\mathfrak{k}\mathfrak{r} - \omega t)}. \tag{3}$$

Offenbar folgt aus diesem Ansatz

$$\operatorname{div} \mathfrak{u} = i\,(\mathfrak{k}\cdot\mathfrak{u}); \qquad \operatorname{rot} \mathfrak{u} = i\,(\mathfrak{k}\times\mathfrak{u}) \tag{4a}$$

und

$$\operatorname{grad}\operatorname{div} \mathfrak{u} = -\,\mathfrak{k}\,(\mathfrak{k}\,\mathfrak{u}); \qquad \operatorname{rot}\operatorname{rot} \mathfrak{u} = -\,\mathfrak{k}\times(\mathfrak{k}\times\mathfrak{u}) - k^2\mathfrak{u}. \tag{4b}$$

Zerlegen wir nun $\mathfrak{u}$ nach Gl. (23) von S. 126 in $\mathfrak{u}_L + \mathfrak{u}_T$, so erhalten wir beim Einsetzen in die Teilgleichungen (1) offenbar zwei verschiedene Aussagen über k, nämlich mit der Schreibweise

$$\mathfrak{u}_L = \mathfrak{a}_L\, e^{i(\mathfrak{k}_L\mathfrak{r} - \omega t)}; \qquad \mathfrak{u}_T = \mathfrak{a}_T\, e^{i(\mathfrak{k}_T\mathfrak{r} - \omega t)} \tag{5}$$

die Ergebnisse

$$k_L^2 = \frac{\varrho\omega^2}{2A}; \qquad\qquad k_T^2 = \frac{\varrho\omega^2}{A-B}. \tag{6}$$

Nun hängt die Wellenlänge λ einer Welle mit ihrer Wellenzahl k gemäß $k = 2\pi/\lambda$ zusammen. Führen wir noch die Frequenz $\nu = \omega/2\pi$ anstelle der Kreisfrequenz ω ein, so können wir Gl. (6) auch schreiben

$$\nu\,\lambda_L = \sqrt{\frac{2A}{\varrho}}; \qquad \nu\,\lambda_T = \sqrt{\frac{A-B}{\varrho}}. \tag{7}$$

Schließlich lesen wir noch an (5) ab, daß die Phasengeschwindigkeit jeder Welle $c = \omega/k$ wird, d. h. nach (6)

$$c_L = \sqrt{\frac{2A}{\varrho}}; \qquad c_T = \sqrt{\frac{A-B}{\varrho}}. \tag{8}$$

Um auch Aussagen über die Amplitudenvektoren $\mathfrak{a}_L$ und $\mathfrak{a}_T$ machen zu können, greifen wir nun auf Gl. (24) von S. 127 und Gl. (4a) zurück. Dann erhalten wir

$$\operatorname{rot} \mathfrak{u}_L = i\,(\mathfrak{k}_L\times\mathfrak{u}_L) = 0,$$
$$\operatorname{div} \mathfrak{u}_T = i\,(\mathfrak{k}_T\mathfrak{u}_T) = 0, \tag{9}$$

d. h. die Amplitude $\mathfrak{a}_L$ hat die gleiche Richtung wie der Wellenvektor $\mathfrak{k}$; bei der L-Welle erfolgt die Schwingung längs der Fortpflanzungsrichtung, weshalb man sie als *longitudinale Welle* bezeichnet, und die Amplitude $\mathfrak{a}_T$ steht senkrecht auf $\mathfrak{k}_T$; die T-Welle heißt deshalb *transversale Welle*.

Die Transversalwellen enthalten als elastische Konstante allein den Gleitmodul

$$A - B = G = E\cdot\frac{m}{2\,(m+1)};$$

für die Longitudinalwellen spielt die Größe

$$2A = K + \frac{4}{3}\,G = E\cdot\frac{m\,(m-1)}{(m-2)\,(m+1)}$$

die analoge Rolle. Ist $G = 0$ (Flüssigkeit), so sind keine Transversalwellen möglich, und in den Longitudinalwellen tritt allein der Kompressionsmodul K als charakteristische Größe auf.

Daß der Kompressionsmodul in der Transversalwelle nicht auftritt, liegt daran, daß bei diesem Schwingungstyp die Substanz nicht komprimiert wird, da die Volumdilatation $\Theta_T = \mathrm{div}\, \mathfrak{u}_T$ dann verschwindet. Man bezeichnet deshalb die Transversalwellen auch als *Scherungswellen*. Für die Longitudinalwelle wird dagegen

$$\Theta_L = \mathrm{div}\, \mathfrak{u}_L = i\, k\, u_L.$$

Der Faktor $i = e^{i\frac{\pi}{2}}$ bedingt eine Phasenverschiebung $\pi/2$ zwischen Volumdilatation und Amplitude, derart, daß die maximalen Dichteänderungen dort auftreten, wo die Amplitude eine Nullstelle hat und umgekehrt. Man drückt dies gewöhnlich so aus, daß Amplitudenknoten mit Dichtebäuchen zusammenfallen[1].

Die ebenen Wellen (5) sind natürlich nur Partikularlösungen der Bewegungsgleichungen; die allgemeine Lösung erhält man durch Integration über alle Richtungen des Wellenvektors und über alle Frequenzen ω, wobei die Amplituden $\mathfrak{a}_L$ und $\mathfrak{a}_T$ von diesen Größen abhängen. Der mathematischen Form nach ist die allgemeine Lösung der homogenen Gleichung dann ein Fourierintegral. Wir wollen im folgenden zwei einfache derartige Lösungen, welche bestimmten Randbedingungen genügen, näher untersuchen.

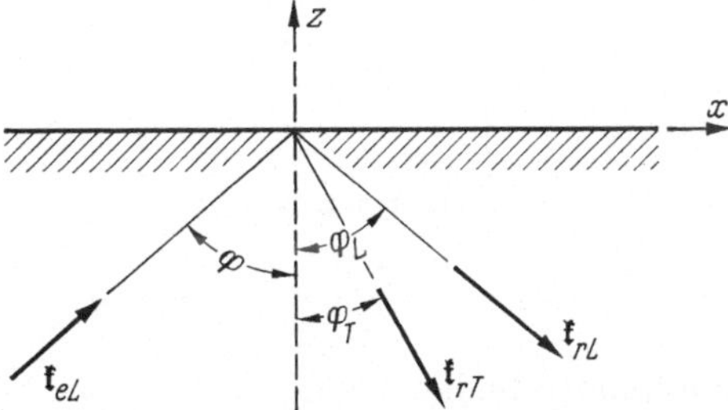

Fig. 17. Reflexion einer longitudinalen elastischen Welle an der Oberfläche. Außer einer longitudinalen entsteht eine transversale reflektierte Welle

b) Randbedingungen an einer freien Oberfläche. Wir betrachten einen isotropen elastischen Körper, der sich über den Halbraum $z < 0$ erstreckt (Fig. 17); eine longitudinale elastische Welle möge in der x, z-Ebene auf die Oberfläche $z = 0$ des Körpers auffallen. Die Oberfläche des

---

[1] Natürlich erhält man für die komplexe Funktion überhaupt keine Knoten, sondern hat zunächst eine reelle Kombination zu bilden. Ist die komplexe Amplitude $\mathfrak{a} = \tilde{\mathfrak{a}}\, e^{i\varphi}$ mit reellem $\tilde{\mathfrak{a}}$, so ist $\mathfrak{U} = \frac{1}{2}(\mathfrak{u} + \mathfrak{u}^*) = \tilde{\mathfrak{a}} \cos(\mathfrak{k} \cdot \mathfrak{r} - \omega t + \varphi)$ eine solche reelle Lösung und mit beliebigem φ zugleich die allgemeinste zu gegebenem $\mathfrak{k}$.

Körpers muß frei von Spannungen bleiben, d.h. es muß gelten[1]

$$\tau_{xz}=0, \qquad \tau_{yz}=0, \qquad \tau_{zz}=0 \quad \text{für} \quad z=0. \tag{10}$$

Nun ist aber nach Gl. (27) von §10

$$\tau_{xz} = (A - B)\,\gamma_{xz} = (A - B)\left(\frac{\partial u_x}{\partial z} + \frac{\partial u_z}{\partial x}\right);$$

$$\tau_{yz} = (A - B)\,\gamma_{yz} = (A - B)\left(\frac{\partial u_y}{\partial z} + \frac{\partial u_z}{\partial y}\right);$$

$$\tau_{zz} = (A - B)\,\gamma_{zz} + 2B\,\Theta$$

$$= 2B\left(\frac{\partial u_x}{\partial x} + \frac{\partial u_y}{\partial y}\right) + 2A\,\frac{\partial u_z}{\partial z}. \tag{11}$$

Die einfallende Welle hat keine Komponente u_y; auch hängen die anderen Komponenten nicht von y ab. Die Randbedingungen (10) können daher nur dann erfüllt werden, wenn die reflektierten Wellen ebenfalls keine y-Komponente haben und unabhängig von y sind. Die Reflexion vollzieht sich daher vollständig in der Einfallsebene (in unseren Koordinaten: in der x, z-Ebene). Dagegen können wir nicht von vornherein annehmen, daß auch die reflektierte Welle longitudinal sei; wir setzen vielmehr an, daß es eine unter dem Winkel φ_L reflektierte longitudinale und eine unter einem anderen Winkel φ_T reflektierte transversale Welle gebe. Schreiben wir dann jede der drei Wellen in der Form (3) an, und lassen wir den gemeinsamen Zeitfaktor $e^{-i\omega t}$ überall weg[2], so erhalten wir

$$\mathfrak{u} = \mathfrak{u}_e + \mathfrak{u}_{rL} + \mathfrak{u}_{rT},$$

worin für die einfallende Welle

$$\mathfrak{u}_e = \mathfrak{a}\,e^{i\,\mathfrak{k}_e\mathfrak{r}}$$

mit

$$k_{ex} = k_L \sin\varphi, \qquad k_{ez} = k_L \cos\varphi, \qquad a_x = a \sin\varphi, \qquad a_z = a \cos\varphi,$$

für die reflektierte longitudinale Welle

$$\mathfrak{u}_{rL} = \mathfrak{a}_{rL}\,e^{i\,\mathfrak{k}_{rL}\mathfrak{r}}$$

mit

$$k_{rLx} = k_L \sin\varphi_L, \qquad k_{rLz} = -k_L \cos\varphi_L, \qquad a_{rLx} = a_{rL} \sin\varphi_L,$$

$$a_{rLz} = -a_{rL} \cos\varphi_L$$

und schließlich für die reflektierte transversale Welle

$$\mathfrak{u}_{rT} = \mathfrak{a}_{rT}\,e^{i\,\mathfrak{k}_{rT}\mathfrak{r}}$$

---

[1] Vgl. hierzu auch § 16a für eine freie Flüssigkeitsoberfläche.

[2] Sollen die Randbedingungen für alle Zeiten gelten, so müssen alle Anteile in gleicher Weise von t abhängen.

mit

$$k_{rTx} = k_T \sin \varphi_T, \quad k_{rTz} = -k_T \cos \varphi_T, \quad a_{rTx} = a_{rT} \cos \varphi_T,$$
$$a_{rTz} = a_{rT} \sin \varphi_T$$

gilt. Zusammensetzen dieser Ausdrücke ergibt für den Verschiebungsvektor im Inneren des elastischen Körpers ($z < 0$):

$$u_x = a \sin \varphi \, e^{ik_L(x \sin \varphi + z \cos \varphi)} + a_{rL} \sin \varphi_L \, e^{ik_L(x \sin \varphi_L - z \cos \varphi_L)} +$$
$$+ a_{rT} \cos \varphi_T \, e^{ik_T(x \sin \varphi_T - z \cos \varphi_T)},$$
$$u_z = a \cos \varphi \, e^{ik_L(x \sin \varphi + z \cos \varphi)} - a_{rL} \cos \varphi_L \, e^{ik_L(x \sin \varphi_L - z \cos \varphi_L)} + \qquad (12)$$
$$+ a_{rT} \sin \varphi_T \, e^{ik_T(x \sin \varphi_T - z \cos \varphi_T)}.$$

Für das Wellenfeld (12) müssen nun in der Ebene $z = 0$ die Randbedingungen (10) identisch in x erfüllt sein. Das bedeutet insbesondere, daß die Phasenfaktoren, welche allein von x abhängen, in allen Gliedern für $z = 0$ übereinstimmen:

$$k_L \sin \varphi = k_L \sin \varphi_L = k_T \sin \varphi_T. \qquad (13)$$

Diese Beziehungen genügen zur Festlegung der beiden Reflexionswinkel: Die longitudinale Welle wird unter dem Einfallswinkel reflektiert:

$$\varphi_L - \varphi, \qquad (14\,a)$$

während die neuentstandene Transversalwelle einen Reflexionswinkel hat, der einer Art „Brechungsgesetz" genügt:

$$\sin \varphi_T = n \sin \varphi \qquad (14\,b)$$

mit der Materialkonstanten

$$n = \frac{k_L}{k_T} = \sqrt{\frac{A - B}{2A}} = \sqrt{\frac{1}{2}\left(1 - \frac{B}{A}\right)}. \qquad (14\,c)$$

Da $n < 1$ ist, muß stets $\varphi_T < \varphi_L$ werden.

Untersuchen wir nun die Amplituden vor dem gemeinsamen Phasenfaktor in den Randbedingungen (10), so finden wir durch Einsetzen von (12) in (11) aus $\tau_{xz} = 0$:

$$i k_L (a \sin \varphi \cos \varphi - a_{rL} \sin \varphi_L \cos \varphi_L) - i k_T a_{rT} \cos^2 \varphi_T +$$
$$+ i k_L (a \cos \varphi \sin \varphi - a_{rL} \cos \varphi_L \sin \varphi_L) + i k_T a_{rT} \sin^2 \varphi_T = 0 \qquad (15\,a)$$

und aus $\tau_{zz} = 0$:

$$\frac{B}{A} \left\{ i k_L (a \sin^2 \varphi + a_{rL} \sin^2 \varphi_L) + i k_T a_{rT} \cos \varphi_T \sin \varphi_T \right\} +$$
$$+ \left\{ i k_L (a \cos^2 \varphi + a_{rL} \cos^2 \varphi_L) - i k_T a_{rT} \sin \varphi_T \cos \varphi_T \right\} = 0. \qquad (15\,b)$$

Hier geht als Materialkonstante nur noch der Parameter n, Gl. (14c), ein, durch den sich auch B/A ausdrücken läßt:

$$\frac{B}{A} = 1 - 2n^2.$$

9*

Da $0 < n^2 < \frac{1}{2}$, ist der echte Bruch B/A stets positiv. Die Gln. (15a, b) lassen sich dann leicht umformen in

$$a - a_{rL} = \lambda\, a_{rT}, \qquad a + a_{rL} = \mu\, a_{rT}$$

mit den Abkürzungen

$$\lambda = \frac{\cos 2\varphi_T}{n \sin 2\varphi}\,; \qquad \mu = \frac{n \sin 2\varphi_T}{1 - 2n^2 \sin^2 \varphi} = n \tan 2\varphi_T, \tag{16}$$

woraus die Amplituden der reflektierten Wellen folgen:

$$a_{rT} = \frac{2}{\mu + \lambda}\, a\,; \qquad a_{rL} = \frac{\mu - \lambda}{\mu + \lambda}\, a. \tag{17}$$

Die Gln. (16) und (17) legen die Amplituden vollständig fest. Unser Ansatz mit zwei verschiedenen reflektierten Wellen führt also zur eindeutigen Bestimmung der Lösung. Aus Gl. (17) sieht man auch, daß nur für $\lambda + \mu \to \infty$ die Transversalwelle verschwinden kann; da aber μ stets endlich bleibt, ist dies nun für $\lambda \to \infty$ erfüllbar, wo $a_{rL} = -a$, $a_{rT} = 0$ wird. Dies trifft für senkrechte, aber auch für streifende Inzidenz ($\varphi = 0°$ und $\varphi = 90°$) zu[1]; es gilt auch für Flüssigkeiten bei beliebigem Inzidenzwinkel, in denen wegen $A - B = 0$ nach (14c) $n = 0$ und nach (16) $\lambda = \infty$ wird.

Wir fügen ohne Beweis hinzu, daß eine auffallende Transversalwelle an der Grenzfläche in eine transversale und longitudinale reflektierte Welle aufspaltet, wobei anstelle von (13) jetzt

$$k_T \sin \varphi = k_L \sin \varphi_L = k_T \sin \varphi_T$$

tritt, so daß die transversale reflektierte Welle jetzt $\varphi_T = \varphi$ und die longitudinale die Anomalie $n \sin \varphi_L = \sin \varphi$ des Reflexionswinkels zeigt, wobei wieder $\varphi_L > \varphi_T$ wird. Dies gilt jedoch nur für eine in der Einfallsebene schwingende Welle; steht der Verschiebungsvektor senkrecht zur Einfallsebene, so bleibt der transversale Charakter und dieselbe Polarisation erhalten.

Diese Sätze machen es evident, daß bei der Erregung elastischer Schwingungen in endlich ausgedehnten Körpern im allgemeinen ein rein longitudinaler oder ein rein transversaler Charakter nicht aufrechterhalten werden kann. Dies ist ein völlig anderes Verhalten als dasjenige von Lichtwellen, die bekanntlich auch bei Reflexion und Brechung stets ihren transversalen Charakter behalten. Hier lag eine wesentliche Schwierigkeit der elastischen Äthertheorie des Lichtes, die vor der Erkenntnis des elektromagnetischen Charakters der Lichtwellen zur Erklärung der Polarisationserscheinungen entwickelt worden war[2].

---

[1] Man vergleiche zu der vorstehenden Betrachtung auch die Herleitung der Fresnelschen Formeln für Lichtwellen in § 25 von Band III.

[2] Vgl. hierüber Band III, besonders die historischen Bemerkungen auf S. 211 und 285.

c) Oberflächenwellen. Außer der hier dargelegten Reflexion einer das Volumen des ganzen elastischen Körpers ausfüllenden ebenen Welle an dessen Oberfläche gibt es noch einen anderen Typ elastischer Wellen die an der Oberfläche entlanglaufen und nach innen exponentiell ab klingen *(Rayleigh-Wellen)*. Bezeichnen wir wieder mit $z = 0$ eine ebene Oberfläche und mit $z < 0$ das Innere des elastischen Körpers, so setzen wir als Lösung der Differentialgleichungen (1) die Verschiebungsfelder

$$\mathfrak{u}_L = \mathfrak{a}_L\, e^{i(kx-\omega t)}\, e^{\mu_L z}; \qquad \mathfrak{u}_T = \mathfrak{a}_T\, e^{i(kx-\omega t)}\, e^{\mu_T z} \tag{18}$$

an, die beide mit der gleichen Phasengeschwindigkeit $c_s = \omega/k$ in x-Richtung laufen und deren Amplituden mit der Entfernung von der Oberfläche $(z \to -\infty)$ mit verschiedenen Eindringtiefen $1/\mu_L$ und $1/\mu_T$ abklingen. Damit die Vektorfelder (18) die Differentialgleichungen (1) erfüllen, muß gelten:

$$-\varrho\,\omega^2 = 2A\,(-k^2 + \mu_L^2); \qquad -\varrho\,\omega^2 = (A - B)\,(-k^2 + \mu_T^2)$$

oder nach (8):

$$\mu_L^2 = k^2 - \frac{\omega^2}{c_L^2}; \qquad \mu_T^2 = k^2 - \frac{\omega^2}{c_T^2}. \tag{19}$$

Die Felder (18) sollen außerdem den Bedingungen

$$\operatorname{rot}\mathfrak{u}_L = 0; \qquad \operatorname{div}\mathfrak{u}_T = 0 \tag{20}$$

genügen; das liefert für die Komponenten von $\mathfrak{a}_L$ und $\mathfrak{a}_T$

$$a_{Ly} = 0; \qquad \mu_L a_{Lx} = i k\, a_{Lz}; \qquad \mu_T a_{Tz} = -i k\, a_{Tx}; \tag{21}$$

für a_{Ty} ergibt sich keine Aussage. Schließlich muß die Welle den Randbedingungen (10) an der freien Oberfläche $z = 0$ genügen, und zwar müssen diese Gleichungen für die Gesamtverschiebung $\mathfrak{u} = \mathfrak{u}_L + \mathfrak{u}_T$ erfüllt werden:

$$\left.\begin{aligned}
&\frac{\partial}{\partial z}\,(u_{Lx} + u_{Tx}) + \frac{\partial}{\partial x}\,(u_{Lz} + u_{Tz}) = 0, \\[4pt]
&\frac{\partial}{\partial z}\,(u_{Ly} + u_{Ty}) + \frac{\partial}{\partial y}\,(u_{Lz} + u_{Tz}) = 0, \\[4pt]
&B\,\frac{\partial}{\partial x}\,(u_{Lx} + u_{Tx}) + B\,\frac{\partial}{\partial y}\,(u_{Ly} + u_{Ty}) + \\[4pt]
&\qquad + A\,\frac{\partial}{\partial z}\,(u_{Lz} + u_{Tz}) = 0
\end{aligned}\right\} \quad \text{für} \quad z = 0. \tag{22}$$

Geht man mit (18) und mit $a_{Ly} = 0$ in diese Beziehungen ein[1], so folgt

$$a_{Lx}\mu_L + a_{Tx}\mu_T + i k\,(a_{Lz} + a_{Tz}) = 0,$$

$$a_{Ty}\mu_T = 0,$$

$$B\,i k\,(a_{Lx} + a_{Tx}) + A\,(a_{Lz}\mu_L + a_{Tz}\mu_T) = 0,$$

---

[1] Hätten wir $\mathfrak{u}_L$ und $\mathfrak{u}_T$ mit verschiedenen Wellenzahlen k_L und k_T angesetzt, so würde sich an dieser Stelle $k_L = k_T$ ergeben.

woraus man sieht, daß auch $a_{Ty} = 0$ ist. Die Welle schwingt also in der x, z-Ebene. In den beiden restlichen Gleichungen kann man mit Hilfe von (21) die z-Komponenten durch die x-Komponenten ausdrücken:

$$a_{Lx}\,2\mu_L + a_{Tx}\left(\mu_T + \frac{k^2}{\mu_T}\right) = 0,$$

$$a_{Lx}\left(B - A\,\frac{\mu_L^2}{k^2}\right) + a_{Tx}(B - A) = 0.$$

Die Determinante dieses Systems muß verschwinden; das ergibt

$$2\,\mu_L(B - A) - \left(\mu_T + \frac{k^2}{\mu_T}\right)\left(B - A\,\frac{\mu_L^2}{k^2}\right) = 0.$$

Dies ist eine Bestimmungsgleichung für k bei gegebenem ω. Da die Gleichung auch

$$2\,\frac{\mu_L}{k}\,\frac{\mu_T}{k}\,(B - A) = \left(1 + \frac{\mu_T^2}{k^2}\right)\left(B - A\,\frac{\mu_L^2}{k^2}\right)$$

geschrieben werden kann, und da nach (19)

$$\frac{\mu_L}{k} = \sqrt{1 - \frac{\omega^2}{k^2 c_L^2}}\,;\qquad \frac{\mu_T}{k} = \sqrt{1 - \frac{\omega^2}{k^2 c_T^2}}$$

gilt, führen wir

$$x = \frac{\omega^2}{k^2 c_L^2}\quad \text{und}\quad \frac{c_L^2}{c_T^2} = \frac{2A}{A - B}$$

ein, womit wir erhalten:

$$2(B - A)\sqrt{1 - x}\,\sqrt{1 - \frac{2A}{A - B}\,x} = \left(2 - \frac{2A}{A - B}\,x\right)(B - A + A\,x).$$

Quadrieren dieser Relation führt auf eine Gleichung vierten Grades für x, wobei allerdings links und rechts das gleiche Absolutglied $4\,(B - A)^2$ erscheint, so daß die Gleichung sich auf eine solche dritten Grades reduziert. Geht man noch zu

$$x' = \frac{A}{A - B}\,x = \frac{\omega^2}{2 k^2 c_T^2} = \frac{1}{2}\,\frac{c_S^2}{c_T^2} \tag{23a}$$

über, so lautet diese

$$x'^3 - 4x'^2 + 2\left(2 + \frac{B}{A}\right)x' - \left(1 + \frac{B}{A}\right) = 0.$$

Zur numerischen Lösung braucht man nur zu beachten, daß diese Gleichung in dem Parameter B/A linear ist; man kann sie daher nach diesem auflösen:

$$\frac{B}{A} = f(x') = \frac{x'^3 - 4x'^2 + 4x' - 1}{1 - 2x'}\,. \tag{23b}$$

In Fig. 18 ist $f(x')$ in dem physikalisch allein interessanten Intervall aufgetragen, in dem $0 < B/A < 1$ wird, nämlich $0{,}3820 < x' < 0{,}4563$;

gleichzeitig sind die Größen

$$\frac{c_s}{c_T} = \sqrt{2\,x'} \quad \text{und} \quad \frac{c_L}{c_T} = \sqrt{\frac{2}{1 - f(x')}} \qquad (23\,\text{c})$$

als Funktionen von x' eingezeichnet. Man braucht also in der Figur nur bei einem vorgegebenen Wert der Ordinate B/A senkrecht in die Höhe zu gehen, um c_s und c_L in Einheiten von c_T abzulesen. Man sieht, daß überall

$$c_s < c_T < c_L$$

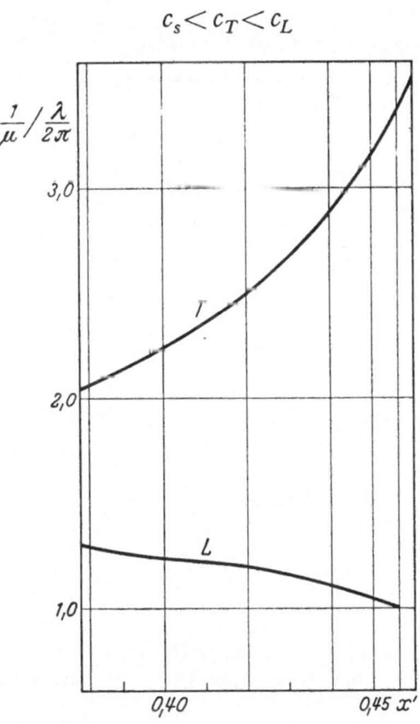

Fig. 18   Fig. 19

Fig. 18. Zusammenhang der elastischen Konstanten A und B mit den Fortpflanzungsgeschwindigkeiten von longitudinalen (c_L) und transversalen (c_T) Volumwellen sowie von Rayleighschen Oberflächenwellen (c_s)

Fig. 19. Eindringtiefen $1/\mu$ transversaler (T) und longitudinaler (L) Oberflächenwellen in Einheiten von $\lambda/2\pi$

gilt, wobei c_s wenig unterhalb von c_T, dagegen c_L beträchtlich oberhalb von c_T liegt.

Die Eindringtiefen der beiden Schwingungstypen drückt man am einfachsten durch die ihnen gemeinsame Wellenlänge $\lambda = 2\,\pi/k$ aus; man erhält dann zunächst

$$\frac{1}{\mu_T} = \frac{\lambda}{2\pi}\left(1 - \frac{c_s^2}{c_T^2}\right)^{-\frac{1}{2}}; \quad \frac{1}{\mu_L} = \frac{\lambda}{2\pi}\left(1 - \frac{c_s^2}{c_L^2}\right)^{-\frac{1}{2}},$$

woraus mit Hilfe von (23 b) und (23 c) entsteht

$$\frac{1}{\mu_T} = \frac{\lambda}{2\pi}\,\frac{1}{\sqrt{1-2x'}}\;;\qquad \frac{1}{\mu_L} = \frac{\lambda}{2\pi}\,\frac{\sqrt{1-2x'}}{(1-x')^2}\,. \tag{24}$$

In Fig. 19 sind die beiden Eindringtiefen in Einheiten von $\lambda/2\pi$ als Funktion von x' aufgetragen. Die Transversalwelle dringt 2 bis 4mal tiefer ein als die Longitudinalwelle; beide klingen jedoch in einer mit λ vergleichbaren Entfernung von der Oberfläche ab.

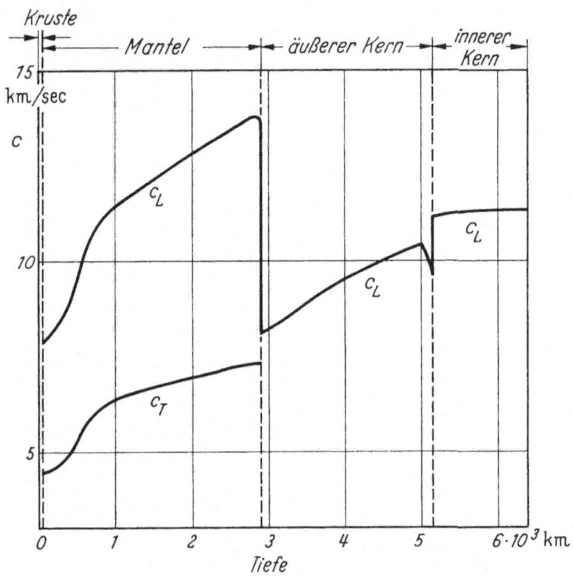

Fig. 20. Phasengeschwindigkeit transversaler (T) und longitudinaler (L) Erdbebenwellen. Der Kern der Erde verhält sich wie eine Flüssigkeit, daher existieren Transversalwellen nur im Mantel

d) Erdbebenwellen[1]. Die geschilderten elastischen Wellen sind von besonderem Interesse in der *Seismik*. Von einem Erdbebenherd ausgehend beobachtet man die hier beschriebenen Typen; die Schichtung des Erdinnern[2] wurde im wesentlichen aus der beobachteten Laufzeit von Erdbebenwellen erschlossen. Die Volumenwellen werden von den Geophysikern als P-Wellen (longitudinal) und S-Wellen (transversal) bezeichnet; bei den S-Wellen pflegt man je nach Polarisation in horizontaler oder vertikaler Richtung SH und SV zu unterscheiden. Die aus den Laufzeiten gewonnenen Geschwindigkeiten in verschiedener

---

[1] Für experimentelles Material und nähere Einzelheiten vgl. Handbuch der Physik, Band 47 (1956), besonders die Beiträge von K. E. Bullen sowie von M. Ewing und F. Press.

[2] Vgl. Band I, S. 189.

Tiefe zeigt Fig. 20[1]. Der bis zu 2900 km Tiefe reichende Mantel läßt sowohl longitudinale als transversale Wellen zu. Im Durchschnitt ist $c_L/c_T \approx 2{,}5$. Das bedeutet nach Fig. 18 $B/A \approx 0{,}6$ oder eine Querkontraktionszahl $m = 1 + (A/B) \approx 2{,}7$. In der Tiefe von 2900 km ändert sich sprunghaft die Dichte (vgl. Band I, S. 189); die Geschwindigkeit der Longitudinalwellen nimmt sprunghaft ab, um dann im Kern nach dem Erdmittelpunkt hin kontinuierlich wieder anzusteigen. Transversalwellen, die durch den Kern laufen, hat man nicht beobachtet, woraus man schließt, daß die Kernsubstanz keinen Scherungswiderstand besitzt; sie verhält sich wie eine Flüssigkeit. Eine kleine Unstetigkeit

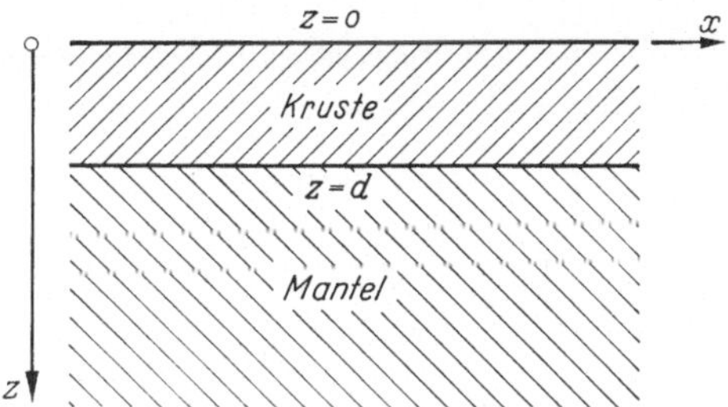

Fig. 21. Aufbau der Erdkruste. $z = 0$ ist die Oberfläche, bei $z = d$ liegt die Mohorovičić-Diskontinuität (in etwa 35 km Tiefe), an der die Love-Wellen reflektiert werden

scheint in 5100 km Tiefe den „äußeren" Kern nochmals vom „inneren" Kern zu unterscheiden. Es ist bemerkenswert, daß nach innen trotz wachsender Dichte die beiden Geschwindigkeiten, abgesehen von den Sprungstellen, zunehmen; nach Gl. (8) bedeutet das, daß der Elastizitätsmodul stärker als die Dichte anwächst.

Außer diesen Volumenwellen beobachtet man noch Erdbebenwellen, die sich längs der Oberfläche fortpflanzen. Hier sind zwei Haupttypen zu unterscheiden: die *Rayleigh-Wellen*, die genau von dem vorstehend beschriebenen Typ, also echte Oberflächenwellen sind, und die *Love-Wellen*, die durch Totalreflexion an der Grenzfläche von Kruste und Mantel (der sogenannten Mohorovičić-Diskontinuität in etwa 35 km Tiefe) in der Kruste gehalten werden.

Die Love-Wellen lassen sich aus einem einfachen Randwertproblem verstehen, das hier noch Platz finden möge[2]. Wir betrachten in der Kruste (Fig. 21) eine in Richtung x laufende, in y-Richtung polarisierte Transversalwelle, die zwischen der Erdoberfläche ($z = 0$) und der Mohoro-

---

[1] Die Zahlen sind entnommen aus K. E. BULLEN: Seismic wave transmission, Handbuch der Physik, Band 47 (1956), S. 103. Sie beruhen im wesentlichen auf Arbeiten von BULLEN, JEFFREYS und GUTENBERG.

[2] Dies Randwertproblem hat große Ähnlichkeit mit dem elektromagnetischen der Wellenleiter, das in Band III, § 19 behandelt wird.

vičić-Diskontinuität $(z=d)$ durch Hin- und Herreflexion eine stehende Welle bezüglich der Vertikalrichtung bildet. Ist ihre Amplitude bei $z=d$ nicht gleich Null, so muß sie sich auch in den Mantel $(z>d)$ fortsetzen; sie soll in diesem exponentiell abklingen. Wir setzen in der Kruste

$$u_y = (C_1 e^{i\sigma kz} + C_2 e^{-i\sigma kz})\, e^{i(kx-\omega t)} \qquad (25\,\mathrm{a})$$

und im Mantel

$$u_y' = C' e^{\sigma' kz}\, e^{i(kx-\omega t)}. \qquad (25\,\mathrm{b})$$

Die Bedingung div $\mathfrak{u}=0$, d.h. $\partial u_y/\partial y=0$, wird von diesen Funktionen erfüllt. Einsetzen in die Differentialgleichungen

$$\Delta u_y = \frac{1}{c_T^2}\,\frac{\partial^2 u_y}{\partial t^2}\,; \qquad \Delta u_y' = \frac{1}{c_T'^2}\,\frac{\partial^2 u_y'}{\partial t^2}$$

führt bei Einführung der Phasengeschwindigkeit $c=\omega/k$ auf

$$\sigma = \sqrt{\frac{c^2}{c_T^2} - 1}\,; \qquad \sigma' = \sqrt{1 - \frac{c^2}{c_T'^2}}\,. \qquad (26)$$

An der Erdoberfläche $(z=0)$ müssen wieder die Randbedingungen (10) erfüllt sein. Mit Hilfe der Ausdrücke (11) leitet man daraus für u_y eine einzige Bedingung ab:

$$\frac{\partial u_y}{\partial z} = 0 \quad \text{für} \quad z=0.$$

Man sieht, daß hieraus $C_1 = C_2$ oder

$$u_y = C \cos \sigma kz \, e^{i(kx-\omega t)} \qquad (27)$$

folgt.

Etwas komplizierter, aber auch ergiebiger sind die Randbedingungen für die Trennungsfläche von Kruste und Mantel. Dort muß gelten:

$$\tau_{xz} = \tau_{xz}'\,; \qquad \tau_{yz} = \tau_{yz}'\,; \qquad \tau_{zz} = \tau_{zz}'\,; \qquad u_y = u_y', \qquad (28)$$

d.h. die Spannungen und der Verschiebungsvektor müssen stetig durch die Fläche hindurchgehen. Benutzen wir wieder Gl. (11) und schreiben für den Gleitmodul $A-B$ in der Kruste G, im Mantel G', so sind die erste und dritte dieser Beziehungen automatisch erfüllt, die zweite führt auf

$$G\,\frac{\partial u_y}{\partial z} = G'\,\frac{\partial u_y'}{\partial z}\,,$$

d.h.

$$-G\sigma kC \sin \sigma kd = G'\sigma' kc' \, e^{\sigma' kd},$$

und die vierte Beziehung gibt

$$C \cos \sigma kd = C' \, e^{\sigma' kd}.$$

Dividiert man die beiden letzten Gleichungen durcheinander, so fallen die Amplitudenkonstanten C und C' heraus, und es entsteht mit $k = \omega/c$:

$$- G\sigma \tan \frac{\sigma \omega d}{c} = G'\sigma'.$$

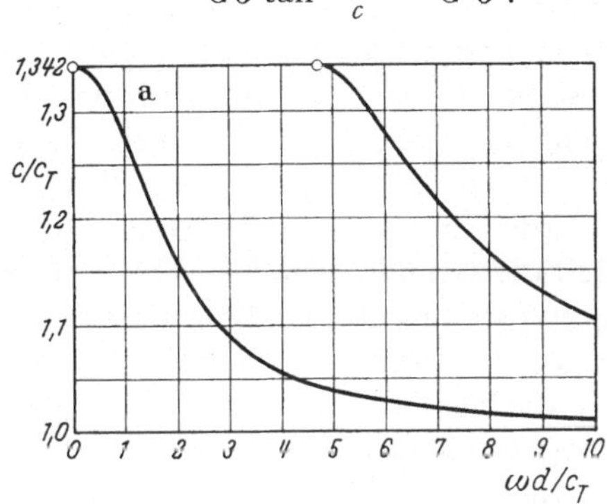

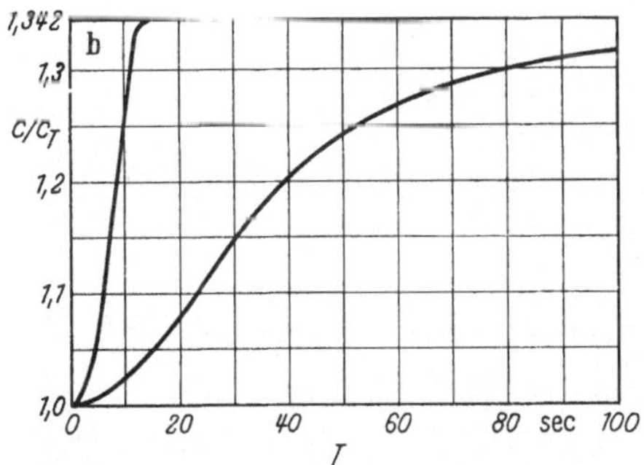

Fig. 22 a u. b. Dispersion der Love-Wellen, a in dimensionslosen Variablen, b als Funktion der Schwingungsdauer für $d = 35$ km und $c_T = 3{,}5$ km/sec in der Kruste

Mit den Ausdrücken (26) für σ und σ' und mit $G'/G = c_T'^2/c_T^2$ ergibt sich hieraus schließlich

$$\omega = \frac{c}{d} \left(\frac{c^2}{c_T^2} - 1 \right)^{-\frac{1}{2}} \arctan \left\{ \frac{c_T'}{c_T} \left(\frac{c_T'^2 - c^2}{c^2 - c_T^2} \right)^{\frac{1}{2}} \right\}. \tag{29}$$

Die Geschwindigkeit der Love-Wellen ist also nicht unabhängig von der Frequenz; die Wellen zeigen Dispersion. In das Dispersionsgesetz gehen die beiden Transversalgeschwindigkeiten c_T und c_T' ein, die hiei als konstant vorausgesetzt werden; außerdem geht die Tiefe d der Unstetigkeit als Maßstabsfaktor ein.

In Fig. 22a ist die Dispersionsbeziehung (29) in den dimensionslosen Variablen $\omega d/c_T$ und c/c_T ausgewertet für das Verhältnis $c_T'/c_T = 1{,}342$. Infolge der Mehrdeutigkeit der arctan-Funktion erhält man zu jedem c unendlich viele Frequenzen, von denen die tiefste (Grundschwingung) und die erste Oberschwingung eingezeichnet sind. Die Oberschwingungen unterscheiden sich dadurch, daß der Faktor $\cos \sigma k z$ der Amplitude u_y eine zunehmende Zahl von Knoten in der Kruste hat. Beobachtet wurden Oberschwingungen zu Love-Wellen bisher nicht. In Fig. 22b ist das Diagramm von Frequenzen auf Schwingungsdauern $T = 2\pi/\omega$ umgerechnet, da diese für die sehr langsamen Erdbebenwellen am Seismographen unmittelbar abgelesen werden können. Dabei wurde für die Kruste $c_T = 3{,}5$ km/sec (und für die oberste Mantelzone $c'_T = 4{,}7$ km/sec) eingesetzt; ferner wurde für die Lage der Grenzfläche $d = 35$ km benutzt. Man sieht, daß die Grundschwingung etwa im Bereich zwischen $T = 20$ sec und $T = 100$ sec am aufschlußreichsten wird; für die quantitative Auswertung ist allerdings zu beachten, daß aus den beobachteten Laufzeiten nicht die hier aufgezeichneten Phasengeschwindigkeiten, sondern die Gruppengeschwindigkeiten entnommen werden, für welche die Kurve jedoch oberhalb $T = 20$ sec ganz ähnlich verläuft[1]. Die Meßwerte bestätigen im großen ganzen (abgesehen von $T < 20$ sec) die hier verwendeten Zahlenwerte für Wellen, die unterhalb der Kontinente entlang laufen, so daß dort die Mohorovičić-Diskontinuität in etwa 35 km Tiefe angenommen werden darf. Für Love-Wellen, die unter einem Ozean durchgelaufen sind, beobachtet man dagegen im Durchschnitt etwa dreimal kürzere Schwingungsdauern, d.h. eine Anhebung der Diskontinuität auf etwa 12 km Tiefe.

§ 13. Feldtheoretische Formulierung der Elastizitätstheorie

Zum Schluß unserer Betrachtungen über elastische Substanzen wollen wir die Frage untersuchen, ob sich deren Mechanik nicht auch auf ein Variationsproblem nach Art des Hamiltonschen Prinzips in der Massenpunktmechanik zurückführen läßt. Daß dies im Prinzip möglich sein muß, folgt bereits daraus, daß hinter der Kontinuumsmechanik die Realität sich gegeneinander bewegender Atome steht, die als Massenpunkte behandelt werden können (Gitterdynamik) und aus der sie durch Grenzübergang in derselben Weise hergeleitet werden kann, wie wir in Band I, S. 100ff., die schwingende Saite durch Grenzübergang aus einer Perlenschnur gewonnen haben.

a) Hamiltonsches Prinzip. Feldgleichungen. Die Ausgangsposition für einen Versuch, das Hamiltonsche Prinzip

$$\delta \int dt \, \mathscr{L} = 0 \tag{1}$$

auf die Kontinuumsmechanik zu übertragen, haben wir bereits in § 11b gewonnen. Kinetische und potentielle Energie eines isotropen elastischen

---

[1] Zum Begriff der Gruppengeschwindigkeit oder Signalgeschwindigkeit vgl. Band III, S. 269ff.

Mediums lassen sich folgendermaßen durch das Vektorfeld $u(x, y, z, t)$ der Verschiebungen ausdrücken:

$$E_{\text{kin}} = \int d^3 x\, T\,; \qquad T = \frac{1}{2}\, \varrho \sum_i \left(\frac{\partial u_i}{\partial t} \right)^2 ;$$

$$E_{\text{pot}} = \int d^3 x\, W\,; \qquad W = \frac{1}{4}\, G \sum_i \sum_k \left(\frac{\partial u_i}{\partial x_k} + \frac{\partial u_k}{\partial x_i} \right)^2 + \tag{2}$$

$$+ (A - G) \sum_i \sum_k \frac{\partial u_i}{\partial x_i}\, \frac{\partial u_k}{\partial x_k}.$$

Die Lagrangefunktion

$$\mathscr{L} = E_{\text{kin}} - E_{\text{pot}} \tag{3}$$

hat dann die Form eines Raumintegrals,

$$\mathscr{L} = \int d^3 x\, L, \tag{4}$$

wobei die *Lagrange-Dichte* L eine Funktion der ersten Ableitungen der drei Funktionen u_i ist. Die Variation in Gl. (1) besteht offenbar darin, die u_i durch benachbarte Funktionen $u_i + \delta u_i$ zu ersetzen, wobei die $\delta u_i (x, y, z, t)$ beliebige, aber infinitesimale Funktionen sind, mit der bekannten einzigen Einschränkung, daß an den Endpunkten des Zeitintervalls, über welches integriert wird, die Variationen verschwinden[1]. Wir wollen zum Aufbau der Feldtheorie die Lagrangedichte L ein wenig verallgemeinern und zulassen, daß sie außer von den Ableitungen der *Feldfunktionen* u_i auch von diesen selbst abhängt:

$$L = L(u_i, \dot{u}_i, \partial_k u_i),$$

wobei das Symbol ∂_k hier und im folgenden auch anstelle von $\partial/\partial x_k$ benutzt werden soll. Dann ist:

$$\delta \int dt\, \mathscr{L} = \int dt \int d^3 x\, \delta L$$

$$= \int dt \int d^3 x \sum_i \left(\frac{\partial L}{\partial u_i}\, \delta u_i + \frac{\partial L}{\partial \dot{u}_i}\, \delta \dot{u}_i + \sum_k \frac{\partial L}{\partial \partial_k u_i}\, \delta \partial_k u_i \right).$$

Durch partielle Integration schaffen wir dann

$$\delta \dot{u}_i = \frac{\partial}{\partial t}\, \delta u_i \quad \text{und} \quad \delta \partial_k u_i = \frac{\partial}{\partial x_k}\, \delta u_i$$

weg; bis auf Oberflächenintegrale erhalten wir so

$$\delta \int dt\, \mathscr{L} = \int dt \int d^3 x \sum_i \delta x_i \left(\frac{\partial L}{\partial u_i} - \frac{\partial}{\partial t}\, \frac{\partial L}{\partial \dot{u}_i} - \sum_k \frac{\partial}{\partial x_k}\, \frac{\partial L}{\partial \partial_k u_i} \right). \tag{5}$$

---

[1] Entweder setzen wir einen nur über ein endliches Zeitintervall ablaufenden Vorgang voraus, vor und nach dem alle $\delta u_i = 0$ sind, oder wir betrachten zeitlich periodische Vorgänge, z.B. elastische Wellen, über eine ganze Zahl von Perioden, so daß sich die δu_i zu Beginn und Ende des Zeitintervalls wegheben.

Verschwinden die Oberflächenintegrale, so ist das Hamiltonsche Prinzip wegen der Unabhängigkeit und Willkür der drei Funktionen δx_i dann und nur dann erfüllt, wenn die drei Differentialgleichungen

$$\frac{\partial L}{\partial u_i} - \frac{\partial}{\partial t} \frac{\partial L}{\partial \dot{u}_i} - \sum_k \frac{\partial}{\partial x_k} \frac{\partial L}{\partial \partial_k u_i} = 0 \tag{6}$$

erfüllt werden. Diese Gleichungen, die mathematisch die Rolle der Eulerschen Gleichungen zu dem Variationsprinzip (1) spielen, heißen die *Feldgleichungen*.

Das in Gl. (5) weggelassene Oberflächenintegral, das aus der partiellen Integration entspringt, läßt sich folgendermaßen angeben. Die Größe

$$\Theta_{ik} = \frac{\partial L}{\partial \partial_k u_i}$$

ist ein Tensor, mit dem der fragliche Term in $\delta \int dt \, \mathscr{L}$

$$\int d^3 x \sum_i \sum_k \Theta_{ik} \partial_k \delta u_i = \int d^3 x \sum_i \sum_k \{ \partial_k (\Theta_{ik} \delta u_i) - \delta u_i \partial_k \Theta_{ik} \}$$

geschrieben werden kann. Das zweite dieser Integrale ist eben das, welches in (5) stehengeblieben und in die Feldgleichungen (6) eingegangen ist. Das erste ist das Volumintegral einer Divergenz und ergibt nach dem Gaußschen Satz

$$\int df \left(\sum_i \Theta_{in} \delta u_i \right),$$

wobei der Index n die Richtung der äußeren Normalen bezeichnet. Da die δu_i frei wählbar sind, müssen also an der Oberfläche alle

$$\Theta_{in} = \frac{\partial L}{\partial \partial_n u_i} \tag{7}$$

verschwinden, sofern die oben abgeleiteten Feldgleichungen (6) korrekt sein sollen[1].

Wir wenden dies allgemeine Schema jetzt auf die Lagrangedichte $L = T - W$, Gl. (2), eines isotropen elastischen Körpers an. Dann ist

$$\frac{\partial L}{\partial u_i} = 0; \qquad \frac{\partial L}{\partial \dot{u}_i} = \frac{\partial T}{\partial \dot{u}_i} = \varrho \, \dot{u}_i;$$

$$\frac{\partial L}{\partial \partial_k u_i} = -\frac{\partial W}{\partial \partial_k u_i} = -G \left(\frac{\partial u_i}{\partial x_k} + \frac{\partial u_k}{\partial x_i} \right) - 2(A - G) \sum_j \frac{\partial u_j}{\partial x_j} \delta_{ik}. \tag{8}$$

---

[1] Die gilt für eine *freie* Oberfläche. Stoßen zwei elastische Medien längs einer Trennungsfläche zusammen, so gelten in jedem Feldgleichungen nach Art von (6), und an der Trennungsfläche muß die Größe (7) stetig sein. Wir werden weiter unten zeigen, was dies physikalisch bedeutet: Der Energiestrom durch die Oberfläche hindurch muß verschwinden, durch eine Trennungsfläche hindurch stetig sein.

Die Feldgleichungen (6) lauten daher

$$\varrho\,\frac{\partial^2 u_i}{\partial t^2} = G \sum_k \frac{\partial}{\partial x_k}\left(\frac{\partial u_i}{\partial x_k} + \frac{\partial u_k}{\partial x_i}\right) + 2(A - G)\frac{\partial}{\partial x_i}\sum_j \frac{\partial u_j}{\partial x_j} \tag{9}$$

oder in vektorieller Schreibweise

$$\varrho\,\frac{\partial^2 \mathfrak{u}}{\partial t^2} = G(\varDelta\,\mathfrak{u} + \mathrm{grad}\,\mathrm{div}\,\mathfrak{u}) + 2(A - G)\,\mathrm{grad}\,\mathrm{div}\,\mathfrak{u}.$$

Mit Hilfe der Beziehung

$$\varDelta\,\mathfrak{u} = \mathrm{grad}\,\mathrm{div}\,\mathfrak{u} - \mathrm{rot}\,\mathrm{rot}\,\mathfrak{u}$$

vereinfacht sich das zu

$$\varrho\,\frac{\partial^2 \mathfrak{u}}{\partial t^2} = -\,G\,\mathrm{rot}\,\mathrm{rot}\,\mathfrak{u} + 2A\,\mathrm{grad}\,\mathrm{div}\,\mathfrak{u} \tag{10}$$

in Übereinstimmung mit Gl. (18c) auf S. 126. Die Oberflächenbedingung (7) ergibt etwa für ein zur x_3-Achse senkrechtes Oberflächenstück die drei Bedingungen

$$G\left(\frac{\partial u_i}{\partial x_3} + \frac{\partial u_3}{\partial x_i}\right) + 2(A - G)\,\mathrm{div}\,\mathfrak{u}\,\delta_{i3} = 0$$

oder für $i = 1$ und 2:

$$\frac{\partial u_1}{\partial x_3} + \frac{\partial u_3}{\partial x_1} \equiv \gamma_{13} = 0; \qquad \frac{\partial u_2}{\partial x_3} + \frac{\partial u_3}{\partial x_2} \equiv \gamma_{23} = 0 \tag{11a}$$

und für $i = 3$:

$$G\,\frac{\partial u_3}{\partial x_3} + (A - G)\left(\frac{\partial u_1}{\partial x_1} + \frac{\partial u_2}{\partial x_2} + \frac{\partial u_3}{\partial x_3}\right) = 0,$$

d. h.

$$(A - G)\left(\frac{\partial u_1}{\partial x_1} + \frac{\partial u_2}{\partial x_2}\right) + A\,\frac{\partial u_3}{\partial x_3} = 0. \tag{11b}$$

Die Gln. (11a, b) sind identisch mit den in Gln. (10), (11), S. 130, bereits angegebenen Randbedingungen an einer freien Oberfläche $z = \mathrm{constans}$.

b) Hamiltonfunktion. Kanonische Gleichungen. Energiesatz. Aus der kinetischen Energiedichte T, Gl. (2), haben wir die Größen

$$\frac{\partial L}{\partial \dot u_i} = \varrho\,\dot u_i$$

entnommen. Wir wollen analog zur Definition des zu einer Koordinate konjugierten Impulses der Massenpunktmechanik, $p_k = \partial L/\partial \dot q_k$ (S. 68) die Funktionen

$$w_i = \frac{\partial L}{\partial \dot u_i} \tag{12}$$

einführen, die wir als die *kanonisch konjugierten Feldfunktionen* bezeichnen. Mit ihrer Hilfe läßt sich die Hamiltonfunktion gemäß

$$\mathscr{H} = \int d^3x\,H; \qquad H = \sum_i \dot u_i\,\frac{\partial L}{\partial \dot u_i} - L \tag{13}$$

konstruieren, wobei aus (13) mit Hilfe von (12) die $\dot{u}_i$ eliminiert werden sollen, an deren Stelle jetzt die w_i auftreten. Wir erhalten dann

$$H = T + W; \qquad T = \frac{1}{2\varrho} \sum_i w_i^2; \tag{14}$$

die Hamiltonfunktion ist identisch mit der *Feldenergie*.

Wiederum analog zur Massenpunktmechanik können wir die Hamiltonfunktion zur Aufstellung der kanonischen Feldgleichungen benutzen. Wir knüpfen dazu an das Hamiltonsche Prinzip, Gl. (1), an, das wir mit Hilfe von (12) und (13) schreiben

$$\int dt \int d^3 x \, \delta \left(\sum_i u_i w_i - H \right) = 0, \tag{15}$$

wobei H als Funktion der u_i, $\partial_k u_i$ und w_i, nicht aber der $\dot{u}_i$ aufgefaßt ist. Die Ausführung der Variation unter diesen Voraussetzungen gibt daher

$$\delta \left(\sum_i \dot{u}_i w_i - H \right) = \sum_i \left(\dot{u}_i \delta w_i + w_i \frac{\partial}{\partial t} \delta u_i \right)$$
$$- \sum_i \left(\frac{\partial H}{\partial u_i} \delta u_i + \frac{\partial H}{\partial w_i} \delta w_i + \sum_k \frac{\partial H}{\partial \partial_k u_i} \frac{\partial}{\partial x_k} \delta u_i \right).$$

Durch Umformung der Glieder mit $\partial/\partial t$ und $\partial/\partial x_k$ und Umordnen erhalten wir hieraus

$$\sum_i \left\{ \left(\dot{u}_i - \frac{\partial H}{\partial w_i} \right) \delta w_i + \left(- \frac{\partial H}{\partial u_i} + \sum_k \partial_k \frac{\partial H}{\partial \partial_k u_i} - \dot{w}_i \right) \delta u_i \right\} +$$
$$+ \frac{\partial}{\partial t} \sum_i (w_i \delta u_i) + \sum_k \frac{\partial}{\partial x_k} \left(\sum_i \frac{\partial H}{\partial \partial_k u_i} \delta u_i \right).$$

Integrieren wir gemäß (15) über Zeit und Ort, so entfallen die Glieder der letzten Zeile, wobei wiederum von den Oberflächenbedingungen (7) Gebrauch gemacht werden kann. In der vorletzten Zeile sind die δw_i und δu_i voneinander unabhängige, willkürliche Funktionen. Das Integral (15) kann daher nur dann für beliebige δw_i und δu_i stets verschwinden, wenn die damit verbundenen Faktoren im Integranden einzeln verschwinden[1]:

$$\dot{u}_i = \frac{\partial H}{\partial w_i}; \tag{16a}$$

$$\dot{w}_i = - \left(\frac{\partial H}{\partial u_i} - \sum_k \frac{\partial}{\partial x_k} \frac{\partial H}{\partial \partial_k u_i} \right). \tag{16b}$$

Dies sind die *kanonischen Feldgleichungen*.

---

[1] Es sei besonders darauf hingewiesen, daß $\dot{u}_i$ und $\dot{w}_i$ in diesem Paragraphen *lokale* Ableitungen nach t bedeuten: $\dot{u}_i = \partial u_i / \partial t$.

Mit den Ausdrücken (2) und (14) der Elastizitätstheorie isotroper Körper erhalten wir speziell

$$\frac{\partial H}{\partial w_i} = \frac{1}{\varrho}\, w_i; \qquad \frac{\partial H}{\partial u_i} = 0; \qquad \frac{\partial H}{\partial \partial_k u_i} = -\frac{\partial L}{\partial \partial_k u_i}\,,$$

wobei der letzte Ausdruck in (8) explizite angegeben ist. Die kanonischen Feldgleichungen lauten dann

$$\dot{u}_i = \frac{1}{\varrho}\, w_i; \tag{17a}$$

$$\dot{w}_i = \sum_k \frac{\partial}{\partial x_k}\left[G\left(\frac{\partial u_i}{\partial x_k} + \frac{\partial u_k}{\partial x_i}\right) + 2(A-G)\sum_j \frac{\partial u_j}{\partial x_j}\,\delta_{ik}\right]. \tag{17b}$$

Entnimmt man aus (17a) $\dot{w}_i = \varrho\,\ddot{u}_i$ und setzt das in (17b) ein, so geht (17b) in die Form (9) der Feldgleichungen über, womit die Identität dieses Verfahrens mit dem obigen erwiesen ist.

Wir sahen bereits, daß die Hamiltondichte gleich der Energiedichte des elastischen Bewegungsfeldes ist. Nun muß in der Elastizitätstheorie, solange keine Umwandlung der Energie in andere Formen, also z.B. keine Erwärmung durch innere Reibung stattfindet, der Erhaltungssatz der Energie die Form einer Kontinuitätsgleichung

$$\frac{\partial \eta}{\partial t} + \operatorname{div} \mathfrak{S} = 0 \tag{18}$$

annehmen, wobei $\eta = H$ die Energiedichte und $\mathfrak{S}$ die Energiestromdichte bedeutet[1]. Mit anderen Worten, der Ausdruck

$$\frac{\partial \eta}{\partial t} = \frac{\partial}{\partial t}\left(\sum_i \dot{u}_i\,\frac{\partial L}{\partial \dot{u}_i} - L\right) \tag{19}$$

muß sich als Divergenz eines Vektorfeldes $-\mathfrak{S}$ schreiben lassen.

Führen wir die Differentiation in Gl. (19) aus, so entsteht

$$\frac{\partial \eta}{\partial t} = \sum_i \left\{\ddot{u}_i\,\frac{\partial L}{\partial \dot{u}_i} + \dot{u}_i\,\frac{\partial}{\partial t}\left(\frac{\partial L}{\partial \dot{u}_i}\right) - \frac{\partial L}{\partial u_i}\,\dot{u}_i - \sum_k \frac{\partial L}{\partial \partial_k u_i}\,\partial_k\dot{u}_i - \frac{\partial L}{\partial \dot{u}_i}\,\ddot{u}_i\right\}.$$

Hier heben sich der erste und letzte Term gegeneinander weg, und im zweiten und dritten Gliede wenden wir die Feldgleichungen (6) an:

$$\frac{\partial \eta}{\partial t} = \sum_i \left\{\dot{u}_i\left[-\sum_k \frac{\partial}{\partial x_k}\,\frac{\partial L}{\partial \partial_k u_i}\right] - \sum_k \frac{\partial L}{\partial \partial_k u_i}\,\partial_k\dot{u}_i\right\}.$$

---

[1] Kontinuitätsgleichungen als Erhaltungssätze sind uns bereits in Band I mehrfach begegnet, so für die Masse bei Strömungen auf S. 139ff. und bei der Diffusion auf S. 164, ferner für die Wärmeenergie bei Problemen der Wärmeleitung auf S. 169ff. Für die elektromagnetische Energie werden wir in Band III, S. 126ff. wieder ganz ähnlich vorgehen.

Die rechte Seite läßt sich jetzt in der Tat als Divergenz schreiben:

$$\frac{\partial \eta}{\partial t} = -\sum_k \frac{\partial}{\partial x_k} \left(\sum_i \dot{u}_i \frac{\partial L}{\partial \partial_k u_i} \right); \tag{20}$$

d. h. die Energiestromdichte hat die Komponenten

$$S_k = \sum_i \dot{u}_i \frac{\partial L}{\partial \partial_k u_i}. \tag{21}$$

Es ist von besonderem Interesse, diese Größe unter dem Gesichtspunkt der Oberflächenbedingung (7) zu betrachten. Die Normalkomponente S_n des Energiestroms durch die freie Oberfläche eines elastischen Körpers verschwindet. Damit haben diese Randbedingungen, die wir in § 12b bereits aus dem Kräftegleichgewicht abgeleitet hatten, auch energetisch eine anschauliche Deutung erhalten.

§ 14. Hydrodynamik zäher Flüssigkeiten

a) Allgemeine Grundgleichungen der Kontinuumsmechanik. Nachdem wir am Beispiel der Elastizitätstheorie etwas Einblick in die Denkweise der Mechanik der Kontinua gewonnen haben, wollen wir einmal zusammenstellen, welches die allgemeinen Sätze sind, die jeder derartigen Theorie zugrunde liegen müssen, und welche speziellen Voraussetzungen, sei es über die Art des Materials, sei es über die Art der Bewegung, sie enthalten.

Der Ausgangspunkt ist die Ersetzung der atomaren („körnigen") Struktur durch den Begriff des Kontinuums, der es ermöglicht, anstelle individueller Teilchenbewegungen *differenzierbare Felder* zu setzen und *Dichtebegriffe* einzuführen. Erfährt ein Teilchen im Kontinuum, das sich zu einer bestimmten Zeit t am Ort $\mathfrak{r}$ befindet, die Verschiebung $\mathfrak{u}(\mathfrak{r}, t)$, so erfährt ein am Ort $\mathfrak{r} + \mathfrak{a}$ befindliches anderes Teilchen zur gleichen Zeit die Verschiebung $\mathfrak{u}(\mathfrak{r} + \mathfrak{a}, t)$. Das Kontinuumsmodell sagt dann — abweichend von der Wirklichkeit — aus, daß es Sinn hat, $\mathfrak{a}$ als kontinuierliche Veränderliche und $\mathfrak{u}$ als eine nach dieser Veränderlichen differenzierbare Funktion des Ortes zu behandeln. Dasselbe gilt für die Geschwindigkeit, die Beschleunigung usw. Hier tritt jedoch eine Zweideutigkeit der Begriffsbildung auf: Wenn wir z. B. von der Geschwindigkeit sprechen, so können wir entweder die Geschwindigkeit an einem festen Ort, d. h. also zu verschiedenen Zeiten die Geschwindigkeit verschiedener Teilchen, die sich gerade dort befinden, betrachten, oder wir können ein bestimmtes Materieteilchen auf seiner Bahn verfolgen und dessen Geschwindigkeit meinen, also zu verschiedenen Zeiten an verschiedenen Orten. Dies gilt nicht nur für die Geschwindigkeit, sondern für jede Größe die zur Beschreibung des Kontinuums herangezogen wird. Ist S irgend eine solche Größe, so kann $S(x, y, z, t)$ entweder *lokal* nach der

Zeit differenziert werden; das ist offenbar die partielle Differentiation $\partial S/\partial t$. Es kann aber auch *substantiell* differenziert werden, d.h. die Koordinaten werden nicht als unabhängig von t, sondern als Funktionen von t behandelt. Der substantielle Differentialquotient nach t ist daher[1]

$$\frac{dS}{dt} = \frac{\partial S}{\partial t} + \frac{\partial S}{\partial x}\frac{dx}{dt} + \frac{\partial S}{\partial y}\frac{dy}{dt} + \frac{\partial S}{\partial z}\frac{dz}{dt}.$$

Da hier dx/dt, dy/dt und dz/dt die Komponenten der Materiegeschwindigkeit $\mathfrak{v}$ sind, können wir auch schreiben

$$\frac{dS}{dt} = \frac{\partial S}{\partial t} + (\mathfrak{v}\cdot\mathrm{grad})\,S. \tag{1}$$

Wenden wir diese Formel z.B. auf das Geschwindigkeitsfeld $\mathfrak{v}(\mathfrak{r},t)$ selbst an, so wird die materielle Beschleunigung

$$\frac{d\mathfrak{v}}{dt} = \frac{\partial \mathfrak{v}}{\partial t} + (\mathfrak{v}\cdot\mathrm{grad})\,\mathfrak{v}. \tag{1'}$$

Der Begriff der *Dichte* ϱ hängt aufs engste hiermit zusammen. In einem endlichen Volumen $\delta\tau$ sei eine endliche Zahl N von Teilchen mit Massen m enthalten; dann ist $\delta m = N m$ die Masse im Volumen $\delta\tau$ und

$$\bar{\varrho} = \frac{\delta m}{\delta\tau} = m N/\delta\tau$$

die „mittlere Massendichte" in $\delta\tau$. Machen wir die Abmessungen von $\delta\tau$ sehr klein gegen alle Teilchenverschiebungen und Linearabmessungen des zu beschreibenden Systems, und ist für ein so kleines Volumen noch immer $N \gg 1$, so können wir als Modellvorstellung die Behauptung zugrundelegen, daß der Grenzwert

$$\varrho = \frac{dm}{d\tau} = \lim_{\delta\tau\to 0}\frac{\delta m}{\delta\tau} \tag{2}$$

existiere. Das gleiche gilt dann offenbar auch für andere Größen, die den Einzelteilchen zugeordnet werden können[2].

Im Rahmen dieses Modells wird der Erhaltungssatz der Materie am bequemsten in der Form des Erhaltungssatzes der Masse als *Kontinuitäts-*

---

[1] Vgl. hierzu auch Band I, S. 139. — Für eine saubere mathematische Beschreibung des Sachverhaltes vgl. auch TRUESDELL u. NOLL, Handbuch der Physik, Band III/3, S. 37ff. Wir definieren ein raumfestes Koordinatensystem x, y, z und ein teilchenfestes X, Y, Z, die eindeutig aufeinander bezogen werden können: $X = X(x, y, z, t)$ usw. Jede Größe S kann dann entweder als Funktion von x, y, z, t oder als Funktion von X, Y, Z, t beschrieben werden. Lokale Ableitungen nach t sind dann solche, bei denen x, y, z, substantielle solche, bei denen X, Y, Z festgehalten werden. Beim Umrechnen der Differentialquotienten aufeinander treten die Geschwindigkeitskomponenten dx/dt usw. auf, die als Ableitungen nach t bei festgehaltenen X, Y, Z, also als materielle Geschwindigkeiten gemeint sind.

[2] Wir werden in § 26 für die kinetische Gastheorie solche Mittelwertbildungen noch ausführlich zu untersuchen haben.

gleichung

$$\text{div}\,(\varrho\mathfrak{v}) + \frac{\partial \varrho}{\partial t} = 0 \tag{3}$$

geschrieben. Die Impulsdichte $\mathfrak{g} = \varrho\mathfrak{v}$ ist identisch mit der Massenstromdichte, d.h. sie ist die durch 1 cm^2 in 1 sec in der Normalenrichtung hindurchtretende Masse[1]. Der Erhaltungssatz kann auch mit Hilfe der substantiellen Ableitung der Dichte,

$$\frac{d\varrho}{dt} = \frac{\partial \varrho}{\partial t} + (\mathfrak{v}\cdot\text{grad})\,\varrho$$

in

$$\varrho\,\text{div}\,\mathfrak{v} + \frac{d\varrho}{dt} = 0 \tag{3'}$$

umgeschrieben werden (Eulersche Form der Kontinuitätsgleichung).

Daß in der Elastizitätstheorie die Gln. (1) und (3) nicht benutzt wurden, hat einen einfachen Grund. Ist ω die Kreisfrequenz, k die Wellenzahl und $c = \omega/k$ die Phasengeschwindigkeit einer elastischen Welle, so gilt größenordnungsmäßig

$$\frac{\partial S}{\partial t} \sim \omega S = kcS; \quad (\mathfrak{v}\cdot\text{grad})\,S \sim vkS.$$

Solange daher $v \ll c$, d.h. die Bewegungsgeschwindigkeit v der Teilchen klein gegen die Fortpflanzungsgeschwindigkeit c der Welle ist, kann in Gl. (1) der Unterschied von lokaler und substantieller Ableitung vernachlässigt werden. Die Kontinuitätsgleichung (3') ist in der Aussage div $\mathfrak{u} = \Theta$ enthalten; denn da Volumen und Dichte umgekehrt proportional zueinander sind ($V\varrho = V_0\varrho_0$), wird die Volumdilatation

$$\Theta = \frac{V - V_0}{V_0} = \frac{V}{V_0} - 1 = \frac{\varrho_0}{\varrho} - 1,$$

d.h.

$$\varrho\,(1 + \text{div}\,\mathfrak{u}) = \varrho_0,$$

woraus durch Differenzieren nach t unter Berücksichtigung von $|\text{div}\,\mathfrak{u}| \ll 1$ Gl. (3') folgt.

Als weitere grundlegende Aussage haben wir die Bewegungsgleichung in der Form

$$\varrho\,\frac{d^2\mathfrak{u}}{dt^2} = \text{Div}\,\boldsymbol{\tau} + \mathfrak{f} \tag{4}$$

kennen gelernt; diese Gleichung besagt lediglich, daß die zu einer Zeit t in einem festen Volumen enthaltene Materiemenge zwei Arten von Kräften unterliegt: den durch die Oberfläche des Volumens von den Nachbargebieten ausgeübten Kräften, welche sich mit Hilfe des Spannungstensors $\boldsymbol{\tau}$ ausdrücken lassen, und den „Volumkräften", welche durch eine Kraftdichte $\mathfrak{f}$ beschrieben werden können.

Es ist möglich, noch einen Schritt weiter zu gehen und in voller Allgemeinheit den Spannungstensor $\boldsymbol{\tau}$ unter Einführung des *Druckes*

$$p = -\tfrac{1}{3}\,\text{spur}\,\boldsymbol{\tau} \tag{5}$$

---

[1] Für die Kontinuitätsgleichung und den Stromdichtebegriff vgl. Band I, S. 139—141.

zu zerlegen:

$$\tau_{ik} = \sigma_{ik} - p\,\delta_{ik}; \tag{6}$$

dann ist

$$\text{spur } \boldsymbol{\sigma} = 0, \tag{7}$$

und $\boldsymbol{\sigma}$ heißt der *Schubtensor*.

Weiterhin ist es stets möglich, aus dem Vektorfeld $\mathfrak{u}(\mathfrak{r}, t)$ der materiellen Verschiebungen durch Differenzieren einen symmetrischen Tensor

$$\gamma_{ik} = \frac{\partial u_i}{\partial x_k} + \frac{\partial u_k}{\partial x_i} \tag{8a}$$

und einen antisymmetrischen Tensor

$$\beta_{ik} = \frac{\partial u_i}{\partial x_k} - \frac{\partial u_k}{\partial x_i} \tag{8b}$$

zu bilden. Eine elementare geometrische Deutung dieser Tensoren, wie wir sie in der Elastizitätstheorie benutzt haben, ist jedoch nur möglich, solange alle neun Differentialquotienten $\partial u_i/\partial x_k$ dem Betrage nach klein gegen Eins bleiben. Die Zerlegung

$$\gamma_{ik} = \varepsilon_{ik} + \tfrac{2}{3}\Theta\delta_{ik} \tag{9a}$$

mit

$$\text{spur } \boldsymbol{\varepsilon} = 0, \quad \text{spur } \boldsymbol{\gamma} = 2\Theta = 2\,\text{div}\,\mathfrak{u} \tag{9b}$$

ist ebenfalls allgemein möglich, nicht aber die Deutung von Θ als Volumdilatation.

In vielen Fällen ist es zweckmäßig, anstelle des Verschiebungsfeldes $\mathfrak{u}(\mathfrak{r}, t)$ das Geschwindigkeitsfeld

$$\mathfrak{v} = \frac{d\mathfrak{u}}{dt} = \frac{\partial\mathfrak{u}}{\partial t} + (\mathfrak{v} \cdot \text{grad})\,\mathfrak{u} \tag{10}$$

zu betrachten; die Bewegungsgleichung (4) wird dann besser in der Form

$$\varrho\,\frac{d\mathfrak{v}}{dt} = \text{Div}\,\boldsymbol{\tau} + \mathfrak{f} \tag{4'}$$

verwendet (CAUCHY, 1828). Mit den bis zu dieser Stelle entwickelten Formeln sind die allgemeinen Möglichkeiten erschöpft.

b) Die Navier-Stokessche Gleichung. In der Elastizitätstheorie bestand der nächste Schritt darin, die Spannungen in Gl. (4) mit Hilfe des Hookeschen Gesetzes, das für einen isotropen Körper (s. S. 114)

$$\sigma_{ik} = G\varepsilon_{ik}; \quad p = -K\Theta \tag{11}$$

lautet, durch die Deformationen auszudrücken. Dieser Zusammenhang ist offenbar nicht mehr allgemein gültig, wenngleich er innerhalb gewisser Grenzen für sehr viele Substanzen in vorzüglicher Näherung zutrifft. Eine charakteristische Abweichung haben wir für anisotrope Substanzen bereits näher untersucht; andere Abweichungen ergeben sich auch bei normalerweise elastischen Körpern, wenn entweder die Deformationen so groß werden, daß nicht mehr $|\partial u_i/\partial x_k| \ll 1$ gilt, oder wenn die Spannungen die Fließgrenze überschreiten (plastisches Verhalten).

Ein Grenzfall, der in der Natur ähnlich wie der vollkommen elastische Körper nur angenähert auftritt, aber besonderes Interesse als Modell beansprucht, ist derjenige der isotropen *Flüssigkeit*. Bei ihr tritt anstelle von Gl. (11)

$$\sigma_{ik} = \eta \, \frac{d\varepsilon_{ik}}{dt}; \quad p = -K\Theta. \tag{12}$$

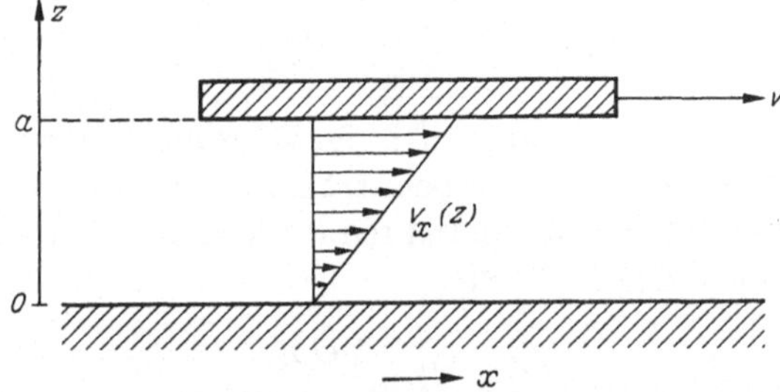

Fig. 23. Eine Couette-Strömung mit linearem Geschwindigkeitsprofil entsteht zwischen zwei gegeneinander bewegten Platten. Der auf die bewegte obere Platte ausgeübte Widerstand ist ein Maß für die Viskosität der Flüssigkeit

Anstelle des Gleitmoduls G müssen wir hier also eine Konstante η einführen, welche nicht die Deformationen, sondern die Deformationsgeschwindigkeiten mit den Spannungen in Zusammenhang bringt.

Der Ansatz (12) geht auf folgendes Grundexperiment zurück (Fig. 23): Eine ebene Platte wird mit der Geschwindigkeit v in x-Richtung bei $z = a$ bewegt; das Gebiet $0 < z < a$ ist von Flüssigkeit erfüllt. Dann haftet die Flüssigkeit an der Platte und am Boden; dazwischen stellt sich ein lineares Geschwindigkeitsprofil ein, wie es Fig. 23 zeigt. Der Bewegung der Platte wirkt dann eine Kraft

$$K_x = -\eta \, \frac{Fv}{a} \tag{13a}$$

entgegen, welche proportional der Fläche F der Platte und ihrer Geschwindigkeit, umgekehrt proportional dem Abstand a der Platte vom Boden ist. Der Koeffizient η ist allein von der Art der Flüssigkeit abhängig und heißt deren *Zähigkeit* oder *Viskosität*, da die Ursache der Kraft in der inneren Reibung der Flüssigkeit liegt, die zwischen zwei mit verschiedener Geschwindigkeit an einander entlang gleitenden Schichten eine Schubspannung erzeugt. Im Beispiel unserer Figur ist eine Schubspannung σ_{31} in x-Richtung in jedem senkrecht zur z-Achse orientierten Querschnitt (parallel zur Grundebene) wirksam; Gl. (13a) kann daher mit $K_x = \sigma_{31} F$ in

$$\sigma_{31} = \eta \, \frac{\partial v_x}{\partial z} = \eta \, \frac{\partial v_1}{\partial x_3}$$

umgeschrieben werden; die Umkehrung des Vorzeichens rührt davon her, daß wir jetzt die von der Platte infolge des Geschwindigkeitsgefälles auf die Flüssigkeit ausgeübte Kraft meinen. Dies entspricht aber als Sonderfall genau der allgemeinen Gl. (12).

Gl. (12) hat eine weitere Konsequenz, die für das Verhalten einer Flüssigkeit charakteristisch ist. Wird die Substanz bewegt, so entstehen Spannungen, die aber keineswegs durch die relativen Verschiebungen benachbarter Materieteilchen gegeneinander bedingt sind. Diese Unterschiede in den Verschiebungen können vielmehr beliebig groß werden, ohne zu wachsenden Spannungen zu führen, solange Θ klein, d.h. die Dichte einigermaßen konstant bleibt. Kommt die Bewegung zur Ruhe, so wird $\sigma = 0$, d.h. eine völlig veränderte Endlage der Flüssigkeit ist genauso spannungsfrei wie die Ausgangslage.

Die zu (12) gehörige Bewegungsgleichung findet man mit

$$\mathrm{Div}\, \tau = \mathrm{Div}\, \sigma - \mathrm{grad}\, p = \eta \, \mathrm{Div}\, \dot{\varepsilon} + K \, \mathrm{grad}\, \Theta.$$

Hier ergibt sich aus (9a)

$$\dot{\varepsilon}_{ik} = \frac{\partial v_i}{\partial x_k} + \frac{\partial v_k}{\partial x_i} - \frac{2}{3} \, \dot{\Theta} \, \delta_{ik},$$

woraus

$$\mathrm{Div}_i \dot{\varepsilon} = \sum_k \frac{\partial \dot{\varepsilon}_{ik}}{\partial x_k} = \Delta v_i + \frac{\partial}{\partial x_i} \, \mathrm{div}\, \mathfrak{v} - \frac{2}{3} \, \frac{\partial \dot{\Theta}}{\partial x_i},$$

d.h. mit (9b)

$$\mathrm{Div}\, \dot{\varepsilon} = \Delta \mathfrak{v} + \tfrac{1}{3} \, \mathrm{grad}\, \mathrm{div}\, \mathfrak{v}$$

folgt, so daß die Bewegungsgleichung (4') die Form

$$\varrho \, \frac{d\mathfrak{v}}{dt} = \eta \left(\Delta \mathfrak{v} + \frac{1}{3} \, \mathrm{grad}\, \mathrm{div}\, \mathfrak{v} \right) - \mathrm{grad}\, p + \mathfrak{f} \qquad (14)$$

annimmt. Diese Beziehung heißt die *Navier-Stokessche Gleichung*.

Wir geben eine einfache Anwendung der Navier-Stokesschen Gleichung auf die *stationäre Strömung in einem zylindrischen Rohr* vom Radius a. Ist die Strömung stationär, so ist $d\mathfrak{v}/dt = 0$. Das Rohr möge horizontal liegen, so daß der Einfluß der Schwerkraft unberücksichtigt bleiben kann $(\mathfrak{f} = 0)$. Führen wir Zylinderkoordinaten r und z derart ein, daß die Rohrachse zur z-Achse wird, so hat $\mathfrak{v}$ nur eine von r allein abhängige z-Komponente. Daher wird $\mathrm{div}\, \mathfrak{v} = 0$ und von den drei Komponenten der Vektorgleichung (14) bleibt allein die z-Komponente übrig, welche lautet:

$$0 = \eta\left(\frac{d^2v}{dr^2} + \frac{1}{r}\frac{dv}{dr}\right) - \frac{d\mathsf{p}}{dz}.$$

oder

$$\eta\,\frac{1}{r}\frac{d}{dr}\left(r\,\frac{dv}{dr}\right) = \frac{d\mathsf{p}}{dz}.$$

Hieraus erhält man durch zweimalige Quadratur mit der Randbedingung $v(a) = 0$, d.h. bei vollkommenem Haften der Flüssigkeit an der Rohrwandung,

$$v(r) = -\frac{1}{4\eta}\frac{d\mathsf{p}}{dz}(a^2 - r^2). \tag{15}$$

Man beachte, daß sich $v > 0$ (Geschwindigkeit in positiver z-Richtung) ergibt, wenn $d\mathsf{p}/dz < 0$ ist, was ja auch anschaulich klar ist. Man bezeichnet den Ausdruck (15) als „parabolisches Geschwindigkeitsprofil" der Strömung. Der Durchfluß, d.h. die durch irgendeinen Querschnitt pro Zeiteinheit hindurchtretende Masse [g/sec],

$$Q = \varrho \cdot 2\pi \int_0^a dr\, r\, v(r)$$

ergibt sich aus (15) zu

$$Q = \frac{\pi}{8}\frac{\eta}{\varrho}a^4 \cdot \left|\frac{d\mathsf{p}}{dz}\right|. \tag{16}$$

Dies Gesetz wurde bereits 1839/40 von HAGEN und POISEUILLE entdeckt und nach ihnen benannt[1]. Es gibt zugleich eine einfache Methode zur Messung der Viskosität η. Die hier eingehende Kombination

$$\nu = \frac{\eta}{\varrho} \tag{17}$$

heißt die *kinematische Zähigkeit* (Dimensionen: $[\eta] = \mathrm{g\ cm^{-1}\ sec^{-1}}$, $[\nu] = \mathrm{cm^2\ sec^{-1}}$, Einheit von η: 1 Poise).

Die Erfahrung lehrt, daß bei kleinen Zähigkeiten, großen Rohrdurchmessern und hohen Geschwindigkeiten die hier beschriebene geordnete oder *laminare Strömung* instabil wird. Die Haftbedingung $v(a) = 0$ wird dann nicht mehr erfüllt und von der Wandung her beginnt die Strömung in eine unregelmäßig wirbelnde, *turbulente Strömung* umzuschlagen. Ein Kriterium dafür, ob unter bestimmten Verhältnissen laminares oder turbulentes Verhalten zu erwarten ist, gibt die Größe der dimensionslosen *Reynoldsschen Zahl*

$$\mathscr{R} = \frac{a\,v}{\nu}; \tag{18}$$

---

[1] Zur Namengebung vgl. L. PRANDTL: Strömungslehre, 2. Aufl., Braunschweig 1944, S. 93f., wo auch die Originalliteratur zitiert ist.

überschreitet diese einen kritischen Wert von etwa 2000, so wird die Strömung turbulent[1].

c) Die Widerstandsformel von Stokes. Wir nehmen der Reihe nach einige Vereinfachungen an der Navier-Stokesschen Gleichung vor. Zunächst wollen wir annehmen, daß die Flüssigkeit unter wechselndem Druck in der Strömung keine spürbaren Dichteveränderungen erfährt (inkompressible Flüssigkeit). Ist ϱ konstant, so vereinfacht sich die Kontinuitätsgleichung (3) zu

$$\operatorname{div} \mathfrak{v} = 0. \tag{19}$$

Gl. (14) läßt sich dann umschreiben in

$$\varrho\,\frac{d\mathfrak{v}}{dt} = -\eta\,\operatorname{rot\,rot}\mathfrak{v} - \operatorname{grad} p + \mathfrak{f}.$$

Zerlegen wir auf der linken Seite gemäß (1'), so bezeichnet

$$\frac{\partial \mathfrak{v}}{\partial t} = 0$$

eine *stationäre Strömung:* An jedem Ort bleibt die Geschwindigkeit im Laufe der Zeit unverändert. Gl. (14) vereinfacht sich dann weiter zu

$$\varrho\,(\mathfrak{v}\cdot\operatorname{grad})\,\mathfrak{v} = -\eta\,\operatorname{rot\,rot}\mathfrak{v} - \operatorname{grad} p + \mathfrak{f}.$$

Ist die Geschwindigkeit klein genug, so können wir die linke Seite gleich Null setzen; dies bedeutet, daß die von der örtlichen Verschiedenheit der Geschwindigkeit, also von der Krümmung der Stromlinien, herrührende Zentrifugalkraft gegen die innere Reibung vernachlässigt werden kann. Ist a die Linearabmessung eines umströmten Hindernisses, so wird dies erreicht, wenn

$$\varrho\,\frac{v^2}{a} \ll \eta\,\frac{v}{a^2},$$

bzw., wenn nach Gl. (17) und (18) die Reynoldssche Zahl

$$\mathscr{R} = \frac{\varrho\,a\,v}{\eta} \ll 1$$

ist. Eine solche, für den Fall großer Zähigkeit typische Strömung nennt man auch eine *schleichende Strömung.* Anstelle von (14) tritt dann

$$\eta\,\operatorname{rot\,rot}\mathfrak{v} = -\operatorname{grad} p + \mathfrak{f}. \tag{20}$$

Ferner wollen wir als einzige Volumkraft die Schwerkraft einführen; dann ist $\mathfrak{f} = \varrho\,\mathfrak{g}$, wobei $\mathfrak{g}$ die konstante Feldstärke des Schwerefeldes ist.

---

[1] Der kritische Wert hängt stark von der Form des Einlaufs ab; setzt das Rohr etwa mit einer scharfen Kante an ein Gefäß an, so ist $\mathscr{R}_{\mathrm{krit}} \approx 1400$, rundet man die Kante gut ab, so läßt sich $\mathscr{R}_{\mathrm{krit}}$ bis in die Gegend von 20000 erhöhen.

Für eine inkompressible Strömung wird also $\mathfrak{f}$ konstant, so daß durch Divergenzbildung aus Gl. (20) sofort folgt

$$\Delta p = 0. \tag{21}$$

Setzen wir nun an

$$p = p' + (\mathfrak{f} \cdot \mathfrak{r}),$$

so wird

$$\operatorname{grad} p = \operatorname{grad} p' + \mathfrak{f}$$

und

$$\Delta p = \Delta p',$$

d.h. wir können die Gln. (20) und (21) ersetzen durch

$$\eta \operatorname{rot} \operatorname{rot} \mathfrak{v} = - \operatorname{grad} p' \tag{20'}$$

und

$$\Delta p' = 0. \tag{21'}$$

Im folgenden behandeln wir das durch (20') und (21') definierte homogene Problem, wobei wir statt p' wieder einfach p schreiben.

Wir schränken nun noch weiter ein und behandeln eine schleichende inkompressible Strömung, welche rotationssymmetrisch um die z-Achse ist. Bei Einführung von Kugelkoordinaten r, ϑ, φ heißt das, daß $v_\varphi = 0$ ist und die drei Ortsfunktionen v_r, v_ϑ und p nur von r und ϑ, aber nicht von φ abhängen $(\partial/\partial\varphi = 0)$. Nach bekannten Formeln der Vektoranalysis[1] wird dann aus Gl. (19)

$$\frac{1}{r^2}\,\frac{\partial}{\partial r}\,(r^2 v_r) + \frac{1}{r \sin\vartheta}\,\frac{\partial}{\partial\vartheta}\,(\sin\vartheta\, v_\vartheta) = 0 \tag{22}$$

und von Gl. (20') bleiben nur die r- und ϑ-Komponenten übrig:

$$\frac{\eta}{r^2 \sin\vartheta}\,\frac{\partial}{\partial\vartheta}\left\{\sin\vartheta\left[\frac{\partial}{\partial r}\,(r\,v_\vartheta) - \frac{\partial v_r}{\partial\vartheta}\right]\right\} = -\,\frac{\partial p}{\partial r}\,; \tag{23}$$

$$-\,\frac{\eta}{r}\,\frac{\partial}{\partial r}\left[\frac{\partial}{\partial r}\,(r\,v_\vartheta) - \frac{\partial v_r}{\partial\vartheta}\right] = -\,\frac{1}{r}\,\frac{\partial p}{\partial\vartheta}\,. \tag{24}$$

---

[1] Für ein beliebiges Vektorfeld $\mathfrak{v}\,(r,\vartheta,\varphi)$ gilt

$$\operatorname{rot}_r \mathfrak{v} = \frac{1}{r \sin\vartheta}\left\{\frac{\partial}{\partial\vartheta}\,(\sin\vartheta\, v_\varphi) - \frac{\partial v_\vartheta}{\partial\varphi}\right\};$$

$$\operatorname{rot}_\vartheta \mathfrak{v} = \frac{1}{r}\left\{\frac{1}{\sin\vartheta}\,\frac{\partial v_r}{\partial\varphi} - \frac{\partial}{\partial r}\,(r v_\varphi)\right\};$$

$$\operatorname{rot}_\varphi \mathfrak{v} = \frac{1}{r}\left\{\frac{\partial}{\partial r}\,(r v_\vartheta) - \frac{\partial v_r}{\partial\vartheta}\right\}$$

und

$$\operatorname{div}\mathfrak{v} = \frac{1}{r^2}\,\frac{\partial}{\partial r}\,(r^2 v_r) + \frac{1}{r \sin\vartheta}\,\frac{\partial}{\partial\vartheta}\,(\sin\vartheta\, v_\vartheta) + \frac{1}{r \sin\vartheta}\,\frac{\partial v_\varphi}{\partial\varphi}\,.$$

In unserem Fall hat $\operatorname{rot}\mathfrak{v}$ nur eine φ-Komponente.

Zur Behandlung dieser Differentialgleichungen gehen wir so vor, daß wir v_ϑ aus (23) mit Hilfe der Divergenzgleichung (22) zunächst eliminieren. Multiplizieren wir nämlich Gl. (22) mit r^2 und differenzieren sodann nach r, so erhalten wir

$$\frac{\partial^2}{\partial r^2}\left(r^2 v_r\right) = -\frac{1}{\sin\vartheta}\,\frac{\partial}{\partial\vartheta}\left(\sin\vartheta\,\frac{\partial}{\partial r}\left(r\,v_\vartheta\right)\right),$$

und die rechte Seite dieser Beziehung ist gerade im ersten Term von (23) enthalten:

$$\frac{\eta}{r^2}\left\{\frac{\partial^2}{\partial r^2}\left(r^2 v_r\right) + \frac{1}{\sin\vartheta}\,\frac{\partial}{\partial\vartheta}\left(\sin\vartheta\,\frac{\partial v_r}{\partial\vartheta}\right)\right\} = \frac{\partial p}{\partial r}. \tag{25}$$

Wir erinnern uns nun erstens daran, daß die rotationssymmetrischen Lösungen der Potentialgleichung (21′), welche im Unendlichen nicht über alle Grenzen wachsen, durch

$$p = p_0 + \sum_{l=0}^{\infty} c_l\, r^{-(l+1)}\, P_l(\cos\vartheta) \tag{26}$$

vollständig beschrieben werden[1], und zweitens daran, daß die Legendreschen Polynome $P_l(\cos\vartheta)$ die einfachsten Kugelfunktionen sind und der Differentialgleichung

$$\frac{1}{\sin\vartheta}\,\frac{d}{d\vartheta}\left(\sin\vartheta\,\frac{dP_l}{d\vartheta}\right) = -l(l+1)\,P_l \tag{27}$$

genügen. Berücksichtigen wir dies beides in Gl. (25), so kommen wir zwanglos zu dem Ansatz

$$v_r(r,\vartheta) = \sum_{l=0}^{\infty} f_l(r)\, P_l(\cos\vartheta). \tag{28}$$

In der Kontinuitätsgleichung (22) ist das erste Glied dann eine Entwicklung nach den P_l; das zweite Glied läßt sich nach (27) genauso schreiben, wenn wir

$$v_\vartheta(r,\vartheta) = \sum_{l=1}^{\infty} g_l(r)\, \frac{dP_l}{d\vartheta} \tag{29}$$

ansetzen.

---

[1] Man erhält das z. B. aus der Lösung von $\Delta u + k^2 u = 0$, Band I, S. 143—152, welche lautet:

$$u = \sum_l r^{-\frac{1}{2}}\left\{C_l^{(1)} J_{l+\frac{1}{2}}(k r) + C_l^{(2)} J_{-(l+\frac{1}{2})}(k r)\right\} P_l(\cos\vartheta),$$

indem man mit $k \to 0$ geht. Dann wird $J_{\pm(l+\frac{1}{2})}(k r) \sim r^{\pm(l+\frac{1}{2})}$, und die Lösung von $\Delta u = 0$ lautet

$$u(r,\vartheta) = \sum_l (A_l r^l + B_l r^{-l-1}) P_l(\cos\vartheta).$$

Vgl. auch Band III, S. 31. — Die Kugelfunktionen P_l wurden in Band I, S. 144 ff. eingeführt, vgl. dort insbesondere die Differentialgleichung (26) auf S. 145 für $m = 0$.

Mit den Ansätzen (26), (28) und (29) gehen die Gln. (22), (25) und (24) über in

$$\sum_l \left\{ \frac{1}{r} \frac{d}{dr} (r^2 f_l) - l(l+1) g_l \right\} P_l = 0; \tag{22'}$$

$$\frac{\eta}{r^2} \sum_l \left\{ \frac{d^2}{dr^2} (r^2 f_l) - l(l+1) f_l \right\} P_l = - \sum_l (l+1) c_l r^{-(l+2)} P_l; \tag{25'}$$

$$\eta \sum_l \left\{ \frac{d^2}{dr^2} (r g_l) - \frac{df_l}{dr} \right\} \frac{dP_l}{d\vartheta} = \sum_l c_l r^{-(l+1)} \frac{dP_l}{d\vartheta} . \tag{24'}$$

In allen drei Gleichungen stehen jetzt links und rechts die gleichen Kugelfunktionsreihen, die wir daher gliedweise einander gleichsetzen können. Auf diese Weise entstehen aus (25') für die f_l die Differentialgleichungen

$$\frac{\eta}{r^2} \left\{ \frac{d^2}{dr^2} (r^2 f_l) - l(l+1) f_l \right\} = - (l+1) c_l r^{-(l+2)}, \tag{25''}$$

deren Lösung wir uns zunächst zuwenden. Der Ansatz $f = C r^n$ ergibt beim Einsetzen in (25''):

$$C \eta \{ (n+2)(n+1) - l(l+1) \} r^{n-2} = - (l+1) c_l r^{-(l+2)}.$$

Die allgemeine Lösung der homogenen Gleichung zu (25'') — für $c_l = 0$ — erhält man, wenn links die Klammer verschwindet, d.h. wenn entweder $n = l - 1$ oder $n = -(l+2)$ ist. Eine spezielle Lösung der inhomogenen Gleichung (25'') — für $c_l \neq 0$ — erhält man, wenn links und rechts dieselbe Potenz von r steht, d.h. wenn $n = -l$ wird, mit

$$C = \frac{c_l}{2\eta} \frac{l+1}{2l-1} .$$

Die vollständige Lösung von (25'') ist daher

$$f_l(r) = \frac{c_l}{2\eta} \frac{l+1}{2l-1} r^{-l} + A_l r^{l-1} + B_l r^{-(l+2)} \tag{30}$$

mit zwei willkürlichen Konstanten A_l und B_l. Nunmehr können wir aus (22') für $l \geq 1$ auch g_l entnehmen:

$$g_l(r) = - \frac{c_l}{2\eta} \frac{l-2}{l(2l-1)} r^{-l} + A_l \frac{1}{l} r^{l-1} - B_l \frac{1}{l+1} r^{-(l+2)}; \tag{31}$$

für $l = 0$ folgt jedoch aus (22')

$$\frac{d}{dr} (r^2 f_0) = 0, \quad \text{d.h.} \quad f_0 \sim r^{-2},$$

also $A_0 = 0$ und $c_0 = 0$, was mit (25'') für $l = 0$ übereinstimmt. Setzt man die Ausdrücke (30) und (31) in Gl. (24') ein, so ergibt sich Identität. Dies hängt damit zusammen, daß wir bereits Gl. (21) in unsere Lösung hineingesteckt haben, die ja aus allen Komponenten der Bewegungsgleichung abgeleitet war.

Als nächstes formulieren wir nun die Randbedingungen, d.h. wir spezialisieren auf eine bestimmte Störung. Wir wollen den wichtigen Fall einer umströmten Kugel behandeln; dann muß an der Kugeloberfläche $r = a$ sowohl v_r als v_ϑ verschwinden. Da aber nach (28) und (29) beide Größen noch Funktionen des Ortes ϑ auf der Kugel sind, müssen für alle l sämtliche

$$f_l(a) = 0 \quad \text{und} \quad g_l(a) = 0 \tag{32}$$

werden. Wird nun die Kugel parallel zur z-Achse angeströmt, so tritt eine Bedingung für das asymptotische Verhalten des Geschwindigkeitsfeldes hinzu: Für $r \to \infty$ muß

$$v_r \to v \cos \vartheta = v P_1; \quad v_\vartheta \to - v \sin \vartheta = v \frac{d P_1}{d\vartheta} \tag{33}$$

geben. Die Bedingungen (32) und (33) machen die Lösung eindeutig. Zunächst sieht man, daß alle A_l für $l \geq 2$ verschwinden müssen, da die Geschwindigkeitskomponenten sonst für $r \to \infty$ über alle Grenzen wachsen würden. Für $l \geq 2$ lauten daher die Bedingungen (32):

$$- \frac{c_l a^2}{2\eta} \frac{l+1}{2l-1} = B_l; \qquad - \frac{c_l a^2}{2\eta} \frac{(l-2)(l+1)}{l(2l-1)} = B_l.$$

Die beiden Ausdrücke für B_l unterscheiden sich voneinander um den Faktor $(l-2)/l$, widersprechen also einander, außer wenn $B_l = 0$ und $c_l = 0$ ist. Es verbleiben daher nur Beiträge mit $l = 0$ und $l = 1$, d.h.

$$v_r(r, \vartheta) = \left\{ - \frac{c_0}{2\eta} + \frac{B_0}{r^2} \right\} + \left\{ \frac{c_1}{\eta} r^{-1} + A_1 + \frac{B_1}{r^3} \right\} \cos \vartheta;$$

$$v_\vartheta(r, \vartheta) = - \left\{ \frac{c_1}{2\eta} r^{-1} + A_1 - \frac{B_1}{2 r^3} \right\} \sin \vartheta.$$

Die Randbedingung (33) führt auf $A_1 = v$ und $c_0 = 0$; letztere Bedingung hatten wir schon oben abgeleitet. — Wir haben nun noch keinen Gebrauch von (32) für $l = 0$ und $l = 1$ gemacht:

$$B_0 = 0; \quad \frac{c_1}{\eta a} + v + \frac{B_1}{a^3} = 0; \quad \frac{c_1}{2\eta a} + v - \frac{B_1}{2 a^3} = 0.$$

Die beiden letzten Relationen gestatten die eindeutige Berechnung von c_1 und B_1:

$$\frac{c_1}{\eta a} = - \frac{3}{2} v; \quad \frac{B_1}{a^3} = \frac{1}{2} v.$$

Damit sind alle Konstanten festgelegt, und die Lösung lautet:

$$p = p_0 - \frac{3}{2}\,\eta\,a\,v\,\frac{\cos\vartheta}{r^2}\,;$$

$$v_r = v\cos\vartheta\left\{1 - \frac{3}{2}\,\frac{a}{r} + \frac{1}{2}\,\frac{a^3}{r^3}\right\};$$

$$v_\vartheta = -v\sin\vartheta\left\{1 - \frac{3}{4}\,\frac{a}{r} - \frac{1}{4}\,\frac{a^3}{r^3}\right\}.$$

(34)

Bei der durch (34) beschriebenen schleichenden Strömung um eine Kugel vom Radius a ist von besonderem Interesse *die von der Strömung auf die Kugel ausgeübte Kraft*. Es ist klar, daß diese Kraft in die Strömungsrichtung, also in die positive z-Richtung weist, so daß es genügt, die Resultierende aller durch die Oberflächenelemente dF der Kugel übertragenen Spannungskräfte in dieser Richtung zu bilden (vgl. Fig. 24):

$$K = \int dF\,(\tau_{rr}\cos\vartheta - \tau_{r\vartheta}\sin\vartheta).$$

(35)

Nun ist

$$\tau_{rr} = \sigma_{rr} - p = \eta\,\dot\varepsilon_{rr} - p;\qquad \tau_{r\vartheta} = \sigma_{r\vartheta} = \eta\,\dot\varepsilon_{r\vartheta}$$

und

$$\dot\varepsilon_{rr} = 2\,\frac{\partial v_r}{\partial r} = 2v\cos\vartheta\left(\frac{3}{2}\,\frac{a}{r^2} - \frac{3}{2}\,\frac{a^3}{r^4}\right);$$

$$\dot\varepsilon_{r\vartheta} = \frac{\partial v_\vartheta}{\partial r} - \frac{1}{r}\,v_\vartheta + \frac{1}{r}\,\frac{\partial v_r}{\partial\vartheta}$$

$$= -v\sin\vartheta\left\{\left(\frac{3}{4}\,\frac{a}{r^2} + \frac{3}{4}\,\frac{a^3}{r^4}\right) - \right.$$

$$- \frac{1}{r}\left(1 - \frac{3}{4}\,\frac{a}{r} - \frac{1}{4}\,\frac{a^3}{r^3}\right) +$$

$$\left. + \frac{1}{r}\left(1 - \frac{3}{2}\,\frac{a}{r} + \frac{1}{2}\,\frac{a^3}{r^3}\right)\right\}.$$

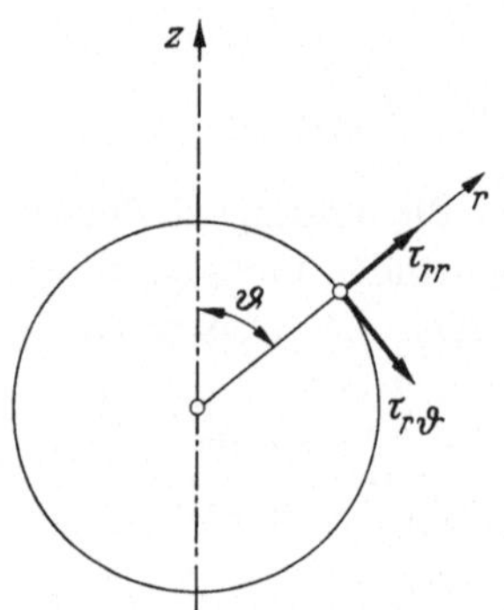

Fig. 24. Spannungskomponenten an der Oberfläche einer von einer zähen Flüssigkeit umströmten Kugel

An der Kugeloberfläche $r = a$ wird hiernach insbesondere

$$\dot\varepsilon_{rr} = 0;\qquad p = p_0 - \frac{3}{2}\,\frac{\eta v}{a}\cos\vartheta;\qquad \dot\varepsilon_{r\vartheta} = -\frac{3}{2}\,\frac{v}{a}\sin\vartheta,$$

so daß sich im ganzen

$$K = \int dF\left\{\left(-p_0 + \frac{3}{2}\,\frac{\eta v}{a}\cos\vartheta\right)\cos\vartheta + \frac{3}{2}\,\frac{\eta v}{a}\sin^2\vartheta\right\}$$

ergibt. Für die Kugel ist $dF = 2\pi a^2\sin\vartheta\,d\vartheta$; der Term mit p_0 trägt zum Integral nichts bei, und es bleibt

$$K = \int dF\cdot\frac{3}{2}\,\frac{\eta v}{a}\,(\cos^2\vartheta + \sin^2\vartheta) = \frac{3}{2}\,\frac{\eta v}{a}\cdot 4\pi a^2,$$

d.h. es ergibt sich als Kraft auf die Kugel

$$K = 6\pi\eta\,a\,v.$$

(36)

Das ist die bekannte *Stokessche Formel* für die Reibungskraft, die gewöhnlich auf den Fall angewandt wird, daß sich die Kugel in negativer z-Richtung durch ein zähes Medium bewegt[1]; dieser Fall geht durch den Übergang zu einem mit konstanter Geschwindigkeit $v_z = -v$ bewegten Koordinatensystem (durch eine Galilei-Transformation) aus unserer Untersuchung hervor, bei dem bekanntlich in der klassischen Mechanik alle Kräfte und Beschleunigungen invariant bleiben.

§ 15. Hydrodynamik vollkommener Flüssigkeiten

a) Allgemeine Theorie. Eulersche Gleichung. Eine Flüssigkeit wird als *ideal* oder *vollkommen* (englisch: perfect fluid) bezeichnet, wenn der Schubtensor

$$\sigma_{ik} = 0 \tag{1}$$

ist, d.h. wenn sie einer scherenden Verformung keinen Widerstand entgegensetzt. Dann reduziert sich der Spannungstensor τ auf den Kugeltensor

$$\tau_{ik} = -p\,\delta_{ik}$$

und die Cauchysche Bewegungsgleichung (4') auf

$$\varrho\,\frac{d\mathfrak{v}}{dt} = -\operatorname{grad} p \mid \mathfrak{f}. \tag{2}$$

Dieser Sonderfall wird auch als *Eulersche Bewegungsgleichung* bezeichnet; der Unterschied zu Gl. (14) von § 14 besteht offenbar darin, daß $\eta = 0$ gesetzt ist. Da dies nach Gl. (18) von § 14 große Reynoldssche Zahlen zur Folge hat, bei denen stets die Gefahr des Umschlagens in turbulente Strömung besteht, ist die konkrete Anwendbarkeit von Gl. (2) erheblich eingeschränkt. Auf der anderen Seite hat sich im 19. Jahrhundert ein großer Teil der mathematischen Methoden der Hydrodynamik an diesem reibungsfreien Modell einer Flüssigkeit entwickelt, so daß es zweckmäßig ist, darauf im Zusammenhang dieses Buches einzugehen.

In den meisten Fällen, insbesondere im Schwerefeld der Erde ($\mathfrak{f} = \varrho\,\mathfrak{g}$) läßt sich die Kraftdichte in der Form

$$\mathfrak{f} = -\varrho \operatorname{grad} U \tag{3}$$

---

[1] Im Anhang von Band I haben wir auf S. 210 für ein charakteristisches Beispiel davon Gebrauch gemacht. In der Atomphysik hat die Stokessche Formel als Hilfsmittel beim Millikanschen Tröpfchenversuch zur Messung der elektrischen Elementarladung neue Bedeutung erlangt. Hierbei wird oft noch die sogenannte Cunninghamsche Korrektur notwendig, welche der Tatsache Rechnung trägt, daß der Versuch mit extrem kleinen Tröpfchen in Gasen (Luft) ausgeführt wird, bei denen die freie Weglänge mit dem Durchmesser vergleichbar wird. Eine weitere Korrektur zur Berücksichtigung des vernachlässigten Gliedes $\varrho\,(\mathfrak{v} \cdot \operatorname{grad})\mathfrak{v}$ hat OSEEN angegeben.

schreiben. Formen wir $d\mathfrak{v}/dt$ um gemäß

$$\frac{d\mathfrak{v}}{dt} = \frac{\partial \mathfrak{v}}{\partial t} + (\mathfrak{v} \cdot \operatorname{grad})\mathfrak{v} = \frac{\partial \mathfrak{v}}{\partial t} + \frac{1}{2}\operatorname{grad} v^2 - \mathfrak{v} \times \operatorname{rot} \mathfrak{v}, \tag{4}$$

so können wir die Eulersche Gleichung (2) in die Gestalt

$$\frac{\partial \mathfrak{v}}{\partial t} = \mathfrak{v} \times \operatorname{rot} \mathfrak{v} - \operatorname{grad}\left(\int \frac{d\mathfrak{p}}{\varrho} + U + \frac{1}{2} v^2\right) \tag{5}$$

bringen. Ist die Strömung stationär ($\partial \mathfrak{v}/\partial t = 0$) und wirbelfrei ($\operatorname{rot} \mathfrak{v} = 0$), so verschwindet also der Gradient in (5), d.h. die Größe

$$W = \int \frac{d\mathfrak{p}}{\varrho} + U + \frac{1}{2} v^2 \tag{6}$$

hat an allen Orten den gleichen Wert. Dieser Satz wird als der *Bernoullische Satz* bezeichnet (DANIEL BERNOULLI, 1738). Ist die Strömung zwar stationär, aber nicht wirbelfrei, so bleibt W längs jeder Stromlinie konstant, da der Vektor $\mathfrak{v} \times \operatorname{rot} \mathfrak{v}$ senkrecht auf den Stromlinien steht (die ja überall die Richtung von $\mathfrak{v}$ haben); W hat dann aber von Stromlinie zu Stromlinie verschiedene Werte.

Wir führen nun zwei nützliche Begriffe ein: Als *Vortizität* bezeichnen wir den Vektor

$$\mathfrak{w} = \operatorname{rot} \mathfrak{v}; \tag{7}$$

das Vektorfeld $\mathfrak{w}$ heißt das Wirbelfeld und seine Feldlinien die *Wirbellinien*. Da $\operatorname{div} \mathfrak{w} = 0$ ist, müssen die Wirbellinien geschlossene Kurven sein. Bilden wir von Gl. (5) die Rotation, so entsteht eine Differentialgleichung für die Vortizität:

$$\frac{\partial \mathfrak{w}}{\partial t} = \operatorname{rot}(\mathfrak{v} \times \mathfrak{w}). \tag{8}$$

Andererseits folgt aus Gl. (1) von § 14 und aus allgemeinen Rechenregeln der Vektoranalysis:

$$\frac{d\mathfrak{w}}{dt} = \frac{\partial \mathfrak{w}}{\partial t} + (\mathfrak{v} \cdot \operatorname{grad})\mathfrak{w}$$

$$= \frac{\partial \mathfrak{w}}{\partial t} + (\mathfrak{w} \cdot \operatorname{grad})\mathfrak{v} - \operatorname{rot}(\mathfrak{v} \times \mathfrak{w}) + \mathfrak{v} \operatorname{div} \mathfrak{w} - \mathfrak{w} \operatorname{div} \mathfrak{v}.$$

Mit $\operatorname{div} \mathfrak{w} = 0$ und Gl. (8) erhält man also

$$\frac{d\mathfrak{w}}{dt} = (\mathfrak{w} \cdot \operatorname{grad})\mathfrak{v} - \mathfrak{w} \operatorname{div} \mathfrak{v}.$$

Benutzen wir nun für $\operatorname{div} \mathfrak{v}$ die Eulersche Form [Gl. (3′) von § 14] der Kontinuitätsgleichung, so geht dieser Ausdruck durch eine elementare Umformung über in

$$\frac{d}{dt}\left(\frac{\mathfrak{w}}{\varrho}\right) = \left(\frac{\mathfrak{w}}{\varrho} \cdot \operatorname{grad}\right)\mathfrak{v}. \tag{9}$$

Diese von NANSON 1874 zuerst aufgestellte Differentialgleichung für das Vektorfeld $\mathfrak{w}/\varrho$ geht für den Fall der inkompressiblen Strömung, $\varrho = \text{constans}$, in

$$\frac{d\mathfrak{w}}{dt} = (\mathfrak{w} \cdot \text{grad}) \, \mathfrak{v} \tag{9'}$$

über, eine Beziehung die schon 1858 von HELMHOLTZ angegeben wurde und von ihm als Ausgangspunkt zur Herleitung der Wirbelsätze benutzt wurde.

Zu diesen Sätzen gelangt man jedoch schneller auf einem etwas anderen Wege: Wir bedienen uns des 1869 von THOMSON (Lord KELVIN) eingeführten Begriffes der *Zirkulation*:

$$\Gamma = \oint \mathfrak{v} \cdot d\mathfrak{s}, \tag{10}$$

d.h. also des über einen geschlossenen Weg erstreckten Linienintegrals der Strömungsgeschwindigkeit. Wir wollen diesen Weg dabei speziell so wählen, daß er zu allen Zeiten durch dieselben Flüssigkeitsteilchen hindurchläuft, d.h. so, daß er sich mit der Flüssigkeit mitbewegt. Beschreiben wir die Punkte des Integrationsweges durch einen Parameter λ, ist also $\mathfrak{r} = \mathfrak{r}(t, \lambda)$ mit $0 < \lambda \leqq 1$ der Integrationsweg, so können wir Gl. (10) auch schreiben

$$\Gamma = \int\limits_0^1 d\lambda \left(\mathfrak{v} \cdot \frac{\partial \mathfrak{r}}{\partial \lambda}\right).$$

Differenzieren wir diese Gleichung substantiell nach t, so ist diese Differentiation mit der Integration nach dem von t unabhängigen Parameter λ vertauschbar, also

$$\frac{d\Gamma}{dt} = \int\limits_0^1 d\lambda \left\{\frac{d\mathfrak{v}}{dt} \cdot \frac{\partial \mathfrak{r}}{\partial \lambda} + \mathfrak{v} \cdot \frac{\partial \mathfrak{v}}{\partial \lambda}\right\} = \oint \frac{d\mathfrak{v}}{dt} \cdot d\mathfrak{s} + \int\limits_0^1 d\lambda \frac{\partial}{\partial \lambda}\left(\frac{v^2}{2}\right).$$

Das zweite Integral muß verschwinden, da der Weg geschlossen und v^2 eine eindeutige Funktion des Ortes ist; für $\lambda = 0$ und $\lambda = 1$, d.h. für den gleichen Punkt im Raume, hat v^2 denselben Wert. Das erste Integral verschwindet ebenfalls unter der Voraussetzung (3), weil dann die Eulersche Bewegungsgleichung in der Form

$$\frac{d\mathfrak{v}}{dt} = - \text{grad}\left(\int \frac{dp}{\varrho} + U\right), \tag{2'}$$

also $d\mathfrak{v}/dt$ als reiner Gradient geschrieben werden kann. Für eine vollkommene Flüssigkeit und Potentialkräfte $\mathfrak{f}$ wird daher

$$\frac{d\Gamma}{dt} = 0, \tag{11}$$

d.h. die *Zirkulation ist eine substantielle Konstante der Bewegung*.

Betrachten wir nun nur solche geschlossenen Integrationswege in (10), über die sich eine vollständig von Flüssigkeit ausgefüllte Fläche spannen läßt, die also nicht ein unendlich ausgedehntes Hindernis umschließen, so können wir (10) auch nach dem Stokesschen Satz

$$\Gamma = \int df \, \text{rot}_n \mathfrak{v} = \int df \, w_n \tag{12}$$

als Integral über die umschlossene Fläche schreiben ($df =$ Flächenelement): Der Wirbelfluß durch eine materiefeste, also mitbewegte Fläche bleibt daher konstant und ist gleich der Zirkulation um diese Fläche. Diese Aussage ist natürlich nicht mehr statthaft, wenn der Integrationsweg ein unendlich ausgedehntes Hindernis umschlingt und daher der Stokessche Satz auf ihn nicht anwendbar ist. Daher kann in einer wirbelfreien Strömung ($w = 0$) die Zirkulation um ein solches Hindernis von Null verschieden sein.

Ist zu irgendeinem Zeitpunkt in der Flüssigkeit überall $w = 0$, die Strömung also wirbelfrei, so verschwindet nach (12) Γ für jeden beliebigen geschlossenen Weg, der kein Hindernis umschließt. Ist umgekehrt auch für jeden solchen geschlossenen Weg $\Gamma = 0$, so muß auch nach (12) das Feld $w = 0$, d.h. die Strömung wirbelfrei sein. Nach Gl. (11) bleibt dann aber für alle Zeiten $\Gamma = 0$, d.h. *eine einmal wirbelfreie Strömung bleibt zu allen Zeiten wirbelfrei*. Dieser Satz gibt den wirbelfreien Strömungen im Rahmen der Eulerschen Näherung ihre besondere Bedeutung wegen ihrer zeitlichen Stabilität. Er zeigt gleichzeitig, daß das Modell der vollkommenen Flüssigkeit nicht in der Lage ist, die Entstehung von Wirbeln in einer Flüssigkeit zu erklären; hierin liegt eine seiner bedeutendsten Schwächen.

b) Potentialströmung. Ist eine Strömung inkompressibel und wirbelfrei, so gelten gleichzeitig die beiden Relationen

$$\text{div} \, \mathfrak{v} = 0; \quad \text{rot} \, \mathfrak{v} = 0. \tag{13}$$

Aus der zweiten folgt, daß sich die Geschwindigkeit als Gradient einer skalaren Ortsfunktion

$$\mathfrak{v} = \text{grad} \, \Phi \tag{14}$$

schreiben läßt. Φ heißt das *Geschwindigkeitspotential*. Geht man mit (14) in die erste Gleichung (13) ein, so entsteht für Φ die Laplacesche Gleichung

$$\Delta \Phi = 0. \tag{15}$$

Bedenkt man, daß an einer Wand die Strömung stets tangential gerichtet sein muß, so hat man zusätzlich zur Differentialgleichung (15) die Randbedingung

$$v_n = \frac{\partial \Phi}{\partial n} = 0 \tag{16}$$

an allen im endlichen gelegenen Wänden. Dies müssen keineswegs die einzigen Randbedingungen sein, die einen konkreten Strömungszustand festlegen. Bedingungen über das asymptotische Verhalten der Strömung im Unendlichen werden meist hinzutreten; freie Oberflächen und Diskontinuitäten können eine Rolle spielen; bei zäher Strömung müssen auch die Tangentialkomponenten von $\mathfrak{v}$ entlang den Wänden verschwinden.

Es stellt sich häufig heraus, daß die Randbedingungen nur die triviale Lösung $\Phi = \text{const.}$, d.h. $\mathfrak{v} = 0$ zulassen. In solchen Fällen ist eine Potentialströmung nicht möglich. Wir wollen uns im folgenden mit dieser Frage der Existenz von Lösungen nicht weiter beschäftigen; es ist evident, daß die Strömung in solchen Fällen in der Regel nicht wirbelfrei sein wird.

Wir wollen uns im folgenden auf solche Potentialströmungen beschränken, bei denen ein Körper von der Flüssigkeit umströmt wird. In diesem Fall müssen wir die Randbedingung (16) noch durch die Forderung ergänzen, daß im unendlich

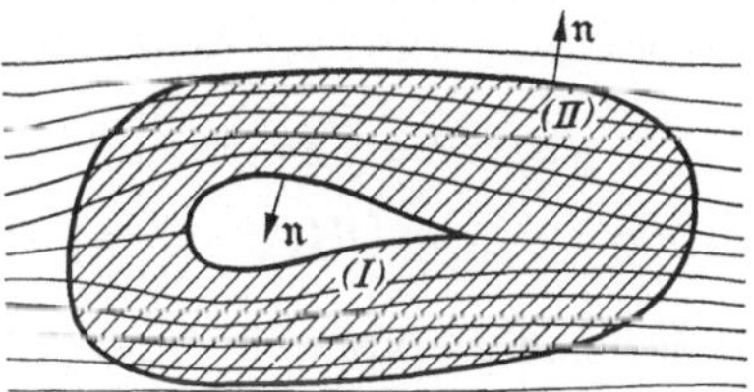

Fig. 25. Kontrollflächen um einen umströmten Körper

Fernen eine Parallelströmung vorliegen soll. In diesem Fall wollen wir uns zunächst etwas genauer mit der Frage beschäftigen, *welche Kräfte die Potentialströmung auf den umströmten Körper ausübt.*

Wir können dabei im Prinzip auf Gl. (35) von § 14 zurückgreifen. Ist die Flüssigkeit vollkommen, ist also $\sigma_{ik} = 0$, so reduziert sich die Kraft auf die Druckanteile; in vektorieller Schreibweise

$$\mathfrak{K} = \int df\, p\,\mathfrak{n}, \tag{17}$$

wobei $\mathfrak{n}$ der Einheitsvektor der nach innen gerichteten Normale zum Oberflächenelement df des umströmten Körpers ist (Fig. 25). Nun ist nach dem Bernoullischen Satz, Gl. (6), für die vollkommene und inkompressible Flüssigkeit $p + \varrho U + \tfrac{1}{2}\varrho v^2$ in der stationären Strömung unabhängig vom Ort; bei Abwesenheit äußerer Kräfte ($U = 0$) also

$$p + \tfrac{1}{2}\varrho v^2 = p_\infty + \tfrac{1}{2}\varrho v_\infty^2, \tag{18}$$

wenn p_∞ und v_∞ die Werte in unendlicher Entfernung sind und $\mathfrak{v}_\infty$ insbesondere die Anströmgeschwindigkeit bedeutet. Mit Gl. (17) folgt dann

$$\mathfrak{K} = -\tfrac{1}{2}\varrho \int df\,\mathfrak{n}\,v^2, \tag{19}$$

da $\int df\,\mathfrak{n} = 0$ ist. Im allgemeinen ist das Integral (19) nicht leicht zu berechnen; man kann es jedoch durch ein Integral über jede beliebige Kontrollfläche ersetzen, welche den umströmten Körper vollständig einhüllt. Wählt man diese Integrationsfläche geschickt aus, so kann die Berechnung oft sehr vereinfacht werden.

Zum Nachweis dieser Äquivalenz betrachten wir das Integral

$$J = \int df\{\mathfrak{n}v^2 - 2\mathfrak{v}(\mathfrak{v}\cdot\mathfrak{n})\}, \tag{20}$$

wobei $\mathfrak{n}$ die vom Integrationsgebiet, das nicht einfach zusammenhängend sein muß, nach außen weisende Normale bedeuten möge. Wir werden nun insbesondere das Raumgebiet zwischen der Körperoberfläche (I) und einer diese umhüllenden Kontrollfläche (II) betrachten (Fig. 25); das Integral J soll dann über beide Flächen erstreckt werden und die in der Figur angedeutete Richtung haben, für I also genau wie zuvor. Dann gilt nach bekannten Formeln der Vektoranalysis

$$\int df\mathfrak{n}v^2 = \int d\tau\,\mathrm{grad}\,(v^2) = \int d\tau\{2(\mathfrak{v}\cdot\mathrm{grad})\mathfrak{v} + 2\mathfrak{v}\times\mathrm{rot}\,\mathfrak{v}\};$$
$$\int df\mathfrak{v}(\mathfrak{v}\cdot\mathfrak{n}) = \int d\tau\{\mathfrak{v}\,\mathrm{div}\,\mathfrak{v} + (\mathfrak{v}\cdot\mathrm{grad})\mathfrak{v}\}.$$

Dabei sind die Volumintegrale über das in der Figur schraffierte Raumgebiet zwischen den Grenzflächen I und II zu erstrecken. Setzt man diese Ausdrücke in (20) ein und bedenkt, daß sowohl $\mathrm{div}\,\mathfrak{v} = 0$ als auch $\mathrm{rot}\,\mathfrak{v} = 0$ ist, so sieht man, daß das Integral (20) verschwindet:

$$J = 0.$$

Das Integral (20), über die Körperoberfläche I erstreckt, ist also entgegengesetzt gleich demjenigen über die Kontrollfläche II, deren Gestalt dabei ganz frei geblieben ist. Da aber an der Oberfläche des umströmten Körpers $(\mathfrak{v}\cdot\mathfrak{n}) = 0$ ist, ist das Integral über I mit dem Integral in (19) identisch:

$$\mathfrak{K} = \tfrac{1}{2}\,\varrho\int\limits_{(\mathrm{II})} df\{\mathfrak{n}v^2 - 2\mathfrak{v}(\mathfrak{v}\cdot\mathfrak{n})\}. \tag{21}$$

Wir behandeln als Beispiel die *Potentialströmung um die Kugel* $r = a$. Wird die Kugel in z-Richtung mit der Geschwindigkeit v_∞ angeströmt, so sind die Randbedingungen

$$v_r = \frac{\partial\Phi}{\partial r} \to v_\infty\cos\vartheta; \quad v_\vartheta = \frac{1}{r}\frac{\partial\Phi}{\partial\vartheta} \to -v_\infty\sin\vartheta \quad \text{für} \quad r\to\infty \tag{22a}$$

und

$$v_r = \frac{\partial\Phi}{\partial r} = 0 \quad \text{für} \quad r = a. \tag{22b}$$

Da die Strömung rotationssymmetrisch um die z-Achse ist $(\partial\Phi/\partial\varphi = 0)$, lautet die vollständige Lösung der Differentialgleichung $\Delta\Phi = 0$:

$$\Phi = \sum_{l=0}^{\infty}\{a_l r^l + b_l r^{-(l+1)}\}\,P_l(\cos\vartheta).$$

Aus

$$v_r = \frac{\partial \Phi}{\partial r} = \sum_{l=0}^{\infty} \{l a_l r^{l-1} - (l+1) b_l r^{-(l+2)}\} P_l(\cos \vartheta)$$

erhält man, um die erste Randbedingung (22a) zu befriedigen, das Ergebnis, daß alle a_l für $l \geqq 2$ verschwinden und $a_1 = v_\infty$ wird; aus der Bedingung (22b) folgt ferner

$$b_l = \frac{l}{l+1} a_l a^{2l+1},$$

was für $l \geqq 2$ auch $b_l = 0$ und darüber hinaus $b_0 = 0$ und $b_1 = \tfrac{1}{2} v_\infty a^3$ ergibt. Damit reduziert sich Φ auf

$$\Phi = a_0 + v_\infty \left(r + \frac{a^3}{2r^2} \right) \cos \vartheta, \tag{23}$$

woraus durch Differenzieren

$$v_\vartheta = - v_\infty \left(1 + \frac{a^3}{2r^3} \right) \sin \vartheta$$

hervorgeht, was automatisch auch die zweite Randbedingung (22a) erfüllt. Durch Gl. (23) wird die Strömung vollständig beschrieben, da im Potential Φ notwendig immer eine additive Konstante a_0 frei bleibt.

Ersetzen wir die Kugel ganz allgemein durch einen endlich ausgedehnten *Körper beliebiger Gestalt*, so ist zwar die Randbedingung (22b) abzuändern, dagegen bleibt (22a) unverändert bestehen, so daß

$$\Phi = a_0 + v_\infty r \cos \vartheta + \sum_{l=0}^{\infty} b_l r^{-(l+1)} P_l(\cos \vartheta) \tag{24}$$

entsteht. Es läßt sich nun noch in dieser Allgemeinheit zeigen, daß auch $b_0 = 0$ sein muß. Die in der Zeiteinheit aus einer Kugel vom Radius r mehr ausströmende als in diese einströmende Flüssigkeitsmenge muß ja in der stationären Strömung verschwinden[1]:

$$\oint r^2 d\Omega \varrho v_r = \varrho r^2 \oint d\Omega \frac{\partial \Phi}{\partial r} = 0. \tag{25}$$

Geht man hier mit dem Potential (24) ein, so wird das Integral gleich $-4\pi \varrho b_0$; daher ist $b_0 = 0$.

Auf den ersten Blick erscheint es erstaunlich, daß das Integral (25) nicht automatisch verschwindet, da Gl. (25) nach dem Gaußschen Satz[2] umgeformt werden kann:

$$\oint df (\mathfrak{n} \cdot \operatorname{grad} \Phi) = \int d\tau \varDelta \Phi$$

---

[1] Vgl. z.B. Band I, S. 140: $\varrho \mathfrak{v}$ ist die Stromdichte, $r^2 d\Omega$ das Oberflächenelement ($d\Omega$ = Raumwinkelelement).

[2] Für das Vektorfeld $\mathfrak{v} = \operatorname{grad} \Phi$ lautet der Gaußsche Satz

$$\oint df (\mathfrak{n} \cdot \mathfrak{v}) = \int d\tau \operatorname{div} \mathfrak{v}.$$

und (24) der Gleichung $\Delta\Phi = 0$ genügt. Hierbei ist jedoch über das ganze von der Fläche umhüllte Volumen zu integrieren, und da für die bei $r = 0$ singulären Glieder in (24) an der Stelle $r = 0$ nicht mehr $\Delta\Phi = 0$ erfüllt ist, verschwindet das Integral nicht.

Nach diesen Vorbereitungen ist es nicht schwer, die *Kraft* auszurechnen, welche die Strömung auf den umströmten Körper ausübt. Aus Symmetriegründen kann diese Kraft nur eine z-Komponente besitzen; berechnet man diese nach Gl. (21) unter Verwendung einer Kugel vom Radius R als Kontrollfläche, so erhält man mit

$$n_z = \cos\vartheta; \qquad (\mathfrak{v}\cdot\mathfrak{n}) = v_r; \qquad v_z = v_r\cos\vartheta - v_\vartheta\sin\vartheta$$

den Ausdruck

$$K_z = \tfrac{1}{2}\varrho R^2\oint d\Omega\{(v_\vartheta^2 - v_r^2)\cos\vartheta + 2v_r v_\vartheta\sin\vartheta\}.$$

Nun ist aber nach (24) mit $b_0 = 0$:

$$\begin{aligned}
v_r &= v_\infty\cos\vartheta - \sum_{l=1}^{\infty}(l+1)b_l r^{-(l+2)}P_l(\cos\vartheta);\\
v_\vartheta &= -v_\infty\sin\vartheta + \sum_{l=1}^{\infty}b_l r^{-(l+2)}P_l(\cos\vartheta);
\end{aligned} \tag{26}$$

d.h. für große r treten zu den von r unabhängigen asymptotischen Gliedern Korrekturen der Ordnung r^{-3} oder kleiner. Beim Einsetzen in die Formel für K_z gehen diese Beiträge also wie $R^2\cdot R^{-3} = R^{-1}$ mit $R\to\infty$ gegen Null, so daß es genügt, in K_z die asymptotischen Ausdrücke für v_r und v_ϑ zu berücksichtigen:

$$\begin{aligned}
K_z &= \tfrac{1}{2}\varrho R^2 v_\infty^2\oint d\Omega\{(\sin^2\vartheta - \cos^2\vartheta)\cos\vartheta - 2\cos\vartheta\sin^2\vartheta\}\\
&= -\tfrac{1}{2}\varrho R^2 v_\infty^2\oint d\Omega\cos\vartheta;
\end{aligned}$$

dies Integral ist aber gleich Null. Somit erhalten wir das allgemeine Ergebnis: Zum Unterschied von der zähen Strömung (s. oben S. 158) erfährt ein umströmter Rotationskörper in einer Potentialströmung keine resultierende Kraft, sofern die Strömung in großem Abstand von dem Körper überall homogen wird.

c) Zweidimensionale Potentialströmung. Erstreckt sich ein umströmtes Hindernis in einer Parallelströmung etwa in Richtung der z-Achse gleichförmig beiderseits bis ins Unendliche, so reduziert sich das Problem auf die Behandlung der zweidimensionalen Potentialgleichung

$$\frac{\partial^2\Phi}{\partial x^2} + \frac{\partial^2\Phi}{\partial y^2} = 0. \tag{27}$$

Die Geschwindigkeit hat dann bei senkrechter Anströmung des Hindernisses nur zwei Komponenten v_x und v_y, die nur mehr von den Variablen

x und y abhängen; die Bedingung rot $\mathfrak{v} = 0$ reduziert sich auf eine Komponente

$$\frac{\partial v_y}{\partial x} - \frac{\partial v_x}{\partial y} = 0, \tag{28}$$

und die Bedingung div $\mathfrak{v} = 0$ lautet

$$\frac{\partial v_x}{\partial x} + \frac{\partial v_y}{\partial y} = 0. \tag{29}$$

Aus Gl. (28) folgt die Existenz des Geschwindigkeitspotentials Φ:

$$v_x = \frac{\partial \Phi}{\partial x}; \quad v_y = \frac{\partial \Phi}{\partial y}; \tag{30}$$

setzt man dies in (29) ein, so erhält man eben Gl. (27). Die weitgehende Ähnlichkeit der Gln. (28) und (29) erlaubt aber auch ihre Rollen zu vertauschen; aus (29) kann man auf die Existenz eines zweiten Potentials $\Psi(x, y)$, der sogenannten *Stromfunktion* schließen, welche durch

$$v_x = \frac{\partial \Psi}{\partial y}; \quad v_y = - \frac{\partial \Psi}{\partial x} \tag{31}$$

definiert ist; geht man damit in Gl. (28) ein, so folgt auch für Ψ die Potentialgleichung:

$$\frac{\partial^2 \Psi}{\partial x^2} + \frac{\partial^2 \Psi}{\partial y^2} = 0. \tag{32}$$

Aus Gl. (30) und (31) folgt, daß die Linien $\Phi = $ constans und $\Psi = $ constans aufeinander senkrecht stehen, denn das skalare Produkt

$$\operatorname{grad} \Phi \cdot \operatorname{grad} \Psi = \frac{\partial \Phi}{\partial x} \frac{\partial \Psi}{\partial x} + \frac{\partial \Phi}{\partial y} \frac{\partial \Psi}{\partial y} = 0$$

verschwindet. Da die Linien $\Phi = $ constans senkrecht auf dem Vektor $\mathfrak{v} = \operatorname{grad} \Phi$, d.h. auf den Stromlinien stehen, müssen also die Linien $\Psi = $ constans die Stromlinien sein.

Nach (30) und (31) sind die beiden Potentiale durch die Relationen

$$\frac{\partial \Phi}{\partial x} = \frac{\partial \Psi}{\partial y}; \quad \frac{\partial \Phi}{\partial y} = - \frac{\partial \Psi}{\partial x} \tag{33}$$

miteinander verknüpft. Das zeigt einen grundlegenden Zusammenhang mit dem mathematischen Schema der Funktionentheorie an[1]. Fassen wir nämlich die reellen Variablen x und y zu einer komplexen Variablen

$$z = x + iy \tag{34a}$$

zusammen, und führen wir gleichzeitig die komplexe Funktion

$$F = \Phi + i\Psi \tag{34b}$$

____

[1] Vgl. hierzu auch Band III, § 3e, S. 22—25.

des Ortes ein, so besagen die Differentialgleichungen (33), daß F von den Variablen x und y lediglich in der Kombination z abhängt; $F(z)$ ist eine analytische Funktion der komplexen Variablen z. Man sieht das folgendermaßen ein: Es ist

$$\frac{\partial F}{\partial x} = \frac{dF}{dz}\,\frac{\partial z}{\partial x} = \frac{dF}{dz}\,; \qquad \frac{\partial F}{\partial y} = \frac{dF}{dz}\,\frac{\partial z}{\partial y} = i\,\frac{dF}{dz}\,,$$

also ist

$$\frac{dF}{dz} = \frac{\partial F}{\partial x} = -i\,\frac{\partial F}{\partial y}$$

der von der Differentiationsrichtung in der x, y-Ebene unabhängige Wert des Differentialquotienten dF/dz. Zerlegt man hier F nach (34b), so entsteht

$$\frac{dF}{dz} = \frac{\partial \Phi}{\partial x} + i\,\frac{\partial \Psi}{\partial x} = -i\,\frac{\partial \Phi}{\partial y} + \frac{\partial \Psi}{\partial y}\,,$$

was bei Zerlegung in Real- und Imaginärteil gerade (33) ergibt. Die Gln. (33) sind daher identisch mit den Cauchy-Riemannschen Differentialgleichungen der Funktionentheorie.

Nach dem Gesagten beschreibt jede analytische Funktion $F(z)$ eine ebene Potentialströmung. So bedeutet z. B. die Funktion $F = v_\infty z$ eine homogene Parallelströmung der Geschwindigkeit v_∞ in x-Richtung; denn nach (34a, b) wird dann $\Phi = v_\infty x$ und $\Psi = v_\infty y$, womit (30) und (31) übereinstimmend auf $v_x = v_\infty, v_y = 0$ führen. Im allgemeinen besteht das Problem darin, die zur Umströmung einer bestimmten geometrischen Figur gehörige Funktion F aufzufinden.

In vielen Fällen genügt es, die Funktion $F(z) = v_\infty z$ durch Glieder zu ergänzen, welche negative Potenzen von z enthalten, da diese am asymptotischen Verhalten der Strömung nichts ändern und die Singularität bei $z = 0$ ins Innere des umströmten Körpers gelegt werden kann. Die Funktion

$$F(z) = v_\infty z + \sum_{n=1}^{\infty} a_n z^{-n} \tag{35}$$

läßt sich am besten diskutieren, wenn man durch $x = r \cos \varphi$ und $y = r \sin \varphi$ Polarkoordinaten einführt. Dann ist

$$\Phi + i\Psi = v_\infty r\, \mathrm{e}^{i\varphi} + \sum_{n=1}^{\infty} a_n r^{-n}\, \mathrm{e}^{-in\varphi}.$$

Sind die $a_n = \alpha_n + i\beta_n$ komplexe Konstanten, so ergibt die Zerlegung in Real- und Imaginärteil

$$\Phi = v_\infty r \cos \varphi + \sum_{n=1}^{\infty} r^{-n}(\alpha_n \cos n\varphi - \beta_n \sin n\varphi);$$

$$\Psi = v_\infty r \sin \varphi + \sum_{n=1}^{\infty} r^{-n}(\beta_n \sin n\varphi + \alpha_n \cos n\varphi), \tag{36}$$

d.h. die Potentiale erscheinen als Fourierreihen bezüglich des Polarwinkels φ, wobei die Fourierkoeffizienten derart von r abhängen, daß $\Delta\Phi = 0$ und $\Delta\Psi = 0$ erfüllt wird. Dies ist das ebene Äquivalent der oben (S. 164 ff.) behandelten dreidimensionalen Entwicklung nach Kugelfunktionen[1].

Ein einfaches *Beispiel* erhalten wir für $\alpha_1 = v_\infty a^2$, alle anderen $\alpha_n = 0$, alle $\beta_n = 0$. Dann beschreibt

$$\Phi = v_\infty\left(r + \frac{a^2}{r}\right)\cos\varphi; \qquad \Psi = v_\infty\left(r - \frac{a^2}{r}\right)\sin\varphi \qquad (37)$$

die *Strömung um einen Kreis* (besser: um einen zur x, y-Ebene senkrechten Kreiszylinder) vom Radius $r = a$. Auf dem Kreise $r = a$ wird nämlich $\Psi = 0$; dieser bildet daher gemeinsam mit der x-Achse ($\sin\varphi = 0$) eine Stromlinie. Die Geschwindigkeitskomponenten folgen aus Gl. (30) bei Umrechnung auf Polarkoordinaten mit Hilfe von (37) zu

$$v_r = \frac{\partial\Phi}{\partial r} = v_\infty\left(1 - \frac{a^2}{r^2}\right)\cos\varphi;$$

$$v_\varphi = \frac{1}{r}\frac{\partial\Phi}{\partial\varphi} = -v_\infty\left(1 + \frac{a^2}{r^2}\right)\sin\varphi. \qquad (38)$$

Auf dem Kreise $r = a$ verschwindet also ganz richtig v_r; die Geschwindigkeit wird dort

$$v = v_\varphi = -2v_\infty\sin\varphi, \qquad (39)$$

d.h. für $0 < \varphi < \pi$ (obere Halbebene, $y > 0$) wird v_φ negativ, d.h. die Strömung läuft im Uhrzeigersinn um den Kreis herum, und für die untere Halbebene ($y < 0$, $\pi < \varphi < 2\pi$) ergibt sich sinngemäß das positive Vorzeichen von v_φ (Fig. 27a auf S. 172). Berechnet man den Druck, so erhält man nach der Bernoullischen Gleichung (18)

$$p - p_\infty = \tfrac{1}{2}\varrho\,(v_\infty^2 - v^2)$$

für $r = a$:

$$p - p_\infty = \tfrac{1}{2}\varrho v_\infty^2\,(1 - 4\sin^2\varphi). \qquad (40)$$

Auf der x-Achse ($\varphi = 0$ und $\varphi = \pi$) wird auf dem Kreis $v = 0$ und $p - p_\infty = \tfrac{1}{2}\varrho v_\infty^2$. Der Punkt $\varphi = \pi$, an welchem die Strömung auftrifft und die Geschwindigkeit verschwindet, heißt der *Staupunkt*, der dort herrschende Wert von $p - p_\infty$ der *Staudruck*. An den Stellen $\varphi = \pm\,\pi/2$ dagegen wird $p - p_\infty = -\tfrac{3}{2}\varrho v_\infty^2$ negativ; die Strömung löst sich daher vom Kreis ab und verläuft in Wirklichkeit nicht in der symmetrischen, in Fig. 27a gezeichneten Form. Berechnet man schließlich nach Gl. (19) auch jetzt die Kraft auf den Zylinder, indem man dessen Oberfläche als Kon-

---

[1] Über Fourierreihen vgl. auch Band I, § 18c, S. 107–111 und die Anwendungsbeispiele ebenda, S. 237 und 239.

trollfläche wählt, so findet man, wenn l die sehr große Zylinderlänge senkrecht zur x, y-Ebene bedeutet:

$$K_x = - \tfrac{1}{2}\varrho l a \oint d\varphi \cos \varphi v_\varphi^2 = - 2\varrho l a v_\infty^2 \oint d\varphi \cos \varphi \sin^2 \varphi = 0.$$

Wiederum wirkt keine Kraft auf den umströmten Körper; es wäre also auch keine Arbeit zu leisten, um ihn stromauf zu schleppen (d'Alembertsches Paradoxon). In Wirklichkeit sorgt jedoch die eben begründete Unsymmetrie des Strömungsverlaufes vor und hinter dem Zylinder für das Auftreten von Kräften auf den umströmten Körper. Der Unterdruck würde zum Zerreißen der Flüssigkeit und zur Bildung dampfgefüllter Hohlräume (Kavitation) führen, wenn sich nicht in der Gegend, in der der Überdruck des Staupunktes auf Null abgeklungen ist, d.h. in der Gegend von $\varphi \approx 150°$, die Stromlinie $\Psi = 0$ vom Körper abzulösen begänne. Auf der Außenseite dieser unsymmetrischen Stromlinie $\Psi = 0$ gleitet dann die Flüssigkeit an ihr entlang, während sie auf ihrer Innenseite in Ruhe bleibt; es entsteht hinter dem umströmten Körper ein *Totwasser*, in dem nach der Bernoullischen Gleichung der konstante Druck p_∞ herrscht.

Die Bedingung verschwindender Rotation, Gl. (28), läßt sich bekanntlich zu

$$\oint \mathfrak{v} \cdot d\mathfrak{s} = 0 \tag{41}$$

integrieren, falls auf das gesamte Innere des geschlossenen Integrationsweges der Stokessche Satz angewandt werden kann. Für einen umströmten Körper ist das freilich nicht der Fall, da ja in seinem Innern gar keine Potentialströmung besteht. Gl. (28) kann daher für einen Weg, der einen Körper umschließt, nicht zu (41) integriert werden; der Körper kann von einer Zirkulationsströmung umflossen sein, in welcher das Integral (41) für jeden den Körper im positiven Drehsinn umschließenden Integrationsweg den gleichen Wert

$$\oint \mathfrak{v} \cdot d\mathfrak{s} = \Gamma, \tag{42}$$

annimmt, der als *Zirkulation* der Strömung bezeichnet wird [vgl. Gl. (10)].

Daß Γ in einer Strömung für alle den Körper einfach positiv umschließenden Wege den gleichen Wert hat, sieht man leicht folgendermaßen ein. Sei Γ der Wert für einen den Körper K umschließenden Weg C; dann können wir das Integral über C' auf dasjenige längs C reduzieren, indem wir die in Fig. 26 eingezeichneten Schleifenintegrale über die Teilbereiche $a, b, c, \ldots$ zu dem Integral längs C' addieren. Da die den Körper nicht umschließenden Integrale längs $a, b, c, \ldots$ nach Gl. (41) sämtlich verschwinden, da sie das Integral längs C' gerade wegheben und da die zweifach hin und her durchlaufenen Integrale über die Verbindungswege zwischen C und C' sich ebenfalls gerade wegheben, bleibt von den Teilbereichen nur der aus Teilstücken vollständig zusammengesetzte Weg längs C übrig, womit der Beweis geführt ist.

Die einfachste Zirkulationsströmung wird durch

$$F(z) = -\frac{i\Gamma}{2\pi}\ln\frac{z}{a} \tag{43}$$

beschrieben, woraus mit $z = re^{i\varphi}$ in Polarkoordinaten sofort

$$\Phi = \frac{\Gamma}{2\pi}\varphi; \qquad \Psi = -\frac{\Gamma}{2\pi}\ln\frac{r}{a} \tag{44}$$

folgt[1]. Das Geschwindigkeitsfeld hat dann die Komponenten

$$v_r = \frac{\partial\Phi}{\partial r} = 0; \qquad v_\varphi = \frac{1}{r}\frac{\partial\Phi}{\partial\varphi} = \frac{\Gamma}{2\pi r}. \tag{45}$$

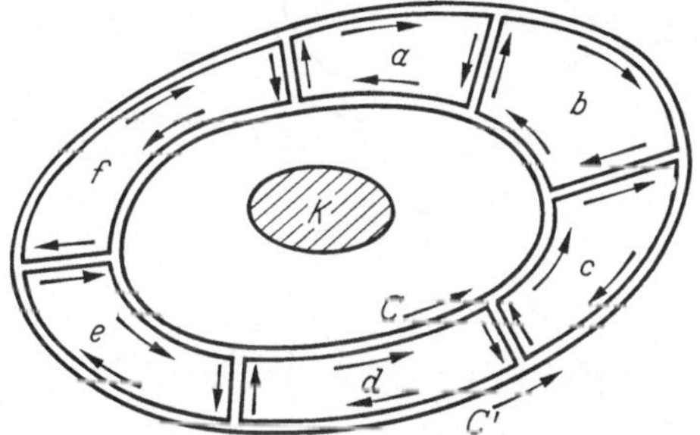

Fig. 26. Zur Unabhängigkeit der Zirkulation vom Wege

Die Stromlinien sind daher konzentrische Kreise, und da überall $v_r = 0$ ist, kann diese Strömung um jeden beliebigen Kreiszylinder mit der Achse in $r = 0$ fließen. Die Zirkulation folgt aus (42) und (45) für einen kreisförmigen Integrationsweg:

$$\oint \mathfrak{v}\cdot d\mathfrak{s} = r\int_0^{2\pi} v_\varphi\, d\varphi = \Gamma.$$

Die Kraft auf einen umströmten Kreiszylinder berechnen wir in diesem Fall am einfachsten aus Gl. (19); die nach innen gerichtete Normale $\mathfrak{n}$ hat die Komponenten

$$n_x = -\cos\varphi; \qquad n_y = -\sin\varphi;$$

daher wird für einen Zylinder der Länge l mit $df = lr\, d\varphi$:

$$K_x = \frac{1}{2}\varrho l\left(\frac{\Gamma}{2\pi}\right)^2\oint d\varphi\cos\varphi = 0;$$

$$K_y = \frac{1}{2}\varrho l\left(\frac{\Gamma}{2\pi}\right)^2\oint d\varphi\sin\varphi = 0.$$

Der Zylinder erfährt also keine Kraft in irgendeiner Richtung, was auch aus Symmetriegründen evident ist.

---

[1] In Ψ haben wir das logarithmische Potential vor uns: In zwei Dimensionen wird die Gleichung $\Delta\Psi = 0$ durch $\Psi = C\ln r$ gelöst. Vgl. z. B. die Anwendung auf ein elektrostatisches Potential in Band III, S. 22.

Ganz anders wird die Situation aber, wenn wir die Zirkulationsströmung mit einer anderen Potentialströmung überlagern. Da der Ausdruck (19) für die Kraft nicht linear, sondern von zweiter Ordnung in $\mathfrak{v}$
ist, überlagern sich zwar die Potentiale und Geschwindigkeiten, nicht
aber die Kräfte: Obwohl die Kraft auf den umströmten Zylinder für

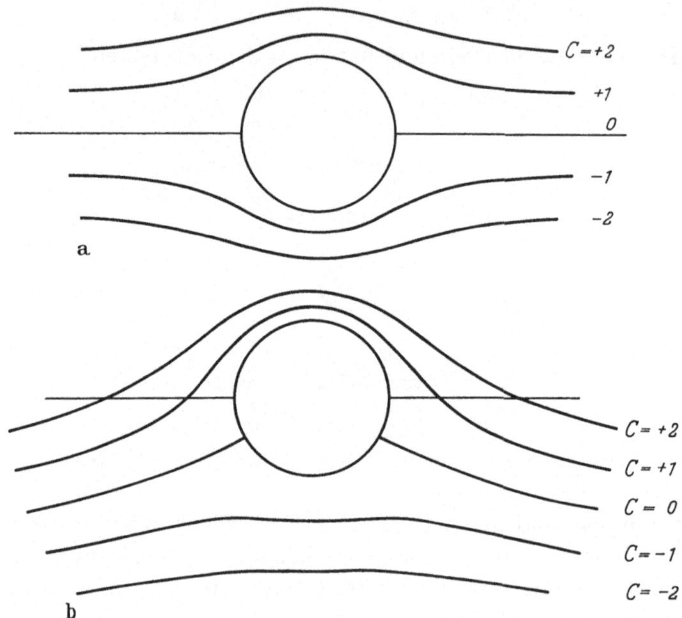

Fig. 27 a u. b. Umströmter Kreiszylinder in einer Potentialströmung. a Symmetrisch verlaufende Stromlinien, kein Auftrieb. b Ablenkung der Strömung infolge
einer überlagerten Zirkulation. Die schnellere Strömung auf der Oberseite übt
einen verminderten Druck aus; der Zylinder erfährt eine Auftriebskraft nach oben

die zirkulationsfreie Strömung (37) ebenso wie für die reine Zirkulationsströmung (44) verschwindet, wird bei der Überlagerungsströmung

$$F(z) = v_\infty \left(z + \frac{a^2}{z}\right) - \frac{i\Gamma}{2\pi} \ln \frac{z}{a}$$

oder

$$v_r = v_\infty \left(1 - \frac{a^2}{r^2}\right) \cos \varphi;$$

$$v_\varphi = - v_\infty \left(1 + \frac{a^2}{r^2}\right) \sin \varphi + \frac{\Gamma}{2\pi r}$$

eine Kraft auf den umströmten Kreiszylinder $r = a$ ausgeübt. Nach
Gl. (19) erhalten wir jetzt nämlich

$$K_x = \frac{1}{2} \varrho l a \oint d\varphi \cos \varphi \left[-2v_\infty \sin \varphi + \frac{\Gamma}{2\pi a}\right]^2;$$

$$K_y = \frac{1}{2} \varrho l a \oint d\varphi \sin \varphi \left[-2v_\infty \sin \varphi + \frac{\Gamma}{2\pi a}\right]^2.$$

Die Anteile mit v_∞^2, ebenso wie diejenigen mit Γ^2 verschwinden, wie wir schon wissen. Der gemischte Term jedoch ergibt zwar

$$K_x = -\frac{1}{2}\,\varrho\,l\,a \cdot 4v_\infty\,\frac{\Gamma}{2\pi a}\oint d\varphi\cos\varphi\sin\varphi = 0,$$

aber

$$K_y = -\frac{1}{2}\,\varrho\,l\,a \cdot 4v_\infty\,\frac{\Gamma}{2\pi a}\oint d\varphi\sin^2\varphi = -\varrho\,l\,v_\infty\,\Gamma.$$

Eine Zirkulation im Uhrzeigersinn ($\Gamma < 0$) verursacht also eine *Auftriebskraft* ($K_y > 0$), die proportional der Stärke der Zirkulation ist.

Für das hier gewählte Beispiel des Kreiszylinders wurde in Fig. 27 das Stromlinienbild, also die Linien $\Psi =$ constans gezeichnet, wobei Fig. 27a die Strömung ohne Zirkulation darstellt und Fig. 27b die entsprechenden Stromlinien (also für dieselben Werte von Ψ, angeschrieben ist jeweils $\Psi/v_\infty = C$) mit der dimensionslosen Konstanten $\Gamma/(2\pi v_\infty a) - = -2$ darstellt. Auf der Oberseite des Kreiszylinders in Fig. 27b ist die Strömungsgeschwindigkeit höher, der Druck also nach der Bernoullischen Gleichung niedriger als auf der Unterseite, so daß der Kreiszylinder eine nach oben gerichtete Kraft erfährt.

§ 16. Freie Flüssigkeitsoberflächen

a) Randbedingungen. Wir haben bisher angenommen, daß die Strömung unendlich ausgedehnt oder durch Wände begrenzt sei, haben also freie Oberflächen außer acht gelassen. Wir wollen jetzt das Verhalten der vollkommenen Flüssigkeit an einer freien Oberfläche studieren, wobei wir uns von Anfang an auf inkompressible Flüssigkeiten und Wirbelfreiheit beschränken wollen. Dann gelten die Gln. (13) bis (15) des vorigen Paragraphen, so daß wir ein Geschwindigkeitspotential Φ einführen können, das der Laplaceschen Gleichung genügt:

$$\mathfrak{v} = \operatorname{grad}\Phi; \qquad \Delta\Phi = 0. \tag{1}$$

An einer freien Oberfläche läßt sich nun sowohl eine kinematische als eine dynamische Randbedingung formulieren. Die *kinematische Randbedingung* besagt einfach, daß die Normalkomponente der Geschwindigkeit gleich der zeitlichen Verschiebung der Oberfläche in Richtung ihrer Normalen n sein muß:

$$\frac{\partial\Phi}{\partial n} = \frac{\partial n}{\partial t}. \tag{2}$$

Die *dynamische Randbedingung* besagt, daß der hydrostatische Druck an der Oberfläche gleich dem über dieser herrschenden Gasdruck sein muß. Grenzt die Flüssigkeit etwa an atmosphärische Luft, so wird der Druck praktisch konstant gleich 1 Atm., und wir können diese Konstante wegnormieren, da in die Bewegungsgleichung nur der Druckgradient eingeht. An dieser Aussage ist allerdings eine wichtige Korrektur hinsichtlich einer gekrümmten Flüssigkeitsoberfläche anzubringen:

Dann tritt der zur mittleren Krümmung proportionale Kapillardruck p_c hinzu, und die Randbedingung lautet

$$p = p_c = \sigma\left(\frac{1}{R_1} + \frac{1}{R_2}\right), \tag{3}$$

wobei R_1 und R_2 kleinster und größter Krümmungsradius der Fläche sind. Hierbei ist σ eine Materialkonstante, die als *Oberflächenspannung* bezeichnet wird. Das positive Vorzeichen in Gl. (3) ergibt sich für eine konvexe Fläche.

Die Oberflächenspannung kann entweder als Oberflächenenergie pro Flächeneinheit (erg/cm²) oder als Kraft pro Längeneinheit (dyn/cm) definiert werden. Beide Definitionen ergeben das gleiche; die erste ist vom molekularen Bilde her verständlicher, weil die Oberflächenmoleküle nur einseitig zum Innern hin gebunden sind und daher ihre (negative) Bindungsenergie kleiner als die von Molekülen im Innern ist. Der Ausdruck Oberflächenspannung knüpft an das Kräftespiel in der Oberfläche an; als einfaches Modell kann die Vorstellung dienen, die Oberfläche sei von einer elastischen Membran überzogen, denn dann ergibt sich bei fester Spannung als Energieaufwand zur Vergrößerung der Oberfläche gerade ein zur Oberfläche proportionaler Ausdruck, $\sigma \Delta F$. Die Membran, in der ein homogener Spannungszustand besteht, haben wir in Band I, S. 120f. untersucht und dort gefunden, daß sie senkrecht zur Fläche einer Kraft unterliegt, die pro Flächeneinheit

$$- \sigma\left(\frac{\partial^2 u}{\partial x^2} + \frac{\partial^2 u}{\partial y^2}\right)$$

beträgt, wenn u eine senkrecht zum Flächenelement gerichtete und x, y Koordinaten in der Tangentialebene des Flächenelements sind. Da in diesem Fall $\partial u/\partial x = 0$ und $\partial u/\partial y = 0$ für die Fläche gilt, hängen diese Differentialquotienten in einfachster Weise mit der mittleren Krümmung zusammen; es ist

$$- \frac{\partial^2 u}{\partial x^2} = \frac{1}{R_1}; \qquad - \frac{\partial^2 u}{\partial y^2} = \frac{1}{R_2}, \tag{3'}$$

wenn wir x und y in die zueinander senkrechten Richtungen maximalen und minimalen Krümmungsradius legen. Die Drehinvarianz des Laplace-Operators beweist dann gleichzeitig, daß in (3) das Koordinatensystem in der Oberfläche willkürlich orientiert werden darf. Die Normalkraft pro Flächeneinheit ist aber nichts anderes als der Oberflächendruck, womit Gl. (3) erklärt ist.

Wir behandeln im folgenden zwei Beispiele für die Behandlung von Oberflächenwellen.

b) Wellen auf einer horizontalen Wasserfläche. Es sei $z = 0$ der horizontale Wasserspiegel im Zustand der Ruhe und $z = \zeta(x, y, t)$ im Zustand der Wellenbewegung. Das von Wasser ausgefüllte Gebiet sei in x- und y-Richtung allseitig unendlich groß (Teich, Ozean), möge jedoch von endlicher Tiefe sein, so daß der Boden bei $z = -Z$ liegt. Wir fragen nun nach solchen Bewegungszuständen des Wassers, bei denen die Oberfläche durch die sinoidale laufende Welle

$$\zeta(x, t) = A \sin(k x - \omega t) \tag{4}$$

beschrieben wird. Aus der Laplaceschen Gleichung findet man dann die von y unabhängige Lösung

$$\Phi(x, t) = -A \frac{\omega}{k} \{\mathfrak{Sin}\, kz + \mathfrak{Cof}\, kz\, \mathfrak{Cot}\, kZ\} \cos(kx - \omega t), \qquad (5)$$

welche den Randbedingungen genügt. Es ist nämlich

$$v_z = \frac{\partial \Phi}{\partial z} = -A\omega\,[\mathfrak{Cof}\, kz + \mathfrak{Sin}\, kz\, \mathfrak{Cot}\, kZ]\cos(kx - \omega t),$$

was für $z = -Z$ am Boden verschwindet. Bei $z = \zeta$ geht v_z für $|k\zeta| \ll 1$ in

$$\left(\frac{\partial \Phi}{\partial z}\right)_\zeta \approx -A\omega \cos(kx - \omega t)$$

über. Aus (4) folgt

$$\frac{\partial \zeta}{\partial t} = -A\omega \cos(kx - \omega t);$$

beide Ausdrücke stimmen also überein, wie es die Randbedingung (2) fordert. Wir werden uns im folgenden stets auf diesen Spezialfall $|k\zeta| \ll 1$ beschränken, bei dem die Wellenlänge $\lambda = 2\pi/k$ sehr groß gegen die Amplitude A der Welle ist, andernfalls entstehen erhebliche mathematische Komplikationen, da wir dann die Normalenrichtung nicht mehr mit der Vertikalen (z) identifizieren können.

In Gl. (5) wären Wellenlänge und Frequenz völlig frei wählbar, wenn wir nicht außerdem noch die dynamische Randbedingung (3) an der Oberfläche befriedigen müßten. Der Druck hängt mit dem Geschwindigkeitsfeld über die Bewegungsgleichung

$$\varrho \frac{d\mathfrak{v}}{dt} = -\operatorname{grad} p + \mathfrak{f} \qquad (6)$$

zusammen, die wir dafür heranziehen. Setzen wir für $d\mathfrak{v}/dt$ in (6) den Ausdruck (4) von S. 160 unter Berücksichtigung der Wirbelfreiheit ein und beachten, daß im Schwerefeld $\mathfrak{f} = -\operatorname{grad}(\varrho gz)$ ist, so entsteht zunächst

$$\varrho\left(\frac{\partial \mathfrak{v}}{\partial t} + \frac{1}{2}\operatorname{grad} v^2\right) = -\operatorname{grad}(p + \varrho gz)$$

und bei konstanter Dichte und Einführung des Geschwindigkeitspotentials (1):

$$\operatorname{grad}\left(\varrho\frac{\partial \Phi}{\partial t} + \frac{1}{2}\varrho v^2 + p + \varrho gz\right) = 0. \qquad (7)$$

Der Ausdruck in der Klammer muß also unabhängig vom Ort sein. Hieraus läßt sich entweder für eine vorgegebene Bewegung p als Funktion von Ort und Zeit bestimmen oder umgekehrt, wenn der Druck etwa aus der Randbedingung (3) an der Oberfläche bekannt ist, eine einschränkende Bedingung für die Bewegung entnehmen.

Ehe wir diese Einschränkung vornehmen, wollen wir die Bedingung noch etwas vereinfachen. Man findet nämlich aus (5), wenn $|k\zeta| \ll 1$ ist, an der Oberfläche

$$v^2 = v_x^2 + v_z^2 \approx A^2 \{\omega^2 \mathfrak{Cot}^2\, kZ \sin^2 (k\,x - \omega t) + \cos^2 (k\,x - \omega t)\},$$

und das ist immer kleiner als $A^2 \omega^2 \mathfrak{Cot}^2\, kZ$. Andererseits ist für $z = \zeta$:

$$\frac{\partial \Phi}{\partial t} = - A\, \frac{\omega^2}{k}\, \mathfrak{Cot}\, kZ \sin (k\,x - \omega t). \tag{8}$$

In (7) könne wir daher das nichtlineare zweite Glied gegen das erste vernachlässigen, wenn

$$A \ll \lambda\, \frac{\mathfrak{Tan}\, kZ}{\pi} \tag{9}$$

ist. Nur in sehr flachen Gewässern ist diese Bedingung stärker als die Forderung $A \ll \lambda/\pi$, mit der sie in etwas tieferen Gewässern praktisch identisch wird. Die Oberflächenbedingung folgt dann aus (3), (7) und (8) zu

$$\left\{ - \frac{\varrho \omega^2}{k}\, \mathfrak{Cot}\, kZ + \varrho g \right\} \zeta + p_c = \text{constans}.$$

Andererseits haben wir nach (3) und (3′)

$$p_c = - \sigma \left(\frac{\partial^2 \zeta}{\partial x^2} + \frac{\partial^2 \zeta}{\partial y^2} \right) = \sigma k^2 \zeta,$$

so daß

$$\left\{ - \frac{\varrho \omega^2}{k}\, \mathfrak{Cot}\, kZ + \varrho g + k^2 \sigma \right\} \zeta = \text{constans}$$

entsteht. Die Klammer hängt nicht von den Variablen x und t ab, wohl aber der Faktor ζ; daher kann die Bedingung nur erfüllt werden, wenn die Konstante und damit die Klammer verschwindet:

$$\frac{\omega^2}{k}\, \mathfrak{Cot}\, kZ = g + \frac{k^2 \sigma}{\varrho}. \tag{10}$$

Ist die Tiefe Z des Gewässers merklich größer als die Wellenlänge[1], so können wir $\mathfrak{Cot}\, kZ = 1$ setzen. Führen wir noch die *Phasengeschwindigkeit* der Oberflächenwellen,

$$c = \frac{\omega}{k} \tag{11}$$

ein, so geht (10) in das *Dispersionsgesetz* dieser Wellen über:

$$c = \sqrt{\frac{g\lambda}{2\pi} + \frac{2\pi\sigma}{\varrho\lambda}} \cdot \sqrt{\mathfrak{Tan}\, (2\pi Z/\lambda)}, \tag{12}$$

---

[1] Für $kZ = 2\pi Z/\lambda = 2$ oder $Z = 0{,}318\lambda$ wird bereits $\mathfrak{Cot}\, kZ = 1{,}0373$ nahezu gleich 1, wie es einem „tiefen" Gewässer entspricht.

wobei der letzte Faktor in tiefem Wasser $= 1$ wird. Bei der kritischen Wellenlänge

$$\lambda_0 = 2\pi \sqrt{\frac{\sigma}{\varrho g}} \tag{13}$$

wird die Phasengeschwindigkeit in tiefen Gewässern

$$c_0 = \sqrt{\frac{g\lambda_0}{\pi}} \tag{14}$$

am kleinsten; mit Hilfe von λ_0 und c_0 können wir dann in tiefen Gewässern statt (12) auch schreiben

$$c = c_0 \sqrt{\frac{1}{2}\left(\frac{\lambda}{\lambda_0} + \frac{\lambda_0}{\lambda}\right)}. \tag{15}$$

Ist die Wellenlänge groß, $\lambda \gg \lambda_0$, so überwiegt der erste Term in (12) und (15). Die Oberflächenspannung spielt dann keine Rolle. Als Rückstellkraft wirkt die Schwerkraft, und wir sprechen von *Gravitationswellen*. Die Phasengeschwindigkeit der Gravitationswellen wächst mit zunehmender Wellenlänge proportional zu $\sqrt{\lambda}$ an. Umgekehrt überwiegt bei kurzen Wellen, $\lambda \ll \lambda_0$, der zweite Term in (12) und (15). Die Rückstellkraft wird dann von dem glättenden Einfluß der Oberflächenspannung bewirkt, und die Schwerkraft spielt praktisch keine Rolle. Wir sprechen dann von *Kapillarwellen*. Ihre Phasengeschwindigkeit nimmt mit wachsender Wellenlänge wie $1/\sqrt{\lambda}$ ab. Die kleinste Geschwindigkeit $c = c_0$ wird nach (15) für $\lambda = \lambda_0$ erreicht.

Setzen wir die Zahlenwerte für *Wasser* in (13) und (14) ein, nämlich $\sigma = 72$ dyn/cm und $\varrho = 1$ g/cm^3 sowie $g = 980$ cm/sec^2, so erhalten wir $c_0 = 23$ cm/sec bei $\lambda_0 = 1{,}73$ cm als Grenze zwischen beiden Wellentypen. Kapillarwellen sind also nur die feinen "ripples" einer gekräuselten Wasseroberfläche. Das Dispersionsverhalten ist in Fig. 28 quantitativ dargestellt.

Es seien noch zwei Bemerkungen angeschlossen. Erstens können wir aus (5) das Geschwindigkeitsfeld und sodann durch Integration nach t den Ort eines materiellen Teilchens berechnen:

$$x = \bar{x} + A\left[\mathfrak{Sin}\,kz + \mathfrak{Cof}\,kz\,\mathfrak{Cot}\,kZ\right]\cos(kx - \omega t);$$

$$z = \bar{z} + A\left[\mathfrak{Cof}\,kz + \mathfrak{Sin}\,kz\,\mathfrak{Cot}\,kZ\right]\sin(kx - \omega t).$$

Jedes Teilchen führt also eine periodische Bewegung um seine mittlere Lage $\bar{x}, \bar{z}$ aus, so daß mit der laufenden Oberflächenwelle keine fortschreitende Strömung verbunden ist. Bei tiefem Wasser ist die Bahn jedes Teilchens ein Kreis vom Radius

$$A\left[\mathfrak{Sin}\,kz + \mathfrak{Cof}\,kz\right] = A\,e^{kz},$$

der an der Oberfläche gleich der Wellenamplitude A ist und in die Tiefe exponentiell kleiner wird. Unterhalb einer Tiefe von einer Wellenlänge wird das Wasser also nicht mehr merklich bewegt. Bei endlicher Wassertiefe wird die Bahn jedes Teilchens eine Ellipse, wobei das Verhältnis der Achsen in x- und z-Richtung

$$\frac{a_x}{a_z} = \frac{\mathfrak{Sin}\,kz + \mathfrak{Cof}\,kz\,\mathfrak{Cot}\,kZ}{\mathfrak{Cof}\,kz + \mathfrak{Sin}\,kz\,\mathfrak{Cot}\,kZ} = \mathfrak{Cot}\,k\,(z+Z) > 1$$

ist; die Ellipsen werden um so flacher, je mehr wir uns dem Boden nähern, wo natürlich die Vertikalkomponente der Geschwindigkeit verschwinden muß.

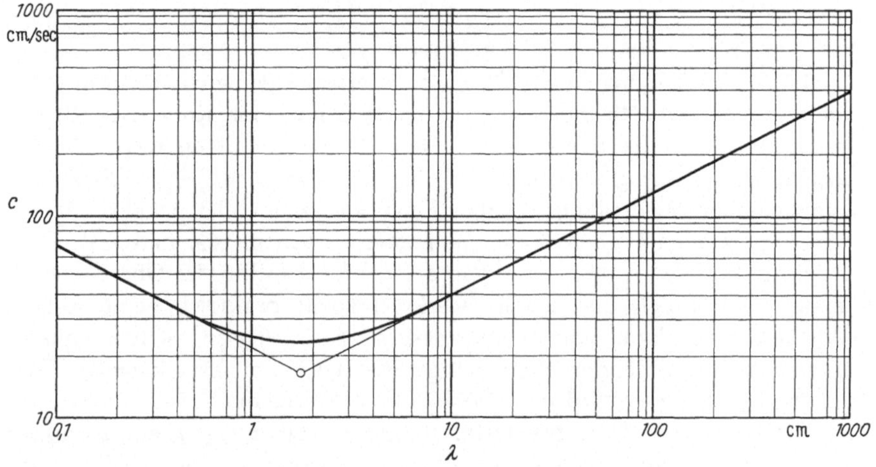

Fig. 28. Dispersionskurve für die Wellen auf einer Wasseroberfläche. Der Anstieg rechts vom Minimum der Phasengeschwindigkeit entspricht den Gravitationswellen, der linke Teil der Kurve den Kapillarwellen

Zweitens fügen wir an Gl. (12) eine Bemerkung über sehr flaches Wasser an. Die Phasengeschwindigkeit wird dann um so kleiner, je flacher das Wasser ist. Die Wellen, die auf den Strand auflaufen, werden daher langsamer sein als auf hoher See. Die Gravitationswellen erreichen schließlich die von der Wellenlänge unabhängige Geschwindigkeit $c = \sqrt{gZ}$, die gegen den Strand hin auf Null abnimmt. Qualitativ erscheint es plausibel, daß dieser Effekt in den Wellentälern eher als in den Wellenbergen auftritt, da in ihnen die effektive Wassertiefe geringer ist, so daß die Berge am Strand schneller laufen als die Täler und sich überschlagen (Brecher in der Brandung). Es muß aber betont werden, daß diese Erscheinung in unserer Form der vereinfachten Theorie in Strenge nicht enthalten ist.

c) Schwingender Tropfen. Ein Flüssigkeitstropfen im Ruhezustand nimmt Kugelgestalt an, sofern er schwerefrei ist, wie z.B. ein fallender Tropfen, weil dann seine Oberfläche bei vorgegebener Masse am kleinsten und damit auch sein Energieinhalt ein Minimum wird. In diesem Falle vereinfacht sich die Randbedingung (3) zu $p_c = 2\sigma/R_0$, wenn R_0 der Radius des Tropfens ist. Unterwerfen wir diesen Tropfen kleinen Deformationen, so wird er um diese Gleichgewichtslage schwingen. Die Schwingungen sind gedämpft infolge der inneren Reibung; da wir diese bei einer vollkommenen Flüssigkeit vernachlässigen, wollen wir auch hier nur ungedämpfte Schwingungszustände untersuchen.

Die Untersuchung des schwingenden Tropfens ist ein Problem der klassischen Physik, das als Modell für die Kollektivschwingungen von Atomkernen neue Bedeutung erlangt hat. Während wir im folgenden als Rückstellkraft nur die Oberflächenspannung benutzen, spielt daneben bei den Atomkernen die Coulombenergie eine gleichbedeutende Rolle. Die Verminderung der Coulombabstoßung zwischen den Protonen bei einer Deformation des Atomkerns wirkt der Vermehrung der Oberflächenenergie entgegen. Da die Coulombenergie mit wachsender Kerngröße immer stärker ins Gewicht fällt, erreicht man schließlich eine Grenze, bei der die Schwingung instabil wird. Dies ist die Erklärung der Kernspaltung bei den schwersten Kernen.

Wir beschränken uns auf rotationssymmetrische Schwingungszustände, bei denen wir die Oberfläche des Tropfens nach Legendreschen Kugelfunktionen[1] entwickelt schreiben:

$$R(\vartheta, t) = R_0 \left[1 + \sum_{n=0}^{\infty} a_n(t) P_n(\cos \vartheta) \right], \tag{16}$$

wobei die Deformationen klein, d.h. alle $|a_n| \ll 1$ sein sollen. Wir können dann zwei einfache Aussagen über die Koeffizienten a_0 und a_1 machen: Ist der Tropfen inkompressibel, so muß das deformierte Volumen

$$V = \oint d\Omega \int_0^{R(\vartheta)} dr\, r^2 = \frac{1}{3} R_0^3 \oint d\Omega \left[1 + 3 \sum_n a_n P_n + 3 \sum_n \sum_m a_n a_m P_n P_m + \cdots \right]$$

gleich dem undeformierten der Kugel sein. Wegen der Orthogonalität

$$\oint d\Omega\, P_n P_m = \frac{4\pi}{2n+1}\, \delta_{nm}$$

und mit $P_0 \equiv 1$ folgt hieraus sofort

$$V = \frac{4\pi}{3} R_0^3 \left[1 + 3 a_0 + 3 \sum_n \frac{a_n^2}{2n+1} \right],$$

d.h.

$$a_0 = - \sum_n \frac{a_n^2}{2n+1}. \tag{17}$$

Der Koeffizient a_0 ist also nur von zweiter Ordnung klein. Die zweite Aussage betrifft a_1: Da eine kleine Deformation gemäß $P_1 = \cos \vartheta$ lediglich eine starre Verschiebung des Tropfens in Richtung der Rota-

---

[1] Über Kugelfunktionen vgl. Band I, S. 144—152.

12*

tionsachse um die Strecke $R_0 a_1$ bedeutet, können wir dies Glied im allgemeinen ganz weglassen.

Wir berechnen nun den Energieinhalt des schwingenden Tropfens. Wir beginnen mit der potentiellen Energie der Oberflächenspannung, die proportional der Vergrößerung der Oberfläche F gegen den Kugelwert $4\pi R_0^2$ ist:

$$E_{\mathrm{pot}} = \sigma\,(F - 4\pi R_0^2). \tag{18}$$

Ein Flächenelement dieser Rotationsfläche ist

$$dF = 2\pi R \sin\vartheta\,\sqrt{(dR)^2 + (R\,d\vartheta)^2}\,.$$

Weicht die Fläche wenig von der Kugelgestalt ab, so ist überall $|dR| \ll |R\,d\vartheta|$, und wir können die Wurzel entwickeln:

$$dF = d\Omega \left[R^2 + \frac{1}{2}\left(\frac{dR}{d\vartheta}\right)^2 \right].$$

Schreiben wir vorübergehend

$$R = R_0 + s; \qquad s = R_0 \sum_{n=0}^{\infty} a_n P_n(\cos\vartheta), \tag{19}$$

so wird also

$$F = \oint d\Omega \left[R_0^2 + 2 R_0 s + s^2 + \frac{1}{2}\left(\frac{ds}{d\vartheta}\right)^2 \right].$$

Setzen wir das in (18) ein, so hebt sich das Glied mit R_0^2 gegen die Kugeloberfläche weg, und in dem Gliede mit $R_0 s$ bleibt nur der Term mit a_0 allein übrig, in dem wir für a_0 den quadratischen Ausdruck (17) einführen können. Im letzten Gliede endlich berücksichtigen wir, daß

$$\frac{dP_n}{d\vartheta} = -\sin\vartheta\,\frac{dP_n}{d\cos\vartheta} = P_n^1(\vartheta)$$

und

$$\oint d\Omega\, P_n^1 P_m^1 = \frac{4\pi}{2n+1}\, n\,(n+1)\,\delta_{nm}$$

ist. Daher entsteht nach einfacher Rechnung

$$E_{\mathrm{pot}} = 4\pi\sigma R_0^2 \sum_{n=0}^{\infty} \frac{(n+2)(n-1)}{2(2n+1)}\, a_n^2. \tag{20}$$

Wir gehen über zur Berechnung der kinetischen Energie der Tropfenschwingung. Hier können wir unter Einführung des Geschwindigkeitspotentials schreiben

$$E_{\mathrm{kin}} = \tfrac{1}{2}\,\varrho \int d\tau\,(\mathrm{grad}\,\Phi)^2. \tag{21}$$

Dabei muß Φ der Laplaceschen Differentialgleichung genügen, und da es keine Singularität bei $r = 0$ haben soll und rotationssymmetrisch sein muß, folgt[1]

$$\Phi(r, \vartheta) = \sum_{n=0}^{\infty} c_n(t)\, r^n\, P_n(\cos\vartheta) \tag{22}$$

im Innern des Tropfens mit zunächst noch unbestimmten Koeffizienten c_n. Die Funktion Φ muß nun an der Oberfläche der Randbedingung (2) genügen, die in diesem Falle die Form annimmt:

$$\frac{dR}{dt} = \left(\frac{\partial\Phi}{\partial r}\right)_{r=R_0} \tag{23}$$

oder nach (16) und (22):

$$R_0 \sum_n \dot{a}_n P_n = \sum_n c_n n R_0^{n-1} P_n,$$

woraus eindeutig

$$c_n = \frac{\dot{a}_n}{n R_0^{n-2}} \tag{24}$$

folgt.

Um das Auftreten der Ableitungen von Kugelfunktionen in Gl. (21) zu vermeiden, formen wir dies Integral mit Hilfe der Identität[2]

$$\text{div}\,(\Phi\,\text{grad}\,\Phi) = (\text{grad}\,\Phi)^2 + \Phi\Delta\Phi$$

um. Da $\Delta\Phi=0$ ist, erhalten wir dann einfach nach dem Gaußschen Satz

$$E_{\text{kin}} = \frac{1}{2}\varrho \int dF\,\Phi\,\frac{\partial\Phi}{\partial n} = \frac{1}{2}\varrho R_0^2 \oint d\Omega\,\Phi(R_0)\left(\frac{\partial\Phi}{\partial r}\right)_{R_0}$$

oder mit der Entwicklung (22):

$$E_{\text{kin}} = \frac{1}{2}\varrho R_0^2 \oint d\Omega \sum_n \sum_m c_n R_0^n P_n \cdot c_m m R_0^{m-1} P_m,$$

was sich wegen der Orthogonalität der Kugelfunktionen auf eine einfache Summe reduziert:

$$E_{\text{kin}} = 2\pi\varrho \sum_{n=0}^{\infty} \frac{n}{2n+1} R_0^{2n+1} c_n^2,$$

bzw. mit (24) und der Masse des Tropfens $M = \dfrac{4\pi}{3}\varrho R_0^3$:

$$E_{\text{kin}} = \frac{1}{2}\sum_{n=0}^{\infty} \frac{3 M R_0^2}{n(2n+1)}\dot{a}_n^2. \tag{25}$$

Aus den Gln. (20) und (25) erhalten wir die Gesamtenergie der Tropfenschwingung zu

$$E = \tfrac{1}{2}\sum_{n=0}^{\infty}(K_n \dot{a}_n^2 + \sigma L_n a_n^2) \tag{26}$$

---

[1] Vgl. die Fußnote auf S. 155.
[2] Vgl. den Beweis in Band I, S. 207, Fußnote.

mit den Abkürzungen

$$K_n = 3\,M\,R_0^2 \frac{1}{n\,(2n+1)}\,; \qquad L_n = 4\pi\,R_0^2\,\frac{(n+2)\,(n-1)}{2\,(2n+1)}\,. \tag{27}$$

Dies ist eine Summe von einander unabhängiger Oszillatorenergien, so daß wir die $a_n(t)$ als Normalkoordinaten im Sinne der Massenpunktmechanik (vgl. §8) betrachten können. Da wir ein Problem der Kontinuumsmechanik vor uns haben, gibt es jedoch unendlich viele Normalschwingungen.

Mit dem Ansatz

$$a_n \sim e^{i\,\omega_n t}$$

führt Gl. (26) auf die Beziehungen

$$K_n \omega_n^2 = \sigma L_n$$

oder, bei Verwendung der Ausdrücke (27), auf die Eigenfrequenzen

$$\omega_n = \sqrt{\frac{4\pi\sigma}{3\,M}}\,\sqrt{n\,(n+2)\,(n-1)}\,. \tag{28}$$

Wie man sieht, ergeben sich für $n=0$ und $n=1$ keine echten Schwingungen. Die Größenordnung der Eigenfrequenzen kommt durch das Zusammenspiel von Oberflächenspannung und Massenträgheit zustande, weshalb unter der Wurzel der Quotient σ/M erscheint, ähnlich wie beim harmonischen Oszillator an dieser Stelle das Verhältnis der Federkonstanten zur Masse auftritt. Die Eigenfrequenz wächst mit steigendem n, d.h. je stärker die Oberfläche gekräuselt ist. Auch das entspricht dem allgemeinen Grundsatz, daß eine steigende Zahl von Knoten die Eigenfrequenz anwachsen läßt.

§ 17. Erweiterungen des Hookeschen Gesetzes

In diesem Paragraphen soll nur angedeutet werden, daß innerhalb der klassischen Kontinuumsmechanik noch ein weiter Problemkreis existiert, der in den beiden einfachen Grenzfällen des elastischen Körpers einerseits, der zähen oder vollkommenen Flüssigkeit andererseits nicht enthalten ist. Ein schönes Beispiel, welches zeigt, daß es sich bei diesen Modellen nur um zwei Grenzfälle im Verhalten realer Körper handelt, ist das Verhalten von Pech, das sich bei normalen Temperaturen gegenüber schnell wechselnden Beanspruchungen wie ein fester Körper verhält, in längeren Zeiträumen aber wegfließt. Legt man etwa eine schwere Bleikugel auf die Oberfläche eines mit Pech gefüllten Kastens, so bleibt sie wie auf einem festen Körper liegen; wartet man ein Jahr, so ist sie wie in einer Flüssigkeit versunken (E. MADELUNG). Nur der Zeitmaßstab entscheidet also darüber, ob das Verhalten dem einen oder dem anderen Grenzfall nahekommt.

Probleme dieser Art sind in der Zeit zwischen etwa 1850 und 1870 häufig von den theoretischen Physikern bearbeitet worden. Das Interesse hat sich dann lange Zeit anderen Gebieten zugewandt und erst etwa seit 1930 ist, vorwiegend unter dem Einfluß technischer Fragestellungen teils von Ingenieuren, teils von Vertretern der angewandten Mathematik der Aufbau einer geschlossenen Theorie von Vorgängen dieses Zwischengebietes wieder ernstlich in Angriff genommen worden.

Es würde den Rahmen dieses Buches weit überschreiten, hier eine zusammenhängende Darstellung solcher Phänomene zu versuchen, um so mehr, als thermodynamische Fragen dabei in großem Umfange hineinspielen. Lediglich einige wenige wichtige Begriffe, die dabei auftreten, sollen durch Verallgemeinerung der in den vorstehenden Paragraphen benutzten Modellfälle des elastischen Körpers und der Flüssigkeit skizziert werden[1].

Einer der wichtigsten Züge des auf S. 114 formulierten Hookeschen Gesetzes für isotrope Substanzen,

$$\tau_{ik} = G\gamma_{ik} + (K - \tfrac{2}{3} G)\Theta\delta_{ik} \tag{1}$$

ist die Möglichkeit der getrennten Behandlung der diagonalen und nichtdiagonalen Glieder. Unter Benutzung der Definitionen von S. 109f schreiben wir

$$\gamma_{ik} = \varepsilon_{ik} + \tfrac{2}{3}\Theta\delta_{ik}; \qquad \text{spur } \varepsilon = 0; \qquad \text{spur } \gamma = 2\Theta \tag{2}$$

und

$$\tau_{ik} = \sigma_{ik} - p\delta_{ik}; \qquad \text{spur } \sigma = 0; \qquad \text{spur } \tau = -3p. \tag{3}$$

Dann kann Gl. (1) in

$$\sigma_{ik} - p\delta_{ik} = G\varepsilon_{ik} + K\Theta\delta_{ik} \tag{1'}$$

umgeschrieben werden. Bilden wir die Spur dieser Tensorrelation, so folgt

$$p = -K\Theta, \tag{4}$$

d.h. Proportionalität zwischen Druck und Volumdilatation mit dem Kompressionsmodul K als Faktor. Geht man damit in die Tensorrelation (1') ein, so verbleibt

$$\sigma_{ik} = G\varepsilon_{ik}, \tag{5}$$

d.h. Proportionalität zwischen scherenden Spannungen (Schubtensor) und scherenden Verformungen (Scherungstensor) mit dem Gleitmodul G als Faktor.

Das Hookesche Gesetz besagt also, daß jede Spannung an einem Körper *sofort* entsprechende Verformungen hervorruft, und daß eine entstandene Verformung *sofort* eine Spannung zur Folge hat, die unverändert bestehen bleibt, solange die Verformung andauert. Dies steht nun nicht völlig in Einklang mit den Erscheinungen, die an realen Körpern tatsächlich beobachtet werden. Wir greifen zwei besonders augenfällige Modellfälle heraus.

---

[1] Für eine eingehende Behandlung dieses Gebietes vgl. etwa die Artikel über inelastische Kontinua (Plastizität) und Rheologie in Band 6 des Handbuchs der Physik (1958).

1. Der Maxwellsche Körper. Wir halten fest an Gl. (4), ersetzen aber Gl. (5) durch die zeitabhängige Beziehung

$$\frac{\partial \sigma_{ik}}{\partial t} = G \frac{\partial \varepsilon_{ik}}{\partial t} - \frac{1}{\tau} \sigma_{ik}. \tag{6}$$

Bei einer festen Verformung klingen also die scherenden Spannungskomponenten gemäß

$$\sigma_{ik} = \sigma_{ik}^0 \, e^{-t/\tau}$$

allmählich ab, so daß der Körper nicht mehr zurückfedert, sondern die verformte Gestalt beibehält. Die Zeit τ, die zur Entspannung erforderlich ist, heißt die *Relaxationszeit*; die bleibende Verformung wird als *plastische* Verformung bezeichnet. Hält man umgekehrt die Spannungen konstant, so wachsen die Verformungen linear mit der Zeit an:

$$\varepsilon_{ik} = \varepsilon_{ik}^0 + \frac{1}{G\tau} \sigma_{ik} \, t,$$

wobei das Modell allerdings seine natürliche Grenze in der Voraussetzung kleiner Verformungen findet. Man bezeichnet diesen Vorgang als *Kriechen*. Das Charakteristische beider Vorgänge ist, daß sie nicht reversibel sind, was ja im Auftreten erster Ableitungen nach der Zeit in Gl. (6) deutlich zum Ausdruck kommt. Das hat zur Folge, daß die elastische Energie nicht konstant bleibt (auch wenn die Vorgänge so langsam sind, daß ihre kinetische Energie vernachlässigt werden kann); vielmehr wird elastische Energie allmählich in andere Energieformen durch molekulare Umlagerung umgesetzt. Auch Temperaturerhöhungen können dabei auftreten und führen dazu, daß im Grunde ein über einfachste Modelle hinausgehendes Verständnis unelastischen Verhaltens erst möglich wird, wenn man die Thermodynamik voll einbezieht.

Im Prinzip haben alle Substanzen Eigenschaften der beschriebenen Art. In welchem Maße diese bei einem bestimmten Experiment sichtbar werden, hängt von der Größe der Relaxationszeit ab. Ist τ groß, so klingen die Spannungen bei fester Deformation erst nach sehr langer Zeit ab, so daß bei schnellen Vorgängen das Hookesche Gesetz gilt, und bei konstanter Spannung macht sich erst nach langer Zeit eine Kriechbewegung bemerkbar.

Werden übrigens die Spannungen von der Zeit unabhängig aufrecht erhalten, so wird Gl. (6) identisch mit der der Navier-Stokesschen Gleichung zugrundeliegenden Beziehung

$$\sigma_{ik} = \eta \frac{\partial \varepsilon_{ik}}{\partial t},$$

wobei die Viskosität η nach (6) gemäß $\eta = G\tau$ aufgebaut ist.

2. *Der Kelvinsche oder Voigtsche Körper*. Auch hier tritt anstelle des Hookeschen Gesetzes eine zeitabhängige Beziehung:

$$\sigma_{ik} = G\,\varepsilon_{ik} + \eta'\,\frac{\partial \varepsilon_{ik}}{\partial t}\,. \tag{7}$$

Hier tritt im letzten Gliede eine zur Deformationsgeschwindigkeit proportionale Kraftwirkung auf, so daß die durch (7) definierte Viskosität η' auch als *innere Reibung* bezeichnet werden kann.

Läßt man auf einen Kelvinschen Körper eine Zeitlang konstante Spannungen einwirken, so folgt ihnen der Körper nicht sofort; denn für konstantes σ_{ik} ergibt die Integration von (7) mit der Anfangsbedingung $\varepsilon_{ik} = 0$ für $t = 0$:

$$\varepsilon_{ik}(t) = \frac{\sigma_{ik}}{G}\,(1 - e^{-t/\tau'}) \quad \text{mit} \quad \tau' = \eta'/G.$$

Hier taucht, ähnlich wie beim Maxwellschen Körper, eine Verknüpfung von Relaxationszeit und Viskosität auf, doch haben τ' und η' nicht die gleiche Bedeutung wie τ und η. Es ist meist üblich, τ' als *Retardierungszeit* zu bezeichnen.

3. *Kombinationsmodell*. Ein Modell, das beiden Ansätzen zugleich gerecht wird, kann etwa durch die Gleichung

$$\frac{\partial \sigma_{ik}}{\partial t} = G\,\frac{\partial \varepsilon_{ik}}{\partial t} - \frac{1}{\tau}\,\sigma_{ik} + G\tau'\,\frac{\partial^2 \varepsilon_{ik}}{\partial t^2} \tag{8}$$

beschrieben werden. Für $\tau \to \infty$ geht eine solche Substanz in den Kelvinschen, für $\tau' = 0$ in den Maxwellschen Körper über. Führt man beide Grenzübergänge zugleich aus, so entsteht das Hookesche Gesetz.

Die Auswirkung der verschiedenen Ansätze in konkreten Fällen wird sehr deutlich, wenn wir *zeitlich periodische Vorgänge* betrachten. Wir wollen dies nur an den Ansätzen (5) und (8) etwas näher ausführen, da sich (6) und (7) ja jederzeit aus (8) durch einfache Grenzübergänge gewinnen lassen. Sind sowohl alle ε_{ik} als auch alle σ_{ik} proportional zu $e^{i\omega t}$, so erhält man für den elastischen Körper (5), für den Gl. (8) gehorchenden unelastischen Körper dagegen

$$\sigma_{ik} = G\,\frac{1 + i\omega\tau'}{1 - \dfrac{i}{\omega\tau}}\,\varepsilon_{ik}. \tag{9}$$

Wir erhalten also wiederum formal das Hookesche Gesetz, anstelle der reellen Konstanten G tritt aber jetzt eine komplexe frequenzabhängige Größe

$$\widetilde{G} = G' + iG'' = G\,\frac{1 + i\omega\tau'}{1 - \dfrac{i}{\omega\tau}}\,. \tag{10}$$

Wir können daher auch die auf S. 128 angegebenen Ausdrücke für die Fortpflanzungsgeschwindigkeiten der longitudinalen und transversalen Wellen formal übernehmen:

$$c_L = \sqrt{\frac{1}{\varrho}\left(K + \frac{4}{3}G' + \frac{4}{3}iG''\right)}; \quad c_T = \sqrt{\frac{1}{\varrho}(G' + iG'')}. \tag{11}$$

Die Frequenzabhängigkeit von c_L und c_T hat das Auftreten von Dispersionserscheinungen zur Folge. Da in beiden Fällen $1/c = 1/c' - i/c''$

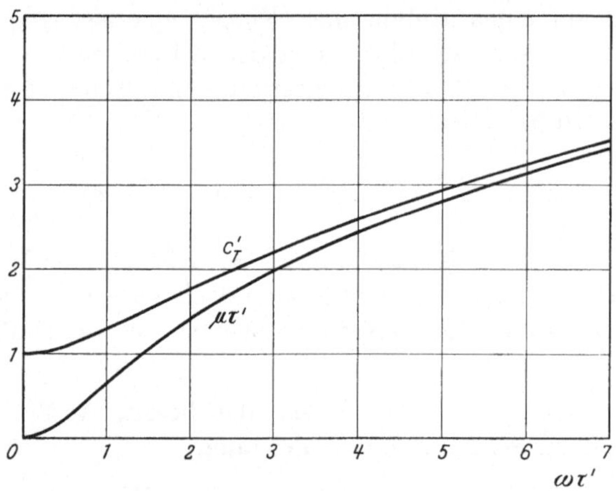

Fig. 29. Kelvinscher Körper. Phasengeschwindigkeit (Realteil) c'_T und Absorptionskoeffizient transversaler Wellen als Funktion der Frequenz. Ordinateneinheit ist $\sqrt{G/\varrho}$, τ' ist eine Materialkonstante

eine komplexe Zahl wird, und da die Wellenamplitude proportional zu

$$e^{i\omega\left(t-\frac{x}{c}\right)}$$

ist, erhält man nunmehr

$$e^{i\omega\left(t-\frac{x}{c'(\omega)}\right)}e^{-\frac{\omega}{c''(\omega)}x},$$

d. h. also eine Dämpfung der Wellenintensität (d. h. des Betragsquadrates der Amplitude) mit einem Absorptionskoeffizienten

$$\mu = \frac{2\omega}{c''(\omega)}.$$

Eine solche Dämpfung bedeutet die Umsetzung elastischer Schwingungsenergie in andere Energieformen und bringt damit erneut den schon eingangs betonten irreversiblen Charakter der Zustandsänderungen zum Ausdruck, der eine Folge des Auftretens erster Ableitungen nach der Zeit ist.

Zur Veranschaulichung sind in Fig. 29 die Dispersionserscheinungen nach Gl. (10) und (11) für die transversalen Wellen dargestellt, wobei zur Vereinfachung τ als sehr groß angenommen ist, entsprechend dem Grenzübergang zum Kelvinschen Körper. Man sieht, wie in diesem Beispiel mit wachsender Frequenz die Phasengeschwindigkeit c_T', ausgehend von dem Niederfrequenzgrenzwert $\sqrt{G/\varrho}$ des Hookeschen Gesetzes (5) zunimmt, während gleichzeitig der bei Niederfrequenz verschwindende Absorptionskoeffizient ebenfalls zunimmt.

III. Einführung in die statistische Methode

Die Mechanik hat sich zunächst an möglichst einfachen Systemen entwickelt, insbesondere am Ein- und Zweikörperproblem. Dies gilt gleichermaßen für die klassische wie für die Quantenmechanik. Nachdem dann aber einmal die allgemeinen Bewegungsgesetze erkannt und formuliert waren, ließen sich immer kompliziertere Mehrkörperprobleme in die Betrachtung einbeziehen. Hierbei wird nicht nur die vollständige Erfassung aller individuellen Bewegungen mit wachsender Teilchenzahl rasch sehr schwierig und praktisch unmöglich, sondern es erhebt sich auch die Frage, ob sie denn überhaupt noch von Interesse sei. In der Tat ist die Angabe geschickt ausgewählter mittlerer Bewegungszustände nicht nur mit billigeren Mitteln erreichbar, sondern auch viel eher geeignet, um ein kompliziertes System übersichtlich zu beschreiben. In dieser sehr allgemeinen Überlegung liegt der Ansatzpunkt zur statistischen Mechanik, die wir im folgenden wenigstens in ihren wichtigsten Grundzügen entwickeln wollen.

§ 18. Makro- und Mikrozustände.
Wahrscheinlichkeit eines Makrozustandes

Wir betrachten im folgenden eine *Gesamtheit* (ein *Ensemble*) vieler gleichartiger *Systeme*, z. B. von Molekülen einer Sorte. Jedes System befindet sich zu jeder Zeit in einem gewissen Zustand, einem *Mikrozustand*, der etwa durch den Impuls seines Schwerpunktes und die Gesamtheit der Quantenzahlen, die seinen Anregungszustand beschreiben, definiert werden kann. Die Gesamtheit befindet sich dann in einem Zustand, dem *Makrozustand*, der durch die Angabe der *Besetzungszahlen* sämtlicher Mikrozustände mit Systemen beschrieben wird.

Dies Bild enthält eine Reihe einschränkender Voraussetzungen. Die Gesamtheit soll *homogen* sein, d. h. die Verteilung der Mikrozustände soll innerhalb des verfügbaren Volumens ortsunabhängig sein. Ferner soll dies Volumen durch starre Wände derart begrenzt sein, daß keine Energie an den Außenraum abgegeben werden kann[1]. Solche Wände heißen *adiabatische Wände*. Zwischen den Systemen soll eine *Wechsel-*

---

[1] Diese Forderung wird in der kinetischen Gastheorie zum Teil gelockert.

wirkung bestehen, die einerseits schwach genug ist, um die Mikrozustände nach Zuständen freier Systeme zu klassifizieren, die aber andererseits stark genug ist, um zu einem ständigen Impuls- und Energieaustausch zwischen den Systemen zu führen, wobei auch Veränderungen ihres inneren Zustandes (Quantensprünge) eingeschlossen sind.

Unter diesen Voraussetzungen wird sich ein anfänglich willkürlich vorgegebener Makrozustand der Gesamtheit nach und nach verändern und seine besonderen Eigenschaften werden verloren gehen. Die Gesamtheit nähert sich asymptotisch einem *Gleichgewichtszustand*, nämlich einer solchen Verteilung der Besetzungszahlen über die möglichen Mikrozustände, die eine besonders hohe Wahrscheinlichkeit besitzt. Hierbei sind freilich einige Nebenbedingungen zu beachten: Erstens kann sich die Energie der Gesamtheit nicht verändern (wohl aber die Verteilung der Energie auf die Systeme und ihre Zustände), da die adiabatischen Wände eine abgeschlossene Gesamtheit erzeugen, und zweitens muß die Zahl der Systeme konstant bleiben, solange z.B. keine chemischen Reaktionen stattfinden, durch welche die Identität der Moleküle zerstört würde.

Das so umrissene Problem ist also ziemlich speziell; um so mehr ist es geeignet, an ihm die Methode zu entwickeln und übersichtlich bis zu konkreten Ergebnissen zu führen. Wir müssen uns nur des ziemlich enggesetzten Rahmens dabei bewußt bleiben. Die einschränkendste Voraussetzung ist dabei die Kleinheit der Wechselwirkung zwischen den Systemen, der die Behandlung der Gase ihre Bevorzugung verdankt und die die Anwendung der entwickelten Methoden auf Flüssigkeiten oder feste Körper mit Komplikationen belastet.

Wir unterscheiden die Zustände eines Systems (also die möglichen Mikrozustände) durch einen Index r, in dem wir alle diesbezüglichen, Angaben zusammengefaßt denken. Die Anzahl der Systeme im Zustand r sei N_r, und die Energie eines Systems in diesem Zustand sei E_r. Dann muß nach dem soeben Gesagten die Gesamtheit die Bedingungen erfüllen:

$$\sum_r N_r = N; \qquad \sum_r N_r E_r = U, \tag{1}$$

wobei N die Gesamtzahl der Systeme und U die Energie der Gesamtheit ist. Ein Makrozustand ist dann definiert durch die Gesamtheit aller Besetzungszahlen N_r. Ein und derselbe Makrozustand ist auf verschiedene Weisen realisierbar, da für jeden Mikrozustand r nur die Anzahl der darin enthaltenen Moleküle interessiert, nicht aber, welche Moleküle sich darin befinden. Wären alle Systeme in verschiedenen Zuständen — wären also die Besetzungszahlen N_r nur entweder 0 oder 1 — so ließe sich der Makrozustand durch die $N!$ Permutationen der N Moleküle über ebensoviele Mikroszustände in gleicher Weise realisieren. Sollen im Mikrozustand r jedoch N_r Moleküle enthalten sein, so geben deren $N_r!$ Permutationen untereinander keine neue Realisierung, so daß nur $N!/N_r!$ Permutationen verbleiben. Da dies für jeden Zustand r zu beachten ist, wird die Anzahl der *Realisierungsmöglichkeiten* für den durch die Folge $\{N_r\}$ definierten Makrozustand:

$$W = \frac{N!}{N_1!\, N_2!\, N_3!\ldots N_r!\ldots} . \tag{2}$$

Man beachte, daß bei dieser Abzählung die Individualität, d.h. die Unterscheidbarkeit der Systeme vorausgesetzt ist; diese Voraussetzung ändert sich in der Quantenstatistik (s. unten § 29). Das Produkt im Nenner von Gl. (2) ist ein unendliches Produkt, da es über alle denkbaren Mikrozustände zu erstrecken ist; sobald aber die endliche Zahl N der verfügbaren Systeme aufgebraucht ist, treten nur noch Faktoren $0! = 1$ hinzu.

Die auf Gl. (2) aufgebaute Statistik heißt entweder die *klassische Statistik* (zum Unterschied von der Quantenstatistik) oder nach ihrem Begründer die *Boltzmannsche Statistik*. Auf BOLTZMANN geht auch das Axiom zurück, das für die Verwendung von Gl. (2) den Weg öffnet, die Größe W sei ein (willkürlich normiertes) Maß für die Wahrscheinlichkeit, mit welcher die Gesamtheit in dem betreffenden Makrozustand angetroffen wird, sofern man ihr Zeit läßt, ein Gleichgewicht zu erreichen. Dies Axiom erscheint plausibel; wie weit es beweisbar ist, ist dagegen eine der schwierigsten Fragen der Physik, die wir hier nicht anschneiden können. Akzeptieren wir jedoch die Behauptung, daß *die Wahrscheinlichkeit eines Makrozustandes im Gleichgewicht durch die Anzahl seiner Realisierungsmöglichkeiten gegeben* sei, so läßt sich die weitere Behandlung sauber auf diesem Axiom aufbauen.

§ 19. Entropie. Stirlingsche Formel

Im folgenden wird sich zeigen, daß es zweckmäßig ist, anstelle der Größe W deren Logarithmus einzuführen, indem wir setzen

$$S = k \ln W. \tag{1}$$

Dabei ist k eine Konstante, die wir zunächst offen lassen und erst später fixieren werden. Sie heißt die *Boltzmannsche Konstante*, und S heißt die *Entropie* der Gesamtheit.

Zur praktischen Berechnung von S oder W machen wir uns zu Nutze, daß in vielen Zuständen die Besetzungszahl $N_r \gg 1$ ist. Wir können dann für $N_r!$ die Stirlingsche Formel benutzen, die wir zunächst etwas genauer betrachten wollen. Sie lautet

$$N! = N^N e^{-N} \sqrt{2\pi N} \tag{2a}$$

oder

$$\ln N! = N(\ln N - 1) + \ln \sqrt{2\pi N}. \tag{2b}$$

Daneben werden wir im folgenden auch die abgekürzte Form

$$\ln N! = N(\ln N - 1) \tag{3}$$

benutzen. Die folgende Tabelle gibt Auskunft darüber, wieweit diese Näherungen brauchbar sind. Gl. (2a) gibt $N!$ zwar bereits für $N = 1$ einigermaßen richtig wieder, versagt aber für $N = 0$. Ein Faktor $N_r!$ bei einem unbesetzten Zustand, deren es immer unendlich viele gibt, würde daher den Ausdruck für W vollständig verderben und auch in S

Tabelle

N	$N!$	$N^N \mathrm{e}^{-N}$	$N^N \mathrm{e}^{-N}\sqrt{2\pi N}$	$\ln N!$	$N(\ln N - 1)$
0	1	1	0	0	0
1	1	0,3679	0,925	0	-1
2	2	0,5413	1,920	0,6932	$-0,6136$
3	6	1,3443	5,85	1,7918	$+0,2958$
4	24	4,689	23,5	3,1781	$+1,5452$
5	120	21,056	118	4,7875	$+3,0470$
10				15,104	13,026
15				27,899	25,621
20				42,335	39,914
25				58,003	55,47
30				74,657	72,04
50				148,48	145,60
100				363,73	360,52

einen unendlich großen additiven Fehler zur Folge haben. Das ist jedoch nicht der Fall bei der abgekürzten Formel (3). Zwar sind hier die Abweichungen für schwach besetzte Zustände beträchtlich; im Logarithmus führt das aber nur zu kleinen additiven Fehlern, die gegenüber dem Wert der Gesamtentropie völlig vernachlässigt werden können. Bei den unbesetzten Zuständen ist Gl. (3) jedoch exakt richtig. Für unsere Zwecke ist daher die Verwendung des Logarithmus und der Näherung (3) zweckmäßig und ausreichend. (Für $N = 100$, letzte Zeile der Tabelle, ist der Unterschied zwischen 363,73 und 360,52 nicht sehr erheblich; in der Größe $N!$ selbst würde dies aber einen Faktor $\mathrm{e}^{3,21} = 25$ ergeben!)

Die besondere Bedeutung der Stirlingschen Formel für die Statistik läßt es zweckmäßig erscheinen, im folgenden noch zwei Herleitungen dieser Formel anzugeben.

1. Wir gehen von dem Eulerschen Integral[1] aus, das nicht nur für ganzzahlige x lautet

$$x! = \int_0^\infty dt\, \mathrm{e}^{-t} t^x = \int_0^\infty dt\, \mathrm{e}^{-t + x \ln t}.$$

---

[1] Vgl. auch Band I, S. 153.

Wir betrachten nun den Exponenten

$$\varphi(t) = -t + x \ln t$$

als Funktion der Integrationsvariablen t. Er besitzt bei $t = x$ ein Maximum, dessen Umgebung den Hauptanteil zum Integral beiträgt (Fig. 30). Deshalb entwickeln wir $\varphi(t)$ an dieser Stelle in eine Potenzreihe („Sattelpunktsmethode"):

$$\varphi(t) = x(\ln x - 1) - $$
$$- \frac{1}{2x}(t - x)^2 + \frac{1}{3x^2}(t - x)^3 + \cdots.$$

Setzen wir das in $x!$ ein und gehen zur neuen Integrationsvariablen

$$y = \frac{t - x}{\sqrt{2x}}$$

über, so entsteht

$$x! = e^{x(\ln x - 1)} \sqrt{2x} \int\limits_{-\sqrt{x/2}}^{\infty} dy\, e^{-y^2 + \frac{2}{3}\sqrt{\frac{2}{x}}\, y^3 \cdots}.$$

Für $x \gg 1$ kann man im Exponenten die Zusatzglieder vernachlässigen und die untere Integrationsgrenze ins Unendliche rücken. Dann wird das Integral gleich $\sqrt{\pi}$, und es entsteht Gl. (2a) für $x!$.

2. Wir schreiben für ganzzahliges N

$$\ln N! = \sum_{n=1}^{N} \ln n$$

und bilden diese Summe mit Hilfe der Eulerschen Summenformel:

$$\ln N! \approx \int\limits_{1}^{N} dt\, \ln t + \tfrac{1}{2}(\ln 1 + \ln N)$$
$$= N(\ln N - 1) + 1 + \tfrac{1}{2}\ln N.$$

Der Vergleich mit (2b) zeigt, daß hier eine additive 1 steht, wo dort $\tfrac{1}{2}\ln 2\pi = 0,9156$ erscheint; im übrigen stimmen beide Formeln überein.

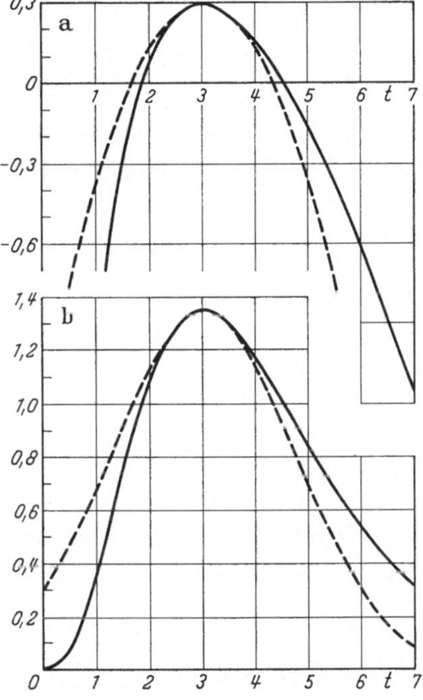

Fig. 30a u. b. Sattelwertsmethode zur Ableitung der Stirlingschen Formel für $x = 3$. a Ausgezogen $\varphi(t) = -t + 3\ln t$, gestrichelt die Näherung $\tilde{\varphi}(t) = 3(\ln 3 - 1) - \tfrac{1}{6}(t - 3)^2$. b Ausgezogen $e^{\varphi(t)}$, gestrichelt $e^{\tilde{\varphi}(t)}$

In der Näherung (3) ergibt sich nun für die Entropie (1) mit Hilfe des Ausdruckes (2) von § 18 für W:

$$S = k \ln W = k\left\{N(\ln N - 1) - \sum_r N_r(\ln N_r - 1)\right\},$$

oder, da $\sum_r N_r = N$ ist:

$$S = k\left\{N \ln N - \sum_r N_r \ln N_r\right\}. \tag{4}$$

Es ist oft bequem, die Bruchteile

$$n_r = N_r/N; \qquad \sum_r n_r = 1 \tag{5}$$

der im Zustand r befindlichen Systeme einzuführen; dann wird

$$S = -kN \sum_r n_r \ln n_r. \tag{6}$$

Diese Gleichung zeigt, daß die Entropie S eine *extensive Größe* ist, d.h. sie ist aus zwei Faktoren aufgebaut, deren einer,

$$s = -k \sum_r n_r \ln n_r$$

eine spezifische Entropie bedeutet, die nur von der Qualität, aber nicht von der Menge der homogenen vorausgesetzten Gesamtheit abhängt, deren anderer, N, eben die Menge der darin enthaltenen Systeme bezeichnet.

Wir führen nun die beiden in Gl. (1) von § 18 genannten *Nebenbedingungen* ein:

$$\sum_r n_r = 1; \quad N \sum_r n_r E_r = U = N u, \tag{7}$$

wobei wir auch eine spezifische Energie u definieren. Wir fragen nun danach, für welche Verteilung der Besetzungszahlen $\{N_r\}$ bzw. $\{n_r\}$ die Wahrscheinlichkeit am größten wird. Die Lösung dieses Problems erfolgt nach den Regeln der Variationsrechnung für eine Variation einer Funktion $\ln W$ mit zwei Nebenbedingungen, indem letztere mit Lagrangeschen Multiplikatoren λ und β angefügt werden:

$$\delta(\ln W + \lambda N - \beta U) = 0. \tag{8}$$

Drücken wir hier alle Glieder durch die Variablen n_r aus, so folgt bei Weglassung des gemeinsamen Faktors N:

$$\delta\left\{ -\sum_r n_r \ln n_r + \lambda \sum_r n_r - \beta \sum_r n_r E_r \right\} = 0,$$

woraus durch Differenzieren die Variation

$$\sum_r \left\{ -(\ln n_r + 1) + \lambda - \beta E_r \right\} \delta n_r = 0$$

hervorgeht. Daher bestehen im Gleichgewicht, d.h., wenn W ein Maximum wird, die Gleichungen

$$\ln n_r^0 = \lambda - 1 - \beta E_r$$

oder, mit der Umbenennung $\lambda - 1 = \alpha$,

$$n_r^0 = e^{\alpha - \beta E_r}. \tag{9}$$

Hier haben wir den Gleichgewichtswert von n_r mit n_r^0 bezeichnet. Die Parameter α und β sind vom Mikrozustand unabhängige Größen, die aus den Nebenbedingungen (7) bestimmt werden können:

$$\sum_r n_r^0 = e^\alpha \sum_r e^{-\beta E_r} = 1 ; \qquad \sum_r n_r^0 E_r = e^\alpha \sum_r E_r e^{-\beta E_r} = u. \tag{10}$$

Die durch Gl. (9) beschriebene Gleichgewichtsverteilung bildet eine der Grundlagen der klassischen Statistik und heißt die *Boltzmann-Verteilung*.

Hier und im folgenden ist es zweckmäßig, eine Hilfsgröße

$$Z = \sum_r e^{-\beta E_r} \tag{11}$$

zu definieren, die wir als die *Zustandssumme* (englisch: partition function) des Systems bezeichnen, dessen Zustände Energien E_r besitzen. Mit dieser Hilfsgröße wird

$$e^{-\alpha} = Z ; \qquad \frac{d \ln Z}{d\beta} = - u. \tag{12}$$

Für die Entropie im Gleichgewicht ergibt sich dann

$$s = - k \sum_r e^{\alpha - \beta E_r} (\alpha - \beta E_r)$$

$$= - k e^\alpha (\alpha Z - \beta u\, e^{-\alpha}) = k (\ln Z + \beta u),$$

was wir schließlich auch durch

$$s = k \left\{ \ln Z - \beta \frac{d \ln Z}{d\beta} \right\} \tag{13}$$

ersetzen können. Damit haben wir die Größen α, u und s durch die Zustandssumme Z und den Parameter β ausgedrückt; jedoch ist zu beachten, daß alle diese Formeln nur im Gleichgewichtszustand gelten.

Die Bedeutung des Parameters β ist an dieser Stelle noch nicht deutlich zu sehen. Es wird sich bald herausstellen, daß dieser für die Gesamtheit, nicht für das System charakteristische Parameter aufs engste mit dem Begriff der Temperatur T zusammenhängt, und zwar wird sich ergeben: $1/\beta = k\,T$.

Wir haben bisher noch nicht gezeigt, daß W im Gleichgewicht ein Maximum, nicht ein Minimum wird. Außerdem ist es nicht unwichtig, sich darüber Rechenschaft abzulegen, ob das gefundene Maximum sehr scharf ausgeprägt ist oder ob auch verhältnismäßig große Abweichungen der n_r von den Gleichgewichtswerten noch eine merkbare Wahrscheinlichkeit besitzen.

Um dies zu untersuchen, schreiben wir die nach Gl. (8) zu variierende Funktion der n_r um in

$$\ln W + \lambda N - \beta U = N \sum_r f(n_r)$$

mit

$$f(n_r) = n_r \left\{ - \ln n_r + \alpha + 1 - \beta E_r \right\}$$

und entwickeln $f(n_r)$ um die Stelle $n_r = n_r^0$ des Gleichgewichts herum:

$$f(n_r) = f(n_r^0) + \tfrac{1}{2}(n_r - n_r^0)^2 f''(n_r^0).$$

Eine einfache Rechnung ergibt $f''(n_r) = -1/n_r$, so daß

$$f(n_r) = e^{\alpha - \beta E_r} - \tfrac{1}{2} e^{-\alpha + \beta E_r}(n_r - n_r^0)^2$$

wird. Bei Abweichung vom Gleichgewicht erhält man deshalb

$$\ln W + (\alpha + 1)N - \beta U = N\left\{1 - \tfrac{1}{2}\sum_r e^{-\alpha + \beta E_r}(n_r - n_r^0)^2\right\},$$

eine Funktion also, die in der Tat für $n_r = n_r^0$ ihren maximalen Wert N erreicht. Wir können diesen Ausdruck nach W auflösen, da die beiden Zusatzglieder auf der linken Seite nicht von den Variablen n_r abhängen; dann erhalten wir nach einfacher Rechnung

$$W = W^0 \exp\left\{-\frac{N}{2}\sum_r \frac{(n_r - n_r^0)^2}{n_r^0}\right\}. \tag{14}$$

Die Wahrscheinlichkeit fällt also von einem Maximum W^0 bei jeder Veränderung eines der n_r ab, und zwar merklich, sobald

$$\frac{(n_r - n_r^0)^2}{n_r^0} \gtrsim \frac{1}{N}$$

wird. Schreibt man dies auf die Besetzungszahlen N_r um, so liegen wahrscheinliche Veränderungen nur innerhalb des Bereiches

$$(\Delta N_r)^2 \lesssim N_r \quad \text{oder} \quad \Delta N_r \lesssim N_r^{1/2}.$$

Die erlaubte *Fluktuationsbreite* jeder Besetzungszahl um ihren Gleichgewichtswert herum wächst also mit wachsender Besetzungszahl nur wie deren Wurzel an; die *relative Schwankungsbreite*

$$\frac{\Delta N_r}{N_r} \lesssim N_r^{-\frac{1}{2}} \tag{15}$$

nimmt daher mit wachsender Besetzungszahl umgekehrt wie deren Wurzel ab. Je höher die Besetzungszahlen also sind, um so schärfer ist die Einstellung des Gleichgewichtes.

§ 20. Ideales Gas

a) Gleichgewichtszustand. Die Überlegungen der beiden vorstehenden Paragraphen wollen wir im folgenden an einer Reihe von Beispielen veranschaulichen und beginnen mit dem klassischen Beispiel des idealen Gases. In einem von adiabatischen Wänden begrenzten Volumen V mögen sich N Massenpunkte der Masse m befinden. Der Zustand eines solchen Massenpunktes kann durch seinen Impuls beschrieben werden.

Nach der klassischen Mechanik würden diese Zustände ein Kontinuum im Impulsraum bilden, so daß die Berechnung der Zustandssumme nicht definiert wäre; nach der Quantenmechanik erhalten wir jedoch das einfache Resultat, daß in dem Volumelement $d^3 p$ des Impulsraumes insgesamt

$$d z = \frac{d^3 p \cdot V}{h^3} \tag{1}$$

mögliche Zustände liegen, wenn h das Plancksche Wirkungsquantum ist.

Die quantentheoretische Erklärung von Gl. (1) beruht darauf, daß für eine stehende de Broglie-Welle eine ganze Zahl von Wellenlängen[1] auf eine Kante des Volumens $V = L^3$ gehen muß, $L = n\,\lambda$, und daß die de Broglie-Wellenlänge mit dem Impuls über die Beziehung $p = h/\lambda$ verbunden ist. Daher wird für die drei Koordinatenrichtungen in einem Würfel der Kantenlänge L:

$$p_x = n_x h/L, \quad p_y = n_y h/L, \quad p_z = n_z h/L$$

mit ganzzahligen n_x, n_y, n_z, so daß in ein Impulsraumelement der Größe $(h/L)^3 = h^3/V$ jeweils ein Zustand fällt. — In der klassischen Mechanik wurde $dz = C\,V\,d^3 p$ mit einer willkürlichen Konstanten C ebenfalls eingeführt; der Beweis läßt die Konstante offen und ist mühsam. Er beruht auf dem Liouvilleschen Satz. — Die quantentheoretische Herleitung, die hier skizziert ist, wird in korrekter Weise in Band IV, S. 298 gegeben, dort wird auch gezeigt, in welcher Weise der Ausdruck zu modifizieren ist, wenn man Teilchen mit Spin hat. In welcher Weise sich der Drehimpuls der Moleküle getrennt behandeln läßt, zeigen wir im folgenden Paragraphen dieses Bandes.

Mit Hilfe der grundlegenden Beziehung (1) und des Energieausdruckes $E = p^2/2m$ können wir nun die Zustandssumme durch ein *Zustandsintegral* ersetzen:

$$Z = \int d z\, e^{-\beta E} = \frac{V}{h^3} \int d^3 p\, e^{\frac{-\beta p^2}{2m}}. \tag{2}$$

Das Integral läßt sich elementar auswerten mit $x = \sqrt{\beta/2m} \cdot p$:

$$Z = \frac{V}{h^3}\, 4\pi \left(\frac{2m}{\beta}\right)^{\frac{3}{2}} \int_0^\infty d x\, x^2\, e^{-x^2} = \frac{V}{h^3} \left(\frac{2\pi m}{\beta}\right)^{\frac{3}{2}}. \tag{3}$$

Hieraus erhalten wir nun sofort mit Hilfe der Gln. (12) und (13) des vorigen Paragraphen

$$u = -\frac{d \ln Z}{d\beta} = \frac{3}{2}\, \frac{d \ln \beta}{d\beta} = \frac{3}{2\beta} \tag{4}$$

und

$$s = k \left\{ \ln Z - \beta\, \frac{d \ln Z}{d\beta} \right\} = k \left\{ \ln \left[V \left(\frac{2\pi m}{h^2 \beta} \right)^{\frac{3}{2}} \right] + \frac{3}{2} \right\}. \tag{5}$$

---

[1] Dies ist nicht ganz korrekt. In Wirklichkeit ist $L = n \cdot \dfrac{\lambda}{2}$; jede stehende Welle mit $\lambda = h/p$ trägt aber zu den Zuständen mit $+p$ und $-p$ bei. Näheres in Band IV, l. c.

13*

Die Energie des idealen Gases im Gleichgewicht ist also

$$U = \frac{3}{2}\,\frac{N}{\beta} \tag{6}$$

und seine Entropie

$$S = N k \ln\left[V\left(\frac{2\pi\,e\,m}{h^2\beta}\right)^{\frac{3}{2}}\right]. \tag{7}$$

Im letzten Ausdruck haben wir durch den Faktor e unter dem Logarithmus die additive Konstante $\frac{3}{2}$ von Gl. (5) berücksichtigt.

Die Größe u, Gl. (4), gibt innerhalb der Gleichgewichtsverteilung die mittlere Energie eines Massenpunktes (eines Moleküls) an:

$$u = \frac{\sum\limits_r n_r\,E_r}{\sum\limits_r n_r} = \overline{E}; \tag{8}$$

wir führen provisorisch als ein Maß dieser Größe mit Hilfe von

$$\frac{1}{\beta} = k\,T \tag{9}$$

den Begriff der *Temperatur* ein; dann ist

$$u = \tfrac{3}{2}k\,T; \qquad U = \tfrac{3}{2}N k\,T. \tag{10}$$

Schließlich nennen wir den Temperaturkoeffizienten der Energie U, also die Größe

$$C_v = \left(\frac{\partial U}{\partial T}\right)_V = \frac{3}{2}\,N k, \tag{11}$$

die *Wärmekapazität* der Gasmenge; sie ist genau wie U eine extensive, also zur Anzahl der Systeme (Moleküle) proportionale Größe. Beziehen wir die Größe speziell auf die Menge von 1 Mol, verstehen wir also unter N die Loschmidtsche Zahl,

$$N = 6{,}02 \cdot 10^{23}, \tag{12}$$

so heißt C_v insbesondere die *Molwärme* des Gases[1]. Besitzen wir eine Temperaturskala, so können wir daher nunmehr die Boltzmannsche Konstante k aus dem Zusammenhang von Energiezufuhr und Temperaturanstieg eines idealen Gases messen. Dies mag zur vorläufigen Definition der Temperatur genügen. Näheres s. § 32b (S. 307).

Die Entropieformel (7) gibt bereits ein Resultat der Quantentheorie richtig wieder, ist aber noch nicht hinsichtlich der Ununterscheidbarkeit der Systeme korrigiert. Diese Verbesserung werden wir in § 30 (S. 283)

---

[1] Die Wärmekapazität kann auch auf 1 g Substanz bezogen werden; dann heißt sie die *spezifische Wärme*:

$$c_v = C_v/\mu,$$

wobei μ das Molekulargewicht [g/Mol] bedeutet.

vornehmen; sie führt dazu, daß noch eine additive Konstante zur Entropie hinzutritt. Wir können daher vorläufig den Absolutwert der Entropie noch nicht angeben; für viele Anwendungen genügt es aber vollkommen, aus Gl. (7) den *Entropieunterschied* zweier durch Temperatur und Volumen beschriebener Makrozustände A und B des Gases zu kennen:

$$S_B - S_A = kN \left\{ \ln \frac{V_B}{V_A} + \frac{3}{2} \ln \frac{T_B}{T_A} \right\}. \tag{13}$$

Besonders interessant wird für das ideale Gas die *Verteilungsfunktion*. In Anlehnung an Gl. (9) des vorigen Paragraphen können wir

$$dn = e^{\alpha - \beta E} dz = \frac{1}{Z} e^{-\beta E} dz$$

schreiben, woraus wir mit Hilfe von Gl. (3)

$$dN = \frac{N}{V} \left(\frac{\beta h^2}{2 \pi m} \right)^{\frac{3}{2}} e^{-\beta \frac{p^2}{2m}} \frac{V}{h^3} d^3 p$$

fur die Anzahl der im Impulsraumelement $d^3 p$ vorhandenen Moleküle erhalten. Hier fällt das Wirkungsquantum h ebenso heraus wie das Volumen V; mit $1/\beta = kT$ erhalten wir den Ausdruck

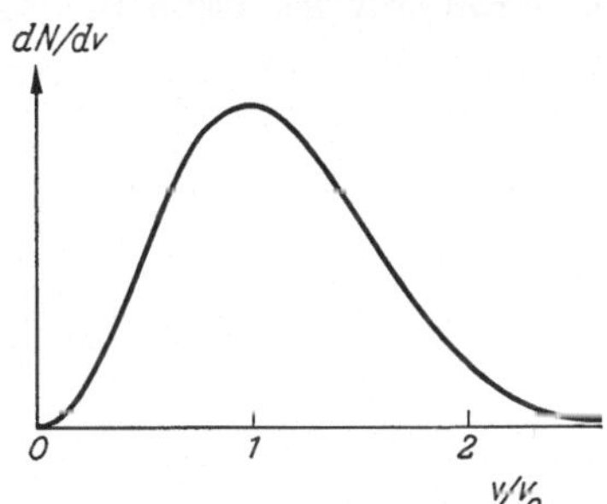

Fig. 31. Maxwellsche Verteilungsfunktion für den Betrag v der Geschwindigkeit $v_0 = (2kT/m)^{\frac{1}{2}}$

$$dN = N (2 \pi m k T)^{-\frac{3}{2}} e^{-\frac{p^2}{2mkT}} d^3 p. \tag{14}$$

Gewöhnlich führt man in dieser Formel statt des Impulses $\mathfrak{p}$ die Geschwindigkeit $\mathfrak{v}$ gemäß $\mathfrak{p} = m \mathfrak{v}$ ein; das Volumelement $d^3 v = d^3 p / m^3$ können wir dann wegen der Isotropie in Form einer Kugelschale $4 \pi v^2 dv$ wählen, welche das Geschwindigkeitsintervall zwischen v und $v + dv$ für alle Richtungen ausschöpft. In diesem Intervall befinden sich dann insgesamt

$$dN = 4 \pi N \left(\frac{m}{2 \pi k T} \right)^{\frac{3}{2}} e^{-\frac{mv^2}{2kT}} v^2 dv \tag{15}$$

Moleküle. Dieser Ausdruck hießt die *Maxwellsche Verteilungsfunktion*. Die Größe dN/dv ist in Fig. 31 als Funktion der dimensionslosen Variablen v/v_0 mit $v_0^2 = 2kT/m$ dargestellt[1].

Natürlich kann man die Fragestellung auch abwandeln und z.B. danach fragen, wieviele Moleküle eine Geschwindigkeitskomponente in der (willkürlich gewählten) z-Richtung zwischen den Werten v_z und $v_z + dv_z$ haben. Dann muß man offenbar im Geschwindigkeitsraum

---

[1] MAXWELL, J. C.: Phil. Mag. **19**, 22 (1860).

kartesische Koordinaten x, y, z benutzen und über alle Werte der x-und y-Komponenten integrieren, also:

$$d N_z = N \left(\frac{m}{2\pi kT}\right)^{\frac{3}{2}} e^{-\frac{m v_z^2}{2kT}} d v_z \int\limits_{-\infty}^{+\infty} d v_x \int\limits_{-\infty}^{+\infty} d v_y \, e^{-\frac{m(v_x^2 + v_y^2)}{2kT}}.$$

Rechnet man das Integral aus, so entsteht

$$d N_z = N \sqrt{\frac{m}{2\pi kT}} \, e^{-\frac{m v_z^2}{2kT}} d v_z. \tag{16}$$

Die Größe $d N_z / d v_z$ ist in Fig. 32 als Funktion von v_z / v_0 dargestellt.

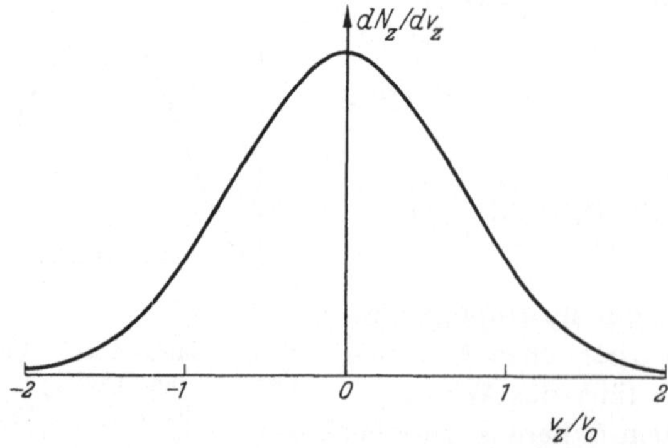

Fig. 32. Maxwellsche Verteilungsfunktion für eine Geschwindigkeitskomponente v_z. Die Größe v_0 wie in Fig. 31

Die letzte Formel ist geeignet, um einen weiteren Mittelwert, den *Druck* p einzuführen. Die in der Zeiteinheit auf die Wand auftreffenden Teilchen, die dort elastisch reflektiert werden, kehren dabei die Normalkomponente ihres Impulses um. Greifen wir ein Flächenstück F der Wand heraus, das verglichen mit den geometrischen Abmessungen klein ist und daher als Ebenenstück behandelt werden kann, und bezeichnen wir die Normalenrichtung zur Wand hin als z-Richtung, so überträgt jedes an diesem Wandstück reflektierte Teilchen also den Impuls $2 m v_z$ auf die Wand. Nun erreichen während eines Zeitintervalls δt alle aus einer Schicht der Dicke $v_z \delta t$ vor der Wand kommenden Teilchen der Geschwindigkeitskomponente v_z die Wand; die Anzahl der während δt auf das Wandstück F auftreffenden Teilchen mit dieser Komponente wird also $\frac{F v_z \delta t}{V} d N_z$. Da der pro Zeiteinheit übertragene Impuls die Kraft ist, wirkt auf das Wandstück F die Normalkraft

$$\int\limits_{v_z=0}^{\infty} 2 m v_z \frac{F v_z}{V} d N_z.$$

Diese Kraft, genommen pro Flächeneinheit, heißt der *Gasdruck* p:

$$p = \frac{2m}{V} \int\limits_0^\infty v_z^2 \frac{dN_z}{dv_z} dv_z = \frac{N}{V} kT. \tag{17}$$

Für N/V, also für die Anzahl der Teilchen in der Volumeinheit unserer homogen vorausgesetzten Gesamtheit führen wir künftig das Zeichen

$$\mathcal{N} = N/V \tag{18}$$

ein; dann erhalten wir

$$p = \mathcal{N} kT. \tag{19}$$

Statt dessen können wir natürlich auch schreiben

$$pV = NkT. \tag{20}$$

Betrachten wir insbesondere 1 Mol des Gases, verstehen also unter V das Molvolumen, so ist $N = \boldsymbol{N}$, die Anzahl der Teilchen pro Mol, nach Definition unabhängig von der Art der Substanz gleich der Loschmidtschen Zahl (11) und $\boldsymbol{N}k = R$ wird die *Gaskonstante*

$$R = 1,986 \text{ cal/Mol, Grad} = 8,314 \cdot 10^7 \text{ erg/Mol, Grad.} \tag{21}$$

Die Gleichung kann dann auch geschrieben werden

$$pV = RT. \tag{22}$$

Die Masse eines Mols heißt das Molekulargewicht $\mu = m\boldsymbol{N}$, die Masse der Volumeinheit die Dichte ϱ, mit dem Molvolumen V also $\varrho = m\boldsymbol{N}/V$ und $V = \mu/\varrho$. Damit geht (22) über in

$$p = \frac{R}{\mu} \varrho T. \tag{23}$$

Die Gln. (19), (20), (22) und (23) sind vier verschiedene Formen der *Zustandsgleichung* des idealen Gases, welche drei makroskopisch meßbare Größen miteinander verknüpft, nämlich entweder Druck, Volumen und Temperatur oder Druck, Dichte und Temperatur. Für praktische Anwendungen ist häufig Gl. (23) am besten geeignet, weil sie nicht mehr die extensive Größe V enthält, sondern allein aus intensiven Größen aufgebaut ist und daher auch in inhomogenen Gesamtheiten weitgehend ihren Sinn behält.

Ähnlich wie bei der Berechnung des Druckes können wir auch zur Berechnung der in der Zeiteinheit auf ein Wandstück auftreffenden Zahl von Teilchen verfahren. Entsprechend Gl. (17) erhalten wir für die Zahl, die in der Zeiteinheit die Flächeneinheit der Wand trifft,

$$n = \int\limits_{v_z=0}^\infty \frac{v_z}{V} dN_z,$$

mit Gl. (16) und (18) also,

$$n = \mathcal{N} \sqrt{\frac{m}{2\pi k T}} \int\limits_0^\infty v_z \, \mathrm{e}^{-\frac{m v_z^2}{2 k T}} \, d v_z.$$

Ausrechnen des Integrals in der üblichen Weise führt auf

$$n = \mathcal{N} \sqrt{\frac{k T}{2\pi m}}. \tag{24}$$

Hierin hängt nun die Wurzel in sehr einfacher Weise mit dem Mittelwert des Geschwindigkeitsbetrages $\bar{v}$ zusammen, der nach Gl. (15) zu

$$\bar{v} = \int v \, \frac{d N}{N} = 4\pi \left(\frac{m}{2\pi k T}\right)^{\frac{3}{2}} \int\limits_0^\infty d v \, v^3 \, \mathrm{e}^{-\frac{m v^2}{2 k T}}$$

oder bei Ausrechnung des Integrals

$$\bar{v} = 4 \sqrt{\frac{k T}{2\pi m}} \tag{25}$$

berechnet werden kann. Setzen wir das in (24) ein, so finden wir

$$n = \tfrac{1}{4} \mathcal{N} \bar{v}. \tag{26}$$

Diese Formel hat einige Bedeutung, da sie die Zahl der Teilchen angibt, die pro Flächeneinheit und Zeiteinheit aus einem kleinen Loch in der Wand ausströmen (s. u. S. 209).

Mit der Maxwellschen Verteilungsfunktion (15) rechnen wir schließlich für spätere Anwendungen noch ganz allgemein den Mittelwert irgendwelcher Potenzen des Geschwindigkeitsbetrages aus:

$$\overline{v^n} = \frac{1}{N} \int v^n d N = 4\pi \left(\frac{m}{2\pi k T}\right)^{\frac{3}{2}} \int\limits_0^\infty d v \, v^{n+2} \, \mathrm{e}^{-\frac{m v^2}{2 k T}}.$$

Mit der Integrationsvariablen

$$x = \sqrt{\frac{m}{2 k T}} \, v$$

und der Abkürzung

$$J_n = \int\limits_0^\infty d x \, x^{n+2} \, \mathrm{e}^{-x^2}$$

läßt sich das umschreiben in

$$\overline{v^n} = \frac{4}{\sqrt{\pi}} \left(\frac{2 k T}{m}\right)^{n/2} J_n.$$

Das Integral J_n kann mit der Substitution $x^2 = y$ auf die Form des Eulerschen Integrals gebracht werden:

$$J_n = \frac{1}{2} \int\limits_0^\infty d y \, y^{\frac{n+1}{2}} \, \mathrm{e}^{-y} = \frac{1}{2} \left(\frac{n+1}{2}\right)!.$$

Hieraus folgt die einfache Rekursionsformel

$$J_n = \frac{n+1}{2} J_{n-2}.$$

Für ungerade n kann man die Fakultäten ganzer Zahlen sofort angeben; für gerade n kennen wir aus Band I (S. 241) das Integral für $n = 0$, nämlich

$$J_0 = \int\limits_0^\infty dx \, x^2 e^{-x^2} = \tfrac{1}{4} \sqrt{\pi},$$

und daraus lassen sich die folgenden Integrale J_2, J_4 usw. der Reihe nach mit Hilfe der Rekursionsformel berechnen. Die ersten Integrale lauten folgendermaßen:

$n =$	0	1	2	3	4	5	6	7
$J_n =$	$\tfrac{1}{4}\sqrt{\pi}$	$\tfrac{1}{2}$	$\tfrac{3}{8}\sqrt{\pi}$	1	$\tfrac{15}{16}\sqrt{\pi}$	3	$\tfrac{105}{32}\sqrt{\pi}$	12

Die einfachsten Mittelwerte sind

$$\bar{v} = \frac{2}{\sqrt{\pi}} \left(\frac{2kT}{m} \right)^{\frac{1}{2}}, \qquad \overline{v^2} = \frac{4}{\sqrt{\pi}} \frac{2kT}{m} \cdot \frac{3}{8} \sqrt{\pi} = \frac{3kT}{m}, \qquad (27)$$

so daß der Mittelwert der kinetischen Energie eines Teilchens

$$\bar{E} = \frac{m}{2} \overline{v^2} = \frac{3}{2} kT \tag{28}$$

folgt, in Übereinstimmung mit Gl. (10). Hieraus gewinnen wir auch sofort das mittlere relative Schwankungsquadrat des Geschwindigkeitsbetrages,

$$\frac{\overline{v^2} - \overline{v}^2}{\overline{v}^2} = \frac{3\pi}{8} - 1 = 0,178, \tag{29}$$

die ein rohes Maß für die Breite des Geschwindigkeitsspektrums (15) darstellt.

Die Größenordnung der Molekulargeschwindigkeit können wir aus $\bar{v}$ entnehmen, sofern wir die Masse der Moleküle kennen. Erweitern wir jedoch k/m mit der Loschmidtschen Zahl, also mit der Anzahl der Moleküle in 1 Mol, so entsteht R/μ, so daß

$$\bar{v} = \frac{2}{\sqrt{\pi}} \left(\frac{2RT}{\mu} \right)^{\frac{1}{2}}$$

allein durch makroskopische Größen ausgedrückt ist. In Zahlen gibt das

$$\bar{v} = 1{,}455 \cdot 10^4 \sqrt{\frac{T}{\mu}} \; \text{cm/sec}.$$

Bei einer Temperatur von 20° C ($T = 293°$ K) wird dann

$$\bar{v} = \frac{2490}{\sqrt{\mu}} \; \text{m/sec}.$$

Daher haben die N_2-Moleküle ($\mu = 28$) der Luft bei dieser Temperatur eine mittlere Geschwindigkeit $\bar{v} = 470$ m/sec, während die schwereren

O_2-Moleküle ($\mu = 32$) unter denselben Bedingungen die kleinere mittlere Geschwindigkeit $\bar{v} = 440$ m/sec besitzen. Auf thermisches Gleichgewicht abgebremste Neutronen ($\mu = 1$), die in der Reaktorphysik eine wichtige Rolle spielen, haben bei dieser Temperatur $\bar{v} = 2490$ m/sec.

b) Schwankungen um den Mittelwert. Im Vorstehenden haben wir von den Mittelwerten gesprochen; wir haben aber schon am Ende von § 19 die Theorie der *Fluktuationen* um den Mittelwert herum gestreift und wollen diese am Beispiel des idealen Gases in Anwendung auf die *Dichteschwankungen* noch etwas vertiefen. Innerhalb des festen Volumens V, in dem wir N Teilchen eingeschlossen haben, greifen wir ein ebenfalls fest gedachtes Teilvolumen $v = qV$ heraus ($q < 1$), in dem sich n Teilchen befinden mögen. Dann ist der Mittelwert von n im Gleichgewicht natürlich $\bar{n} = qN$. Wir fragen nun nach der Wahrscheinlichkeit $w(n)$ dafür, bei einer Beobachtung eine von $\bar{n}$ abweichende Teilchenzahl n in v anzutreffen. Um sie zu ermitteln wollen wir die wesentliche Voraussetzung einführen, daß die Wahrscheinlichkeit, ein bestimmtes Teilchen in v anzutreffen, davon unabhängig ist, wieviele andere Teilchen sich bereits in v befinden. Wir vernachlässigen also die zwischen den Teilchenbewegungen bestehenden Korrelationen, insbesondere ihre Raumerfüllung, was aber durchaus im Rahmen des idealen Gasmodells (Massenpunkte!) liegt. Die Wahrscheinlichkeit, ein bestimmtes Teilchen in v anzutreffen, ist dann gleich q, ebenso die Wahrscheinlichkeit, es außerhalb von v anzutreffen, gleich $1 - q$. Die Wahrscheinlichkeit $w(n)$, n *bestimmte* (etwa: markierte) Teilchen in v und die restlichen $N - n$ außerhalb anzutreffen, ist dann wegen der vorausgesetzten Unabhängigkeit das Produkt

$$q^n (1 - q)^{N-n}.$$

Da wir aber nicht nach bestimmten Teilchen in v fragen, also unter ihnen noch jede Permutation frei lassen, bei der die Zahlen n innerhalb und $N - n$ außerhalb von v fest bleiben, tritt noch die Zahl der Permutationen,

$$\frac{N!}{n!\,(N-n)!} = \binom{N}{n}$$

als Faktor hinzu:

$$w(n) = \binom{N}{n} q^n (1 - q)^{N-n}. \tag{30}$$

Man überzeugt sich sofort von der Richtigkeit der Normierung

$$\sum_{n=0}^{N} w(n) = 1, \tag{31}$$

denn nach dem binomischen Satz wird diese Summe gerade gleich der Entwicklung von

$$\{q + (1 - q)\}^N = 1.$$

Auch sieht man sofort ein, daß Gl. (30) den richtigen Mittelwert

$$\bar{n} = qN \tag{32}$$

liefert: In

$$\bar{n} = \sum_{n=0}^{N} n\,w\,(n) = \sum_{n=1}^{N} n\,w\,(n)$$

ersetzen wir n und N durch $n'=n-1$ und $N'=N-1$. Dann erhalten wir

$$\bar{n} = \sum_{n'=0}^{N'} (n'+1)\,w\,(n'+1)$$

$$= \sum_{n'=0}^{N'} (n'+1)\, \frac{N!}{(n'+1)!\,(N'+1-n'-1)!}\, q^{n'+1}(1-q)^{N'-n'}$$

$$= Nq \sum_{n'=0}^{N'} \frac{N'!}{n'!\,(N'-n')!}\, q^{n'}(1-q)^{N'-n'},$$

und diese Summe ist nach dem binomischen Satz wieder $=1$, so daß gerade Gl. (32) verbleibt.

Analog läßt sich nun auch der Mittelwert

$$\overline{n\,(n-1)} = \sum_{n=0}^{N} n\,(n-1)\,w\,(n) = \sum_{n=2}^{N} n\,(n-1)\,w\,(n)$$

durch Verschiebung um zwei Einheiten im Summationsindex mit $n''=n-2$ und $N''=N-2$ berechnen:

$$\overline{n\,(n-1)} = \sum_{n''=0}^{N''} (n''+2)\,(n''+1)\, \frac{N!}{(n''+2)!\,(N''-n'')!}\, q^{n''+2}(1-q)^{N''-n''}.$$

Ziehen wir hier aus $N!$ im Zähler den Faktor $N\,(N-1)$ heraus, so verbleibt $N''!$. Ziehen wir ferner den Faktor q^2 vor die Summe, so ergibt letztere nach dem binomischen Satz gerade wieder 1, so daß wir

$$\overline{n\,(n-1)} = N\,(N-1)\,q^2 \tag{33}$$

als Ergebnis festhalten. Die hier an zwei Beispielen vorgeführte Methode läßt sich verallgemeinern zu

$$\overline{n\,(n-1)\,(n-2)\,\dots\,(n-k)} = N\,(N-1)\,(N-2)\,\dots\,(N-k)\,q^{k+1}. \tag{34}$$

Für das Folgende genügen die Gln. (32) und (33). Statt Gl. (33) können wir schreiben

$$\overline{n^2} = \bar{n} + N\,(N-1)\,q^2.$$

Für das *Schwankungsquadrat*

$$\overline{(\varDelta n)^2} = \overline{(n-\bar{n})^2} = \overline{n^2 - 2n\bar{n} + \bar{n}^2} = \overline{n^2} - \bar{n}^2 \tag{35}$$

finden wir hiermit

$$\overline{(\varDelta n)^2} = \{N\,(N-1)\,q^2 + Nq\} - N^2 q^2 = Nq\,(1-q) \tag{36}$$

und für die relative Fluktuation um den Mittelwert $\bar{n}$

$$\delta = \frac{1}{\bar{n}}\sqrt{\overline{(\Delta n)^2}} = \sqrt{\frac{1-q}{Nq}}\,. \qquad (37)$$

Ist das Teilvolumen $v \ll V$, so wird $q \ll 1$, und es gilt genähert

$$\delta = \bar{n}^{-\frac{1}{2}}. \qquad (38)$$

Dies entspricht genau den Formeln auf S. 194.

Als Zahlenbeispiel betrachten wir Luft unter Normalverhältnissen. Dann ist $\mathcal{N} = 2{,}67 \cdot 10^{19}$ cm^{-3}. In einem Teilvolumen von 1 mm^3 sind also im Mittel $\bar{n} = 2{,}67 \cdot 10^{16}$ Moleküle enthalten. Nach Gl. (38) wird in diesem Falle $\delta \approx 0{,}6 \cdot 10^{-8}$ bereits extrem klein. Betrachtet man jedoch ein Teilvolumen, dessen Kantenlänge nur einige Lichtwellenlängen beträgt (etwa 10^{-4} cm, d.h. $v = 10^{-12}$ cm^3), so folgt $\bar{n} = 2{,}67 \cdot 10^{7}$ und $\delta \approx 2 \cdot 10^{-4}$. Da für die Lichtstreuung in Luft Schwankungen des Brechungsindex, der proportional zu n von 1 abweicht[1], maßgebend sind, können solche Schwankungen über Abstände der Größenordnung einer Wellenlänge unregelmäßige Streuung und damit eine Trübung der Atmosphäre verursachen.

Wir fügen noch, mehr unter dem Gesichtspunkt nützlicher mathematischer Umformungen als unter dem neuer physikalischer Einsichten, ein paar Vereinfachungen von Gl. (30) für den Fall großer, bzw. kleiner Zahlen an. Ist $N \gg 1$ und $q \ll 1$, so wird $\bar{n} \ll N$. Solange wir uns auf $n \ll N$ beschränken, haben wir dann zunächst

$$w(n) = \frac{N(N-1)\ldots(N-n+1)}{n!}\, q^n (1-q)^{N-n} \approx \frac{N^n}{n!}\, q^n (1-q)^{N-n}.$$

Hierin ist

$$(1-q)^{N-n} = \{(1-q)^{1/q}\}^{(N-n)q} \approx e^{-(N-n)q} = e^{-\bar{n}}.$$

Daher wird unter diesen Voraussetzungen genähert

$$w(n) = \frac{\bar{n}^n\, e^{-\bar{n}}}{n!}\,. \qquad (39)$$

Das ist die *Poissonsche Formel*. Ihr Vorteil liegt darin, daß sie N und q nicht mehr explicite enthält. Hierbei ist noch nichts vorausgesetzt über die absolute Größe von n, außer daß $nq \ll 1$ ist. Setzt man insbesondere $n \gg 1$ voraus, so kann man im Nenner von (39) die Stirlingsche Formel anwenden:

$$w(n) = \frac{\bar{n}^n\, e^{-\bar{n}}}{\sqrt{2\pi n}\, e^{-n} n^n} = \frac{1}{\sqrt{2\pi n}}\left(\frac{\bar{n}}{n}\right)^n e^{n-\bar{n}}\,.$$

Eliminieren wir hierin n mit Hilfe der Substitution

$$n = \bar{n}(1+\varepsilon) \quad \text{oder} \quad \varepsilon = \frac{n-\bar{n}}{\bar{n}}$$

---

[1] Vgl. etwa Band III, S. 252.

unter der Annahme $\varepsilon \ll 1$, so wird

$$\ln \left(\sqrt{2\pi n}\, w\,(n)\right) = -\,\bar{n}\,(1 + \varepsilon)\,\ln\,(1 + \varepsilon) + \varepsilon\,\bar{n}.$$

Entwickeln wir den Logarithmus in eine Potenzreihe, so geht dies über in

$$\bar{n}\left\{\varepsilon - (1 + \varepsilon)\left(\varepsilon - \frac{\varepsilon^2}{2} + \cdots\right)\right\} \approx -\,\frac{1}{2}\,\bar{n}\,\varepsilon^2 = -\,\frac{(n - \bar{n})^2}{2\,\bar{n}},$$

so daß schließlich

$$w\,(n) = \frac{1}{\sqrt{2\pi\bar{n}}}\,\mathrm{e}^{-\frac{(n-\bar{n})^2}{2\bar{n}}} \tag{40}$$

entsteht. Das ist die *Gaußsche Verteilung* der Werte von n um $\bar{n}$ herum. Sie stimmt überein mit der auf S. 194 in Gl. (14) von § 19 erhaltenen Fluktuationsformel.

c) Freie Weglänge. Transporterscheinungen. Die Berechnung des Gleichgewichtszustandes geht, wie schon in § 18 betont wurde, von zwei entgegengesetzten Voraussetzungen aus: Die Kopplung zwischen den betrachteten Systemen (also den Molekülen des Gases) soll so locker sein, daß diese mit den Eigenschaften unabhängiger Gebilde ausgestattet werden können, sie muß aber stark genug sein, um einen ausreichenden Austausch solcher Eigenschaften zwischen den Systemen und damit überhaupt erst die Einstellung eines Gleichgewichts herbeizuführen. In einem Gas von nicht zu hoher Dichte sind diese beiden Voraussetzungen gleichzeitig in vorzüglicher Näherung erfüllt, so daß sich einerseits das Gleichgewicht schnell und vollkommen einstellt, andererseits aber bei der Berechnung des Gleichgewichtes in Abschnitt a) von der Kopplung überhaupt nicht geredet werden muß[1].

Die Kopplung zwischen den Gasmolekülen erfolgt durch ihre gegenseitigen Zusammenstöße. Sie darf als klein vorausgesetzt werden, sofern ein Molekül zwischen zwei Stößen einen Weg zurücklegt, der groß gegen seinen eigenen Durchmesser ist. Man bezeichnet diese Strecke als die *mittlere freie Weglänge* der Moleküle in dem betrachteten Makrozustand des Gases, und wir wollen im folgenden ihre Berechnung skizzieren.

Dazu bedienen wir uns eines sehr einfachen Modells. Wir denken uns die Moleküle als Kugeln eines festen Radius a beschrieben; wir greifen ein solches Molekül heraus, daß sich in einer mit x bezeichneten Richtung durch das Gas bewegt. Dabei überstreicht es einen Zylinder vom Querschnitt πa^2 um die x-Achse herum; ein Zusammenstoß erfolgt an der ersten Stelle, an der ein anderes Molekül in diesen Querschnitt hineinragt. Hierzu muß der Abstand zwischen den Mittelpunkten der beiden Stoßpartner offenbar kleiner als $2a$ werden, was das gleiche bedeutet,

---

[1] Eine analoge Rolle wie hier die Kopplung spielt bei der Hohlraumstrahlung in § 22 das Plancksche „Kohlestäubchen", s. unten S. 227.

als wenn das betrachtete Molekül punktförmig wäre, seine Stoßpartner jedoch alle den Radius $2a$, also den Querschnitt $\sigma = 4\pi a^2$ hätten. Die Größe σ heißt der *Wirkungsquerschnitt*. Die Stoßpartner des betrachteten Moleküls blenden dann auf einer Strecke δx aus einer Fläche senkrecht zur x-Richtung den Bruchteil $\mathcal{N}\sigma\,\delta x$ heraus, so daß das längs x laufende Molekül auf dem Wege δx mit der Wahrscheinlichkeit $\mathcal{N}\sigma\,\delta x$ auf ein anderes stößt und mit der Wahrscheinlichkeit $1 - \mathcal{N}\sigma\,\delta x$ keinen Stoß erleidet. Betrachten wir eine Strecke x, die groß gegen δx ist, so ist die Wahrscheinlichkeit, daß nach Durchlaufung von x noch kein Stoß stattgefunden hat,

$$w(x) = (1 - \mathcal{N}\sigma\,\delta x)^{\frac{x}{\delta x}} = \left[(1 - \mathcal{N}\sigma\,\delta x)^{\frac{1}{\mathcal{N}\sigma\,\delta x}}\right]^{\mathcal{N}\sigma x}.$$

Wählt man hier δx beliebig klein, so geht der Ausdruck in eine Exponentialfunktion über: Die „Überlebenswahrscheinlichkeit" wird

$$w(x) = e^{-\mathcal{N}\sigma x}; \tag{41}$$

der Abfall erfolgt mit einer charakteristischen Länge

$$\lambda = \frac{1}{\mathcal{N}\sigma}. \tag{42}$$

Wir können nun zeigen, daß diese charakteristische Länge gerade die Strecke ist, die ein Molekül im Mittel frei zurücklegt. Längs jedes Bahnstücks dx besteht in einem im Mittel homogenen Gase die gleiche Stoßwahrscheinlichkeit $\alpha\,dx$. Läßt man bei $x = 0$ nacheinander N_0 Moleküle in x-Richtung los, so wird man an der Stelle x noch $N(x)$ antreffen, die keinen Stoß erlitten haben, deren Anzahl aus (41) zu

$$N(x) = N_0\,e^{-x/\lambda} \tag{43a}$$

folgt. Im Intervall dx nimmt die Zahl ab um

$$dN = -N(x)\,\alpha\,dx; \tag{44}$$

Integration dieser Differentialgleichung für $N(x)$ führt auf

$$N(x) = N_0\,e^{-\alpha x}. \tag{43b}$$

Der Vergleich von (43a) und (43b) zeigt, daß $\alpha = 1/\lambda$ ist. Die Wahrscheinlichkeit, daß ein Molekül den ersten Stoß zwischen x und $x + dx$ erleidet, ist nach (44)

$$dw(x) = \frac{|dN(x)|}{N_0} = \alpha\,e^{-\alpha x}\,dx,$$

war übrigens auch der Normierungsforderung

$$\int\limits_0^\infty dw(x) = \alpha \int\limits_0^\infty e^{-\alpha x}\,dx = 1$$

genügt. Der bis zu diesem Stoß im Mittel zurückgelegte Weg ergibt sich zu

$$\bar{x} = \int\limits_0^\infty x\, dw(x) = \alpha \int\limits_0^\infty x\, e^{-\alpha x}\, dx = \frac{1}{\alpha} = \lambda. \qquad (45)$$

Die oben definierte Größe λ erweist sich damit in der Tat als mittlere freie Weglänge.

Wir ergänzen den Begriff noch durch zwei einfach damit zusammenhängende, die *mittlere Stoßzeit*

$$\tau = \frac{\lambda}{v}, \qquad (46)$$

die bei einer Geschwindigkeit v des Moleküls von einem Stoß bis zum nächsten vergeht, und die *Stoßhäufigkeit*, d.h. die Anzahl der Stöße, die ein Molekül in der Zeiteinheit erleidet:

$$\nu = \frac{1}{\tau} = \frac{v}{\lambda} = \mathscr{N}\sigma v. \qquad (47)$$

Beide Größen bringen die Zeit und damit die Geschwindigkeit in die Grundbegriffe hinein und hängen damit weitgehend von der richtigen Art der Mittelung über die Geschwindigkeitsverteilung ab, im Gegensatz zu λ.

Die benutzten Begriffe sind auf das Modell wohldefinierter endlicher Molekülradien a aufgebaut. In Wirklichkeit erfolgt ein Zusammenstoß natürlich als Streuprozeß unter dem Einfluß einer komplizierten vom gegenseitigen Abstande abhängigen Wechselwirkung, wie wir sie weiter unten in § 34a in großen Zügen beschreiben werden: schwache Anziehung bei großen, kräftige Abstoßung bei kleinen Abständen. In diesem Falle ist es klassisch nicht mehr möglich, sauber zwischen dem Stoßvorgang und dem ungestörten Flug zwischen zwei Stößen zu trennen; denn offenbar findet bereits in beliebig großem Abstande eine — wenn auch geringfügige — Ablenkung durch die Wechselwirkung statt. Der klassische Stoßquerschnitt ist daher streng genommen unendlich groß; erst die Quantenmechanik führt wieder zu einem endlichen Streuquerschnitt (vgl. § 9 von Band IV). Sie ergibt aber gleichzeitig, daß die Größe des Querschnittes σ von der Relativgeschwindigkeit der beiden Stoßpartner abhängt. Insofern erfordert daher auch die Angabe der freien Weglänge, im Gegensatz zu unserem vereinfachten Modell, eine Mittelung über die Geschwindigkeitsverteilung. Wir übergehen hier diese Komplikation; sie macht verständlich, daß in der strengen, auf der Boltzmann-Gleichung aufgebauten Theorie der Gase, die wir in den §§ 25—27 skizzieren werden, die hier eingeführten Größen λ, τ und ν eine geringere Bedeutung haben und weitgehend vermieden werden.

Wir wollen nun die Größenordnung der hier eingeführten Hilfsgrößen für ein Gas unter Normalverhältnissen (1 Atm., 20° C) näher untersuchen. Für den „Radius" von Stickstoffmolekülen kann man etwa $a = 0,85$ Å als vernünftige Näherung betrachten. Die Teilchendichte ist bei den angegebenen Werten von Druck und Temperatur $\mathscr{N} = 2,53 \cdot 10^{19}$ cm^{-3}, der mittlere Abstand zweier Moleküle im Gas also $\mathscr{N}^{-\frac{1}{3}} = 34$ Å. Die freie

Weglänge erhält man mit Hilfe des Stoßquerschnitts $\sigma = 4\pi a^2 = 9{,}1$ Å^2 zu $\lambda = 1/(\mathscr{N}\sigma) = 4300$ Å. Die freie Weglänge ist also fast 130mal größer als der mittlere Teilchenabstand, und dieser wiederum 20mal so groß wie der Moleküldurchmesser. Die Systeme sind also nahezu frei, und die Kopplung ist klein in dem oben angegebenen Sinn. Mit Hilfe der schon oben (S. 201) angegebenen mittleren Geschwindigkeit $\bar{v} = 470$ m/sec können wir diese Ergebnisse in die Zeitskala übertragen: Die mittlere Stoßzeit $\tau = \lambda/v$ wird $0{,}92 \cdot 10^{-8}$ sec; da sie so klein ist, vermag sich das Gleichgewicht so schnell einzustellen.

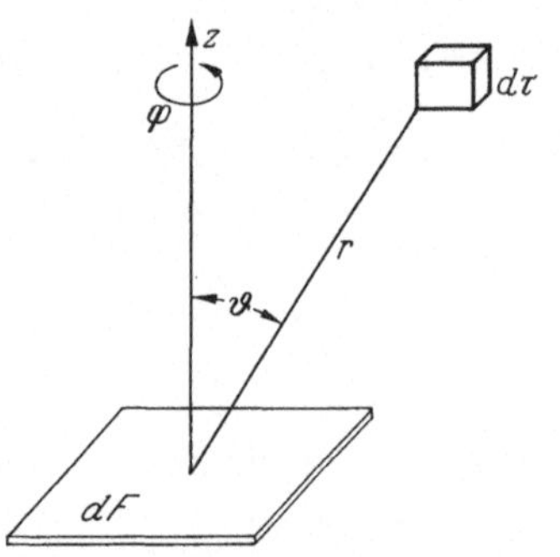

Fig. 33. Ein von $d\tau$ ausgehendes Molekül trifft das Flächenelement dF. Zu integrieren ist über alle durch die Koordinaten r, ϑ, φ lokalisierten Volumelemente $d\tau$ im oberen Halbraum $(\vartheta < \pi/2)$

Die Dauer eines Stoßes, d.h. die Dauer spürbarer Wechselwirkung zwischen zwei Molekülen kann man etwa durch $t = 2a/v$ definieren; man erhält dann $t = 3{,}6 \cdot 10^{-13}$ sec. Die mittlere Stoßzeit τ ist also rund 2500mal so groß wie die Dauer t des Stoßes selbst.

Als erste Anwendung der hier entwickelten Begriffe berechnen wir eine uns schon bekannte Größe, nämlich die Zahl der Stöße auf ein Flächenelement dF der Wand eines gasgefüllten Gefäßes, indem wir jedes Molekül, das während der Zeiteinheit auf dF trifft, dem Ort zuordnen, an dem es vorher seinen letzten Stoß erlitten hatte. Nach dem oben Gesagten finden in einem Volumelement $d\tau$ in der Zeiteinheit $v\mathscr{N} d\tau$ Stöße statt; ebensoviele Moleküle gehen bei unserer Zuordnung also im Anschluß an den letzten Stoß in der Zeiteinheit von dort aus. Da ihre Richtungen isotrop über den ganzen Raumwinkel 4π verteilt sind, trifft nur ein Bruchteil $d\Omega/4\pi$ auf dF, wobei $d\Omega$ den Raumwinkel bedeutet, unter dem dF von $d\tau$ aus betrachtet erscheint. Nach Fig. 33 ist dieser

$$d\Omega = dF \, \frac{\cos\vartheta}{r^2}.$$

Jedes Molekül muß von $d\tau$ bis dF eine Strecke r zurücklegen; nur der Bruchteil $e^{-r/\lambda}$ davon erleidet unterwegs keinen neuen Stoß, der ihn wieder aus der Richtung wirft. Im ganzen treffen daher in der Zeiteinheit

$$dn = v\mathscr{N} \, d\tau \cdot \frac{dF \cos\vartheta}{4\pi r^2} \, e^{-r/\lambda}$$

Moleküle von $d\tau$ kommend auf dF, insgesamt also auf 1 cm^2 der Oberfläche

$$n = \frac{v\mathscr{N}}{4\pi} \int d\tau \, \frac{\cos\vartheta}{r^2} \, e^{-r/\lambda}.$$

Führt man für die Integration die in Fig. 33 angedeuteten Kugelkoordinaten um die Flächenmitte herum ein, so wird bei Integration über den Halbraum

$$\int d\tau\, \frac{\cos \vartheta}{r^2}\, \mathrm{e}^{-r/\lambda} = 2\pi \int\limits_0^\infty dr\, r^2\, \frac{\mathrm{e}^{-r/\lambda}}{r^2} \int\limits_0^{\pi/2} d\vartheta\, \sin \vartheta \cos \vartheta = \pi\lambda,$$

so daß

$$n = \tfrac{1}{4} v \mathscr{N} \lambda$$

oder wegen Gl. (47)

$$n = \tfrac{1}{4} \mathscr{N} v \tag{48}$$

entsteht, in Übereinstimmung mit der auf anderem Wege gefundenen Gl. (26). Auch der Druck läßt sich nach dieser Methode aus der Impulsübertragung $2mv_z = 2mv \cos \vartheta$ berechnen:

$$p\,dF = \int 2mv \cos \vartheta\, dn;$$

man erhält

$$p = \tfrac{1}{3} \mathscr{N} m v^2. \tag{49}$$

Nach Gln. (19) und (28) bedeutet das, daß in Gl. (49) v^2 streng genommen durch den Mittelwert $\overline{v^2}$, in Gl. (18) dagegen nach (27) v durch v zu ersetzen wäre. Man sieht an diesem Vergleich deutlich einen (übrigens leicht zu behebenden) Mangel unserer Rechnung: Wir haben so getan, als hätten alle Moleküle die gleiche Geschwindigkeit, so daß der Unterschied zwischen $\overline{v}^2$ und $\overline{v^2}$ verwischt ist.

Gl. (48) bzw. Gl. (26) ist überall dort von praktischem Interesse, wo ein Gas durch eine enge Öffnung (Düse) gegen sehr viel geringeren Außendruck oder Vakuum ausströmt *(Effusion)*. Dieser Vorgang läßt sich prinzipiell zur Trennung eines Gasgemisches, insbesondere zur Isotopentrennung ausnutzen, da nach Gl. (25) $\overline{v}$ von der Masse der Moleküle abhängt, so daß von der leichteren Komponente mehr als von der schwereren ausströmt. Sind die beiden Molekülmassen m_1 und m_2 und die Teilchendichten in der ursprünglichen Mischung $\mathscr{N}_1$ und $\mathscr{N}_2$, so wird

$$\frac{n_1}{n_2} = \frac{\mathscr{N}_1}{\mathscr{N}_2} \sqrt{\frac{m_2}{m_1}} \tag{50}$$

gleich dem geänderten Mischungsverhältnis. Die Größe

$$f = (n_1/n_2)/(\mathscr{N}_1/\mathscr{N}_2)$$

heißt der *Anreicherungsfaktor* des leichteren Gases. Für die Trennung von leichtem Wasserstoff H_2 und schwerem Wasserstoff HD (ist D:H klein, so kann der Anteil von D_2 vernachlässigt werden) erhält man $f = \sqrt{3:2} = 1,22$, also eine recht erhebliche Anreicherung um 22%; handelt es sich etwa um N_2 und O_2 der Luft, so ist $f = \sqrt{32:28} = 1,07$ mit rund 7% Anreicherung schon viel kleiner. Der technische Ausbau des Verfahrens hängt jedenfalls entscheidend davon ab, ob es gelingt, den beschriebenen Grundvorgang mehrfach hintereinander zu schalten und dadurch die Wirkung beträchtlich zu erhöhen, ohne die Ausbeute zu sehr herabzusetzen.

In dem vorstehenden Beispiel tritt das Produkt $v\lambda = v$ auf, so daß die freie Weglänge selbst nicht im Endergebnis erscheint. Das ist der

Grund dafür, daß sich das gleiche Ergebnis auch auf dem in Abschnitt a) gegebenen Wege ableiten ließ. Anders liegen die Verhältnisse bei den sogenannten *Transporterscheinungen*. Hier gestattet der Begriff der freien Weglänge eine elementare Behandlung, die wir im folgenden ungefähr umreißen wollen[1].

Als Beispiel behandeln wir zuerst die *Diffusion*, der Einfachheit halber die Selbstdiffusion in einem Gase[2]. Das Gleichgewicht im Gase sei derart gestört, daß in der Umgebung eines Flächenstücks $\Delta F (\gg \lambda^2)$ ein Dichtegefälle senkrecht zu ΔF besteht. Dann stellt sich das Gleichgewicht nach Ablauf einiger Zeit durch Diffusion wieder her. Probleme dieser Art, die auf dem Grundgesetz von FICK aufbauen, haben wir in § 21 von Band I bereits phänomenologisch mit Hilfe einer *Diffusionskonstante D* beschrieben. Offen blieb dort die Aufgabe, das Ficksche Gesetz und den Wert der Diffusionskonstanten zu begründen. Dieser Aufgabe wenden wir uns jetzt zu.

In einem Koordinatensystem, in dem die x, y-Ebene mit ΔF zusammenfällt, können wir die von z abhängige Teilchendichte in der Umgebung von ΔF entwickeln:

$$\mathcal{N}(z) = \mathcal{N}_0 + z\mathcal{N}' + \cdots \quad \text{mit} \quad \mathcal{N}_0 = \mathcal{N}(0); \quad \mathcal{N}' = \left(\frac{d\mathcal{N}}{dz}\right)_0, \quad (51)$$

wobei das Konzentrationsgefälle klein genug sein möge, um für $|z| \lesssim \lambda$ höhere Glieder vernachlässigen zu dürfen. Dann treten nach den bei der Effusion angestellten Überlegungen in der Zeiteinheit von $z < 0$ nach $z > 0$ durch ΔF

$$n_+ = \int\limits_{z<0} d\tau\, v(z)\, \mathcal{N}(z)\, \frac{-\cos\vartheta}{4\pi r^2}\, \Delta F\, e^{-r/\lambda} \qquad (52a)$$

Moleküle hindurch, in der umgekehrten Richtung von $z > 0$ nach $z < 0$ dagegen

$$n_- = \int\limits_{z>0} d\tau\, v(z)\, \mathcal{N}(z)\, \frac{\cos\vartheta}{4\pi r^2}\, \Delta F\, e^{-r/\lambda}. \qquad (52b)$$

Im ersten Integral sind die Integrationsgrenzen $\pi/2 \leqq \vartheta \leqq \pi$, im zweiten $0 \leqq \vartheta \leqq \pi/2$, so daß, wenn kein Konzentrationsgefälle bestünde, die Ausdrücke

$$n_+ = v\mathcal{N}\, \frac{\Delta F}{4\pi}\, 2\pi \int\limits_0^\infty dr\, e^{-r/\lambda} \int\limits_{\pi/2}^\pi d\vartheta \sin\vartheta\, (-\cos\vartheta) = \frac{1}{2}\, v\mathcal{N}\, \Delta F \cdot \lambda \cdot \frac{1}{2}$$

---

[1] In § 27 werden wir die strenge Behandlung mit Hilfe der Boltzmannschen Stoßgleichung besprechen, die zwar zu einem tieferen Verständnis und im Einzelfall zu korrekteren Aussagen bei Zahlenfaktoren führt als das hier entwickelte simple Modell; andererseits ist der dort erforderliche Rechenaufwand unvergleichlich größer.

[2] Selbstdiffusion läßt sich experimentell studieren durch Verwendung „markierter" Atome, d.h. anderer, insbesondere radioaktiver Isotope. Vgl. auch Band I, S. 158.

und

$$n_- = \nu \mathcal{N} \frac{\varDelta F}{4\pi} 2\pi \int\limits_0^\infty dr\, e^{-r/\lambda} \int\limits_0^{\pi/2} d\vartheta \sin\vartheta \cos\vartheta = \frac{1}{2} \nu \mathcal{N} \varDelta F \cdot \lambda \cdot \frac{1}{2}$$

einander gleich werden. Die Teilchenströme, die $\varDelta F$ in beiden Richtungen durchsetzen, heben sich gegenseitig auf. Hängt nun aber $\mathcal{N}$ von $z = r \cos\vartheta$ ab, so werden auch ν und λ ortsabhängig, und es bleibt eine Differenz übrig. Da ν die Stoßhäufigkeit am Orte von $d\tau$ ist, können wir $\nu = v\sigma\mathcal{N}(z)$ schreiben, d.h. ebenso wie

$$\mathcal{N}(z) = \mathcal{N}_0\left(1 + \frac{\mathcal{N}'}{\mathcal{N}_0} z\right) = \mathcal{N}_0\left(1 + \frac{\mathcal{N}'}{\mathcal{N}_0} r\cos\vartheta\right) \tag{53}$$

gilt auch

$$\nu(z) = \nu_0\left(1 + \frac{\mathcal{N}'}{\mathcal{N}_0} z\right) = \nu_0\left(1 + \frac{\mathcal{N}'}{\mathcal{N}_0} r\cos\vartheta\right). \tag{54}$$

Etwas schwieriger ist die Behandlung von λ. Im Intervall $d\xi$ (Fig. 34) geht von den aus $d\tau$ kommenden Molekülen der Bruchteil $d\xi/\lambda(\xi)$ verloren:

$$\frac{dn}{n} = -\frac{d\xi}{\lambda(\xi)};$$

ihre Zahl nimmt also ab wie

$$n(\xi) = n_0 \exp\left\{-\int\limits_0^\xi \frac{d\xi}{\lambda(\xi)}\right\}.$$

Nun ist aber

$$\lambda(\xi) = \lambda_0 + \left(\frac{d\lambda}{dz}\right)_0 \zeta,$$

wobei

$$\zeta = (r - \xi)\cos\vartheta$$

und wegen $\lambda = 1/(\mathcal{N}\sigma)$ die Ableitung

$$\left(\frac{d\lambda}{dz}\right)_0 = -\lambda_0 \frac{\mathcal{N}'}{\mathcal{N}_0}.$$

Daher tritt anstelle des Faktors $e^{-r/\lambda}$ in (52a, b)

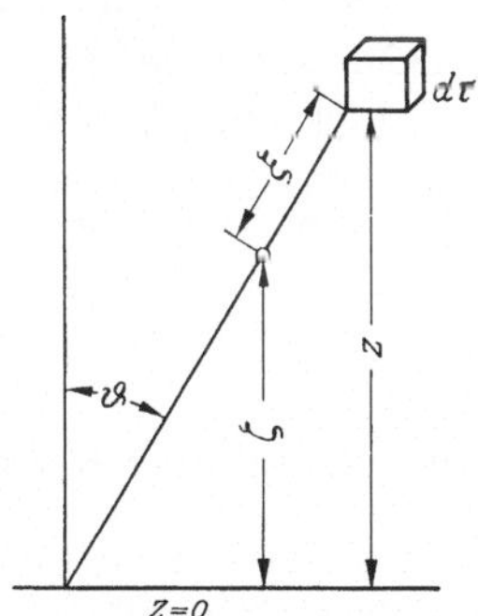

Fig. 34. Zur Berechnung der korrigierten freien Weglänge, wenn die Dichte eine Funktion von z ist. Das Volumelement $d\tau$ hat die Koordinaten r, ϑ, φ

$$\exp\left\{-\int\limits_0^r \frac{d\xi}{\lambda_0 - \lambda_0 \dfrac{\mathcal{N}'}{\mathcal{N}_0}(r-\xi)\cos\vartheta}\right\}$$

$$\approx \exp\left\{-\int\limits_0^r \frac{d\xi}{\lambda_0}\left[1 + \frac{\mathcal{N}'}{\mathcal{N}_0}(r-\xi)\cos\vartheta\right]\right\} \tag{55}$$

$$= \exp\left\{-\frac{r}{\lambda_0} - \frac{\mathcal{N}'}{\mathcal{N}_0}\frac{\cos\vartheta}{\lambda_0}\frac{r^2}{2}\right\}$$

$$\approx e^{-r/\lambda_0}\left(1 - \frac{\mathcal{N}'}{\mathcal{N}_0}\frac{r^2}{2\lambda_0}\cos\vartheta\right).$$

Im ganzen tritt daher in den Integranden von n_+ und n_- anstelle von $\nu \mathscr{N} e^{-r/\lambda}$ das Produkt der Ausdrücke (53), (54) und (55), in erster Näherung also

$$\nu_0 \mathscr{N}_0 e^{-r/\lambda_0} \left\{ 1 + \frac{\mathscr{N}'}{\mathscr{N}_0} \cos \vartheta \left(2r - \frac{r^2}{2\lambda_0} \right) \right\},$$

womit

$$n_+ = \nu_0 \mathscr{N}_0 \frac{\Delta F}{2} \int_0^\infty dr\, e^{-r/\lambda_0} \int_{\pi/2}^\pi d\vartheta \sin \vartheta \times$$
$$\times \left[-\cos \vartheta - \frac{\mathscr{N}'}{\mathscr{N}_0} \cos^2\vartheta \left(2r - \frac{r^2}{2\lambda_0} \right) \right] \tag{56a}$$

und

$$n_- = \nu_0 \mathscr{N}_0 \frac{\Delta F}{2} \int_0^\infty dr\, e^{-r/\lambda_0} \int_0^{\pi/2} d\vartheta \sin \vartheta \times$$
$$\times \left[\cos \vartheta + \frac{\mathscr{N}'}{\mathscr{N}_0} \cos^2\vartheta \left(2r - \frac{r^2}{2\lambda_0} \right) \right]. \tag{56b}$$

Die von $\mathscr{N}'$ unabhängigen Glieder sind hier die gleichen geblieben wie in (52a, b) und heben sich heraus. Die Differenz wird daher, entsprechend dem Fickschen Gesetz, proportional zu $\mathscr{N}'$:

$$n = n_+ - n_-$$
$$= -\nu_0 \frac{\Delta F}{2} \mathscr{N}' \int_0^\pi d\vartheta \sin\vartheta \cos^2\vartheta \int_0^\infty dr\, e^{-r/\lambda_0} \left(2r - \frac{r^2}{2\lambda_0} \right). \tag{57}$$

Das Integral über ϑ wird gleich $\frac{2}{3}$; dasjenige über r ergibt

$$2\lambda_0^2 - \frac{1}{2\lambda_0} \cdot 2\lambda_0^3 = \lambda_0^2,$$

so daß wir schließlich erhalten

$$n = n_+ - n_- = -\tfrac{1}{3} \nu_0 \Delta F \mathscr{N}' \lambda_0^2.$$

Dies ist die Zahl der Moleküle, die entgegen der Richtung des Gradienten (in der negativen z-Richtung, wenn $\mathscr{N}' > 0$ ist) in der Zeiteinheit als Nettostrom die Fläche durchqueren. Die Dichte dieses Diffusionsstromes pro cm² und sec wird daher in allgemeiner vektorieller Schreibung

$$\mathfrak{s} = -D \operatorname{grad} \mathscr{N} \tag{58}$$

mit der Diffusionskonstanten

$$D = \tfrac{1}{3} \nu \lambda^2 = \tfrac{1}{3} v \lambda. \tag{59}$$

Das Verfahren, das wir hier für ein spezielles Transportphänomen abgeleitet haben, läßt sich verallgemeinern. Jedes Molekül trägt eine

Reihe von Größen wie Impuls und Energie mit sich, deren Mittelwerte bei Abweichungen vom Gleichgewicht einen Gradienten haben können. Ist A eine solche Größe, die in der Umgebung von ΔF gemäß

$$A(z) = A_0 + A'z; \quad A' = \left(\frac{dA}{dz}\right)_0 \tag{60}$$

veränderlich ist, so wird, wenn wir jetzt $\mathcal{N}$ und damit auch v und λ als konstant voraussetzen, die durch die Flächeneinheit in der Zeiteinheit transportierte Menge von A in der positiven z-Richtung

$$a_+ = v\mathcal{N} \int\limits_{z<0} d\tau \, \frac{-\cos\vartheta}{4\pi r^2} \, e^{-r/\lambda} \, (A_0 + A'r\cos\vartheta),$$

in der negativen z-Richtung

$$a_- = v\mathcal{N} \int\limits_{z>0} d\tau \, \frac{\cos\vartheta}{4\pi r^2} \, e^{-r/\lambda} \, (A_0 + A'r\cos\vartheta).$$

Wieder heben sich in der Differenz die Anteile von A_0 heraus, so daß sich für den Nettostrom ergibt

$$u = a_+ - a_- = -\tfrac{1}{2}v\mathcal{N}A'\lambda^2 \int\limits_0^\pi d\vartheta \, \sin\vartheta \, \cos^2\vartheta$$

oder, vektoriell geschrieben,

$$\mathfrak{a} = -\tfrac{1}{3}v\lambda^2\mathcal{N} \, \mathrm{grad} \, A. \tag{61}$$

Mit dieser allgemeinen Formel läßt sich z.B. die *Wärmestromdichte*[1] berechnen. Setzen wir für A die mittlere thermische Energie eines Moleküls, so können wir diese durch die spezifische Wärme c_v (bezogen auf 1 g Substanz) und die Temperatur T ausdrücken:

$$A = mc_v T \tag{62}$$

ist dann die auf ein Molekül der Masse m entfallende thermische Energie. Bezeichnen wir die Wärmestromdichte mit $\mathfrak{q}$, so folgt aus Gl. (61) mit (62)

$$\mathfrak{q} = -\varkappa \, \mathrm{grad} \, T \tag{63}$$

mit dem Wärmeleitvermögen

$$\varkappa = \tfrac{1}{3}v\lambda^2\mathcal{N}mc_v. \tag{64}$$

Da $\mathcal{N}m = \varrho$ die Massendichte (g/cm³) ist, können wir hierfür kürzer $\varkappa = \tfrac{1}{3}v\lambda^2\varrho c_v$ schreiben, oder unter ausschließlicher Verwendung makroskopisch meßbarer Größen,

$$\varkappa = D\varrho c_v. \tag{65}$$

---

[1] Vgl. auch § 22a von Band I zur makroskopischen Begriffsbildung.

Auch die *Viskosität* eines Gases läßt sich auf diese Weise bestimmen, indem wir an die in § 14b gegebene Definition anknüpfen. Herrscht in x-Richtung, also parallel zu ΔF eine Strömung mit dem Geschwindigkeitsprofil

$$v_x = v_{x0} + \left(\frac{\partial v_x}{\partial z}\right)_0 z,$$

so ist der mittlere Impuls eines Moleküls in x-Richtung $A = m v_x$. Der in z-Richtung je Zeiteinheit durch ΔF übertragene Impuls in x-Richtung ist gleich der in dieser Richtung auf ΔF ausgeübten Kraft; ist ΔF ein materielles Flächenstück, so kann die Kraft gemessen werden. Diese Kraft pro Flächeneinheit von ΔF ist nichts anderes als die Komponente σ_{zx} des Spannungstensors (s. S. 150f.). Man hat also nach Gl. (61)

$$\sigma_{zx} = -\frac{1}{3} v \lambda^2 \mathcal{N} m \left(\frac{\partial v_x}{\partial z}\right)_0.$$

Man schreibt diese Relation

$$\sigma_{zx} = -\eta \frac{\partial v_x}{\partial z} \tag{66}$$

und nennt

$$\eta = \tfrac{1}{3} v \lambda^2 \mathcal{N} m = D \varrho \tag{67}$$

die Zähigkeit oder Viskosität des Gases. Mit ihrer Hilfe kann das Wärmeleitvermögen (65) auch in

$$\varkappa = \eta c_v \tag{68}$$

umgeschrieben werden.

Die Beziehungen (65), (67) und (68) sind ohne Kenntnis von λ und v durch rein makroskopische Messungen nachprüfbar. Experimentell ist, entgegen der Erwartung nach unserer Modelltheorie, nicht genau $D\varrho/\eta = 1$, sondern diese Größe schwankt etwa zwischen 1,3 und 1,5. Etwas größer sind die Abweichungen von Gl. (68); statt $\varkappa/(\eta c_v) = 1$ findet man experimentell Werte zwischen 1,3 und 2,5. Diese Zahlenfaktoren geben einen Anhalt dafür, bis zu welchem Grade sich unser einfaches Modell mit Vorteil verwenden läßt.

Eine kurze Bemerkung zur Verwendung von Gl. (67) sei noch angefügt. Diese Gleichung kann unter Elimination von v und λ auch in der Form $\eta = \tfrac{1}{3} \bar{v} m/\sigma$ geschrieben werden, wobei $\sigma = 4\pi a^2$ und nach Gl. (25)

$$\bar{v} = 4 \sqrt{\frac{RT}{2\pi\mu}}$$

ist. Daher gilt, wenn wir noch mit Hilfe von $m = \mu/N$ die Zahl N der Moleküle pro Mol einführen,

$$\eta = \frac{1}{3\pi\sqrt{2\pi}} \frac{\sqrt{RT\mu}}{N a^2} \quad \text{oder} \quad N a^2 = \frac{\sqrt{RT\mu}}{3\pi\sqrt{2\pi}}.$$

Durch makroskopische Messungen läßt sich also die Kombination Na^2 bestimmen. Kondensiert man nun das Gas, so erhält man in der flüssigen Phase etwa eine dichteste Kugelpackung, bei der sich die Moleküle berühren und rund 70% des Volumens ausfüllen. Das Molvolumen dieser Flüssigkeit ist daher

$$V = \frac{4\pi a^3}{3}\,\frac{N}{0{,}7}.$$

Hieraus kann also, wiederum durch makroskopische Messungen, die Größe Na^3 bestimmt werden. Aus Na^2 und Na^3 entnimmt man sodann die Werte von N und a selbst. Auf diesem Wege hat LOSCHMIDT 1865 zuerst die von AVOGADRO eingeführte Größe N roh bestimmt und damit die ersten Angaben über die absolute Größe atomarer Systeme machen können[1].

§ 21. Ideales Gas aus zweiatomigen Molekülen

Im vorigen Paragraphen haben wir die Moleküle als Massenpunkte behandelt. Für ein Gas aus Edelgasatomen ist dies eine vernünftige Näherung, da die Anregung von Elektronentermen eine viel zu große Energiezufuhr erfordert, um bei Temperaturen von einigen hundert Grad merklich in Erscheinung zu treten. Anders liegen die Verhältnisse bei Molekülen, in denen sowohl Rotationen als Schwingungen des Kerngerüstes bei solchen Temperaturen bereits merklich angeregt werden können. Wir behandeln als einfachstes Beispiel das Verhalten eines Gases aus zweiatomigen Molekülen. Hier treten zu den drei Freiheitsgraden der Translation in drei Raumrichtungen mit der Energie

$$E_T = \frac{p^2}{2m}, \tag{1}$$

die wir im vorigen Paragraphen allein zugrundegelegt haben, die Rotationsenergie, die nach der Quantentheorie

$$E_R = \frac{\hbar^2 J(J+1)}{2\Theta} \tag{2}$$

ist, wobei Θ das Trägheitsmoment bezüglich einer Achse durch den Schwerpunkt senkrecht zur Kernverbindungslinie und J die auf ganzzahlige Werte beschränkte Rotationsquantenzahl ist, und außerdem die Vibrationsenergie

$$E_V = \hbar\omega\,(v + \tfrac{1}{2}) \tag{3}$$

von Schwingungen der beiden Atomkerne gegeneinander mit einer für das betreffende Molekül charakteristischen Frequenz ω und einer ganzzahligen Vibrationsquantenzahl v. Wir entnehmen ferner aus der Quan-

---

[1] LOSCHMIDT, J.: Sitzgsber. Akad. Wiss. Wien **52**, 395 (1865).

tentheorie, daß die Rotationen Entartung zeigen, derart, daß $2J+1$ verschiedene Zustände zu ein und derselben Rotationsquantenzahl J gehören[1].

Für das folgende ist es nun wesentlich, daß die Gesamtenergie eines Moleküls sich ohne Wechselwirkungsterme einfach additiv aus den drei vorstehenden Ausdrücken zusammensetzen soll. Dies trifft zwar nicht exakt, aber in einer gut brauchbaren Näherung zu. Dieser etwas vereinfachenden Modellannahme entspricht die Möglichkeit, die Zustandssumme in ein Produkt dieser drei Anteile zu zerlegen, da man aus (1) bis (3)

$$Z = \sum_{v=0}^{\infty} \sum_{J=0}^{\infty} (2J+1) \int \frac{V d^3 p}{h^3} \exp\left\{ -\beta\, (E_T + E_R + E_J) \right\}$$

erhält, was sich in der Tat

$$Z = Z_T \cdot Z_R \cdot Z_V$$

mit

$$Z_T = \frac{V}{h^3} \int d^3 p\; e^{-\frac{\beta p^2}{2m}} = \frac{V}{h^3} \left(\frac{2\pi m}{\beta} \right)^{\frac{3}{2}}; \tag{4}$$

$$Z_R = \sum_{J=0}^{\infty} (2J+1)\, e^{-\frac{\beta \hbar^2}{2\Theta} J(J+1)}; \tag{5}$$

$$Z_V = \sum_{v=0}^{\infty} e^{-\beta \hbar \omega (v+\frac{1}{2})} \tag{6}$$

schreiben läßt. Dies bedeutet aber wiederum, wie bei der Molekülenergie, einen additiven Aufbau von $\ln Z$ und damit auch von U und S aus drei entsprechenden Termen:

$$U = -N \frac{d \ln Z}{d\beta} = U_T + U_R + U_V; \tag{7}$$

$$S = N k \left(\ln Z - \beta \frac{d \ln Z}{d\beta} \right) = S_T + S_R + S_V. \tag{8}$$

Wir können die drei Anteile also nacheinander getrennt behandeln.

Die Translationsanteile in (7) und (8), die mit Hilfe von (4) zu bilden sind, haben wir bereits im vorigen Paragraphen ausgerechnet:

$$U_T = \frac{3}{2} \frac{N}{\beta}; \qquad S_T = N k \ln\left[V \left(\frac{2\pi e m}{h^2 \beta} \right)^{\frac{3}{2}} \right]. \tag{9}$$

Es bleiben hier Rotations- und Vibrationsanteil zu untersuchen.

---

[1] Für eine nähere Begründung der vorstehenden quantenmechanischen Ergebnisse vgl. Band IV. In bezug auf Moleküle finden sich dort besonders in § 20 nähere Einzelheiten; Rotationsterme sind im Zusammenhang mit der Theorie des Drehimpulses, Vibrationsterme im Rahmen des harmonischen Oszillators mehrfach von verschiedensten Gesichtspunkten aus diskutiert. Die Konstante $\hbar = h/(2\pi)$.

a) Vibrationswärme. Wir behandeln zunächst den Vibrationsanteil, der mathematisch am einfachsten ist. Die Summe (6) ist eine geometrische Reihe, die elementar aufsummiert werden kann:

$$Z_V = \mathrm{e}^{-\frac{x}{2}}\, \frac{1}{1 - \mathrm{e}^{-x}}$$

mit der Abkürzung

$$x = \frac{\hbar\omega}{kT}\,. \tag{10}$$

Für die weitere Rechnung erweitern wir Z_V mit $\mathrm{e}^{x/2}$; dann folgt

$$Z_V = \frac{1}{2\,\mathfrak{Sin}\,\dfrac{x}{2}}\,, \tag{11}$$

woraus sofort

$$\ln Z_V = -\ln\left(2\,\mathfrak{Sin}\,\frac{x}{2}\right); \qquad \frac{d\ln Z_V}{d\beta} = -\frac{\hbar\omega}{2}\,\mathfrak{Cot}\,\frac{x}{2}$$

entsteht. Nach Gl. (7) und (8) schließen wir daraus fast unmittelbar auf

$$U_V - NkT \cdot \frac{x}{2}\,\mathfrak{Cot}\,\frac{x}{2}\,; \qquad S_V = Nk\left\{\frac{x}{2}\,\mathfrak{Cot}\,\frac{x}{2} - \ln\left(2\,\mathfrak{Sin}\,\frac{x}{2}\right)\right\}. \tag{12}$$

Bei tiefen Temperaturen, $kT \ll \hbar\omega$ und $x \gg 1$, wird asymptotisch

$$\mathfrak{Cot}\,\frac{x}{2} \simeq 1 + 2\,\mathrm{e}^{-x}; \qquad \ln\left(2\,\mathfrak{Sin}\,\frac{x}{2}\right) \simeq \frac{x}{2} - \mathrm{e}^{-x}.$$

Die Vibrationsentropie S_V verschwindet daher am absoluten Nullpunkt der Temperatur; dies ist eine spezielle Bestätigung eines allgemeinen Satzes von NERNST, den wir noch kennen lernen werden (§ 30), daß die Entropie jeder Gesamtheit für $T \to 0$ verschwinden muß. Bei der Translationsentropie (9) ist dies zwar offensichtlich nicht erfüllt; wir haben aber bereits im vorigen Paragraphen darauf hingewiesen, daß hier die Quantentheorie nur unvollständig berücksichtigt worden ist. Die Vibrationsenergie wird bei tiefen Temperaturen

$$U_V^0 = NkT\,\frac{x}{2} = N\,\frac{\hbar\omega}{2}\,;$$

dies ist aber gerade die in Gl. (3) enthaltene Nullpunktsenergie $\hbar\omega/2$ pro Molekül, die nicht unterschritten werden kann. Für unsere Zwecke angemessener ist die Anregungsenergie $\varepsilon_V = E_V - \frac{1}{2}\hbar\omega$, bzw. die durch thermische Anregung des Gases erzeugte mittlere Anregungsenergie der Vibrationen pro Molekül,

$$\overline{\varepsilon_V} = \frac{1}{N}\,(U_V - U_V^0) = kT\,\frac{x}{2}\left(\mathfrak{Cot}\,\frac{x}{2} - 1\right), \tag{13}$$

die für große x (kleine T) scharf gegen Null geht.

Im umgekehrten Grenzfall hoher Temperaturen, $kT \gg \hbar\omega$ und $x \ll 1$ wird $\frac{x}{2} \mathfrak{Cot} \frac{x}{2} \approx 1$, so daß $U_V = NkT$ wird. Dies ist der klassische Grenzwert, der keinen Einfluß der Quantisierung mehr zeigt. Wir werden ihn in § 23 im Sinne des Gleichverteilungssatzes noch besser verstehen lernen; er gehört jedenfalls zu einer konstanten Molwärme $Nk = R$ für die Vibration.

Diese sogenannte *Vibrationswärme* wollen wir nun ganz allgemein auch für das Zwischengebiet studieren, in dem kT und $\hbar\omega$ etwa von

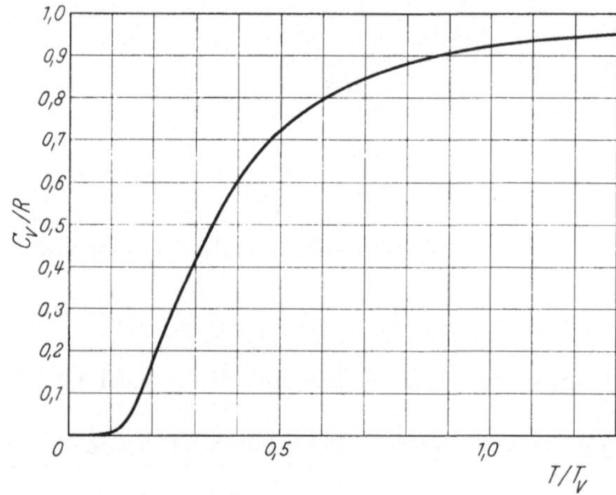

Fig. 35. Vibrationswärme C_V als Funktion der Temperatur

der gleichen Größenordnung sind. Wir müssen dazu

$$C_V = \frac{dU_V}{dT}$$

mit Hilfe von Gl. (12) berechnen. Wir erhalten

$$C_V = Nk \left(\frac{\frac{x}{2}}{\mathfrak{Sin}\frac{x}{2}} \right)^2. \tag{14}$$

Diese Funktion ist in Fig. 35 als Funktion der dimensionslosen Variablen $1/x = kT/\hbar\omega$, also der Temperatur T in Einheiten einer charakteristischen Temperatur

$$T_V = \frac{\hbar\omega}{k} \tag{15}$$

aufgetragen. Man sieht, daß die Vibrationswärme C_V von $C_V = 0$ bei $T = 0$ in der Umgebung von $x = 1$ oder $T = T_V$ ansteigt und für $T \gg T_V$ asymptotisch gegen den klassischen Grenzwert $C_V = Nk = R$ geht. Dies

Verhalten ist typisch für die Anregung von Systemen mit quantisierten Energiestufen: Ist kT klein gegen die Anregungsenergie der ersten Stufe (hier, gegen $\hbar\omega$), so kann nicht einmal diese auf thermischem Wege angeregt werden. Ist aber umgekehrt kT so groß, daß die Anregungsenergie vieler Stufen kleiner als kT bleibt, so werden alle diese Stufen angeregt und die spezifische Wärme zeigt nur noch geringe Andeutungen davon, daß es nur diskrete Energiestufen gibt und nicht ein Kontinuum möglicher Anregungsenergien

In der nebenstehenden Tabelle sind einige Zahlen für die charakteristische Vibrationstemperatur T_V zusammengestellt[1]. In der letzten Spalte der Tabelle haben wir die sich daraus ergebenden Vibrationswärmen C_V in Einheiten ihres klassischen Grenzwertes R für einige Gase bei Zimmertemperatur ($T = 20°\mathrm{C} = 293°\mathrm{K}$) angegeben.

Tabelle. *Vibrationswärmen*

Gas	T_V in °K	C_V/R
J_2	310	0,913
Cl_2	810	0,548
O_2	2270	0,026
N_2	3400	0,0012
H_2	6340	
HCl	4300	

b) Rotationswärme. Zur Berechnung der Rotationsanteile müssen wir zunächst die Zustandssumme Z_R, Gl. (5), aufsummieren. Sie läßt sich nicht mehr in einer einfachen geschlossenen Formel zusammenfassen, doch kann — besonders bei tiefen Temperaturen — die Summation bei guter Konvergenz der Reihen weitgehend direkt ausgeführt werden. Um die Rechnung nicht unnötig zu belasten, wollen wir sofort von der Rotationsenergie

$$U_R = -N\frac{d\ln Z_R}{d\beta}$$

zur Molwärme der Rotationsanregung

$$C_R = \frac{dU_R}{dT} = \frac{N}{kT^2}\frac{d^2\ln Z_R}{d\beta^2} \tag{16}$$

übergehen. Wir bezeichnen C_R in Analogie zu C_V als Rotationswärme und beziehen diese wiederum auf 1 Mol mit $Nk = R$. Anstelle der Variablen $\beta = 1/kT$ führen wir angesichts der Zustandssumme (5) die dimensionslose Hilfsgröße

$$y = \frac{\hbar^2}{2\Theta kT} \tag{17}$$

ein; dann ergibt sich die Rotationswärme zu

$$C_R = Ry^2\frac{d^2\ln Z_R}{dy^2} = Ry^2\left\{\frac{Z_R''}{Z_R} - \left(\frac{Z_R'}{Z_R}\right)^2\right\}, \tag{18}$$

---

[1] Angaben nach J. D. Fast: Entropie, S. 273. Philips Technische Bibliothek Eindhoven 1960.

wobei die Striche Ableitungen nach y bedeuten, und

$$Z_R = \sum_{J=0}^{\infty} (2J+1)\, e^{-yJ(J+1)} \tag{19}$$

ist. Die Summen für Z, Z' und Z'' konvergieren um so schlechter, je kleiner y, je höher also die Temperatur ist; sie sind deshalb für $0{,}2 \leq y \leq 1{,}2$ in nachfolgender Tabelle ausgerechnet. Dabei ist Z_R in $Z_g + Z_u$ derart zerlegt, daß Z_g nur die Summe über gerade $J = 0$, 2, 4, ... und Z_u nur die Summe über ungerade $J = 1$, 3, 5, ... enthält.

Zustandssumme und ihre Ableitungen für Rotationsterme
zerlegt nach geraden und ungeraden J

y	Z_g	Z_u	$-Z_g'$	$-Z_u'$	Z_g''	Z_u''
0,2	2,6738	2,6733	12,457	12,472	125,30	124,68
0,3	1,8492	1,8389	5,423	5,629	38,75	35,35
0,4	1,4567	1,4056	2,783	3,389	17,54	13,75
0,5	1,2493	1,1209	1,502	2,415	9,11	6,91
0,6	1,1366	0,9088	0,821	1,870	4,940	4,364
0,7	1,0750	0,7413	0,450	1,497	2,703	3,185
0,8	1,0412	0,6061	0,247	1,217	1,481	2,491
0,9	1,0226	0,4959	0,136	0,994	0,814	2,004
1,0	1,0124	0,4060	0,074	0,812	0,446	1,631
1,1	1,0068	0,3324	0,041	0,665	0,245	1,330
1,2	1,0037	0,2722	0,022	0,544	0,135	1,089

Für $y \geq 1{,}5$ (tiefe Temperaturen) konvergieren die Summen so gut, daß es genügt, in Z_g die Terme $J = 0$ und 2, in Z_u $J = 1$ und 3 mitzunehmen. Dann läßt sich C_R in die Form

$$\frac{C_R}{R} = 12\, y^2\, e^{-2y} (1 - 6 e^{-2y} + 42 e^{-4y} - 188 e^{-6y} \ldots)$$

bringen.

In Fig. 36 ist nun C_R/R als Funktion von $1/y$ aufgezeichnet, d. h. gegen eine dimensionslose Temperaturskala

$$\frac{1}{y} = \frac{T}{T_R}$$

in Einheiten der für die Rotationsanregung charakteristischen Temperatur

$$T_R = \frac{\hbar^2}{2\Theta k}. \tag{20}$$

Zur Anregung des ersten Rotationsniveaus, also zum Übergang von $J = 0$ nach $J = 1$, ist eine Anregungsenergie $2kT_R$ erforderlich, d. h. bei $T/T_R = 0{,}5$ wird kT gerade gleich dieser Anregungsenergie. Ist die Temperatur niedriger, so ist praktisch keine Rotationsanregung überhaupt möglich, und C_R geht gegen Null; ist die Temperatur höher als $0,5\ T_R$, so werden rasch mehrere Niveaus angeregt, und C_R nähert sich

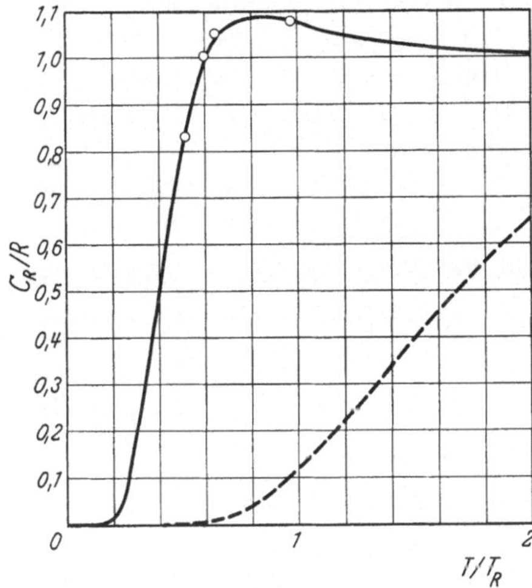

Fig 36. Rotationswärme eines heteronuklearen Moleküls als Funktion der Temperatur. Alle Rotationsniveaus können angeregt werden. Vier Meßpunkte von Clusius und Bartholomé an HD sind eingetragen ($T_R = 65{,}^\circ6$). Die gestrichelte Kurve gibt das völlig abweichende Verhalten des homonuklearen Moleküls H_2 ($T_R = 87{,}^\circ5$) wieder

dem klassischen Grenzwert R. In der Tat zeigt Fig. 36 den Anstieg in der Umgebung der Stelle $T/T_R = 0,5$. Die charakteristische Temperatur T_R ist allein durch das Trägheitsmoment Θ des Moleküls bestimmt; sie läßt sich aus dem Rotationsspektrum ziemlich unmittelbar entnehmen[1]. In der nebenstehenden Tabelle sind einige Zahlenwerte zusammengestellt.

Diese Zahlen zeigen, daß man eine Chance zur Beobachtung des Anstieges der Rotationswärme im Grunde nur bei Wasserstoff hat, der erst bei 21° K flüssig wird. In Fig. 36 sind einige Meßpunkte eingetragen, die Bartholomé und Clusius[2] in dem Intervall zwischen $34{,}^\circ7$ K und $63{,}^\circ5$ K an HD beobachteten, und die dort gute Übereinstimmung mit der Theorie zeigen.

Gas	T_R
H_2	$87{,}^\circ5$
HD	$65{,}^\circ6$
D_2	$43{,}^\circ8$
HCl	$15{,}^\circ2$
Cl_2	$0{,}^\circ35$
J_2	$0{,}^\circ054$

[1] Ein Rotationsübergang von $J + 1$ nach J (Auswahlregel $\Delta J = 1$) setzt die Energiedifferenz $(\hbar^2/2\Theta)\,[(J+1)(J+2) - J(J+1)] = (\hbar^2/\Theta)(J+1)$ frei, die als Photon $h\nu = 2\pi\hbar\nu$ erscheint. Das emittierte Licht hat daher die meßbare Frequenz $\nu = (\hbar/2\pi\Theta)(J+1)$. Da die ganze Serie der Frequenzen mit $J = 0, 1, 2, \ldots$ erscheint, kann man aus den relativen Abständen der Spektrallinien die J-Werte zuordnen und gewinnt aus dem Absolutwert der Frequenzen das Trägheitsmoment Θ.

[2] Bartholomé, E., u. K. Clusius: Naturwissenschaften **22**, 297 (1934); — Z. physik. Chemie, Abt. B **29**, 162 (1935).

Führt man dagegen die Messung an H_2 aus, was experimentell viel einfacher ist, so ergibt sich eine ganz erhebliche Abweichung von der erwarteten Kurve; in unserer dimensionslosen Temperaturskala erhält man die gestrichelte Kurve in Fig. 36, deren starke Verschiebung nach rechts auf erheblich größere niedrigste Anregungsstufen (in den gleichen dimensionslosen Einheiten!) hindeutet. Fig. 37 zeigt, wie man solche Verschiebungen erreichen kann: Die beiden dort wiedergegebenen Kurven sind für C_R aus Z_g allein bzw. aus Z_u allein berechnet. In der Tat ist die tiefste Anregungsstufe für $Z_g\,(J = 0 \to 2)$ dreimal, für $Z_u\,(J = 1 \to 3)$ sogar fünfmal so groß wie für Z.

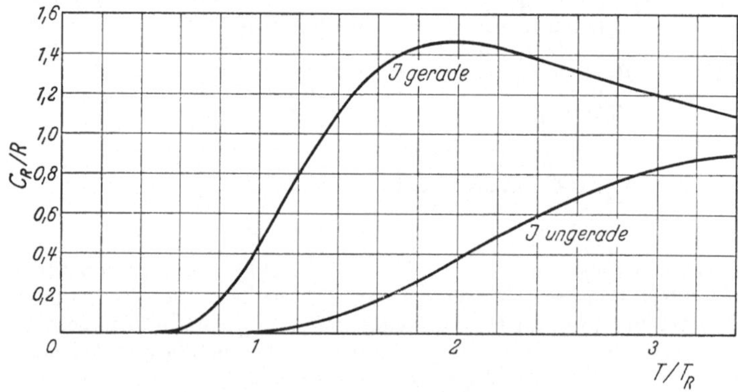

Fig. 37. Rotationswärmen homonuklearer Moleküle als Funktion der Temperatur. Die obere Kurve gilt für Parawasserstoff, die untere für Orthowasserstoff

Die Quantentheorie lehrt nun, daß natürlicher Wasserstoff aus zwei Modifikationen besteht, zwischen denen normalerweise keine Übergänge stattfinden: 25% *Parawasserstoff*, der nur gerader Werte $J = 0, 2, 4, \ldots$ fähig ist, und 75% *Orthowasserstoff*, der nur ungerade Werte $J = 1, 3, 5, \ldots$ annehmen kann. Eine Überlagerung der beiden C_R-Kurven von Fig. 37 mit den angegebenen prozentualen Gewichtsanteilen ergibt die gestrichelte Linie in Fig. 36, die mit den Messungen übereinstimmt. Daß diese Erklärung richtig ist, zeigten 1929 BONHOEFFER und HARTECK[1], als sie bei sehr tiefen Temperaturen das Hochtemperaturgleichgewicht 25:75 der beiden Modifikationen durch einen Katalysator, der Über-

---

[1] BONHOEFFER, K. F., u. P. HARTECK: Naturwissenschaften **17**, 182 (1929); — Z. physik. Chemie, Abt. B **4**, 113 (1929). — Die erste Messung des Anstiegs von C_R bei tiefen Temperaturen gelang A. EUCKEN 1912 (Sitzgsber. Preuß. Akad. Wiss. Berlin) für H_2. Die theoretische Erklärung mit Hilfe der Zusammensetzung aus o-H_2 und p-H_2, wie wir sie oben vorgeführt haben, geht zurück auf P. M. DENNISON: Proc. Roy. Soc. London A **115**, 483 (1927). Vgl. auch den Bericht von L. FARKAS „Über Para- und Orthowasserstoff" in Ergebn. exakt. Naturw. **12**, 163—218 (1933). Die Messungen an HD und D_2 von BARTHOLOMÉ und CLUSIUS von 1934 sind oben bereits zitiert.

gänge zwischen ihnen möglich machte, zerstörten. Es bildete sich dann bei $T \ll T_R$ nahezu reiner Parawasserstoff im Zustand $J = 0$, der bei nachträglichem Wiedererwärmen erhalten blieb und die geraden Rotationszustände allein besetzte. Sie erhielten für diesen Parawasserstoff eine Belegung der Kurve gerader J in Fig. 37 mit Meßpunkten.

Die quantentheoretische Erklärung fußt auf dem Pauli-Prinzip, angewandt auf die beiden Protonen des H_2-Moleküls. Es besagt, daß die Eigenfunktion gegen Vertauschung der beiden Protonen antisymmetrisch sein muß. Ist der Zustand symmetrisch in den Protonenspins, so muß er daher antisymmetrisch in den Koordinaten sein, d.h. J muß ungerade sein bei parallelen Spins (statistisches Gewicht 3). Umgekehrt gehören zu Spin-Antisymmetrie (antiparallelen Spins, statistisches Gewicht 1) nur gerade J-Werte. Die beiden Modifikationen können nur durch einen Spin-Umklapp-Prozeß ineinander übergehen, der unter normalen Verhältnissen durch eine Auswahlregel verboten ist. Im HD-Molekül gibt es für die Vertauschung der beiden verschiedenen Kerne H und D kein Pauli-Prinzip, so daß Übergänge zwischen geraden und ungeraden J ohne Umklappen eines Spins möglich sind.

Wenn diese Erklärung zutrifft, muß für D_2 Ähnliches gelten. Allerdings besitzen die beiden Deuteronen ganzzahligen Spin und genügen daher dem umgekehrten Prinzip, daß die Eigenfunktion gegen ihre Vertauschung symmetrisch sein muß. Auch ergeben sich andere statistische Gewichte. Der spinsymmetrische Zustand (stat. Gew. 6) gehört hier zu geraden J, der spinantisymmetrische (stat. Gew. 3) zu ungeraden J. Mit diesen Überlegungen stehen die Messungen an D_2 voll in Einklang.

§ 22. Hohlraumstrahlung

a) Klassische Theorie. In diesem Paragraphen setzen wir einige Begriffe und Ergebnisse der Maxwellschen Theorie des elektromagnetischen Feldes voraus, die wir erst in Band III systematisch entwickeln können. Dort werden wir insbesondere für ein Lichtfeld, d.h. bei Abwesenheit elektrischer Ladungen zeigen (S. 198f.), daß elektrische und magnetische Feldstärken $\mathfrak{E}$ und $\mathfrak{H}$ im leeren Raum gemäß

$$\mathfrak{E} = -\frac{1}{c}\frac{\partial \mathfrak{A}}{\partial t}; \quad \mathfrak{H} = \mathrm{rot}\,\mathfrak{A} \tag{1}$$

aus einem einzigen Vektorfeld $\mathfrak{A}$, dem Vektorpotential, hergeleitet werden können, das seinerseits der Normierungsbedingung

$$\mathrm{div}\,\mathfrak{A} = 0 \tag{2}$$

und der Wellengleichung

$$\Delta \mathfrak{A} = \frac{1}{c^2}\frac{\partial^2 \mathfrak{A}}{\partial t^2} \tag{3}$$

genügt. Ferner entnehmen wir von dort, daß die elektromagnetische Feldenergiedichte η, also die Feldenergie pro Volumeneinheit, im leeren Raum

$$\eta = \frac{1}{8\pi}(\mathfrak{E}^2 + \mathfrak{H}^2) = \frac{1}{8\pi}\left\{\frac{1}{c^2}\dot{\mathfrak{A}}^2 + (\mathrm{rot}\,\mathfrak{A})^2\right\} \tag{4}$$

ist.

Wir betrachten nun ein Raumgebiet, das wir der Einfachheit halber würfelförmig in $0 \leqq x, y, z \leqq L$ annehmen wollen, das von spiegelnden Wänden umschlossen ist. Dann kann im Innern befindliche elektromagnetische Strahlung keine Energie an die Wände oder die Umgebung abgeben; diese sind also adiabatische Wände für die Strahlung in dem gleichen Sinne, wie wir früher adiabatische Wände für ein Gas eingeführt haben. Die Strahlung ist dann eine abgeschlossene Gesamtheit, die wir aus „Systemen", mit denen wir Statistik treiben können, aufbauen werden, indem wir sie in Eigenschwingungen zerlegen.

Um diese Eigenschwingungen zu erhalten, lösen wir die Wellengleichung (3) durch den Separationsansatz[1]

$$\mathfrak{A} = \sum_n q_n(t)\,\mathfrak{A}_n(x, y, z), \tag{5}$$

wobei jedes Glied einzeln der Gl. (3) genügen soll. Dann erhält man die Differentialgleichungen

$$\ddot{q}_n + \omega_n^2 q_n = 0 \tag{6}$$

und

$$\Delta \mathfrak{A}_n + \frac{\omega_n^2}{c^2}\,\mathfrak{A}_n = 0. \tag{7}$$

Bei spiegelnden Wänden muß nun $\mathfrak{A}$ überall senkrecht auf der Wand stehen[2]; die Gln. (7) werden dann für unseren Würfel gelöst durch

$$\left.\begin{aligned}
A_{nx} &= a_{n1} \cos \frac{n_1 \pi x}{L} \sin \frac{n_2 \pi y}{L} \sin \frac{n_3 \pi z}{L}\,; \\[4pt]
A_{ny} &= a_{n2} \sin \frac{n_1 \pi x}{L} \cos \frac{n_2 \pi y}{L} \sin \frac{n_3 \pi z}{L}\,; \\[4pt]
A_{nz} &= a_{n3} \sin \frac{n_1 \pi x}{L} \sin \frac{n_2 \pi y}{L} \cos \frac{n_3 \pi z}{L}
\end{aligned}\right\} \quad \begin{aligned} &\text{mit } \; n_1, n_2, n_3 \\ &= 1, 2, 3, \dots . \end{aligned} \tag{8}$$

Um die Bedingung (2) zu befriedigen, muß außerdem

$$a_{n1} n_1 + a_{n2} n_2 + a_{n3} n_3 = 0 \tag{9}$$

werden. Es gibt zwei linear unabhängige Lösungen, welche dieser letzten Bedingung genügen.

Man kann dies etwas anschaulicher wenden. Fassen wir die drei ganzen Zahlen n_1, n_2, n_3 zu einem Vektor $\mathfrak{n}$ zusammen, und ebenso die drei Amplituden a_{n1} a_{n2}, a_{n3} zu einem Amplitudenvektor $\mathfrak{a}_n$, so muß das skalare Produkt $(\mathfrak{a}_n \cdot \mathfrak{n}) = 0$ werden. Gl. (9) ist also die Bedingung für Transversalität der Lichtwellen. Jede

---

[1] Eine dreidimensionale Wellengleichung, allerdings für eine skalare Funktion, wurde bereits in Band I, S. 142 gewonnen und behandelt. Beispiele für vektorielle Wellengleichungen bietet die Theorie elastischer Wellen in § 12 dieses Bandes. Die im folgenden konstruierten Eigenschwingungen entsprechen den für die zweidimensionale Wellengleichung bei der Rechteckmembran in Band I, S. 122—126 gewonnenen Lösungen.

[2] Vgl. Band III, S. 198.

zu einer gegebenen Richtung $\mathfrak{n}$ transversale Welle läßt sich aber als Linearkombination mit zwei Amplitudenvektoren $\mathfrak{a}_{\mathfrak{n}}^{(1)}$ und $\mathfrak{a}_{\mathfrak{n}}^{(2)}$ senkrecht zueinander polarisierter Wellen aufbauen, wenn $(\mathfrak{a}_{\mathfrak{n}}^{(1)} \cdot \mathfrak{n}) = 0$, $(\mathfrak{a}_{\mathfrak{n}}^{(2)} \cdot \mathfrak{n}) = 0$ und $(\mathfrak{a}_{\mathfrak{n}}^{(1)} \cdot \mathfrak{a}_{\mathfrak{n}}^{(2)}) = 0$ zusammen ein rechtwinkliges Achsenkreuz aufspannen. Also gehören zu jedem Vektor $\mathfrak{n}$ zwei linear unabhängige Lösungen.

Ferner muß, damit (8) eine Lösung von (7) wird, die Bedingung

$$n^2 \equiv n_1^2 + n_2^2 + n_3^2 = \frac{\omega_n^2 L^2}{c^2 \pi^2} \tag{10}$$

erfüllt sein. Die Differentialgleichung (6), die die Zeitabhängigkeit bestimmt, zeigt lediglich, daß $\nu_n = \omega_n/(2\pi)$ die Frequenz der betreffenden Schwingung ist; Gl. (10) bestimmt also die Eigenfrequenzen des Hohlraums.

Ist die Kantenlänge L sehr groß gegen die Wellenlänge $\lambda_n = 2\pi/\omega_n$, was für sichtbares Licht normalerweise erfüllt ist, so bilden die Eigenfrequenzen praktisch ein Kontinuum. Trägt man n_1, n_2, n_3 als rechtwinklige Koordinaten eines dreidimensionalen Raumes auf, so gehört zu jedem Zahlentripel ein ganzzahliger Gitterpunkt des ersten Oktanten in diesem Raume. Führt man hier den Radius

$$n = \sqrt{n_1^2 + n_2^2 + n_3^2}$$

einer Kugel um das Koordinatenzentrum herum ein, so liegen in einer Kugelschale zwischen den Radien n und $n + dn$ im ersten Oktanten

$$\tfrac{1}{8} \cdot 4\pi n^2 dn$$

Gitterpunkte oder, da nach Gl. (10)

$$n = \frac{\omega L}{c\pi}$$

ist,

$$\frac{\pi}{2}\left(\frac{L}{c\pi}\right)^3 \omega^2 d\omega = \frac{4\pi V}{c^3}\, \nu^2 d\nu$$

Gitterpunkte. Hierbei haben wir für das Volumen des Würfels V statt L^3 geschrieben, um anzudeuten (was wir hier nicht beweisen), daß die Formel unabhängig von der Gestalt des Hohlraumes ist. Nun gehören zu jedem Gitterpunkt noch zwei linear unabhängige Eigenschwingungen verschiedener Polarisation; die Zahl der Eigenschwingungen im Frequenzintervall von ν bis $\nu + d\nu$ ist daher doppelt so groß:

$$dz_\nu = \frac{8\pi V}{c^3}\, \nu^2 d\nu. \tag{11}$$

Als letzte Vorbereitung für die statistische Behandlung berechnen wir nun mit Hilfe von Gl. (4) die im Hohlraum eingeschlossene Strah-

15 Flügge, Lehrbuch der theor. Physik II

lungsenergie. Mit dem Ansatz (5) ergibt sich hierfür zunächst

$$U = \frac{1}{8\pi} \sum_m \sum_n \left\{ \frac{1}{c^2} \dot{q}_m \dot{q}_n \int d\tau \, (\mathfrak{A}_m \cdot \mathfrak{A}_n) + q_m q_n \int d\tau \, (\text{rot } \mathfrak{A}_m \cdot \text{rot } \mathfrak{A}_n) \right\}.$$

Das letzte Integral läßt sich durch eine partielle Integration umschreiben:

$$\int d\tau \, (\text{rot } \mathfrak{A}_m \cdot \text{rot } \mathfrak{A}_n) = \int d\tau \, \mathfrak{A}_m \cdot (\text{grad div } \mathfrak{A}_n - \Delta \mathfrak{A}_n).$$

Hier verschwindet das erste Glied wegen (2); das zweite ersetzen wir nach Gl. (7) und schreiben

$$\int d\tau \, (\text{rot } \mathfrak{A}_m \cdot \text{rot } \mathfrak{A}_n) = \frac{\omega_n^2}{c^2} \int d\tau \, (\mathfrak{A}_m \cdot \mathfrak{A}_n).$$

Damit nimmt U die einfachere Gestalt an

$$U = \frac{1}{8\pi c^2} \sum_m \sum_n (\dot{q}_m \dot{q}_n + \omega_n^2 q_m q_n) \int d\tau \, (\mathfrak{A}_m \cdot \mathfrak{A}_n). \tag{12}$$

Nun zeigt aber sofort eine Betrachtung von Gl. (8), daß die zu verschiedenen Vektoren $\mathfrak{m}$ und $\mathfrak{n}$ gehörigen Lösungen orthogonal zueinander sind, d.h., daß für $\mathfrak{m} \neq \mathfrak{n}$ das Produktintegral über den Hohlraum verschwindet. Gehören beide Faktoren zum gleichen Vektor $\mathfrak{n}$, aber zu zwei verschiedenen Polarisationszuständen mit Amplituden $\mathfrak{a}_n^{(1)}$ und $\mathfrak{a}_n^{(2)}$, so kann man diese zueinander senkrecht wählen, so daß das skalare Produkt auch jetzt verschwindet. Schreiben wir also etwas genauer $\mathfrak{A}_n^{(i)}$ mit $\mathfrak{n} = (n_1, n_2, n_3)$ und einem Polarisationsindex i ($= 1$ oder 2), so können wir in willkürlicher Normierung schreiben

$$\int d\tau \, (\mathfrak{A}_n^{(i)} \cdot \mathfrak{A}_m^{(j)}) = 4\pi c^2 \delta_{\mathfrak{m}\mathfrak{n}} \delta_{ij}. \tag{13}$$

Die willkürliche Normierung auf $4\pi c^2$ ist deshalb erlaubt, weil die Größe jeder einzelnen Amplitude in den Faktor $q_n^{(i)}$ hineingezogen werden kann. Die Feldenergie (12) wird nunmehr

$$U = \tfrac{1}{2} \sum_n \sum_{i=1}^{2} \{ \dot{q}_n^{(i)\,2} + \omega_n^2 q_n^{(i)\,2} \} = \sum_n \sum_{i=1}^{2} E_n^{(i)}. \tag{14}$$

Wir schreiben ω_n statt $\omega_n^{(i)}$, weil die Frequenz nach (10) nur vom Betrag n des Vektors $\mathfrak{n}$ (und nicht vom Polarisationszustand i) abhängt.

Gl. (14) ist der *Satz von Jeans:* Die Energie des Strahlungsfeldes kann als die Summe der Energien voneinander unabhängiger harmonischer Oszillatoren $q_n^{(i)}(t)$, Gl. (6), aufgebaut werden. Die Anzahl der Oszillatoren im Frequenzintervall $d\nu$ ist dabei durch Gl. (11) gegeben.

Der Satz von Jeans zeigt deutlich, daß in der bis hierher entwickelten Beschreibung der Hohlraumstrahlung keine Wechselwirkung enthalten ist, welche Energie von einer Eigenschwingung auf eine andere übertragen könnte und dadurch hinsichtlich der Intensität, mit der diese angeregt sind, die Einstellung eines Gleichgewichts herbeiführen könnte. Um dies zu bewirken ist es notwendig, irgendeine kleine Störung materieller Art anzubringen (in der Bezeichnungsweise von PLANCK, der das Problem zuerst mit Erfolg studiert hat, ein Kohlestäubchen), von dem Lichtwellen gestreut, absorbiert und wieder emittiert werden können. Ist die Störung sehr schwach, so sind die Eigenschwingungen auch nur sehr schwach mit einander gekoppelt, und der Satz von JEANS bleibt nahezu korrekt. Die Einstellung des Gleichgewichts dauert dann vielleicht lange, sie ist aber jetzt gleichwohl möglich.

Wir benutzen nun als gleichartige Systeme die dz_ν Oszillatoren des Frequenzintervalls $d\nu$. Um ihre Zustandssumme Z_ν aufzubauen, verfahren wir analog zur Theorie der Gase in § 20, bei denen die Systeme in ähnlicher Weise durch ihre Energie beschrieben wurden. Wir beschreiben dann *einen* Oszillator (unter Auslassung der Indices $\mathfrak{n}$ und i) durch eine Hamiltonfunktion

$$H(p, q) = \tfrac{1}{2}(p^2 + \omega^2 q^2),$$

indem wir in dem Energieausdruck (14) $\dot q$ durch den „Impuls" $p = \dot q$ ersetzen. Dann muß Z_ν jedenfalls die Form haben

$$Z_\nu = \int\limits_{-\infty}^{+\infty} dp \int\limits_{-\infty}^{+\infty} dq\, f(p, q)\, e^{-\beta H(p,\, q)}.$$

Hier wissen wir zunächst nichts über die Funktion $f(p, q)$; in der klassischen Statistik der Gase wurde sie als konstant angenommen, d.h. gleichen Volumelementen $dp\, dq$ des Phasenraumes das gleiche Gewicht zugeordnet (S. 195). Mit der Hypothese, daß dasselbe Vorgehen auch hier erlaubt sei, erhalten wir

$$Z_\nu = f \int\limits_{-\infty}^{+\infty} dp \int\limits_{-\infty}^{+\infty} dq\, e^{-\frac{\beta}{2}(p^2 + \omega^2 q^2)} = f \cdot \frac{2\pi}{\beta\omega} = f\,\frac{kT}{\nu}.$$

Hieraus finden wir für die mittlere Energie $\overline{E_\nu}$, mit der ein Oszillator der Frequenz ν schwingt,

$$\overline{E_\nu} = -\frac{d\ln Z_\nu}{d\beta} = \frac{1}{\beta} = kT. \tag{15}$$

Jeder Oszillator erhält also im Mittel die Energie kT, die sich im Zeitmittel zur Hälfte aus kinetischer ($\tfrac{1}{2}\dot q^2$) und potentieller Energie ($\tfrac{1}{2}\omega^2 q^2$) zusammensetzt, wenn wir im mechanischen Bilde bleiben. Multiplizieren wir $\overline{E_\nu}$ mit der Anzahl dz_ν, so erhalten wir die Strahlungsenergie im Intervall $d\nu$:

$$dU_\nu = \overline{E_\nu}\, dz_\nu = \frac{8\pi V}{c^3}\, kT\, \nu^2\, d\nu. \tag{16}$$

15*

Das ist die *Formel von Rayleigh*, die bei sehr langen Wellen, d.h. bei sehr kleinen Frequenzen, gut von der Erfahrung bestätigt wird, bei hohen Frequenzen aber völlig falsch ist. Daß sie für $\nu \to \infty$ nicht die Wahrheit darzustellen vermag, sieht man sofort, wenn man die im Hohlraum insgesamt im Temperaturgleichgewicht enthaltene Strahlungsenergie

$$U = \int\limits_{\nu=0}^{\infty} dU_\nu \tag{17}$$

ausrechnet: Das Integral divergiert bei hohen Frequenzen.

b) Quantentheorie. Diese sogenannte „*Ultraviolettkatastrophe*" ist historisch der Ausgangspunkt der Quantentheorie in PLANCKs grundlegender Arbeit des Jahres 1900 geworden[1]. Auf den ersten Blick erscheint es natürlich bedenklich, daß wir auf unsere Oszillatoren eine statistische Gewichtsbildung angewandt haben, die der Mechanik von Massenpunkten entstammt (für die sie aus der Quantenmechanik begründet werden kann). Mit anderen Worten, man wird vielleicht zunächst dahin tendieren, die Behandlung von f als Konstante in Frage zu stellen. Andererseits sind wir hinsichtlich der Wahl von f sehr stark eingeengt, da die Beschreibung des einzelnen Oszillators in den Variablen p und q es nahelegt, f als Invariante gegen kanonische Transformationen zu betrachten. Die Lösung des Problems kam denn auch nicht von dieser Seite her, sondern von der ganz neuen Idee einer Quantisierung der Energiestufen jedes einzelnen Oszillators. In Analogie zu den Molekülschwingungen des vorigen Paragraphen (S. 215) erhalten wir ja für Oszillatoren, welche nur der Energiestufen

$$E_v = h\nu \cdot v, \quad v = 0, 1, 2, \ldots \tag{18}$$

fähig sind, eine Zustandssumme

$$Z_\nu = \sum_{v=0}^{\infty} e^{-\beta h\nu \cdot v} = \frac{1}{1 - e^{-\beta h\nu}}$$

und eine mittlere Energie

$$\overline{E_\nu} = -\frac{d\ln Z_\nu}{d\beta} = \frac{h\nu}{e^{\beta h\nu} - 1}. \tag{19}$$

Der Vergleich von (19) mit (15) zeigt, daß zwar für $h\nu \ll kT$ Gl.(19) mit (15) übereinstimmt, daß aber für große Frequenzen, also gerade dort, wo (16) divergiert, $\overline{E_\nu}$ gegen den Grenzwert Null geht (Fig. 38) und damit die Konvergenz des Integrals (17) herbeiführt:

$$dU_\nu = \frac{8\pi h V}{c^3} \frac{\nu^3 d\nu}{e^{\frac{h\nu}{kT}} - 1}. \tag{20}$$

---

[1] M. PLANCK: Verh. Dtsch. Phys. Ges. **2**, 237 (1900).

Dies ist die *Plancksche Strahlungsformel* (Fig. 39), die mit der Erfahrung in Einklang steht und die bei $v \ll kT/h$ in die Formel von RAYLEIGH, Gl. (16) übergeht, während sie für $v \to \infty$ eine exponentiell gegen Null gehende Strahlungsintensität ergibt (*Wiensches Gesetz*).

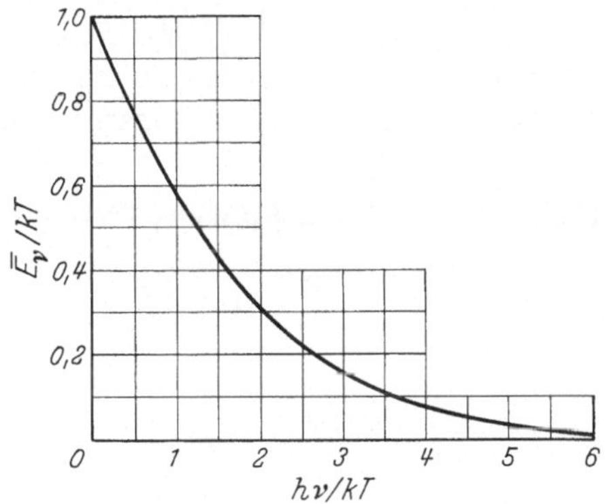

Fig. 38. Mittlere thermische Anregungsenergie eines quantisierten Oszillators als Funktion der Stufengröße hv. Der Anfangspunkt der Kurve entspricht der klassischen Theorie

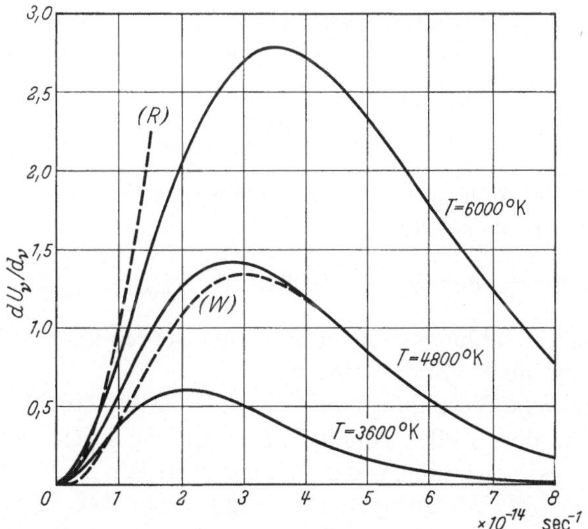

Fig. 39. Energiedichte der Hohlraumstrahlung als Funktion der Frequenz. Für $T = 4800°$ sind auch die beiden asymptotischen Gesetze von RAYLEIGH (R) und WIEN (W) gestrichelt eingetragen. Bei $T = 4800°$ ist $h/kT = 10^{-14}$ sec; die v-Abszissen entsprechen dann gerade den x-Werten von 0 bis 8. Die Ordinateneinheit ist $8\pi V k^3/c^3 h^2$. Die rechte Hälfte der Figur entspricht ungefähr dem sichtbaren Spektrum; 6000° ist etwa die Oberflächentemperatur der Sonne. Das Maximum der gegen die Frequenz gezeichneten Kurve liegt bei einer fast doppelt so großen Wellenlänge wie das in Gl. (25) angegebene von Fig. 40

Wir berechnen nun noch das Integral über das gesamte Spektrum. Mit $x = h\nu/kT$ als Integrationsvariable erhalten wir aus (20)

$$U = \frac{8\pi h V}{c^3} \left(\frac{kT}{h}\right)^4 \int_0^\infty \frac{x^3\, dx}{e^x - 1}.$$

Das verbleibende Integral ist eine reine Zahl, die man durch Reihenentwicklung des Nenners nach Potenzen von e^{-x} ausrechnen kann:

$$\int_0^\infty \frac{x^3\, dx}{e^x - 1} = \int_0^\infty dx\, x^3\, e^{-x} (1 - e^{-x})^{-1} = \int_0^\infty dx\, x^3 (e^{-x} + e^{-2x} + e^{-3x} + \cdots)$$

$$= 6 \left(1 + \frac{1}{2^4} + \frac{1}{3^4} + \cdots\right) = 6\,\zeta(4) = \frac{\pi^4}{15}.$$

Also entsteht

$$U = \frac{8\pi^5}{15} V \frac{(kT)^4}{(hc)^3} = a\, V\, T^4 \tag{21}$$

mit der universellen Konstanten

$$a = \frac{8\pi^5}{15} \frac{k^4}{h^3 c^3}. \tag{22}$$

Gl. (21) ist das *Stefan-Boltzmannsche Gesetz:* Die Energiedichte U/V der Strahlung wächst proportional mit der vierten Potenz der Temperatur an. Die empirische Konstante

$$a = 7{,}564 \cdot 10^{-15}\, \frac{\text{erg}}{\text{cm}^3\, \text{Grad}^4} \tag{23}$$

kann gemessen werden; aus experimentellen Gründen gibt man gewöhnlich die *Stefansche Konstante*

$$\sigma = \frac{1}{4} c\, a = (5{,}669 \pm 0{,}001) \cdot 10^{-5}\, \frac{\text{erg}}{\text{cm}^2\, \text{sec}\, \text{Grad}^4} \tag{24}$$

an, die aus dem Strahlungsstrom entnommen werden kann, der aus einer kleinen Öffnung im Hohlraum austritt.

Die Plancksche Verteilungsfunktion (20) besitzt ein Maximum bei einer Frequenz der Größenordnung kT/h. Mit Rücksicht auf die Meßmethoden ist es meist üblich, das Maximum in der Wellenlängenskala ($\lambda = c/\nu$; $d\nu = -c\, d\lambda/\lambda^2$) anzugeben. Rechnet man dU_ν hierauf um, so erhält man für die in das Intervall $d\lambda$ fallende Energie (Fig. 40)

$$dU_\lambda = \frac{8\pi V h c}{\lambda^5} \frac{d\lambda}{\exp(hc/kT\lambda) - 1};$$

diese Funktion hat ein Maximum, wenn die Größe $hc/(kT\lambda) = x$ der transzendenten Gleichung

$$\frac{x\, e^x}{e^x - 1} = 5$$

genügt; das ist der Fall für $x = 4{,}965$. Das Maximum der Intensität genügt daher dem *Wienschen Verschiebungsgesetz*

$$\lambda T = \frac{hc}{4{,}965\,k} = 0{,}28978 \text{ cm Grad}. \tag{25}$$

Die letztangegebene Zahl ist empirisch, wenn auch nicht mit dieser Genauigkeit, bestimmbar. Für $T = 1000°\,$K liegt das Maximum daher bei $\lambda = 2{,}9\,\mu$ im Ultraroten, für die Temperatur der Sonnenoberfläche von etwa $6000°\,$K rückt es zu 4900 Å herunter ins sichtbare Spektrum an die

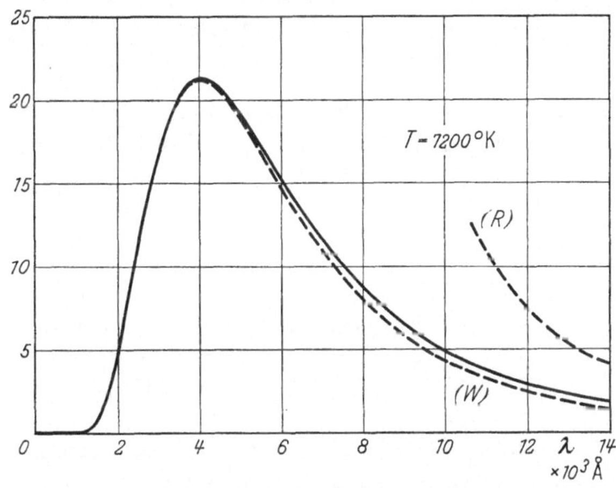

Fig. 40. Energiedichte der Hohlraumstrahlung als Funktion der Wellenlänge. Die Näherungen von RAYLEIGH (R) und WIEN (W) sind auch hier eingezeichnet

Grenze von blau und grün, während es im Innern der Fixsterne bei Temperaturen von 10^7 Grad zu $\lambda = 3$ Å ins harte Röntgengebiet fällt.

Aus den empirischen Konstanten σ, Gl. (24), und Gl. (25) können wir k und h getrennt bestimmen, da in (24) die Kombination k^4/h^3, in (25) aber k/h eingeht. Hierzu fügt das Rayleighsche Gesetz (16) für lange Wellen noch eine weitere, unabhängige Bestimmungsmöglichkeit für k. Der beste heute angebbare experimentelle Wert für die Boltzmannsche Konstante k ist

$$k = (1{,}38044 \pm 0{,}00007) \cdot 10^{-16} \text{ erg/Grad}$$
$$= (8{,}6167 \pm 0{,}0004) \cdot 10^{-5} \text{ eV/Grad}. \tag{26}$$

Er kann zwar auf dem vorstehend skizzierten Wege nicht mit dieser Genauigkeit bestimmt werden; wir werden jedoch in diesem Bande den Wert (26), der dem heutigen Stand unserer gesamten Kenntnis entspricht, benutzen.

Im Hinblick auf thermodynamische Anwendungen (S. 322) berechnen wir noch die Entropie der Strahlung:

$$S = k \int d z_\nu \left\{ \ln Z_\nu - \beta \frac{d \ln Z_\nu}{d\beta} \right\}$$

$$= \frac{8\pi V k}{c^3} \int_0^\infty d\nu\, \nu^2 \left\{ -\ln\left(1 - e^{-\beta h \nu}\right) + \frac{\beta h \nu}{e^{\beta h \nu} - 1} \right\}.$$

Führen wir hier wieder $x = \beta h \nu = h\nu/kT$ als Integrationsvariable ein, so entsteht

$$S = \frac{8\pi V k}{c^3 h^3} (kT)^3 \int_0^\infty d x\, x^2 \left\{ -\ln\left(1 - e^{-x}\right) + \frac{x}{e^x - 1} \right\}.$$

Das zweite Integral ist wieder das bereits berechnete Energieintegral ($= \pi^4/15$); das erste Integral berechnen wir durch Reihenentwicklung des Logarithmus nach Potenzen von e^{-x}:

$$-\int_0^\infty d x\, x^2 \ln\left(1 - e^{-x}\right) = \int_0^\infty d x\, x^2 \sum_{n=1}^\infty \frac{1}{n} e^{-nx} = 2 \sum_{n=1}^\infty \frac{1}{n^4} = \frac{\pi^4}{45}.$$

Insgesamt wird daher das Integral im Entropieausdruck $4\pi^4/45$ und

$$S = \frac{32\pi^5}{45} \frac{k^4}{c^3 h^3} T^3 V = \frac{4}{3} a T^3 V. \tag{27}$$

Man beachte besonders, daß die Entropie für $T = 0$ verschwindet, wie es der Nernstsche Wärmesatz verlangt (s. u. § 30).

Der von PLANCK eingeführte quantisierte Oszillator ist zweifellos ein Modell, das die Ultraviolettkatastrophe beseitigt und die Beobachtungen quantitativ erklärt. Was aber der Sinn dieser Quantisierung ist, blieb damals und noch lange Zeit hindurch vollkommen unverständlich. EINSTEIN hat 1905 durch die Erfindung der Lichtquanten das Modell umfassender gemacht, und die quantenhafte Emission und Absorption von Licht in Energiebeträgen $h\nu$ durch atomare Systeme hat diesen Bildern konkreten Inhalt gegeben. Eine Quantentheorie des Lichtes jedoch, welche das hier ad hoc eingeführte Modell in eine umfassende Theorie einbaut, ist erst nahezu dreißig Jahre später entstanden, als die Theorie der quantisierten Wellenfelder entwickelt wurde. Wir werden erst in Band V dieses Werkes hierauf zurückkommen; es sei aber schon hier bemerkt, daß die von JEANS formal in die klassische Theorie eingeführten Oszillatoren in der Quantentheorie der Wellenfelder ebenfalls zugrundegelegt und so behandelt werden, als seien sie mechanische, nach der Quantenmechanik zu behandelnde Systeme[1]. Hierbei tritt genau wie

---

[1] Vorläufiges über die Lichtquanten wird in Band IV, S. 10ff. gesagt. Der harmonische Oszillator der Mechanik ist dort in § 25 quantisiert, die Molekülschwingungen sind einschließlich einer leichten Anharmonizität in § 20b diskutiert.

bei den Molekülschwingungen von § 21 eine Nullpunktsenergie auf, die — bei Summation über die unendlich vielen Zustände — einen unendlich großen Beitrag zu U liefert; dieser ist jedoch eine von der Temperatur unabhängige Konstante, die nicht meßbar ist und daher keinen Einfluß auf die physikalischen Aussagen der Theorie hat.

§ 23. Spezifische Wärme fester Körper

Die festen Körper sind dadurch gekennzeichnet, daß in ihnen die Atome oder Ionen nahezu fest an ihren regelmäßig angeordneten Gitterplätzen sitzen, um die herum sie nur kleine Schwingungen ausführen können. In einer für unsere Zwecke ausreichenden Näherung betrachten wir diese Schwingungen als harmonisch; dann ist die potentielle Energie eines aus N Atomen bestehenden festen Körpers eine quadratische Form in den $3N$ Verschiebungskoordinaten der N Atome des Gitters. Die Einführung von $3N$ Normalkoordinaten ist sodann geeignet, sowohl die kinetische als auch die potentielle Energie des Gitters zu diagonalisieren, so daß die Hamiltonfunktion des ganzen Gitters geschrieben werden kann

$$H = \tfrac{1}{2} \sum_{n=1}^{3N} (p_n^2 + \omega_n^2 q_n^2).$$

In der harmonischen Näherung lassen sich daher die Bewegungen der Gitteratome ohne Wechselwirkung in harmonische Oszillatoren (Eigenschwingungen) zerlegen. Die Lage der in einem bestimmten Gitter möglichen $3N$ Eigenfrequenzen im einzelnen zu ermitteln, ist der Gegenstand der sogenannten *Gitterdynamik* und geht weit über unsere Zwecke hinaus[1]; wir werden weiter unten ein rohes Modell dafür geben.

Die Behandlung der Temperaturanregung der einzelnen Oszillatoren kann genauso erfolgen wie in § 22. Behandeln wir sie klassisch, so zerfällt das Zustandsintegral in zwei Faktoren:

$$Z_\omega = C \int_{-\infty}^{+\infty} dp\, e^{-\tfrac{1}{2}\beta p^2} \int_{-\infty}^{+\infty} dq\, e^{-\tfrac{1}{2}\beta \omega^2 q^2} = C \sqrt{\frac{2\pi}{\beta}} \left(\sqrt{\frac{2\pi}{\beta}} \, \frac{1}{\omega} \right),$$

die zur mittleren Energie

$$\overline{E_\omega} = -\frac{d\ln Z}{d\beta} = -\frac{d}{d\beta} \left\{ \ln \sqrt{\frac{2\pi}{\beta}} + \ln \left(\sqrt{\frac{2\pi}{\beta}} \, \frac{1}{\omega} \right) \right\}$$

je den gleichen Beitrag $\dfrac{1}{2\beta} = \dfrac{1}{2} kT$ leisten, so daß $\overline{E_\omega} = kT$ wird. Dies ist ein weiteres Beispiel zu dem, was in der klassischen Statistik als der *Gleichverteilungssatz* bezeichnet wird, daß nämlich auf jede in der Hamil-

---

[1] Die in § 8 behandelte lineare einatomige Kette ist das einfachste Modell der hier skizzierten Aufgabe.

tonfunktion eines Systems quadratisch eingehende Variable im Mittel die Energie $\frac{1}{2} k T$ entfällt.

Dies traf zu für die drei Impulskomponenten eines Massenpunktes in § 20, es gilt auch für die den drei Rotationsfreiheitsgraden eines Moleküls zugeordneten drei Drehimpulse. Daher wird in einem Gas die mittlere kinetische Energie eines freien Atoms $\frac{3}{2} k T$ und die eines Moleküls mit vollen Rotationsmöglichkeiten $3 k T$. Die in § 21 behandelten zweiatomigen Moleküle machen die durch die Quantentheorie bedingten Grenzen des Gleichverteilungssatzes deutlich: Ein zweiatomiges Molekül hat nur zwei Rotationsfreiheitsgrade, da eine Rotation um die Figurenachse mit dem extrem kleinen Trägheitsmoment der Elektronenhülle im Nenner der Rotationsenergie eine so hohe Anregungsenergie besitzt, daß sie selbst bei einigen 1000° noch nicht angeregt wird. Deshalb war hier der klassische Grenzwert der mittleren Rotationsenergie $k T$, die mittlere Gesamtenergie eines zweiatomigen Moleküls also $\frac{5}{2} k T$. Aus dem gleichen Grunde können wir bei Atomen die Rotation ganz außer acht lassen, so daß das in § 20 behandelte Massenpunktmodell ein gutes Modell für ein einatomiges Gas (z. B. für ein Edelgas) ist. Bei einem Oszillator wie in § 22 oder wie hier wird es sehr deutlich, daß das Wort Freiheitsgrad in diesem Zusammenhang nicht ganz korrekt ist und besser vermieden würde: Sowohl der Term mit p^2 als der Term mit q^2 in der Hamiltonfunktion trägt je $\frac{1}{2} k T$ zur mittleren Energie des Oszillators bei.

Die thermische Energie eines aus N Atomen bestehenden festen Körpers ist nach dem Gesagten also

$$U = 3 N k T; \tag{1}$$

seine spezifische Wärme pro Mol mithin, wenn wir wieder unter N die Loschmidtsche Zahl verstehen,

$$C_v = \frac{d U}{d T} = 3 N k = 3 R. \tag{2}$$

Diese Aussage heißt das *Dulong-Petitsche Gesetz*. Es gilt asymptotisch für hohe Temperaturen, sofern der Körper nicht vorher schmilzt. Bei tiefen Temperaturen ergeben sich jedoch beträchtliche Abweichungen: Die spezifische Wärme nimmt dann ab.

Ein solches Verhalten fordert nun aber gerade die Quantentheorie, wie wir in § 21 deutlich gesehen haben. Dort haben wir auch schon die Vibrationen nach der Quantentheorie behandelt; für unsere quantisierten Oszillatoren können wir direkt Gl. (13) von S. 217 übernehmen: Der Ausdruck

$$\overline{\varepsilon_\omega} = k T \frac{x}{2} \left(\mathfrak{Cot} \frac{x}{2} - 1 \right) \quad \text{mit} \quad x = \frac{\hbar \omega}{k T} \tag{3}$$

tritt dann anstelle des klassischen Wertes $k T$ für die mittlere *Anregungsenergie* ($\varepsilon = E - \frac{1}{2} \hbar \omega$, also ohne Nullpunktsenergie). Um die thermische Energie des ganzen festen Körpers zu berechnen, müssen wir nun noch die Eigenschwingungen abzählen, also ihre Anzahl $d z_\omega$ im Intervall

$d\omega$ bestimmen. Dabei wissen wir bereits, daß die Normierungsbedingung

$$\int\limits_{\omega=0}^{\infty} dz_\omega = 3N \tag{4}$$

erfüllt sein muß.

Die Bestimmung dieser Eigenschwingungsdichte $dz_\omega/d\omega$ als komplizierte und zentrale Aufgabe der Gitterdynamik können wir hier nicht angreifen, um so weniger, als diese von Gitter zu Gitter verschieden ausfällt. Diese Unterschiede betreffen jedoch allein die hohen Frequenzen; bei niedrigen Frequenzen dagegen, d.h. bei Wellenlängen, die groß gegen die Gitterkonstante sind (s. u.), können wir die Näherung der Kontinuumsphysik einführen und die Normalschwingungen als *elastische Wellen* behandeln. Dies von DEBYE[1] eingeführte Modell des festen Körpers gestattet ein von speziellen Eigenschaften des Materials ziemlich unabhängiges und übersichtliches Bild.

Wir fordern Periodizität der die Eigenschwingungen beschreibenden Wellenfunktionen in einem Würfel der Kantenlänge L; in der Funktion $e^{i(\mathfrak{k}\cdot\mathfrak{r})}$ sind dann nur Wellenzahlvektoren $\mathfrak{k} = \dfrac{2\pi}{L}\,\mathfrak{n}$ möglich, wobei $\mathfrak{n}$ wie in § 22 ein Vektor mit ganzzahligen Komponenten ist. Eine analoge Betrachtung wie dort, nur mit Einschluß auch negativ ganzzahliger Komponenten von $\mathfrak{n}$, ergibt durch Abzählung ganzzahliger Gitterpunkte in einer Kugelschale im $\mathfrak{n}$-Raum

$$dz_\omega = 4\pi\, n^2\, dn = 4\pi \left(\frac{L}{2\pi}\right)^3 k^2\, dk,$$

und da zwischen der Wellenzahl k, der Wellenlänge $\lambda = \dfrac{2\pi}{k}$ und der Frequenz $\omega = 2\pi\nu$ der Zusammenhang $\lambda\nu = c$, d.h.

$$\omega = kc$$

mit der Fortpflanzungsgeschwindigkeit c der Wellen besteht:

$$dz_\omega = 4\pi \left(\frac{L}{2\pi c}\right)^3 \omega^2\, d\omega = \frac{V}{2\pi^2 c^3}\,\omega^2\, d\omega. \tag{5}$$

Nun wissen wir aus § 12, daß in einem isotropen Festkörper drei verschiedene Polarisationszustände elastischer Wellen existieren, ein longitudinaler Zustand mit der Geschwindigkeit c_L und zwei transversale mit der Geschwindigkeit c_T der Wellen. Anstelle von Gl. (5) tritt deshalb der vollständige Ausdruck

$$dz_\omega = dz_{\omega L} + dz_{\omega T};$$

$$dz_{\omega L} = \frac{V}{2\pi^2 c_L^3}\,\omega^2\, d\omega; \qquad dz_{\omega T} = \frac{2V}{2\pi^2 c_T^3}\,\omega^2\, d\omega. \tag{6}$$

---

[1] P. P. DEBYE: Ann. Physik **39**, 789 (1912).

Entsprechend müssen wir die Normierungsbedingung (4) zerlegen in

$$\int d z_{\omega L} = N; \qquad \int d z_{\omega T} = 2N. \tag{7}$$

Die Gln. (6) stellen die elastische Näherung für kleine ω korrekt dar. Bei großen ω muß diese, schon um (7) befriedigen zu können, versagen. Um (6) und (7) formal in Übereinstimmung zu bringen, führen wir zwei *Abschneidefrequenzen* ω_L und ω_T ein und schreiben

$$\int_0^{\omega_L} d z_{\omega L} = N, \quad \text{d. h.} \quad \frac{V \omega_L^3}{6 \pi^2 c_L^3} = N$$

und $\hspace{10cm}$ (8)

$$\int_0^{\omega_T} d z_{\omega T} = 2N, \quad \text{d. h.} \quad \frac{V \omega_T^3}{6 \pi^2 c_T^3} = N.$$

Gl. (8) zeigt übrigens, daß die Abschneidefrequenzen allein von N/V, also von der Anzahl der Gitteratome pro Volumeinheit abhängen und nicht von der extensiven und willkürlichen Größe des Normierungsvolumens V.

Die Debyesche Einführung einer solchen Abschneidefrequenz ist ein sehr pauschales Modell, das ein gutes Beispiel für ein Verfahren gibt, das in der Hochenergiephysik häufig angewandt wird. Man benutzt für kleine ω die dort bekannte Funktion $d z_\omega / d\omega$, die bei großen ω zweifellos falsch ist. Solange der Verlauf der Funktion bei großen ω nicht bekannt ist, schneidet man sie bei einem maximalen ω_m ab, indem man $d z_\omega = 0$ für $\omega > \omega_m$ setzt. Dabei wird ω_m so gewählt, daß ein bekanntes Integral richtig herauskommt, in der Hochenergiephysik etwa die Gesamtenergie eines Systems, die sich in der empirisch bekannten Gesamtmasse spiegelt. Im vorliegenden Fall ist das Modell recht brauchbar; daß es u. U. auch sehr schlecht sein kann, sehen wir leicht ein, wenn wir bei der in § 22 korrekt behandelten Hohlraumstrahlung das gleiche Verfahren anwenden, d. h. anstelle der Planckschen Formel (20) die Rayleighsche Niederfrequenzformel (16) für $\nu < \nu_m$ benutzen und die Abschneidefrequenz ν_m aus

$$U = \frac{8 \pi V}{c^3} k T \int_0^{\nu_m} \nu^2 \, d\nu = a V T^4$$

gemäß Gl. (21) und (22) zu

$$\nu_m = \sqrt[3]{\frac{\pi^4}{5} \frac{k T}{h}} = 2{,}69 \frac{k T}{h}$$

bestimmen. Dies wäre vor Plancks Aufstellung von Gl. (20) durchaus möglich gewesen, da $U = a V T^4$ und die Konstante a empirisch bereits bekannt waren. Man sieht, daß die Abschneidefrequenz in diesem Falle noch unterhalb der zum Maximum der Planckschen Kurve gehörigen Frequenz läge, also alles Wesentliche weggeschnitten würde.

In unserem Falle läßt sich die Abschneidefrequenz physikalisch vernünftig deuten; sie trägt nämlich gerade dem Atomismus des festen

Körpers Rechnung, der in der Theorie des elastischen Kontinuums, die Gl. (6) zugrundeliegt, vernachlässigt wurde. Eine Abschneidefrequenz nach Gl. (8) entspricht nämlich sowohl für longitudinale wie transversale Wellen einer kürzesten Wellenlänge

$$\lambda = \frac{2\pi c}{\omega} = 2\pi \left(6\pi^2 \frac{N}{V}\right)^{-\frac{1}{3}}.$$

Hier geht die Größe $(V/N)^{\frac{1}{3}} = a$ ein, die etwa gleich dem Abstand zweier Nachbaratome im Gitter ist. (Für ein einfaches kubisches Gitter würde das exakt der Fall sein.) Die kürzeste Wellenlänge wird also von der Größenordnung der Gitterkonstanten, und in der Tat hätten kürzere Wellen nur in einem Kontinuum, nicht aber in einem Punktgitter, dessen Verschiebungen sie beschreiben, irgendeinen Sinn.

Nunmehr ist es nicht mehr schwer, für das Debyesche Modell eines isotropen Festkörpers die thermische Energie zu berechnen. Wir erhalten

$$U - \int\limits_0^{\omega_L} dz_{\omega L}\,\overline{\varepsilon_\omega} + \int\limits_0^{\omega_T} dz_{\omega T}\,\overline{\varepsilon_\omega}.$$

Setzen wir hier $\overline{\varepsilon_\omega}$ aus (3) ein, führen $x = \hbar\omega/kT$ statt ω als Integrationsvariable ein und bezeichnen die oberen Grenzen in dieser Variablen mit

$$x_L = \frac{\hbar\omega_L}{kT} \quad \text{und} \quad x_T = \frac{\hbar\omega_T}{kT}, \tag{9}$$

so erhalten wir

$$U = \frac{V}{2\pi^2}\,\frac{k^4 T^4}{\hbar^3}\left\{\frac{1}{c_L^3}\,J(x_L) + \frac{2}{c_T^3}\,J(x_T)\right\} \tag{10}$$

mit der Abkürzung

$$J(\xi) = \frac{1}{2}\int\limits_0^\xi dx\,x^3\left(\mathfrak{Cot}\,\frac{x}{2} - 1\right) = \int\limits_0^\xi dx\,\frac{x^3}{e^x - 1}. \tag{11}$$

Wir berechnen zunächst die Funktion $J(\xi)$, die wir übrigens für den Spezialfall $\xi \to \infty$ auf S. 230 bereits berechnet haben:

$$J(\infty) = \frac{\pi^4}{15}. \tag{11a}$$

Für *kleines* Argument $\xi \ll 1$ können wir den Integranden von (11) in eine Potenzreihe in x entwickeln:

$$J(\xi) = \int\limits_0^\xi dx\,x^3\left(x + \frac{x^2}{2} + \frac{x^3}{6} + \cdots\right)^{-1} = \int\limits_0^\xi dx\,x^2\left(1 - \frac{x}{2} + \frac{x^2}{12}\cdots\right)$$

oder

$$J(\xi) = \frac{1}{3}\,\xi^3\left(1 - \frac{3}{8}\,\xi + \frac{1}{20}\,\xi^2\cdots\right). \tag{11b}$$

Für *großes* Argument $\xi \gg 1$ verfahren wir wie in § 22 und schreiben

$$J(\xi) = \int_0^\xi dx\, x^3 \sum_{n=1}^\infty e^{-nx} = \sum_{n=1}^\infty \frac{1}{n^4}\left\{6 - \int_{n\xi}^\infty dy\, y^3\, e^{-y}\right\}$$

$$= \frac{\pi^4}{15} - \sum_{n=1}^\infty \left(\frac{6}{n^4} + \frac{6\xi}{n^3} + \frac{3\xi^2}{n^2} + \frac{\xi^3}{n}\right) e^{-n\xi}. \tag{11c}$$

Der Fall kleinen Arguments in J entspricht wegen Gl. (9) dem Fall hoher Temperaturen. Führen wir zwei charakteristische Temperaturen

$$\Theta_L = \hbar\omega_L/k \quad \text{und} \quad \Theta_T = \hbar\omega_T/k \tag{12}$$

ein, die wir mit Hilfe von (8) aus den Geschwindigkeiten c_L und c_T berechnen können, so dürfen wir, sobald $T \gg \Theta_{L,T}$ ist, Gl. (11b) anwenden und schreiben mit

$$x_L = \Theta_L/T \quad \text{und} \quad x_T = \Theta_T/T \tag{13}$$

statt (10):

$$U = \frac{V k^4 T^4}{6\pi^2 \hbar^3}\left\{\frac{x_L^3}{c_L^3}\left(1 - \frac{3}{8}x_L + \frac{1}{20}x_L^2 \ldots\right) + 2\,\frac{x_T^3}{c_T^3}\left(1 - \frac{3}{8}x_T + \frac{1}{20}x_T^2 \ldots\right)\right\}.$$

Nach Gl. (8) können wir nun aber

$$\frac{x_L^3}{c_L^3} = \frac{x_T^3}{c_T^3} = 6\pi^2\,\frac{N}{V}\,\frac{\hbar^3}{k^3\,T^3}$$

einsetzen; dann ergibt sich

$$U = 3NkT\left\{1 - \tfrac{1}{8}(x_L + 2x_T) + \tfrac{1}{60}(x_L^2 + 2x_T^2)\ldots\right\}$$

oder

$$U = 3NkT\left\{1 - \frac{\Theta_L + 2\Theta_T}{8T} + \frac{\Theta_L^2 + 2\Theta_T^2}{60\,T^2}\ldots\right\},$$

woraus sich für die spezifische Wärme pro Mol ($Nk = R$) durch Differenzieren nach der Temperatur

$$C_v = \frac{dU}{dT} = 3R\left(1 - \frac{\Theta_L^2 + 2\Theta_T^2}{60\,T^2}\ldots\right) \tag{14a}$$

ergibt. Wie zu erwarten war, erhalten wir als asymptotischen Wert für hohe Temperaturen $3R$ entsprechend dem Dulong-Petitschen Gesetz. Außerdem enthält (14a) eine erste Korrektur an diesem klassischen Grenzwert, welche bereits die Abnahme von C_v zu tiefen Temperaturen hin andeutet.

Umgekehrt können wir für tiefe Temperaturen $T \ll \Theta_{L,T}$ die Näherung (11c) oder, bei Vernachlässigung der exponentiellen Glieder, (11a) benutzen. Dann wird

$$U = \frac{V}{2\pi^2}\,\frac{k^4 T^4}{\hbar^3}\,\frac{\pi^4}{15}\left(\frac{1}{c_L^3} + \frac{2}{c_T^3}\right) = \frac{\pi^4}{5}\,R\,T^4\left(\frac{1}{\Theta_L^3} + \frac{2}{\Theta_T^3}\right)$$

und die Molwärme

$$C_v = \frac{4\pi^4}{5}\,R\,T^3\left(\frac{1}{\Theta_L^3} + \frac{2}{\Theta_T^3}\right). \tag{14b}$$

Es ist üblich, anstelle von zwei charakteristischen Temperaturen Θ_L und Θ_T nur eine einzige Θ gemäß

$$\frac{3}{\Theta^3} = \frac{1}{\Theta_L^3} + \frac{2}{\Theta_T^3} \tag{15}$$

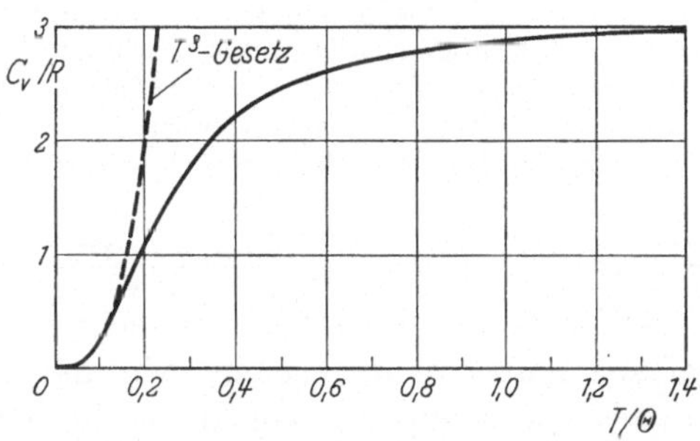

Fig. 41. Gitterwärme eines festen Körpers als Funktion der Temperatur. Θ ist die Debye-Temperatur. Die gestrichelte Kurve zeigt, wie klein der Bereich ist, in dem das Debyesche Grenzgesetz $C_v \sim T^3$ zutrifft

einzuführen, die als die *Debye-Temperatur* der Substanz bezeichnet wird. Dann hat man anstelle von (14b) bei $T \ll \Theta$

$$C_v = \frac{12\pi^4}{5}\,R\left(\frac{T}{\Theta}\right)^3, \tag{16}$$

doch ist zu beachten, daß der Mittelwert Θ nicht derselbe ist, der in (14a) auftritt. Der vollständige Verlauf von C_v unter der Voraussetzung (15) ist in Fig. 41 gezeichnet.

Gl. (14b) und (16) zeigen, daß C_v bei Annäherung an den absoluten Nullpunkt der Temperatur verschwindet wie T^3. Diese Formel wird experimentell gut bestätigt und läßt sich zur Bestimmung von Θ aus der spezifischen Wärme benutzen. Andererseits gilt nach (8) und (13)

$$\frac{3}{\Theta^3} = \frac{V}{6\pi^2 N}\,\frac{k^3}{\hbar^3}\left(\frac{1}{c_L^3} + \frac{2}{c_T^3}\right),$$

so daß Θ auch aus der Teilchendichte N/V und den beiden elastischen Wellengeschwindigkeiten c_L und c_T entnommen werden kann. Ein Vergleich der Ergebnisse aus beiden Methoden zeigt im allgemeinen recht gute Übereinstimmung, wie ein Blick auf die folgende Tabelle lehrt[1].

Substanz	Debye-Temperatur Θ aus		Substanz	Debye-Temperatur Θ aus	
	elastischen Daten	spezifischer Wärme		elastischen Daten	spezifischer Wärme
Blei	72	86	Silber	212	220
Wismut	111	111	Kupfer	329	313
Gold	166	186	Aluminium	399	396
Zinn	185	165			

Die Fehler des pauschalen Festkörpermodells von DEBYE machen sich bei höheren Temperaturen stärker fühlbar, weil dort die größten Abweichungen von dem durch die Abschneidevorschrift vereinfachten Dichtespektrum $dz_\omega/d\omega$ der Eigenschwingungen auftreten. Um diese von Gitter zu Gitter sehr verschiedenen Abweichungen sauber zu fassen, bedarf es des vollen Apparats der Gitterdynamik.

§ 24. Übergangswahrscheinlichkeiten. H-Theorem

Bisher haben wir stets nur vom Gleichgewicht einer Gesamtheit gesprochen, dabei aber außer acht gelassen, wie und in welcher Zeit die Einstellung dieses Gleichgewichts vor sich geht. Um diese Frage jetzt genauer zu untersuchen, betrachten wir wieder eine Gesamtheit von N gleichartigen Systemen, deren jedes sich in gewissen Zuständen $r, s, \ldots$ befinden kann. Wir dürfen, wie wir an einer Reihe von Beispielen gesehen haben, diese Zustände als diskret behandeln, selbst dann, wenn sie durch den Impuls der Systeme definiert sind; dies ist eine Konsequenz der Quantentheorie. Daher können wir jedem Zustand r eindeutig eine Energie E_r und eine Besetzungszahl N_r zuordnen. Die Eindeutigkeit dieser Zuordnung ist nicht umkehrbar, wenn mehrere Zustände entartet sind, d.h. die gleiche Energie E_r haben. Um sie eindeutig umkehrbar zu machen, fassen wir in diesem Fall g_r miteinander entartete Zustände als einen einzigen Zustand auf, dem wir das statistische Gewicht g_r geben[2].

Gehen wir von einer gewissen Reihe von Besetzungszahlen zu einem Zeitpunkt aus, für den kein Gleichgewicht besteht, so können sich diese im Laufe der Zeit ändern, sofern die Gesamtheit Möglichkeiten zuläßt, daß ein System aus einem Zustand r in einen anderen Zustand r' über-

---

[1] Entnommen aus M. BLACKMAN: The specific heat of solids, Tabelle auf S. 329 in Handbuch der Physik VII/1 (1955). Dieser Artikel führt auch in die Abweichungen von der Debyeschen Theorie ein.

[2] Dieses Verfahren haben wir bereits in § 21 bei Behandlung der Rotationsniveaus zur Quantenzahl J angewandt, bei denen wir das statistische Gewicht $g_J = 2J + 1$ einführten.

gehen kann. In einem abgeschlossenen System ist dies infolge der verschiedenen Energien E_r und $E_{r'}$ nur durch Energieabtausch mit einem anderen System möglich, das dabei von s nach s' übergeht:

$$r \to r', \quad s \to s',$$
$$E_r + E_s = E_{r'} + E_{s'}. \tag{1}$$

Die Wahrscheinlichkeit einer solchen gleichzeitigen Veränderung an zwei Systemen pro Zeiteinheit (in einem Gas durch Zusammenstoß mit Impulsabtausch) ist dann proportional zu den anfänglichen Besetzungszahlen der beiden Zustände. Wir schreiben deshalb dafür

$$w_{rs}^{r's'} N_r N_s. \tag{2}$$

Dabei heißt der Koeffizient $w_{rs}^{r's'}$ die *Übergangswahrscheinlichkeit* zwischen diesen Zuständen; sie ist unabhängig von den Besetzungszahlen. Die Besetzungszahl N_r des Zustandes r muß dann in der Zeiteinheit abnehmen um die Summe aller Ausdrücke der Form (2) über die Indices s, r' und s', wobei die Übergangswahrscheinlichkeiten für solche Indexkombinationen verschwinden, für die der Energiesatz (1) nicht erfüllt ist. Umgekehrt kann der Zustand r natürlich auch durch Übergänge $r' \to r$, $s' \to s$ aufgefüllt werden, so daß insgesamt entsteht:

$$\frac{dN_r}{dt} = \sum_s \sum_{r'} \sum_{s'} (w_{r's'}^{rs} N_{r'} N_{s'} - w_{rs}^{r's'} N_r N_s). \tag{3}$$

Die Übergangswahrscheinlichkeiten besitzen nun gewisse *Symmetrieeigenschaften* hinsichtlich der Vertauschung von Indices. Zunächst gilt selbstverständlich

$$w_{rs}^{r's'} = w_{sr}^{s'r'}, \tag{4a}$$

da beide Koeffizienten physikalisch den gleichen Vorgang beschreiben. Nicht trivial ist dagegen eine zweite wichtige Beziehung:

$$w_{rs}^{r's'} = w_{r's'}^{rs}, \tag{4b}$$

nach welcher die Übergangswahrscheinlichkeit unabhängig von der Richtung des Prozesses ist.

Die letzte Beziehung kann befriedigend erst in der Quantentheorie begründet werden (vgl. Band IV, S. 321). Dort wird gezeigt, daß sie proportional dem Betragsquadrat eines Matrixelements zu einem hermiteschen Operator ist. Ein solches Matrixelement geht bei Vertauschung von Anfangs- und Endzustand in sein komplex Konjugiertes über, dessen Betragsquadrat notwendig unverändert bleibt. Letzten Endes liegt Gl. (4b) daher die Hermitizität aller Operatoren der Quantenmechanik zugrunde.

Mit Hilfe von Gl. (4b) können wir (3) vereinfachen zu

$$\frac{dN_r}{dt} = \sum_s \sum_{r'} \sum_{s'} w_{rs}^{r's'} (N_{r'} N_{s'} - N_r N_s). \tag{5}$$

Diese Gleichung, in Verbindung mit dem Energiesatz (1), regelt die zeitliche Veränderung der Besetzungszahlen und damit die Einstellungsgeschwindigkeit des Gleichgewichts.

Im Gleichgewicht müssen sämtliche $dN_r/dt = 0$ werden, d.h.

$$N_r N_s = N_{r'} N_{s'}$$ (6)

für Indexkombinationen, welche die Bedingung (1) erfüllen. Schreiben wir statt dessen

$$\ln N_r + \ln N_s = \ln N_{r'} + \ln N_{s'}$$

und vergleichen mit dem Energiesatz (1), so sehen wir unmittelbar ein, daß $\ln N_r$ eine lineare Funktion von E_r oder

$$N_r = e^{\alpha - \beta E_r}$$ (7)

sein muß, wobei α und β Konstanten sind, die für alle Zustände den gleichen Wert haben, also nur von den Makroeigenschaften der Gesamtheit abhängen, nicht von den Mikroeigenschaften der einzelnen Systeme. Die Verteilung (7) wird auch als *kanonische Verteilung* bezeichnet; sie ist identisch mit der auf S. 192 in § 19 auf anderem Wege bereits erhaltenen Boltzmannschen Verteilung.

Gl. (5) drückt übrigens auch den Erhaltungssatz für die Gesamtzahl

$$N = \sum_r N_r$$ (8)

aller Systeme aus. Wir brauchen nämlich in (5) nur auch noch über r zu summieren, so daß auf der linken Seite dN/dt entsteht. In der vierfachen Summe rechts können wir dann die Summationsindices derart umbenennen, daß wir gestrichene und ungestrichene Zeichen miteinander vertauschen; als bloße Umbenennung kann dies den Wert der Summe nicht ändern; andererseits zeigt ein Blick auf (4b), daß zwar die Übergangswahrscheinlichkeiten dabei unverändert bleiben, sich jedoch das Vorzeichen der Klammer in (5) umkehrt: Die Summe geht in ihren negativen Wert über. Da aber keine Zahl außer Null ihrem Negativen gleich ist, verschwindet die Summe: $dN/dt = 0$.

Wir führen nun eine Hilfsgröße der gleichen Form wie in Gl. (4) von § 19 ein:

$$S = k \left(N \ln N - \sum_r N_r \ln N_r \right),$$ (9)

die wir wieder wie dort als die *Entropie* der Gesamtheit bezeichnen wollen. Dann läßt sich der wichtige Satz beweisen, daß die Entropie bei jeder Änderung der Besetzungszahlen stets nur anwachsen kann und im

Gleichgewicht ein Maximum erreicht:

$$\frac{dS}{dt} \geqq 0. \tag{10}$$

Dieser Satz, der gewöhnlich als das *H-Theorem* bezeichnet wird, wurde zuerst von BOLTZMANN hergeleitet[1].

Wir beweisen ihn folgendermaßen. Aus der Definitionsgleichung (9) folgt zunächst durch Differenzieren

$$\frac{1}{k}\frac{dS}{dt} = -\sum_r \frac{dN_r}{dt}\,(\ln N_r + 1).$$

Hierin setzen wir dN_r/dt aus (5) ein; dann entsteht auf der rechten Seite eine vierfache Summe:

$$\frac{1}{k}\frac{dS}{dt} = \sum_r \sum_s \sum_{r'} \sum_{s'} w_{rs}^{r's'}\,(N_r N_s - N_{r'} N_{s'})\,(\ln N_r + 1). \tag{11}$$

Vertauschen wir nun die vier Summationsindices so, daß der Reihe nach im letzten Faktor r, s, r', s' auftritt, so können wir die Summe auf vier verschiedene Weisen schreiben, wobei infolge von Gl. (4a) und (4b) bei $w_{rs}^{r's'}$ immer die alte Anordnung der Indices wieder hergestellt werden kann. Die rechte Seite von (11) kann dann symmetrisch in den vier Indices als $\frac{1}{4}$ der Summe der so entstehenden vier Ausdrücke geschrieben werden:

$$\frac{1}{k}\frac{dS}{dt} = \frac{1}{4}\sum_r \sum_{r'} \sum_s \sum_{s'} w_{rs}^{r's'}\,(N_r N_s - N_{r'} N_{s'})\ln\frac{N_r N_s}{N_{r'} N_{s'}}. \tag{12}$$

Bei dieser Schreibweise sind alle Summanden positiv, solange kein Gleichgewicht erreicht ist, und alsdann werden sie nach (6) gleich Null. Man sieht das sofort, wenn man $N_r N_s = x$ und $N_{r'} N_{s'} = y$ setzt und die Funktion

$$f(x, y) = (x - y)\ln\frac{x}{y}$$

für $x \geqq 0$, $y \geqq 0$ betrachtet. Ist $x > y$, so sind beide Faktoren positiv, ist $x < y$, so sind beide negativ, so daß ihr Produkt stets positiv bleibt. Dies gilt auch für $x = 0$ oder $y = 0$, wo f logarithmisch gegen $+\infty$ geht. Wird dagegen $x = y$ (Gleichgewicht), so erhält man $f = 0$.

§ 25. Die Boltzmannsche Stoßgleichung

Das wichtigste Beispiel für die im vorigen Paragraphen dargelegte Methode der Übergangswahrscheinlichkeit ist die kinetische Gastheorie,

---

[1] Die Bezeichnung H-Theorem ist rein historisch: BOLTZMANN hatte in seinen klassischen Arbeiten für die Größe $-S$ das Zeichen H benutzt. Der Zusammenhang von Entropie und Wahrscheinlichkeit wurde von ihm 1877 erkannt, doch gehen seine frühesten Arbeiten zum zweiten Hauptsatz bis 1871 zurück (sämtlich in Sitzgsber. Akad. Wiss. Wien veröffentlicht).

wenn auch zweifellos die Verhältnisse hier kompliziert liegen. Wir wollen uns, um leichter überschaubare Verhältnisse zu haben, auf ein Gas aus einer einheitlichen Sorte von Molekülen der Masse m beschränken, also Gasmischungen außer acht lassen, obwohl sich die Methode darauf anwenden läßt.

Als erstes müssen wir definieren, was wir unter einem Zustand eines Moleküls verstehen wollen. Er sei dadurch definiert, daß das Molekül einen Impuls $\mathfrak{p}$ hat, der in ein Impulsraumelement d^3p fällt, und daß es sich gleichzeitig am Ort $\mathfrak{r}$ in einem Volumenelement d^3x befindet. Dann ist die Besetzungszahl dieses Zustandes proportional zu d^3p und zu d^3x, so daß wir dafür schreiben können

$$F(\mathfrak{r}, \mathfrak{p}, t)\, d^3x\, d^3p$$

mit einer nicht infinitesimalen Funktion F, welche die *Verteilungsfunktion* heißt.

Wir konstruieren nun das Analogon zu der grundlegenden Differentialgleichung (5) von § 24. In der Zeiteinheit erfolgt eine Anzahl von Zusammenstößen, durch welche Moleküle des Volumelements d^3x am Ort $\mathfrak{r}$ aus dem Impulsraumelement d^3p bei $\mathfrak{p}$ nach allen möglichen d^3p' bei $\mathfrak{p}'$ gelangen. Diese Anzahl ist proportional der Anzahl der in d^3p vorhandenen Moleküle, also

$$F(\mathfrak{r}, \mathfrak{p}, t)\, d^3x\, d^3p \int d^3p'\, W(\mathfrak{p}, \mathfrak{p}'),$$

wobei die Funktion $W(\mathfrak{p}, \mathfrak{p}')$ ein Maß für die Wahrscheinlichkeit eines Überganges durch Stoß aus dem Anfangszustand $\mathfrak{p}$ in den Endzustand $\mathfrak{p}'$ ist. Umgekehrt können in der Zeiteinheit in d^3x von allen möglichen d^3p' nach dem betrachteten d^3p

$$d^3x\, d^3p \int d^3p'\, W(\mathfrak{p}', \mathfrak{p})\, F(\mathfrak{r}, \mathfrak{p}', t)$$

Moleküle gelangen. Die Differenz dieser beiden Ausdrücke ist dann gleich der Änderung von $F(\mathfrak{r}, \mathfrak{p}, t)\, d^3x\, d^3p$ in der Zeiteinheit. Bei Weglassen der Differentiale $d^3x\, d^3p$ auf beiden Seiten der Gleichung gewinnt man so für die Funktion F die Integrodifferentialgleichung

$$\frac{dF}{dt} = a - b \tag{1}$$

mit den Abkürzungen

$$a = \int d^3p'\, W(\mathfrak{p}', \mathfrak{p})\, F(\mathfrak{r}, \mathfrak{p}', t)$$

und

$$b = F(\mathfrak{r}, \mathfrak{p}, t) \int d^3p'\, W(\mathfrak{p}, \mathfrak{p}'). \tag{2}$$

Damit ist die zu Gl. (5) von § 24 analoge Gleichung aufgestellt. Eine nähere Untersuchung der Funktion W wird zeigen, daß diese

Größe selbst noch zur Verteilungsfunktion F proportional ist. Damit verschwindet dann auch der pseudolineare Charakter von (1), und die volle Analogie zu § 24 wird sichtbar.

Gl. (1) mit den Erklärungen (2) heißt die *Boltzmannsche Stoßgleichung* und wurde von diesem 1872 aufgestellt und zur Grundlage der kinetischen Gastheorie gemacht. In ihrer Grundidee ist sie viel allgemeiner, kann auch für Fälle ausgesprochen werden, die nicht allein über elastische Stöße das Gleichgewicht herstellen, und wird deshalb heute meist schlechthin als *Boltzmann-Gleichung* bezeichnet.

Die nähere Untersuchung der Funktion $W(\mathfrak{p}, \mathfrak{p}')$, d.h. der Wahrscheinlichkeit $d^3\mathfrak{p}' W(\mathfrak{p}, \mathfrak{p}')$, daß ein Molekül des Impulses $\mathfrak{p}$ durch irgendeinen Zusammenstoß in der Zeiteinheit nach $d^3\mathfrak{p}'$ gelangt, erfordert ein genaueres Studium des einzelnen elastischen Stoßes. Es seien $\mathfrak{p}$ und $\mathfrak{p}_1$ die Impulse zweier Moleküle vor, $\mathfrak{p}'$ und $\mathfrak{p}_1'$ nach einem solchen Stoß. Dann gelten die Erhaltungssätze des Impulses

$$\mathfrak{p} + \mathfrak{p}_1 = \mathfrak{p}' + \mathfrak{p}_1' \tag{3}$$

und der Energie (für zwei gleiche Massen)

$$p^2 + p_1^2 = p'^2 + p_1'^2. \tag{4}$$

Wir führen noch die Hilfsgrößen

$$\mathfrak{q} = \mathfrak{p} - \mathfrak{p}_1, \qquad \mathfrak{q}' = \mathfrak{p}' - \mathfrak{p}_1' \tag{5}$$

ein, dann folgt durch Quadrieren von (3) und Vergleich mit (4) zunächst $\mathfrak{p} \cdot \mathfrak{p}_1 = \mathfrak{p}' \cdot \mathfrak{p}_1'$ und sodann durch Quadrieren der Ausdrücke (5) und Vergleich mit (4) $q^2 = q'^2$.

Kennt man die drei Vektoren $\mathfrak{p}$, $\mathfrak{p}_1$ und $\mathfrak{q}'$, so kann man aus (3) und (5) auch $\mathfrak{p}'$, $\mathfrak{p}_1'$ (und $\mathfrak{q}$) berechnen, d.h. man kennt den Stoß vollständig. Die Beziehung dieser beiden Vektorentripel zueinander lautet

$$\mathfrak{p}' = \tfrac{1}{2}(\mathfrak{p} + \mathfrak{p}_1 + \mathfrak{q}'); \qquad \mathfrak{p}_1' = \tfrac{1}{2}(\mathfrak{p} + \mathfrak{p}_1 - \mathfrak{q}'); \qquad \mathfrak{q} = \mathfrak{p} - \mathfrak{p}_1, \tag{6a}$$

bzw. ihre Umkehrung

$$\mathfrak{p} = \tfrac{1}{2}(\mathfrak{p}' + \mathfrak{p}_1' + \mathfrak{q}); \qquad \mathfrak{p}_1 = \tfrac{1}{2}(\mathfrak{p}' + \mathfrak{p}_1' - \mathfrak{q}); \qquad \mathfrak{q}' = \mathfrak{p}' - \mathfrak{p}_1'. \tag{6b}$$

Die Gln. (6a) beschreiben eine lineare Abbildung des neundimensionalen, von den drei Vektoren $\mathfrak{p}$, $\mathfrak{p}_1$, $\mathfrak{q}'$ aufgespannten Raumes, in dem jeder Stoßprozeß einem Punkt entspricht, auf den von $\mathfrak{p}'$, $\mathfrak{p}_1'$, $\mathfrak{q}$ aufgespannten Raum. Da die Umkehrgleichungen (6b) mit Vertauschung der gestrichenen und ungestrichenen Vektoren genau die gleichen Koeffizienten wie (6a) haben, ist die Funktionaldeterminante der linearen Transformation gleich ihrer Reziproken, kann also nur $+1$ oder -1 sein. Eine einfache Rechnung zeigt, daß sie gleich 1 ist. Mithin wird

$$d^3\mathfrak{p}\, d^3\mathfrak{p}_1 d^3\mathfrak{q}' = d^3\mathfrak{p}'\, d^3\mathfrak{p}_1' d^3\mathfrak{q}.$$

Führt man in q Polarkoordinaten ein, setzt also $d^3q = q^2\,dq\,d\Omega$, wobei $d\Omega$ das die Richtung von q bezeichnende Raumwinkelelement ist, so wird wegen $q = q'$

$$d^3p\,d^3p_1\,d\Omega' = d^3p'\,d^3p_1'\,d\Omega. \tag{7}$$

Diese wichtige Relation, die angibt, in wie große Impulsraumelemente Teilchen bei einem elastischen Stoß gelangen können, wenn sie sich vor dem Stoß in vorgegebenen Impulsraumelementen befanden, wird auch als der *Liouvillesche Satz für den elastischen Stoß* bezeichnet.

Wir versuchen nun, die Funktion W genauer festzulegen. Die Wahrscheinlichkeit, daß ein herausgegriffenes Molekül in der Zeiteinheit durch einen Stoß von $\mathfrak{p}'$ nach $\mathfrak{p}$ übergeht, also die Größe $W(\mathfrak{p}', \mathfrak{p})\,d^3p$, ist proportional zur Zahl von Molekülen mit Impulsen $\mathfrak{p}_1'$ in d^3p_1', also zu $F(\mathfrak{p}_1')\,d^3p_1'$, mit denen ein Zusammenstoß erfolgen kann. Wollen wir insbesondere die Wahrscheinlichkeit dafür ausrechnen, daß der Stoßpartner nach dem Stoß in d^3p_1 bei $\mathfrak{p}_1$ fällt, so wird diese gleich

$$F(\mathfrak{p}_1')\,d^3p_1' \cdot d^3p_1 \cdot d^3p\,\mathsf{W}\,(\mathfrak{p}'\,\mathfrak{p}_1'|\mathfrak{p}\,\mathfrak{p}_1).$$

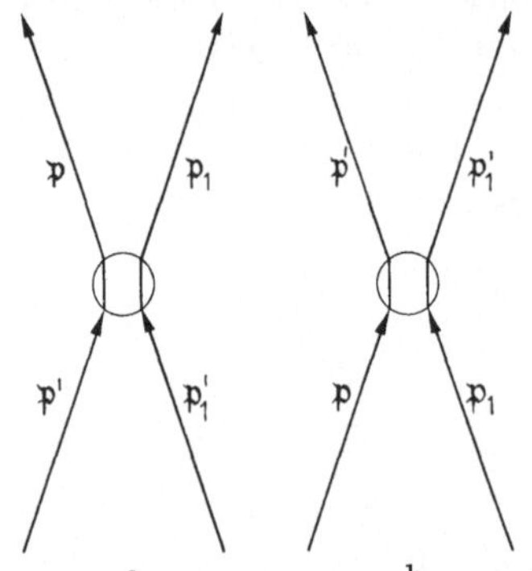

Fig. 42a u. b. Schematische Darstellung des Stoßes zweier Moleküle

Hier entspricht der von den Verteilungsfunktionen unabhängige Koeffizient W einem Übergang, wie er in Fig. 42a schematisch angedeutet ist; da für die Berechnung von $W(\mathfrak{p}', \mathfrak{p})\,d^3p$ alle Stöße mit beliebigen $\mathfrak{p}_1'$ und $\mathfrak{p}_1$ mitgezählt werden, muß über diese Impulse integriert werden. Also wird

$$W(\mathfrak{p}', \mathfrak{p})\,d^3p = d^3p \int d^3p_1 \int d^3p_1'\,F(\mathfrak{p}_1')\,\mathsf{W}\,(\mathfrak{p}'\,\mathfrak{p}_1'|\mathfrak{p}\,\mathfrak{p}_1). \tag{8a}$$

In ganz analoger Weise erhalten wir bei Vertauschung der gestrichenen und ungestrichenen Impulse für den Umkehrprozeß (Fig. 42b)

$$W(\mathfrak{p}, \mathfrak{p}')\,d^3p' = d^3p' \int d^3p_1' \int d^3p_1\,F(\mathfrak{p}_1)\,\mathsf{W}\,(\mathfrak{p}\,\mathfrak{p}_1|\mathfrak{p}'\,\mathfrak{p}_1'). \tag{8b}$$

Setzen wir (8a) und (8b) in (1) und (2) ein, so erhält die Stoßgleichung die Form

$$\frac{dF(\mathfrak{p})}{dt} = \int d^3p' \int d^3p_1' \int d^3p_1 \{F(\mathfrak{p}')\,F(\mathfrak{p}_1')\,\mathsf{W}\,(\mathfrak{p}'\,\mathfrak{p}_1'|\mathfrak{p}\,\mathfrak{p}_1) - $$
$$- F(\mathfrak{p})\,F(\mathfrak{p}_1)\,\mathsf{W}\,(\mathfrak{p}\,\mathfrak{p}_1|\mathfrak{p}'\,\mathfrak{p}_1')\}. \tag{9}$$

Der Einfachheit halber wollen wir im folgenden, wie es in der kinetischen Gastheorie allgemein üblich ist, bei den Verteilungsfunktionen die Argumente weglassen (so wie wir das allen gemeinsame $\mathfrak{r}$ und t bereits unterdrückt haben), dafür aber das Symbol F mit den entsprechenden Zeichen markieren, also $F \equiv F(\mathfrak{p})$, $F_1' \equiv F(\mathfrak{p}_1')$ usw. Gl. (9) lautet dann kürzer

$$\frac{dF}{dt} = \int d^3p' \int d^3p_1' \int d^3p_1 \{F' F_1' \mathsf{W}(\mathfrak{p}'\mathfrak{p}_1'|\mathfrak{p}\mathfrak{p}_1) - F F_1 \mathsf{W}(\mathfrak{p}\mathfrak{p}_1|\mathfrak{p}'\mathfrak{p}_1')\}. \quad (9')$$

Unsere Aufgabe ist nun die genauere Untersuchung der Größen W. Hierbei können wir der Reihe nach mehrere allgemeine Gesichtspunkte verwenden[1]:

1. W muß invariant gegen eine Vertauschung der beiden Moleküle sein, die ja eine willkürliche Numerierung bedeutet, solange alle Moleküle von der gleichen Art sind:

$$\mathsf{W}(\mathfrak{p}\mathfrak{p}_1|\mathfrak{p}'\mathfrak{p}_1') = \mathsf{W}(\mathfrak{p}_1\mathfrak{p}|\mathfrak{p}_1'\mathfrak{p}'). \quad (10)$$

2. W muß invariant gegen eine Vertauschung von Anfangs- und Endzustand sein:

$$\mathsf{W}(\mathfrak{p}\mathfrak{p}_1|\mathfrak{p}'\mathfrak{p}_1') = \mathsf{W}(\mathfrak{p}'\mathfrak{p}_1'|\mathfrak{p}\mathfrak{p}_1). \quad (11)$$

Diese Aussage ist ein Spezialfall der in § 24 festgestellten Symmetrie (1b), die aus der Quantenmechanik entspringt.

3. W muß invariant gegen eine Galilei-Transformation sein, d.h. in jedem mit konstanter Geschwindigkeit bewegten Koordinatensystem muß es seinen Wert behalten. Hieraus folgt, daß W nur von drei Vektoren

$$\mathfrak{q} = \mathfrak{p} - \mathfrak{p}_1; \quad \mathfrak{q}' = \mathfrak{p}' - \mathfrak{p}_1'; \quad \mathfrak{k} = \mathfrak{p}' + \mathfrak{p}_1' - \mathfrak{p} - \mathfrak{p}_1 \quad (12)$$

abhängt. Wir können nämlich insbesondere ein Koordinatensystem benutzen, in dem das „Target-Molekül" 1 anfänglich ruht, d.h. ein Bezugssystem, in dem zu jedem Impuls $-\mathfrak{p}_1$ addiert wird. Dann besagt die Invarianzforderung

$$\begin{aligned}
\mathsf{W}(\mathfrak{p}\mathfrak{p}_1|\mathfrak{p}'\mathfrak{p}_1') &= \mathsf{W}(\mathfrak{p} - \mathfrak{p}_1,\, 0\,|\,\mathfrak{p}' - \mathfrak{p}_1,\, \mathfrak{p}_1' - \mathfrak{p}_1) \\
&= \mathsf{W}\big(\mathfrak{q},\, 0\,|\,\tfrac{1}{2}(\mathfrak{q} + \mathfrak{q}' + \mathfrak{k}),\, \tfrac{1}{2}(\mathfrak{q} - \mathfrak{q}' + \mathfrak{k})\big),
\end{aligned}$$

wofür wir kürzer schreiben können

$$= \overline{\mathsf{W}}(\mathfrak{q},\, \mathfrak{q}',\, \mathfrak{k}).$$

Damit ist die Zahl der Argumente von 12 auf 9 Vektorkomponenten reduziert.

4. Erhaltung des Impulses: Wir haben bisher zur Festlegung der Übergangswahrscheinlichkeiten noch keinen Gebrauch davon gemacht, daß sie verschwinden müssen für alle Übergänge, die nicht den Erhal-

---

[1] Die Darstellung folgt hier ungefähr derjenigen von L. WALDMANN im Handbuch der Physik, Bd. 12 (1958), S. 348—350.

tungssätzen genügen. Der Impulssatz besagt insbesondere, daß $\mathfrak{k}=0$ ist, d.h.

$$\overline{W}(\mathfrak{q}, \mathfrak{q}', \mathfrak{k}) = w(\mathfrak{q}, \mathfrak{q}')\,\delta^{(3)}(\mathfrak{k}),$$

wobei $\delta^{(3)}$ die dreidimensionale Diracsche δ-Funktion bedeutet:

$$\int d^3k\,\delta^{(3)}(\mathfrak{k}) = 1.$$

Damit ist die Zahl der Argumente von 9 Vektorkomponenten auf 6 reduziert.

5. Drehinvarianz: Die Funktion $w(\mathfrak{q}, \mathfrak{q}')$ kann nur von der relativen Lage der Vektoren $\mathfrak{q}$ und $\mathfrak{q}'$ zueinander abhängen, d.h. von den Beträgen q und q' und dem von den beiden Vektoren eingeschlossenen Winkel ϑ. Wir schreiben:

$$w(\mathfrak{q}, \mathfrak{q}') = \overline{w}(q, q', \vartheta).$$

Damit ist die Zahl der möglichen Argumente erneut von 6 auf 3 reduziert.

6. Erhaltung der Energie: Der Stoß soll elastisch sein; dann ist $q = q'$ oder

$$\overline{w}(q, q', \vartheta) = S(q, \vartheta)\,\delta(q^2 - q'^2),$$

wobei δ die eindimensionale Diracsche δ-Funktion bezeichnet. Somit bleiben von den ursprünglich 12 Variablen nur noch zwei übrig:

$$W(\mathfrak{p}\,\mathfrak{p}_1 | \mathfrak{p}'\,\mathfrak{p}_1') = S(q, \vartheta)\,\delta(q^2 - q'^2)\,\delta^{(3)}(\mathfrak{k}). \tag{13}$$

Es läßt sich zeigen, was hier nicht unternommen werden soll, daß die verbleibende Funktion $S(q, \vartheta)$ bis auf einen Faktor mit dem Begriff des Streuquerschnitts zusammenhängt. Definiert man den differentiellen Streuquerschnitt eines Zusammenstoßes $\sigma(q, \vartheta)$ mit Streuung des Primärteilchens in das Raumwinkelelement $d\Omega'$ durch

$$d\sigma = \sigma(q, \vartheta)\,d\Omega', \tag{14a}$$

so ist

$$S(q, \vartheta) = \frac{16}{m}\,\sigma(q, \vartheta). \tag{14b}$$

Wir überlegen nun, welche Wirkungen unsere Festlegung der Funktion W auf die Stoßgleichung (9′) hat. Zunächst können wir in Anbetracht der Invarianz (11) W unter dem Integral als Faktor herausnehmen:

$$\frac{dF}{dt} = \int d^3p' \int d^3p_1' \int d^3p_1\,W(\mathfrak{p}\,\mathfrak{p}_1 | \mathfrak{p}'\,\mathfrak{p}_1')\,(F'F_1' - FF_1). \tag{15}$$

Sodann integrieren wir statt über $\mathfrak{p}'\mathfrak{p}_1\mathfrak{p}_1'$ über die drei Vektoren $\mathfrak{q}\mathfrak{q}'\mathfrak{k}$. Nach Gl. (12) berechnet man die Funktionaldeterminante

$$d^3p'\,d^3p_1\,d^3p_1' = \tfrac{1}{8}\,d^3q\,d^3q'\,d^3k.$$

Damit folgt aus (15) und (13):

$$\frac{dF}{dt} = \frac{1}{8} \int d^3q \int d^3q' \int d^3k\, S(q, \vartheta)\, \delta(q^2 - q'^2)\, \delta^{(3)}(\mathfrak{k})\, (F'F_1' - FF_1).$$

Benutzt man für die Integration über q' die Identität

$$\int dq'\, q'^2\, \delta(q^2 - q'^2) = \int dq'\, q'^2 \frac{1}{2q}\, \delta(q - q') = \frac{1}{2}\, q,$$

so folgt

$$\frac{dF}{dt} = \frac{1}{16} \int d^3q \int d\Omega'\, S(q, \vartheta)\, q\, (F'F_1' - FF_1) \tag{16a}$$

oder bei Einführung des Wirkungsquerschnitts:

$$\frac{dF}{dt} = \int d^3q\, \frac{q}{m} \int d\Omega'\, \sigma(q, \vartheta)\, (F'F_1' - FF_1). \tag{16b}$$

§ 26. Aufbau der kinetischen Gastheorie auf die Boltzmann-Gleichung

Wir gehen von Gl. (16b) des letzten Paragraphen aus, ersetzen aber die Integration über $\mathfrak{q}$ durch eine solche über $\mathfrak{p}_1$ und schreiben

$$\frac{dF}{dt} = \int d^3p_1 \int d\Omega'\, \frac{q\,\sigma}{m}\, (F'F_1' - FF_1). \tag{1}$$

Multiplizieren wir diese Gleichung mit einer beliebigen Funktion $\varphi(\mathfrak{r}, \mathfrak{p}, t)$ und integrieren über $\mathfrak{p}$, so erhalten wir

$$\int d^3p\, \varphi\, \frac{dF}{dt} = \int d^3p \int d^3p_1 \int d\Omega'\, \frac{q\,\sigma}{m}\, (F'F_1' - FF_1)\, \varphi. \tag{2}$$

Nun wissen wir aus dem Liouvilleschen Satz, Gl. (7) von § 25, daß

$$d^3p\, d^3p_1\, d\Omega' = d^3p'\, d^3p_1'\, d\Omega$$

ist. Wenn wir daher im ersten Summanden auf der rechten Seite von (2) gestrichene und ungestrichene Größen vertauschen — eine Transformation, gegen die q und σ invariant sind — so folgt

$$\int d^3p \int d^3p_1 \int d\Omega'\, \frac{q\,\sigma}{m}\, F'F_1'\varphi = \int d^3p \int d^3p_1 \int d\Omega'\, \frac{q\,\sigma}{m}\, FF_1\varphi',$$

wobei wir sinngemäß φ' für $\varphi(\mathfrak{r}, \mathfrak{p}', t)$ geschrieben haben. Wir können daher Gl. (2) durch

$$\int d^3p\, \varphi\, \frac{dF}{dt} = \int d^3p \int d^3p_1 \int d\Omega'\, \frac{q\,\sigma}{m}\, FF_1(\varphi' - \varphi) \tag{3}$$

ersetzen. Wir beachten ferner, daß eine Vertauschung der beiden stoßenden Teilchen $\mathfrak{p} \rightleftharpoons \mathfrak{p}_1$, $\mathfrak{p}' \rightleftharpoons \mathfrak{p}_1'$ ebenfalls $q\sigma$ invariant läßt und $\mathfrak{q}$ in $-\mathfrak{q}$,

q' in $-q'$ überführt, so daß auf der rechten Seite von Gl. (2)

$$\int d^3 p_1 \int d^3 p \int d\Omega' \frac{q\sigma}{m} \, (F' F_1' - F F_1)\, \varphi_1$$

entsteht, was analog zu Gl. (3) auf

$$\int d^3 p \, \varphi \, \frac{dF}{dt} = \int d^3 p \int d^3 p_1 \int d\Omega' \frac{q\sigma}{m} \, F F_1 (\varphi_1' - \varphi_1) \qquad (4)$$

führt. Addieren wir schließlich (3) und (4), so erhalten wir

$$\int d^3 p \, \varphi \, \frac{dF}{dt} = \frac{1}{2} \int d^3 p \int d^3 p_1 \int d\Omega' \frac{q\sigma}{m} \, F F_1 (\varphi' + \varphi_1' - \varphi - \varphi_1). \qquad (5)$$

Diese sogenannte *Transportgleichung* wurde bereits 1866 von MAXWELL aufgestellt. Wir legen sie den folgenden Betrachtungen zugrunde.

Eine Funktion φ, die der Bedingung

$$\varphi + \varphi_1 = \varphi' + \varphi_1' \qquad (6)$$

genügt, heißt eine *Stoßinvariante*. Beschränken wir uns auf Funktionen nur des Impulses, so kennen wir bereits folgende Stoßinvarianten:

$$\varphi = 1; \quad \varphi = p_i \quad (i = 1, 2, 3); \quad \varphi = p^2. \qquad (7)$$

Für alle Stoßinvarianten verschwindet die rechte Seite von Gl. (5), die sich dann zu

$$\int d^3 p \, \varphi \, \frac{dF}{dt} = 0 \qquad (8)$$

vereinfacht.

Gl. (8) besitzt nun gerade die Form, welche wir brauchen, um innerhalb des Gases zu makroskopischen Aussagen zu gelangen. Um das einzusehen, beachten wir zunächst, daß, da F eine Funktion von $\mathfrak{r}$, $\mathfrak{p}$ und t ist, der Differentialquotient in (8)

$$\frac{dF}{dt} = \frac{\partial F}{\partial t} + \sum_{i=1}^{3} \left(\frac{\partial F}{\partial x_i} \frac{dx_i}{dt} + \frac{\partial F}{\partial p_i} \frac{dp_i}{dt} \right)$$

geschrieben werden kann. Setzen wir das in Gl. (8) ein und beachten

$$m \frac{dx_i}{dt} = p_i; \quad \frac{dp_i}{dt} = K_i,$$

wobei K_i Komponente einer äußeren, auf ein Molekül am Ort $\mathfrak{r}$ wirkenden Kraft ist [also z. B. der Schwerkraft, nicht der Wechselwirkungskräfte mit Nachbarmolekülen, die in den Stoßgliedern der rechten Seite von (1) enthalten waren], so erhalten wir zunächst

$$\int d^3 p \, \varphi(\mathfrak{p}) \left\{ \frac{\partial F}{\partial t} + \sum_{i=1}^{3} \left(\frac{\partial F}{\partial x_i} \frac{p_i}{m} + \frac{\partial F}{\partial p_i} K_i \right) \right\} = 0.$$

Da φ nicht explicite von $\mathfrak{r}$ und t abhängt, lassen sich die Differentiationen nach t im ersten, nach den x_i im zweiten Gliede vor das Integral ziehen. Dann erhalten wir

$$\frac{\partial}{\partial t}\int d^3p\,\varphi(\mathfrak{p})\,F + \sum_{i=1}^{3}\frac{\partial}{\partial x_i}\int d^3p\,\varphi(\mathfrak{p})\,\frac{p_i}{m}\,F$$
$$= -\int d^3p\,\varphi(\mathfrak{p})\sum_{i=1}^{3}\frac{\partial F}{\partial p_i}\,K_i. \tag{9}$$

Auf der linken Seite dieser Gleichung steht gerade eine Kombination von Ausdrücken, wie sie in einer Kontinuitätsgleichung auftreten. Die rechte Seite stellt daher, sofern sie nicht verschwindet, ein Maß für die Nichterhaltung einer durch die linke Seite definierten makroskopischen Größe in einem Gas dar. Wir werden sehen, daß bei Einsetzen der drei Stoßinvarianten (7) in (9) sich auf diese Weise der Reihe nach die Erhaltungssätze für Teilchenzahl, Impuls und Energie im makroskopischen Rahmen ergeben werden.

Wir definieren (wie in § 20) zunächst den makroskopischen Mittelwert einer physikalischen Größe ψ am Ort $\mathfrak{r}$ zur Zeit t durch

$$\bar{\psi} = \frac{\int d^3p\,\psi F}{\int d^3p\,F}. \tag{10}$$

Hier bedeutet der Nenner

$$\mathscr{N}(\mathfrak{r},\,t) = \int d^3p\,F \tag{11}$$

die Teilchendichte, d.h. die Zahl der Moleküle pro Volumeinheit am Ort $\mathfrak{r}$ und zur Zeit t, woraus wir durch Multiplikation mit der Masse m des Moleküls die makroskopisch meßbare Massendichte

$$\varrho(\mathfrak{r},\,t) = m\int d^3p\,F \tag{12}$$

ableiten können. Mithin läßt sich (10) auch in der Form

$$\int d^3p\,\psi F = \frac{\varrho}{m}\,\bar{\psi} \tag{13}$$

schreiben. Hiermit geht die linke Seite von (9) in die kürzere Form

$$\frac{\partial}{\partial t}\left(\frac{\varrho\bar{\varphi}}{m}\right) + \sum_{i=1}^{3}\frac{\partial}{\partial x_i}\left(\frac{\varrho\overline{\varphi p_i}}{m^2}\right)$$

über. Auf der rechten Seite von (9) integrieren wir partiell:

$$-\int d^3p\,\varphi(\mathfrak{p})\,\frac{\partial F}{\partial p_i}\,K_i = \int d^3p\,F\,\frac{\partial}{\partial p_i}(\varphi K_i) = \frac{\varrho}{m}\,\overline{\frac{\partial}{\partial p_i}(\varphi K_i)}.$$

Dann erhalten wir schließlich

$$\frac{\partial}{\partial t}\left(\varrho\,\frac{\bar{\varphi}}{m}\right) + \sum_{i=1}^{3}\frac{\partial}{\partial x_i}\left(\varrho\,\frac{\overline{\varphi p_i}}{m^2}\right) = \sum_{i=1}^{3}\frac{\varrho}{m}\,\overline{\frac{\partial}{\partial p_i}(\varphi K_i)}. \tag{14}$$

Von den drei Stoßinvarianten (7) wählen wir nun zunächst $\varphi = 1$. Dann geht (14) über in

$$\frac{\partial \varrho}{\partial t} + \operatorname{div}\left(\varrho \, \frac{\overline{\mathfrak{p}}}{m}\right) = \varrho \sum_{i=1}^{3} \overline{\frac{\partial K_i}{\partial p_i}}. \tag{15}$$

Hängen die äußeren Kräfte nicht vom Impuls ab, so verschwindet die rechte Seite in (15). Der wichtigste Ausnahmefall ist ein äußeres Magnetfeld, in dem

$$\mathfrak{K} = \frac{e}{mc}\,(\mathfrak{p} \times \mathfrak{H})$$

ist, falls die Teilchen eine Ladung e tragen (ionisiertes Gas, Plasma). Auch dann rechnet man leicht nach, daß die rechte Seite von (15) gleich Null wird. Die Größe $\overline{\mathfrak{p}}/m$ auf der linken Seite ist die mittlere Geschwindigkeit

$$\mathfrak{v} = \frac{1}{m}\,\overline{\mathfrak{p}}$$

der Moleküle an der Stelle $\mathfrak{r}$ zur Zeit t. In einem ruhenden Gase ist sie gleich Null; in einem bewegten Gase ist sie gerade die makroskopische *Strömungsgeschwindigkeit*. Gl. (15) lautet daher

$$\frac{\partial \varrho}{\partial t} + \operatorname{div}\,(\varrho \mathfrak{v}) = 0. \tag{16}$$

Das ist die Kontinuitätsgleichung der Hydrodynamik, die nichts weiter als den Erhaltungssatz der Masse (bzw. der Teilchenzahl) beschreibt.

    Wir gehen zur zweiten Stoßinvarianten in (7) über und setzen $\varphi = p_j\,(j = 1, 2, 3)$. Dann entsteht aus (14)

$$\frac{\partial}{\partial t}\,(\varrho v_j) + \sum_{i=1}^{3} \frac{\partial}{\partial x_i}\left(\frac{\varrho}{m^2}\,\overline{p_i p_j}\right) = \frac{\varrho}{m} \sum_{i=1}^{3} \overline{\frac{\partial}{\partial p_i}\,(p_j K_i)}.$$

Hängt K_i nicht vom Impuls ab, so wird die rechte Seite $\frac{\varrho}{m}\,K_j$; dies ist die Größe, die wir in der Kontinuumsmechanik als Kraftdichte f_j bezeichnet haben:

$$\frac{\partial}{\partial t}\,(\varrho v_j) + \sum_{i=1}^{3} \frac{\partial}{\partial x_i}\left(\frac{\varrho}{m^2}\,\overline{p_i p_j}\right) = f_j. \tag{17}$$

Ist $\mathfrak{K}$ wieder die oben angegebene magnetische Kraft, so wird ebenfalls

$$\frac{\partial}{\partial p_i}\,(p_j K_i) = K_i \delta_{ij},$$

so daß rechts $(\varrho/m)\,\overline{K_j}$ steht. Hier ist also noch der Mittelwert über alle Impulse zu bilden, der auf die Strömungsgeschwindigkeit führt:

$$f_j = \frac{\varrho}{m}\,\overline{K_j} = \mathcal{N}\,\frac{e}{c}\,(\mathfrak{v} \times \mathfrak{H})_j.$$

Da $\mathcal{N}e$ die elektrische Ladungsdichte ist, entsteht wiederum einfach die Kraftdichte im Sinne der Kontinuumsphysik[1].

Gl. (17) sieht der Bewegungsgleichung bereits sehr ähnlich, ist aber noch nicht völlig identisch damit. Ehe wir sie in die uns vertraute Form bringen, wollen wir aber noch einen Blick auf die dritte Stoßinvariante (7) werfen und $\varphi = p^2/(2m)$ in Gl. (14) einsetzen. Führen wir dann noch die Dichte der kinetischen Energie

$$\varepsilon = \mathcal{N}\,\overline{\frac{p^2}{2m}} = \frac{\varrho}{m}\,\overline{\frac{p^2}{2m}}$$

ein, die sich aus den Anteilen der geordneten und ungeordneten Bewegung zusammensetzt, so erhalten wir nach analogen Umformungen

$$\frac{\partial \varepsilon}{\partial t} + \frac{1}{2}\,\operatorname{div}\left(\frac{\varrho}{m^3}\,\overline{p^2\mathfrak{p}}\right) = (\mathfrak{f}\cdot\mathfrak{v}), \tag{18}$$

wenn wir $\mathfrak{K}$ wieder unabhängig von $\mathfrak{p}$ aus der Mittelwertbildung herausnehmen. Bei magnetischen Kräften erscheint rechts zunächst $\sum \overline{p_i K_i}$, und das ist gleich Null, da die Kraft stets senkrecht auf der Geschwindigkeit steht. In diesem Fall würde also die rechte Seite von (18) einfach verschwinden, was mit der bekannten Aussage der Elektrodynamik übereinstimmt, daß magnetische Kräfte die kinetische Energie nicht verändern. Gl. (18) ist offenbar der Energiesatz, wobei unter der Divergenz eine Energiestromdichte und auf der rechten Seite der Gleichung die Leistung der äußeren Kräfte pro Volumeinheit erscheint. Die linke Seite müssen wir noch genauer untersuchen.

Um die makroskopische Deutung der Gln. (17) und (18) zu vollziehen, wollen wir in den dort noch nicht interpretierten Mittelwerten zunächst geordnete und ungeordnete Bewegung voneinander trennen. Dazu ist es zweckmäßig, die Impulskomponenten in den geordneten Beitrag $\overline{p_i}$ und einen ungeordneten Rest π_i mit $\overline{\pi_i}=0$ zu zerlegen:

$$p_i = \overline{p_i} + \pi_i. \tag{19}$$

Dann ergibt sich

$$\overline{p_i p_j} = \overline{p_i}\cdot\overline{p_j} + \overline{\pi_i \pi_j} \tag{20a}$$

und

$$\overline{p^2 p_i} = \sum_{l=1}^{3}(\overline{p_l^2}\cdot\overline{p_i} + \overline{\pi_l^2}\cdot\overline{p_i} + 2\,\overline{\pi_l \pi_i}\cdot\overline{p_l} + \overline{\pi_l^2 \pi_i}). \tag{20b}$$

Wir gehen zunächst mit (20a) in Gl. (17) ein:

$$\frac{\partial}{\partial t}(\varrho v_i) + \sum_{i=1}^{3}\frac{\partial}{\partial x_i}(\varrho v_i v_j) + \sum_{i=1}^{3}\frac{\partial}{\partial x_i}\left(\frac{\varrho}{m^2}\,\overline{\pi_i \pi_j}\right) = f_j.$$

---

[1] Vgl. die Ausführungen über die Lorentzkraft in Band III, S. 132.

Wir können leicht zeigen, daß die Summe der beiden ersten Glieder proportional der substantiellen Ableitung dv_j/dt wird, d.h. daß

$$\frac{\partial}{\partial t}(\varrho v_j) + \sum_{i=1}^{3} \frac{\partial}{\partial x_i}(\varrho v_i v_j) = \varrho \frac{dv_j}{dt}.$$

Um das zu zeigen, differenzieren wir links nach der Produktregel

$$\frac{\partial \varrho}{\partial t} v_j + \varrho \frac{\partial v_j}{\partial t} + \sum_{i=1}^{3}\left\{\frac{\partial(\varrho v_i)}{\partial x_i} v_j + \varrho v_i \frac{\partial v_j}{\partial x_i}\right\}$$

$$= v_j\left\{\frac{\partial \varrho}{\partial t} + \operatorname{div}(\varrho \mathfrak{v})\right\} + \varrho\left\{\frac{\partial v_j}{\partial t} + (\mathfrak{v} \cdot \operatorname{grad}) v_j\right\}.$$

Die erste Klammer verschwindet hier infolge der Kontinuitätsgleichung (16); die zweite ist gerade gleich dv_j/dt. Also erhalten wir die Bewegungsgleichung in der wohlbekannten Gestalt[1]

$$\varrho \frac{d\mathfrak{v}}{dt} = \operatorname{Div} \boldsymbol{\tau} + \mathfrak{f}, \tag{21}$$

wobei der *Spannungstensor* $\boldsymbol{\tau}$ die Komponenten

$$\tau_{ij} = -\frac{\varrho}{m^2}\overline{\pi_i \pi_j} \tag{22}$$

besitzt.

Ähnlich gehen wir bei dem Energiesatz (18) vor, wo wir zunächst ε gemäß Gl. (19) zerlegen:

$$\varepsilon = \frac{\varrho}{2m^2} \sum_l (\overline{p_l^2} + \overline{\pi_l^2}) = \frac{1}{2}\varrho v^2 - \frac{1}{2}\operatorname{spur} \boldsymbol{\tau}. \tag{23}$$

In (20b) tritt neben Termen, die sich durch $\mathfrak{v}$ und $\boldsymbol{\tau}$ ausdrücken lassen, das Glied $\sum_l \overline{\pi_l^2 \pi_i}$ auf, das proportional zur Stromdichte des ungeordneten Anteils der kinetischen Energie ist. Diese Stromdichte

$$q_i = \mathcal{N}\,\overline{\frac{\pi_i}{m} \sum_l \frac{\pi_l^2}{2m}} \tag{24}$$

läßt sich als *Wärmestromdichte* interpretieren, da ja die kinetische Energie der ungeordneten Bewegung mit der thermischen Bewegung identisch ist. Gl. (18) kann daher umgeschrieben werden in

$$\frac{1}{2}\frac{\partial}{\partial t}(\varrho v^2) - \frac{1}{2}\frac{\partial}{\partial t}\operatorname{spur} \boldsymbol{\tau} +$$

$$+ \frac{1}{2}\operatorname{div}\left\{\frac{\varrho}{m^3}\left(\overline{p}^2\overline{\mathfrak{p}} - \frac{m^2}{\varrho}\,\overline{\mathfrak{p}}\operatorname{spur} \boldsymbol{\tau} - 2\frac{m^2}{\varrho}(\boldsymbol{\tau} \cdot \overline{\mathfrak{p}}) + \frac{2m^2}{\mathcal{N}}\,\mathfrak{q}\right)\right\} = (\mathfrak{f} \cdot \mathfrak{v}).$$

---

[1] Vgl. § 14, Gl. (4).

Ersetzen wir hier wieder $\bar{\mathfrak{p}}$ durch $m\mathfrak{v}$, so ergibt sich bei Umordnen der Glieder der übersichtlichere Ausdruck

$$\frac{\partial}{\partial t}\left(\frac{\varrho v^2}{2} - \frac{1}{2}\operatorname{spur}\boldsymbol{\tau}\right) +$$
$$+ \operatorname{div}\left\{\left(\frac{\varrho v^2}{2} - \frac{1}{2}\operatorname{spur}\boldsymbol{\tau}\right)\mathfrak{v} - (\boldsymbol{\tau}\cdot\mathfrak{v}) + \mathfrak{q}\right\} = (\mathfrak{f}\cdot\mathfrak{v}). \tag{25}$$

Demnach können wir eine Energiedichte

$$W = \tfrac{1}{2}\varrho v^2 - \tfrac{1}{2}\operatorname{spur}\boldsymbol{\tau}$$

einführen, in der der zweite Term den Anteil der ungeordneten Bewegung beschreibt. Nun haben wir auf S. 110 ganz allgemein für die Kontinuumsmechanik den durch sein Auftreten in Gl. (21) definierten Spannungstensor $\boldsymbol{\tau}$ aufgespalten:

$$\tau_{ik} = \sigma_{ik} - p\,\delta_{ik},$$

wobei die Aufspaltung so vorgenommen wurde, daß spur $\boldsymbol{\sigma} = 0$ war. Dann hieß p der (hydrostatische) *Druck*, und es folgte

$$\operatorname{spur}\boldsymbol{\tau} = -3\,p. \tag{26}$$

Der strömungsunabhängige, von der ungeordneten Bewegung herrührende Teil der Energiedichte wird also gleich $\tfrac{3}{2}p$:

$$W = \tfrac{1}{2}\varrho v^2 + \tfrac{3}{2}p. \tag{27}$$

Wir haben diesen Anteil früher auch als innere Energie der thermischen Anregung mit U bezeichnet, und finden jetzt, daß für unser Gas die innere Energie pro Volumeinheit

$$U = \tfrac{3}{2}p \tag{28}$$

wird. Dies ist identisch mit dem in § 20 auf anderem Wege gewonnenen Resultat, da dort $U = \tfrac{3}{2}\mathcal{N}kT$ und $p = \mathcal{N}kT$ abgeleitet wurde. Den dabei verwendeten Temperaturbegriff haben wir allerdings bis jetzt in den Gedankengang der Boltzmann-Gleichung noch nicht eingebaut, da wir uns bisher auch noch gar nicht auf Gleichgewichte beschränkt haben. Das Resultat (28) ist daher viel allgemeiner als das auf Gleichgewicht beschränkte von § 20.

Wir können Gl. (25) noch etwas umformen, was sich später als vorteilhaft erweisen wird. Zunächst können wir für den Anteil der geordneten Bewegung, der Strömungsenergiedichte

$$W_s = \tfrac{1}{2}\varrho v^2,$$

unter Übergang zum substantiellen Differentialquotienten schreiben

$$\frac{\partial W_s}{\partial t} + \operatorname{div}(W_s\,\mathfrak{v}) = \frac{dW_s}{dt} + W_s\operatorname{div}\mathfrak{v} = \frac{1}{2}\varrho\,\frac{dv^2}{dt} + \frac{1}{2}v^2\left(\frac{d\varrho}{dt} + \varrho\operatorname{div}\mathfrak{v}\right).$$

Hier verschwindet die Klammer infolge der Kontinuitätsgleichung, und in dem verbleibenden Term führen wir die Bewegungsgleichung (21) ein:

$$\frac{1}{2}\,\varrho\,\frac{dv^2}{dt} = \varrho\mathfrak{v}\,\frac{d\mathfrak{v}}{dt} = \mathfrak{v}\,\mathrm{Div}\,\boldsymbol{\tau} + \mathfrak{f}\mathfrak{v}.$$

Führen wir in (25) für die Dichte der ungeordneten Bewegungsenergie gemäß (26) und (28) $U = -\frac{1}{2}\,\mathrm{spur}\,\boldsymbol{\tau}$ ein, so geht Gl. (25) schließlich über in

$$\{\mathfrak{v}\,\mathrm{Div}\,\boldsymbol{\tau} - \mathrm{div}\,(\boldsymbol{\tau}\cdot\mathfrak{v})\} + \left\{\frac{\partial U}{\partial t} + \mathrm{div}\,(U\mathfrak{v})\right\} + \mathrm{div}\,\mathfrak{q} = 0.$$

Die beiden ersten Terme können zu $(\boldsymbol{\tau}\cdot\mathrm{grad})\,\mathfrak{v}$ zusammengezogen werden; für U gilt also die Gleichung

$$\frac{\partial U}{\partial t} + \mathrm{div}\,(U\mathfrak{v}) = (\boldsymbol{\tau}\cdot\mathrm{grad})\,\mathfrak{v} - \mathrm{div}\,\mathfrak{q},$$

bzw.

$$\frac{dU}{dt} + U\,\mathrm{div}\,\mathfrak{v} = (\boldsymbol{\tau}\cdot\mathrm{grad})\,\mathfrak{v} - \mathrm{div}\,\mathfrak{q}. \tag{29}$$

Ehe wir den Temperaturbegriff einführen, untersuchen wir noch die Einstellung des Gleichgewichts durch gaskinetische Stöße. Dabei folgen wir der allgemeinen Linie, die wir in § 24 bei Ableitung des H-Theorems verfolgt haben. Wir gehen noch einmal zurück auf die Transportgleichung (5), in der wir jetzt

$$\varphi = \ln F \tag{30}$$

einsetzen[1]. Dies ist im allgemeinen keine Stoßinvariante; wir müssen daher die rechte Seite von (5) ausrechnen. Dabei finden wir zunächst

$$\int d^3p\,\ln F\,\frac{dF}{dt} = \frac{1}{2}\int d^3p\int d^3p_1\int d\Omega'\,\frac{q\sigma}{m}\,FF_1\,\ln\frac{F'F_1'}{FF_1}.$$

Wegen des Liouvilleschen Satzes können wir nun, wie wir schon gesehen haben, auf der rechten Seite im Integranden gestrichene und ungestrichene Größen miteinander vertauschen, d.h.

$$\frac{1}{2}\int d^3p\int d^3p_1\int d\Omega'\,\frac{q\sigma}{m}\,F'F_1'\,\ln\frac{FF_1}{F'F_1'}$$

---

[1] Man beachte, daß F keine reine Zahl ist, sondern die Dimension $(\mathrm{Impuls})^{-3}$ hat, so daß es besser wäre, $\varphi = \ln(CF)$ mit einer dimensionsbehafteten Konstanten C zu schreiben. An den folgenden Schlüssen würde sich dadurch nichts ändern; in Gl. (31) fiele die Konstante C heraus, und in der Entropieformel (33) bzw. (42) würde nur die Bedeutung der additiven willkürlichen Konstanten S_0 geändert. Beim Vergleich von (42) mit der dimensionskorrekten Gl. (7) von § 20 ist dies jedoch zu beachten. — In der Thermodynamik ist es durchaus üblich, $\ln T$ oder $\ln p$ zu schreiben, ohne auf diese Dimensionsschwierigkeit zu achten, die die Schreibweise inkorrekt macht. Wir werden sie in diesem Buche fast immer vermeiden, jedoch gelegentlich an solchen Stellen benutzen, wo die Formeln dadurch übersichtlicher werden.

schreiben. Die halbe Summe beider Ausdrücke gestattet die symmetrische Zusammenfassung

$$\int d^3p \ln F \frac{dF}{dt} = -\frac{1}{4} \int d^3p \int d^3p_1 \int d\Omega' \frac{q\sigma}{m} (FF_1 - F'F_1') \ln \frac{FF_1}{F'F_1'}. \qquad (31)$$

Hier ist der Integrand völlig analog zu Gl. (12) von § 24 aufgebaut. Daher kann der gleiche Schluß wie dort angewandt werden, daß nämlich

$$(FF_1 - F'F_1') \ln \frac{FF_1}{F'F_1'} \geqq 0$$

für alle Argumente sein muß, und es folgt die Ungleichung

$$\int d^3p \ln F \frac{dF}{dt} \leqq 0.$$

Dies Integral läßt sich als Zeitableitung schreiben, da

$$\frac{d}{dt} (F \ln F) = (\ln F + 1) \frac{dF}{dt}$$

ist und das Integral

$$\int d^3p \frac{dF}{dt} = 0$$

wird, wie aus (8) mit der Stoßinvarianten $\varphi = 1$ folgt[1]. Also ist

$$\frac{d}{dt} \int d^3p F \ln F \leqq 0. \qquad (32)$$

Dies ist das *H*-Theorem der kinetischen Gastheorie, welches zur Definition der *Entropie* dienen kann:

$$S = -k \int d^3p F \ln F + S_0. \qquad (33)$$

Die additive Konstante S_0 kann auch auf diese Weise nicht festgelegt werden; daß der Faktor k vor das Integral gesetzt wurde, geschah, um S die richtige Dimension zu geben, jedoch können wir noch jeden positiven Zahlenfaktor hinzufügen ohne, (32) zu verletzen. Die hier gewählte Normierung ist die gleiche wie in § 20.

Wird $dS/dt = 0$, so ist das Gleichgewicht erreicht. Dann verschwindet in Gl. (31) die rechte Seite, d.h.

$$FF_1 = F'F_1'. \qquad (34)$$

---

[1] Das Symbol d/dt schließt bei Anwendung auf F Ableitungen nach den Impulskomponenten ein, wenn es dagegen vor dem Integralzeichen steht, nicht mehr. Die Vertauschung von d/dt mit dem Integralzeichen ist aber dennoch erlaubt, da wir bei Herleitung der Kontinuitätsgleichung (16) gezeigt haben, daß die Differenzterme

$$\int d^3p \frac{\partial F}{\partial p_i} K_i = -\int d^3p F \frac{\partial K_i}{\partial p_i}$$

verschwinden.

Die Größe (30) ist daher im Gleichgewicht eine Stoßinvariante, sonst aber nicht. Die Abhängigkeit des $\ln F$ von den Impulsen muß daher im Gleichgewicht durch linearen Zusammenhang mit den Stoßinvarianten (7) beschrieben werden:

$$\ln F = a + 2\,(\mathfrak{b} \cdot \mathfrak{p}) - c\,p^2.$$

Die Normierung (11) setzt $c > 0$ voraus und ergibt

$$F = \mathcal{N} \left(\frac{c}{\pi}\right)^{\frac{3}{2}} e^{-c\left(\mathfrak{p} - \frac{1}{c}\,\mathfrak{b}\right)^2}.$$

Dies ist eine Verteilung mit nicht verschwindender Strömungsgeschwindigkeit

$$\mathfrak{v} = \left(\frac{c}{\pi}\right)^{\frac{3}{2}} \frac{1}{m} \int d^3p \; \mathfrak{p} \; e^{-c\left(\mathfrak{p} - \frac{1}{c}\,\mathfrak{b}\right)^2} = \frac{1}{mc}\,\mathfrak{b}.$$

Damit ist auch der Vektor $\mathfrak{b}$ erklärt, der die Verteilung anisotrop macht; wir erhalten

$$F = \mathcal{N} \left(\frac{c}{\pi}\right)^{\frac{3}{2}} e^{-c\,(\mathfrak{p} - m\mathfrak{v})^2}. \tag{35}$$

Außer der Beziehung (34) muß die Verteilungsfunktion natürlich der Boltzmann-Gleichung (1) genügen, die sich im Gleichgewicht infolge von (34) auf $dF/dt = 0$ oder

$$\frac{\partial F}{\partial t} + \sum_{i=1}^{3} \left\{ \frac{\partial F}{\partial x_i} \dot{x}_i + \frac{\partial F}{\partial p_i} \dot{p}_i \right\} = 0 \tag{36}$$

reduziert. Befindet sich nun das Gas in einem äußeren Kraftfelde der potentiellen Energie $V\,(\mathfrak{r})$, so können wir wie auf S. 250

$$\dot{x}_i = \frac{p_i}{m}; \quad \dot{p}_i = -\frac{\partial V}{\partial x_i}$$

in (36) einsetzen und erhalten

$$\frac{\partial F}{\partial t} + \sum_{i=1}^{3} \left\{ \frac{\partial F}{\partial x_i} \frac{p_i}{m} - \frac{\partial F}{\partial p_i} \frac{\partial V}{\partial x_i} \right\} = 0.$$

Die Lösungsmannigfaltigkeit dieser partiellen Differentialgleichung für F ist noch zu groß, um wesentliche zusätzliche Aussagen über Gl. (35) hinaus zu gewinnen, solange wir nicht einige Spezialisierungen vornehmen. Wir wollen deshalb jetzt einschränken durch die Annahmen, daß F nicht explicite von der Zeit abhängen soll, daß in dem Gas keine Konvektionsströme fließen ($\mathfrak{v} = 0$) und daß die Temperatur konstant ist. Dann bleibt in (35) lediglich $\mathcal{N}$ eine Funktion des Ortes, und wir erhalten

$$\frac{\partial F}{\partial x_i} = \frac{1}{\mathcal{N}} \frac{\partial \mathcal{N}}{\partial x_i} F; \quad \frac{\partial F}{\partial p_i} = -2\,c\,p_i\,F,$$

woraus

$$\sum_{i=1}^{3} \frac{p_i}{m} \left\{ \frac{1}{\mathcal{N}} \frac{\partial \mathcal{N}}{\partial x_i} + 2mc \frac{\partial V}{\partial x_i} \right\} F = 0$$

folgt. Führen wir noch

$$2mc = 1/(kT) \tag{37}$$

ein und zerlegen in drei unabhängige Gleichungen, da die Beziehung identisch in den p_i gilt, die Klammern aber nicht von den p_i abhängen, so kann

$$\frac{\partial}{\partial x_i} \left\{ \ln \mathcal{N} + \frac{V}{kT} \right\} = 0$$

zu

$$\mathcal{N} = \mathcal{N}_0 \, e^{-\frac{V}{kT}} \tag{38}$$

integriert werden, wobei $\mathcal{N}_0$ die Teilchendichte an allen Orten bedeutet, an denen $V = 0$ wird.

Gl. (38) ist eine Verallgemeinerung der barometrischen Höhenformel für die isotherme Atmosphäre, in welcher speziell $V = mgz$ ist, wenn z die Höhe über dem Erdboden bedeutet. Gewöhnlich gibt man statt dessen den Luftdruck $p = \mathcal{N} kT$ an, der nach (38) durch

$$p = p_0 \, e^{-\frac{z}{H}} \quad \text{mit} \quad H = \frac{kT}{mg} = \frac{RT}{\mu g} \tag{39}$$

beschrieben wird, wobei p_0 der Luftdruck am Boden und H die Höhe einer homogenen Atmosphäre des Druckes p_0, die sogenannte *Skalenhöhe*, bedeutet.

Berechnen wir in dieser Gleichgewichtsverteilung den Spannungstensor, so folgt wegen $\mathfrak{v} = 0$ aus Gl. (19) $p_i = \pi_i$, und Gl. (22) geht über in

$$\tau_{ij} = -\frac{\varrho}{m^2} \overline{p_i p_j} = -\frac{\mathcal{N}}{m} \left(\frac{c}{\pi} \right)^{\frac{3}{2}} \int d^3p \, p_i p_j \, e^{-cp^2}.$$

Das ergibt immer Null, außer für die Diagonalglieder $i = j$, die alle drei einander gleich werden:

$$\tau_{ij} = -p \, \delta_{ij}. \tag{40}$$

Berechnung des Integrals für diesen Fall führt für den Druck p auf die Formel

$$p = \frac{\mathcal{N}}{2mc} = \mathcal{N} kT. \tag{41}$$

Das ist gerade die Zustandsgleichung des idealen Gases [Gl. (19) von § 20]; sie gestattet zugleich über $U = \frac{3}{2} p$ die innere Energie der Volumeinheit zu $U = \frac{3}{2} \mathcal{N} kT$ und damit die mittlere thermische Energie pro Teilchen zu $\frac{3}{2} kT$ anzugeben. Aus Gl. (33) erhalten wir weiterhin nach einfacher Rechnung für die Entropie der Volumeinheit[1]

$$S - S_0 = k \mathcal{N} \ln \left[(2\pi m \, e \, kT)^{\frac{3}{2}}/\mathcal{N} \right], \tag{42}$$

was — abgesehen von der hier freibleibenden additiven Konstanten — mit Gl. (7) von § 20 übereinstimmt.

---

[1] Man beachte, daß hier das Argument des Logarithmus nicht dimensionslos ist. Vgl. Fußnote auf S. 256.

§ 27. Abweichungen vom Gleichgewicht.
Die erste Näherung von Chapman und Enskog

Am Ende des letzten Paragraphen haben wir besonders den Fall des Gleichgewichts herausgearbeitet; die Boltzmann-Gleichung und die aus ihr ohne Spezialisierung gezogenen Schlüsse hinsichtlich makroskopischer Mittelwertssätze gelten aber natürlich auch, wenn sich noch kein Gleichgewicht eingestellt hat. Gerade darin liegt ja die Stärke der in § 24 erläuterten Methode der Übergangswahrscheinlichkeiten. Nur verschwinden in diesem allgemeinen Falle nicht mehr die Stoßintegrale auf der rechten Seite von

$$\frac{dF}{dt} = \int d^3p_1 \int d\Omega' \, \frac{\sigma q}{m} \, (F'F_1' - FF_1), \tag{1}$$

so daß wir es mit einer komplizierten nichtlinearen Integrodifferentialgleichung für F zu tun haben. Allgemein bleiben insbesondere auch außerhalb des Gleichgewichts die Mittelwerte

$$\mathscr{N} = \int d^3p\, F, \tag{2a}$$

$$\mathscr{N}\,\overline{\mathfrak{p}} = \int d^3p\, \mathfrak{p} F, \tag{2b}$$

$$\frac{3}{2}\, \mathscr{N} k T = \frac{1}{2m} \int d^3p\, (\mathfrak{p} - \overline{\mathfrak{p}})^2 F \tag{2c}$$

erhalten. Hier ist $\mathscr{N}$ immer die lokale Teilchendichte, d.h. die Zahl der Teilchen pro Volumeneinheit ($\varrho = m\mathscr{N}$), und wir dürfen nach den Ausführungen des vorigen Paragraphen $\frac{1}{m}\,\overline{\mathfrak{p}} = \mathfrak{v}$ als lokale Strömungsgeschwindigkeit bezeichnen. Etwas fragwürdiger ist die Beibehaltung des Begriffes der Temperatur, den wir daher in Gl. (2c) auch im Nichtgleichgewicht durch die mittlere kinetische Energie der ungeordneten Bewegung definieren.

Würde am Ort $\mathfrak{r}$ zur Zeit t ein lokales Gleichgewicht bestehen mit den Werten (2a—c) der makroskopischen Größen $\varrho, \mathfrak{v}$ und T, dann müßte an dieser Stelle die Verteilungsfunktion die spezielle Form

$$\overset{\circ}{F}(\mathfrak{p}, \mathfrak{r}, t) = \mathscr{N} \left(\frac{c}{\pi}\right)^{\frac{3}{2}} e^{-c(\mathfrak{p} - \overline{\mathfrak{p}})^2}; \qquad c = \frac{1}{2mkT} \tag{3}$$

haben, in der $\mathscr{N}$, $\overline{\mathfrak{p}}$ und c die in den Gln. (2a—c) angegebene Bedeutung besitzen. Es würde daher auch gelten

$$\mathscr{N} = \int d^3p\, \overset{\circ}{F}, \tag{4a}$$

$$\mathscr{N}\,\overline{\mathfrak{p}} = \int d^3p\, \mathfrak{p} \overset{\circ}{F}, \tag{4b}$$

$$\frac{3}{2}\, \mathscr{N} k T = \frac{1}{2m} \int d^3p\, (\mathfrak{p} - \overline{\mathfrak{p}})^2 \overset{\circ}{F}. \tag{4c}$$

Aus (2a—c) und (4a—c) folgen sofort durch Differenzbildung die homogenen Beziehungen

$$\int d^3p\,(F - \mathring{F}) = 0, \tag{5a}$$

$$\int d^3p\,\mathfrak{p}\,(F - \mathring{F}) = 0, \tag{5b}$$

$$\int d^3p\,p^2\,(F - \mathring{F}) = 0. \tag{5c}$$

Die tatsächliche Verteilung F möge nun von der zu den gleichen makroskopischen Mittelwerten führenden lokalen Gleichgewichtsverteilung $\mathring{F}$ nur wenig abweichen. Wir setzen dann

$$F = \mathring{F}\,(1 + \psi), \tag{6}$$

wobei für alle Werte der Variablen $\mathfrak{p}, \mathfrak{r}, t$

$$|\psi| \ll 1 \tag{7}$$

vorausgesetzt sei. Dann können wir in *erster Näherung*

$$F'\,F_1' - F\,F_1 = \mathring{F}\,\mathring{F}_1\,(\psi' + \psi_1' - \psi - \psi_1) \tag{8}$$

in den ψ linearisieren. Hierbei ist die für jede Gleichgewichtsverteilung geltende Relation $\mathring{F}\,\mathring{F}_1 = \mathring{F}'\,\mathring{F}_1'$ benutzt. Wir setzen diesen Ausdruck im Stoßintegral ein, während wir auf der linken Seite von (1) in

$$\frac{dF}{dt} = \frac{d\mathring{F}}{dt}\,(1 + \psi) + \mathring{F}\,\frac{d\psi}{dt}$$

die von ψ herrührenden Beiträge vernachlässigen. Dann geht die Boltzmann-Gleichung über in

$$\frac{d\mathring{F}}{dt} = \int d^3p_1 \int d\Omega'\,\frac{\sigma q}{m}\,\mathring{F}\,\mathring{F}_1\,(\psi' + \psi_1' - \psi - \psi_1). \tag{9}$$

Gl. (9) liegt der Näherung von Chapman und Enskog zugrunde[1]. Kennen wir die makroskopischen Größen Dichte und Temperatur und Strömungsgeschwindigkeit, so kann die linke Seite aus Gl. (3) ausgerechnet werden und (9) wird eine *lineare* inhomogene Integralgleichung für die Korrektur $\psi(\mathfrak{p}, \mathfrak{r}, t)$, die an der Verteilungsfunktion (3) des lokalen Gleichgewichts anzubringen ist, um die wahre Verteilungsfunktion zu erhalten.

---

[1] S. Chapman: Phil. Trans. Roy. Soc. Lond. **217**, 115 (1917). — D. Enskog: Kinetische Theorie der Vorgänge in mäßig verdünnten Gasen. I. Diss. Uppsala 1917.

Da die Verteilungsfunktion $\overset{\circ}{F}$, Gl. (3) von $\mathscr{N}$, c, $\overline{\mathfrak{p}}$ und $\mathfrak{p}$ abhängt, können wir schreiben

$$\frac{d\overset{\circ}{F}}{dt} = \frac{\partial \overset{\circ}{F}}{\partial \mathscr{N}}\,\dot{\mathscr{N}} + \frac{\partial \overset{\circ}{F}}{\partial c}\,\dot{c} + \sum_i \frac{\partial \overset{\circ}{F}}{\partial p_i}\,\dot{p}_i + \sum_i \frac{\partial \overset{\circ}{F}}{\partial \overline{p}_i}\,\dot{\overline{p}}_i$$

$$= \overset{\circ}{F}\left\{\frac{1}{\mathscr{N}}\,\dot{\mathscr{N}} + \left(\frac{3}{2c} - (\mathfrak{p}-\overline{\mathfrak{p}})^2\right)\dot{c} - 2c\,(\mathfrak{p}-\overline{\mathfrak{p}})\,(\mathfrak{K}-\dot{\overline{\mathfrak{p}}})\right\}. \tag{10}$$

Hier ist bereits $\dot{\mathfrak{p}} = \mathfrak{K}$ eingesetzt. Die noch übrigen Zeitableitungen von $\mathscr{N}$, c und $\overline{\mathfrak{p}}$ verwandeln wir mit Hilfe der im vorigen Paragraphen abgeleiteten Mittelwertsätze in Raumableitungen. Hierbei ist nun allerdings zu beachten, daß z. B.

$$\dot{\mathscr{N}} = \frac{\partial \mathscr{N}}{\partial t} + \sum_i \frac{\partial \mathscr{N}}{\partial x_i}\,\dot{x}_i = \frac{\partial \mathscr{N}}{\partial t} + \frac{1}{m}\,(\mathfrak{p}\cdot\operatorname{grad}\mathscr{N})$$

ist, während die in den Mittelwertsätzen erscheinende substantielle Ableitung

$$\frac{d\mathscr{N}}{dt} = \frac{\partial \mathscr{N}}{\partial t} + \frac{1}{m}\,(\overline{\mathfrak{p}}\cdot\operatorname{grad}\mathscr{N})$$

war. Daher folgt

$$\dot{\mathscr{N}} = \frac{d\mathscr{N}}{dt} + \frac{1}{m}\,\boldsymbol{\pi}\cdot\operatorname{grad}\mathscr{N} \tag{11}$$

usw. mit der Abkürzung $\boldsymbol{\pi} = \mathfrak{p} - \overline{\mathfrak{p}}$.

Durch einfache Umformungen erhalten wir nun aus der Kontinuitätsgleichung (16) von § 26

$$\frac{d\mathscr{N}}{dt} = -\mathscr{N}\operatorname{div}\mathfrak{v}. \tag{12}$$

In der Bewegungsgleichung (21) von § 26 führen wir ein, daß für die Verteilungsfunktion $\overset{\circ}{F}$ der Spannungstensor $\boldsymbol{\tau}$ entartet, so daß

$$\tau_{ik} = -p\,\delta_{ik}$$

wird, wobei $p = \mathscr{N}kT$ ist. Daher folgt in diesem besonderen Fall

$$\operatorname{Div}\boldsymbol{\tau} = -\operatorname{grad}p = -kT\operatorname{grad}\mathscr{N} - k\mathscr{N}\operatorname{grad}T.$$

Da $\varrho\mathfrak{v} = \mathscr{N}\,\overline{\mathfrak{p}}$ und $\mathfrak{f} = \mathscr{N}\mathfrak{K}$ ist, ergibt (21)

$$\mathscr{N}\,\frac{d\overline{\mathfrak{p}}}{dt} = -kT\operatorname{grad}\mathscr{N} - k\mathscr{N}\operatorname{grad}T + \mathscr{N}\mathfrak{K}. \tag{13}$$

Schließlich entnehmen wir dc/dt, bzw. dT/dt aus dem Energiesatz (29) von § 26, der mit $(\boldsymbol{\tau}\cdot\operatorname{grad})\mathfrak{v} = -p\operatorname{div}\mathfrak{v}$, mit $\mathfrak{q} = 0$ und mit $U = \frac{3}{2}p$ zunächst lautet

$$\frac{dp}{dt} + p\operatorname{div}\mathfrak{v} = -\frac{2}{3}\,p\operatorname{div}\mathfrak{v} \quad\text{oder}\quad \frac{dp}{dt} = -\frac{5}{3}\,p\operatorname{div}\mathfrak{v}.$$

Eliminieren wir hier wieder mit Hilfe von $p = \mathcal{N} k T$ den Druck, so folgt

$$k T \frac{d\mathcal{N}}{dt} + k\mathcal{N} \frac{dT}{dt} = -\frac{5}{3} \mathcal{N} k T \operatorname{div} \mathfrak{v},$$

und wenn wir $d\mathcal{N}/dt$ aus (12) einsetzen:

$$\frac{dT}{dt} = -\frac{2}{3} T \operatorname{div} \mathfrak{v}. \tag{14}$$

Mit den Ausdrücken (12), (13) und (14) für die substantiellen Zeitableitungen und mit (11) gehen wir nun in (10) ein. Ersetzen wir dabei noch c durch $1/(2mkT)$, so entsteht auf diese Weise:

$$\frac{1}{\overset{\circ}{F}} \frac{d\overset{\circ}{F}}{dt} = \frac{1}{\mathcal{N}} \left[-\mathcal{N} \operatorname{div} \mathfrak{v} + \frac{1}{m} \boldsymbol{\pi} \cdot \operatorname{grad} \mathcal{N} \right] -$$

$$- \frac{1}{2mkT^2} (3 m k T - \boldsymbol{\pi}^2) \left[-\frac{2}{3} T \operatorname{div} \mathfrak{v} + \frac{1}{m} \boldsymbol{\pi} \cdot \operatorname{grad} T \right]$$

$$- \frac{1}{mkT} \left\{ \boldsymbol{\pi} \cdot \mathfrak{K} - \boldsymbol{\pi} \left[-\frac{kT}{\mathcal{N}} \operatorname{grad} \mathcal{N} - k \operatorname{grad} T + \mathfrak{K} + \frac{1}{m} (\boldsymbol{\pi} \cdot \operatorname{grad}) \overline{\mathfrak{p}} \right] \right\},$$

wobei die eckigen Klammern der Reihe nach für $\dot{\mathcal{N}}$, $\dot{T}$ und $\dot{\overline{\mathfrak{p}}}$ stehen. Beim Ausmultiplizieren der Klammern heben sich zahlreiche Glieder weg, und es bleibt:

$$\frac{1}{\overset{\circ}{F}} \frac{d\overset{\circ}{F}}{dt} = \frac{1}{mT} \left(\frac{\boldsymbol{\pi}^2}{2mkT} - \frac{5}{2} \right) (\boldsymbol{\pi} \cdot \operatorname{grad} T) +$$

$$+ \frac{1}{mkT} \left\{ \boldsymbol{\pi} (\boldsymbol{\pi} \cdot \operatorname{grad}) \mathfrak{v} - \frac{1}{3} \boldsymbol{\pi}^2 \operatorname{div} \mathfrak{v} \right\}. \tag{15}$$

Dieser Ausdruck sieht noch recht kompliziert aus; wir können jedoch die zweite Zeile in eine wesentlich einfachere Gestalt bringen. Wir führen hierzu die Tensoren

$$P_{ij} = \pi_i \pi_j - \tfrac{1}{3} \delta_{ij} \sum_l \pi_l^2 \tag{16}$$

und

$$w_{ij} = \frac{1}{2} \left(\frac{\partial v_i}{\partial x_j} + \frac{\partial v_j}{\partial x_i} \right) - \frac{1}{3} \delta_{ij} \sum_l \frac{\partial v_l}{\partial x_l} \tag{17}$$

ein. Beide Tensoren sind symmetrisch und haben verschwindende Spur:

$$\operatorname{spur} \boldsymbol{P} = 0; \quad \operatorname{spur} \boldsymbol{w} = 0. \tag{18}$$

Eine elementare, wenn auch etwas mühsame Umformung ergibt dann in der zweiten Zeile von (15):

$$\boldsymbol{\pi} \cdot (\boldsymbol{\pi} \cdot \operatorname{grad}) \mathfrak{v} - \tfrac{1}{3} \boldsymbol{\pi}^2 \operatorname{div} \mathfrak{v} = \sum_i \sum_j P_{ij} w_{ij}, \tag{19}$$

also einfach das skalare Produkt der beiden Tensoren. Wir können daher statt Gl. (15) schreiben:

$$\frac{d\overset{\circ}{F}}{dt} = \frac{\overset{\circ}{F}}{mkT}\left\{\left(\frac{\pi^2}{2mkT} - \frac{5}{2}\right)k\sum_i \pi_i\frac{\partial T}{\partial x_i} + \sum_i\sum_j P_{ij}w_{ij}\right\}. \qquad (20)$$

Dieser Ausdruck ist auf der linken Seite von Gl. (9) einzusetzen, aus der wir nunmehr auf die Struktur der Funktion ψ zu schließen haben. Da die Operationen, die auf der rechten Seite von (9) auf ψ ausgeübt werden, drehinvariant im Impulsraum sind, muß abgesehen von skalaren Faktoren ψ den gleichen tensoriellen Aufbau wie der Ausdruck (20) besitzen, d.h. wir können ansetzen

$$\psi = -\frac{1}{\mathscr{N}}\left\{A(\pi^2)\sum_i \pi_i\frac{\partial T}{\partial x_i} + B(\pi^2)\sum_i\sum_j P_{ij}w_{ij}\right\}, \qquad (21)$$

wobei A und B Skalare sind, die hinsichtlich der Impulskomponenten nur von π^2 abhängen. Die Lösung der Aufgabe, ψ zu bestimmen, beschränkt sich daher darauf, die Funktionen A und B zu konstruieren.

Diese Aufgabe ist zwar lösbar, erfordert aber beträchtlichen Aufwand, ohne dabei viel Neues zu lehren. Wir wollen uns daher an dieser Stelle darauf beschränken, zu zeigen, welche Konsequenzen für den Spannungstensor τ_{ij} und die Wärmestromdichte q_i der Aufbau (21) von ψ nach sich zieht[1]. Wir greifen dabei auf die Definitionsgleichungen (22) und (24) des vorigen Paragraphen zurück, die wir ausführlicher schreiben:

$$\tau_{ij} = -\frac{1}{m}\int d^3\pi\,\pi_i\pi_j F \qquad (22)$$

und

$$q_i = \frac{1}{2m^2}\int d^3\pi\,\pi^2\pi_i F. \qquad (23)$$

Setzen wir in den Integralen $F=\overset{\circ}{F}+\overset{\circ}{F}\psi$ ein, wobei $\overset{\circ}{F}$ ebenfalls hinsichtlich der Impulskomponenten nach Gl. (3) nur von π^2 abhängt, so liefert der erste Summand zu τ_{ij} aus Symmetriegründen überhaupt nur für $i=j$ einen Beitrag und zu q_i gar keinen, d.h.

$$\tau_{ij} = -\frac{1}{3m}\delta_{ij}\int d^3\pi\,\pi^2\overset{\circ}{F} - \frac{1}{m}\int d^3\pi\,\pi_i\pi_j\,\overset{\circ}{F}\psi \qquad (22')$$

und

$$q_i = \frac{1}{2m^2}\int d^3\pi\,\pi^2\pi_i\overset{\circ}{F}\psi. \qquad (23')$$

---

[1] Die hier gegebene Darstellung schließt sich weitgehend an diejenige von L. WALDMANN in Band XII des Handbuchs der Physik (Springer 1958) an, der lediglich die Schreibung in Geschwindigkeitskomponenten derjenigen in Impulskomponenten vorzieht. Gl. (21) entspricht genau seiner Gl. (47.1) auf S. 387. Die Funktionen A und B werden in seiner Ziff. 49 auf S. 390ff. näher untersucht.

Von diesen Formeln gehen wir im folgenden aus und führen darin (21) für ψ ein.

Wir beginnen mit der Berechnung des *Wärmestromes:*

$$q_i = - \frac{1}{2m^2 \mathcal{N}} \int d^3\pi \, \boldsymbol{\pi}^2 \overset{\circ}{F} \left\{ A \sum_l \pi_i \pi_l \frac{\partial T}{\partial x_l} + B \sum_k \sum_l P_{kl} w_{kl} \pi_i \right\}.$$

Hier verschwinden alle Integrale des zweiten Summanden:

$$\int d^3\pi \, \boldsymbol{\pi}^2 \overset{\circ}{F} \, BP_{kl}\pi_i = 0,$$

da der Integrand stets in mindestens einer Komponente von $\boldsymbol{\pi}$ eine ungerade Funktion ist. Vom ersten Summanden erhält man aus demselben Grunde einen Beitrag nur für $l = i$:

$$q = -\varkappa \, \mathrm{grad} \, T \tag{24}$$

mit

$$\varkappa = \frac{1}{6m^2 \mathcal{N}} \int d^3\pi \, \boldsymbol{\pi}^4 \overset{\circ}{F} \, A. \tag{25}$$

Kenntnis der Funktion A bedeutet daher, daß man die Wärmeleitfähigkeit $\varkappa$ eines Gases berechnen kann.

Es ist etwas mühsamer, die Spannungskomponenten (22') anzugeben. In den diagonalen Gliedern $(i = j)$ ergibt sich eine nicht sehr interessante Korrektur des Druckes. Aufschlußreicher ist die Berechnung der nicht diagonalen Glieder $(i \neq j)$, für die wir in ausführlicher Schreibweise

$$\tau_{ij} = \frac{1}{\mathcal{N} m} \int d^3\pi \overset{\circ}{F} \left\{ A \sum_l \pi_i \pi_j \pi_l \frac{\partial T}{\partial x_l} + B \sum_k \sum_l \pi_i \pi_j P_{kl} w_{kl} \right\}$$

erhalten. Hier verschwindet aus analogen Gründen wie oben das erste Integral, während sich im zweiten nur für $(k, l) = (i, j)$ oder (j, i) ein von Null verschiedenes Resultat ergibt und zwar wegen der Symmetrie der Tensoren P und w in beiden Summengliedern das gleiche:

$$\tau_{ij} = \frac{2}{\mathcal{N} m} w_{ij} \int d^3\pi \overset{\circ}{F} \, B \pi_i \pi_j P_{ij}.$$

Schreiben wir diese Formel kurz

$$\tau_{ij} = 2\eta w_{ij} \tag{26}$$

mit

$$\eta = \frac{1}{\mathcal{N} m} \int d^3\pi \overset{\circ}{F} \, B \pi_1 \pi_2 P_{12} \tag{27}$$

(wobei wir die Indices i, j durch 1, 2 ersetzt haben, da sich für zwei verschiedene Indices i, j stets das gleiche η ergibt), so können wir η mit der *Viskosität* des Gases identifizieren. Gl. (26) ist nämlich identisch mit

Gl. (12) in § 14b (S. 150), welche lautete

$$\sigma_{ij} = \eta \dot{\varepsilon}_{ij}.$$

Dabei ist $w_{ij} = \frac{1}{2} \dot{\varepsilon}_{ij}$ und die nichtdiagonalen Glieder der Tensoren $\boldsymbol{\sigma}$ und $\boldsymbol{\tau}$ sind identisch. Die Viskosität eines Gases läßt sich also berechnen, wenn die Funktion $B\,(\pi^2)$ bekannt ist.

§ 28. Die Metallelektronen als Gas[1]

Als einfaches Beispiel dafür, wie man die Boltzmann-Gleichung benutzen kann, um konkrete Probleme zu lösen, wollen wir hier die zuerst 1902 von P. Drude skizzierte und 1905 von H. A. Lorentz zu einer geschlossenen Theorie entwickelte Idee zur Erklärung von Transporterscheinungen in Metallen behandeln. Bekanntlich zeichnen sich die Metalle durch zwei Eigenschaften vor anderen Festkörpern aus; sie besitzen ein hohes elektrisches Leitvermögen σ und ein hohes Wärmeleitvermögen $\varkappa$. Schon 1853 hatten Wiedemann und Franz entdeckt, daß das Verhältnis $\varkappa/\sigma$ dabei ziemlich unabhängig vom Material ist, und als 1882 Lorenz fand, daß diese Größe proportional zur Temperatur ist, konnte die ungefähre Konstanz von $\varkappa/(\sigma T)$ noch weiter eingeengt werden. Während z.B. Silber bei 18° C ein 73mal größeres elektrisches Leitvermögen hat als Wismut, ist das Verhältnis der Werte von $\varkappa/\sigma$ bei diesen beiden Metallen, etwa 0,71, nicht allzuweit von 1 entfernt. Dies empirische Gesetz deutet daraufhin, daß beide Transporterscheinungen auf die gleiche Ursache zurückgehen, also etwa von einem Konvektionsstrom der gleichen Sorte geladener Teilchen herrühren. Als dann gegen Ende des vorigen Jahrhunderts die Elektronen entdeckt waren, sah Drude in ihnen die Träger beider Ströme.

Das Drude-Lorentzsche Modell kann folgendermaßen umschrieben werden:

1. In jedem Metall ist ein fester Teil der Elektronen nicht bei bestimmten Atomen lokalisiert, sondern nahezu frei beweglich. Die Zahl dieser sogenannten *Leitungselektronen* ist eines pro Atom für ein einwertiges, zwei pro Atom für ein zweiwertiges Metall, usw.

2. Die Leitungselektronen besitzen eine ausreichende Wechselwirkung mit dem Gitter, um durch Impulsaustausch damit ein Gas im thermodynamischen Gleichgewicht zu bilden. Diese Wechselwirkung kann roh durch eine freie Weglänge l der Leitungselektronen der Größenordnung 10^{-6} cm beschrieben werden.

3. Eine Störung des thermodynamischen Gleichgewichts klingt exponentiell mit einer Relaxationszeit τ ab, sobald die Ursache der Störung

---

[1] Dieser Problemkreis wird unter anderen Gesichtspunkten nochmals in Band III, § 11 behandelt.

beseitigt ist. Es wird angenommen, daß τ mit l ungefähr gemäß $\tau = l/\bar{v}$ zusammenhängt, wenn $\bar{v}$ die mittlere Geschwindigkeit der Leitungselektronen ist.

In diesem Modell können wir den Leitungselektronen eine Verteilungsfunktion F im Sinne der vorhergehenden Paragraphen zuordnen. Da ihre Ladung $-e$ und ihre kinetische Energie $p^2/2m$ ist, erhalten wir dann die elektrische Stromdichte

$$\mathfrak{j} = -e \int \mathfrak{v} F \, d^3 p \tag{1}$$

und die Wärmestromdichte

$$\mathfrak{q} = \frac{1}{2m} \int p^2 \mathfrak{v} F \, d^3 p. \tag{2}$$

Für eine Maxwell-Verteilung, die ja keine Raumrichtung bevorzugt, müssen beide Integrale verschwinden. Wirkt aber z.B. in der x-Richtung ein elektrisches Feld der Feldstärke $\mathscr{E}$ oder besteht ein Temperaturgefälle dT/dx, so wird die Maxwell-Verteilung

$$\overset{\circ}{F} = \mathscr{N} \left(\frac{c}{\pi} \right)^{\frac{3}{2}} e^{-c p^2}; \qquad c = \frac{1}{2 m k T} \tag{3}$$

gestört, und es stellt sich eine neue Verteilung

$$F = \overset{\circ}{F} (1 + \psi) \tag{4}$$

ein, in der ψ anisotrop ist, so daß die x-Komponenten der Integrale (1) und (2) nicht mehr verschwinden:

$$j = -e \int v_x \overset{\circ}{F} \psi \, d^3 p; \qquad q = \frac{1}{2m} \int p^2 v_x \overset{\circ}{F} \psi \, d^3 p. \tag{5}$$

Sobald ψ bekannt ist, lassen sich diese Mittelwerte berechnen; erhalten wir dabei[1]

$$j = \sigma \mathscr{E}; \qquad q = -\varkappa \frac{dT}{dx} \tag{6}$$

mit gewissen konstanten Faktoren σ und $\varkappa$, so ist die Aufgabe gelöst.

Zur Berechnung von ψ müssen wir grundsätzlich die Boltzmann-Gleichung lösen. Hierzu schreiben wir in der Näherung von CHAPMAN und ENSKOG auf der *linken* Seite dieser Gleichung

$$\frac{dF}{dt} \approx \frac{d\overset{\circ}{F}}{dt} = \sum_i \left(\frac{\partial \overset{\circ}{F}}{\partial x_i} v_i + \frac{\partial \overset{\circ}{F}}{\partial p_i} \dot{p}_i \right).$$

Hier sind die $\dot{p}_i$ gleich den äußeren, auf ein Elektron wirkenden Kräften, und da als einzige äußere Kraft $-e\mathscr{E}$ in x-Richtung wirkt, wird $\dot{p}_x =$

---

[1] Die Beziehung $j = \sigma \mathscr{E}$ entspricht genau dem Ohmschen Gesetz, vgl. Band III, S. 89. Die Wärmeleitfähigkeit wurde bereits in Band I, S. 170 definiert.

$-e\mathcal{E}$, $\dot{p}_y = 0$, $\dot{p}_z = 0$. Im ersten Term hängt $\overset{\circ}{F}$ nur deshalb von den Koordinaten ab, weil ein Temperaturgefälle besteht:

$$\operatorname{grad}\overset{\circ}{F} = \frac{\partial \overset{\circ}{F}}{\partial c}\,\frac{dc}{dT}\,\operatorname{grad} T = -\overset{\circ}{F}\left(\frac{3}{2c} - p^2\right)\frac{c}{T}\,\operatorname{grad} T,$$

und da grad T in x-Richtung weisen soll, bleibt nur der x-Anteil der Summe übrig. Setzen wir noch nach Gl. (3)

$$\frac{\partial \overset{\circ}{F}}{\partial p_x} = -2c\,p_x\,\overset{\circ}{F}$$

ein, so erhalten wir die Beziehung

$$\frac{dF}{dt} = \left\{\left(c\,p^2 - \frac{3}{2}\right)\frac{1}{T}\,\frac{dT}{dx} + \frac{e\mathcal{E}}{kT}\right\}v_x\overset{\circ}{F}. \tag{7}$$

Auf der *rechten* Seite der Boltzmann-Gleichung ersetzen wir nach dem Vorgehen von Lorentz die komplizierten Stoßintegrale durch einen einfachen Modellausdruck im Sinne der dritten oben gemachten Voraussetzung. Ist F eine „gestörte" Verteilung, so soll die Störung $F-\overset{\circ}{F}$ exponentiell mit der Relaxationszeit τ abklingen, sobald die Ursache beseitigt wird, d.h. es soll die Differentialgleichung gelten:

$$\frac{d}{dt}(F - \overset{\circ}{F}) = -\frac{1}{\tau}(F - \overset{\circ}{F})$$

oder kürzer, da $\overset{\circ}{F}$ nicht von t abhängt:

$$\frac{dF}{dt} = -\frac{1}{\tau}\overset{\circ}{F}\varphi. \tag{8}$$

Dies ist natürlich eine starke modellmäßige Vereinfachung, da eine Funktion von p nicht für alle Werte von p mit der gleichen Relaxationszeit abklingen muß[1]. Es liegt daher eine elementare Verallgemeinerung nahe, nämlich τ als Funktion von p anzusetzen.

Mit diesem einfachen Ansatz von Lorentz erhalten wir durch Gleichsetzen von (7) und (8) die Bestimmungsgleichung für ψ:

$$\psi = -\tau v_x\left\{\left(c\,p^2 - \frac{3}{2}\right)\frac{1}{T}\,\frac{dT}{dx} + \frac{e\mathcal{E}}{kT}\right\}. \tag{9}$$

Nunmehr ist es nicht schwer, die Integrale (5) mit den Funktionen (3) und (9) zu berechnen. Insbesondere tritt jetzt in den Integranden der Faktor v_x^2 auf. Da sonst nur noch der Betrag p des Impulses vorkommt, haben die Integrale also die Form

$$\int d^3p\, p_x^2\, f(p) = \frac{1}{3}\int d^3p\, p^2\, f(p) = \frac{4\pi}{3}\int\limits_0^\infty dp\, p^4\, f(p).$$

---

[1] Man kann z.B. auch $\psi = \Sigma\psi_n\, \mathrm{e}^{-t/\tau_n}$ schreiben, wobei die ψ_n Funktionen von $\mathfrak{p}$ sind. Hilbert hat gezeigt, daß dann die ψ_n Lösungen von Integralgleichungen im Impulsraum sind, deren Eigenwerte die Größen $1/\tau_n$ werden.

Auf diese Weise entsteht:

$$j = \frac{4\pi e \mathcal{N}}{3 m^2} \left(\frac{c}{\pi}\right)^{\frac{0}{2}} \int_0^\infty dp\, p^4\, e^{-cp^2}\, \tau \left\{\left(cp^2 - \frac{3}{2}\right) \frac{1}{T} \frac{dT}{dx} + \frac{e\mathcal{E}}{kT}\right\}; \qquad (10)$$

$$q = -\frac{2\pi \mathcal{N}}{3 m^3} \left(\frac{c}{\pi}\right)^{\frac{3}{2}} \int_0^\infty dp\, p^6\, e^{-cp^2}\, \tau \left\{\left(cp^2 - \frac{3}{2}\right) \frac{1}{T} \frac{dT}{dx} + \frac{e\mathcal{E}}{kT}\right\}. \qquad (11)$$

Die Werte der Integrale hängen natürlich davon ab, was wir über τ annehmen. Wir setzen versuchsweise ein Potenzgesetz

$$\tau = \tau_0 \left(\frac{p}{p_0}\right)^\nu \qquad (12)$$

an; dann treten nur Integrale der Form

$$\int_0^\infty dp\, p^{n+2}\, e^{-cp^2} = c^{-\frac{n+3}{2}} J_n$$

auf, wobei die J_n die auf S. 200f. angegebenen Standard-Integrale sind. Wir können dann statt (10) und (11) schreiben:

$$j = eC\left\{\left(J_{4+\nu} - \frac{3}{2} J_{2+\nu}\right) \frac{1}{T} \frac{dT}{dx} + \frac{e\mathcal{E}}{kT} J_{2+\nu}\right\};$$

$$q = -kTC\left\{\left(J_{6+\nu} - \frac{3}{2} J_{4+\nu}\right) \frac{1}{T} \frac{dT}{dx} + \frac{e\mathcal{E}}{kT} J_{4+\nu}\right\} \qquad (13)$$

mit der Abkürzung

$$C = \frac{8 \mathcal{N} \tau_0 k T}{3 \sqrt{\pi m}} \left(\frac{\sqrt{2\, m k T}}{p_0}\right)^\nu. \qquad (14)$$

Hierbei ist nach S. 200

$$J_n = \frac{1}{2} \left(\frac{n+1}{2}\right)!,$$

woraus

$$J_{n+2} = \tfrac{1}{2} (n+3) J_n; \qquad J_{n+4} = \tfrac{1}{4} (n+3)(n+5) J_n$$

folgt. Damit können wir alle Integrale in (13) auf $J_{2+\nu}$ reduzieren:

$$J_{6+\nu} = \frac{(\nu+7)(\nu+5)}{4} J_{2+\nu}; \qquad J_{4+\nu} = \frac{\nu+5}{2} J_{2+\nu},$$

so daß wir erhalten

$$j = eC J_{2+\nu}\left\{\left(\frac{\nu}{2} + 1\right) \frac{1}{T} \frac{dT}{dx} + \frac{e\mathcal{E}}{kT}\right\}; \qquad (15\,\text{a})$$

$$q = -kTC J_{2+\nu} \frac{\nu+5}{2} \left\{\left(\frac{\nu}{2} + 2\right) \frac{1}{T} \frac{dT}{dx} + \frac{\nu+3}{2} \frac{e\mathcal{E}}{kT}\right\}. \qquad (15\,\text{b})$$

Wir behandeln nun zwei Spezialfälle:

1. Es möge ein Temperaturgefälle bestehen, aber kein elektrischer Strom fließen. Dann muß sich im Innern des Metalls ein elektrisches

Feld infolge der Elektronenbewegung ausbilden, das gerade so stark ist, daß der von diesen infolge des Temperaturgefälles erzeugte elektrische Konvektionsstrom dadurch kompensiert wird. Aus $j = 0$ kann dies Feld mit Hilfe von (15a) angegeben:

$$\frac{e\mathscr{E}}{kT} = -\left(\frac{v}{2} + 1\right)\frac{1}{T}\frac{dT}{dx}$$

und zur Berechnung des Wärmestroms in (15b) eingesetzt werden. Mit Hilfe von (6) erhalten wir so für das Wärmeleitvermögen

$$\varkappa = kC\,\frac{(v+5)\,(v-1)\,(v-2)}{8}\,J_{2+v}\,. \tag{16}$$

2. Es möge kein Temperaturgefälle bestehen, aber ein elektrisches Feld angelegt sein. Dann verursacht die Konvektion der Elektronen sowohl einen elektrischen als einen Wärmestrom. Beide Ströme sind in einem geschlossenen Leiterkreis divergenzfrei. Da beim Wärmestrom allein die Divergenz beobachtbar ist, bemerkt man nur den elektrischen Strom, der sich z.B. durch das von ihm erzeugte Magnetfeld und durch Joulesche Wärme verrät. Wir finden so aus (15a) und (6) für die elektrische Leitfähigkeit

$$\sigma = eC\,J_{2+v}\frac{e}{kT}\,. \tag{17}$$

Damit sind wir in der Lage, das Wiedemann-Franzsche Gesetz zu überprüfen. Aus (16) und (17) folgt in der Tat, daß das Verhältnis

$$\frac{\varkappa}{\sigma T} = \left(\frac{k}{e}\right)^2\frac{(v+5)\,(v-1)\,(v-2)}{8} \tag{18}$$

eine von Material und Temperatur unabhängige Konstante wird, sofern der Exponent v in Gl. (12) nicht materialabhängig ist. Die experimentellen Werte dieses Verhältnisses würden etwa $v = -1$ oder etwas kleiner ergeben.

Wir können aus unserem Modell aber auch die Temperaturabhängigkeit der elektrischen Leitfähigkeit entnehmen. Aus (17) und (14) folgt

$$\sigma \sim T^{v/2} \tag{19}$$

und da experimentell oberhalb der Debyetemperatur (vgl. S. 239), d.h. sobald die Quantisierung der Gitterschwingungen vernachlässigt werden darf, $\sigma \sim T^{-1}$ gefunden wird, folgt hieraus $v = -2$.

Schließlich können wir aus der absoluten Größe von σ auf die Größe von $\mathscr{N}\tau$ schließen. Da sich die freie Weglänge der Leitungselektronen und damit auch τ durch Messungen an sehr dünnen Drähten ungefähr bestimmen läßt, kann auf diese Weise auch die Dichte $\mathscr{N}$ der Leitungselektronen angegeben werden. Es zeigt sich, daß die so erhaltenen Werte in Einklang mit den oben gemachten Modellannahmen stehen.

Die vorstehenden Ergebnisse sind hinsichtlich des Exponenten ν etwas widersprüchlich. Diese Diskrepanz ließe sich durch einen komplizierteren Ansatz als (12) beseitigen, doch wäre dabei einige Willkür kaum vermeidbar, solange unser Modell keine Aussagen über die Wechselwirkung der Leitungselektronen mit dem Gitter und untereinander enthält. Von einem ganz anderen Gesichtspunkt her läßt sich jedoch ein, wie es scheint, entscheidender Einwand gegen das Drude-Lorentzsche Modell vorbringen: Die Anwesenheit der Leitungselektronen sollte sich in der spezifischen Wärme der Metalle bemerkbar machen. Denn, wenn bei einem einwertigen Metall ein Elektron auf jedes Atom entfällt und seine kinetische Energie im Mittel $\frac{3}{2}kT$ beträgt, so geben diese Elektronen den Beitrag $\frac{3}{2}R$ zur Molwärme über den Wert $3R$ des Dulong-Petitschen Gesetzes hinaus. Tatsächlich ist aber von einer solchen Erhöhung der spezifischen Wärme um 50% bei den einwertigen und um 100% bei den zweiwertigen Metallen über den Dulong-Petitschen Wert hinaus nichts zu bemerken. *Die Leitungselektronen besitzen also jedenfalls eine verschwindend kleine spezifische Wärme.* Hierdurch schien zunächst das ganze Modell völlig unmöglich gemacht zu sein. Erst die Anwendung der Quantenstatistik, genauer die Ersetzung der Maxwellschen durch die Fermische Verteilungsfunktion für die Elektronen, führte zur Überwindung dieser Schwierigkeit[1] (SOMMERFELD, 1928). Gleichzeitig wurde dadurch der Faktor im Wiedemann-Franzschen Gesetz unabhängig von ν festgelegt; der Zahlenfaktor in (18) wird $\pi^2/3 =$ 3,29. Die Festlegung der Temperaturabhängigkeit von σ erforderte erheblich größeren Aufwand, da sie ohne tieferes Verständnis des Stoßmechanismus nicht möglich war[2].

§ 29. Grundlagen der Quantenstatistik

a) Grundlagen der Bose-Einstein-Statistik. Bisher haben wir den Systemen, mit denen wir Statistik treiben (d.h. den Teilchen oder Molekülen) Individualität zugeschrieben, d.h. wir haben unterschieden, *welche* Teilchen sich in einem bestimmten Zustand r befinden und die Anzahl ihrer Permutationen abgezählt. Nun ist jedoch ein Grundergebnis der Quantentheorie die *Ununterscheidbarkeit gleichartiger Teilchen*; die Permutation solcher Teilchen kann daher nicht zu einem physikalisch neuen Zustand führen. Sie ist vielmehr eine sinnlose Aussage, und die damit verbundene Abzählung entfällt. Physikalisch sinnvoll ist dagegen die Angabe von Besetzungszahlen individueller Zu-

---

[1] Vgl. S. 284 und S. 290.

[2] Eine stark vereinfachte Modelltheorie des Stoßvorganges, die die wesentlichen Züge enthält, wird in § 11 von Band III gegeben.

stände. Wir treiben daher nunmehr Statistik mit den Besetzungszahlen der Zustände statt mit den Teilchen selbst.

Dabei verstehen wir unter Zuständen wie bisher die Zustände einzelner Teilchen, setzen also wiederum voraus, daß nur eine lose Kopplung zwischen diesen, etwa nach Art der gaskinetischen Stöße besteht, die eine solche Klassifizierung erlaubt. Als Ordnungsparameter dieser Zustände bedienen wir uns der Energie E_r; zu jeder Energie E_r gehört dann noch eine große Anzahl g_r miteinander entarteter Zustände[1]. Wir bezeichnen g_r als das *statistische Gewicht* von E_r. Die Voraussetzung $g_r \gg 1$, die wir im folgenden stets machen werden, läßt sich folgendermaßen begründen: Jede Energie E_r eines Moleküls setzt sich aus seiner kinetischen Schwerpunktsenergie $E_S = p^2/2m$ und seiner inneren Bewegungsenergie E_I additiv zusammen. Ist dann g_S die Entartung von E_S und g_I diejenige von E_I, so ist die Entartung der Summe $E_r = E_S + E_I$ das Produkt $g_r = g_S g_I$. Hier kann zwar g_I nahe an Eins liegen; g_S ist stets sehr groß, da alle Teilchen mit dem gleichen Impulsbetrag p dasselbe E_S besitzen, unbeschadet der Richtung des Impulses. Mit g_S ist dann aber auch das Produkt $g_r \gg 1$.

Besetzen wir jedes Energieniveau E_r mit einer Anzahl N_r von Teilchen, so definiert die Folge aller Besetzungszahlen $\{N_r\}$ einen makroskopischen Zustand des Gesamtsystems. Wegen der hohen Entartung läßt sich dabei die Anzahl N_r in jedem Niveau E_r auf sehr viele verschiedene Weisen unterbringen; es wäre etwa denkbar, alle Impulse möglichst in eine Richtung zu bündeln oder sie gleichmäßig über alle Richtungen zu verteilen. Aufgabe der statistischen Betrachtung ist es, festzustellen, welches die wahrscheinlichste Verteilung ist.

Nach einer Formel aus der Kombinatorik ergibt sich für die Anzahl der Verteilungen von N_r Objekten (Teilchen, Molekülen) auf g_r Plätze (Einteilchenzustände gleicher Energie) mit Wiederholungen (d. h. ohne Einschränkung der Anzahl pro Platz)

$$W_r = \frac{(N_r + g_r - 1)!}{N_r! \, (g_r - 1)!} \, . \tag{1}$$

Die Wahrscheinlichkeit eines durch eine Folge von Besetzungszahlen $\{N_r\}$ gegebenen Zustandes ist daher

$$W = \prod_r \frac{(N_r + g_r - 1)!}{N_r! \, (g_r - 1)!} \, . \tag{2}$$

---

[1] In der klassischen Statistik haben wir jedem Zustand r *eindeutig* eine Energie E_r zugeordnet; der Begriff der Entartung war nicht aufgetreten. In der Quantenstatistik geht man umgekehrt vor und ordnet jeder Energie E_r eine große Zahl g_r von Zuständen zu. Daß man gerade die Energie als Ordnungsparameter benutzt, ist nicht so willkürlich, wie es scheinen könnte: Die Klassifizierung nach Einteilchenzuständen hat nur Sinn, wenn diese wenigstens annähernd stationär sind; nur die Energie ist aber für stationäre Zustände in der Quantenmechanik *immer* scharf definiert, vgl. Band IV, S. 319.

Dies ist die Ausgangsformel der Quantenstatistik von Bose und Einstein; Teilchen, die dieser Form der Statistik gehorchen, heißen *Bosonen*.

Wie in der klassischen Statistik (S. 189ff.) können wir in (2) überall die Stirlingsche Formel anwenden, so daß

$$\ln W = \sum_r \{(N_r + g_r) \ln (N_r + g_r) - N_r \ln N_r - g_r \ln g_r\} \tag{2'}$$

entsteht. Ferner müssen wir ebenso wie dort die beiden Nebenbedingungen vorgegebener Teilchenzahl und vorgegebener Gesamtenergie,

$$\sum_r N_r = N; \qquad \sum_r N_r E_r = U \tag{3}$$

berücksichtigen, indem wir sie mit Lagrangeschen Multiplikatoren α und β in die Gleichgewichtsbedingung, daß $\ln W$ extremal sein solle, eintragen:

$$\sum_r \delta \{[(N_r + g_r) \ln (N_r + g_r) - N_r \ln N_r - g_r \ln g_r] - \alpha N_r - \beta N_r E_r\} = 0.$$

Hier sind alle N_r einzeln und unabhängig voneinander zu variieren, so daß wir das Gleichungssystem

$$[\ln (N_r + g_r) + 1] \quad [\ln N_r + 1] - \alpha - \beta E_r = 0$$

erhalten, aus dem

$$N_r = (N_r + g_r) e^{-\alpha - \beta E_r} \tag{4a}$$

bzw.

$$N_r = \frac{g_r}{e^{\alpha + \beta E_r} - 1} \tag{4b}$$

folgt. Dieser Ausdruck tritt also anstelle des Boltzmannschen, Gl. (9) auf S. 192, in den er übergeht, wenn die Zustände nur schwach besetzt sind, d.h. wenn alle $N_r \ll g_r$ sind, wie man an Gl. (4a) am einfachsten erkennt. Wir bemerken insbesondere, daß dann der Exponentialfaktor

$$\eta_r = e^{\alpha + \beta E_r} \tag{5}$$

groß gegen Eins wird.

Zur Herleitung von Gl. (4b) ist besonders zu beachten, daß das Auftreten des Parameters α eine Folge des Erhaltungssatzes der Teilchenzahl ist. Genügen die Teilchen keinem solchen Satz, so entfällt das entsprechende Multiplikatorglied, d.h. $\alpha = 0$. Dies gilt z.B. für ein *Gas von Photonen* im thermodynamischen Gleichgewicht, wie wir es in § 22 bei der Theorie der Hohlraumstrahlung besprochen haben. Dann wird

$$N_r = \frac{g_r}{e^{\beta E_r} - 1}.$$

Hierin ist nach Gl. (11) von § 22 der Gewichtsfaktor

$$g_r \equiv dz_\nu = \frac{8\pi V}{c^3} \nu^2 d\nu$$

und $E_r = h\nu$ die Energie eines Photons der Frequenz ν, so daß

$$N_r \equiv N(\nu)\,d\nu = \frac{8\pi V}{c^3}\,\frac{\nu^2\,d\nu}{e^{h\nu/kT}-1}$$

die Anzahl der Photonen im Frequenzintervall $d\nu$ und

$$d\,U_\nu = h\nu\,N(\nu)\,d\nu = \frac{8\pi V h}{c^3}\,\frac{\nu^3\,d\nu}{e^{h\nu/kT}-1}$$

deren Energie wird, in Übereinstimmung mit Gl. (20) von § 22[1].

Die Multiplikatoren α und β in der Verteilungsfunktion (4b) können wir ganz ähnlich wie in der klassischen Statistik aus den Normierungsbedingungen (3) festlegen:

$$N = \sum_r \frac{g_r}{e^{\alpha+\beta E_r}-1}\;;\qquad U = \sum_r \frac{g_r E_r}{e^{\alpha+\beta E_r}-1}\,. \tag{6}$$

Die Auflösung dieser Summen nach α und β ist natürlich nicht elementar möglich; wohl aber können wir analog zur Zustandssumme der klassischen Statistik auch hier eine *Zustandsfunktion* (partition function) Z definieren, aus der sich durch Differentiationen alle Eigenschaften des Ensembles im Gleichgewicht entnehmen lassen. Wir definieren

$$Z = \prod_r (1 - e^{-\alpha-\beta E_r})^{-g_r}, \tag{7a}$$

bzw.

$$\ln Z = -\sum_r g_r \ln (1 - e^{-\alpha-\beta E_r}). \tag{7b}$$

Aus dieser Funktion lassen sich die Ausdrücke (6) gemäß

$$N = -\frac{\partial \ln Z}{\partial \alpha}\;;\qquad U = -\frac{\partial \ln Z}{\partial \beta} \tag{8}$$

entnehmen, wie man leicht nachrechnet.

Auch die *Entropie* des Bose-Einstein-Gases läßt sich mit Hilfe der Definition

$$S = k \ln W, \tag{9}$$

wobei jetzt aber W die Wahrscheinlichkeit aus Gl. (2) ist, aus der Zustandsfunktion Z berechnen. Zunächst führen wir dazu für $\ln W$ den vereinfachten Ausdruck (2′) ein; mit der Abkürzung (5) und den aus (4a) und (4b) im Gleichgewicht folgenden Relationen

$$N_r = \frac{g_r}{\eta_r - 1}\;;\qquad N_r + g_r = \frac{g_r \eta_r}{\eta_r - 1}$$

---

[1] Die Relation $\beta = 1/kT$ haben wir hier, analog zur klassischen Statistik, bereits verwendet.

eliminieren wir dann die N_r und schreiben

$$S = k \sum_r g_r \left\{ \frac{\eta_r}{\eta_r - 1} \left[\ln g_r + \ln \frac{\eta_r}{\eta_r - 1} \right] - \frac{1}{\eta_r - 1} \left[\ln g_r - \ln (\eta_r - 1) \right] - \ln g_r \right\}.$$

Hier heben sich die drei Terme mit $\ln g_r$ heraus, so daß in der geschweiften Klammer nur η_r als Variable zurückbleibt:

$$S = k \sum_r g_r \left\{ \frac{\eta_r}{\eta_r - 1} \ln \eta_r - \ln (\eta_r - 1) \right\}. \tag{10}$$

Berücksichtigt man nun noch unter Verwendung von (7b)

$$\ln Z = - \sum_r g_r \ln \left(1 - \frac{1}{\eta_r} \right)$$

und

$$\alpha \frac{\partial \eta_r}{\partial \alpha} + \beta \frac{\partial \eta_r}{\partial \beta} = \eta_r \ln \eta_r,$$

so erhält man schließlich

$$S = k \left\{ \ln Z - \alpha \frac{\partial \ln Z}{\partial \alpha} - \beta \frac{\partial \ln Z}{\partial \beta} \right\}, \tag{11}$$

in weitgehender Analogie zu Gl. (13) auf S. 193.

b) Grundlagen der Fermi-Dirac-Statistik. Ehe wir die im Abschnitt a) entwickelte Form der statistischen Betrachtungen an Beispielen genauer durchführen, wollen wir uns noch einer besonderen Art quantenmechanischer Systeme zuwenden, bei denen eine zusätzliche Bedingung auftritt. Für alle Elementarteilchen vom Spin $\frac{1}{2}$ (insbesondere Elektronen und Nukleonen) gilt das Pauli-Prinzip[1], welches in einer für unsere Zwecke ausreichenden Formulierung besagt, daß in jedem der g_r zu einem E_r gehörigen Zustände höchstens *ein* Teilchen untergebracht werden kann, d.h. daß jeder Platz nur die zwei Besetzungszahlen 0 (leer) und 1 (besetzt) erhalten darf. Bei der Verteilung der großen Zahl N_r von Teilchen auf g_r Plätze ist die Zahl der besetzten Plätze danach N_r und die der unbesetzten $g_r - N_r$. Die Anzahl der Möglichkeiten, die besetzten Zustände über die verfügbaren Plätze zu verteilen, ergibt die statistische Wahrscheinlichkeit

$$W_r = \binom{g_r}{N_r} = \frac{g_r!}{N_r! \, (g_r - N_r)!}. \tag{12}$$

Die Wahrscheinlichkeit für die Realisierung eines durch eine Folge von Besetzungszahlen $\{N_r\}$ gegebenen Zustandes des Gesamtsystems (des Gases) wird also jetzt

$$W = \prod_r W_r = \prod_r \frac{g_r!}{N_r! \, (g_r - N_r)!}. \tag{13}$$

---

[1] Das Pauli-Prinzip wird in Band IV insbesondere in § 33 genauer beschrieben; über die Fermi-Dirac-Statistik vgl. ebenda § 35.

Mit $g_r \gg 1$ und $N_r \gg 1$ wie bisher können wir wieder die Stirlingsche Formel anwenden und erhalten

$$\ln W = \sum_r \left\{ g_r \ln g_r - N_r \ln N_r - (g_r - N_r) \ln (g_r - N_r) \right\}. \tag{14}$$

Die Gln. (12) bis (14) bilden die Grundlage der Fermi-Dirac-Statistik; Teilchen, welche dieser besonderen Statistik genügen, heißen *Fermionen*.

Die weitere Behandlung des Problems läuft von hier ab wieder ganz analog zu derjenigen des Bose-Einstein-Gases. Wir suchen zunächst den wahrscheinlichsten Zustand unter Einhaltung der Nebenbedingungen (3) auf, indem wir

$$\sum_r \delta N_r \left\{ \frac{\partial \ln W_r}{\partial N_r} - \alpha - \beta E_r \right\} = 0$$

setzen. Dies führt mit Gl. (14) für $\ln W_r$ auf die Beziehungen

$$-[\ln N_r + 1] + [\ln (g_r - N_r) + 1] - \alpha - \beta E_r = 0,$$

woraus

$$N_r = \frac{g_r}{e^{\alpha + \beta E_r} + 1} \tag{15}$$

folgt. Die Verteilungsfunktion (15) unterscheidet sich also von (4b) durch das Vorzeichen der Eins im Nenner.

Auch hier können wir N und U mit Hilfe einer Zustandsfunktion Z ausdrücken, wenn wir mit etwas anderen Vorzeichen als in (7a, b) definieren

$$Z = \prod_r (1 + e^{-\alpha - \beta E_r})^{g_r}, \tag{16a}$$

bzw.

$$\ln Z = \sum_r g_r \ln (1 + e^{-\alpha - \beta E_r}). \tag{16b}$$

Man rechnet leicht nach, daß hiermit die Gln. (8) unverändert auch für die Fermi-Dirac-Statistik bestehen bleiben.

Definiert man die Entropie wieder durch Gl. (9), wobei jetzt $\ln W$ aus (14) zu entnehmen ist, so erhält man unter Verwendung der Abkürzung η_r, Gl. (5), und der Relationen

$$N_r = \frac{g_r}{\eta_r + 1}; \qquad g_r - N_r = \frac{g_r \eta_r}{\eta_r + 1}$$

bei Elimination der N_r nach dem gleichen Schema wie bei der Bose-Einstein-Statistik:

$$S = k \sum_r g_r \left\{ \ln (\eta_r + 1) - \frac{\eta_r}{\eta_r + 1} \ln \eta_r \right\}, \tag{17}$$

was sich wieder gerade auf die Form (11) bringen läßt, wobei $\ln Z$ jetzt natürlich den Ausdruck (16b) bedeutet.

c) Methode der Übergangswahrscheinlichkeiten[1]. Auf beide Quantenstatistiken läßt sich die für die klassische Statistik in § 24 entwickelte Methode der Übergangswahrscheinlichkeiten übertragen. Dort hatten wir die Anzahl der pro Zeiteinheit stattfindenden Prozesse mit Energieaustausch zwischen zwei Systemen, wie sie etwa bei gaskinetischen Stößen stattfinden:

$$r \to r'; \quad s \to s'; \quad E_r + E_s = E_{r'} + E_{s'} \tag{18}$$

in der Form

$$w_{rs}^{r's'} N_r N_s \tag{19}$$

angesetzt, wobei die Übergangswahrscheinlichkeiten $w_{rs}^{r's'}$ von den Besetzungszahlen und damit von der Art der Statistik unabhängige Koeffizienten sind, welche den Symmetrierelationen

$$w_{rs}^{r's'} = w_{r's'}^{rs} = w_{sr}^{s'r'} = w_{s'r'}^{sr} \tag{20}$$

genügen. Der Ansatz (19) der klassischen Statistik ist nun keineswegs selbstverständlich; es ist durchaus möglich, daß die Anzahl der Prozesse auch von dem Besetzungsgrad der Zielzustände abhängt. Dies ist besonders für die Fermi-Dirac-Statistik evident, wo diese Anzahl im Gegensatz zu (19) Null werden muß, wenn $g_{r'} = N_{r'}$ oder $g_{s'} = N_{s'}$ ist, wenn also diese Zustände keine freien Plätze mehr haben.

Wir setzen deshalb anstelle von (19) versuchsweise den allgemeineren Ausdruck

$$w_{rs}^{r's'} N_r N_s f_{r'} f_{s'}, \tag{19'}$$

wobei $f_{r'}$ als Abkürzung für $f(N_{r'})$ steht und eine für die betreffende Statistik charakteristische Funktion bedeutet. Im Falle der klassischen Statistik ist[2] $f \equiv g_r$. Mit diesem Ansatz ergibt sich zunächst einmal für die zeitliche Veränderung einer Besetzungszahl in einem Ensemble, das noch nicht im Gleichgewicht ist,

$$\frac{dN_r}{dt} = \sum_s \sum_{r'} \sum_{s'} w_{rs}^{r's'} \{N_{r'} N_{s'} f_r f_s - N_r N_s f_{r'} f_{s'}\} \tag{21}$$

in einer zur Herleitung von Gl. (5) von § 24 analogen Weise. Im Gleichgewichtszustand werden alle Ausdrücke (21) gleich Null, d.h. für die Größen

$$\varphi_r \equiv \varphi(N_r) = f(N_r)/N_r \tag{22}$$

gilt im Gleichgewicht

$$\varphi_r \varphi_s = \varphi_{r'} \varphi_{s'}. \tag{23}$$

---

[1] Dieser Abschnitt schließt sich eng an eine Arbeit des Verfassers in Z. Physik **93**, 804 (1935) an.

[2] Gl. (19) ergäbe $f \equiv 1$; hierbei ist aber jeder der g_r Zustände gleicher Energie E_r getrennt gezählt.

Vergleich von (23) mit dem Energiesatz (18) zeigt unmittelbar, daß $\ln \varphi_r$ eine lineare Funktion von N_r, d.h., daß

$$\varphi(N_r) = e^{\alpha + \beta E_r} \quad \text{oder} \quad f(N_r) = N_r\, e^{\alpha + \beta E_r} \tag{24}$$

sein muß. Die Größen φ_r sind daher identifizierbar mit den in Gl. (5) eingeführten η_r. Der Vergleich mit (4b) und (15) führt von hier zu

$$f(N_r) = g_r + N_r \tag{25a}$$

für die Bose-Einstein-Statistik, und zu

$$f(N_r) = g_r - N_r \tag{25b}$$

für die Fermi-Dirac-Statistik. Die Aufnahmefähigkeit des Zielzustandes bei einem Prozeß der Art (18) ist daher bei Bose-Einstein-Statistik gegenüber dem klassischen Wert g_r vergrößert, bei Fermi-Dirac-Statistik verkleinert in dem Maße, in dem dieser Zustand bereits besetzt ist.

Wie in § 24 kann man Gl. (21) benutzen, um die Konsequenzen des H-Theorems

$$\frac{dS}{dt} \geqq 0 \tag{26}$$

in der Quantenstatistik zu untersuchen. Sowohl der Ausdruck (10) für die Bose-Statistik als Gl. (17) für die Fermi-Statistik haben die Form

$$S = \sum_r S_r(N_r), \tag{27}$$

so daß wir

$$\frac{dS}{dt} = \sum_r \frac{dS_r}{dN_r}\, \frac{dN_r}{dt}$$

schreiben können. Hier setzen wir nun dN_r/dt aus (21) ein, wobei wir $f_r = N_r\, \varphi_r$ benutzen:

$$\frac{dS}{dt} = \sum_r \sum_s \sum_{r'} \sum_{s'} \frac{dS_r}{dN_r}\, w_{rs}^{r's'}\, N_r N_s N_{r'} N_{s'}\, (\varphi_r \varphi_s - \varphi_{r'} \varphi_{s'}).$$

Durch Vertauschung der Summationsindices unter Ausnutzung der Symmetrierelationen (20), analog zur Herleitung von Gl. (12) in § 24, wird hieraus

$$\frac{dS}{dt} = \frac{1}{4} \sum_r \sum_s \sum_{r'} \sum_{s'} w_{rs}^{r's'}\, N_r N_s N_{r'} N_{s'}\, (\varphi_r \varphi_s - \varphi_{r'} \varphi_{s'}) \times$$

$$\times \left(\frac{dS_r}{dN_r} + \frac{dS_s}{dN_s} - \frac{dS_{r'}}{dN_{r'}} - \frac{dS_{s'}}{dN_{s'}} \right)$$

oder, wenn wir die Abkürzung

$$\frac{dS_r}{dN_r} = k \ln \sigma_r \tag{28}$$

einführen,

$$\frac{dS}{dt} = \frac{k}{4} \sum_r \sum_s \sum_{r'} \sum_{s'} w_{rs}^{r's'}\, N_r N_s N_{r'} N_{s'}\, (\varphi_r \varphi_s - \varphi_{r'} \varphi_{s'}) \ln \frac{\sigma_r \sigma_s}{\sigma_{r'} \sigma_{s'}}.$$

Soll nun das H-Theorem (26) auch für die Quantenstatistiken gelten, so muß für jedes Summenglied einzeln

$$(\varphi_r\,\varphi_s - \varphi_{r'}\,\varphi_{s'})\,\ln\frac{\sigma_r\,\sigma_s}{\sigma_{r'}\,\sigma_{s'}} \geqq 0 \tag{29}$$

sein. Da es nicht mehrere Gleichgewichtszustände gibt, müssen beide Faktoren in (29) gleichzeitig verschwinden, d.h. dS/dt wird Null, wenn sowohl

$$\varphi_r\,\varphi_s = \varphi_{r'}\,\varphi_{s'}$$

als auch

$$\sigma_r\,\sigma_s = \sigma_{r'}\,\sigma_{s'}$$

ist. Beide Beziehungen können aber nur dann gleichzeitig bestehen, wenn

$$\sigma_r = A\,\varphi_r^n \tag{30}$$

mit von den Zuständen unabhängigen Konstanten A und n gilt. Derselbe Schluß wie am Ende von § 24 zeigt dann sofort, daß die Ungleichung (29) im Nichtgleichgewicht durch (30) dann und nur dann erfüllt wird, wenn der Exponent $n > 0$ ist.

Auf diese Weise können wir aus dem H-Theorem rückwärts die Entropie fast vollständig konstruieren; setzen wir (30) in (28) und dies in (27) ein, so folgt

$$S = k\sum_r \int (\ln A + n \ln \varphi_r)\,dN_r$$

und hieraus mit $\varphi_r = f(N_r)/N_r$ und den Ausdrücken (25 a, b) für $f(N_r)$:

$$S = kN \ln A + kn\sum_r \int \ln \frac{g_r \pm N_r}{N_r}\,dN_r.$$

Die Ausführung der Quadratur führt zu

$$S = kN \ln A + kn\sum_r \{\pm (g_r \pm N_r) \ln (g_r \pm N_r) - N_r \ln N_r\}.$$

Dabei gilt das obere Vorzeichen für Bose-, das untere für Fermi-Statistik. Frei bleibt bei dieser Methode sowohl eine additive Konstante als auch der positive Zahlenfaktor n, da beide offensichtlich keinen Einfluß auf Gl. (26) haben können. Wählen wir insbesondere

$$n = 1 \quad \text{und} \quad N \ln A = \mp \sum_r g_r \ln g_r,$$

so ergibt sich die Entropie als Funktion von den N_r:

$$S = k\sum_r \{\pm (g_r \pm N_r) \ln (g_r \pm N_r) - N_r \ln N_r \mp g_r \ln g_r\}, \tag{31}$$

was mit den Gln. (2') und (14) für $\ln W$ in beiden Statistiken übereinstimmt. Ist $g_r \gg N_r$, so hebt sich das erste und dritte Glied in beiden

Fällen weg, und wir erhalten als klassischen Grenzfall

$$S = - k \sum_r N_r \ln N_r, \tag{32a}$$

was sich von dem klassischen Ausdruck (9) in § 24,

$$S = k (N \ln N - \sum_r N_r \ln N_r) \tag{32b}$$

um eine nichtverschwindende additive Konstante unterscheidet. Die klassische Boltzmannsche Statistik entsteht also nicht einfach als Grenzfall für schwache Besetzung der Zustände aus den Quantenstatistiken; zwar fallen in diesem Grenzfall viele Unterschiede, besonders der Einfluß der Besetzungszahlen auf die Übergänge weg; es bleibt jedoch eine additive Entropiekonstante, die nicht aus der klassischen Statistik zu entnehmen ist. Der Grund hierfür ist die völlig andere Art der Abzählung, die nicht durch irgendeinen Grenzprozeß stetig in die Abzählung der klassischen Theorie überführt werden kann.

§ 30. Quantenstatistik einatomiger Gase

a) Allgemeines Formelschema. Als einfachstes Modell für die praktische Anwendung der Quantenstatistik betrachten wir ein einatomiges Gas, bei dem keine inneren Freiheitsgrade angeregt sind. Dies kann ein Edelgas sein, wenn die Temperatur nicht zu hoch ist[1]; in diesem Fall ist die Bose-Statistik anzuwenden. Es kann auch ein Gas aus Elektronen sein, wie es uns schon in § 28 begegnet ist; in diesem Falle haben wir die Fermi-Statistik zugrundezulegen.

Mit Zahl und Entartung der Zustände eines solchen Gases haben wir uns schon in § 20 beschäftigt. Die Zustände unterscheiden sich im wesentlichen nur durch den Impuls; haben die Teilchen einen Spin s, so gehören $2s + 1$ Zustände verschiedener Spinrichtung zu jedem Impuls. Für die Edelgasatome ist $s = 0$, für Elektronen $s = \frac{1}{2}$. Ist das Gas in ein Volumen V eingeschlossen, so befinden sich in einem Volumelement $d^3 p$ des Impulsraumes

$$dz = (2s + 1) \frac{V}{h^3} d^3 p \tag{1}$$

Zustände. Mit dieser aus der Quantenmechanik entnommenen Aussage lassen sich alle Summen der Theorie nach der Regel

$$\sum_r g_r F(E_r) \to (2s + 1) \frac{V}{h^3} \int d^3 p \, F(E)$$

---

[1] Die niedrigste Anregungsenergie von Helium ist 19,75 eV, von Argon 11,55 eV. Setzt man diese Energien gleich kT, so ergibt sich für 1 eV eine Temperatur von rund 11 600 Grad; beim Helium würde also erst bei 200 000 Grad, beim Argon bei 130 000 Grad eine merkliche Temperaturanregung stattfinden. Temperaturen von einigen 10^4 Grad sind also noch zulässig.

durch Integrale über den Impulsraum ersetzen. Da die Energie $E = p^2/2m$ von der Richtung des Impulses unabhängig ist, kann man hier auch $d^3p = 4\pi p^2 dp$ einführen; geht man von p zu E als Integrationsvariabler über, so erhält man

$$\sum_r g_r F(E_r) \rightarrow (2s+1) \cdot 2\pi \left(\frac{2m}{h^2}\right)^{\frac{3}{2}} V \int_0^\infty dE\, E^{\frac{1}{2}} F(E). \tag{2}$$

Nach dieser Regel lassen sich sofort die Zustandsfunktionen als Energieintegrale schreiben. Für die Bose-Statistik (Index B) folgt aus Gl. (7b) von § 29

$$\ln Z_B = -(2s+1) \cdot 2\pi \left(\frac{2m}{h^2}\right)^{\frac{3}{2}} V \int_0^\infty dE\, E^{\frac{1}{2}} \ln(1 - e^{-\alpha - \beta E}), \tag{3B}$$

für die Fermi-Statistik (Index F) aus Gl. (16b)

$$\ln Z_F = +(2s+1) \cdot 2\pi \left(\frac{2m}{h^2}\right)^{\frac{3}{2}} V \int_0^\infty dE\, E^{\frac{1}{2}} \ln(1 + e^{-\alpha - \beta E}). \tag{3F}$$

Wir führen hier die Abkürzungen

$$C = (2s+1)\left(\frac{2\pi m}{h^2}\right)^{\frac{3}{2}}; \quad e^{-\alpha} = \lambda; \quad \beta E = x \tag{4}$$

ein; das Vorzeichen von α ist dabei zunächst noch unbekannt, so daß jedes positive $\lambda \gtrless 1$ möglich ist. Mit diesen Abkürzungen entsteht

$$\ln Z_{\substack{B \\ F}} = C\, V \beta^{-\frac{3}{2}} \varphi_{\substack{B \\ F}}(\lambda), \tag{5}$$

wobei

$$\varphi_{\substack{B \\ F}}(\lambda) = \mp \frac{2}{\sqrt{\pi}} \int_0^\infty dx \sqrt{x} \ln(1 \mp \lambda e^{-x}) \tag{6}$$

bedeutet.

Wie wir in § 29 gesehen haben, gelten die dortigen Gln. (8) und (11) gleichermaßen für jede der beiden Quantenstatistiken, natürlich mit deren jeweiliger Zustandsfunktion Z (wobei wir die Indices B und F im folgenden unterdrücken):

$$N = -\frac{\partial \ln Z}{\partial \alpha}; \tag{7a}$$

$$U = -\frac{\partial \ln Z}{\partial \beta}; \tag{7b}$$

$$S = k\left[\ln Z - \alpha\, \frac{\partial \ln Z}{\partial \alpha} - \beta\, \frac{\partial \ln Z}{\partial \beta}\right]. \tag{7c}$$

Aus (5) folgt daher durch Differenzieren nach α und β sofort:

$$N = C\,V\,\beta^{-\frac{3}{2}}\,\lambda\,\varphi'(\lambda)\,; \tag{8}$$

$$U = \frac{3}{2\beta}\,C\,V\,\beta^{-\frac{3}{2}}\,\varphi(\lambda)\,. \tag{9}$$

Gl. (8) können wir benutzen, um den Parameter λ zu bestimmen, wenn wir

$$\lambda\,\varphi'(\lambda) = \frac{N}{CV}\,\beta^{\frac{3}{2}} \tag{8'}$$

schreiben; damit können wir aus U die Faktoren $C\,V\beta^{-\frac{3}{2}}$ entfernen:

$$U = \frac{3}{2\beta}\,N\,\frac{\varphi(\lambda)}{\lambda\,\varphi'(\lambda)}\,. \tag{9'}$$

Auch bei der Berechnung der Entropie nach (7c), die sich zunächst

$$S = k\,[\ln Z - N\ln\lambda + \beta\,U] \tag{10}$$

schreiben läßt, können wir (8') benutzen; aus (5) und (8') erhalten wir

$$\ln Z = N\,\frac{\varphi(\lambda)}{\lambda\,\varphi'(\lambda)} \tag{5'}$$

und sodann für die Entropie

$$S = k\,N\left[\frac{5}{2}\,\frac{\varphi(\lambda)}{\lambda\,\varphi'(\lambda)} - \ln\lambda\right]. \tag{11}$$

b) Hohe Temperaturen. Wir beginnen die Auswertung der vorstehend abgeleiteten Formeln unter der Voraussetzung $\lambda < 1$. Dann können wir im Integranden von Gl. (6) den Logarithmus in eine Potenzreihe gemäß

$$\mp\ln(1 \mp x) = x \pm \frac{1}{2}\,x^2 + \frac{1}{3}\,x^3 \pm \cdots = \sum_{n=1}^{\infty}(\pm 1)^{n+1}\,\frac{x^n}{n}$$

entwickeln und gliedweise integrieren:

$$\varphi(\lambda) = \frac{2}{\sqrt{\pi}}\sum_{n=1}^{\infty}\frac{(\pm 1)^{n+1}}{n}\,\lambda^n\int_0^\infty dx\,\sqrt{x}\,e^{-nx}.$$

Mit $y = nx$ tritt in allen Summanden dasselbe Integral

$$\int_0^\infty dy\,\sqrt{y}\,e^{-y} = \tfrac{1}{2}\sqrt{\pi}$$

auf, so daß

$$\varphi(\lambda) = \sum_{n=1}^{\infty}\frac{(\pm 1)^{n+1}}{n^{\frac{3}{2}}}\,\lambda^n = \lambda \pm 2^{-\frac{3}{2}}\lambda^2 + 3^{-\frac{3}{2}}\lambda^3 \pm \cdots \tag{12a}$$

entsteht; hieraus folgt sofort

$$\lambda\,\varphi'\,(\lambda) = \sum_{n=1}^{\infty} \frac{(\pm 1)^{n+1}}{n^{\frac{3}{2}}}\,\lambda^n = \lambda \pm 2^{-\frac{3}{2}}\,\lambda^2 + 3^{-\frac{3}{2}}\,\lambda^3 \pm \cdots . \tag{12b}$$

Ist $\lambda \ll 1$, so wird $\varphi \approx \lambda\,\varphi'$ und nach (8') und (9')

$$\lambda \approx \frac{N}{CV}\,\beta^{\frac{3}{2}}; \quad U = \frac{3}{2\beta}\,N. \tag{13}$$

Kleines λ ist daher mit kleinem β gleichbedeutend.

Gl. (13) drückt für diesen Grenzfall λ (und damit α) durch den Parameter β aus. Der Vergleich mit der Energieformel der klassischen Statistik, $U = \frac{3}{2}\,N\,k\,T$, legt es nahe, wiederum durch die Beziehung

$$\beta = \frac{1}{k\,T} \tag{14}$$

die *Temperatur* T zu definieren. Mit dieser Definition bleibt die klassische Energieformel für hohe Temperaturen erhalten; als Entropieformel ergibt sich asymptotisch nach Gln. (11) und (13):

$$S = k N \left[\frac{5}{2} - \ln \lambda\right] = k N \ln \left[(2s+1)\,\frac{V}{N}\,\mathrm{e}\left(\frac{2\pi \circ m h\,T}{h^2}\right)^{\frac{3}{2}}\right]. \tag{15a}$$

Dieser Ausdruck ergibt sich gleichermaßen in beiden Quantenstatistiken; er ist zu vergleichen mit der in § 20, Gl. (7) angegebenen Formel der klassischen Abzählung:

$$S_{\mathrm{klass}} = k N \ln \left[V\left(\frac{2\pi\,\mathrm{e}\,m k\,T}{h^2}\right)^{\frac{3}{2}}\right], \tag{15b}$$

d.h., bei Berücksichtigung der richtigen Abzählung entsteht

$$S = S_{\mathrm{klass}} + k N\,[\ln\,(2s+1) - \ln N + 1]. \tag{16}$$

Bis auf eine additive Konstante bleibt also die klassische Entropieformel bei hohen Temperaturen bestehen. Solange wir nur Veränderungen vornehmen, bei denen Art und Zahl der Moleküle, also s und N, sich nicht ändern, hebt sich die zusätzliche Konstante in (16) aus allen Entropiedifferenzen heraus, und die klassische Entropieformel darf für hohe Temperaturen benutzt werden. Ändern sich diese Größen, wie bei chemischen Reaktionen, so ist die volle Gl. (16) zu berücksichtigen (vgl. § 37).

Wir haben bisher den Grenzfall hoher Temperaturen allein durch $\lambda \ll 1$ definiert. Nach Gl. (13) schließt dies eine Aussage über T und über die Teilchendichte N/V des Gases ein. Definieren wir eine *Entartungstemperatur* T_e durch die Forderung

$$k T_e = \left(\frac{N}{CV}\right)^{\frac{2}{3}} \tag{17a}$$

oder, wenn wir C aus (4) einsetzen,

$$T_e = \frac{h^2}{2\pi m k} \left(\frac{1}{2s+1}\ \frac{N}{V}\right)^{\frac{2}{3}}, \tag{17b}$$

so bedeutet unser Grenzfall offenbar $T \gg T_e$. Hier bleiben also die klassischen Formeln für U und S bis auf die abweichende Festlegung der Entropiekonstanten richtig.

Diese Entartungstemperatur liegt bei gewöhnlichen Gasen sehr tief; für Luft unter Normalbedingungen ist sie kleiner als 10^{-2} Grad, so daß hier nur extrem tiefe Temperaturen Aussicht auf Beobachtung von Entartungserscheinungen bieten können. Hohe Dichte (N/V) und kleine Teilchenmasse (m) erhöhen nach Gl. (17b) die Entartungstemperatur und machen die Erscheinungen leichter zugänglich. Ein besonders wichtiger Fall ist das Gas der Leitungselektronen in Metallen; in Silber ist z.B. $N/V = 5{,}85 \cdot 10^{22}$ cm^{-3} und $2s+1 = 2$; man erhält damit für $k T_e = 4{,}60$ eV oder $T_e = 53\,400°$. Die Leitungselektronen eines Metalls sind also stets extrem entartet, was ein neues Licht auf die Schwierigkeiten wirft, die wir am Ende von § 28 skizziert haben.

Neue Erscheinungen, die in der klassischen Statistik nicht beschrieben werden, sind für $T \lesssim T_e$ zu erwarten. Schon die geringen Abweichungen vom klassischen Grenzfall, die bei Berücksichtigung des nächsten Entwicklungsgliedes in den Reihen (12a, b) für $\varphi(\lambda)$ und $\lambda \varphi'(\lambda)$ eintreten, führen zu verschiedenen Ergebnissen für Bose- und Fermi-Statistik. Um sie kurz anzudeuten, beschränken wir uns auf Temperaturen, bei denen λ noch klein genug ist, um die nur für $|\lambda| < 1$ konvergenten Reihen noch benutzen zu dürfen, und beschränken uns auf deren erste Glieder.

Benutzen wir anstelle der Temperatur die Hilfsvariable

$$\vartheta = \left(\frac{T_e}{T}\right)^{\frac{3}{2}}, \tag{18}$$

so wird nach (17a) und (8) $\vartheta = \lambda \varphi'(\lambda)$, und mit Hilfe von Gl. (12b) kann die rechte Seite als Potenzreihe in λ dargestellt werden. Diese Reihenentwicklung läßt sich umkehren; wir erhalten in Zahlen

$$\lambda = \vartheta - 0{,}3536\,\varepsilon\vartheta^2 + 0{,}0576\vartheta^3 \ldots, \tag{19a}$$

wobei $\varepsilon = +1$ für die Bose-Statistik und $\varepsilon = -1$ für die Fermi-Statistik gilt. Hieraus folgt

$$\ln \lambda = \ln \vartheta - 0{,}3536\,\varepsilon\vartheta - 0{,}0049\vartheta^2 \ldots. \tag{19b}$$

Schließlich erhalten wir für

$$\frac{\varphi}{\lambda\varphi'} = \frac{\lambda + 0{,}1768\,\varepsilon\lambda^2 + 0{,}0642\lambda^3 + \cdots}{\lambda + 0{,}3536\,\varepsilon\lambda^2 + 0{,}1925\lambda^3 + \cdots} = 1 - 0{,}1768\,\varepsilon\lambda - 0{,}0660\lambda^2 \ldots$$

$$= 1 - 0{,}1768\,\varepsilon\vartheta - 0{,}0035\vartheta^2 \ldots. \tag{19c}$$

Mit diesen Reihenentwicklungen lassen sich die Ausdrücke (9′) für U und (11) für S unter völliger Elimination von λ auf ϑ umrechnen. Wir finden dann

$$U = \frac{3}{2} N k T \left\{ 1 - 0{,}1768\, \varepsilon \left(\frac{T_e}{T} \right)^{\frac{3}{2}} - 0{,}0035 \left(\frac{T_e}{T} \right)^3 \dots \right\} ; \qquad (20)$$

$$S = k N \left\{ \frac{5}{2} + \frac{3}{2} \ln \frac{T}{T_e} - 0{,}088\, \varepsilon \left(\frac{T_e}{T} \right)^{\frac{3}{2}} - 0{,}0039 \left(\frac{T_e}{T} \right)^3 \dots \right\} , \qquad (21)$$

und aus U geht durch Differenzieren nach T die Molwärme

$$C_v = \frac{3}{2} N k \left\{ 1 + 0{,}0884\, \varepsilon \left(\frac{T_e}{T} \right)^{\frac{3}{2}} + 0{,}0070 \left(\frac{T_e}{T} \right)^3 \dots \right\} \qquad (22)$$

hervor, wenn anstelle von N speziell die Loschmidtsche Zahl N gesetzt wird.

Die Temperaturdefinition (14), die sich lediglich auf die Analogie zur klassischen Theorie für hohe Temperaturen stützt, erscheint an dieser Stelle etwas willkürlich. Ein tieferes Verständnis ergibt sich erst aus der Notwendigkeit, die allgemeinen Beziehungen der klassischen Thermodynamik, wie wir sie weiter unten in § 33 kennen lernen werden, auch in der Quantentheorie aufrecht zu erhalten. Wir zeigen, daß man auf diese Weise eindeutig zu der Temperaturdefinition (14) gelangt, an Hand der freien Energie[1]

$$F = U - TS = N \left\{ \frac{3}{2\beta} \frac{\varphi}{\lambda \varphi'} - kT \left(\frac{5}{2} \frac{\varphi}{\lambda \varphi'} - \ln \lambda \right) \right\} ;$$

die Thermodynamik folgert dann aus dem zweiten Hauptsatz (vgl. S. 318):

$$\left(\frac{\partial F}{\partial T} \right)_V = - S = - N k \left(\frac{5}{2} \frac{\varphi}{\lambda \varphi'} - \ln \lambda \right) .$$

Nach Gl. (8′) hängt nun λ von V und β ab, und es folgt

$$\left(\frac{\partial}{\partial \beta} (\lambda \varphi') \right)_V = \frac{d(\lambda \varphi')}{d\lambda} \left(\frac{\partial \lambda}{\partial \beta} \right)_V = \frac{3}{2\beta} \lambda \varphi' ;$$

d. h.

$$\left(\frac{\partial \lambda}{\partial \beta} \right)_V = \frac{3}{2\beta} \frac{\lambda \varphi'}{\varphi' + \lambda \varphi''} .$$

Die Differentiation von F nach T ergibt daher

$$\left(\frac{\partial F}{\partial T} \right)_V = N \left\{ - \frac{3}{2\beta^2} \frac{d\beta}{dT} \frac{\varphi}{\lambda \varphi'} - k \left(\frac{5}{2} \frac{\varphi}{\lambda \varphi'} - \ln \lambda \right) + \right.$$

$$\left. + \left[\left(\frac{3}{2\beta} - \frac{5}{2} kT \right) \frac{\lambda \varphi'^2 - \varphi (\varphi' + \lambda \varphi'')}{\lambda^2 \varphi'^2} + \frac{kT}{\lambda} \right] \frac{3}{2\beta} \frac{\lambda \varphi'}{\varphi' + \lambda \varphi''} \frac{d\beta}{dT} \right\} .$$

---

[1] In Band IV, S. 303f. ist für die Fermi-Statistik die Temperaturdefinition $T = \left(\frac{\partial U}{\partial S} \right)_V$ zugrundegelegt, die sich ebenso verwenden läßt und etwa mit gleichem Rechenaufwand zum gleichem Ergebnis führt.

Hier ist der letzte Term der ersten Zeile gerade gleich $-S$; der Rest, aus dem wir noch den Faktor $\dfrac{3}{2\beta}\dfrac{d\beta}{dT}$ herausziehen können, muß also verschwinden, d.h.

$$\frac{1}{\beta}\frac{\varphi}{\lambda\varphi'}=\left[\left(\frac{3}{2\beta}-\frac{5}{2}kT\right)\frac{\lambda\varphi'^2-\varphi(\varphi'+\lambda\varphi'')}{\lambda^2\varphi'^2}+\frac{kT}{\lambda}\right]\frac{\lambda\varphi'}{\varphi'+\lambda\varphi''},$$

oder, bei Umformung der eckigen Klammer und Herüberbringen aller zusätzlichen Faktoren auf die andere Seite:

$$[\ ]=\frac{3}{2}\left(\frac{1}{\beta}-kT\right)\frac{1}{\lambda}+\left(\frac{5}{2}kT-\frac{3}{2\beta}\right)\frac{\varphi(\varphi'+\lambda\varphi'')}{\lambda^2\varphi'^2}=\frac{\varphi(\varphi'+\lambda\varphi'')}{\lambda^2\varphi'^2}\frac{1}{\beta},$$

d.h.

$$\frac{3}{2}\left(\frac{1}{\beta}-kT\right)\frac{1}{\lambda}=\frac{5\varphi(\varphi'+\lambda\varphi'')}{2\lambda^2\varphi'^2}\left(\frac{1}{\beta}-kT\right).$$

Diese Gleichung läßt sich aber dann und nur dann für alle Werte von λ befriedigen, wenn $1/\beta=kT$ beide Seiten unabhängig von λ identisch verschwinden läßt.

c) Tiefe Temperaturen. Die Reihenentwicklungen (12a, b) können benutzt werden, um etwa die Funktion $\vartheta=\lambda\varphi'(\lambda)$ für beide Statistiken numerisch zu berechnen. Man erhält auf diese Weise die angegebenen

λ	ϑ Bose	ϑ Fermi	λ	ϑ Bose	ϑ Fermi
0,0	0	0	0,5	0,6247	0,4297
0,1	0,1037	0,0967	0,6	0,7980	0,5028
0,2	0,2158	0,1874	0,7	1,0022	0,5728
0,3	0,3383	0,2725	0,8	1,258	0,642
0,4	0,4723	0,3543	1,0	2,614	0,764

Tabellenwerte, wobei $\varphi'(1)$ durch $\zeta(\tfrac{3}{2})=2{,}614$ ausgedrückt werden kann. In beiden Statistiken wächst λ mit sinkender Temperatur (d.h. mit wachsendem ϑ) an und erreicht bei einem endlichen Wert von ϑ den Wert $\lambda=1$. Bei weiter sinkender Temperatur hat man daher Werte $\lambda>1$ oder $\alpha<0$ zu erwarten. Die Reihenentwicklungen (12a, b) werden dann unbrauchbar, und man muß auf die ursprüngliche Definition (6) zurückgreifen.

Wir wollen statt dessen einen etwas anderen Weg einschlagen und zunächst die Verteilungsfunktion etwas genauer untersuchen. In den Gln. (6) und (15) von § 29 wurden die N_r angegeben; nach der Regel (2) können wir hieraus die Teilchenzahl dN im Energieintervall dE angeben:

$$dN_{B \atop F} = (2s+1) \cdot 2\pi \left(\frac{2m}{h^2}\right)^{\frac{3}{2}} V \; \frac{dE\sqrt{E}}{\frac{1}{\lambda}\,e^{\beta E} \mp 1}\,. \tag{23}$$

Ist nun $\lambda > 1$, so hat der Nenner im Fall der Bose-Statistik eine Null-stelle bei der Energie $E = kT\ln\lambda$, an der die Besetzungszahl über alle Grenzen wächst. Diese besondere Erscheinung, die nicht für die Fermi-Statistik auftritt, ist die Ursache der sogenannten *Einstein-Konden-sation*, die wir hier nicht näher verfolgen wollen[1]. Wir beschränken uns vielmehr auf eine kurze Behandlung der Fermi-Statistik.

Wir führen in (23) die Konstante C, Gl. (4), als Abkürzung ein und benutzen außerdem anstelle von $\alpha < 0$ oder $\lambda > 1$ den Parameter $\zeta > 0$, der durch

$$\alpha = -\frac{\zeta}{kT}\,; \qquad \lambda = e^{\beta\zeta} \tag{24}$$

definiert werden möge. Dann ist

$$dN = \frac{2}{\sqrt{\pi}}\,VC\,\frac{dE\sqrt{E}}{e^{\beta(E-\zeta)}+1}\,. \tag{25}$$

Damit N endlich bleibt, muß ζ im Grenzfall $T \to 0$ einen endlichen Grenzwert ζ_0 besitzen; dann folgt

$$\lim_{T\to 0}\frac{1}{e^{\beta(E-\zeta)}+1} = \begin{cases} 1 & \text{für} \quad E < \zeta_0 \\ 0 & \text{für} \quad E > \zeta_0. \end{cases} \tag{26}$$

Am absoluten Nullpunkt der Temperatur sind also *alle* Energieniveaus unterhalb ζ_0 einfach besetzt, *alle* oberhalb ζ_0 frei. Dies ist offenbar der quantenmechanische Grundzustand des Systems; ein kleinerer Energie-inhalt wäre nach dem Pauliprinzip nicht erreichbar. Die Größe der *Fermischen Grenzenergie*, bis zu der die besetzten Niveaus reichen, ergibt sich aus der Normierungsbedingung

$$N = \int dN = \frac{2}{\sqrt{\pi}}\,VC\int_0^{\zeta_0} dE\sqrt{E} = \frac{4}{3\sqrt{\pi}}\,VC\zeta_0^{\frac{3}{2}}$$

zu

$$\zeta_0 = \left(\frac{3}{4\pi}\,\frac{1}{2s+1}\,\frac{N}{V}\right)^{\frac{2}{3}}\frac{h^2}{2m}\,. \tag{27}$$

Erhöht man die Temperatur etwas, aber so wenig, daß immer noch $kT \ll \zeta_0$ bleibt, dann tritt anstelle des scharfen Sprunges der Funktion (26) bei $E = \zeta_0$ ein steiler, aber stetiger Abfall, dessen Schwerpunkt sich

---

[1] Die Einstein-Kondensation tritt in der superfluiden Phase (He II) des flüssigen Heliums unterhalb von etwa 2° K auf.

zugleich ein wenig verschieben kann. Dies bedeutet, daß die Ableitung der Funktion

$$f(E) = \frac{1}{e^{\beta(E-\zeta)} + 1} \tag{28}$$

in der Umgebung der Stelle $E = \zeta$ ein ausgeprägtes (negatives) Maximum besitzt und bei etwas größeren und kleineren Energien rasch gegen Null geht (Fig. 43). Zur Berechnung von Energieintegralen nach der Regel (2), die einen Faktor $f(E)$ im Integranden enthalten, können wir dann

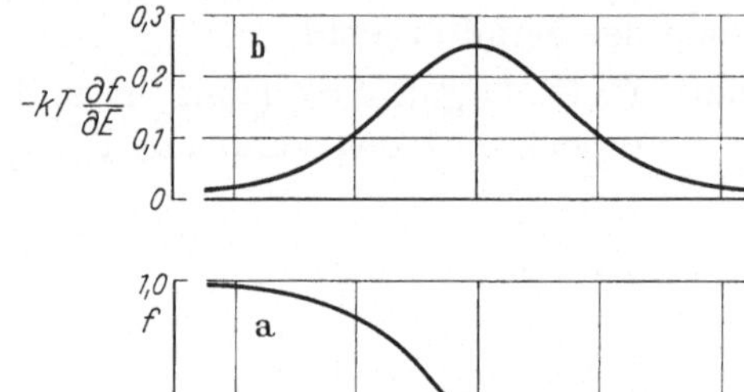

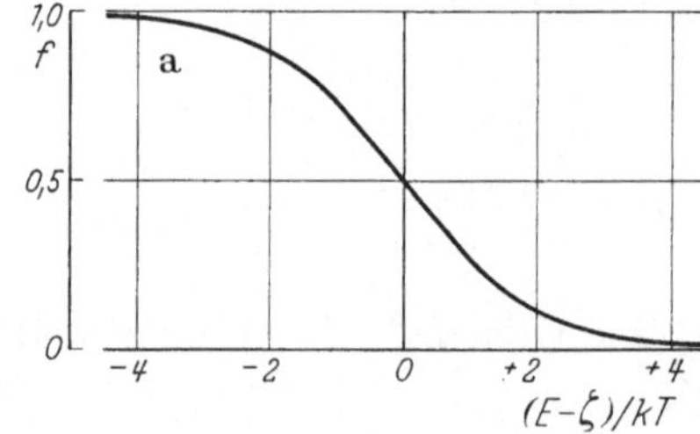

Fig. 43 a u. b. Die Fermische Verteilungsfunktion (a) und ihre Ableitung nach der Energie (b). Je tiefer die Temperatur, zu um so größeren negativen Werten von $(E-\zeta)/kT$ reicht das Plateau links; bei gleichem Energiemaßstab würde umgekehrt der Abfall bei $E = \zeta$ immer steiler werden

oft mit Vorteil durch eine partielle Integration $\partial f/\partial E$ anstelle von f einführen, z.B.

$$N = \frac{2}{\sqrt{\pi}} V C \int_0^\infty dE\, E^{\frac{1}{2}} f(E) = -\frac{2}{\sqrt{\pi}} V C \int_0^\infty dE\, \frac{2}{3}\, E^{\frac{3}{2}}\, \frac{\partial f(E)}{\partial E} \tag{29a}$$

und

$$U = \frac{2}{\sqrt{\pi}} V C \int_0^\infty dE\, E^{\frac{3}{2}} f(E) = -\frac{2}{\sqrt{\pi}} V C \int_0^\infty dE\, \frac{2}{5}\, E^{\frac{5}{2}}\, \frac{\partial f(E)}{\partial E}. \tag{29b}$$

Führen wir hier die bequemere Integrationsvariable

$$x = \frac{E - \zeta}{kT} \tag{30}$$

ein, so wird

$$f = \frac{1}{e^x + 1}; \qquad \frac{\partial f}{\partial E} = -\frac{1}{kT}\, \frac{e^x}{(e^x + 1)^2} = -\frac{1}{kT}\, \frac{e^{-x}}{(1 + e^{-x})^2};$$

$$E = \zeta\left(1 + x\, \frac{kT}{\zeta}\right); \qquad dE = kT\, dx; \tag{31}$$

das Integrationsgebiet reicht von $x = -\zeta/kT$ bis $x = +\infty$. Solange die Temperatur niedrig ist, so daß $\zeta \gg kT$ gilt, können wir die untere Integrationsgrenze nach $-\infty$ legen und die Potenzen von E entwickeln. Auf diese Weise entsteht:

$$N = \frac{4}{3\sqrt{\pi}}\, V C \zeta^{\frac{3}{2}} \int\limits_{-\infty}^{+\infty} d x \left[1 + \frac{3}{2}\, x\, \frac{k\,T}{\zeta} + \frac{3}{8}\, x^2 \left(\frac{k\,T}{\zeta}\right)^2 \cdots\right] \frac{e^x}{(e^x+1)^2}\,;$$

$$U = \frac{4}{5\sqrt{\pi}}\, V C \zeta^{\frac{5}{2}} \int\limits_{-\infty}^{+\infty} d x \left[1 + \frac{5}{2}\, x\, \frac{k\,T}{\zeta} + \frac{15}{8}\, x^2 \left(\frac{k\,T}{\zeta}\right)^2 \cdots\right] \frac{e^x}{(e^x+1)^2}\,.$$

Man sieht leicht ein, daß alle Integrale verschwinden, die zu ungeraden Potenzen von x in der Klammer gehören. Für das erste Glied mit x^0 kann man

$$\int\limits_{-\infty}^{+\infty} d x\, \frac{e^x}{(e^x+1)^2} = -\int\limits_{-\infty}^{+\infty} d x\, \frac{d}{dx}\left(\frac{1}{e^x+1}\right) = 1$$

elementar ausrechnen. Für die geraden Potenzen x^2, x^4 usw. ist eine Zurückführung auf die Riemannsche Zeta-Funktion möglich[1]. Wie geben als Beispiel das Integral für x^2 an:

$$\int\limits_{-\infty}^{+\infty} d x\, x^2\, \frac{e^x}{(e^x+1)^2} = 2 \int\limits_{0}^{\infty} d x\, x^2\, \frac{e^{-x}}{(1+e^{-x})^2} = 2 \int\limits_{0}^{\infty} d x\, x^2 (e^{-x} - 2e^{-2x} + 3e^{-3x} \ldots)$$

$$= 2 \cdot 2! \left[1 - \frac{1}{2^2} + \frac{1}{3^2} - \frac{1}{4^2} + \cdots\right].$$

Die Reihe in der eckigen Klammer läßt sich schreiben

$$\left[1 + \frac{1}{2^2} + \frac{1}{3^2} + \frac{1}{4^2} \cdots\right] - 2\left[\frac{1}{2^2} + \frac{1}{4^2} + \frac{1}{6^2} \cdots\right]$$

$$= \left(1 - \frac{1}{2}\right)\left(1 + \frac{1}{2^2} + \frac{1}{3^2} + \frac{1}{4^2} \cdots\right).$$

Die letzte Klammer, die nur Pluszeichen enthält, ist aber gerade $\zeta(2) = \pi^2/6$; das Integral wird daher $\pi^2/3$.

Die Auswertung der Integrale führt also zu[1]

$$N = \frac{4}{3\sqrt{\pi}}\, V C \zeta^{\frac{3}{2}} \left[1 + \frac{\pi^2}{8}\left(\frac{k\,T}{\zeta}\right)^2 \cdots\right] \tag{32a}$$

und

$$U = \frac{4}{5\sqrt{\pi}}\, V C \zeta^{\frac{5}{2}} \left[1 + \frac{5\pi^2}{8}\left(\frac{k\,T}{\zeta}\right)^2 \cdots\right]. \tag{32b}$$

Aus Gl. (32a) erhält man durch Umkehr der Entwicklung die Abhängigkeit der Größe ζ von der Temperatur:

$$\zeta = \zeta_0 \left[1 - \frac{\pi^2}{12}\left(\frac{k\,T}{\zeta_0}\right)^2 \cdots\right]\,; \tag{33}$$

---

[1] Die Ausdrücke (32) bis (35) sind ebenfalls in Band IV, S. 307 abgeleitet, wo die Berechnung der Integrale etwas gründlicher ausgeführt und die spezifische Wärme genauer diskutiert ist.

setzt man das in (32b) für ζ ein, so geht diese Entwicklung über in

$$U = \frac{3}{5}\, N\zeta_0 \left[1 + \frac{5\pi^2}{12}\left(\frac{k\,T}{\zeta_0}\right)^2 \cdots \right]. \tag{34}$$

Die mittlere Energie eines Teilchens ist daher bei sehr tiefer Temperatur $\frac{3}{5}\,\zeta_0$, also sehr viel größer als der klassische Wert $\frac{3}{2}\,k\,T$; die Molwärme wird jedoch

$$C_v = \left(\frac{\partial U}{\partial T}\right)_{\zeta_0} = \frac{\pi^2}{2}\, N k\, \frac{k\,T}{\zeta_0}; \tag{35}$$

sie geht also gegen Null und ist jedenfalls klein gegen den klassischen Wert $\frac{3}{2}\,N k$, sofern $k\,T \ll \zeta_0$. Dies entspricht genau der am Ende von § 28 für die Metallelektronen ausgesprochenen Forderung.

Wir betrachten nun noch die *Entropie* eines Fermi-Gases bei tiefen Temperaturen. Um sie zu berechnen wenden wir wieder die Additionsregel (2) an, diesmal auf die Entropieformel (17) von § 29. Schreiben wir noch entsprechend der Bezeichnungsweise von Gl. (30) $\eta = \mathrm{e}^x$, so entsteht

$$S = \frac{2}{\sqrt{\pi}}\, V C k \int_0^\infty dE\, \sqrt{E}\, \left[\ln\left(\mathrm{e}^x + 1\right) - \frac{x\,\mathrm{e}^x}{\mathrm{e}^x + 1}\right]. \tag{36}$$

Gehen wir wieder zur Integrationsvariablen x über, indem wir (31) benutzen, so erhalten wir

$$S = \frac{2}{\sqrt{\pi}}\, V C\, k^2\, T \zeta^{\frac{1}{2}} \int_{-\zeta/kT}^\infty dx \left(1 + x\,\frac{k\,T}{\zeta}\right)^{\frac{1}{2}} \left[\ln\left(\mathrm{e}^x + 1\right) - \frac{x\,\mathrm{e}^x}{\mathrm{e}^x + 1}\right].$$

Die eckige Klammer hat für $x = 0$ ein Maximum ($= \ln 2 = 0{,}693$) und geht sowohl für $x \to +\infty$ als auch für $x \to -\infty$ gegen Null. (Bei $x = -5$ ist sie bereits auf $0{,}040$ abgesunken.) Wir können daher wieder die untere Integrationsgrenze nach $-\infty$ verlegen. Entwickeln wir den ersten Faktor des Integranden in eine Potenzreihe, so folgt

$$S = \frac{2}{\sqrt{\pi}}\, V C\, k^2\, T \zeta^{\frac{1}{2}} \left\{J_0 + \frac{1}{2}\,\frac{k\,T}{\zeta}\, J_1 - \frac{1}{8}\left(\frac{k\,T}{\zeta}\right)^2 J_2 + \cdots \right\},$$

wobei

$$J_n = \int_{-\infty}^{+\infty} dx\, x^n \left[\ln\left(\mathrm{e}^x + 1\right) - \frac{x\,\mathrm{e}^x}{\mathrm{e}^x + 1}\right] = \int_{-\infty}^{+\infty} dx\, x^n \left[\ln\left(1 + \mathrm{e}^{-x}\right) + \frac{x\,\mathrm{e}^{-x}}{1 + \mathrm{e}^{-x}}\right]$$

bedeutet. Dies Integral läßt sich umschreiben in

$$J_n = \int_0^\infty dx\, x^n \left[\ln\left(1 + \mathrm{e}^{-x}\right) + \frac{x\,\mathrm{e}^{-x}}{1 + \mathrm{e}^{-x}}\right]\left[1 + (-1)^n\right];$$

es verschwindet daher für ungerades n. Für gerades n erhält man durch Reihenentwicklung nach Potenzen von e^{-x}

$$J_n = 2 \int\limits_0^\infty dx\, x^n \left\{ (e^{-x} - \tfrac{1}{2} e^{-2x} + \tfrac{1}{3} e^{-3x} \dots) + x\, (e^{-x} - e^{-2x} + e^{-3x} \dots) \right\},$$

was gliedweise elementar integriert werden kann zu

$$J_n = 2\, n!\, (n+2) \left(1 - \frac{1}{2^{n+2}} + \frac{1}{3^{n+2}} - \frac{1}{4^{n+2}} + \cdots\right)$$
$$= 2\, n!\, (n+2)\, (1 - 2^{-n-1})\, \zeta\,(n+2);$$

das gibt insbesondere

$$J_0 = 2\,\zeta\,(2) = \frac{\pi^2}{3} \quad \text{und} \quad J_2 = 14\,\zeta\,(4) = \frac{7}{45}\,\pi^4.$$

Die Entropie des Fermi-Gases bei niedrigen Temperaturen $(kT \ll \zeta)$ wird daher

$$S = \frac{2}{3}\, \pi^{\frac{3}{2}}\, V C k^2\, T \zeta^{\frac{1}{2}} \left[1 - \frac{7\pi^2}{120} \left(\frac{kT}{\zeta}\right)^2 \cdots\right]. \tag{36}$$

Dieser Ausdruck geht für $T \to 0$ ebenfalls gegen Null: Die Entropie eines Fermi-Gases verschwindet am absoluten Nullpunkt der Temperatur. Dieser Satz, der in voller Allgemeinheit gilt[1] und als *Nernstscher Wärmesatz* oder dritter Hauptsatz der Thermodynamik bezeichnet wird, stellt eine wichtige quantentheoretische Ergänzung der klassischen Thermodynamik dar. Vom Standpunkte der Quantenmechanik gesehen ist er sofort evident: Für $T = 0$ befindet sich das Ensemble im Grundzustande, der nicht entartet ist; seine statistische Wahrscheinlichkeit ist daher $W = 1$, mithin $S = k \ln W = 0$.

IV. Klassische Thermodynamik

In dem vorhergehenden Abschnitt über statistische Methoden haben wir gesehen, wie die verschiedenen Bewegungen molekularer Systeme zu makroskopischen Mittelwerten zusammengefügt werden können. Den unübersehbar komplizierten ungeordneten Bewegungen der Bestandteile stehen daher makroskopisch wohl definierte Begriffe wie Druck, Temperatur, Dichte gegenüber, die zwar der Mechanik entstammen, aber

---

[1] Das Verschwinden von S bei $T = 0$ haben wir in § 21 für die Vibrationsentropie bewiesen; für die Rotationsentropie ist es ebenfalls unschwer aus den in § 21 gegebenen Formeln abzuleiten. In § 22 haben wir gezeigt, daß die Entropie der Hohlraumstrahlung demselben Satz genügt; dies ist ein einfacher Fall von Bose-Statistik (Photonengas). Für die Bose-Statistik mit Erhaltung der Teilchenzahl, bei der $\lambda > 1$ werden und im Nenner der Verteilungsfunktion eine Singularität auftreten kann, erfordert der Beweis ein tieferes Eingehen auf die Quantenmechanik der Einstein-Kondensation und sei deshalb hier unterdrückt; der Nernstsche Wärmesatz bleibt jedoch auch dort gültig.

durch den charakteristischen Mittelungsprozeß, der zu ihnen führt, von ihr getrennt sind, ihren Rahmen sprengen und den Aufbau einer von ihr unabhängigen Thermodynamik erlauben.

Historisch ist die Entwicklung den umgekehrten Weg gegangen. Das unmittelbare Sinnesempfinden für Wärme und Kälte hat zuerst zu den thermodynamischen Grundbegriffen — vornehmlich der Temperatur — als physikalischen Begriffen sui generis ohne jeden Bezug auf die Mechanik geführt. So konnte FOURIER die Theorie der Wärmeleitung schon bis in mathematische Einzelheiten entwickeln, ehe die Umwandlungsmöglichkeit von Wärme und mechanischer Arbeit ineinander voll verstanden und damit der mechanisch-energetische, unstoffliche Charakter der Wärme erkannt war. Auch nachdem ROBERT MAYER, JOULE und HELMHOLTZ um die Mitte des 19. Jahrhunderts zu dieser Erkenntnis vorgedrungen waren, konnte neben der entstehenden kinetischen Gastheorie die klassische Thermodynamik in phänomenologischer Form jetzt erst richtig ausgebaut werden, ohne des Rückgriffs auf die statistische Mikromechanik zu bedürfen.

Es dürfte daher sinnvoll sein, diesen im wesentlichen den geordneten und ungeordneten Bewegungen gewidmeten Band mit einer Darstellung dieser klassischen Thermodynamik abzuschließen, nachdem deren wichtigste Begriffe — Temperatur, Wärmeenergie, Entropie usw. — in ihrem mikromechanischen Ursprung bereits entwickelt worden sind. Im Rahmen dieses Bandes wird es dabei freilich sinnvoll sein, die Anwendung der Thermodynamik auf Fragen, die diesen ursprünglich mechanischen Rahmen überschreiten, im großen ganzen auszulassen[1].

Die Grundlage der klassischen Thermodynamik bilden die beiden Hauptsätze, von denen der erste der Energiesatz ist und der zweite die allgemeine Fassung des Boltzmannschen H-Theorems enthält. Der Energiesatz ist natürlich keine besondere Aussage nur der Thermodynamik; es ist vielmehr ein historischer Zufall, daß gerade an der Umwandlung von Wärme und mechanischer Arbeit ineinander der Energiesatz zuerst entdeckt worden ist. In seiner ganzen Anwendungsbreite ist der Energiesatz heute in die klassische Physik wie in die Quantentheorie so fest eingebaut, daß er hier keiner besonderen Begründung mehr bedarf. Wir setzen ihn vielmehr voraus und ziehen im nächsten Paragraphen nur einige Konsequenzen für unseren besonderen Gegenstand daraus. Vorausgesetzt seien auch die üblichen Methoden

---

[1] Der Leser, der die Anwendung auf magnetische Erscheinungen, besonders auf den Ferromagnetismus genauer kennen lernen möchte, sei auf die Behandlung in R. BECKERS Theorie der Wärme, Springer 1955, Nachdruck 1961, hingewiesen. Eine noch heute nützliche, leicht lesbare Darstellung der Thermodynamik der Supraleitung ist in M. v. LAUES (in vielem überholten) Büchlein „Theorie der Supraleitung", Springer 1947, enthalten.

der Temperaturmessung durch die thermische Ausdehnung geeigneter Substanzen; der zweite Hauptsatz wird uns dann zu einer physikalisch sinnvolleren absoluten Temperaturskala führen. Ein Axiom, das in alle Betrachtungen eingeht, soll hier jedoch noch ausdrücklich erwähnt werden: *Bringt man zwei homogene Substanzen in thermischen Kontakt miteinander, so stellt sich in ihnen die gleiche Temperatur ein.* Daß dieser Satz richtig ist, haben wir bei Behandlung der Wärmeleitung in §§ 20 und 27 gesehen: Solange noch ein Temperaturgradient besteht, strömt Wärme im Sinne eines Temperaturausgleichs. Setzen wir diese Kenntnis voraus, so können wir das Axiom vielleicht eher als Definition des Begriffes thermischer Kontakt ansehen.

§ 31. Der erste Hauptsatz (Energiesatz)

a) Innere Energie. Arbeit. Enthalpie. Die Aussagen des ersten Hauptsatzes betreffen vor allem die Umwandlung thermischer Energie oder, wie wir im folgenden meist sagen werden, innerer Energie in andere Energieformen, unter denen traditionell die mechanische Arbeit die wichtigste Rolle spielt. Ehe wir solche Umwandlungen näher betrachten, ist es zweckmäßig, die innere Energie allein an Hand solcher Prozesse zu untersuchen, bei denen kein Energieaustausch mit der Umgebung stattfindet.

Dies ist der Grundgedanke, der dem *Überströmversuch* von GAY-LUSSAC (1806) und JOULE (1845) zugrundeliegt. Zwei gut wärmeisolierte Gefäße, deren eines gasgefüllt, das andere evakuiert ist, sind durch ein enges Rohr miteinander verbunden, das zunächst durch einen Hahn versperrt ist. Öffnet man den Hahn, so strömt Gas in das Vakuum über. Dabei wird zunächst innere Energie in Bewegungsenergie umgesetzt; nach einer kurzen Zeit der Beruhigung muß sich dieser Teil der Energie aber wieder in innere Energie zurückverwandeln. Im Endzustand ist daher das Volumen des Gases vergrößert worden, ohne daß dabei Arbeit geleistet worden wäre. Daher ist keine innere Energie in andere Energieformen umgesetzt worden; die innere Energie U des Gases bleibt bei dem Versuch konstant. Nun kann U von verschiedenen, den Zustand des Gases beschreibenden Größen abhängen, insbesondere werden wir etwa das Volumen V und die Temperatur T als solche unabhängige Variable benutzen können. Schreiben wir $U(V, T)$ als Funktion dieser beiden Variablen, so folgt bei einer infinitesimalen Änderung des Volumens nach Art des beschriebenen Versuches

$$dU = \left(\frac{\partial U}{\partial V}\right)_T dV + \left(\frac{\partial U}{\partial T}\right)_V dT = 0. \tag{1}$$

Das Experiment ergibt an nicht zu konzentrierten (idealen) Gasen $dT = 0$; da das Volumen verändert ist, muß

$$\left(\frac{\partial U}{\partial V}\right)_T = 0 \tag{2}$$

sein; d. h. die innere Energie einer gegebenen Gasmenge hängt nur von T allein, nicht von ihrem Volumen ab. Das stimmt überein mit dem in § 20 auf statistischem Wege gewonnenen Ergebnis.

Der Überströmversuch hat begriffliche Mängel: Die Änderung ist nicht infinitesimal, und da der turbulente Zwischenzustand kein Gleichgewichtszustand ist, kann man die endliche Änderung auch nicht als eine Folge infinitesimaler Änderungen zwischen aufeinander folgenden Gleichgewichtszuständen ansehen. Es entspricht besser der Methode der Thermodynamik, wenn wir alle Prozesse über eine kontinuierliche Folge von Gleichgewichtszuständen unendlich langsam ablaufen lassen, wie dies bei dem Versuch von JOULE und THOMSON (1853) der Fall ist, den

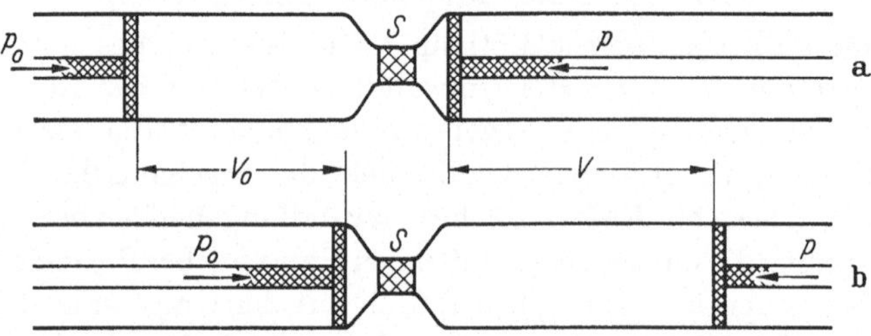

Fig. 44a u. b. Zum Joule-Thomson-Versuch. a Anfangsstellung, b Endstellung der Kolben

wir jetzt besprechen wollen. Hier wird das Gas, wie in Fig. 44 angedeutet, durch einen porösen Stöpsel S langsam hindurchgedrückt; dabei geht die Anordnung von der Stellung in Fig. 44a in diejenige der Fig. 44b über. Links wird beständig der Druck p_0, rechts der kleinere Druck p aufrechterhalten; das Druckgefälle liegt vollständig innerhalb des porösen Stöpsels S, dessen Volumen so klein sein möge, daß es gegen V und V_0 vernachlässigt werden kann.

Bei diesem Versuch wird nun allerdings äußere Arbeit geleistet, und wir müssen diese zunächst durch die Zustandsvariablen ausdrücken. Übt ein Gas auf die es einschließenden Wände den Druck p, also auf jedes Oberflächenelement dF die senkrechte Kraft $p\,dF$ aus, und gibt die Wand unter dem Druck nach, so daß das Flächenelement um die Strecke ds nach außen geschoben wird, so ist die an ihm geleistete Arbeit offenbar gleich dem Produkt aus Kraft und Weg, $p\,dF \cdot ds$. Andererseits ist $dF\,ds = dV$ die dabei eingetretene Änderung des Volumens, so daß wir sowohl für das Flächenelement als auch für die gesamte Oberflächenverschiebung

$$dA = p\,dV \tag{3}$$

als infinitesimale Beziehung, und für eine endliche Volumänderung vom Anfangszustand V_1 zum Endzustand V_2

$$A = \int_{V_1}^{V_2} p \, dV \tag{4}$$

schreiben können. Natürlich läßt sich dies Integral nur dann berechnen, wenn für den ganzen Ablauf des Prozesses p als Funktion von V bekannt ist. Die geleistete Arbeit ist daher nicht nur vom Anfangs- und Endzustand allein, sondern auch von dem durchlaufenen Weg abhängig. Letzterer läßt sich anschaulich am besten als Kurve in der p, V-Ebene darstellen.

Für den Joule-Thomson-Versuch bleibt nun auf der linken Seite in Fig. 44 der Druck p_0 während des ganzen Ablaufs konstant; die am Gas geleistete Arbeit beim Hindurchdrücken durch den Stöpsel ist daher $p_0 V_0$. Umgekehrt leistet das Gas gegen den konstanten Druck p am rechten Stempel die Arbeit pV; insgesamt wird daher von äußeren Kräften am Gas die Arbeit

$$A = p_0 V_0 - p V$$

geleistet. Bei vollständiger Wärmeisolation muß diese zugeführte Arbeit ganz in innere Energie umgesetzt worden sein:

$$A = U - U_0.$$

Daraus folgt, daß

$$U_0 + p_0 V_0 = U + p V \tag{5}$$

bei dem Versuch konstant geblieben ist. Die Größe

$$H = U + p V \tag{6}$$

wird als *Enthalpie* bezeichnet (s. unten § 33).

Wird der Joule-Thomson-Versuch mit einem nicht zu konzentrierten (idealen) Gas ausgeführt, so tritt auch bei ihm keine Temperaturänderung ein. Da für ein ideales Gas bei konstanter Temperatur $p_0 V_0 = p V$ ist, folgt $U = U_0$, und wir finden den obigen Schluß bestätigt, daß U in diesem Falle nicht vom Volumen abhängt. Bei Verwendung einer anderen Substanz, insbesondere eines nichtidealen Gases, ist nicht mehr $U = U_0$; lediglich die Enthalpie bleibt konstant, und es tritt eine Temperaturänderung ein, vgl. S. 331.

b) Kreisprozeß. Wärmekraftmaschine. Wir wollen uns nun für irgendeinen an einer homogenen Substanz ausgeführten Prozeß der oben als zweckmäßig erkannten Darstellung in der p, V-Ebene bedienen. Durchläuft die Substanz in Fig. 45 den Weg a von (1) nach (2), so leistet die expandierende Substanz die Arbeit

$$A_a = \int\limits_{(a)\,(1)}^{(2)} p\,dV.$$

Dabei ändert sich ihre innere Energie, da $U_1 = U(p_1, V_1)$ im Punkte (1) im allgemeinen nicht gleich $U_2 = U(p_2, V_2)$ im Punkte (2) ist. Diese Änderung, ebenso wie die geleistete Arbeit müssen dann aus einem Energiereservoir entnommen werden. Dies geschieht begrifflich (wenn auch nicht technisch) am einfachsten, indem Wärme aus einem auf konstanter Temperatur gehaltenen Wärmereservoir (Wärmebad) zugeführt wird. Die der Substanz während des Prozesses auf diesem Wege zugeführte Wärmemenge sei Q_a; dann lautet der Energiesatz hierfür:

$$U_1 + Q_a = U_2 + A_a$$

oder

$$U_2 - U_1 = Q_a - A_a. \tag{7a}$$

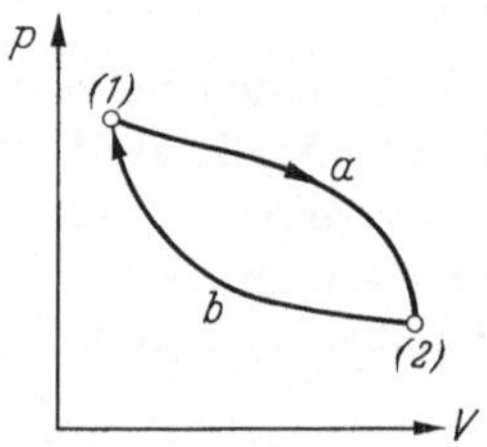

Fig. 45. Kreisprozeß in der p, V-Ebene. Die umschlossene Fläche ist bei dem markierten Umlaufsinn die von der Substanz geleistete Arbeit

Durchläuft die Substanz anschließend den Weg b von (2) nach (1), so wird hierbei die Arbeit

$$A_b = \int\limits_{(b)\,(1)}^{(2)} p\,dV$$

an der Substanz geleistet, und es muß aus einem zweiten Wärmereservoir eine Wärmemenge Q_b zugeführt werden, die so bemessen ist, daß

$$U_1 - U_2 = Q_b + A_b \tag{7b}$$

wird. Ein solcher Vorgang heißt ein *Kreisprozeß*, da am Ende die Substanz wieder im Ausgangszustand vorliegt. Seine gesamte Energiebilanz erhalten wir durch Addition von (7a) und (7b):

$$Q_a + Q_b = \oint p\,dV, \tag{8}$$

wobei das Integral offenbar in dem in der Figur angegebenen Drehsinn um den vom Kreisprozeß umschlossenen Bereich herum zu nehmen ist. Da bei Durchlaufung im Uhrzeigersinn das Integral offensichtlich positiv ist, wird der Substanz nach Gl. (8) aus den verwendeten Wärmereservoirs Wärme zugeführt. Das geschieht offenbar zweimal im Laufe des Kreisprozesses, einmal auf dem Wege a und einmal auf dem Wege b, wobei die kleinere der beiden Wärmezufuhren negativ sein kann, da lediglich die Summe $Q_a + Q_b > 0$ ist. Die Wärmezufuhr erfolgt durch thermischen Kontakt mit dem Reservoir, d.h. wenn die Temperatur der Substanz mit derjenigen eines Reservoirs übereinstimmt. Da es zwei solche Reservoire gibt, verläuft der Kreisprozeß zwischen zwei Temperaturen. Wir werden im folgenden deshalb auch von dem „oberen" Reservoir der höheren Temperatur und dem „unteren" Reservoir der tieferen Temperatur sprechen.

Auf diesem Verhalten beruht die Ausnutzung periodisch wiederholter Kreisprozesse als Wärmekraftmaschinen. Eine solche Maschine entnimmt während jedes Zyklus eine Wärmemenge Q_a aus einem heißen Reservoir, verwandelt einen Teil davon in mechanische Arbeit und gibt den Rest wieder als Wärme Q_b an ein kälteres Reservoir ab. Der in Arbeit umgesetzte Bruchteil der zugeführten Wärme,

$$\eta = \frac{\oint p\,dV}{Q_a} = 1 - \frac{Q_b}{Q_a} \qquad (9)$$

heißt der *Wirkungsgrad* oder *Nutzeffekt* der Maschine. Es ist das Ziel jeder technischen Konstruktion, η möglichst groß zu machen. Wir werden sehen, daß dem prinzipielle Grenzen gesetzt sind.

c) Isotherm-isochorer Kreisprozeß. Irreversibilität. Als einfaches Beispiel behandeln wir den Kreisprozeß, der an 1 Mol eines idealen Gases zwischen den zwei Isothermen $T = T_u$

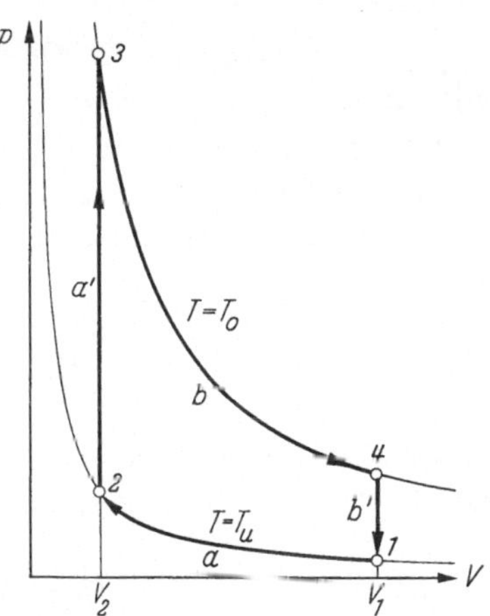

Fig. 46. Isotherm-isochorer Kreisprozeß. Beim angegebenen Umlaufssinn *1 2 3 4 1* wird Arbeit geleistet

und $T = T_o$ (Wege a und b in Fig. 46) und den zwei Isochoren $V = V_1$ und $V = V_2$ (Wege a' und b') abläuft. Wir beginnen den Zyklus im Punkte (1) und stellen für jeden der vier Wege die Energiebilanz auf.

Auf dem Wege a von (1) nach (2) besteht Kontakt mit dem unteren Wärmereservoir der Temperatur T_u. Die innere Energie U bleibt längs dieses Weges konstant, $U_1 = C_v T_u$, wenn C_v die Molwärme des Gases bezeichnet (vgl. S. 196), und zwischen Druck und Volumen gilt die Zustandsgleichung $pV = RT_u$. Die am Gas geleistete Arbeit bei dieser isothermen Kompression ist

$$A_a = - \int_{(1)}^{(2)} p\,dV = -RT_u \int_{V_1}^{V_2} \frac{dV}{V} = RT_u \ln \frac{V_1}{V_2},$$

was wegen $V_1 > V_2$ in der Tat positiv ist. Diese zugeführte Energie muß wegen der Konstanz von U an das untere Reservoir wieder abgegeben werden:

$$Q_a = A_a = RT_u \ln \frac{V_1}{V_2}.$$

Als nächster Schritt folgt der Weg a' von (2) nach (3), bei dem das Volumen $V=V_2$ festgehalten wird (Isochore), aber durch Kontakt mit dem oberen Wärmereservoir der Temperatur T_o das Gas aufgeheizt wird, bis es diese Temperatur erreicht. Hierbei wird keine Arbeit geleistet, aber die innere Energie um

$$U_3 - U_2 = C_v(T_o - T_u)$$

erhöht; also wird aus dem oberen Reservoir der gleiche Betrag

$$Q_{a'} = C_v(T_o - T_u)$$

entnommen.

Es folgt das dritte Wegstück b von (3) nach (4). Die Temperatur bleibt jetzt konstant auf dem oberen Wert T_o, die innere Energie gleich $C_v T_o$, das Gas leistet aber durch isotherme Entspannung mechanische Arbeit

$$A_b = \int\limits_{(3)}^{(4)} p\, dV = R T_o \int\limits_{V_2}^{V_1} \frac{dV}{V} = R T_o \ln \frac{V_1}{V_2} > 0,$$

da auf dieser Isotherme $pV = R T_o$ gilt. Diese Arbeit wird wegen der Konstanz von U durch Aufnahme eines gleichgroßen Wärmebetrages

$$Q_b = A_b = R T_o \ln \frac{V_1}{V_2}$$

aus dem oberen Reservoir gedeckt.

Schließlich wird auf dem Wege b' von (4) nach (1) der Kreis isochor beim Volumen $V=V_1$ geschlossen. Das Gas wird durch Kontakt mit dem kühleren Reservoir auf T_u abgekühlt; seine innere Energie sinkt um den an dies Reservoir abgegebenen Betrag

$$Q_{b'} = C_v(T_o - T_u),$$

denn es wird keine Arbeit geleistet.

Im ganzen haben wir eine Bilanzsituation, wie sie in Fig. 47 veranschaulicht ist. Aus dem oberen Reservoir T_o wird während eines Zyklus die Wärmemenge $Q_{a'} + Q_b$ entnommen; die nach außen hin geleistete Arbeit ist $A_b - A_a$, mithin der Nutzeffekt

$$\eta = \frac{A_b - A_a}{Q_{a'} + Q_b} = \frac{R(T_o - T_u) \ln \dfrac{V_1}{V_2}}{C_v(T_o - T_u) + R T_o \ln \dfrac{V_1}{V_2}}. \tag{10}$$

Dieser Bruch ist nicht nur kleiner als 1, sondern sogar kleiner als

$$\frac{T_o - T_u}{T_o},$$

ein Grenzwert, der bei extremem Expansionsverhältnis $(V_1 \gg V_2)$ angenähert werden kann. Die Ursache ist evident: Die Wärmemenge $Q_a + Q_{b'}$ geht an das untere Wärmereservoir verloren.

Es ist interessant, den Kreisprozeß in umgekehrter Richtung ablaufen zu lassen. Dann kehren sich die Vorzeichen der Arbeitsleistungen A_a und A_b einfach um; die Wärmemengen Q_a und Q_b, welche längs der isothermen Wege die Bilanz herstellen, fließen ebenfalls einfach in der umgekehrten Richtung; dagegen werden die auf den isochoren Wegen zur Abkühlung und Aufheizung aus den Wärmereservoiren entnommenen

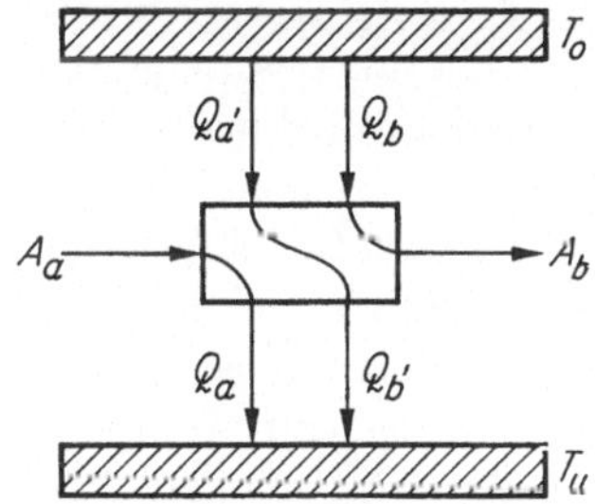

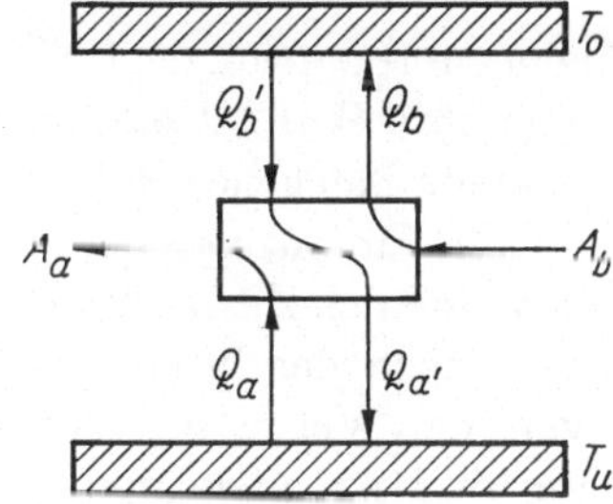

Fig. 47. Energiebilanz des in Fig. 46 dargestellten Kreisprozesses, der zwischen der oberen Temperatur T_o und der unteren Temperatur T_u im ganzen Arbeit leistet $(A_b > A_a)$

Fig. 48. Energiebilanz wie in Fig. 47, aber bei Umkehr des Umlaufssinnes im Kreisprozeß. Das Diagramm geht nicht durch bloße Umkehr aller Pfeile aus dem vorigen hervor; der Prozeß ist daher irreversibel

Mengen $Q_{a'}$ und $Q_{b'}$ jetzt jeweils dem anderen Reservoir entnommen. Anstelle des Schemas der Fig. 47 tritt daher jetzt Fig. 48, die nicht einfach durch Umkehr aller Pfeile aus Fig. 47 hervorgeht. Die Energiebilanz bei Umkehr des Prozesses bleibt daher zwar die gleiche, aber der Prozeß kehrt sich nicht einfach insgesamt um: Er ist *irreversibel*; während bei Fig. 47 vom oberen Reservoir $Q_{a'} + Q_b$ entnommen und $Q_a + Q_{b'}$ dem unteren Reservoir zugeführt wurde, wird bei der Umkehrung keineswegs unten $Q_a + Q_{b'}$, sondern $Q_a - Q_{a'}$ entnommen und dem oberen Reservoir keineswegs $Q_{a'} + Q_b$ sondern $Q_b - Q_{b'}$ zugeführt.

Die hier gefundene Irreversibilität ist ein besonders charakteristischer Zug der Thermodynamik, der sie deutlich z.B. von der klassischen Mechanik abhebt. Wir wissen bereits vom Boltzmannschen H-Theorem (S. 243), daß die Irreversibilität eine Folge des Hereinnehmens statistischer Aussagen in die Physik ist, etwa in dem Sinne, daß der umgekehrte Ablauf außerordentlich unwahrscheinlich ist. Da sich die Thermodynamik lediglich mit den Gleichgewichten, d.h. mit dem jeweils mit großem Abstande wahrscheinlichsten Ablauf des Geschehens beschäftigt, gilt hier die Irreversibilität in Strenge. Wir wissen bereits aus der Statistik, daß die diese Erscheinung adäquat beschreibende Größe die Entropie ist. Der folgende Paragraph, der der Entropie gewidmet ist, wird daher auch näher auf die Probleme der Irreversibilität eingehen.

d) Spezifische Wärme. Adiabatischer Prozeß. Wir kehren noch einmal, wie zu Beginn des Paragraphen, zu einer infinitesimalen Zustandsänderung zurück. Die einer homogenen Substanz zugeführte Wärmemenge δQ kann teils zur Erhöhung der inneren Energie, teils zur Leistung von Arbeit verwendet werden:

$$\delta Q = dU + p\, dV. \tag{11}$$

Tritt hierbei eine Temperaturerhöhung der Substanz um δT ein, so ist

$$C = \frac{\delta Q}{\delta T}$$

eine mengenproportionale, für die Substanz charakteristische Größe, die wir als ihre *Wärmekapazität* bezeichnen. Es ist zweckmäßig, sie auf eine geeignete Mengeneinheit (1 Mol oder 1 g) zu beziehen; wir nennen sie dann die *Molwärme* oder die *spezifische Wärme* der Substanz. Sie kann noch von den Zustandsvariablen, insbesondere von der Temperatur abhängen; nach der bisher gegebenen Definition hängt sie aber auch noch von der Verteilung der zugeführten Wärme auf Temperaturerhöhung und Arbeitsleistung nach Gl. (11) ab, d.h. von der Art des jeweils an der Substanz ablaufenden Prozesses. Um daher eine für die Substanz allein, nicht auch für den Prozeß, charakteristische Aussage zu erhalten, ist es notwendig, hinsichtlich dieser Verteilung eine Standardisierung vorzunehmen. Die beiden gebräuchlichen Standardformen sind die spezifische Wärme bei konstantem Volumen, C_v, bei der jede äußere Arbeit vermieden wird, und die spezifische Wärme bei konstantem Druck, C_p, bei der nur ein Teil der zugeführten Wärme zur Temperaturerhöhung verwendet wird und die deshalb größer als C_v ist.

Quantitativ folgt aus Gl. (11)

$$C_v = \left(\frac{\partial U}{\partial T}\right)_V; \quad C_p = \left(\frac{\partial U}{\partial T}\right)_p + p\left(\frac{\partial V}{\partial T}\right)_p, \tag{12}$$

wobei jetzt alle Größen auf 1 Mol Substanz bezogen sind. Im ersten Falle wird man U sinngemäß als Funktion von V und T auffassen; im zweiten Falle sind p und T die natürlichen Variablen. Da nun zwischen p, V und T eine Beziehung, die Zustandsgleichung, besteht, kann man die Differentialquotienten aufeinander umrechnen:

$$\left(\frac{\partial U}{\partial T}\right)_p = \left(\frac{\partial U}{\partial T}\right)_V + \left(\frac{\partial U}{\partial V}\right)_T\left(\frac{\partial V}{\partial T}\right)_p = C_v + \left(\frac{\partial U}{\partial V}\right)_T\left(\frac{\partial V}{\partial T}\right)_p,$$

woraus

$$C_p - C_v = \left[\left(\frac{\partial U}{\partial V}\right)_T + p\right]\left(\frac{\partial V}{\partial T}\right)_p \tag{13}$$

folgt. Auf S. 315 werden wir diese Gleichung mit Hilfe des zweiten Hauptsatzes noch weiter umformen.

Die Beziehung (13) gilt allgemein für jede homogene Substanz. Als Beispiel betrachten wir ein ideales Gas, bei dem nach dem Überströmversuch $U = f(T)$ nicht von V abhängt, und die Zustandsgleichung $pV = RT$ gilt. Dann ist

$$\left(\frac{\partial U}{\partial V}\right)_T = 0; \quad \left(\frac{\partial V}{\partial T}\right)_p = \frac{R}{p}; \quad C_p - C_v = R.$$

Dies ist ein wohlbekanntes elementares Ergebnis.

Führen wir einer homogenen Substanz keine Wärme zu, sondern begrenzen wir sie durch wärmeisolierende Wände, so ist in Gl. (11) $\delta Q = 0$, so daß

$$dU + p\,dV = 0 \tag{14}$$

entsteht. Eine Zustandsveränderung der Substanz, welche dieser Gleichung genügt, heißt eine *adiabatische Zustandsänderung*. Gl. (14) ist die differentielle Form der Adiabatengleichung. Benutzen wir wieder T und V als unabhängige Variable, so können wir (14) umschreiben in

$$\left(\frac{\partial U}{\partial T}\right)_V dT + \left[\left(\frac{\partial U}{\partial V}\right)_T + p\right] dV = 0,$$

woraus die Differentialgleichung der Adiabate entsteht:

$$\frac{dV}{dT} = -\frac{(\partial U/\partial T)_V}{(\partial U/\partial V)_T + p}. \tag{15}$$

Mit Hilfe von (12) und (13) können wir hierfür auch schreiben

$$\frac{dV}{dT} = -\frac{C_v}{C_p - C_v}\left(\frac{\partial V}{\partial T}\right)_p. \tag{16}$$

Auch die Gln. (15) und (16) gelten für jede homogene Substanz. Für das Beispiel des idealen Gases haben wir nach dem oben Ausgeführten:

$$\frac{dV}{dT} = -\frac{C_v}{R}\cdot\frac{R}{p} = -\frac{C_v}{R}\cdot\frac{V}{T}. \tag{17}$$

Es ist üblich, das Verhältnis

$$C_p/C_v = \gamma \tag{18}$$

einzuführen, mit dem Gl. (16) in

$$\frac{dV}{dT} = -\frac{1}{\gamma - 1}\left(\frac{\partial V}{\partial T}\right)_p$$

umgeschrieben werden kann. Für ein ideales Gas ist das identisch mit

$$\frac{dV}{dT} = -\frac{1}{\gamma - 1}\cdot\frac{V}{T}.$$

Integration der letzten Gleichung führt zu

$$V^{\gamma-1}\,T = \text{constans.} \tag{19a}$$

Mit Hilfe der Zustandsgleichung läßt sich das auch in die äquivalenten Formen

$$p\,V^\gamma = \text{constans} \tag{19b}$$

oder

$$T^\gamma\,p^{1-\gamma} = \text{constans} \tag{19c}$$

bringen.

Für einatomige Gase wissen wir aus § 20, daß $C_v = \tfrac{3}{2}R$, also $C_p = \tfrac{5}{2}R$ und $C_p/C_v = \tfrac{5}{3}$ ist. Für zweiatomige gilt $C_v = \tfrac{5}{2}R$, daher $C_p = \tfrac{7}{2}R$ und $C_p/C_v = \tfrac{7}{5}$, solange nur zwei Rotationsfreiheitsgrade vollständig und die Schwingungen noch gar nicht angeregt sind. Ähnlich erhalten wir für mehratomige Gase $C_v = 3\,R$, $C_p = 4\,R$ und $C_p/C_v = \tfrac{4}{3}$, wenn alle drei Rotationsfreiheitsgrade voll und Schwingungen gar nicht angeregt sind. In den Bereichen sehr tiefer oder sehr hoher Temperaturen,

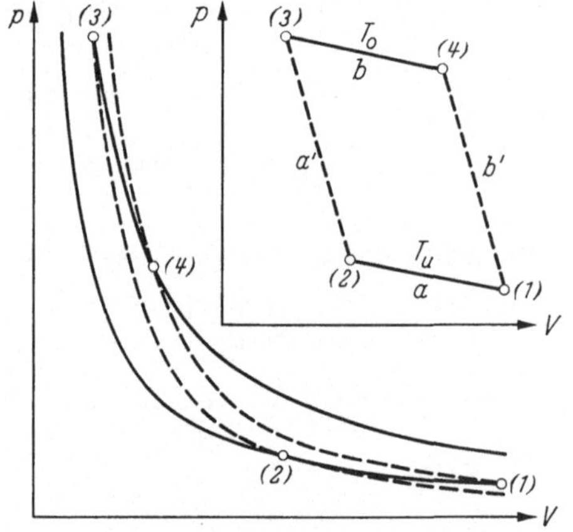

Fig. 49. Carnotscher Kreisprozeß zwischen zwei Isothermen (ausgezogen) und zwei Adiabaten (gestrichelt). Das Diagramm ist quantitativ korrekt für $T_o = 2\,T_u$ und $\gamma = 1{,}5$. Wegen seiner außerordentlich flachen Gestalt ist es im Ausschnitt schematisch verzerrt wiederholt

in denen diese Voraussetzungen nicht erfüllt sind, bleibt für ideale Gase $C_p - C_v = R$ bestehen, man hat aber für $C_v(T)$ eine nach den Methoden von § 21 zu berechnende Funktion der Temperatur einzuführen, wenn man die Adiabatengleichung (17) integrieren will.

e) Der Carnotsche Kreisprozeß. Die vorstehenden Betrachtungen ermöglichen uns jetzt die Behandlung eines zweiten, besonders wichtigen Kreisprozesses, der sich zwischen zwei Isothermen und zwei Adiabaten abspielt. Als Substanz legen wir wieder ein ideales Gas zugrunde.

In Fig. 49 folgen wir zunächst von (1) nach (2) der unteren Isotherme $T = T_u$. Auf ihr bleibt U konstant; am Gas wird die Arbeit

$$A_a = R\,T_u \ln \frac{V_1}{V_2}$$

geleistet und die Wärmemenge $Q_a = A_a$ an das untere Reservoir T_u wieder abgegeben (s. Fig. 50). Nun folgt der adiabatische Weg a' von (2) nach (3), auf dem kein Wärmeaustausch mit der Umgebung erfolgt ($Q_{a'} = 0$). Auch auf diesem, nach Gl. (19a) durch die Gleichung

$$T = T_u (V_2/V)^{\gamma-1}$$

oder nach (19b) durch

$$p = p_2 (V_2/V)^\gamma = \frac{R T_u}{V_2} (V_2/V)^\gamma$$

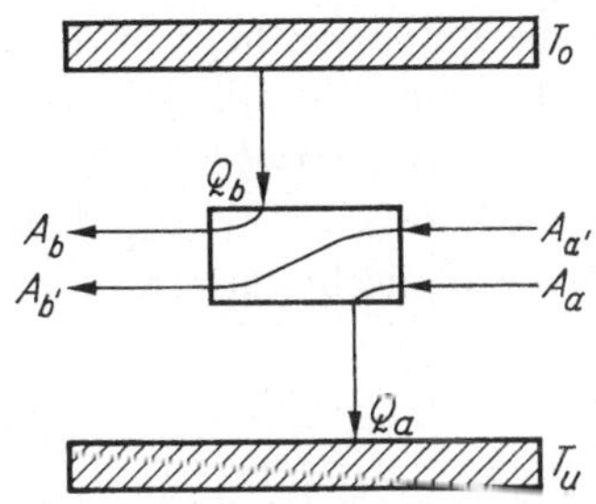

Fig. 50. Energiebilanz des Carnotschen Kreisprozesses von Fig. 49 bei Durchlaufung im Umlaufsinn *1 2 3 4 1*, d.h. bei Arbeitsleistung

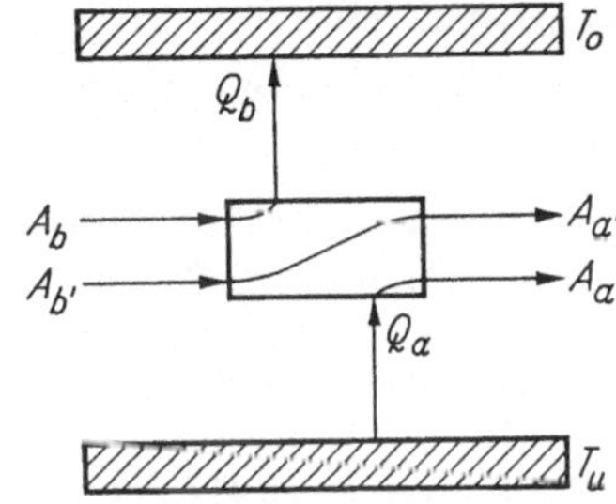

Fig. 51. Energiebilanz wie in Fig. 50 bei Umkehr des Umlaufssinnes, d.h. bei Leistungsaufnahme. Alle Pfeile von Fig. 50 haben sich einfach umgekehrt; der Prozeß ist daher reversibel

zu beschreibenden Weg wird an dem Gas Arbeit geleistet, nämlich

$$A_{a'} = -\int_{(2)}^{(3)} p \, dV = -\frac{R T_u}{V_2} V_2^\gamma \int_{V_2}^{V_3} \frac{dV}{V^\gamma} = \frac{R T_u}{\gamma - 1} \left\{ \left(\frac{V_2}{V_3} \right)^{\gamma-1} - 1 \right\} > 0;$$

die adiabatische Kompression bis zum Volumen V_3 führt dabei im Punkte (3) auf die Temperatur

$$T_o = T_u (V_2/V_3)^{\gamma-1}.$$

Das Gas wird nun in (3) mit dem oberen Reservoir T_o in thermischen Kontakt gebracht und expandiert isotherm längs des Weges b von (3) nach (4). Dann leistet es die Arbeit

$$A_b = R T_o \ln \frac{V_4}{V_3}$$

und entnimmt bei konstanter innerer Energie aus dem oberen Reservoir die gleiche Wärmemenge $Q_b = A_b$. Die isotherme Expansion wird im Punkte (4) abgebrochen, der auf der Adiabaten durch (1) liegt, d.h. auf der Kurve

$$T = T_u (V_1/V)^{\gamma-1}; \quad p = \frac{R T_u}{V_1} (V_1/V)^\gamma.$$

Die weitere Expansion folgt dieser Adiabate b' bis zum Ausgangspunkt (1). Dann ist $Q_{b'} = 0$, und das Gas leistet die Arbeit

$$A_{b'} = \int\limits_{(4)}^{(1)} p\, dV = \frac{R\,T_u}{\gamma - 1}\left\{\left(\frac{V_1}{V_4}\right)^{\gamma - 1} - 1\right\},$$

während es gleichzeitig wieder auf T_u abkühlt.

Kehren wir diesen Kreisprozeß um (Fig. 51), so sehen wir daß hier, anders als beim isotherm-isochoren Prozeß, einfach alle Pfeile umgekehrt werden. Der Grund für dies einfachere Verhalten liegt in der Ersetzung der Isochoren durch Adiabaten, d.h. im Wegfall der Anteile $Q_{a'}$ und $Q_{b'}$. Der Carnotsche Kreisprozeß ist daher *reversibel*.

Läßt man eine Wärmekraftmaschine nach diesem Prinzip laufen, so ist die von ihr pro Zyklus abgegebene mechanische Arbeit offenbar

$$\begin{aligned}
\oint p\, dV &= -A_a - A_{a'} + A_b + A_{b'} \\
&= -RT_u \ln \frac{V_1}{V_2} - \frac{R\,T_u}{\gamma - 1}\,[(V_2/V_3)^{\gamma-1} - 1] + \\
&\quad + RT_o \ln \frac{V_4}{V_3} + \frac{R\,T_u}{\gamma - 1}\,[(V_1/V_4)^{\gamma-1} - 1].
\end{aligned}$$

Da nun nach den beiden Adiabatengleichungen gilt

$$(V_3/V_2)^{\gamma-1} = T_u/T_o = (V_4/V_1)^{\gamma-1},$$

d.h.

$$V_3/V_2 = V_4/V_1 \quad \text{und} \quad V_2/V_1 = V_3/V_4,$$

können wir dies einfacher schreiben

$$\oint p\, dV = R\,(T_o - T_u)\ln\frac{V_4}{V_3}.$$

Andererseits wird aus dem oberen Reservoir die Wärmemenge

$$Q_b = R\,T_o \ln \frac{V_4}{V_3}$$

entnommen, so daß der Wirkungsgrad der Carnotschen Maschine

$$\eta = \frac{\oint p\,dV}{Q_b} = \frac{T_o - T_u}{T_o} \tag{20}$$

wird. Diese reversible Maschine arbeitet also gerade mit jenem Wirkungsgrad, der für die oben auf S. 298 geschilderte irreversible Maschine nur als Grenzwert asymptotisch erreichbar ist. Wir werden im nächsten Paragraphen erkennen, daß wir hier ein Beispiel für eine allgemeine Gesetzmäßigkeit gefunden haben.

§ 32. Der zweite Hauptsatz (Entropiesatz)

a) Formulierung des zweiten Hauptsatzes. Die Betrachtungen des vorigen Paragraphen über reversible und irreversible Prozesse haben uns vorbereitet, um den zweiten Hauptsatz der Thermodynamik zu formulieren. Wir beginnen damit, zwei zwischen Reservoiren T_o und T_u arbeitende Maschinen zu betrachten (Fig. 52), wobei wieder $T_o > T_u$ sei. Die erste Maschine möge pro Zyklus die Wärmemenge Q_1 aus dem oberen Reservoir T_o entnehmen. Ihr Wirkungsgrad sei η_1, so daß sie den Anteil $A_1 = \eta_1 Q_1$ in mechanische Arbeit umsetzt und den Rest $(1 - \eta_1) Q_1$ dem unteren Reservoir T_u zuführt. Entsprechend möge die zweite Maschine Q_2 aus dem oberen Reservoir entnehmen und davon

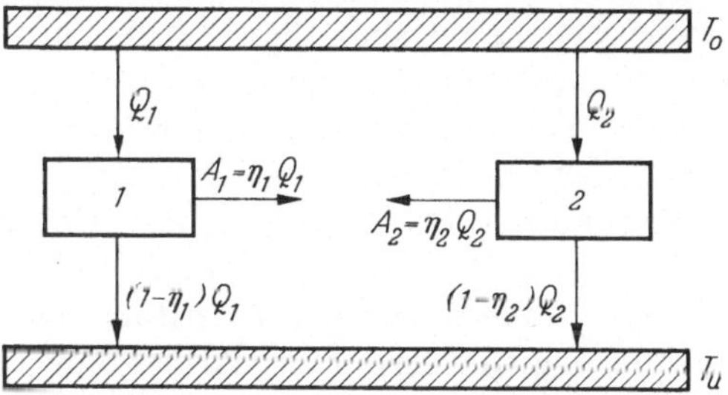

Fig. 52. Energiebilanz zweier zwischen den gleichen Reservoiren T_o und T_u arbeitender Maschinen. Die Maschine 2 soll reversibel sein

mit dem Wirkungsgrad η_2 den Anteil $A_2 = \eta_2 Q_2$ an Arbeit leisten, während $(1 - \eta_2) Q_2$ dem unteren Reservoir zufließt.

Wir koppeln jetzt die beiden Maschinen aneinander, indem wir die Maschine 1 die Arbeit A_1 an der Maschine 2 leisten lassen. Wir setzen dabei ausdrücklich voraus, daß die Maschine 2 reversibel arbeitet. Dann sind bei ihr jetzt einfach alle Pfeile in der Figur umzukehren. Treiben wir 2 auf diese Weise an, so ist $A_2 = A_1$, d.h. $\eta_1 Q_1 = \eta_2 Q_2$. Die Maschine 2 führt also dem oberen Reservoir die Wärme $Q_2 = (\eta_1/\eta_2) Q_1$ wieder zu und entzieht dem unteren die Wärme

$$(1 - \eta_2) Q_2 = \frac{1 - \eta_2}{\eta_2} \eta_1 Q_1 .$$

Die gesamte Anordnung entnimmt also dem unteren Reservoir die Wärme

$$(1 - \eta_2) Q_2 - (1 - \eta_1) Q_1 = \left(\frac{\eta_1}{\eta_2} - 1 \right) Q_1$$

und führt dem oberen die gleiche Menge, nämlich

$$Q_2 - Q_1 = \left(\frac{\eta_1}{\eta_2} - 1 \right) Q_1$$

zu, ohne daß dabei äußere Arbeit aufgebracht oder geleistet würde. Ist $\eta_1 > \eta_2$, so sind beide Beträge positiv. Die Anordnung ist eine *Wärmepumpe*, die Wärme von tieferer zu höherer Temperatur schafft, ohne daß sonst irgendwelche Veränderungen einträten.

Die Existenz einer solchen Kältemaschine, die keines Energieaufwandes bedarf, steht, obwohl sie nicht dem Energiesatz widerspricht, in klarem Widerspruch zur Erfahrung. Da das Ergebnis eine Folge der Annahme $\eta_1 > \eta_2$ ist, wobei η_2 der Wirkungsgrad derjenigen Maschine war, von deren Reversibilität wir Gebrauch gemacht hatten, können wir aus der Unmöglichkeit einer Wärmepumpe schließen, daß keine Maschine einen größeren Wirkungsgrad als eine reversible besitzen kann. Da wir nicht ausgeschlossen haben, daß die Maschine 1 auch reversibel ist, schließt dies notwendig ein, daß alle reversibel arbeitenden Maschinen den gleichen Wirkungsgrad besitzen müssen.

Die Kopplung der beiden Maschinen läßt sich auch etwas abändern, so daß $Q_2 = Q_1$ wird. Setzen wir dann wieder $\eta_1 > \eta_2$ voraus, so wird von der ersten Maschine nur der Bruchteil η_2/η_1 der geleisteten Arbeit, also $A_2 = \eta_2 Q_1$ an die zweite Maschine übertragen, und der Restbetrag $A_1 - A_2 = (\eta_1 - \eta_2) Q_1 > 0$ bleibt zur Arbeitsleistung nach außen hin verfügbar. Das gesamte Aggregat leistet also Arbeit ohne am oberen Reservoir etwas zu ändern; die Energie für diese Arbeit wird vielmehr ausschließlich durch Abkühlung des unteren Reservoirs gewonnen, dem die Wärmemenge

$$(1 - \eta_2) Q_2 - (1 - \eta_1) Q_1 = (\eta_1 - \eta_2) Q_1$$

entnommen wird. Eine solche Einrichtung bezeichnet man als *perpetuum mobile zweiter Art*[1]; die Erfahrung lehrt, daß auch eine derartige Anlage nicht möglich ist, woraus erneut $\eta_2 \geqq \eta_1$ folgt.

Man bezeichnet die hier dargelegten Ergebnisse als den *zweiten Hauptsatz der Thermodynamik*, der somit in einer der drei völlig gleichwertigen folgenden Formen ausgesprochen werden kann:

1. Es gibt keine Wärmepumpe.

2. Es gibt kein perpetuum mobile zweiter Art.

3. Alle reversiblen Maschinen besitzen den gleichen Wirkungsgrad, der größer ist als der jeder beliebigen irreversiblen Maschine.

Da wir bereits eine reversible Maschine, nämlich den Carnot-Zyklus im vorigen Paragraphen kennen gelernt haben, muß der dort berechnete Wirkungsgrad

$$\eta = \frac{T_o - T_u}{T_o} \tag{1}$$

für jede reversibel zwischen diesen beiden Temperaturen arbeitende Maschine gelten.

---

[1] Ein perpetuum mobile erster Art leistet Arbeit aus Nichts und widerspricht daher dem Energiesatz. Ein perpetuum mobile zweiter Art würde z. B. ein Kraftwerk sein, das seine Energie allein aus Abkühlung des Ozeans bestreitet.

b) Die Kelvinsche absolute Temperaturskala. Wir können die vorstehenden Betrachtungen zunächst benutzen, um den Temperaturbegriff schärfer als bisher zu fassen. Wir haben ja die Temperatur bisher in naiver Weise eingeführt, im wesentlichen mit Hilfe der idealen Gase, wobei die Temperatur als ein Maß der inneren Energie aus dem Überströmversuch und die Temperaturskala etwa aus der Zustandsgleichung entnommen werden konnten. Unser Temperaturbegriff ist also bis zu diesem Punkt noch abhängig von der benutzten Thermometer-Substanz,

wobei es natürlich einigermaßen pikant ist, daß die vornehmlich verwendete Thermometersubstanz, das ideale Gas, streng genommen gar nicht existiert.

Wir nehmen nun eine Neudefinition des Temperaturbegriffes vor, indem wir einem Vorschlag von Lord KELVIN folgend Gl. (1) als Definition der Temperatur auffassen. Als unabhängige Aussage steckt hierin der Satz, daß durch thermischen Kontakt zweier homogener Substanzen in ihnen die gleiche Temperatur hergestellt wird, ein Erfahrungssatz, den wir schon auf S. 293 ausge-

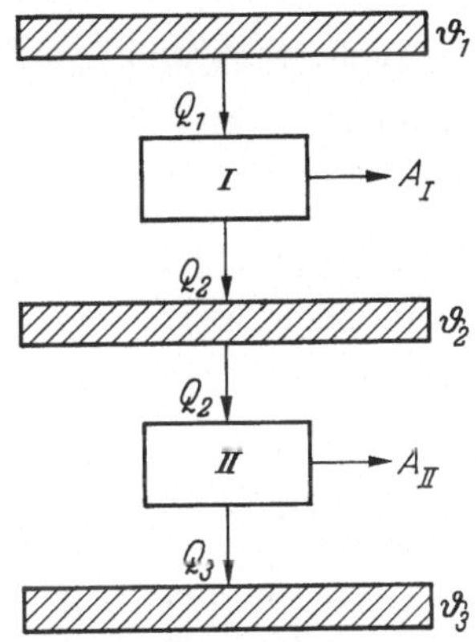

Fig. 53. Zwei hintereinander geschaltete reversible Maschinen

sprochen und danach im Zusammenhang mit dem Begriff des Wärmereservoirs immer wieder benutzt haben.

Da alle zwischen zwei Temperaturen arbeitenden reversiblen Maschinen den gleichen Wirkungsgrad haben, kann dieser nur von den beiden Temperaturen allein abhängen. In einer noch nicht festgelegten Temperaturskala sei die Temperatur mit ϑ bezeichnet; dann schreiben wir

$$\eta = 1 - f(\vartheta_o, \vartheta_u).\tag{2}$$

Wir denken nun nach dem Schema von Fig. 53 zwei reversible Maschinen zwischen drei Reservoiren mit den Temperaturen $\vartheta_1 > \vartheta_2 > \vartheta_3$ hintereinander geschaltet, und zwar so, daß dem mittleren Reservoir (ϑ_2) von der Maschine I die gleiche Wärmemenge Q_2 zugeführt wird wie die, die es an die Maschine II wieder abgibt. Die von diesen Maschinen geleistete Arbeit ist dann

$$A_{\mathrm{I}} = Q_1 [1 - f(\vartheta_1, \vartheta_2)]; \quad A_{\mathrm{II}} = Q_2 [1 - f(\vartheta_2, \vartheta_3)].\tag{3}$$

Da das Reservoir ϑ_2 unverändert bleibt, können wir die Serie aus beiden Maschinen auch als eine einzige betrachten, die reversibel zwischen ϑ_1

und ϑ_3 arbeitet und dabei insgesamt die Arbeit

$$A_\mathrm{I} + A_\mathrm{II} = Q_1 [1 - f(\vartheta_1, \vartheta_3)] \tag{4}$$

leistet. Setzt man die Summe der Ausdrücke (3) gleich (4) und drückt Q_2 gemäß

$$Q_2 = Q_1 - A_\mathrm{I} = Q_1 f(\vartheta_1, \vartheta_2)$$

durch Q_1 aus, so kann man Q_1 aus dem Ergebnis herauskürzen und erhält

$$1 - f(\vartheta_1, \vartheta_2) + f(\vartheta_1, \vartheta_2)[1 - f(\vartheta_2, \vartheta_3)] = 1 - f(\vartheta_1, \vartheta_3)$$

oder kürzer

$$f(\vartheta_1, \vartheta_2)\, f(\vartheta_2, \vartheta_3) = f(\vartheta_1, \vartheta_3)\,.$$

Diese Identität soll für beliebige Argumente $\vartheta_1 > \vartheta_2 > \vartheta_3$ bestehen; das ist nur möglich, wenn

$$f(\vartheta_1, \vartheta_2) = \frac{T(\vartheta_1)}{T(\vartheta_2)} \tag{5}$$

geschrieben werden kann, wobei $T(\vartheta)$ eine universelle Funktion der zunächst willkürlichen Temperaturskala ϑ ist. Hieraus folgt sofort Gl. (1); zugleich aber definiert T jetzt die *absolute Temperaturskala* als eben die, welche die Schreibung von η in der Form (1) gestattet. Daß die so konstruierte absolute oder Kelvinsche Skala mit derjenigen der idealen Gase übereinstimmt, ist der tiefere Grund dafür, daß dieser Grenzfall sehr verdünnter Gase in der Thermodynamik eine so große Rolle spielt.

Die durch (1) festgelegte Skala läßt noch einen konstanten Faktor frei, da mit T zugleich auch $c \cdot T$ Gl. (1) erfüllt. Die Konstante c wird nach wie vor durch eine empirische Zahl fixiert, etwa durch den Schmelzpunkt des Eises oder den Siedepunkt des Wassers bei 1 at Druck. Da in praxi diese beiden Punkte bereits in der Celsius-Skala zu 0° C und 100° C festgelegt sind, wählt man die absolute Temperaturskala so, daß das Intervall zwischen diesen beiden Fixpunkten auch in ihr 100° C bleibt. Das legt den Punkt $T = 0$ um 273,15° unter den Schmelzpunkt des Eises.

c) Entropie. Bei Betrachtung der Kreisprozesse haben wir schon wiederholt gesehen, daß die Wärmemenge, die einer Substanz zugeführt werden muß, um sie von einem Zustand in einen anderen zu bringen, von dem Wege abhängt, auf dem dies geschieht. So ist die zugeführte Wärme bei dem isotherm-isochoren Prozeß (S. 297), um vom Punkte (1) zum Punkte (3) in Fig. 46 zu kommen, auf dem Wege aa'

$$-Q_a + Q_{a'} = -RT_u \ln \frac{V_1}{V_2} + C_v(T_o - T_u)$$

und auf dem Wege bb'

$$Q_{b'} - Q_b = C_v(T_o - T_u) - RT_o \ln \frac{V_1}{V_2}\,.$$

Die Differenz ist ja eben gerade gleich der während des Zyklus geleisteten Arbeit. Man kann daher zum Unterschied von *Zustandsfunktionen* wie $U(V, T)$ oder $p(V, T)$, die jedem Punkt der V, T-Ebene (oder analog der p, V- oder p, T-Ebene) einen bestimmten Zahlenwert zuordnen, nicht auch jedem Punkt der V, T-Ebene ein bestimmtes Q zuordnen.

Nach dem Energiesatz ist nun die für eine infinitesimale Änderung in der V, T-Ebene notwendige Wärmezufuhr $\delta Q = dU + p\,dV$ oder

$$\delta Q = \left(\frac{\partial U}{\partial T}\right)_V dT + \left[\left(\frac{\partial U}{\partial V}\right)_T + p\right] dV. \tag{6}$$

Hier sind die Koeffizienten von dT und dV bekannte Funktionen von V und T:

$$\delta Q = f(V, T)\,dT + g(V, T)\,dV. \tag{7}$$

Die mathematische Bedingung dafür, daß es eine Zustandsfunktion Q gibt, d.h., daß der Differentialausdruck (7) integrabel ist, lautet nun

$$\frac{\partial f}{\partial V} = \frac{\partial g}{\partial T}; \tag{8}$$

da es keine Zustandsfunktion Q gibt, kann diese Bedingung bei (6) nicht erfüllt sein. In der Tat sieht man dies z.B. für ein ideales Gas explicite, bei dem

$$f = \frac{\partial U}{\partial T} = C_v; \quad g = \frac{\partial U}{\partial V} + p = \frac{RT}{V},$$

also

$$\frac{\partial f}{\partial V} = 0; \quad \frac{\partial g}{\partial T} = \frac{R}{V} \neq 0.$$

In der Mathematik wird nun aber gezeigt, daß ein (sogenannter Pfaffscher) Differentialausdruck der Form (7), auch wenn er nicht der Bedingung (8) genügt, stets durch Hinzufügen eines integrierenden Nenners integrabel gemacht werden kann, d.h., daß immer eine Funktion $N(V, T)$ existiert derart, daß

$$\frac{\delta Q}{N} = \frac{f\,dT + g\,dV}{N} = dS \tag{9}$$

das Differential einer Funktion $S(V, T)$ wird. Der Ausdruck (9) wird dann als ein *vollständiges Differential* bezeichnet. Der integrierende Nenner muß der partiellen Differentialgleichung

$$\frac{\partial}{\partial V}\left(\frac{f}{N}\right) = \frac{\partial}{\partial T}\left(\frac{g}{N}\right) \tag{10}$$

genügen, und es läßt sich zeigen, daß diese Differentialgleichung für N stets Lösungen besitzt. Für das Beispiel des idealen Gases lautet (10) insbesondere

$$\frac{\partial}{\partial V}\left(\frac{C_v}{N}\right) = \frac{\partial}{\partial T}\left(\frac{RT}{VN}\right),$$

und man sieht sofort, daß $N = T$ eine Lösung ist. Kennt man N, so läßt sich die Funktion S angeben; für das ideale Gas wird z. B.

$$\frac{\partial S}{\partial T} = \frac{C_v}{T}; \qquad \frac{\partial S}{\partial V} = \frac{R}{V},$$

woraus durch Integration

$$S = C_v \ln T + R \ln V + S_0 \tag{11}$$

hervorgeht. (Man beachte, daß dieser Ausdruck nicht dimensionsrein geschrieben ist!)

Nun läßt sich zeigen, daß die Temperatur *immer* integrierender Nenner von δQ ist, d. h. daß es eine Zustandsfunktion S gibt, deren Differential dS bei einer infinitesimalen Zustandsänderung mit der dazu erforderlichen Wärmezufuhr δQ gemäß

$$dS = \frac{\delta Q}{T} = \frac{dU + p\,dV}{T} \tag{12}$$

verknüpft ist. Diese Zustandsfunktion S heißt *Entropie*; sie ist aus (12) nur bis auf eine additive Konstante bestimmt, die im Rahmen der klassischen Thermodynamik ebenso willkürlich bleibt wie die Energie-konstante.

Die hier gegebene Definition der Entropie besagt, daß bei einem Kreisprozeß das Integral

$$\oint dS = 0 \tag{13}$$

sein muß. Dies besagt natürlich nicht, daß die Entropie der *gesamten* Maschine einschließlich der Wärmereservoire bei einem Zyklus unver-ändert bleiben muß. Wir veranschaulichen das an den bereits im vorigen Paragraphen besprochenen Maschinen. Für den irreversiblen Kreis aus Isothermen und Isochoren ist bei Arbeitsleistung nach Fig. 47 (S. 299)

$$\delta S_o = -\frac{Q_{a'} + Q_b}{T_o}; \qquad \delta S_u = \frac{Q_a + Q_{b'}}{T_u}$$

die Entropieänderung des oberen bzw. unteren Reservoirs. Da die Sub-stanz zum Ausgangspunkt zurückkehrt, ihre Entropie sich also nicht ändert, wird die Gesamtänderung der Entropie pro Zyklus $\delta S_o + \delta S_u$, und das ist wegen $Q_{a'} = Q_{b'}$ und $Q_b/Q_a = T_o/T_u$:

$$\delta S = Q_{a'}\left(\frac{1}{T_u} - \frac{1}{T_o}\right) > 0.$$

Läuft dieselbe Maschine unter Arbeitsaufnahme in der umgekehrten Richtung, so folgt aus Fig. 48 (S. 299)

$$\delta S_o = \frac{Q_b - Q_{b'}}{T_o} \; ; \quad \delta S_u = \frac{Q_{a'} - Q_a}{T_u},$$

woraus die Gesamtänderung

$$\delta S = \delta S_o + \delta S_u = Q_{a'}\left(\frac{1}{T_u} - \frac{1}{T_o}\right) > 0$$

trotz der anderen Verteilung der Beiträge wie oben herauskommt.

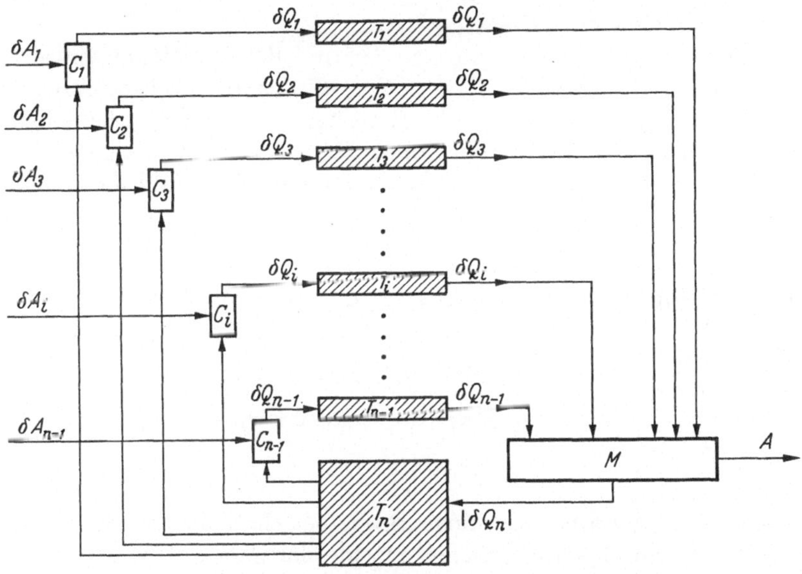

Fig. 54. Allgemeinster Kreisprozeß, Erklärung im Text

Bei dem reversiblen Carnot-Prozeß treten die Anteile $Q_{a'}$ und $Q_{b'}$ nicht auf; man erhält daher dort nach dem gleichen Verfahren in beiden Richtungen $\delta S = 0$.

Hinter diesen beiden Beispielen verbirgt sich der allgemeine Satz, daß in einem thermodynamisch abgeschlossenen System bei einem reversiblen Prozeß $\delta S = 0$, bei einem irreversiblen $\delta S > 0$, aber niemals $\delta S < 0$ ist. Diesen Satz, ebenso wie die allgemeine Existenz des integrierenden Nenners T in Gl. (12) müssen wir nun allgemein beweisen.

Um diesen Beweis zu führen, betrachten wir die allgemeinste Form eines Kreisprozesses[1]. In Fig. 54 sei M eine „Maschine", d.h. ein physikalisches System, das während eines Zyklus mit einer beliebigen Zahl

---

[1] Dieser Beweis geht auf die klassischen Arbeiten des vorigen Jahrhunderts zurück, vgl. z.B. G. KIRCHHOFF: Vorlesungen, Band IV, Leipzig 1894, S. 58ff.

von Wärmereservoiren der Temperaturen $T_1 > T_2 > T_3 > \ldots > T_i > \ldots > T_n$ in Kontakt gebracht wird und dabei aus ihnen die Wärmemengen δQ_i $(i = 1, 2, \ldots, n)$ entnimmt. Diese sind als positiv definiert, wenn die Wärme vom Reservoir zur Maschine hin fließt; sie sind aber nicht notwendig alle positiv und insbesondere ist bei dieser Schreibweise $\delta Q_n < 0$. Im ganzen muß ein Überschuß an Wärmezufuhr bestehen, aus dem die Maschine M während eines Zyklus die Arbeit A leistet; nach dem ersten Hauptsatz gibt sie die Arbeit

$$A = \sum_{i=1}^{n} \delta Q_i \tag{14}$$

nach außen ab. Wir wollen nun diese Wärmebilanz mit Hilfe von reversiblen Carnotmaschinen $C_1, C_2, \ldots, C_{n-1}$ wieder ausgleichen, und zwar soll die Maschine C_i zwischen den Reservoiren T_i und T_n arbeiten und dem oberen Niveau T_i die ihm durch M entzogene Wärmemenge δQ_i aus T_n wieder zuführen. Wir wissen bereits, daß die Zufuhr der äußeren Arbeit

$$\delta A_i = \frac{T_i - T_n}{T_i}\,\delta Q_i$$

erfordert wird; dem unteren Niveau T_n wird außerdem die Wärme

$$\delta Q_i' = \frac{T_n}{T_i}\,\delta Q_i$$

entzogen, so daß dem oberen Niveau T_i die Wärme

$$\delta A_i + \delta Q_i' = \delta Q_i$$

zufließt. Da die Carnotmaschinen reversibel sind, bleiben diese Relationen auch dann bestehen, wenn einzelne darunter mit $\delta Q_i < 0$ in der umgekehrten Richtung arbeiten. Insgesamt muß an diesen $n-1$ Carnotmaschinen also die Arbeit

$$A' = \sum_{i=1}^{n-1} \delta A_i = \sum_{i=1}^{n-1} \left(1 - \frac{T_n}{T_i}\right) \delta Q_i$$

geleistet werden. Da das Summenglied für $i = n$ identisch verschwindet, können wir es hier noch hinzufügen und unter Berücksichtigung von (14) schreiben

$$A' = A - T_n \sum_{i=1}^{n} \frac{\delta Q_i}{T_i}. \tag{15}$$

Betrachten wir nun die gesamte Anordnung von Fig. 54 als eine einzige Maschine, so leistet diese die Arbeit

$$A - A' = T_n \sum_{i=1}^{n} \frac{\delta Q_i}{T_i}. \tag{16}$$

Da den Niveaus T_1 bis T_{n-1} die ihnen rechts entzogene Wärme dabei von links her wieder zugeführt wird, ist mit dieser Arbeitsleistung als einzige Veränderung an dem ganzen System nur die Abkühlung des tiefsten Niveaus T_n verbunden. Die Anordnung wäre daher ein perpetuum mobile zweiter Art, wenn der Ausdruck (16) positiv wäre. Da nach dem zweiten Hauptsatz eine derartige Anlage nicht existieren darf, folgt

$$\sum_{i=1}^{n} \frac{\delta Q_i}{T_i} \leqq 0, \tag{17a}$$

eine Relation, die wir bei kontinuierlicher Verteilung der Reservoire $(n \to \infty)$ auch als Integral über einen Zyklus der „Maschine" M

$$\oint \frac{\delta Q}{T} \leqq 0 \tag{17b}$$

schreiben können.

Vollziehen wir an der Maschine M nur reversible Prozesse, so können wir die ganze Anlage in der entgegengesetzten Richtung laufen lassen, wobei wiederum kein perpetuum mobile zweiter Art entstehen darf. Dann gilt jedenfalls in (17a, b) das Gleichheitszeichen.

Wir berechnen nun die Entropieänderung der Anordnung von Fig. 54 während eines Zyklus. Da den Niveaus T_1 bis T_{n-1} die entzogene Wärme gerade wieder zugeführt wird, ändert sich ihre Entropie nicht. Die gesamte Entropieänderung wird daher gleich derjenigen des Reservoirs T_n:

$$\delta S = \delta S_n = -\frac{\delta Q_n}{T_n} - \frac{1}{T_n} \sum_{i=1}^{n-1} \delta Q_i'.$$

Wegen $\delta Q_i' = (T_n/T_i)\, \delta Q_i$ können wir aber umformen und erhalten

$$\delta S = -\sum_{i=1}^{n} \frac{\delta Q_i}{T_i},$$

d.h. die Entropieänderung während eines Zyklus ist entgegengesetzt gleich dem Integral (17a), so daß stets

$$\delta S \geqq 0$$

gilt, wobei für eine reversible Maschine M (die anderen Teile der Anordnung sind bereits als reversibel vorausgesetzt) das Gleichheitszeichen zu setzen ist. Damit ist der erste Teil unserer Behauptung bewiesen.

Führt man den Kreisprozeß an M reversibel durch, so folgt aus $\delta S = 0$, daß das Integral (17b) verschwindet, daß also im bereits oben angegebenen mathematischen Zusammenhang $\delta Q/T$ ein vollständiges Differential sein muß. Damit ist gezeigt, daß für die in der Maschine M

verwendete Substanz immer eine Zustandsfunktion S derart definiert werden kann, daß T dabei die Rolle des integrierenden Nenners zu δQ spielt. Damit ist auch der zweite Teil unserer Behauptung bewiesen.

§ 33. Anwendungen des zweiten Hauptsatzes

a) Spezifische Wärmen. Wir haben im vorigen Paragraphen gesehen, daß sich für eine homogene Substanz eine Zustandsfunktion $S(V, T)$ einführen läßt, für die

$$dS = \frac{dU + p\,dV}{T} \tag{1}$$

gilt. In den beiden hier benutzten unabhängigen Variablen V und T haben wir das thermodynamische Verhalten der Substanz durch zwei charakteristische Substanzgleichungen ausgedrückt, nämlich die Zustandsgleichung

$$p = p(V, T) \tag{2}$$

und die Energiegleichung

$$U = U(V, T). \tag{3}$$

Infolge der Bedingung (1) sind diese beiden Gleichungen nicht völlig unabhängig voneinander. Schreiben wir nämlich Gl. (1) ausführlicher

$$\left(\frac{\partial S}{\partial T}\right)_V = \frac{1}{T}\left(\frac{\partial U}{\partial T}\right)_V; \quad \left(\frac{\partial S}{\partial V}\right)_T = \frac{1}{T}\left[\left(\frac{\partial U}{\partial V}\right)_T + p\right], \tag{4}$$

so lautet die Kompatibilitätsbedingung

$$\frac{\partial}{\partial V}\left(\frac{\partial S}{\partial T}\right) = \frac{\partial}{\partial T}\left(\frac{\partial S}{\partial V}\right)$$

in ausführlicher Schreibweise

$$\frac{1}{T}\frac{\partial^2 U}{\partial V\,\partial T} = -\frac{1}{T^2}\left(\frac{\partial U}{\partial V} + p\right) + \frac{1}{T}\left(\frac{\partial^2 U}{\partial T\,\partial V} + \frac{\partial p}{\partial T}\right)$$

oder kürzer

$$\left(\frac{\partial p}{\partial T}\right)_V = \frac{1}{T}\left[\left(\frac{\partial U}{\partial V}\right)_T + p\right] \tag{5a}$$

bzw.

$$\left(\frac{\partial U}{\partial V}\right)_T = T\left(\frac{\partial p}{\partial T}\right)_V - p. \tag{5b}$$

Gl. (5b) ist eine partielle Differentialgleichung für die innere Energie U, wenn die Zustandsgleichung bekannt ist; umgekehrt ist (5a) eine partielle Differentialgleichung für die Zustandsgleichung bei gegebener Energiegleichung.

Führen wir neben U die spezifische Wärme bei konstantem Volumen,

$$C_v = \left(\frac{\partial U}{\partial T}\right)_V \tag{6}$$

ein, so folgt aus (4) und (5a):

$$\left(\frac{\partial S}{\partial T}\right)_V = \frac{C_v}{T}; \quad \left(\frac{\partial S}{\partial V}\right)_T = \left(\frac{\partial p}{\partial T}\right)_V, \tag{7}$$

so daß wir (1) durch

$$dS = \frac{C_v}{T}\, dT + \left(\frac{\partial p}{\partial T}\right)_V dV \tag{8}$$

ersetzen können. Die Kompatibilitätsbedingung läßt sich dann in

$$\frac{1}{T}\left(\frac{\partial C_v}{\partial V}\right)_T = \left(\frac{\partial^2 p}{\partial T^2}\right)_V \tag{9}$$

umschreiben. Die letzte Formel folgt auch aus (5b) durch Differenzieren nach T; sie gibt daher keine über (5) hinausgehende Auskunft über die Abhängigkeit der Energiegleichung von der Zustandsgleichung und umgekehrt.

In den hier gewählten unabhängigen Variablen V und T folgt aus (2)

$$dp = \left(\frac{\partial p}{\partial T}\right)_V dT + \left(\frac{\partial p}{\partial V}\right)_T dV;$$

bei konstantem Druck, d. h. wenn $dp = 0$ ist, haben wir daher

$$\left(\frac{\partial V}{\partial T}\right)_p = -\frac{(\partial p/\partial T)_V}{(\partial p/\partial V)_T} \tag{10}$$

als Differentialgleichung der *Isobaren*. Wir können diese Relation benutzen, um die spezifische Wärme bei konstantem Druck, C_p, aus der Zustandsgleichung (2) zu berechnen. Dazu brauchen wir nur auf Gl. (13) von § 31 (S. 300) zurückzugreifen:

$$C_p - C_v = \left[\left(\frac{\partial U}{\partial V}\right)_T + p\right]\left(\frac{\partial V}{\partial T}\right)_p$$

und die beiden Faktoren der rechten Seite aus (5a) und (10) einzusetzen:

$$C_p - C_v = -T\,\frac{[(\partial p/\partial T)_V]^2}{(\partial p/\partial V)_T}. \tag{11}$$

Aus experimentellen Gründen ist es meist bequemer, nicht V und T, sondern statt dessen p und T als unabhängige Variable zu benutzen. Die Zustandsgleichung (2) geht dann in $V = V(p, T)$ über, und wir können aus

$$dV = \left(\frac{\partial V}{\partial p}\right)_T dp + \left(\frac{\partial V}{\partial T}\right)_p dT$$

für $dV = 0$ schließen:

$$\left(\frac{\partial p}{\partial T}\right)_V = - \frac{(\partial V/\partial T)_p}{(\partial V/\partial p)_T} .$$ (12)

Dann läßt sich Gl. (11) umschreiben in

$$C_p - C_v = - T \frac{[(\partial V/\partial T)_p]^2}{(\partial V/\partial p)_T} .$$ (13)

In diesem Ausdruck treten nur noch gut meßbare Größen auf. Es ist nämlich

$$\alpha = \frac{1}{V} \left(\frac{\partial V}{\partial T}\right)_p$$ (14)

der *isobare Ausdehnungskoeffizient* und

$$\varkappa = - \frac{1}{V} \left(\frac{\partial V}{\partial p}\right)_T$$ (15)

die *isotherme Kompressibilität* der Substanz. Mit Hilfe dieser Größen geht (13) über in

$$C_p - C_v = T \frac{V \alpha^2}{\varkappa} .$$

Beziehen wir die spezifischen Wärmen auf eine Menge von μ Gramm (wobei $\mu = 1$ g oder 1 Mol sein kann), dann ist $V = \mu/\varrho$, wenn ϱ die Dichte (g/cm³) bedeutet. Wir erhalten dann

$$C_p - C_v = \frac{\mu \alpha^2 T}{\varkappa \varrho} .$$ (16)

In dieser Form ist der Vergleich mit dem Experiment am leichtesten herzustellen. Das Auftreten von α im Zähler ist verständlich, da der Unterschied $C_p - C_v$ ja gerade die infolge der thermischen Ausdehnung gegen den äußeren Druck geleistete Arbeit beschreibt. Daher muß z. B. für Wasser von 4° C, d. h. im Dichtemaximum, wo $\alpha = 0$ ist, auch $C_p = C_v$ sein.

Besonders nützlich ist Gl. (16) in Anwendung auf feste Körper und Flüssigkeiten, bei denen man fast immer C_p mißt, zum theoretischen Verständnis, etwa zur Prüfung des Dulong-Petitschen Gesetzes, aber C_v braucht. Als Beispiel seien folgende Zahlen für Quecksilber angegeben. Der Ausdehnungskoeffizient ist hier $\alpha = 1{,}808 \cdot 10^{-4}$ pro Grad; er ist nahezu unabhängig von der Temperatur, solange man sich auf das Intervall etwa zwischen 0° C und 150° C beschränkt, weshalb sich ja Quecksilber so gut als Thermometersubstanz eignet. Die Kompressibilität liegt in dem angegebenen Temperaturintervall um $\varkappa = 4 \cdot 10^{-12}$ cm²/dyn $\approx 4 \cdot 10^{-6}$ Atm⁻¹, d. h. erst Drucke von mehreren 10^5 Atm bewirken eine starke Volumenänderung. (Natürlich bleibt bei so großen Drucken $\varkappa$ nicht mehr konstant.) Schließlich ist das Molvolumen ziemlich genau $\mu/\varrho = 15$ cm³/Mol. Aus diesen Zahlen erhält man z. B. bei 110° C oder $T = 383°$ K nach Gl. (16) $C_p - C_v = 4{,}4 \cdot 10^7$ erg/Grad, Mol oder 0,53 cal/Grad, Mol. Da $C_p = 6{,}59$ cal/Grad, Mol gemessen ist, ergibt sich somit $C_v = 6{,}06$ cal/Grad, Mol nur wenig größer als der nach dem Dulong-Petitschen Gesetz zu erwartende Wert 5,95 (vgl. S. 234).

Versuchen wir ganz allgemein die Theorie in den Variablen p und T aufzubauen, so müssen wir Gl. (8) für dS mit Hilfe von (12) umrechnen:

$$dS = \frac{C_v}{T}\, dT - \frac{(\partial V/\partial T)_p}{(\partial V/\partial p)_T}\left\{\left(\frac{\partial V}{\partial p}\right)_T dp + \left(\frac{\partial V}{\partial T}\right)_p dT\right\},$$

wobei die letzte Klammer für dV steht. Hieraus erhalten wir

$$\left(\frac{\partial S}{\partial T}\right)_p = \frac{C_v}{T} - \frac{[(\partial V/\partial T)_p]^2}{(\partial V/\partial p)_T}\, ; \quad \left(\frac{\partial S}{\partial p}\right)_T = -\left(\frac{\partial V}{\partial T}\right)_p. \tag{17}$$

Man beachte hier besonders den Unterschied von $(\partial S/\partial T)_p$ und dem in Gl. (7) angegebenen $(\partial S/\partial T)_V$. Der Unterschied wird anschaulich klar, wenn man Gl. (13) heranzieht; dann folgt

$$\left(\frac{\partial S}{\partial T}\right)_p = \frac{C_p}{T} \quad \text{neben} \quad \left(\frac{\partial S}{\partial T}\right)_V = \frac{C_v}{T}. \tag{18}$$

Aus (17) können wir ähnlich wie früher eine Kompatibilitätsbedingung ableiten: Aus

$$\frac{\partial}{\partial p}\left(\frac{\partial S}{\partial T}\right) = \frac{\partial}{\partial T}\left(\frac{\partial S}{\partial p}\right)$$

folgt

$$\frac{1}{T}\left(\frac{\partial C_p}{\partial p}\right)_T = -\left(\frac{\partial^2 V}{\partial T^2}\right)_p \tag{19}$$

in Analogie zu Gl. (9).

b) Thermodynamische Potentiale. Wir haben bereits gesehen, daß wir einige Freiheit haben, welches Variablenpaar wir zur Beschreibung des thermodynamischen Verhaltens einer homogenen Substanz heranziehen wollen. Diesen Wechsel zwischen den Variablen können wir systematisch wie folgt behandeln.

Wir gehen von Gl. (1) aus, die wir aber in der Form

$$dU = T\, dS - p\, dV \tag{20a}$$

schreiben. Das können wir auch so lesen, daß wir die innere Energie U als Funktion der unabhängigen Variablen S und V auffassen; Gl. (20a) besagt dann, daß

$$\left(\frac{\partial U}{\partial S}\right)_V = T; \quad \left(\frac{\partial U}{\partial V}\right)_S = -p; \quad U(S, V), \tag{20b}$$

woraus die Kompatibilitätsbedingung

$$\left(\frac{\partial T}{\partial V}\right)_S = -\left(\frac{\partial p}{\partial S}\right)_V \tag{20c}$$

folgt. Wir vollziehen nun in einfachster Weise den Übergang von den Variablen S und V zu den früher verwendeten T und V, indem wir die

Funktion

$$F = U - TS \tag{21}$$

einführen, die als die *freie Energie* bezeichnet wird[1]. Aus Gl. (21) folgt

$$dF = dU - T\,dS - S\,dT$$

und durch Vergleich mit (20a)

$$dF = -p\,dV - S\,dT. \tag{22a}$$

Die natürlichen Variablen der freien Energie sind daher in der Tat V und T; fassen wir F als Funktion dieser Variablen auf, so folgt

$$\left(\frac{\partial F}{\partial V}\right)_T = -p; \quad \left(\frac{\partial F}{\partial T}\right)_V = -S; \quad F(V,T) \tag{22b}$$

und daraus

$$\left(\frac{\partial p}{\partial T}\right)_V = \left(\frac{\partial S}{\partial V}\right)_T. \tag{22c}$$

Die letzte Beziehung ist uns bereits bekannt; es ist eine der beiden Relationen (7).

Der Übergang zu den Variablen p und T kann in analoger Weise vollzogen werden, wenn wir die *freie Enthalpie* (oder das *Gibbssche Potential*) einführen:

$$G = F + pV \tag{23}$$

ergibt

$$dG = dF + p\,dV + V\,dp$$

oder durch Vergleich mit (22a):

$$dG = -S\,dT + V\,dp. \tag{24a}$$

Das führt auf

$$\left(\frac{\partial G}{\partial T}\right)_p = -S; \quad \left(\frac{\partial G}{\partial p}\right)_T = V; \quad G(p,T) \tag{24b}$$

und

$$\left(\frac{\partial S}{\partial p}\right)_T = -\left(\frac{\partial V}{\partial T}\right)_p. \tag{24c}$$

Als letzte der vier möglichen Kombinationen wählen wir nun noch das Variablenpaar S und T, das wir mit Hilfe der schon auf S. 295 benutzten *Enthalpie*

$$H = U + pV \tag{25}$$

einführen; aus

$$dH = dU + p\,dV + V\,dp$$

---

[1] Die Erklärung dieses auf HELMHOLTZ (1882) zurückgehenden Namens wird später auf S. 343 gegeben werden. Die weiter unten definierte freie Enthalpie ist aus der Enthalpie genau so gebildet wie die freie Energie aus der (inneren) Energie: $G = H - TS$; $F = U - TS$.

und (20a) folgt

$$dH = T\,dS + V\,d\mathsf{p}, \tag{26a}$$

woraus wir

$$\left(\frac{\partial H}{\partial S}\right)_{\mathsf{p}} = T; \quad \left(\frac{\partial H}{\partial \mathsf{p}}\right)_{S} = V; \quad H(S, \mathsf{p}) \tag{26b}$$

und

$$\left(\frac{\partial T}{\partial \mathsf{p}}\right)_{S} = \left(\frac{\partial V}{\partial S}\right)_{\mathsf{p}} \tag{26c}$$

erhalten.

Der hier vollzogene Übergang zwischen den verschiedenen Kombinationen von Variablen ist mathematisch isomorph zu den kanonischen Transformationen der Mechanik, die wir in § 7a vorgeführt haben. Die vier Variablen q, p, Q und P der Mechanik stehen dabei in Analogie zu den thermodynamischen Variablen S, T, V und p (in dieser Reihenfolge), und die erzeugenden Funktionen $F(Q, p)$, $G(Q, q)$, $\Phi(p, P)$ und $\Psi(q, P)$ der Mechanik sind isomorph zu den hier eingeführten Funktionen $F(V, T)$, $U(V, S)$, $G(T, \mathsf{p})$ und $H(S, \mathsf{p})$ (in dieser Reihenfolge). Die Beziehungen (20b), (22b), (24b) und (26b) entsprechen den Gl. (7a—d) von § 7 und die Kompatibilitätsbedingungen (20c), (22c), (24c) und (26c) den Gl. (6a—d) von § 7.

Die vier Funktionen U, F, G und H heißen auch die *thermodynamischen Potentiale*. Je nachdem, welches Variablenpaar zur Beschreibung eines Vorganges zweckmäßig ist, wählt man dasjenige Potential aus, das dieses Paar zu natürlichen Variablen hat. Sind dies z.B. V und T, so beginnt man mit der freien Energie, aus der man durch Differenzieren gemäß (22b) p und S erhält, d.h. Druck und Entropie als Funktionen von V und T. Die Zustandsgleichung $\mathsf{p} = \mathsf{p}(V, T)$ kann also aus der freien Energie vollständig entnommen werden.

Die vier Potentiale sind völlig gleichwertig. Kennen wir etwa U als Funktion seiner natürlichen Variablen S und V, so erhalten wir aus (20b) durch Differenzieren $T(S, V)$ und $\mathsf{p}(S, V)$, woraus sich durch Elimination von S wieder die Zustandsgleichung $\mathsf{p}(V, T)$ ergibt. Ist jedoch U nicht als Funktion seiner natürlichen Variablen S und V, sondern etwa wie zu Anfang dieses Paragraphen $U(V, T)$ bekannt, so vollziehen wir den Übergang zur freien Energie mit Hilfe von (21) und (22b):

$$U = F + TS = F - T\frac{\partial F}{\partial T}, \tag{27}$$

d.h. bei bekanntem $U(V, T)$ erhalten wir eine partielle Differentialgleichung für $F(V, T)$, deren Lösung natürlich nicht eindeutig ist und deshalb auch z.B. keinen eindeutigen Rückschluß mehr auf die Zustandsgleichung $\mathsf{p}(V, T)$ gestattet. Dabei kann man den Umweg über die freie Energie vermeiden, indem man Gl. (27) bei festem T differenziert,

$$\frac{\partial U}{\partial V} = \frac{\partial F}{\partial V} - T\frac{\partial^2 F}{\partial V \partial T},$$

und hier wieder (22b) ausnutzt:

$$\frac{\partial U}{\partial V} = -p + T\,\frac{\partial p}{\partial T}\,;$$

dies ist eine Differentialgleichung für $p(V, T)$ selbst, die wir in anderem Zusammenhang übrigens schon in Gl. (5b) gewonnen hatten.

c) Einfache Beispiele. Wir haben schon mehrfach thermodynamische Formeln auf *ideale Gase* angewandt. Daher wissen wir insbesondere bereits, daß dort

$$U = C_v T + U_0; \quad S = C_v \ln T + R \ln V + S_0$$

geschrieben werden kann, solange C_v konstant bleibt. (Die Entropieformel ist nicht dimensionsrein, ebenso die folgenden, daraus abgeleiteten Beziehungen.) Aus $S = \text{constans}$ erhält man sofort die Adiabatengleichung des idealen Gases in der Form

$$V^{R/C_v} T = \text{constans},$$

was mit Gl. (19a) von § 31 identisch ist. Um die volle Thermodynamik aus einem einzigen Potential ableiten zu können, brauchen wir bei V und T als unabhängigen Veränderlichen die freie Energie (21):

$$F = C_v T(1 - \ln T) - R T \ln V + U_0 - T S_0. \tag{28}$$

Diesen Ausdruck denken wir nun an die Spitze gestellt. Dann folgt daraus nach (22b) insbesondere

$$p = -\frac{\partial F}{\partial V} = \frac{R T}{V}; \quad S = -\frac{\partial F}{\partial T} = C_v \ln T + R \ln V + S_0. \tag{29a}$$

Die erste dieser Relationen ist die Zustandsgleichung, die zweite gibt den bei der Konstruktion von (28) benutzten Entropieausdruck, der jetzt umgekehrt als Folge von (28) gewonnen wird. Die Kompatibilitätsbedingung (22c)

$$\left(\frac{\partial p}{\partial T}\right)_V = \frac{R}{V} = \left(\frac{\partial S}{\partial V}\right)_T$$

ist erfüllt, wie man leicht nachrechnet. Weitere thermodynamische Beziehungen können in der schon bekannten Weise abgeleitet werden, z.B. aus Gl. (11) die Differenz der spezifischen Wärmen

$$C_p - C_v = -T\,\frac{(R/V)^2}{-R T/V^2} = R, \tag{29b}$$

aus Gl. (14) der isobare Ausdehnungskoeffizient

$$\alpha = \frac{1}{V} \cdot \frac{R}{p} = \frac{1}{T} \tag{29c}$$

und aus Gl. (15) die isotherme Kompressibilität des idealen Gases

$$\varkappa = -\frac{1}{V} \cdot \left(-\frac{RT}{p^2} \right) = \frac{1}{p} \, . \tag{29d}$$

Statt von der freien Energie können wir auch vom Gibbsschen Potential G ausgehen, das nach Gl. (23)

$$G = C_v T(1 - \ln T) - RT \ln V + pV + U_0 - TS_0$$

oder bei Einführung der natürlichen Variablen p und T mit Hilfe der Zustandsgleichung

$$G = C_v T - (C_v + R) T \ln T + RT(1 - \ln R + \ln p) + U_0 - TS_0 \tag{30}$$

wird. Gehen wir von Gl. (30) aus, so können wir mit Hilfe von (24b) S und V als Funktionen von p und T bestimmen; $V(p, T)$ ist die Zustandsgleichung:

$$V = \left(\frac{\partial G}{\partial p} \right)_T = \frac{RT}{p}$$

und bei $S(p, T)$ führt die Umrechnung auf V und T wieder zu (29a) zurück.

Schwieriger ist es, die Enthalpie H, Gl. (25), in ihren natürlichen Variablen p und S anzugeben. Zunächst schreiben wir H und S als Funktionen von p und T mit Hilfe der Zustandsgleichung:

$$H = C_v T + RT + U_0;$$
$$S = (C_v + R) \ln T - R \ln p + (R \ln R + S_0).$$

Dann lösen wir die Entropiegleichung nach T auf:

$$T = \exp \frac{S - S_0 - R \ln R + R \ln p}{C_v + R} \, .$$

Einsetzen in H ergibt dann

$$H(S, p) = (C_v + R) \exp \frac{R \ln p + S - S_0 - R \ln R}{C_v + R} + U_0 \, .$$

Die additiven Konstanten im Exponenten gestatten eine andere Zusammenfassung in der Form

$$H(S, p) = A p^{R/(C_v + R)} e^{S/(C_v + R)} + U_0; \tag{31}$$

hier ist A eine Konstante, die nicht die Dimension einer Energie hat. In Übereinstimmung mit (26b) folgt aus (31) als Ausgangsformel

und

$$\left(\frac{\partial H}{\partial S} \right)_p = \frac{H - U_0}{C_v + R} = T$$

$$\left(\frac{\partial H}{\partial p} \right)_S = \frac{R}{C_v + R} \frac{H - U_0}{p} = \frac{RT}{p} = V \, .$$

Auch die Enthalpie bietet daher einen möglichen, wenn auch in diesem speziellen Fall kaum zweckmäßigen Ausgangspunkt.

Als ein zweites interessantes Beispiel behandeln wir die in einen Hohlraum vom Volumen V eingeschlossene *Strahlung*, die wir in § 22 bereits mit den Methoden der Statistik behandelt haben. Dort wurden die Ausdrücke

$$U = a T^4 V \tag{32}$$

und

$$S = \tfrac{4}{3} a T^3 V \tag{33}$$

aus dem statistischen Modell hergeleitet. Da auch hier T und V als natürliche Variable erscheinen, gehen wir nach Gl. (21) zur freien Energie über:

$$F = U - TS = -\tfrac{1}{3} a T^4 V. \tag{34}$$

Von hier gelangen wir nach (22b) zu dem Ausdruck für den *Strahlungsdruck*

$$p = -\frac{\partial F}{\partial V} = \frac{1}{3} a T^4 \tag{35}$$

und zurück zur Entropie

$$S = -\frac{\partial F}{\partial T} = \frac{4}{3} a T^3 V.$$

Anstelle der Begründung der Gln. (32) und (33) aus dem statistischen Modell kann man auch so vorgehen, daß man die Energie (32) und den Druck (35) aus dem Experiment entnimmt. Dies entspricht genau dem zu Beginn dieses Paragraphen beim idealen Gas eingeschlagenen Weg, da die Druckgleichung (35) die Zustandsgleichung des „Strahlungsgases" ist. Die Relationen (32) und (35) sind nicht völlig unabhängig voneinander, da sie durch Gl. (5b) verknüpft sind, wie man leicht nachprüft; sie genügen zusammen aber ebenso wie die Kenntnis eines Potentials in seinen natürlichen Variablen, um die gesamte Thermodynamik des Strahlungsgases aufzubauen.

Man sieht dies, wenn man auf die Relationen (4) zurückgeht, die in diesem speziellen Fall lauten

$$\left(\frac{\partial S}{\partial T}\right)_V = 4 a T^2 V; \quad \left(\frac{\partial S}{\partial V}\right)_T = \frac{4}{3} a T^3.$$

Aus diesen partiellen Differentialgleichungen für $S(V,T)$ erhalten wir durch Integration

$$S = \tfrac{4}{3} a T^3 V + f(V) \quad \text{bzw.} \quad S = \tfrac{4}{3} a T^3 V + g(T),$$

wobei jeweils $f(V)$ und $g(T)$ eine willkürliche Funktion der angegebenen Variablen ist. Beide Ausdrücke für S stimmen nur dann überein, wenn $f = g = S_0$ eine Konstante ist. Damit ist der Entropieausdruck (33)

bis auf eine additive willkürliche Konstante abgeleitet, von wo aus wir
wieder zur freien Energie

$$F = -\tfrac{1}{3} a\,T^4 V - T S_0$$

übergehen können. Es ist charakteristisch für die klassische Thermodynamik, daß sie nicht die Festlegung der Entropiekonstanten erlaubt.

Die Berechnung der beiden verbleibenden thermodynamischen Potentiale ergibt für die Enthalpie

$$H = U + p\,V = \tfrac{4}{3} a\,T^4 V$$

und für die freie Enthalpie

$$G = F + p\,V = 0,$$

sofern man $S_0 = 0$ benutzt. Die Beschreibung des Strahlungsgases mit
Hilfe des Gibbsschen Potentials G ist daher nicht möglich. Dies hängt
damit zusammen, daß die Zustandsgleichung (35) entartet ist, so daß
in ihr das Volumen nicht mehr erscheint.

§ 34. Das van der Waalssche Modell der realen Gase

a) Die Zustandsgleichung. Bisher haben wir die Methode der Thermodynamik vorwiegend am Beispiel des idealen Gases veranschaulicht.
Bei diesem Beispiel verschwinden aber viele Effekte oder werden
trivial, so daß es nicht geeignet ist, einen etwas tieferen Einblick zu
gewähren. Wir betrachten deshalb in diesem Paragraphen die Abände-
rungen, die sich mit wachsender Dichte ergeben und welche die realen
Gase vom idealen Gas unterscheiden.

Diese Abweichungen sind vornehmlich von zweierlei Art und lassen
sich im Rahmen der kinetischen Gastheorie anschaulich erklären; wir
erhalten eine Druckkorrektur und eine Volumkorrektur. Die *Druckkorrektur* läßt sich leicht verstehen, wenn man eine Schnittebene durch
ein Gas hindurchgelegt denkt. Dann übertragen die Moleküle links der
Schnittebene senkrecht zu dieser auf die Moleküle rechts der Ebene
zwei Arten von Kräften: eine *abstoßende* Kraft durch Impulsübertragung
und eine *anziehende* Kraft infolge der Kohäsionsanziehung zwischen
Nachbarmolekülen. Der erste Teil ist der schon früher (etwa S. 199)
im einzelnen behandelte, zur Temperatur proportionale, welcher gleich
$R\,T/V$ wird; die Kohäsionsanziehung liefert einen Beitrag des entgegengesetzten Vorzeichens und ist proportional zur Dichte ϱ der sich anzie-
henden Moleküle auf jeder der beiden Seiten des Schnittes, im ganzen
also zu ϱ^2. Benutzen wir statt der Dichte ϱ das Molvolumen $V = \mu/\varrho$
(μ = Molekulargewicht), so ist dieser Teil also proportional zu V^{-2} und

21*

negativ, so daß der Druck

$$p = \frac{RT}{V} - \frac{a}{V^2}$$

wird, wobei a eine für die Anziehungskräfte zwischen Nachbarmolekülen charakteristische Materialkonstante ist.

Die Moleküle sind hierbei noch als Massenpunkte behandelt, so daß bei Erhöhung des Druckes das Volumen beliebig vermindert werden kann. In Wirklichkeit besitzen die Moleküle aber ein endliches Volumen, so daß V auch bei extrem hohen Drucken nicht unter eine gewisse Grenze, das sogenannte *Kovolumen* b absinkt. Dieser Effekt läßt sich in die Zustandsgleichung der idealen Gase einbauen, wenn man statt $pV = RT$ schreibt $p(V - b) = RT$. Damit gelangen wir zu der Zustandsgleichung von VAN DER WAALS:

$$p = \frac{RT}{V - b} - \frac{a}{V^2} \tag{1}$$

oder

$$\left(p + \frac{a}{V^2}\right)(V - b) = RT. \tag{2}$$

Sie enthält zum Unterschied von der Zustandsgleichung der idealen Gase zwei Materialkonstanten a und b, die von Gas zu Gas verschieden sind. Dabei ist a ein Maß für die Stärke der Anziehungskräfte zwischen den Molekülen und b für die Größe der Moleküle.

Die van der Waalssche Gleichung beherrscht *qualitativ* die Erscheinungen bei hohen Drucken einschließlich der Kondensation der Gase. *Quantitativ* ist sie jedoch nur anwendbar, solange die beiden Zusatzterme mit a und b nicht zu groß werden. Man zieht daher für quantitative Untersuchungen meist eine andere Schreibweise vor, bei der man die Abweichungen des Quotienten pV/RT von seinem Idealwert 1 als Potenzreihe in $1/V$ schreibt, deren Koeffizienten im allgemeinsten Falle noch Funktionen von T sind:

$$\frac{pV}{RT} = 1 + \frac{B_2(T)}{V} + \frac{B_3(T)}{V^2} + \cdots . \tag{3}$$

Die empirisch zu bestimmenden oder aus komplizierteren statistischen Modellen zu berechnenden Koeffizienten $B_n(T)$ heißen die *Virialkoeffizienten*. Wir können sie leicht für das van der Waalssche Modellgas berechnen, wenn wir von Gl. (1) ausgehen und

$$\frac{1}{V - b} = \frac{1}{V}\left(1 - \frac{b}{V}\right)^{-1} = \frac{1}{V}\left(1 + \frac{b}{V} + \frac{b^2}{V^2} + \cdots\right)$$

entwickeln. Dann erhalten wir

$$\frac{pV}{RT} = 1 + \frac{1}{V}\left(b - \frac{a}{RT}\right) + \frac{b^2}{V^2} + \cdots . \tag{4}$$

Die Formel

$$B_2(T) = b - \frac{a}{RT} \tag{5}$$

ist eine brauchbare Näherung für den zweiten Virialkoeffizienten, während die aus (4) folgende Aussage $B_3 = b^2$ bereits unrealistisch ist, womit etwa die quantitative Anwendbarkeit des van der Waalsschen Modells umrissen ist[1].

Um diese Grenzen noch etwas deutlicher zu machen, sei hier ohne Beweis erwähnt, daß sich gaskinetisch eine einfache Näherungsformel für $B_2(T)$ ableiten läßt[2]. Ist nämlich $W(r)$ die Wechselwirkungsenergie zwischen zwei Molekülen, deren Schwerpunkte den Abstand r voneinander haben, so gilt

$$B_2(T) = 2\pi N \int_0^\infty dr\, r^2 (1 - e^{-W(r)/kT}), \tag{6}$$

wobei N die Loschmidtsche Zahl und $k = R/N$ ist. Nun weiß man folgendes über die Wechselwirkung zweier Moleküle ohne statisches Dipolmoment. Bei Abständen r, die groß gegen den Durchmesser d der (kugelförmig gedachten) Moleküle sind, polarisieren sich diese gegenseitig ein wenig, so daß sie zwei schwache elektrische Dipole werden, zwischen denen eine Anziehungskraft besteht mit $W(r) \sim r^{-6}$, die sogenannte *van der Waalssche Anziehung*. Dabei ist also W negativ; außerdem ist im allgemeinen bei Normaltemperatur auch $|W|/kT < 1$, so daß sich die Exponentialfunktion in (6) entwickeln läßt zu $1 + |W|/kT$. Nähern sich die beiden Molekülschwerpunkte auf den Abtsand $r = d$, d. h. berühren sich die Moleküle, so tritt anstelle der schwachen Anziehung eine heftige Abstoßung, die wir dahin idealisieren können, daß W/kT für $r \leqq d$ positiv unendlich wird, so daß für diese Abstände die Exponentialfunktion vernachlässigt werden kann. Zerlegen wir also das Integral (6) in zwei Abschnitte $0 \leqq r \leqq d$ und $d < r < \infty$, so erhalten wir

$$B_2(T) = 2\pi N \left\{ \int_0^d dr\, r^2 - \frac{1}{kT} \int_d^\infty dr\, r^2 |W(r)| \right\}.$$

Der Vergleich dieses Ausdrucks mit (5) ergibt

$$b = \frac{2\pi}{3} N d^3; \qquad a = 2\pi N^2 \int_d^\infty dr\, r^2 |W(r)|. \tag{7}$$

Da das Volumen eines Moleküls $v = \frac{\pi}{6} d^3$ ist, wird das Kovolumen $b = 4Nv$ viermal so groß wie das Eigenvolumen der Gasmoleküle.

Die durch Gl. (5) beschriebene Abhängigkeit des zweiten Virialkoeffizienten von der Temperatur ist in Fig. 55 dargestellt; die Temperatur

$$T_B = \frac{a}{bR}, \tag{8}$$

---

[1] Hinsichtlich besserer Zustandsgleichungen s. etwa J. S. Rowlinson im Handbuch der Physik, Band 12 (1958), insbesondere S. 55ff.

[2] Vgl. für die Herleitung z. B. R. D. Present: Kinetic theory of gases, S. 103ff. New York: McGraw-Hill 1958.

bei welcher $B_2 = 0$ wird, heißt die *Boyle-Temperatur*, weil dort nach Gl. (3) in hoher Näherung das Boyle-Mariottesche Gesetz $pV = \text{constans}$ zutrifft.

Die Zustandsgleichung (2) wird meist an Hand der Isothermen in der p, V-Ebene diskutiert. Sie läßt sich als kubische Gleichung in der Variablen V schreiben:

$$V^3 - \left(\frac{RT}{p} + b\right) V^2 + \frac{a}{p} \cdot V - \frac{ab}{p} = 0;$$

die Zuordnung des Volumens zu einem vorgegebenen Wertepaar p, T ist daher nicht eindeutig, sondern führt auf drei Werte V_1, V_2, V_3. Sind alle

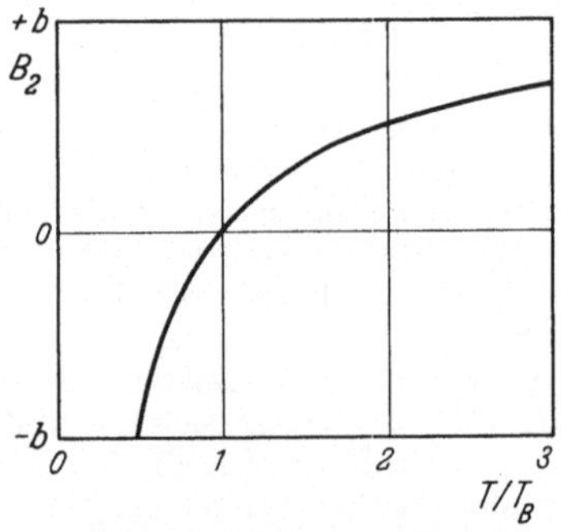

Fig. 55. Temperaturabhängigkeit des zweiten Virialkoeffizienten im van der Waalsschen Modell

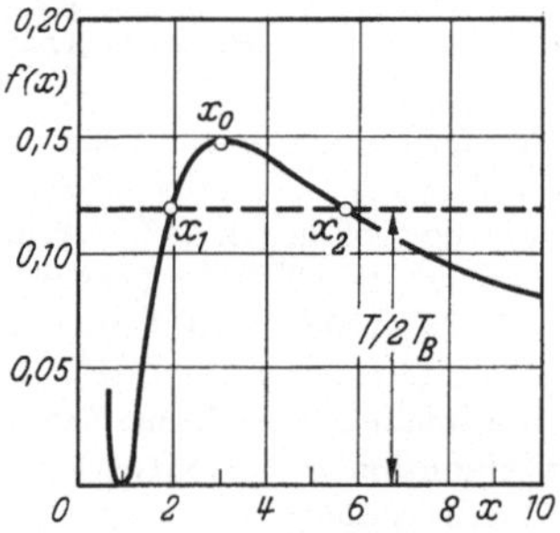

Fig. 56. Zur Berechnung der kritischen Daten des van der Waals-Gases

drei Werte positiv reell, so besitzt die Isotherme ein Maximum und ein Minimum; ist ein Wertepaar konjugiert komplex, so fällt die Isotherme monoton in der p, V-Ebene ab. Die Extrema erhält man aus der Forderung

$$\left(\frac{\partial p}{\partial V}\right)_T = 0;$$

nach Gl. (1) gibt das

$$- \frac{RT}{(V-b)^2} + \frac{2a}{V^3} = 0$$

oder, in der dimensionslosen Variablen

$$x = V/b$$

geschrieben,

$$f(x) \equiv \frac{(x-1)^2}{x^3} = \frac{RTb}{2a} = \frac{T}{2T_B}.$$

Diese Funktion ist in Fig. 56 dargestellt; sie ist nur für $x > 1$ von Interesse. In diesem Bereich besitzt sie bei $x_0 = 3$ ein Maximum $f(x_0) = \frac{4}{27}$;

ist also $T > \frac{8}{27} T_B$, so hat die Isotherme keine Extrema; ist $T < \frac{8}{27} T_B$, so gibt es zwei Maxima bei x_1 und x_2 für die Isotherme; ist schließlich $T = \frac{8}{27} T_B$, so rücken die Stellen x_1 und x_2 zusammen nach $x_0 = 3$, wo die Isotherme einen Wendepunkt mit horizontaler Tangente hat. Diesen Punkt bezeichnet man als den *kritischen Punkt*; er liegt bei

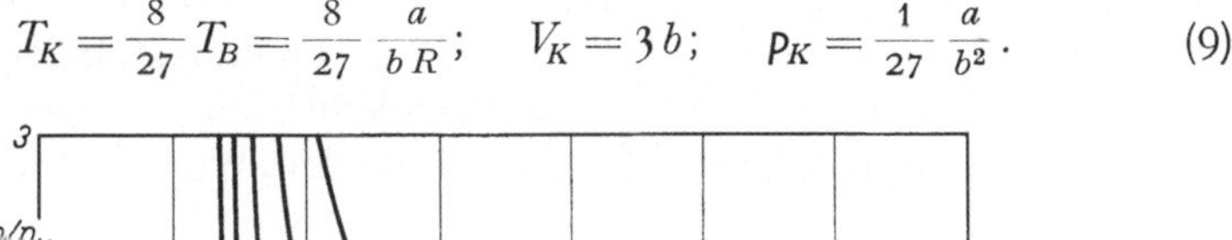

$$T_K = \frac{8}{27} T_B = \frac{8}{27} \frac{a}{bR}; \qquad V_K = 3b; \qquad p_K = \frac{1}{27} \frac{a}{b^2}. \tag{9}$$

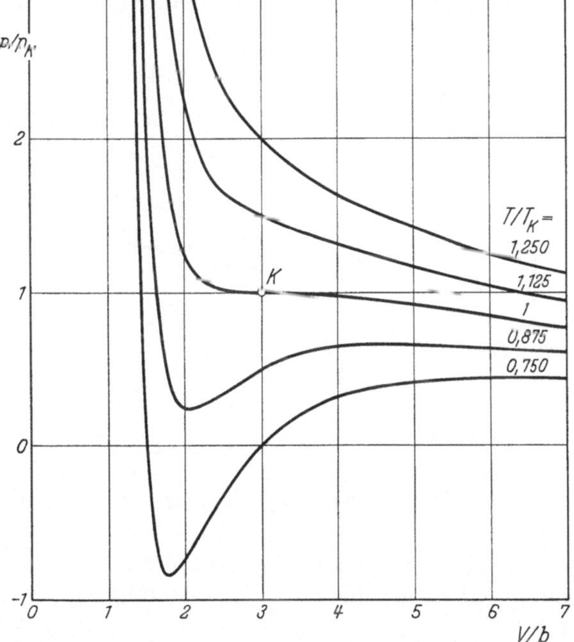

Fig. 57. Isothermen des van der Waals-Gases. K kritischer Punkt. Für $T < T_K$ sind flüssige und gasförmige Phase deutlich durch das (instabile) Minimum getrennt, für $T > T_K$ existiert nur die Gasphase

Die Isothermen, dargestellt in den dimensionslosen Variablen p/p_K und V/b haben daher das in Fig. 57 gezeichnete Aussehen in der p, V-Ebene; als Parameter wurde dabei T/T_K benutzt.

Die Isothermen zeigen für $T < T_K$ deutlich zwei verschiedene Phasen, links in der Figur eine Phase hoher Dichte und geringer Kompressibilität, die als flüssige Phase gedeutet werden kann, und rechts mit viel kleinerer Dichte, aber hoher Kompressibilität die Gasphase, die mit wachsenden V/b asymptotisch in den idealen Gaszustand übergeht. Zwischen beiden Bereichen liegt ein instabiles Gebiet, in dem $\partial p/\partial V > 0$ ist. Die Kurven legen den Gedanken nahe, daß bei Drucken, welche zwischen dem maximalen und minimalen Druck dieses Zwischengebiets liegen, die beiden Phasen koexistieren können. Daß dem nicht so ist und ein scharfer Übergang zwischen flüssiger und gasförmiger Phase besteht, werden wir erst in §36 (S. 342) begründen können.

Ist umgekehrt $T > T_K$, so treten nicht mehr zwei getrennte Phasen auf. Auch bei beliebiger Erhöhung des Druckes ändert sich vielmehr die Dichte der Substanz stetig anwachsend, ohne einen instabilen Zwischenbereich zu überspringen. Die Substanz bleibt daher immer gasförmig und kann grundsätzlich nicht verflüssigt werden. Nun liegt die kritische

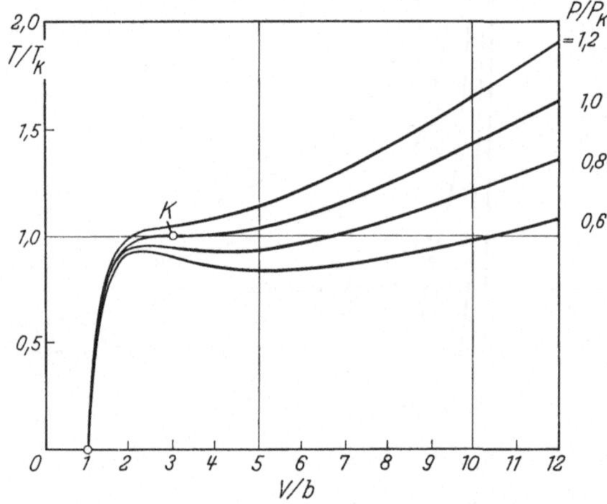

Fig. 58. Isobaren des van der Waals-Gases. K kritischer Punkt

Temperatur T_K bei den meisten Gasen sehr beträchtlich unter 0° C; ihrer Verflüssigung hat daher eine erhebliche Abkühlung vorauszugehen (s. unten S. 332).

Für $T = T_K$ endlich ist in der Umgebung des kritischen Punktes $\partial^2 p / \partial V^2 = 0$, so daß bereits eine extrem kleine Druckschwankung eine merkliche Volumenänderung hervorruft. Die damit verbundenen merklichen Schwankungen im Brechungsindex rufen dort die als *Opaleszenz* bekannte optische Erscheinung hervor.

In Fig. 58 sind zu besserer Veranschaulichung noch die Isobaren $p = $ constans in der V, T-Ebene aufgetragen. Auch hier tritt deutlich der kritische Punkt K und die Unterscheidung der Kurven $p > p_K$ und $p < p_K$ hervor. Für $p < p_K$ ist in Fig. 59 noch ein Teil der Kurve $p/p_K = 0,6$ in einem Maßstab aufgezeichnet, der die Einsattelung deutlicher sichtbar macht. Der steile linke Kurvenast bedeutet auch hier die Flüssigkeit, der rechte die Gasphase. Erhöht man die Temperatur der Flüssigkeit, so erreicht man bei A in Fig. 59 den *Siedepunkt*, an dem sich der Übergang von A nach D zur Gasphase sprunghaft bei konstanter Temperatur vollzieht. Kommt man umgekehrt von rechts oben in Fig. 59, so wird bei D das Gas sprunghaft nach A übergehen, d.h. bei konstanter Temperatur *kondensieren*. Unter besonderen Vorsichtsmaßnahmen ist es möglich, das Gas von D in Richtung auf C hin noch etwas zu *unterkühlen* und die Flüssigkeit von A nach B hin etwas zu *überhitzen*.

b) Thermodynamische Beziehungen. Wir haben im vorigen Paragraphen gesehen, daß die Kenntnis der Zustandsgleichung bereits einige

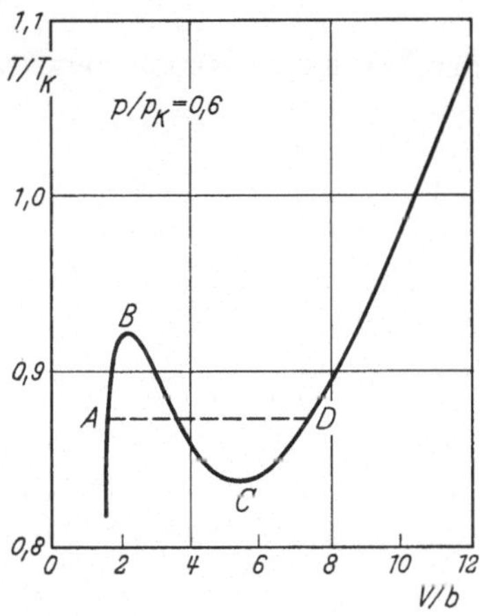

Fig. 59. Maßstäbliche Vergrößerung eines Teils der Isobare $p = 0,6\ p_K$ aus Fig. 58 zur Veranschaulichung der Begriffe Unterkühlung (von D in Richtung auf C hin) und Überhitzung (von A in Richtung auf B hin)

Schlüsse auf die innere Energie zuläßt. Nach Gl. (5b) von § 33 ist nämlich

$$\left(\frac{\partial U}{\partial V}\right)_T = T\left(\frac{\partial p}{\partial T}\right)_V - p, \tag{10}$$

und C_v ist definiert durch

$$C_v = \left(\frac{\partial U}{\partial T}\right)_V. \tag{11}$$

Wenden wir (10) auf die Zustandsgleichung (1) an, so erhalten wir für das van der Waalssche Modell

$$\left(\frac{\partial U}{\partial V}\right)_T = \frac{a}{V^2},$$

d.h.

$$U(V, T) = -\frac{a}{V} + \varphi(T), \tag{12}$$

wobei $\varphi(T)$ eine aus der Zustandsgleichung nicht bestimmbare Funktion von T allein ist. Lediglich die Volumenabhängigkeit von U folgt also aus der Zustandsgleichung. Aus Gl. (11) und (12) erhalten wir nun

$$C_v = \frac{d\,\varphi(T)}{d\,T}\;;\tag{13}$$

also hängt C_v nicht von V ab. Dies wird durch Gl. (9) von § 33,

$$\left(\frac{\partial C_v}{\partial V}\right)_T = T\left(\frac{\partial^2 p}{\partial T^2}\right)_V$$

bestätigt, da der Differentialquotient auf der rechten Seite dieser Beziehung für das van der Waalssche Modell verschwindet. Wir können nunmehr auch schreiben

$$U(V,T) = \int^T C_v(T')\,d\,T' - \frac{a}{V}\,,\tag{14}$$

wobei wir im folgenden annehmen wollen, die Funktion $C_v(T)$ sei durch besondere Messungen bekannt.

Hieraus gewinnen wir die Entropie mit Hilfe der Gl. (7) von § 33; wir finden aus

$$\left(\frac{\partial S}{\partial T}\right)_V = \frac{C_v(T)}{T}\quad\text{und}\quad\left(\frac{\partial S}{\partial V}\right)_T = \left(\frac{\partial p}{\partial T}\right)_V = \frac{R}{V-b}$$

durch Integration

$$S(V,T) = \int^T C_v(T')\,\frac{d\,T'}{T'} + R\ln\frac{V-b}{b}\,,\tag{15}$$

wobei wie in U eine willkürliche additive Konstante freibleibt, die wir durch geeignete Wahl der unteren Grenze des Integrals festsetzen können.

Nun haben wir gesehen, daß die natürlichen Variablen von U nicht V und T, sondern V und S sind. Um U auf diese umzurechnen, ist es nötig, Gl. (15) nach T aufzulösen und das Ergebnis in (14) einzusetzen. Ohne Kenntnis der Funktion $C_v(T)$ ist das natürlich unmöglich. Wir können aber auch weiterhin bei den unabhängigen Variablen V und T bleiben, wenn wir statt U die freie Energie $F = U - TS$ einführen, deren natürliche Variable sie sind. Aus (14) und (15) entsteht dann

$$F(V,T) = \int^T C_v(T')\left(1 - \frac{T}{T'}\right)d\,T' - \frac{a}{V} - R\,T\ln\frac{V-b}{b}\,.\tag{16}$$

Hieraus erhalten wir durch Anwendung der Gl. (22b) von § 33 wieder die Zustandsgleichung

$$p = -\left(\frac{\partial F}{\partial V}\right)_T = -\frac{a}{V^2} + \frac{R\,T}{V-b}$$

und die Entropie

$$S = -\left(\frac{\partial F}{\partial T}\right)_V$$

in der Form (15). Nach (22c) von §33 besteht zwischen beiden Ausdrücken der Zusammenhang

$$\left(\frac{\partial p}{\partial T}\right)_V = \left(\frac{\partial S}{\partial V}\right)_T = \frac{R}{V-b},$$

wie man leicht nachrechnet. Schließlich lassen sich aus (16) auch die beiden noch übrigen thermodynamischen Potentiale als Funktionen von V und T entnehmen. Zunächst erhält man für die Enthalpie

$$H = U + pV = F + TS + pV$$

mit Hilfe von § 33, (22b) allgemein

$$H = F - T\frac{\partial F}{\partial T} - V\frac{\partial F}{\partial V},$$

so daß in ausführlicher Schreibweise für das van der Waalssche Modell

$$H = \int^T C_v(T')\,dT' - \frac{2a}{V} + RT\frac{V}{V-b} \tag{17}$$

entsteht. Die freie Enthalpie folgt in analoger Weise allgemein zu

$$G = F + pV = F - V\frac{\partial F}{\partial V}$$

und wird daher speziell im van der Waalsschen Fall

$$G = \int^T C_v(T')\left(1 - \frac{T}{T'}\right)dT' - \frac{2a}{V} + RT\left[\frac{V}{V-b} - \ln\frac{V-b}{b}\right]. \tag{18}$$

c) Joule-Thomson-Effekt. Wir benutzen den Ausdruck (17) für die Enthalpie des van der Waalsschen Gases, um noch einmal auf den in § 31 behandelten Versuch von JOULE und THOMSON zurückzukommen. Wir hatten dort (S. 295) bereits gesehen, daß bei diesem Versuch H konstant bleibt. Denken wir nun den Prozeß in einer Folge infinitesimaler Schritte ausgeführt und benutzen dabei V und T als unabhängige Variable, so muß

$$dH = \frac{\partial H}{\partial T}\,dT + \frac{\partial H}{\partial V}\,dV = 0$$

sein; daher ist bei einer Volumänderung um dV eine Temperaturänderung um

$$dT = -\frac{(\partial H/\partial V)_T}{(\partial H/\partial T)_V}\,dV \tag{19}$$

zu erwarten. Aus (17) erhalten wir nun

$$\frac{\partial H}{\partial V} = \frac{2a}{V^2} - RT\,\frac{b}{(V-b)^2}\,; \qquad \frac{\partial H}{\partial T} = C_v + R\,\frac{V}{V-b}\,,$$

mithin

$$dT = \frac{RT\dfrac{b}{(V-b)^2} - \dfrac{2a}{V^2}}{C_v + R\dfrac{V}{V-b}}\, dV.$$

Der Nenner dieses Ausdruckes ist stets positiv. Im Zähler stehen zwei Glieder, die für ein ideales Gas verschwinden; deshalb ergab sich in diesem Grenzfall in § 31 auch allgemein $dT = 0$. Berücksichtigen wir dagegen die Abweichungen hiervon, so kann eine Temperaturänderung eintreten, deren Vorzeichen positiv ist, solange der erste Term im Zähler überwiegt, d.h. solange

$$T > \frac{2a}{bR}\left(\frac{V-b}{V}\right)^2$$

oder, wenn wir die Boyle-Temperatur T_B, Gl. (8), benutzen und die Korrektur auf endliches Kovolumen vernachlässigen,

$$T > 2T_B.$$

Wird die Temperatur

$$T_{\mathrm{inv}} = 2T_B = \tfrac{27}{4}\,T_K \tag{20}$$

unterschritten, so kehrt sich das Vorzeichen der Temperaturänderung um, und die Temperatur sinkt bei Expansion $(dV > 0)$ ab. Man bezeichnet deshalb T_{inv}, Gl. (20), als *Inversionstemperatur*.

Bei Temperaturen unterhalb der Inversionstemperatur läßt sich daher der Joule-Thomson-Effekt prinzipiell zum Bau einer Kältemaschine benutzen.

Die Inversionstemperatur liegt für Stickstoff bei 850° K und für Sauerstoff bei 1040° K. Luft von Zimmertemperatur hat daher $T < T_{\mathrm{inv}}$ und läßt sich durch Expansion bei konstanter Enthalpie abkühlen. Auf diese Weise kann auch die kritische Temperatur $T_K = \frac{4}{27}\,T_{\mathrm{inv}}$ unterschritten werden, so daß flüssige Luft entsteht. Die Inversionstemperatur von H_2 liegt bei 224° K; diese Temperatur ist bereits durch thermischen Kontakt mit flüssiger Luft bequem zu unterschreiten, so daß weitere Abkühlung mit Wasserstoff als Expansionsgas bis zu dessen Verflüssigung bei 20,4° K möglich wird. Da Helium eine Inversionstemperatur von 35° K besitzt, ist die weitere Kühlung durch Expansion von Helium bis zu dessen Siedepunkt bei 4,2° K möglich. Erst bei noch tieferen Temperaturen läßt sich nicht mehr ohne weiteres nach dem gleichen Prinzip verfahren.

Der Joule-Thomson-Effekt ist ein kleiner Effekt, solange nicht die Dichte des Gases sehr hoch ist. Berechnet man aus der Forderung $H = $ constans in erster Näherung der Abweichungen vom idealen Gaszustand, aber für endliches Expansionsverhältnis die bei einer Expansion aus dem Anfangszustand V_0, T_0 in den Endzustand V_1, T_1 eintretende Abkühlung, so erhält man

$$T_0 - T_1 = \frac{b}{V_0} \frac{R}{C_p} \left(1 - \frac{V_0}{V_1} \right) (T_{\mathrm{inv}} - T_0).$$

Für Stickstoff z. B. ist $C_p = \frac{7}{2} R$ und $T_{\mathrm{inv}} = 850°$ K. Bei einer Ausgangstemperatur $T_0 = 290°$ K und Expansion auf das doppelte Volumen ($V_1 = 2\,V_0$) gibt das $T_0 - T_1 = 80°\ b/V_0$. Ist der Ausgangszustand das 20fache des Kovolumens, so tritt daher eine Senkung der Temperatur um 4° ein. Um technisch brauchbare Kühlwirkungen zu erzielen, ist es also notwendig, eine größere Zahl von Expansionen nacheinander zu vollziehen; für die nächste Expansion muß das Gas aber zunächst wieder komprimiert werden, ohne dabei der schon gewonnenen kleinen Abkühlung wieder verlustig zu gehen. Würde man z. B. adiabatisch wieder auf das ursprüngliche Volumen V_0 komprimieren, so würde in unserem Beispiel die Temperatur um den Faktor $2^{\gamma-1} = 2^{0,4} = 1,32$ angehoben auf 377° K. Erst die von LINDE entwickelte Methode der Vorkühlung des zu expandierenden Gases durch bereits expandiertes im *Gegenstromverfahren* hat zur Überwindung dieser Schwierigkeit geführt.

Grundsätzlich ist es nicht unmöglich, auch nach der Verflüssigung die gleichen Kühlsubstanzen weiter zu benutzen. Dabei darf jedoch nicht vergessen werden, daß Gl. (20) nur für $V \gg b$ zutrifft. Die korrektere Formel

$$T_{\mathrm{inv}} = 2\,T_B \left(\frac{V - b}{V} \right)^2$$

ergibt nach Verflüssigung ein starkes Absinken der Inversionstemperatur.

§ 35. Gasmischung

Wir wollen in diesem Paragraphen die Aussagen des Entropiesatzes auf die Mischung zweier oder mehrerer idealer Gase anwenden. Wird irgendeinem System bei der Temperatur T eine infinitesimale Wärmemenge δQ auf *reversiblem* Wege zugeführt, so wächst, wie wir wissen, seine Entropie um $dS = \delta Q/T$ an; hat das System keinen Wärmeaustausch mit seiner Umgebung ($\delta Q = 0$), so bleibt bei einer reversibel vorgenommenen Veränderung daher seine Entropie konstant. Wird dagegen eine *irreversible* Änderung an dem System vorgenommen, so wird auch ohne Wärmezufuhr seine Entropie einen Zuwachs erfahren.

a) Reversible Gasmischung. Um den ersten Teil dieser Aussagen an einer Gasmischung zu studieren, müssen wir einen reversiblen Weg für die Mischung angeben. Um das Wesentliche klar hervorzuheben, betrachten wir den etwas vereinfachten Fall, daß zwei Gase — n_1 Mol des ersten und n_2 Mol des zweiten Gases — jedes das Volumen V ausfüllen, wie dies schematisch in Fig. 60a angedeutet ist. Die in der Figur mit A und B bezeichneten Wände sollen die Eigenschaft haben, semipermeabel zu sein, und zwar so, daß die Wand A nur das Gas 1 und die Wand B

nur das Gas 2 durchläßt. Senkt man nun das obere Gefäß, verschiebt
man also die Wand B und gleichzeitig die obere Begrenzung B' so nach
unten, daß sie stets den gleichen Abstand voneinander behalten
(Fig. 60b), so kann durch die Wand A in den zwischen A und B entstehenden mittleren Raum ein Teil des Gases 1 einströmen, so daß dies
nach wie vor das gleiche Volumen V zwischen B und B' ausfüllt. Da das
Gas 2 die Wand B durchdringen kann, bleibt es gleichfalls unverändert
in dem ganzen Raum unterhalb von A über das Volumen V verteilt.
Bei diesem Vorgang ist keine Kompressionsarbeit gegen Gasdruck zu
leisten. Im Endzustand, Fig. 60c, ist daher ohne Arbeitsleistung und

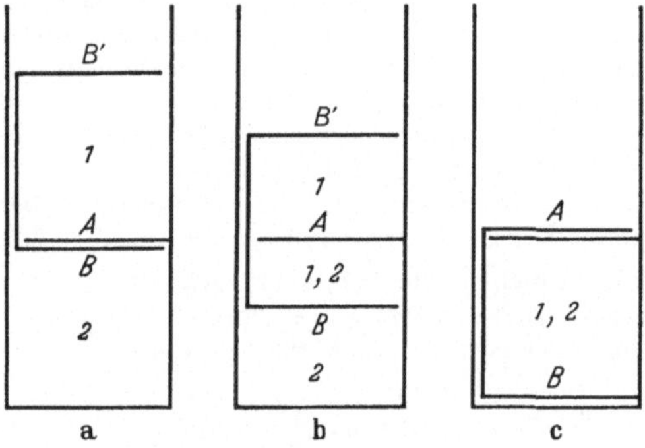

Fig. 60a—c. Reversible Gasmischung von a über b nach c. Die Wand A ist
durchlässig für das Gas *1*, B für *2*. Das Gesamtvolumen wird kleiner

ohne Wärmeaustausch die Mischung in einem Volumen V vollzogen.
Der Prozeß ist reversibel, da auf dem gleichen Wege bei Durchlaufung
der Fig. 60 von rechts nach links die Gase wieder entmischt werden
können.

Nach den Aussagen des ersten Hauptsatzes muß bei diesem Vorgang
die innere Energie und damit die Temperatur unverändert bleiben, nach
dem zweiten Hauptsatz in der Formulierung zu Anfang dieses Paragraphen auch die Entropie. Bezeichnen wir also den Anfangszustand (Ini-
tialzustand) im folgenden mit dem Index i, den Endzustand (Finalzu-
stand) mit f, so haben wir

$$U_f = U_i; \quad S_f = S_i. \tag{1}$$

Im Anfangszustand müssen sich die extensiven Größen U_i und S_i additiv
aus den Anteilen der Komponentengase zusammensetzen:

$$U_i = U_1 + U_2; \quad S_i = S_1 + S_2. \tag{2}$$

Wir brauchen also nur diese beiden Größen für die reinen Komponenten
zu kennen, um auch U und S im Mischungszustand nach Gl. (1) angeben
zu können.

Für die innere Energie idealer Gase wissen wir bereits, daß

$$U_1 = n_1 C_{v1} T, \qquad U_2 = n_2 C_{v2} T \tag{3a}$$

ist; daher wird

$$U_f = U_i = (n_1 C_{v1} + n_2 C_{v2})\, T.$$

Betrachten wir die Mischung als homogene Substanz von

$$n = n_1 + n_2$$

Mol, so können wir analog zu (3 a)

$$U = n \tilde{C}_v T \tag{3b}$$

schreiben, wobei

$$\tilde{C}_v = \frac{n_1 C_{v1} + n_2 C_{v2}}{n_1 + n_2} \tag{5}$$

die spezifische Wärme der Gasmischung ist, die also einfach durch Mittelwertbildung aus den Komponentenwerten entsteht.

Für die Entropie gehen wir von dem schon in Gl. (11) von § 32 für ein ideales Gas abgeleiteten Ausdruck aus und schreiben für die Komponenten des Anfangszustandes

$$S_\lambda = n_\lambda (C_{v\lambda} \ln T + R \ln V + s_\lambda^0); \qquad \lambda = 1,\, 2. \tag{6}$$

Bei der Herleitung dieses Ausdrucks in § 32 haben wir nun aber stets mit einer einzigen festen Menge operiert, so daß die Frage noch offen ist, ob die Konstanten s_λ^0 nicht mengenabhängig sind. Dies ist in der Tat der Fall, wie wir zunächst zeigen müssen.

Dazu bedienen wir uns eines weiteren einfachen Gedankenexperimentes. Wir denken einen von einem einkomponentigen Gas homogen erfüllten Behälter des Volumens V durch Einschieben einer Trennwand in zwei Teilvolumina V_1 und V_2 zerlegt. Der Prozeß erfolgt wiederum reversibel ohne Arbeitsaufwand oder Wärmeaustausch, muß also die Entropie unverändert lassen. Die Entropie im Anfangszustand,

$$S = n (C_v \ln T + R \ln V + s^0) \tag{7}$$

muß daher mit derjenigen im Endzustand,

$$S_1 + S_2 = n_1 (C_v \ln T + R \ln V_1 + s_1^0) +$$
$$+ n_2 (C_v \ln T + R \ln V_2 + s_2^0)$$

übereinstimmen, wobei $n_1 + n_2 = n$ und $V_1 + V_2 = V$ ist. Aus der Gleichheit beider Ausdrücke folgt sofort

$$n (R \ln n + s^0) = n_1 (R \ln n_1 + s_1^0) + n_2 (R \ln n_2 + s_2^0),$$

wenn man noch $n_1/V_1 = n_2/V_2 = n/V$ benutzt, um die Volumina durch die Molzahlen zu ersetzen. Die drei Klammern müssen also übereinstimmen, d.h.

$$R \ln n + s^0 = \sigma \tag{8}$$

ist eine von der Menge und den Zustandsvariablen unabhängige Materialkonstante, mit deren Hilfe wir anstelle von (7) korrekter für die Entropie eines idealen Gases

$$S = n \left(C_v \ln T + R \ln V - R \ln n + \sigma \right) \tag{9}$$

schreiben können.

Es sei noch angemerkt, daß die Zustandsgleichung $p = n R T/V$ lautet, womit in (9) anstelle von $\ln V - \ln n$ der Druck eingeführt werden kann. Benutzt man dann noch die Relation $C_p = C_v + R$, so geht (9) in

$$S = n \left[C_p \ln T - R \ln p + (R \ln R + \sigma) \right] \tag{9'}$$

über, eine Form, die manchmal vorzuziehen ist.

Kehren wir nun zu unserem Mischungsexperiment zurück, so liefert uns Gl. (9) die folgenden Entropieausdrücke:

$$\begin{aligned}
S_i = S_1 + S_2 &= n_1 \left(C_{v1} \ln T + R \ln V - R \ln n_1 + \sigma_1 \right) + \\
&\quad + n_2 \left(C_{v2} \ln T + R \ln V - R \ln n_2 + \sigma_2 \right) \tag{10} \\
&= S_f = n \left(\tilde{C}_v \ln T + R \ln V - R \ln n + \tilde{\sigma} \right),
\end{aligned}$$

wobei sich $\tilde{C}_v$ und $\tilde{\sigma}$ auf die Mischung beziehen. Die Größe $\tilde{C}_v$ ist uns aus Gl. (5) schon vom Energiesatz her bekannt; die Aussage des Entropiesatzes liefert uns nunmehr für $\tilde{\sigma}$ aus Gl. (10)

$$n_1 \left(- R \ln n_1 + \sigma_1 \right) + n_2 \left(- R \ln n_2 + \sigma_2 \right) = n \left(- R \ln n + \tilde{\sigma} \right). \tag{11}$$

Führen wir hier

$$n_1/n = x; \qquad n_2/n = 1 - x \tag{12}$$

ein, so daß x ein Maß für das Mischungsverhältnis darstellt und n der einzige Mengenparameter bleibt, dann geht (11) über in

$$\tilde{\sigma} = x \sigma_1 + (1 - x) \sigma_2 - R \left[x \ln x + (1 - x) \ln (1 - x) \right]; \tag{13}$$

es ist also in komplizierterer Weise vom Mischungsverhältnis abhängig als

$$\tilde{C}_v = x C_{v1} + (1 - x) C_{v2}. \tag{14}$$

Für die Extensivität der Entropie ist es aber wichtig, daß in Gl. (13) der Mengenparameter n ebensowenig auftritt wie in (14).

Eine Verallgemeinerung der vorstehenden Formeln auf $r > 2$ Komponenten ist durch Wiederholung des in Fig. 60 (S. 334) beschriebenen Experimentes möglich und führt für die Entropie einer Gasmischung auf die Form

$$S = n\,(\tilde{C}_v \ln T + R \ln V - R \ln n + \tilde{\sigma})$$

mit

$$\tilde{C}_v = \sum_{\lambda=1}^{r} x_\lambda C_{v\lambda}; \quad \tilde{\sigma} = \sum_{\lambda=1}^{r} x_\lambda (\sigma_\lambda - R \ln x_\lambda);$$

$$x = n_\lambda/n; \quad \sum_{\lambda=1}^{r} x_\lambda = 1. \tag{15}$$

Es ist oft zweckmäßig, die n_λ stehen zu lassen:

$$S = \sum_{\lambda=1}^{r} n_\lambda \{ C_{v\lambda} \ln T + R \ln V + \sigma_\lambda - R \ln n_\lambda \}$$

und anstelle des Volumens V mit Hilfe der Zustandsgleichung $pV = nRT$ den Druck einzuführen. Dann kann man $C_{v\lambda} + R = C_{p\lambda}$ zusammenfassen und findet

$$S = \sum_{\lambda=1}^{r} n_\lambda \{ C_{p\lambda} \ln T - R \ln p + \sigma_\lambda + R \ln R - R \ln (n_\lambda/n) \}. \tag{15a}$$

Haben wir nur *eine* Komponente, so ist $n = n_\lambda$ und der letzte Term in (15a) entfällt ebenso wie das Summenzeichen, d.h. es bleibt $S = n_\lambda s_\lambda$ stehen, wobei

$$s_\lambda = C_{p\lambda} \ln T - R \ln p + \sigma_\lambda + R \ln R \tag{15b}$$

die Entropie eines Mols der reinen Substanz λ ist. Hiermit kann für die Mischung

$$S = \sum_{\lambda=1}^{r} n_\lambda \left(s_\lambda - R \ln \frac{n_\lambda}{n} \right) \tag{15c}$$

geschrieben werden.

Man beachte, daß p der Gesamtdruck im Endzustand der Mischung ist. Waren die Einzeldrucke vor der Mischung p_λ, so gilt

$$p_\lambda/p = n_\lambda/n;$$

die Anfangsentropie war also

$$S_i = \sum_{\lambda=1}^{r} n_\lambda s'_\lambda$$

mit

$$s'_\lambda = s_\lambda - R \ln \frac{p_\lambda}{p},$$

und dies ist gerade gleich dem Ausdruck (15c), entsprechend $S_f = S_i$.

b) Irreversible Gasmischung. Im Gegensatz zu diesem reversibel geführten Mischungsversuch betrachten wir nun die irreversible Gasmischung durch *Diffusion*. Wir beginnen auch hier mit einer möglichst einfachen Versuchsanordnung und mischen zwei Gase 1 und 2 (Fig. 61), die sich in getrennten Behältern befinden, deren jeder das gleiche Volumen V hat. Die Mischung soll dadurch erfolgen, daß wir eine undurchlässige Wand zwischen den beiden Behältern entfernen oder einen Hahn zwischen ihnen öffnen. Der Anfangszustand ist dann wieder derselbe wie zuvor, und da weder Arbeit geleistet noch Wärme mit der Umgebung ausgetauscht wird, muß nach dem ersten Hauptsatz auch wieder $U_i = U_f$ sein, woraus der Mischungswert $\widetilde{C}_v$, Gl. (5), ungeändert hervorgeht. Bei der Entropie des Endzustandes ist jetzt aber in S_f, Gl. (10), nicht mehr V sondern $2V$ als Volumen einzuführen, so daß ein additives

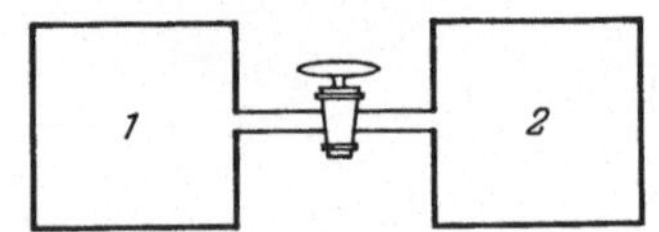

Fig. 61. Irreversible Gasmischung. Im Gegensatz zu Fig. 60 bleibt das Gesamtvolumen erhalten

Glied $nR \ln 2$ auftritt. Die Entropie wird daher bei irreversibler Durchmischung dieser Art um den Betrag

$$\Delta S = S_f - S_i = n R \ln 2 \qquad (16)$$

vermehrt. Diese Größe bezeichnet man als die *Mischungsentropie*.

Auch diesen Ausdruck können wir leicht verallgemeinern auf r Gase, die im Anfangszustand die Volumina V_1, V_2, ... V_r und im Endzustand der Mischung das Volumen

$$V = \sum_{\lambda=1}^{r} V_\lambda$$

ausfüllen. Dann ist nach (9) im Anfangszustand

$$S_i = n \sum_{\lambda=1}^{r} x_\lambda \{ C_{v\lambda} \ln T + R \ln V_\lambda - R \ln (n x_\lambda) + \sigma_\lambda \}$$

und im Endzustand nach Gl. (15):

$$S_f = n \{ \widetilde{C}_v \ln T + R \ln V - R \ln n + \tilde{\sigma} \}.$$

Die Entropievermehrung beträgt daher bei Berücksichtigung der in (5) und (15) für $\widetilde{C}_v$ und $\tilde{\sigma}$ angegebenen Ausdrücke

$$\Delta S = S_f - S_i = n R \left(\ln V - \sum_{\lambda=1}^{r} x_\lambda \ln V_\lambda \right). \qquad (17)$$

Man sieht sofort, daß für $r = 2$, $V_1 = V_2$ hierin der Spezialfall (16) enthalten ist.

Man kann die im Volumen $2V$ gemischten beiden Komponenten natürlich durch eine Vorrichtung nach der Art von Fig. 60 reversibel, d.h. mit konstanter Entropie wieder trennen. Dann füllen die beiden Komponenten aber je das Volumen $2V$ aus. Um den Anfangszustand wieder herzustellen, muß an ihnen also noch die Kompressionsarbeit

$$A_1 = - \int_{2V}^{V} p_1(V) \, dV = n_1 R T \ln 2 \qquad \text{und} \qquad A_2 = n_2 R T \ln 2$$

geleistet werden, im ganzen also die Energie $n\,R\,T\ln 2$ isotherm zugeführt werden. Dabei soll keine Erwärmung eintreten; also muß gleichzeitig die Wärmemenge $Q = n\,R\,T\ln 2$ an ein Reservoir niederer Temperatur abgegeben werden, wodurch sich die Entropie der beiden Gase
(ohne Reservoir!) um $Q/T = \Delta S$ wieder erniedrigt, also ganz richtig den
Wert des Ausgangszustandes wieder erreicht. Im ganzen hat bei diesen
irreversiblen Prozessen die Entropie natürlich zugenommen; bei dem
letzten Schritt wird die Entropie des Reservoirs der Temperatur $T' < T$
um Q/T' erhöht, also um einen größeren Betrag als die Entropievermin-
derung der Gase um Q/T.

§ 36. Phasenumwandlungen

a) Allgemeine Theorie. Eines der bedeutendsten Anwendungsgebiete
der thermodynamischen Methode ist die Untersuchung der Umwandlung verschiedener Aggregatzustände oder auch verschiedener Modifikationen (verschiedener Kristallstrukturen) in einander. Wir bezeichnen
solche verschiedene Zustände ein und derselben Substanz auch als verschiedene *Phasen*, und die normale Fragestellung besteht darin, bei vorgegebener Temperatur und vorgegebenem Gesamtvolumen festzustellen,
welche Phase oder welches Gleichgewicht mehrerer Phasen tatsächlich
im Gleichgewicht auftritt. Diese Aufgabe wird gelöst, indem wir Zustandsänderungen bei festem T und V betrachten. Das natürliche thermodynamische Potential in diesen Variablen ist, wie wir schon wissen,
die freie Energie $F = U - T S$. Wir vergleichen nun Zustände miteinander, die sich durch verschiedene Anteile der möglichen Phasen voneinander unterscheiden; dann ist bei einer infinitesimalen Änderung
dieser Anteile, aber bei fester Temperatur die Änderung der freien
Energie

$$dF = dU - T dS.$$

Andererseits ist die Entropie aus

$$dS = \frac{dU + p\,dV}{T}$$

definiert; halten wir auch noch das Volumen konstant, so wird $T dS = dU$
und somit $dF = 0$. *Wir erhalten also den Gleichgewichtszustand bei festem
T und V, wenn die freie Energie ein Extremum wird.*

Diesen Grundgedanken müssen wir noch etwas genauer ausführen.
Von der zu untersuchenden Substanz möge die durch ihre Masse M gegebene Gesamtmenge bei der Temperatur T im Volumen V eingeschlossen sein. Davon möge sich jeweils eine Teilmenge der Masse M_i in der
i-ten Phase befinden; diese Phase möge pro Masseneinheit das Volumen

v_i ausfüllen und die freie Energie f_i pro Masseneinheit besitzen. Dann gelten die Bedingungen

$$\sum_i M_i = M; \qquad \sum_i M_i v_i = V; \qquad \sum_i M_i f_i = F, \tag{1}$$

wobei f_i eine je nach Phase verschiedene Funktion von v_i und T ist. Wir fragen nun danach, welche Werte die M_i und v_i im Gleichgewicht annehmen, wenn wir T, V und M vorgeben. Offenbar muß dazu F als Funktion der M_i und v_i ein Extremum werden; wir betrachten daher die Variation

$$\delta F = \sum_i \left(f_i \, \delta M_i + M_i \, \frac{\partial f_i}{\partial v_i} \, \delta v_i \right) \tag{2a}$$

und die Nebenbedingungen

$$\delta M = \sum_i \delta M_i = 0, \tag{2b}$$

$$\delta V = \sum_i (M_i \, \delta v_i + v_i \, \delta M_i) = 0. \tag{2c}$$

Hier bemerken wir, daß nach S. 318 stets

$$-\left(\frac{\partial f_i}{\partial v_i} \right)_T = p_i \tag{3}$$

gleich dem Druck der i-ten Phase ist. Unter den Nebenbedingungen (2b) und (2c) wird die freie Energie daher ein Extremum, wenn

$$\delta F + \lambda \, \delta M + \mu \, \delta V = 0$$

mit Lagrangeschen Multiplikatoren λ und μ identisch in den δM_i und δv_i erfüllt ist, wenn also

$$\sum_i \left\{ (f_i + \lambda + \mu v_i) \, \delta M_i + (-M_i p_i + \mu M_i) \, \delta v_i \right\} = 0$$

ist, woraus wir für alle Phasen entnehmen

$$f_i + \lambda + \mu v_i = 0, \tag{4a}$$

$$\mu = p_i. \tag{4b}$$

Gl. (4b) besagt, daß im Gleichgewicht alle Phasen denselben Druck haben, da μ vom Index i unabhängig ist. Gl. (4a) besagt sodann, daß für alle Phasen die Größen

$$g_i = f_i + p_i v_i \tag{5}$$

denselben Wert (nämlich $-\lambda$) annehmen. Die Größen g_i sind nach S. 318 die freien Enthalpien (Gibbsschen Potentiale) der Phasen pro Masseneinheit.

Eine Anzahl von n Phasen stehen also miteinander im Gleichgewicht, wenn für sie

$$p_1 = p_2 = \cdots = p_n \tag{6a}$$

und

$$g_1 = g_2 = \cdots = g_n \tag{6b}$$

ist.

Nun hängen die in den $2\,(n-1)$ Gleichungen (6a, b) auftretenden Größen p_i und g_i nur von den $n+1$ Variablen T und v_i ab. Ist $n>3$, so wird $2\,(n-1)>n+1$; die Zahl der Gleichungen also größer als die Zahl der Variablen. Daher ist es nicht möglich, daß im Gleichgewicht mehr als drei Phasen koexistieren. Ist $n=3$, so genügen die $2\,(n-1)=4$ Gleichungen gerade zur Bestimmung der vier Variablen T, v_1, v_2, v_3. Es gibt also nur einen einzigen durch diese vier Werte definierten Zustand, den wir durch einen Punkt in der T, p-Ebene beschreiben können und als den *Tripelpunkt* bezeichnen. Die zwei Nebenbedingungen (1) für M und V reichen dann nicht aus, um die drei Größen M_i zu bestimmen, und die Verteilung auf die drei Phasen bleibt unbestimmt. Erst für $n=2$ ergibt sich die Möglichkeit, das Gleichgewicht zweier Phasen zu berechnen, und diesem wichtigen Fall wollen wir uns jetzt zuwenden.

Es sei ausdrücklich betont, daß diese einfachen Regeln nicht mehr gelten, wenn verschiedene chemische Substanzen zusammentreten; die vorstehenden Überlegungen sind dann zur Gibbsschen Phasenregel zu erweitern.

b) Gleichgewicht zweier Phasen. Clausius-Clapeyronsche Gleichung. Für $n=2$ reduzieren sich die Beziehungen (6a, b) auf zwei, nämlich

$$p_1 = p_2; \qquad g_1 = g_2, \tag{7}$$

und die Zahl der Variablen auf drei, nämlich T, v_1, v_2. Schreiben wir statt p_1 und p_2 kurz p, so können wir unter Heranziehung der Zustandsgleichungen für die beiden Phasen $v_1 = v_1(p, T)$ und $v_2 = v_2(p, T)$ in $g_1 = g_2$ anstelle von v_1, v_2 und T die Variablen p und T einführen. Nach (5) ist dann

$$f_1 + p\,v_1 = f_2 + p\,v_2$$

oder

$$f_2 - f_1 = p\,(v_1 - v_2). \tag{8a}$$

Um festzustellen, bei welchem Druck p für eine vorgegebene Temperatur T eine Substanz aus dem einen in den anderen Aggregatzustand übergeht, erinnern wir uns daran, daß bei jeder isothermen Veränderung $dF = -p\,dV$ ist. Können wir beide Aggregatzustände durch eine gemeinsame Isotherme darstellen, wie das etwa im Rahmen der van der

Waalsschen Theorie geschieht, so können wir also schreiben

$$f_2-f_1=-\int\limits_{v_1}^{v_2}\mathsf{p}\,(v)\,dv,\tag{8b}$$

wobei das Integral durch die Isotherme $\mathsf{p}\,(v)$ definiert ist. Dabei ist es nicht notwendig, daß sich diese Isotherme auch wirklich durchlaufen läßt. Aus den Gln. (8a) und (8b) kann man dann die freie Energie eliminieren:

$$\mathsf{p}\,(v_2-v_1)=\int\limits_{v_1}^{v_2}\mathsf{p}\,(v)\,dv.\tag{9}$$

In Fig. 62 ist eine solche Isotherme $\mathsf{p}\,(v)$ für die Kondensation eines Gases von van der Waals-ähnlichem Typus dargestellt; Gl. (9) ist dann für denjenigen Druck $\mathsf{p}=\mathsf{p}_1$ erfüllt, für den die beiden schraffierten Flächen sich gegenseitig gerade aufheben. Damit haben wir die im vorigen Paragraphen besprochene Kondensation und Verdampfung innerhalb des dort gesetzten Rahmens auch quantitativ geklärt.

Von größerem Interesse ist die Verschiebung des Gleichgewichtes zweier Phasen mit veränderter Temperatur. Wir betrachten dabei nach wie vor eine isotherme Phasenumwandlung, vergleichen jedoch die Re-

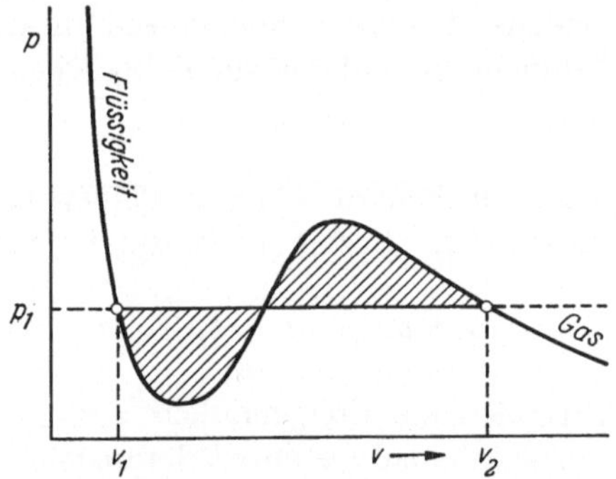

Fig. 62. Zum Übergang zwischen Gas und Flüssigkeit bei einer van der Waals-ähnlichen Substanz

sultate bei den Temperaturen T und $T+dT$ miteinander. Da die Gln. (7) auch bei der geänderten Temperatur erhalten bleiben, müssen auch die entsprechenden Änderungen der Drucke und der freien Enthalpien übereinstimmen, d.h. außer (7) muß gelten

$$d\mathsf{p}_1=d\mathsf{p}_2;\quad dg_1=dg_2.\tag{10}$$

Nun ist nach Gl. (24a) von § 33

$$dg_i=-s_i\,dT+v_i\,d\mathsf{p},$$

wobei wir kurz $p_1=p_2=p$ geschrieben haben. Die zweite Beziehung (10) lautet daher ausführlich

$$dg_1-dg_2=(s_2-s_1)\,dT+(v_1-v_2)\,dp=0.$$

Die Grenzlinie in der $p,\,T$-Ebene, längs der sich die Existenzbereiche der beiden Phasen berühren, muß also der Differentialgleichung

$$\frac{dp}{dT}=\frac{s_1-s_2}{v_1-v_2} \tag{11}$$

genügen.

Es ist nun zweckmäßig, in diese Relation einen neuen Begriff einzuführen: Die der Substanz pro Masseneinheit zugeführte Wärmemenge r_{12}, die bei konstant bleibender Temperatur den Übergang von der Phase 1 zur Phase 2 hervorruft, heißt *Umwandlungswärme*. Diese Wärmemenge muß nicht nur deshalb zugeführt werden, weil sich die innere Energie pro Masseneinheit der Phase 2, u_2, von derjenigen der Phase 1, u_1, unterscheidet, sondern weil mit dem Phasenübergang auch eine Volumänderung verbunden ist, die bei festem Druck p eine Arbeitsleistung erfordert:

$$r_{12}=u_2-u_1+p\,(v_2-v_1). \tag{12}$$

Im Hinblick auf $p_1=p_2$ können wir dafür auch schreiben

$$r_{12}=(u_2+p_2v_2)-(u_1+p_1v_1)=h_2-h_1,$$

d.h. die Umwandlungswärme ist der Enthalpieunterschied der beiden Phasen pro Masseneinheit. Da nun aber $h_i=g_i+Ts_i$ und $g_1=g_2$ ist, folgt weiterhin

$$r_{12}=T\,(s_2-s_1); \tag{13}$$

die Umwandlungswärme wird bei konstant bleibender Temperatur lediglich zur Entropievermehrung verwendet[1].

Setzen wir die durch (13) definierte Umwandlungswärme in Gl. (11) ein, so entsteht die wichtige Gleichung von CLAUSIUS und CLAPEYRON,

$$r_{12}=(v_2-v_1)\,T\,\frac{dp}{dT}. \tag{14}$$

Sie gestattet die Angabe des Differentialquotienten dp/dT in der $p,\,T$-Ebene, sofern r_{12} und die Zustandsgleichungen beider Phasen bekannt sind. Als Differentialgleichung für $p(T)$ aufgefaßt gestattet sie durch Integration die Festlegung der Grenzkurve zweier Phasen in der $p,\,T$-Ebene.

---

[1] In der Sprechweise von HELMHOLTZ, zur Vermehrung der „gebundenen" Energie TS, vgl. die Fußnote auf S. 318.

c) Beispiele: Verdampfen und Schmelzen. Im folgenden sei mit dem Index 1 die feste, 2 die flüssige und 3 die gasförmige Phase einer Substanz bezeichnet. Der Übergang $2 \to 3$ heißt dann *Verdampfen*, da wir die Gasphase, wenn sie im Gleichgewicht mit der flüssigen steht, als Dampf bezeichnen. Der Übergang $1 \to 2$ heißt *Schmelzen*, und der direkte Übergang $1 \to 3$, sofern er möglich ist, heißt *Sublimation*.

Wir beginnen mit einer genaueren Untersuchung des Verdampfens. Dann können wir in guter Näherung v_2 gegen v_3 vernachlässigen und $p_3 v_3 = R T / \mu$ setzen, so daß anstelle von Gl. (14)

$$r_{23} = \frac{R T^2}{\mu p_3} \frac{d p_3}{d T} \tag{15}$$

tritt, wobei r_{23} die *Verdampfungswärme* heißt. Gl. (15) ist eine Differentialgleichung für den Dampfdruck $p_3 = p(T)$ über der Flüssigkeitsoberfläche. Nehmen wir *genähert* an, die Verdampfungswärme hänge nicht von T ab, so können wir (15) integrieren zu

$$p = p_0\, e^{-\frac{\mu\, r_{23}}{R T}}. \tag{16}$$

Da Verdampfen Energiezufuhr erfordert, ist r_{23} positiv, und p wächst mit steigender Temperatur an, wobei die Exponentialfunktion in (16) die Form eines Boltzmann-Faktors hat.

Grenzt die Flüssigkeit an eine Gasphase (z.B. Luft) in einem abgeschlossenen Gefäß, so verdampft sie solange, bis der Partialdruck des Dampfes in der Gasphase gleich dem Dampfdruck geworden ist. Wir sprechen dann von *gesättigtem* Dampf.

Auf S. 174 haben wir gesehen, daß der Dampfdruck über einem Tropfen vom Radius R um den Kapillardruck $p_c = 2\sigma/R$ erhöht ist, wobei σ die Oberflächenspannung (Energie pro Flächeneinheit) bedeutet. Diese Formel folgt auch unmittelbar daraus, daß die bei einer Vergrößerung des Tropfens geleistete Arbeit $p_c\, dV = p_c \cdot 4\pi R^2 dR$ gleich der zur Vergrößerung der Oberfläche aufgewendeten Arbeit $\sigma\, dF = \sigma \cdot 8\pi R\, dR$ sein muß. Ist der Dampf daher, verglichen mit einer ebenen Flüssigkeitsoberfläche, übersättigt, so ist er dies nur für Tropfen oberhalb eines gewissen kritischen Radius; der Dampf kann daher innerhalb der Atmosphäre nur dann kondensieren, also Nebel bilden, wenn „Keime" vorhanden sind, die bereits größer als dieser kritische Radius sind. Deshalb bildet sich Nebel leichter in Bodennähe und in verrußter, keimreicher Luft (Smog). Der Effekt wird in der Wilsonschen Nebelkammer ausgenutzt, in der durch plötzliche (adiabatische) Expansion die Übersättigung hervorgerufen wird und die von hindurchlaufenden geladenen Teilchen (α-Teilchen oder dgl.) zurückgelassenen Ionen umliegende Moleküle elektrostatisch anziehen und auf diese Weise Kondensationskeime bilden, die nur längs der Teilchenbahnen Nebelstreifen erzeugen.

Eine einfache Anwendung von Gl. (16) ist die Siedepunktserniedrigung des Wassers mit wachsender Höhe über dem Meeresspiegel. Mit $r_{23} = 539$ cal/g Verdampfungswärme bei $T = 373°$ K ($100°$ C) und $p_3 = 1$ Atm erhalten wir aus Gl. (15) zunächst[1]

$$\frac{dT}{dp} = + 28{,}4 \text{ Grad/Atm};$$

setzen wir für die Druckabnahme mit der Höhe die isotherme barometrische Höhenformel $dp/p = - dh/H$ mit $H = 8000$ m an, so folgt

$$\frac{dT}{dh} = - \frac{p}{H} \frac{dT}{dp},$$

in runden Zahlen:

$$\frac{dT}{dh} \approx - 0{,}35 \text{ Grad}/100 \text{ m}.$$

Hinsichtlich des Vorzeichens von $r_{23} > 0$ vermerken wir noch, daß dies nach Gl. (13) aus $s_3 > s_2$ folgt. Da die Entropie nach den Aussagen der statistischen Mechanik ein Maß für die Unordnung darstellt, diese aber im Dampf größer als in der Flüssigkeit ist, erscheint diese Aussage selbstverständlich. Es ist aber bezeichnend, daß sie im Rahmen der klassischen Thermodynamik als empirische Regel einer tieferen Deutung entbehrt.

Für den Übergang der Sublimation könnten wir im Prinzip wegen $v_3 \gg v_1$ ebenso verfahren, dagegen ergibt sich für das *Schmelzen* eine Abweichung, da jetzt die beiden spezifischen Volumina v_1 des festen und v_2 des flüssigen Zustandes nicht allzu verschieden voneinander sind. Die Änderung der Schmelztemperatur

$$dT = T \frac{v_2 - v_1}{r_{12}} dp \tag{17}$$

bei Änderung des Druckes ist daher viel geringer, so daß die Näherung mit konstantem r_{12} praktisch immer ausreicht.

Als Beispiel betrachten wir schmelzendes Eis in der Umgebung von $T = 273°$ K ($0°$ C). Die Schmelzwärme ist dort $r_{12} = 80$ cal/g, und die spezifischen Volumina der beiden Phasen sind $v_1 = 1{,}091$ cm^3/g für Eis und $v_2 = 1{,}000$ cm^3/g für Wasser. Gl. (17) führt dann auf[1]

$$\frac{dT}{dp} = - 0{,}0075 \text{ Grad/Atm},$$

wobei das negative Vorzeichen eine Folge von $v_2 < v_1$ ist. Erhöhung des Druckes um 1 Atm hat also eine Schmelzpunkterniedrigung um 0,0075 Grad zur Folge.

Um auch größere Veränderungen etwa der Siedetemperatur über einem mehr oder weniger guten Vakuum ins Auge fassen zu können, genügt die bisher gemachte Voraussetzung konstanter Umwandlungswärme nicht mehr. Eine korrektere Theorie muß daher zur Untersuchung

---

[1] Für die Zahlenrechnung beachte man einerseits 1 cal $= 4{,}186 \cdot 10^7$ erg und andererseits 1 erg/cm$^3 = 1$ dyn/cm$^2 = 0{,}987 \cdot 10^{-6}$ Atm.

der Temperaturabhängigkeit auf die Definitionsgleichung

$$r_{12} = h_2 - h_1 \qquad (18)$$

zurückgreifen. Wir bilden dann für jede der beteiligten Phasen den Differentialquotienten dh/dT. Nun sind nach §33 die natürlichen Variablen der Enthalpie nicht p und T, sondern p und s, und da nach Gl. (26b) von §33b

$$\left(\frac{\partial h}{\partial p}\right)_s = v; \qquad \left(\frac{\partial h}{\partial s}\right)_p = T$$

ist, erhalten wir so zunächst

$$\frac{dh}{dT} = v\,\frac{dp}{dT} + T\,\frac{ds}{dT}.$$

Hier können wir ds/dT mit Hilfe der in den Gl. (17) und (18) von §33a berechneten Differentialquotienten der Entropie

$$\left(\frac{\partial s}{\partial p}\right)_T = -\left(\frac{\partial v}{\partial T}\right)_p; \qquad \left(\frac{\partial s}{\partial T}\right)_p = \frac{C_p}{T}$$

angeben:

$$\frac{ds}{dT} = -\left(\frac{\partial v}{\partial T}\right)_p \frac{dp}{dT} + \frac{C_p}{T}.$$

Somit folgt

$$\frac{dh}{dT} = \left[v - T\left(\frac{\partial v}{\partial T}\right)_p\right]\frac{dp}{dT} + C_p. \qquad (19)$$

Die Temperaturabhängigkeit einer Umwandlungswärme $r_{12} = h_2 - h_1$ wird also

$$\frac{dr_{12}}{dT} = \left[v_2 - v_1 - T\left(\frac{\partial(v_2 - v_1)}{\partial T}\right)_p\right]\frac{dp}{dT} + C_{p2} - C_{p1}.$$

Hier können wir mit Hilfe der Clausius-Clapeyron-Gleichung dp/dT eliminieren, so daß schließlich entsteht

$$\frac{dr_{12}}{dT} = C_{p2} - C_{p1} + \frac{r_{12}}{T}\left[1 - \left(\frac{\partial\ln(v_2 - v_1)}{\partial\ln T}\right)_p\right]. \qquad (20)$$

Wenden wir Gl. (20) insbesondere auf den Verdampfungsprozeß $2\rightarrow3$ an, so wird mit $v_3 \gg v_2$ und $pv_3 = RT/\mu$

$$\left(\frac{\partial\ln(v_3 - v_2)}{\partial\ln T}\right)_p = \left(\frac{\partial\ln\left(\dfrac{RT}{\mu p}\right)}{\partial\ln T}\right)_p = 1,$$

so daß die eckige Klammer in (20) verschwindet und

$$\frac{dr_{23}}{dT} = C_{p3} - C_{p2} \qquad (21)$$

allein durch den Unterschied der spezifischen Wärmen der beiden Phasen bei konstantem Druck beschrieben wird.

Als Zahlenbeispiel seien die Verhältnisse für *Wasser* von 100° C genauer besprochen. Die Messung der Dampfdruckkurve ergibt bei dieser Temperatur $dp/dT =$ 27,12 Torr/Grad, so daß nach Gl. (15) bei Atmosphärendruck (760 Torr)

$$r_{23} = \frac{R}{\mu} \frac{T^2}{p} \frac{dp}{dT} = \frac{1{,}983 \text{ cal Mol}^{-1} \text{ Grad}^{-1}}{18 \text{ g Mol}^{-1}} \cdot \frac{373^2 \text{ Grad}^2}{760 \text{ Torr}} \cdot 27{,}12 \frac{\text{Torr}}{\text{Grad}}$$

$$= 547 \text{ cal/g}$$

entsteht. Korrigiert man dies Resultat auf das endliche Volumen der flüssigen Phase, so tritt nach Gl. (14) der Faktor $(v_3 - v_2)/v_3$ hinzu, und r_{23} vermindert sich auf 539 cal/g. Andererseits kann man in Gl. (21) mit den spezifischen Wärmen $C_{p3} = 0{,}47$ cal/g $\cdot$ Grad des Wasserdampfes und $C_{p2} = 1{,}01$ cal/g $\cdot$ Grad des Wassers bei 100° C eingehen, womit

$$\frac{dr_{23}}{dT} = -0{,}54 \frac{\text{cal}}{\text{g Grad}} \tag{22}$$

entsteht[1]. Diese Zahl ist klein genug, um die oben benutzte Näherung $r_{23} = $ constans zu rechtfertigen, solange man sich nicht allzuweit von 100° C entfernt. Will man allerdings den Dampfdruck des Wassers in weiteren Temperaturbereichen erfassen, so erhält man in der Näherung $r_{23} = 539$ cal/g nach Gl. (16) bei 0° C $p = 5{,}95$ Torr in merklicher Abweichung vom experimentellen Wert 4,58 Torr. Eine lineare Temperaturabhängigkeit von r_{23} gemäß Gl. (22),

$$r_{23}(T) = 539 - 0{,}54 \, (T - 373°) \text{ cal/g},$$

ergibt den wesentlich besseren Wert $p = 4{,}50$ Torr; die Verdampfungswärme r_{23} erreicht hiernach bei 0° C den um rund 10% größeren Wert[2] 593, experimentell 595 cal/g.

---

[1] Es ist nicht einfach, die angegebenen empirischen Werte von C_p aus der Struktur der Substanz heraus zu verstehen. Bei der Dampfphase erwartet man 6 Freiheitsgrade für ein H_2O-Molekül, nämlich 3 translatorische und 3 rotatorische, was nach dem Gleichverteilungssatz (S. 233f.) $C_v = 3R$ und $C_p = 4R$ ergibt. Der angegebene empirische Wert ist $C_p = 4{,}26\,R$; der kleine Überschuß kann aber nur teilweise aus Schwingungsanregung verstanden werden. Die drei Grundschwingungen des H_2O-Moleküls liegen bei 3656, 1595 und 3755 cm^{-1}, was wegen $hc/k = 1{,}4388$ cm $\cdot$ Grad den charakteristischen Vibrationstemperaturen $T_V = 5250°$, 2290° und 5400° entspricht. Nach Fig. 35 (S. 218) erhält man bei $T = 373°$ K nur von der zweiten dieser Normalschwingungen mit $T/T_V = 0{,}163$ einen merklichen Beitrag von $0{,}08\,R$ zur spezifischen Wärme. Der Rest von $0{,}18\,R$ muß durch Assoziation von Molekülen erklärt werden. — Das Auftreten einer rund doppelt so großen spezifischen Wärme $C_p = 9{,}15\,R$ im flüssigen Zustand wird qualitativ roh verständlich, wenn man nach Art von S. 233 zu jedem der 6 Freiheitsgrade eines H_2O-Moleküls eine potentielle Energie hinzufügt, die in roher Näherung eine harmonische Bindung an die Gleichgewichtslage und Gleichgewichtsorientierung des Moleküls annimmt und bereits $C_v = 6R$ ergeben würde. Auch hierin drückt sich letzten Endes die Assoziation der Moleküle und die starke Rotationshemmung aus, die gerade bei Molekülen mit so starkem Dipolmoment eine Rolle spielen müssen. Andererseits hat die relativ geringe Druckabhängigkeit des Flüssigkeitsvolumens nach Gl. (11) von § 33a zur Folge, daß $C_p - C_v \ll R$ ist.

[2] Nach der Umrechnungsformel 1 eV/Molekül = 23,06 kcal/Mol findet man für Wasser (1 Mol = 18 g), daß 595 cal/g einer Energie von 0,47 eV/Molekül entsprechen. Bei 100° C ist $RT \approx 0{,}03$ eV/Molekül; der Rest von 0,44 eV/Molekül ist die Bindungsenergie pro Molekül in der Flüssigkeit, die bei der Verdampfung zu überwinden ist.

Aus der Kenntnis der Schmelzwärme r_{12} und der Verdampfungswärme r_{23} in irgendeinem Punkt der p, T-Ebene kann man die Sublimationswärme r_{13} ableiten, da nach der Definition (13)

$$r_{12} + r_{23} + r_{31} = 0$$

ist. Natürlich hat diese Beziehung reale Bedeutung nur für den Tripelpunkt, in dem alle drei Umwandlungen zugleich möglich sind. Dieser liegt z. B. für Wasser bei $T = 0°$ C und $p = 4{,}58$ Torr, wo die Schmelzwärme $r_{12} = 80$ cal/g und die Verdampfungswärme $r_{23} = 595$ cal/g ist. Mithin ist die Sublimationswärme dort

$$r_{13} = r_{12} + r_{23} = 675 \text{ cal/g}.$$

Wir können außerdem zur genaueren Beschreibung der Phasengrenzen in der Umgebung des Tripelpunktes die bereits mit Hilfe der Clausius-Clapeyronschen Gleichung gefundenen Resultate heranziehen. Insbesondere fanden wir nach Gl. (17) für die Grenzlinie der festen und flüssigen Phase (Eis/Wasser)

$$dp/dT = -(1/0{,}0075) \text{ Atm/Grad} = -9{,}93 \cdot 10^4 \text{ Torr/grad}.$$

Die Neigung der beiden anderen Grenzkurven berechnen wir analog mit Vernachlässigung von v_2 und v_1 gegen $v_3 = R T/\mu p$ gemäß Gl. (15) zu

$$dp/dT = \frac{\mu p}{R T^2} r_{23} \quad \text{und} \quad dp/dT = \frac{\mu p}{R T^2} r_{13}.$$

In Zahlen führt das auf

$$dp/dT = 0{,}332 \text{ Torr/Grad für die Grenze Wasser/Dampf},$$

$$dp/dT = 0{,}376 \text{ Torr/Grad für die Grenze Eis/Dampf}.$$

Somit ergibt sich das in Fig. 63 skizzierte Verhalten für die Umgebung des Tripelpunktes.

d) Phasenumwandlungen zweiter Ordnung. Im festen Zustande treten häufig mehrere Modifikationen auf, zwischen denen ebenfalls eine scharfe Grenzlinie in der p, T-Ebene verläuft, die aber keine Volumänderung zeigen. Bei endlicher Umwandlungswärme müßte dann nach den Gln. (11) und (14) $dT/dp = 0$ und damit die Umwandlungstemperatur druckunabhängig werden. Eine interessantere Möglichkeit ergibt sich jedoch, wenn auch keine Entropieänderung mit der Umwandlung verbunden ist und somit nach Gl. (13) die Umwandlungswärme verschwindet:

$$r_{12} = 0; \quad v_1 = v_2; \quad s_1 = s_2. \tag{22}$$

Für Übergänge dieser Art verliert die Clausius-Clapeyronsche Gleichung sowohl in der Form (11) als in der Form (14) ihren Sinn, und wir müssen zur Bestimmung der Phasengrenzlinie nach einer anderen Beziehung suchen.

Übergänge dieser Art nennt man nach EHRENFEST (1933) *Umwandlungen zweiter Ordnung*. Der Ausdruck wird verständlich, wenn wir auf die Bedingung (7) zurückgreifen, daß in jedem Punkt der Grenzlinie $g_1(p, T) = g_2(p, T)$ sein muß. Infolge der allgemeinen thermodynamischen Relationen (24a—c) von § 33b (S. 318), ist

$$\left(\frac{\partial g}{\partial T}\right)_p = -s; \qquad \left(\frac{\partial g}{\partial p}\right)_T = v. \qquad (23)$$

Wegen (22) stimmen auf der Grenzlinie also auch die ersten Ableitungen von g_1 und g_2 miteinander überein, so daß sich lediglich ihre zweiten Ableitungen zu unterscheiden vermögen.

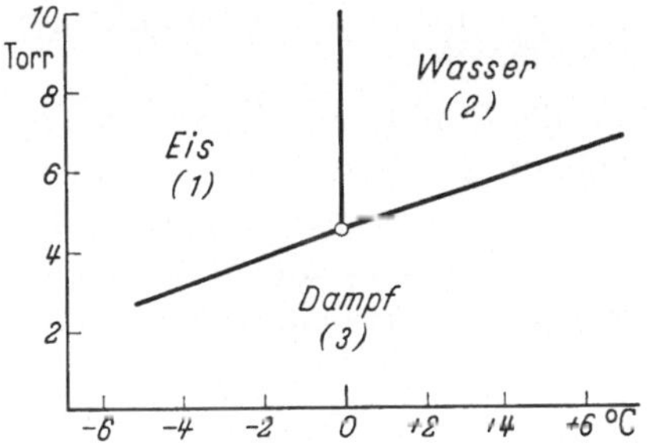

Es liegt nahe, für die zweiten Ableitungen von g in ähnlicher Weise Beziehungen aufzusuchen, wie wir dies bei den Übergängen erster Ordnung für die ersten Ableitungen getan haben. Gehen wir in der p, T-Ebene von einem Punkt zu einem Nachbarpunkt über, der nicht auf der Phasengrenzlinie liegen muß, so wird nach (23) für jede der beiden Phasen:

$$d\frac{\partial g}{\partial T} = -ds = -\frac{\partial s}{\partial T}\, dT - \frac{\partial s}{\partial p}\, dp;$$

$$d\frac{\partial g}{\partial p} = \quad dv = \quad \frac{\partial v}{\partial T}\, dT + \frac{\partial v}{\partial p}\, dp. \qquad (24)$$

Fig. 63. Phasengrenzen in der p, T-Ebene in der Umgebung des Tripelpunktes für Wasser

Wir greifen nun zurück auf einige Relationen, die wir in § 33a abgeleitet haben. Dort ergaben sich nämlich auf S. 316f. die Gln. (14), (15) und (18):

$$\frac{\partial v}{\partial T} = v\alpha; \qquad \frac{\partial v}{\partial p} = -v\varkappa; \qquad \frac{\partial s}{\partial T} = \frac{C_p}{T}, \qquad (25)$$

von denen die beiden ersten den isobaren thermischen Ausdehnungskoeffizienten α und die isotherme Kompressibilität $\varkappa$ definierten. Ferner gehört zu (23) die Kompatibilitätsbedingung

$$\frac{\partial s}{\partial p} = -\frac{\partial v}{\partial T} = -v\alpha. \qquad (26)$$

Einsetzen von (25) und (26) für die Differentialquotienten in (24) führt auf

$$d\,\frac{\partial g}{\partial T} = -\,C_p\,\frac{d\,T}{T} + \alpha v\,d\mathsf{p};$$

$$d\,\frac{\partial g}{\partial \mathsf{p}} = \alpha v\,d\,T - \varkappa v\,d\mathsf{p} \tag{27}$$

für jede Phase und für beliebige infinitesimale Änderungen $d\,T$ und $d\mathsf{p}$.

Gehen wir nun insbesondere von einem Punkt p, T der Phasengrenzlinie zu einem anderen Punkt auf dieser Grenzlinie über, so muß dort jede Ableitung von g_1 gleich der entsprechenden von g_2 bleiben, damit für alle Punkte auf dieser Linie $g_1 = g_2$ bleibt. Die Gleichheit der ersten Ableitungen liefert uns in diesem Fall keine Aussage, wohl aber die Gleichheit der zweiten, in Gl. (27) beschriebenen Ableitungen. Fügen wir noch $v_1 = v_2$ hinzu, so folgt nämlich aus der Gleichheit der Ausdrücke (27) für beide Phasen auf der Grenzlinie

$$-C_{p1}\,\frac{d\,T}{T} + \alpha_1 v\,d\mathsf{p} = -\,C_{p2}\,\frac{d\,T}{T} + \alpha_2 v\,d\mathsf{p};$$

und

$$v\,(\alpha_1 d\,T - \varkappa_1 d\mathsf{p}) = v\,(\alpha_2 d\,T - \varkappa_2 d\mathsf{p}),$$

woraus wir anstelle der Clausius-Clapeyronschen Gleichung die beiden Ehrenfestschen Gleichungen

$$\frac{d\mathsf{p}}{d\,T} = \frac{C_{p1} - C_{p2}}{v\,T\,(\alpha_1 - \alpha_2)} \tag{28a}$$

und

$$\frac{d\mathsf{p}}{d\,T} = \frac{\alpha_1 - \alpha_2}{\varkappa_1 - \varkappa_2} \tag{28b}$$

als Differentialgleichungen für die Phasengrenzlinie erhalten.

§ 37. Thermochemie

a) Reaktionsgleichgewicht. Wir beginnen mit einem einfachen Beispiel. In einer Mischung der drei Gase (1) Cl_2, (2) H_2 und (3) HCl kann die chemische Reaktion

$$Cl_2 + H_2 \rightleftharpoons 2\,HCl \tag{1}$$

in beiden Richtungen ablaufen, als deren Ergebnis sich bei einer bestimmten Temperatur T und einem bestimmten Druck p ein *Gleichgewicht* zwischen den drei Reaktionspartnern einstellt.

Zur Berechnung der Lage dieses Gleichgewichts entnehmen wir zunächst aus

$$dG = -\,S\,d\,T + V\,d\mathsf{p}, \tag{2}$$

daß bei festem p und T *die freie Enthalpie*

$$G = U - TS + pV \tag{3}$$

ein Extremum wird, ähnlich wie wir dies im vorigen Paragraphen bei festem T und V für die freie Energie gefunden haben. Nun hängt die freie Enthalpie des reagierenden Gasgemisches natürlich von den Molzahlen n_k der Reaktionspartner ab, die sich im Laufe der Reaktion verändern. Die Gleichgewichtsbedingung $dG = 0$ kann daher auch geschrieben werden

$$\sum_k \frac{\partial G}{\partial n_k}\,\delta n_k = 0. \tag{4}$$

Hier sind die Änderungen δn_k der Molzahlen nicht unabhängig voneinander, vielmehr müssen sie in durch die stattfindende Reaktion gegebenen stöchiometrischen Verhältnissen zueinander stehen. Wir können sie daher gemäß

$$\delta n_k = v_k\,\delta t \tag{5}$$

auf eine einzige Variable, die *Reaktionslaufzuhl t* beziehen, wobei die *Reaktionszahlen* v_k ganzzahlige Koeffizienten sind, die man erhält, wenn man alle chemischen Symbole der Reaktion auf eine Seite der Gleichung, etwa nach links bringt. Für die Chlorwasserstoffbildung von Gl (1) ist also z.B. $v_1 = 1$, $v_2 = 1$, $v_3 = -2$. Gl. (4) kann auf diese Weise umgeschrieben werden in

$$\sum_k \frac{\partial G}{\partial n_k}\,v_k = 0. \tag{6}$$

Finden gleichzeitig mehrere Reaktionen statt, so kommt man nicht mehr mit einer einzigen Reaktionslaufzahl aus. So können z.B. in einem Gemisch der fünf Gase (1) N_2, (2) O_2, (3) NO, (4) NO_2 und (5) N_2O_3 drei Reaktionen stattfinden:

$$\begin{aligned}
\text{a)}\quad & N_2 \;+ O_2 \;\rightleftharpoons 2\,NO; \\
\text{b)}\quad & 2\,NO + O_2 \;\rightleftharpoons 2\,NO_2; \\
\text{c)}\quad & NO \;+ NO_2 \rightleftharpoons N_2O_3.
\end{aligned}$$

Bezeichnen wir die zugehörigen Reaktionslaufzahlen mit t_a, t_b und t_c, so haben wir

$$\delta n_1 = \delta t_a; \qquad \delta n_2 = \delta t_a + \delta t_b; \qquad \delta n_3 = -2\delta t_a + 2\delta t_b + \delta t_c;$$
$$\delta n_4 = -2\delta t_b + \delta t_c; \qquad \delta n_5 = -\delta t_c.$$

Gl. (6) läßt sich daher schreiben

$$\delta t_a\left(\frac{\partial G}{\partial n_1} + \frac{\partial G}{\partial n_2} - 2\frac{\partial G}{\partial n_3}\right) + \delta t_b\left(\frac{\partial G}{\partial n_2} + 2\frac{\partial G}{\partial n_3} - 2\frac{\partial G}{\partial n_4}\right)$$
$$+ \delta t_c\left(\frac{\partial G}{\partial n_3} + \frac{\partial G}{\partial n_4} - \frac{\partial G}{\partial n_5}\right) = 0.$$

Da die drei Reaktionslaufzahlen voneinander unabhängig sind, zerfällt diese Gleichung in drei, wobei jede Klammer für sich verschwinden muß. Auf diese Weise lassen sich auch kompliziertere Reaktionsgleichgewichte behandeln.

Die nächste Aufgabe besteht darin, die Differentialquotienten $\partial G/\partial n_k$ in Gl. (6) durch T, p und die n_k auszudrücken. In § 35, Gl. (15c), haben wir die Entropie

$$S = \sum_k n_k \left(s_k - R \ln \frac{n_k}{n} \right)$$

eines Gasgemisches berechnet, wobei s_k die Entropie eines Mols der Komponente k im reinen Zustand beim Druck p und der Temperatur T ist. Ferner gilt

$$U = \sum_k n_k u_k,$$

so daß mit

$$pV = nRT; \qquad n = \sum_k n_k$$

gemäß Gl. (3) entsteht:

$$G(p, T; n_1, n_2, \ldots) = \sum_k n_k (u_k - T s_k + RT) + RT \sum_k n_k \ln \frac{n_k}{n}.$$

Hier ist im ersten Gliede

$$g_k(p, T) = u_k - T s_k + RT \tag{7}$$

die freie Enthalpie eines Mols der Komponente k im reinen Zustand beim Druck p und der Temperatur T. Das zweite Glied ist eine Folge der Mischung mehrerer Komponenten. Wir können schreiben

$$G = \sum_k n_k \left(g_k + RT \ln \frac{n_k}{n} \right), \tag{8a}$$

wobei g_k *nicht* von den Molzahlen abhängt. Jedes g_k ist eine Zustandsfunktion, die nur p und T als Variable enthält und als bekannt vorausgesetzt werden soll. Man schreibt übrigens auch einfacher anstelle von Gl. (8)

$$G = \sum_k n_k \mu_k, \tag{8b}$$

wobei die Größen

$$\mu_k = g_k + RT \ln \frac{n_k}{n} \tag{9}$$

die *chemischen Potentiale* heißen; diese letzteren hängen natürlich von den Molzahlen n_k ab.

Wir berechnen nun

$$\frac{\partial G}{\partial n_l} = \left(g_l + RT \ln \frac{n_l}{n} \right) + \sum_k n_k \cdot RT \cdot \frac{n}{n_k} \cdot \frac{n \delta_{kl} - n_k}{n^2}.$$

Das letzte Glied kann man auch schreiben

$$RT \sum_k \left(\delta_{kl} - \frac{n_k}{n} \right) = RT (1 - 1) = 0;$$

das erste Glied ist nach (9) ein chemisches Potential:

$$\frac{\partial G}{\partial n_l} = g_l + R T \ln \frac{n_l}{n} = \mu_l.$$ (10)

Die Gleichgewichtsbedingung (6) geht daher über in

$$\sum_k v_k \mu_k = 0$$ (11a)

oder ausführlicher

$$\sum_k v_k \left(g_k + R T \ln \frac{n_k}{n} \right) = 0.$$ (11b)

Die letzte Gleichung wird im allgemeinen in der Form geschrieben

$$\prod_k c_k^{v_k} = K(p, T),$$ (12)

wobei auf der linken Seite die Konzentrationen

$$c_k = \frac{n_k}{n}; \qquad \sum_k c_k = 1$$ (13)

erscheinen, während auf der rechten Seite die *Gleichgewichtskonstante*

$$K(p, T) = \exp\left\{ -\sum_k v_k \frac{g_k}{R T} \right\}$$ (14)

eine von den Konzentrationen unabhängige Zustandsfunktion ist. Gl. (12) bezeichnet man als das *Massenwirkungsgesetz*.

Als Beispiel der Anwendung betrachten wir die Reaktion (1), für die Gl. (12) die Form annimmt

$$\frac{c_1 c_2}{c_3^2} = K.$$ (15a)

Diese Gleichung, zusammen mit der Normierungsbedingung

$$c_1 + c_2 + c_3 = 1$$ (15b)

legt noch nicht vollständig das Gleichgewicht fest. In der Tat ist noch ein Parameter frei verfügbar und wird nicht durch die chemische Reaktion verändert, nämlich das Verhältnis der Anzahl aller Chloratome zur Anzahl aller Wasserstoffatome:

$$q = \frac{2c_1 + c_3}{2c_2 + c_3}.$$ (15c)

Die drei Gln. (15a—c) genügen zur Bestimmung von c_1, c_2, c_3. Man kann etwa aus (15b) und (15c)

$$c_3 = 1 - (c_1 + c_2) \quad \text{und} \quad c_1 - c_2 = \frac{q-1}{q+1}$$

bilden, hieraus c_2 und c_3 durch c_1 ausdrücken und in Gl. (15a) einsetzen, die dann in eine quadratische Gleichung für c_1 übergeht.

Das Massenwirkungsgesetz läßt sich im Rahmen der *Reaktionskinetik* anschaulich verstehen. Die Wahrscheinlichkeit für einen Zusammenstoß eines Cl_2-Moleküls mit einem H_2-Molekül in unserem Beispiel ist proportional zu $n_1 n_2$, diejenige für einen Zusammenstoß zweier HCl-Moleküle proportional zu n_3^2. Bei einem festen, nur von den Zustandsvariablen p und T abhängigen Bruchteil aller Stöße findet dann eine chemische Reaktion statt. Die zeitliche Änderung der chemischen Zusammensetzung der Gasmischung folgt daher aus den drei Gleichungen

$$\frac{dn_1}{dt} = - k' n_1 n_2 + k'' n_3^2;$$

$$\frac{dn_2}{dt} = - k' n_1 n_2 + k'' n_3^2;$$

$$\frac{dn_3}{dt} = 2 k' n_1 n_2 - 2 k'' n_3^2.$$

Hier heißen die Größen k' und k'' die *Reaktionsgeschwindigkeiten*. Man sieht durch Addition der drei Gleichungen, daß $n_1 + n_2 + n_3$ nicht von der Zeit abhängt; ferner ist $\dot{n}_1 = \dot{n}_2$ und $\dot{n}_3 = - 2\dot{n}_1$ entsprechend Gl. (5). Das Gleichgewicht tritt ein, wenn alle $dn_k/dt = 0$ sind, d. h. für

$$- k' n_1 n_2 + k'' n_3^2 = 0 \quad \text{oder} \quad \frac{n_1 n_2}{n_3^2} = \frac{k''}{k'}.$$

Dies ist genau das Massenwirkungsgesetz (15a) mit $k''/k' = K$.

b) Die Gleichgewichtskonstante. Uns bleibt die Aufgabe, die Abhängigkeit der Gleichgewichtskonstanten K von den Zustandsvariablen näher zu untersuchen. Dazu führen wir analog zur Umwandlungswärme beim Phasengleichgewicht die *Reaktionswärme r* einer chemischen Reaktion ein durch die Definition

$$r = \sum_k v_k h_k, \tag{16}$$

wobei im Gaszustand

$$h_k = u_k + R T \tag{17}$$

die Enthalpie eines Mols der k-ten Komponente ist. Mit

$$u_k = C_{vk} T + u_k^0 \tag{18}$$

und $C_{pk} = C_{vk} + R$ können wir dafür auch schreiben

$$h_k = C_{pk} T + u_k^0. \tag{19}$$

In Gl. (18) haben wir die Energiekonstante u_k^0 für jede Komponente mitgenommen, die wir bisher bei allen Betrachtungen wegnormiert hatten. Solange in der Tat die Art und Zahl der Moleküle, die an einem thermodynamischen Vorgang teilnehmen, etwa beim Schmelzen oder Verdampfen, erhalten bleibt, ist die in den Molekülen gebundene Energie stets dieselbe und kann aus der Betrachtung weggelassen werden. Handelt es sich jedoch um eine chemische Reaktion, so wird eben diese in den Molekülen gespeicherte chemische Bindungsenergie verändert und muß in der Energiebilanz berücksichtigt werden. Der von T unabhängige Anteil von (16), die *Wärmetönung*

$$\lambda = \sum_k v_k u_k^0 \tag{20}$$

ist oft sogar der überwiegende Bestandteil der Reaktionswärme r, und sein Vorzeichen entscheidet darüber, ob eine Reaktion endotherm oder exotherm abläuft. Die u_k^0 sind als molekulare Bindungsenergien stets negativ; sie sind gleich der Energie, die man aufwenden muß, um in allen Molekülen eines Mols der Komponente k die Atome voneinander zu trennen. Da in jeder chemischen Reaktion sowohl positive als negative v_k auftreten, kann λ auch bei verschiedenen Reaktionen verschiedenes Vorzeichen besitzen.

Außer λ führen wir noch die Abkürzung

$$\gamma = \sum_k v_k \frac{C_{ph}}{R} \tag{21}$$

ein, so daß

$$r = \lambda + \gamma R T \tag{22}$$

entsteht. Bei dieser Schreibweise ist natürlich vorausgesetzt, daß die C_{vk} nicht von der Temperatur abhängen; andernfalls gilt Gl. (18) nicht mehr, die Verallgemeinerung ist jedoch leicht zu vollziehen.

Nach diesen Vorbereitungen schreiben wir

$$g_k = h_k - T s_k, \tag{23}$$

wobei nach Gl. (15b) von § 35

$$s_k = C_{pk} \ln T - R \ln p + s_k^0 \tag{24}$$

mit einer für jede Substanz charakteristischen Energiekonstanten s_k^0 gilt. Die Gleichgewichtskonstante folgt dann aus Gl. (14):

$$\ln K(p, T) = - \sum_k v_k \frac{g_k}{R T} = - \frac{r}{R T} + \sum_k v_k \frac{s_k}{R}$$

oder

$$\ln K(p, T) = - \frac{\lambda}{R T} + \gamma \ln T - v \ln p + (\sigma - \gamma), \tag{25}$$

worin wir die Hilfsgrößen

$$v = \sum_k v_k; \qquad \sigma = \sum_k v_k \frac{s_k^0}{R} \tag{26}$$

23*

eingeführt haben[1]. Statt (25) können wir auch schreiben

$$K(p, T) = C\, T^{\gamma} p^{-\nu} e^{-\dfrac{\lambda}{RT}} \quad \text{mit} \quad C = e^{\sigma - \gamma}. \tag{27}$$

Der Absolutwert dieser Konstanten hängt also von den Entropiekonstanten ab, die, wie wir wissen, nur aus molekulartheoretischen
statistischen Betrachtungen nach Art von § 21 bestimmt werden können.
Die Temperaturabhängigkeit von K wird meist am stärksten durch den
Exponentialfaktor bestimmt, der die Form eines Boltzmann-Faktors
hat (Fig. 64). Ist $\lambda > 0$, so wächst K
mit steigender Temperatur rasch

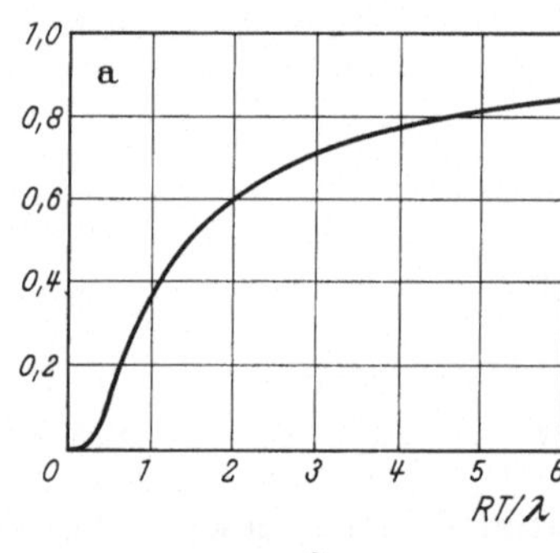
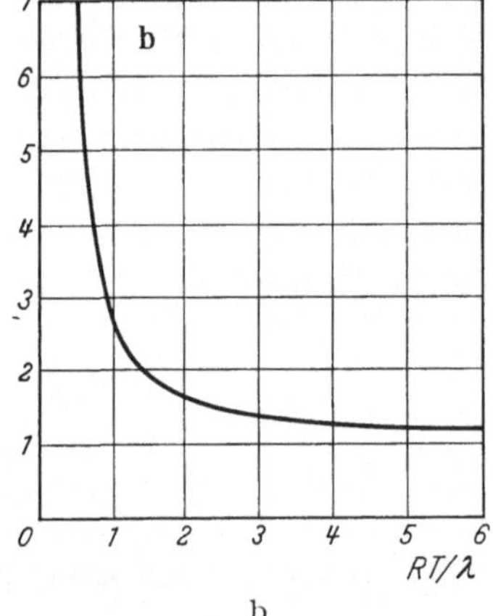

a   b

Fig. 64 a u. b. Boltzmannfaktor $\exp(-\lambda/RT)$ als Funktion der Temperatur für verschiedene Vorzeichen von λ. Ist $\lambda > 0$ (a), so ist die Reaktion von links nach rechts
exotherm, und das Gleichgewicht verschiebt sich mit steigender Temperatur
zugunsten der linken Seite, ist $\lambda < 0$ (b), so ist die Reaktion endotherm

an, so daß sich das Gleichgewicht der chemischen Reaktion zur linken
Seite der chemischen Gleichung (d. h. zur Seite der positiven ν_k) hin ver-
lagert. Die Reaktion verläuft dann exotherm von links nach rechts.

---

[1] Die Gln. (24) und (25) sind nicht dimensionsrein geschrieben; würden wir
von der korrekteren Schreibweise

$$s_k = C_{pk} \ln \frac{T}{T_0} - R \ln \frac{p}{p_0} + s_k^0 \tag{24'}$$

ausgehen, so erhielten wir formal korrekter

$$\ln K = -\frac{\lambda}{RT} + \gamma \ln \frac{T}{T_0} - \nu \ln \frac{p}{p_0} + (\sigma - \gamma). \tag{25'}$$

Hierbei wären jedoch mehr Konstanten eingeführt als nötig, da jede Änderung
der Wahl von T_0 und p_0 lediglich additive Terme zu der Konstanten $\sigma - \gamma$ hinzufügen würde. Letzten Endes wird also der Wert der additiven Entropiekonstanten σ
durch die Wahl der Einheiten T_0 und p_0 unter dem Logarithmus beeinflußt. —
Die Gln. (28) sind wieder dimensionsrein.

Das umgekehrte Verhalten tritt für $\lambda < 0$ ein. Eine Druckabhängigkeit des Gleichgewichtes besteht nach Gl. (27) nur, wenn $\nu \neq 0$ ist, d.h. wenn sich infolge der Reaktion die Anzahl der vorhandenen Moleküle ändert, so daß das Reaktionsgemisch gegen den konstanten äußeren Druck Arbeit leisten muß.

Als *Beispiele* ziehen wir nochmals die oben betrachteten Reaktionen heran. Bei der Chlorwasserstoffbildung, Gl. (1), ist $\nu = 0$ und alle Moleküle sind zweiatomig, so daß sie außer bei extremen Temperaturen das gleiche $C_{pk} = \frac{7}{2} R$ besitzen. Nach Gl. (21) wird dann auch $\gamma = 0$, und es bleibt einfach

$$K = C\, e^{-\dfrac{\lambda}{RT}}$$

allein übrig. — Für die auf S. 351 bezeichneten Stickstoff-Sauerstoff-Reaktionen haben wir genähert

$$C_{p1} = C_{p2} = C_{p3} = \tfrac{7}{2} R; \qquad C_{p4} = C_{p5} = 4\,R.$$

Für die Reaktionen a — c ergibt sich daher der Reihe nach

$$\text{a)} \quad \nu = 0; \quad \gamma = 0,$$
$$\text{b)} \quad \nu = 1; \quad \gamma = \tfrac{5}{2},$$
$$\text{c)} \quad \nu = 1; \quad \gamma = \tfrac{7}{2}.$$

Aus Gl. (25) folgt durch Differenzieren

$$\left(\frac{\partial \ln K}{\partial p}\right)_T = -\frac{\nu}{p}; \qquad \left(\frac{\partial \ln K}{\partial T}\right)_p = \frac{r}{R\,T^2}. \tag{28}$$

Diese Gleichungen werden als die *van't Hoffschen Gleichungen* bezeichnet. Besonders die zweite ist von Nutzen, um die Reaktionswärme aus der Verschiebung des Gleichgewichts mit der Temperatur abzulesen.

c) Berechnung der Gleichgewichtskonstanten. Der Absolutwert von K läßt sich nur festlegen, wenn sowohl die Energiekonstanten, die in die Wärmetönung λ eingehen, als auch die Entropiekonstanten, die in σ eingehen, sämtlich bekannt sind. Beide bleiben in der klassischen Thermodynamik offen, können aber aus quantenmechanischen Überlegungen bestimmt werden. Während aber die Energiekonstanten nur eine Kenntnis der Dissoziationsenergien der Moleküle und damit ihrer Bindungsenergien erfordern, also nur spektroskopisches Material voraussetzen, können die Entropiekonstanten nur bei Heranziehung der Methoden der Quantenstatistik, wie wir sie im dritten Teil dieses Bandes kennengelernt haben, berechnet werden.

Für die Entropie eines Mols einer homogenen Substanz gilt

$$s = R\left(\ln Z + \frac{d \ln Z}{d \ln T}\right), \tag{29}$$

wie in § 19 und § 21 gezeigt wurde. Dabei ist die Zustandssumme Z aus den Energieniveaus E_n eines Moleküls der betreffenden Substanz und deren statistischen Gewichten g_n gemäß

$$Z = \sum_n g_n \, e^{-E_n/kT} \tag{30}$$

zu berechnen. Solange sich für ein Molekül die Energieniveaus durch einfache Überlagerung von Translationsenergie des Schwerpunktes, Rotationsenergie um den Schwerpunkt, Vibrationsenergie des Kerngerüstes und Elektronenenergie additiv zusammensetzen, zerfällt Z in ein Produkt, die Entropie nach (29) also in eine Summe unabhängiger Terme nach diesen Anteilen. Wir machen im folgenden einige an § 21 und § 30 anschließende Angaben über diese Beiträge zur Entropie, die ein Bild von den zur Berechnung der Entropiekonstanten anzuwendenden Methoden geben, aber keineswegs vollständig sind[1].

α) *Translationsentropie.* Wir haben in Gl. (9) von § 21 einen Ausdruck für die Translationsentropie abgeleitet, den wir in § 30 im Hinblick auf die Quantenstatistik korrigiert haben. Die hierbei hinzugefügte Spinentropie $R \ln (2s + 1)$ lassen wir hier weg, um sie unten in Zusammenhang mit der Rotationsentropie zu behandeln. Da die Entartungserscheinungen der Gase erst bei extrem tiefen, für die Chemie uninteressanten Temperaturen merkbar werden, benutzen wir im übrigen die in Gl. (15a) von § 30 angegebene Entropieformel für hohe Temperaturen:

$$s_{\mathrm{tr}} = R \ln\left[\frac{V}{N} \, e \left(\frac{m \, e \, k \, T}{2\pi \hbar^2} \right)^{\frac{3}{2}} \right]. \tag{31a}$$

Hier tritt die *Teilchendichte* $\mathcal{N} = N/V$ auf, für die wir nach der Zustandsgleichung [Gl. (19) von § 20] auch p/kT setzen können:

$$s_{\mathrm{tr}} = R \ln\left[\frac{k \, T}{p} \, e \left(\frac{m \, e \, k \, T}{2\pi \hbar^2} \right)^{\frac{3}{2}} \right]. \tag{31b}$$

Die Argumente der Logarithmen in (31a) und (31b) sind dimensionslos. Bringt man ohne Rücksicht darauf die Translationsentropie in die Form (24), so hat man als Faktor von $\ln T$ die Größe $\frac{5}{2} R$, was mit (24) nur für konstantes $C_p = \frac{5}{2} R$ übereinstimmt. Gl. (31b) bleibt aber auch dann richtig, wenn C_p in Wirklichkeit von T abhängt, da diese Abhängigkeit

---

[1] Kompliziertere Probleme wie mehratomige Moleküle und Elektronenentropie können hier nur gestreift werden. Bei Molekülen, deren Elektronenhülle bereits im Grundzustand einen Drehimpuls besitzt, ist dieser Drehimpuls nach den Gesetzen der Quantenmechanik mit demjenigen der Kernrotation zusammenzusetzen; auch diese Probleme übergehen wir hier. Nähere Angaben in übersichtlicher Form findet man in dem Buche von J. D. Fast: Entropie, Philips' Techn. Bibl., Eindhoven 1960, dem wir auch die weiter unten benutzten Zahlenwerte zum Teil entnommen haben.

nicht von der Translationsbewegung verursacht wird und durch die im folgenden aufgeführten Entropieanteile berücksichtigt wird.

β) Rotationsentropie. Wir beschränken uns auf zweiatomige Moleküle, bei denen kein Elektronendrehimpuls im Grundzustand besteht, so daß die Rotation des Kerngerüstes ohne Kopplungserscheinungen behandelt werden kann. Für heteronukleare Moleküle ist dann nach den Gln. (5) und (20) von § 21

$$Z_{\text{rot}} = \sum_J (2J + 1)\, e^{-J(J+1)\frac{T_R}{T}}\; ; \qquad T_R = \frac{\hbar^2}{2\Theta k}\, , \tag{32}$$

wobei die Summe über alle $J = 0, 1, 2, 3, \ldots$ zu erstrecken ist. Da nach der Tabelle auf S. 221 für alle Moleküle außer Wasserstoff T_R ziemlich klein ist, interessiert meist nur die Berechnung der Zustandssumme (32) für $T \gg T_R$. In diesem Fall sind sehr viele Rotationszustände angeregt, so daß die Summe (32) zwar schlecht konvergiert, dafür aber in guter Näherung durch ein Integral ersetzt werden darf. Mit $y = T_R/T \ll 1$ erhält man

$$Z_{\text{rot}} = 2\, e^{y/4} \sum_J \left(J + \frac{1}{2}\right) e^{-y(J+\frac{1}{2})^2} \approx 2\, e^{y/4} \int_{\frac{1}{2}}^{\infty} dt\, t\, e^{-y t^2} = \frac{1}{y}\, ;$$

die Rotationsentropie folgt dann nach Gl. (29) zu

$$s_{\text{rot}} = R \ln\left(e\, \frac{T}{T_R}\right). \tag{33}$$

Der hierin enthaltene Term $R \ln T$ enthält als Faktor die voll angeregte Rotationswärme R.

Aufsummieren der Reihe (32) ergibt numerisch für

$1/y =$	2	3,33	4	5	10
$Z_{\text{rot}} =$	2,37	3,69	4,35	5,35	10,34

Eine bessere Näherung als $Z_{\text{rot}} = 1/y$ erhält man durch konsequente Anwendung der Eulerschen Summenformel bis einschließlich des zweiten Korrekturgliedes zum Integral; sie lautet

$$Z_{\text{rot}} = \frac{1}{y} + \frac{1}{3} \tag{33'}$$

und führt in (33) zu einem Zusatzterm $\frac{1}{9} R\, (T_R/T)^2$, den man für alle chemischen Anwendungen praktisch vernachlässigen kann.

γ) Spinentropie und Symmetriebeitrag. Neben der Rotation des Kerngerüstes eines Moleküls haben wir, falls die Elektronenhülle keinen Drehimpuls hat, noch den Drehimpuls der *Kernspins* zu berücksichtigen. Zustände verschiedener Orientierung der Kernspins, sei es gegeneinander, sei es relativ zum Bahndrehimpuls, haben so geringe Energieunterschiede, daß sie unabhängig von T praktisch gleichwahrscheinlich sind.

Haben alle Moleküle des Gases den Gesamtspin I, so ist die zugehörige Spinentropie nach dem in § 30 Ausgeführten $R \ln (2I + 1)$. Sind die Spins der beiden Kerne i_1 und i_2 (in Einheiten $\hbar$), so können hieraus insgesamt $Z_{\text{spin}} = (2i_1 + 1)(2i_2 + 1)$ Zustände mit verschiedenen I von $I = i_1 + i_2$ bis $I = |i_1 - i_2|$ gebildet werden; man erhält daher in der Zustandssumme einen Faktor Z_{spin} oder nach Gl. (29) die Spinentropie pro Mol

$$s_{\text{spin}} = R \left[\ln (2i_1 + 1) + \ln (2i_2 + 1)\right]. \tag{34}$$

Dies gilt für zweiatomige heteronukleare Moleküle.

Etwas komplizierter liegen die Dinge bei homonuklearen Molekülen, bei denen eine Vertauschung der beiden Kerne miteinander in der Abzählung der Zustände nicht zu einem neuen Zustand führt. Die Zustandssumme erhält daher gegenüber heteronuklearen Molekülen einen Faktor $\frac{1}{2}$, wodurch zur Entropie der sogenannte Symmetriebeitrag

$$s_{\text{sym}} = - R \ln 2 \tag{35}$$

hinzutritt.

Wir wollen diese Verhältnisse für Wasserstoff noch etwas genauer untersuchen. Wasserstoff ist nach § 21 ein Gemisch aus 75 % Orthowasserstoff mit $I = 1$ und ungeraden Rotationsquantenzahlen J und 25 % Parawasserstoff mit $I = 0$ und geraden Rotationsquantenzahlen. Die Spinentropien $R \ln (2I + 1)$ werden für diese beiden Komponenten also pro Mol

$$s_{\text{spin}}^{(o)} = R \ln 3 ; \qquad s_{\text{spin}}^{(p)} = 0.$$

Die Entropie eines Mols dieser Mischung enthält außer den Entropieanteilen der Komponentengase eine Mischungsentropie; nach Gl. (15c) auf S. 337 ist sie

$$s_{\text{misch}} = - R \left(\tfrac{3}{4} \ln \tfrac{3}{4} + \tfrac{1}{4} \ln \tfrac{1}{4}\right).$$

Die Rotationsentropie ist für Orthowasserstoff aus (32) bei Summation über alle ungeraden, für Parawasserstoff über alle geraden J allein zu berechnen. Die Zahlenwerte der Tabelle auf S. 220 zeigen, daß etwa von $T = 4T_R$ ab in recht guter Näherung $Z_g = Z_u$ wird. Bilden wir Z_{rot} wie in (32) durch Summation über *alle* J, so ist also für $T \gtrsim 4T_R$

$$Z_{\text{rot}}^{(o)} = Z_{\text{rot}}^{(p)} = \tfrac{1}{2} Z_{\text{rot}}$$

und die Rotationsentropie des Wasserstoffs, unabhängig von den Modifikationen, statt (33)

$$s_{\text{rot}} = R \ln \left(e \, \frac{T}{T_R}\right) - R \ln 2. \tag{36}$$

Hier ist der letzte Term der Symmetriebeitrag. Zieht man Symmetrie-, Spin- und Mischungsentropien zusammen, so erhält man die Entropiekonstante

$$- R \ln 2 + \tfrac{3}{4} R \ln 3 - R\left(\tfrac{3}{4} \ln \tfrac{3}{4} + \tfrac{1}{4} \ln \tfrac{1}{4}\right) = R \ln 2 :$$

Diese Konstante tritt pro Mol zu s_{tr}, Gl. (31b) und s_{rot}, Gl. (33) hinzu[1].

δ) *Vibrationsentropie.* Diese wurde bereits in Gl. (12) von § 21 allgemein angegeben. Für chemische Reaktionen bei etwas erhöhten Temperaturen muß i.a. die volle Formel benutzt werden. Für das Maß der Anregung einer Molekülschwingung ist die Temperatur

$$T_V = \hbar\omega/k \qquad (37\,\mathrm{a})$$

charakteristisch; einige Zahlenwerte hierfür sind in der Tabelle auf S. 219 für zweiatomige Moleküle zusammengestellt; vgl. auch die Fußnote auf S. 347 über die drei charakteristischen Vibrationstemperaturen von H_2O als Beispiel für ein mehratomiges Molekül. Ist $T \ll T_V$, so folgt aus Gl. (12) von § 21 genähert

$$s_{\mathrm{vib}} = R\left(\frac{T_V}{T} + 1\right) e^{-T_V/T} ; \qquad (37\,\mathrm{b})$$

bei nahezu vollständiger Vibrationsanregung $(T \gg T_V)$ wird

$$s_{\mathrm{vib}} = R\left(1 - \ln \frac{T_V}{T}\right). \qquad (37\,\mathrm{c})$$

Auch hier wächst die Entropie asymptotisch wie $R \ln T$ bei hohen Temperaturen. Bei mehratomigen Molekülen sind derartige Terme für jede Normalschwingung zu bilden und zu addieren.

ε) *Elektronenentropie.* Dieser Beitrag ist am einfachsten für einatomige Gase zu berechnen. Als Beispiel betrachten wir Eisendampf. Zum Grundzustand des Eisenatoms tragen außer 20 Elektronen in abgeschlossenen s- und p-Schalen 6 Elektronen im $3d$-Zustand bei. Diese Elektronen koppeln ihre Drehimpulse zu einem $^5D_4$-Zustand ($L = 2$, $S = 2$, $J = 4$) vom statistischen Gewicht $2J + 1 = 9$. Die nächsten angeregten Zustände sind die vier anderen Komponenten des Quintetts zu $J = 3$, 2, 1 und 0 mit den Gewichten $2J + 1 = 7$, 5, 3 und 1. Sie liegen um $E = 0{,}052\,\mathrm{eV}$, $0{,}087\,\mathrm{eV}$, $0{,}110\,\mathrm{eV}$ und $0{,}121\,\mathrm{eV}$ höher als der Grundzustand, was charakteristischen Temperaturen von $E/k = 598°$, $1013°$, $1278°$ und $1407°$ entspricht[2]. Die nächst höhere Gruppe angeregter Zustände (^5F zu $L = 3$, $S = 2$, $J = 5$, 4, 3, 2, 1) liegt erst in der

---

[1] Statt dessen hätten wir auch (34) mit $i_1 = i_2 = \tfrac{1}{2}$ und (35) zusammenzählen können, was ebenfalls $R \ln 2$ gibt.

[2] Umrechnung mit $k = 8{,}617 \cdot 10^{-5}\,\mathrm{eV/Grad}$. Die hier verwendeten Symbole sind in jedem Lehrbuch der Atomphysik oder Spektroskopie erklärt. Der Bahndrehimpuls $L\hbar$ der Elektronen wird mit dem Spin $S\hbar$ zu einem Gesamtdrehimpuls $J\hbar$ des Zustandes vektoriell vereinigt. Dies kann nur auf eine Weise geschehen; das Vektorendreieck aus L, S und J kann aber noch auf $2J + 1$ verschiedene Weisen im Raum orientiert sein.

Gegend von 0,86 eV oder 10000°; infolge ihres hohen statistischen Gewichts spielt sie oberhalb von 2000° C bereits eine merkliche Rolle in der Zustandssumme. Lassen wir sie weg, so können wir unterhalb von etwa 2000° die Elektronenentropie von Eisendampf aus der Zustandssumme

$$Z_{el} = 9 + 7\,e^{-598/T} + 5\,e^{-1013/T} + 3\,e^{-1278/T} + e^{-1407/T}$$

nach Gl. (29) berechnen.

Für Moleküle ist bei der Berechnung der Elektronenentropie häufig zu beachten, daß infolge der Kopplung von Elektronendrehimpuls und Drehimpuls des Kerngerüstes keine Separation von Elektronen- und Rotationsentropie mehr möglich ist. Die oben unter $\beta)$ beschriebene Rotationsentropie für zweiatomige Moleküle gilt grundsätzlich nur im $^1\Sigma$-Zustand der Elektronenhülle, d.h. wenn diese keinen eigenen Drehimpuls besitzt. Eine genauere Behandlung dieser Kopplungserscheinungen würde allerdings ein ziemlich ausführliches Eingehen auf die Quantenmechanik der Moleküle erfordern, so daß wir an dieser Stelle abbrechen müssen, nach dem wir im Prinzip gezeigt haben, wie etwa zur Berechnung der Entropiekonstanten in der Gleichgewichtskonstanten K vorzugehen ist.

d) Durchführung eines Beispiels. Um für eine vorgegebene Reaktion das Gleichgewicht zu berechnen, geht man am besten auf (14) zurück und schreibt unter Verwendung der Definitionen (20) und (23)

$$\ln K\,(p, T) = -\frac{\lambda}{RT} - \frac{1}{R}\sum_k \nu_k\left(\frac{u_k}{T} + R - s_k\right), \tag{38}$$

wobei s_k berechnet werden kann, wie im vorigen Abschnitt dargelegt worden ist, und u_k nach § 21 gewonnen wird. Die Wärmetönung

$$\lambda = \sum_k \nu_k u_k^0 \tag{39}$$

entnehmen wir aus den Dissoziationsenergien der beteiligten Moleküle, D_k; es ist

$$u_k^0 = -\frac{R}{k} D_k, \tag{40}$$

da $-D_k$ die Bindungsenergie eines Moleküls ist.

Als Beispiel untersuchen wir die Reaktion Gl. (1) und indizieren wieder die drei Molekülarten Cl_2, H_2 und HCl in dieser Reihenfolge mit $k = 1, 2, 3$. Dann ist $\nu_1 = \nu_2 = +1$, $\nu_3 = -2$ und $\nu = \sum \nu_k = 0$. Wir beginnen mit λ, Gl. (39). Die spektroskopisch ermittelten Dissoziationsenergien sind

$$D_1 = 2{,}475 \text{ eV}; \qquad D_2 = 4{,}476 \text{ eV}; \qquad D_3 = 4{,}430 \text{ eV};$$

daher wird

$$\sum_k \nu_k D_k = D_1 + D_2 - 2D_3 = -1{,}909 \text{ eV}.$$

Diese Energie wird freigesetzt, wenn 2 Moleküle HCl gebildet werden; die Entstehung von HCl aus den Bestandteilen ist exotherm. Nun entspricht 1 eV pro Molekül der Energie von 23,06 kcal/Mol. Wir erhalten daher auf 2 Mol umgesetzte Substanz 44,0 kcal oder

$$\lambda = 22{,}0 \text{ kcal/Mol}; \qquad \frac{\lambda}{R} = 11\,000°. \tag{41}$$

Kalorische Messungen der Wärmetönung führen auf $\lambda = 21{,}9$ kcal/Mol in guter Übereinstimmung hiermit.

Für unser Beispiel ist $\nu = \sum \nu_k = 0$, so daß der Beitrag des mittleren Gliedes der Summe in Gl. (38) verschwindet. Um diese Summe zu berechnen, betrachten wir wieder die einzelnen Bestandteile getrennt. Für den Translationsanteil hebt sich $u_{k,\text{tr}} = \frac{3}{2} R T$ heraus. Die Translationsentropie ergibt nach (31 b) infolge der verschiedenen Molekulargewichte μ_k ($\mu_1 = 71$; $\mu_2 = 2$; $\mu_3 = 36{,}5$ sind proportional zu den m_k) den Beitrag

$$\left\{ \frac{1}{R} \sum_k \nu_k s_k \right\}_{\text{tr}} = -\frac{3}{2} \ln \frac{\mu_3^2}{\mu_1 \mu_2} = -3{,}36. \tag{42}$$

Vibrationsenergie und Vibrationsentropie sind in Gl. (12) von § 21 angegeben; daraus erhalten wir

$$\left\{ \frac{1}{RT} \sum_k \nu_k (u_k - T s_k) \right\}_{\text{vib}} = \sum_k \nu_k \ln \left(2 \, \mathfrak{Sin} \, \frac{T_{V,k}}{2T} \right) - \frac{T_{V,k}}{2T}; \tag{43a}$$

Das letzte Glied ist die Nullpunktsenergie der Schwingung, die wir abziehen müssen, da sie bereits in λ berücksichtigt ist. Wir schreiben nun

$$\ln \left(2 \, \mathfrak{Sin} \, \frac{T_{V,k}}{2T} \right) = \frac{T_{V,k}}{2T} + \ln \left(1 - e^{-\frac{T_{V,k}}{T}} \right);$$

das erste Glied hebt sich hier gegen die Nullpunktsenergie in (43 a) weg, so daß der Vibrationsanteil der Summe in Gl. (38)

$$-\sum_k \nu_k \ln \left(1 - e^{-\frac{T_{V,k}}{T}} \right) \tag{43b}$$

wird. Einige charakteristische Vibrationstemperaturen T_V sind in der Tabelle auf S. 219 zusammengestellt. Wir notieren hier

$$T_{V1} = 810°; \qquad T_{V2} = 6340°; \qquad T_{V3} = 4300°.$$

Nur für Chlor ist T_{V1} so niedrig, daß wir nicht in allen praktisch vorkommenden Fällen den Logarithmus in (43b) durch $\ln 1 = 0$ ersetzen dürfen. Daher vereinfacht sich der Beitrag der Vibration zur Summe in Gl. (38) zu

$$- \ln \left(1 - e^{-\frac{T_{V1}}{T}} \right). \tag{43c}$$

Im Rotationsanteil haben wir nach § 21 für jede Komponente

$$u_{\mathrm{rot}} = R T \frac{d \ln Z_{\mathrm{rot}}}{d \ln T}.$$

Setzen wir nach Gl. (33′)

$$Z_{\mathrm{rot}} = \frac{T}{T_R} + \frac{1}{3},$$

was offenbar für $T \gtrsim 2 T_R$ bereits eine brauchbare Näherung ist, so folgt nach einfacher Rechnung

$$u_{\mathrm{rot}} \approx R T \left(1 - \frac{T_R}{3 T} \right).$$

Andererseits ist nach Gl. (33)

$$T s_{\mathrm{rot}} = R T \left[1 + \ln \frac{T}{T_R} \right],$$

so daß

$$- \left\{ \frac{1}{R T} \sum_k \nu_k \left(u_k - T s_k \right) \right\}_{\mathrm{rot}} = \sum_k \nu_k \left[\frac{T_{R\,k}}{3 T} - \ln \frac{T}{T_{R,k}} \right] \tag{44a}$$

wird. Da die charakteristischen Rotationstemperaturen nach der Tabelle auf S. 221

$$T_{R1} = 0\overset{\circ}{,}35; \qquad T_{R2} = 87\overset{\circ}{,}5; \qquad T_{R3} = 15\overset{\circ}{,}2$$

sind, ist die Bedingung $T \gtrsim 2 T_R$ für alle drei Komponentengase bereits von $175°$ K an erfüllt, so daß es i.a. keiner besonderen Berücksichtigung der Tieftemperaturerscheinungen des Wasserstoffs bedarf. Für den Ausdruck (44a) erhalten wir dann

$$\frac{T_{R1} + T_{R2} - 2 T_{R3}}{3 T} + \ln \frac{T_{R1} T_{R2}}{T_{R3}^2} = \frac{19\overset{\circ}{,}1}{T} - 2{,}03. \tag{44b}$$

Der erste Term kann neben $\lambda / R T$ völlig vernachlässigt werden.

Hierbei sind Spinentropie und Symmetriebeitrag noch nicht berücksichtigt. Lassen wir zunächst die Symmetriefrage beiseite, so erhalten wir, wenn $i_1 = {}^1/_2$ der Spin des Protons und $i_2 = {}^3/_2$ der Spin der beiden Chlorisotope 35 und 37 ist, nach Gl. (34):

$$\sum_k \nu_k s_{\mathrm{spin},\,k} = R \{ \ln \left[(2 i_2 + 1)^2 \right] + \ln \left[(2 i_1 + 1)^2 \right]$$
$$- 2 \ln \left[(2 i_1 + 1)(2 i_2 + 1) \right] \} = 0.$$

Dies ist ein Sonderfall eines wichtigen allgemeinen Satzes: Die Spinentropien heben sich aus chemischen Reaktionsgleichungen stets heraus; die Kenntnis der Kernspins ist für die Chemie entbehrlich, und diese können umgekehrt nicht aus chemischen Gleichgewichten bestimmt werden.

Beide Chlorisotope besitzen zwar den gleichen Kernspin; für den Symmetriebeitrag sind sie jedoch sorgfältig voneinander zu unterscheiden. Betrachten wir zunächst 1 Mol Chlor auf der linken Seite von Gl. (1), so haben wir, wenn der Bruchteil α in der Modifikation 35 und $1-\alpha$ in 37 vorliegt, im Cl_2 die Bruchteile

$$\alpha^2 \text{ von } Cl^{35} Cl^{35},$$

$$2\alpha(1-\alpha) \text{ von } Cl^{35} Cl^{37},$$

$$(1-\alpha)^2 \text{ von } Cl^{37} Cl^{37}.$$

Die Mischungsentropie eines Mols dieser drei Gase ist also

$$- R\{\alpha^2 \ln [\alpha^2] + 2\alpha(1-\alpha) \ln [2\alpha(1-\alpha)] + (1-\alpha)^2 \ln [(1-\alpha)^2]\}$$

$$= - 2R[\alpha \ln \alpha + (1-\alpha) \ln (1-\alpha) + \alpha(1-\alpha) \ln 2]$$

Hierzu kommt nur von den beiden homonuklearen Molekülarten jeweils der Symmetriebeitrag $- R \ln 2$, also

$$- R \ln 2 \cdot [\alpha^2 + (1-\alpha)^2] = R \ln 2 \cdot [2\alpha(1-\alpha) - 1].$$

Zieht man beide Terme zusammen, so entsteht für 1 Mol Cl_2 der Beitrag

$$- 2R[\alpha \ln \alpha + (1-\alpha) \ln (1-\alpha)] - R \ln 2$$

zur Entropie. Auf der rechten Seite der Reaktionsgleichung (1) erscheinen 2 Mol HCl der Zusammensetzung aus

$$\alpha \text{ von } HCl^{35}$$

$$1-\alpha \text{ von } HCl^{37}.$$

Ihre Mischungsentropie ist daher

$$-2R[\alpha \ln \alpha + (1-\alpha) \ln (1-\alpha)].$$

Die Beiträge der linken und rechten Seite heben sich also bis auf den Symmetriebeitrag $- R \ln 2$ heraus; das Reaktionsgleichgewicht wird unabhängig von der Isotopenzusammensetzung des Chlors.